"十二五"国家重点出版规划项目

/现代激光技术及应用丛书/

激光先进制造技术及其应用

虞钢 何秀丽 李少霞 编著

国防工业出版社

·北京·

内 容 简 介

本书以作者科研团队的研究成果为基础,结合国内外的最新成就,对激光先进制造技术及其应用进行了较全面的阐述。本书内容注重理论、试验、计算和应用的有机结合,包括工艺试验、性能检测、数值模拟、具体应用等。

本书共分为7章。第1章为概述,介绍激光束特性、激光与金属相互作用原理以及激光先进制造技术的特点和分类。第2章为激光先进制造系统。第3～6章介绍了几种典型的激光先进制造技术及其应用,其中第3章为激光焊接技术,第4章为激光打孔技术,第5章为激光表面改性技术,第6章为激光增材制造技术。第7章介绍了其他激光先进制造技术及其相关应用。

本书可供先进制造行业的科研人员和工程技术人员参考,也可以作为机械类、力学类、材料类等相关学科的研究生和高年级本科生的参考书使用。

图书在版编目(CIP)数据

激光先进制造技术及其应用/虞钢,何秀丽,李少霞编著. —北京:国防工业出版社,2016.10
(现代激光技术及应用丛书)
ISBN 978-7-118-10984-9

Ⅰ.①激… Ⅱ.①虞… ②何… ③李… Ⅲ.①激光技术 Ⅳ.①TN24

中国版本图书馆 CIP 数据核字(2016)第 242009 号

※

*国防工業出版社*出版发行
(北京市海淀区紫竹院南路23号 邮政编码100048)
北京嘉恒彩色印刷有限责任公司印刷
新华书店经售

*

开本 710×1000 1/16 印张 28½ 字数 526 千字
2016 年 10 月第 1 版第 1 次印刷 印数 1—2500 册 定价 128.00 元

(本书如有印装错误,我社负责调换)

国防书店:(010)88540777	发行邮购:(010)88540776
发行传真:(010)88540755	发行业务:(010)88540717

丛书学术委员会 （按姓氏拼音排序）

主　任　　金国藩　周炳琨
副主任　　范滇元　龚知本　姜文汉　吕跃广
　　　　　桑凤亭　王立军　徐滨士　许祖彦
　　　　　赵伊君　周寿桓
委　员　　何文忠　李儒新　刘泽金　唐　淳
　　　　　王清月　王英俭　张雨东　赵　卫

丛书编辑委员会 （按姓氏拼音排序）

主　任　　周寿桓
副主任　　何文忠　李儒新　刘泽金　王清月
　　　　　王英俭　虞　钢　张雨东　赵　卫
委　员　　陈卫标　冯国英　高春清　郭　弘
　　　　　陆启生　马　晶　沈德元　谭峭峰
　　　　　邢海鹰　阎吉祥　曾志男　张　凯
　　　　　赵长明

序

世界上第一台激光器于1960年诞生在美国,紧接着我国也于1961年研制出第一台国产激光器。激光的重要特性(亮度高、方向性强、单色性好、相干性好)决定了它五十多年来在技术与应用方面迅猛发展,并与多个学科相结合形成多个应用技术领域,比如光电技术、激光医疗与光子生物学、激光制造技术、激光检测与计量技术、激光全息技术、激光光谱分析技术、非线性光学、超快激光学、激光化学、量子光学、激光雷达、激光制导、激光同位素分离、激光可控核聚变、激光武器等。这些交叉技术与新的学科的出现,大大推动了传统产业和新兴产业的发展。可以说,激光技术是20世纪最具革命性的科技成果之一。我国也非常重视激光技术的发展,在《国家中长期科学与技术发展规划纲要(2006—2020年)》中,激光技术被列为八大前沿技术之一。

近些年来,我国在激光技术理论创新和学科发展方面取得了很多进展,在激光技术相关前沿领域取得了丰硕的科研成果,在激光技术应用方面取得了长足的进步。为了更好地推动激光技术的进一步发展,促进激光技术的应用,国防工业出版社策划组织编写出版了这套丛书。策划伊始,定位即非常明确,要"凝聚原创成果,体现国家水平"。为此,专门组织成立了丛书的编辑委员会,为确保丛书的学术质量,又成立了丛书的学术委员会,这两个委员会的成员有所交叉,一部分人是几十年在激光技术领域从事研究与教学的老专家,一部分是长期在一线从事激光技术与应用研究的中年专家;编辑委员会成员主要以丛书各分册的第一作者为主。周寿桓院士为编辑委员会主任,我们两位被聘为学术委员会主任。为达到丛书的出版目的,2012年2月23日两个委员会一起在成都召开了工作会议,绝大部分委员都参加了会议。会上大家进行了充分讨论,确定丛书书目、丛书特色、丛书架构、内容选取、作者选定、写作与出版计划等等,丛书的编写工作从那时就正式地开展起来了。

历时四年至今日,丛书已大部分编写完成。其间两个委员会做了大量的工作,又召开了多次会议,对部分书目及作者进行了调整。组织两个委员会的委员对编写大纲和书稿进行了多次审查,聘请专家对每一本书稿进行了审稿。

总体来说,丛书达到了预期的目的。丛书先后被评为国家"十二五"重点出版规划项目和国家出版基金资助项目。丛书本身具有鲜明特色:一)丛书在内容上分三个部分,激光器、激光传输与控制、激光技术的应用,整体内容的选取侧重高功率高能激光技术及其应用;二)丛书的写法注重了系统性,为方便读者阅读,采用了理论—技术—应用的编写体系;三)丛书的成书基础好,是相关专家研究成果的总结和提炼,包括国家的各类基金项目,如973项目、863项目、国家自然科学基金项目、国防重点工程和预研项目等,书中介绍的很多理论成果、仪器设备、技术应用获得了国家发明奖和国家科技进步奖等众多奖项;四)丛书作者均来自于国内具有代表性的从事激光技术研究的科研院所和高等院校,包括国家、中科院、教育部的重点实验室以及创新团队等,这些单位承担了我国激光技术研究领域的绝大部分重大的科研项目,取得了丰硕的成果,有的成果创造了多项国际纪录,有的属国际首创,发表了大量高水平的具有国际影响力的学术论文,代表了国内激光技术研究的最高水平。特别是这些作者本身大都从事研究工作几十年,积累了丰富的研究经验,丛书中不仅有科研成果的凝练升华,还有着大量作者科研工作的方法、思路和心得体会。

综上所述,相信丛书的出版会对今后激光技术的研究和应用产生积极的重要作用。

感谢丛书两个委员会的各位委员、各位作者对丛书出版所做的奉献,同时也感谢多位院士在丛书策划、立项、审稿过程中给予的支持和帮助!

丛书起点高、内容新、覆盖面广、写作要求严,编写及组织工作难度大,作为丛书的学术委员会主任,很高兴看到丛书的出版,欣然写下这段文字,是为序,亦为总的前言。

2015年3月

前言

激光先进制造技术是以激光与材料相互作用为基础,将激光技术与计算机技术、网络技术、控制技术、传感技术、机-光-电一体化、创新工艺技术等相结合的一种先进制造技术。作为"现代激光技术及应用丛书"的分册之一,本书着重介绍激光先进制造技术及其应用。

制造业是国民经济的支柱,是立国之本、兴国之器、强国之基。打造具有国际竞争力的制造业,是提升我国综合国力、保障国家安全、建设世界强国的必由之路。《中国制造2025》是我国实施制造强国战略第一个十年的行动纲领,先进制造是制造业的发展方向。作为21世纪先进制造领域的关键性和标志性技术之一,激光先进制造具有集成化、智能化、信息化和环境友好的特点,给现代制造带来了产品设计、制造工艺和生产观念的巨大变革,已成为工业发达国家在高技术产业领域竞争的制高点,具有重要的战略意义和应用价值。

激光先进制造以激光束作为高密度热源,通过激光与材料的相互作用,实现表面改性、去除、连接、增材制造等过程。随着工业激光器与配套制造系统的不断发展,业已形成了激光熔覆、激光标记、激光弯曲、激光切割、激光打孔、激光焊接、激光表面改性、激光直接沉积成形、激光烧蚀、激光修复等技术,几乎涵盖各种制造工艺。激光先进制造技术具有柔性和自适应性、制造过程的可预测性和可控性等特点,可解决传统制造手段不易实现的难题,非常适用于航空、航天、国防等领域中具有重大需求的高精尖零件的制造。同时,正在以前所未有的速度向机械制造、石化、船舶、冶金、电子和信息等领域扩展。

激光制造过程具有多场、多尺度和多参数的特点,涉及物理、材料、力学、控制、机械、仿真等多学科的耦合与交叉。激光制造过程中对宏观几何、微观结构和力学性能的控制是实现高精度、高性能零件制造的关键,通过多参数的最优配置才能满足产品的成形和质量要求。因此激光与材料相互作用原理、工艺过程、试验方法、数值模拟以及工业应用是激光制造技术研究的主要内容。

作者在激光先进制造领域潜心研究多年,主持完成了包括国家自然科学基金重点和面上项目、国防基础科研及技术基础科研项目、国防"973"项目、中国科学院知识创新重大项目、瑞－中国际合作以及院地合作开发项目等多项科研及应用研究项目,并组建了国内最早从事激光制造工艺力学研究的实验室。本书以作者科研团队的研究成果为基础,结合国内外的最新成就,对激光先进制造技术及其应用分章节进行了较全面的阐述。

参加本书中相关学术及整理工作的同志包括陈茹、甘政涛、苗海宾、王高飞、朱天辉、陈旭阳、张越、刘昊、葛志福、卢国权、刘潞钊等。特别感谢宁伟健、郑彩云、褚庆臣、孙培、赵树森、张永杰、武扬、聂树真、靳绍巍、胡耀武、王恒海等对本书所做的重要贡献。

本书总结了作者带领的研究团队的科研工作和工程实践,希望能对激光先进制造技术及其应用的发展有所推动。书中难免有所欠缺,恳请读者赐教。

作 者

2016 年 7 月

目录

第1章 概述

- 1.1 激光束的特性 ··· 001
  - 1.1.1 激光束的产生与特点 ··· 001
  - 1.1.2 激光束的描述 ··· 004
  - 1.1.3 激光束的传输与变换 ··· 009
- 1.2 激光与金属的相互作用 ··· 015
  - 1.2.1 金属表面对激光的吸收与反射 ···································· 016
  - 1.2.2 激光对金属的热效应 ··· 021
- 1.3 激光先进制造技术 ·· 023
  - 1.3.1 激光先进制造技术的特点 ·· 024
  - 1.3.2 激光先进制造技术的分类 ·· 025
- 参考文献 ··· 031

第2章 激光先进制造系统

- 2.1 激光器系统 ··· 033
  - 2.1.1 基本构成 ·· 033
  - 2.1.2 制造用激光器 ··· 035
- 2.2 机器人系统 ··· 043
  - 2.2.1 工业机器人 ·· 044
  - 2.2.2 机器人控制 ·· 050
- 2.3 数字化辅助系统 ··· 055
  - 2.3.1 先进传感器系统 ·· 055
  - 2.3.2 数字化材料输送系统 ·· 060
  - 2.3.3 智能测量系统 ··· 065
  - 2.3.4 高纯度惰性气氛箱系统 ··· 068
- 2.4 激光先进制造系统集成 ·· 069
  - 2.4.1 硬件系统集成 ··· 069

    2.4.2　控制系统集成 ……………………………………………………… 072
    2.4.3　专家数据库系统集成 …………………………………………… 084
参考文献 …………………………………………………………………………… 089

第3章　激光焊接技术

3.1　激光焊接原理与方法 ……………………………………………………… 093
    3.1.1　激光焊接原理 ……………………………………………………… 093
    3.1.2　激光焊接方法 ……………………………………………………… 094
3.2　数值计算方法 ……………………………………………………………… 097
    3.2.1　热源模型 …………………………………………………………… 097
    3.2.2　网格划分 …………………………………………………………… 101
    3.2.3　温度场求解 ………………………………………………………… 102
    3.2.4　应力场求解 ………………………………………………………… 103
3.3　同种金属激光焊接 ………………………………………………………… 106
    3.3.1　不锈钢的激光焊接 ………………………………………………… 106
    3.3.2　铝合金的激光-MIG复合焊接 …………………………………… 113
3.4　异种金属激光焊接 ………………………………………………………… 125
    3.4.1　高温合金与钢的激光焊接 ………………………………………… 126
    3.4.2　钛合金与钢的激光焊接 …………………………………………… 133
    3.4.3　钛合金与铝的激光焊接 …………………………………………… 141
3.5　激光焊接应用 ……………………………………………………………… 155
    3.5.1　冷却板件的激光焊接 ……………………………………………… 155
    3.5.2　增压器涡轮与转轴的激光焊接 …………………………………… 157
    3.5.3　飞行器陀螺马达的激光焊接 ……………………………………… 158
    3.5.4　火工产品的激光焊接 ……………………………………………… 159
    3.5.5　铝合金车身的激光-MIG复合焊接 ……………………………… 159
参考文献 …………………………………………………………………………… 161

第4章　激光打孔技术

4.1　激光打孔原理 ……………………………………………………………… 164
4.2　激光打孔过程演化 ………………………………………………………… 166
    4.2.1　实时观测 …………………………………………………………… 167
    4.2.2　演化过程 …………………………………………………………… 167

4.3 工艺参数对孔形的影响 … 172
    4.3.1 激光打孔截面形貌 … 173
    4.3.2 孔形的特征参数 … 178
    4.3.3 工艺参数的影响 … 182
4.4 激光打孔数值计算 … 197
    4.4.1 数值模型 … 197
    4.4.2 计算模拟 … 201
4.5 激光打孔应用 … 206
    4.5.1 发动机喷油嘴喷孔 … 206
    4.5.2 涡轮叶片冷却孔 … 208
参考文献 … 210

第5章 激光表面改性技术

5.1 激光相变强化技术 … 213
    5.1.1 原理及方法 … 213
    5.1.2 工艺及参数优化 … 218
    5.1.3 强化层组织 … 227
    5.1.4 强化层性能 … 233
    5.1.5 温度场数值模拟 … 238
5.2 激光熔覆技术 … 243
    5.2.1 原理及方法 … 244
    5.2.2 激光熔覆工艺 … 246
    5.2.3 熔覆层组织 … 249
    5.2.4 熔覆层性能 … 256
    5.2.5 熔覆过程数值模拟 … 265
5.3 其他激光表面改性技术 … 270
    5.3.1 激光合金化 … 271
    5.3.2 激光非晶化 … 272
    5.3.3 激光冲击强化 … 274
5.4 激光表面改性应用 … 275
    5.4.1 冲压模具的激光相变强化 … 275
    5.4.2 气门座的激光相变强化 … 278
    5.4.3 缸盖火力面的激光熔覆 … 281
    5.4.4 发动机叶片的激光冲击强化 … 282

参考文献 283

第6章 激光增材制造技术

6.1 激光增材制造原理与方法 286
6.1.1 激光增材制造原理 286
6.1.2 激光增材制造方法 290
6.2 激光直接沉积成形 295
6.2.1 工艺参数 295
6.2.2 组织与性能 296
6.2.3 轨迹规划 305
6.2.4 过程监测与闭环控制 308
6.3 选区式激光成形 313
6.3.1 工艺参数 313
6.3.2 组织与性能 315
6.3.3 缺陷分析及防止措施 326
6.3.4 热处理对成形件组织和性能的影响 330
6.4 激光增材制造温度场数值模拟 333
6.4.1 温度场有限元计算模型 334
6.4.2 热历程演化规律 338
6.5 激光增材制造应用 346
6.5.1 零件的直接成形 346
6.5.2 激光的直接修复 349

参考文献 352

第7章 其他激光制造技术

7.1 激光微细加工技术 357
7.1.1 激光微细加工概况 357
7.1.2 准分子激光微细加工 358
7.1.3 飞秒激光微细加工 363
7.1.4 激光微细加工应用 372
7.2 激光弯曲成形技术 376
7.2.1 激光弯曲成形原理 376
7.2.2 激光弯曲成形工艺 379

    7.2.3 激光弯曲成形应用 ………………………………………… 383
7.3 激光材料制备技术 …………………………………………………… 386
    7.3.1 选区式激光烧结陶瓷 ………………………………………… 386
    7.3.2 激光加热基座生长晶体 ……………………………………… 391
    7.3.3 脉冲激光溅射沉积薄膜 ……………………………………… 394
    7.3.4 激光制备纳米材料 …………………………………………… 397
参考文献 ……………………………………………………………………… 404

第1章

概述

激光先进制造技术具有高精度、高自动化、高信息化、高智能化、绿色环保等优点,是一种涉及光学、材料、物理、力学、机械、控制等多个学科交叉的新兴技术,代表了未来制造业特别是先进制造的一种发展趋势。首先,作为激光制造的高密度能量源,激光束的特性直接影响着制造的产品形式、结果和质量;其次,激光与材料的相互作用原理是激光先进制造的基础,对深入理解激光制造过程、指导激光制造工艺至关重要;最后,根据不同的应用需求,激光先进制造技术形成了多种加工制造工艺。本章分别介绍激光束特性、激光与金属的相互作用和激光先进制造技术的特点和分类。

1.1 激光束的特性

20世纪70年代,随着大功率激光器诞生,特别是固体激光器、气体激光器、半导体激光器、光纤激光器以及准分子激光器的出现并完善,激光制造开始快速发展。激光不同于普通光源,它具有很好的单色性、相干性和方向性,以及极高的功率密度和能量密度,这些特点使得激光广泛地应用于制造领域,形成了激光切割、激光焊接、激光表面改性、激光熔覆、激光打孔、激光成形等制造技术。而激光束的特性如波长、输出功率、聚焦能力、光束模式等对制造质量至关重要。

1.1.1 激光束的产生与特点

1. 激光的产生

由波尔的原子理论可知,原子系统具有一系列不连续的能级,原子能量的任何变化(吸收或辐射)都只能在某两个能级之间进行,原子的这种能量变化称为跃迁。具有一定高能量的光子,可以使处于某一定态的原子跃迁。与光子相互作用时,原子从一个能级跃迁到另一个能级,并相应地吸收或辐射光子,且光子的频率为

$$\nu = \frac{\Delta E}{h} \qquad (1-1)$$

式中：ν 为频率；ΔE 为上下能级的能量差；h 为普朗克常量。

光与物质有三种相互作用的基本形式：自发辐射、受激辐射和受激吸收[1,2]。

处于低能级 E_1 的一个原子在受到外界的激发、吸收了能量时，受激地向高能级 E_2 跃迁并吸收一个能量为 $h\nu$ 的光子，此过程就是受激吸收跃迁，如图1-1(a)所示。

处于激发态的原子是不稳定的，如果存在着可接纳原子的较低能级，即使没有外界作用，处于高能级的原子也可能自发地向低能级跃迁，同时辐射出能量为 ΔE 的光子，这种辐射过程称为自发辐射，如图1-1(b)所示。以自发辐射过程发出的光，相位是无规则分布的，偏振方向和传播方向也是不一致的，因此是非相关的。

除自发辐射外，处于高能级的原子也可能以另外一种方式跃迁到较低能级，即处于高能级的一个原子在频率为 ν 的辐射场的作用（激励）下受激发向低能级跃迁，并辐射出一个能量为 $h\nu$ 的光子，这个过程称为受激辐射过程，是受激吸收的反过程，如图1-1(c)所示。经过这个过程，频率为 ν 的光子数增加了，也就是说，原子与具有特定频率的外界粒子相互作用，发生光子的受激辐射，使外来激励光加强，具有光的放大作用。受激辐射是激光产生的物理基础。受激辐射过程发射的光子相位不再是无规则的，而是具有和外界辐射场相同的相位，受激辐射的光子与入射的激励光子属于同一光子态。即受激辐射场与入射辐射场具有相同的频率、相位、波矢，即传播方向和偏振方向相同。

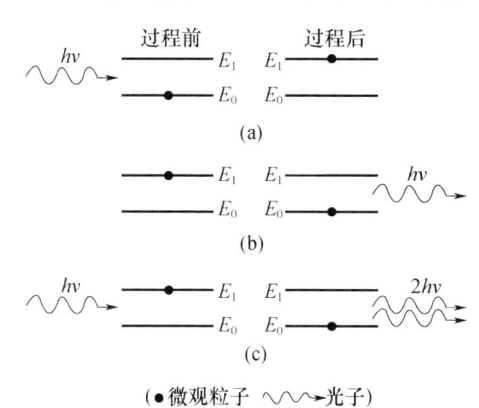

图 1-1 受激吸收、自发辐射、受激辐射
(a) 受激吸收；(b) 自发辐射；(c) 受激辐射。

在原子与外界粒子相互作用的过程中，即当一定频率的光射入工作物质时，光子受激吸收和受激辐射同时存在，其发生的概率与处于基态和激发态的粒子数有关。在热平衡状态时，物质的原子和分子处于各个能级的粒子数服从玻耳兹曼统计规律分布：

$$\frac{N_2}{N_1} = e^{-\frac{E_2-E_1}{kT}} \qquad (1-2)$$

式中：N_1、N_2分别为处于低能级E_1、高能级E_2的粒子数；T为平衡态时的温度；k为玻耳兹曼常数。

正常情况下处于低能级的粒子数N_1远大于高能级的粒子数N_2，即光的受激吸收概率大于受激辐射概率，这样当光穿过工作物质时，光的能量只会减弱不会增强。在这种条件下，若要使受激辐射占优势，需采取措施使粒子在能级上的分布倒转过来，使处于高能级的原子数大于处于低能级的原子数，即实现"粒子数反转"或"布居反转"[3]。原子在基态时可以较长时间地存在，而在激发态时平均寿命一般很短，但若某一激发能级与较低能级之间没有或只有微弱的辐射跃迁，则该态的平均寿命会很长（不小于10^{-3}s），这种高能级称为亚稳态能级。此时若光射入工作物质，且光子能量刚好等于亚稳态能级和低能态（基态）的能量差ΔE，则光的能量就会得到增强，产生受激辐射，输出大量相位、传播方向和偏振方向都相同的相干光，这就是激光（Laser），激光是辐射的受激发射光放大（Light Amplification by Stimulated Emission of Radiation）的简称。

2. 激光束的特点

激光的发射原理及产生过程的特殊性决定了激光具有普通光所不具有的特点：单色性好，方向性好，相干性好，亮度高（功率密度高）。激光的上述四个特性不是孤立的，它们之间存在着深刻的内在联系[4]。实际上，这四个特性的量子性根源是相同的，因而本质上可归纳为一个特性，即激光具有很高的光子简并度，按照辐射的量子理论，光辐射场是占据空间一定体积、一定立体角和一定频率范围的光子集合。光子分别处在一定数目的彼此可区分的量子状态（或模式）之内。每个量子状态内的平均光子数定义为光子简并度，表示有多少个性质全同的光子共处一个量子状态内。光学谐振腔具有波形限制，即模式选择作用，激光的光子简并度可以非常高。大功率激光器输出的光子简并度可达10^{20}。而普通光源，如太阳在可见光谱区的光子简并度只有$10^1 \sim 10^2$量级。

正是由于激光束具有单色性好、方向性好、相干性好和亮度高（功率密度高）的特点，或者说激光具有很高的光子简并度，使激光束易于聚焦和导向，方便传输和变换，有很高的功率密度，能够作为激光制造技术的热源。

1）单色性好

原子发光是间隙的，由傅里叶变换可知，原子发光的寿命，或者说持续发光时间Δt和所发光的频率宽度$\Delta \nu$是成反比的。一个光源发射的光的谱线宽度越小，则它的颜色就越纯，看起来就越鲜艳，就认为光源的单色性好。如果光波

的波长为 λ，谱线宽度为 $\Delta\lambda$，则光波的单色性表示为 $\frac{\Delta\lambda}{\lambda}$ 或 $\frac{\Delta\nu}{\nu}$。显然发光时间越长，谱线宽度越小，比值越小，单色性越好。普通光源发出的光包含较宽的波长范围，即谱线宽度较大，而激光器输出的激光束，波长分布范围非常窄。对比同样输出红光的氦氖激光器和氖灯，氦氖激光器输出光束谱线的宽度可窄到 2×10^{-9} nm，其单色性为氖灯发射的红光的 2/10000。

2）方向性好

方向性即光束偏离轴线的发散角，常以平面角 θ 大小来评价。θ 越小，光束发散越小，方向性越好。普通光源发出的光射向四面八方，光束发散度大；激光束的发散角很小，激光照射到月球上形成的光斑直径仅有 1km 左右。

激光的高方向性使其能够有效传递较长的距离，同时保证优良的聚焦性，得到高功率密度，这两点是激光先进制造实现的重要条件。

3）相干性好

相干性是区别激光与普通光源的重要特征。两束光在某一点相遇产生干涉的条件是：频率相同，振动方向相同，相位差恒定，且光的强度在叠加区域不是连续分布的，而是在一些地方有极大值，一些地方有极小值，这种叠加区域出现的强度稳定的强弱分布的现象称为光的干涉现象，即这两列波具有相干性。单色性越好，相干长度越大，方向性越好，相干面积越大。

在普通光源中，原子发光过程都是自发辐射过程，各个原子的辐射都是自发、独立进行的，各个原子发出的光子在频率、发射方向和初位相上都是不相同的，所以，在光源的不同位置发出来的光各不相同，不具备相干性。而激光由于受激辐射的光子在相位上是一致的，再加之谐振腔的选模作用，使激光束横截面上各点间有固定的相位关系，所以激光的空间相干性很好。

4）亮度高（功率密度高）

一般认为，光源在单位面积上向某一方向的单位立体角内发射的功率，就称为光源在该方向上的亮度。对于可见光波段的激光而言，光束的高功率密度表现为亮度大。普通光源发出的光能量无论从时间上还是空间上都弥散开去，难以产生极高的强度。激光由于能量被集中在极短的时间内发射出来，且激光束能通过一个光学系统（如透镜）聚集到一个很小的面积上，其能量密度比普通光源高出 $10^{12}\sim10^{19}$ 倍，能够在焦点附近产生数千摄氏度乃至上万摄氏度的高温，强激光甚至可产生上亿摄氏度的高温，这就使激光束可能加工几乎所有的材料。

1.1.2　激光束的描述

高功率密度和高光束质量是对制造用激光源和激光应用技术提出的两个基本要求。对于激光制造来说，激光束的质量和特性对制造结果至关重要。激光器输出光束的波长、功率、时间特性、偏振特性、光束模式是影响激光制造的重要因素。

1. 波长

激光束波长涵盖从红外到紫外各个波段,材料对不同波长的激光束的吸收率不同,所以,波长是影响激光制造的重要参数。一般情况下,激光束的波长越短,金属及其合金对其的吸收率越高。例如,CO_2 激光波长约为 10600nm,掺钕钇铝石榴石(Nd:YAG)激光波长约为 1060nm,是 CO_2 激光波长的 1/10,所以一般金属材料对 Nd:YAG 激光的吸收率均高于对 CO_2 激光的吸收率。在激光作用的初始瞬间,这种吸收率的差异起决定作用,随着材料状态的改变,吸收率有很大的不同;在"匙孔(Keyhole)"出现后,由于激光在孔壁上多次反射,导致吸收率增强,波长对吸收率的影响变小。

波长也会影响激光束精细聚焦的极限,即焦面光斑直径的极限值。设光腔输出孔径为 $2a$,受到衍射效应的限制,则激光所能达到的最小光束发散角 θ_m(单位为 rad)为

$$\theta_m \approx \frac{\lambda}{2a} \quad (1-3)$$

式中:λ 为激光束波长。

当一束发散角为 θ 的单色光被焦距为 f 的透镜聚焦后,焦面光斑直径为

$$D = f\theta \quad (1-4)$$

光束发散角等于衍射极限 θ_m 时,将式(1-3)代入式(1-4),得焦面光斑直径:

$$D_m \approx \frac{f}{2a}\lambda \quad (1-5)$$

说明波长越短,聚焦光斑越小。

2. 功率

在激光器的所有参数中,激光功率是最基本的参数,它是衡量激光器加工能力的基本指标。激光束与材料相互作用时的功率密度(辐照度)比功率本身更具有实际意义,因为高功率密度是激光制造最突出的优点,只有获得足够的功率密度,才能按照需要获得理想的加工质量。功率密度与激光功率和光斑大小密不可分。光斑内的平均功率密度可表示为

$$I_{avr} = \frac{P}{\pi r^2} \quad (1-6)$$

式中:I_{avr} 为聚焦光斑内的平均功率密度;P 为入射激光功率;r 为光斑半径。激光束的高方向性将功率包含在很小的空间立体角内,聚焦光斑越小,激光功率越高,在光束横截面上就可以得到高功率密度。

在不同的激光功率密度(辐照度)下,材料状态可发生不同的变化,如温度

升高、相变、熔化、汽化、形成匙孔、产生等离子体等。

3. 时间特性

激光束按照时间输出方式可分为连续激光和脉冲激光,脉冲激光主要参数包括脉冲波形和宽度、脉冲频率、峰值功率、平均功率、占空比等。

脉冲激光峰值功率高,脉宽小,有利于突破各种材料尤其是高反射材料的阈值,也有利于减小被加工材料的热影响区,适用于激光标记、打孔、点焊等需要单个或者低重复频率的脉冲激光的加工方式。常见脉冲激光器有光纤激光器、Nd:YAG激光器、红宝石激光器、钕玻璃激光器、氮分子激光器、准分子激光器等。图1-2所示为自由运转Nd:YAG激光器和通过不同调制方式获得的高峰值功率Nd:YAG固体脉冲激光。

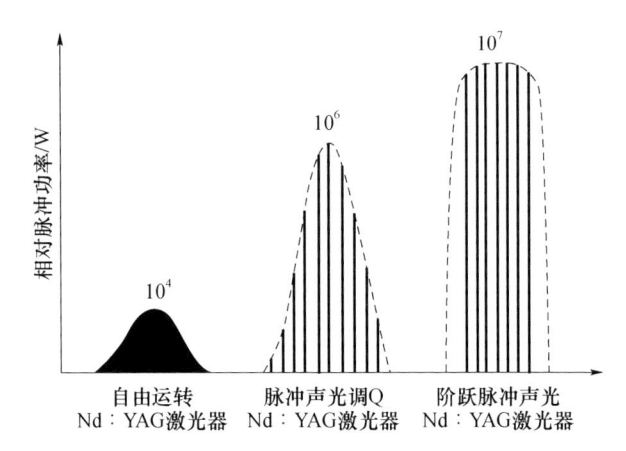

图1-2 自由运转Nd:YAG激光器和通过不同调制方式获得的高峰值功率Nd:YAG固体脉冲激光

脉宽和频率是激光束时间特性的关键参数。超短脉冲激光一般指时间宽度小于10^{-12}s的激光脉冲,皮秒(10^{-12}s)激光、飞秒(10^{-15}s)激光和阿秒(10^{-18}s)激光均属于超短脉冲激光,目前使用较多的是飞秒激光。飞秒激光具有非常高的瞬时功率,可达到拍瓦量级,功率密度高达$10^{20} \sim 10^{22}$W/cm^2。其超短脉冲宽度和超高峰值功率使飞秒激光在物理学、生物学、化学控制反应、光通信等领域中得到了广泛应用,尤其在激光先进制造领域,可以实现从金属到非金属乃至生物细胞组织的加工和制造,具有耗能低、无热熔区的优势,是典型的"冷"加工过程。

连续激光器的特点是工作物质的激励和相应的激光输出在一定时间范围内以持续的方式进行,具有稳定的工作状态,激励方式主要有连续光激励和连续电激励。连续激光的主要参数是功率,输出时间可根据激光制造过程进行控制。泵浦功率有很短时间间隔的关断以减小热影响的激光器属于准连续激光器。高功率CO_2激光器、Nd:YAG激光器等连续激光器适用于各种不同需求的高速度、大范围的连续加工和制造过程。

4. 偏振特性

光波为横向电磁波,电场、磁场、传播速度三者相互垂直。在垂直于光传播方向的平面内,光矢量可能有各种不同的振动状态,这种振动状态通常称为光的偏振态。光矢量只沿一个固定的方向振动,也就是说光矢量只在同一个平面内振动的偏振光称为线偏振光,也称为平面偏振光,如图1-3所示。两束偏振面垂直的线偏振光叠加,当相位固定时,获得椭圆偏振光,当两束偏振光的强度相等且相位为 $\pi/2$ 或 $3\pi/2$ 时,得到圆偏振光,如图1-4所示。激光束的偏振特性证明了光波是横波,即光波的振动方向与传播方向垂直。最常见的光的偏振态大体分为自然光、线偏振光、部分偏振光、圆偏振光和椭圆偏振光五种。

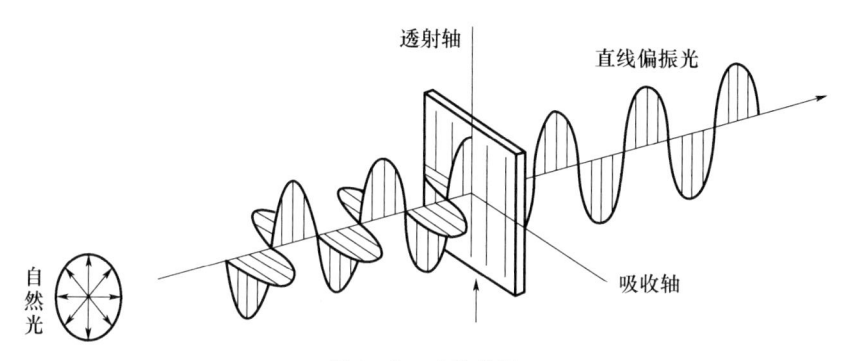

图1-3 光的偏振

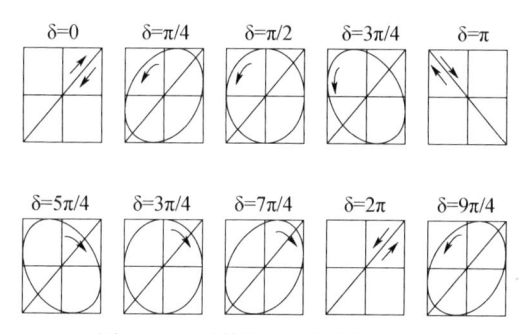

图1-4 圆偏振光和椭圆偏振光

自然光在两种各向同性介质分界面上发生反射和折射时,不仅光的传播方向要改变,而且偏振状态也要发生变化。一般情况下,反射光和折射光不再是自然光,而是部分偏振光。在反射光中垂直于入射面的光振动多于平行振动,而在折射光中平行于入射面的光振动多于垂直振动。反射光的偏振化程度和入射角有关。当入射角等于某一特定值 θ_b 时,反射光是光振动垂直于入射面的线偏振光。这个特定的入射角θ_b称为起偏角,即布儒斯特角(Brewster's Angle)。对于平行偏振光,入射角为布儒斯特角时吸收率具有最大值,而在0°和90°时有最小值。垂直偏振光则相反,随着入射角的增大,吸收率持续下降。

偏振是大多数类型的激光器输出光束的特性。腔内有量子阱、布儒斯特窗、双折射元件等偏振机制或原件时,激光束是偏振输出。即使无此类元件,由于激光束由受激辐射产生,光束中的光子都应视同偏振,于是大多数类型的激光器输出的每一个纵模(频率)也是线偏振的。且相邻的两个纵模要么是正交偏振的,要么是平行偏振的。

固体激光器输出光束的偏振特性主要取决于工作物质的种类、质量和运行状态。红宝石、YAP、Nd:YVO$_4$等工作物质是各向异性晶体,产生的激光具有明显的偏振性。Nd:YAG及钕玻璃等各向同性的工作物质,一般输出激光为非偏振性,在应力及热效应作用下导致双折射,激光输出具有部分偏振性。

5. 光束模式

激光的光束模式是指光波场在空间的分布状态,可分解为沿传播方向的分布和垂直于传播方向的横截面内的分布,分别称为纵模和横模。激光束的空间相干性和方向性取决于其横模结构,而激光束的单色性取决于其纵模结构和模式频带宽度。激光束的纵模与激光制造关系很小,但其横模分布对激光制造影响很大,它与所采用激光器谐振腔的类型有关。

激光束的横模:对于圆形镜记为TEM$_{pl}$,TEM表示横向电磁场,p为横模沿辐角方向的节线数目,l为横模沿径向的节线数目,当$p=l=0$时,TEM$_{00}$模的光场呈高斯分布,称为基模高斯光束;对于方形镜(轴对称)记为TEM$_{mn}$模,m、n表示垂直光束平面上x、y两个方向上的节线数。以气体激光器为例,对于圆形孔径反射镜谐振腔,激光束的模式花样如图1-5所示。

在相同的激光功率下,激光的光束模式对激光制造质量有很大的影响,而且不同的加工方法对激光束模式的要求是不同的。

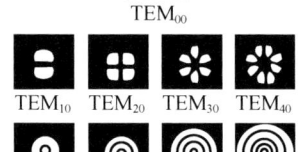

图1-5 激光束模式花样

以激光焊接技术为例,不同光束模式对焊接质量有明显的影响,如图1-6所示。激光束为基模时,可以获得最大的焊缝深度与深宽比;而当光束模式的阶次越高时,激光束的能量分布就越发散,焊接质量越差。

光束模式阶次越低,聚焦后的光斑尺寸越小,功率密度和能量密度越大,因此在金属材料的激光切割中,为了获得较高的切割速度和较好的切割质量,一般采用TEM$_{00}$或者低阶高斯模式的激光。

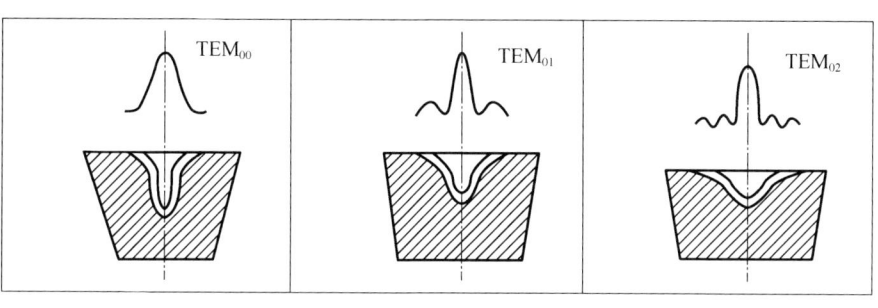

图1-6 光束模式对激光焊接的影响

1.1.3 激光束的传输与变换

在实际工作中,由激光器输出的激光束必须经过一些光学系统(或自由空间)传输后,才能到达激光与物质相互作用的面,有时因输出激光不能满足应用要求而需要设计合适的光学系统加以变换[5]。

1. 激光束的传输

1)激光束的传输简介

目前用于传输激光束的装置中,应用较多的是光纤传输系统和多关节式导光系统。光纤传输系统具有比透镜、反射镜、棱镜等,体积小、结构简单、柔性好、灵活方便,可以加工常规系统不易加工的部位等优势,因此,本小节主要介绍光纤传输系统。

光纤改变了传统光传输的方式,光的传输路径从宏观上看,不再是直线传播,而可以随着光纤的弯曲而变得柔性化。在激光获得广泛的工业应用后,在工业加工中常采用光纤来传输激光束。但并不是所有的激光都能利用光纤传导,像常见的 CO_2 激光就不能通过光纤传输,Nd:YAG 激光则很适合。对不同功率和波长的激光,以及不同的用途要求,应选择合适的光纤传输系统。在大功率激光制造中应用的光纤一般为石英多模光纤。光纤的传输特性主要是传输损耗和传输带宽。传输损耗决定传输距离,而传输带宽则决定传输容量。在大功率激光制造的工业加工应用中,主要考虑功率的传输,特别当要求光束沿复杂路径或需要对光输出头进行复杂操作时,需要采用光纤传输系统。光纤的灵活性消除了机械和折反光学上的复杂性,更适合于机器人操作。

光纤柔性传输的物理基础从几何光学角度来说就是光的全反射。光纤是一种导光结构,实际上也是波导的一种,即圆波导。光纤的结构一般分为纤芯、外层、保护套等,纤芯与外层的折射率不同,为了使入射到光纤芯的光束能够发生全反射,纤芯的折射率需要大于外层的折射率。光纤本身是实现光束的光纤传输的必要条件,同时入射光束本身也要满足驻波条件。对于光纤中的传输问题,可以有两种方法进行研究,即几何光线法和波动理论法。几何光线法虽然可以简单说明光纤波导对光的传播,但是严格地说,光纤属于圆柱光波导,应该用波动理论去寻求满足光波导边界条件的波动方程的解,确定各模式场的横向分布及轴向相位常数。而对于弱导波光纤,可以采取一种近似解法——标量近似解法。用这种解法能简化分析,结果简单实用。

弱导波光纤包层和芯子的折射指数差别极小,二者的比值近似为1,所以芯子和包层界面上全反射的临界角约等于90°。如果要在光纤中形成导波,光线的入射角也几乎要等于90°,所以光线几乎与光纤轴线平行前进。这样的波类似于一个横电磁波。它的横向电场和横向磁场都满足标量波动方程,相应的解法称为标量近似解。对于具体求解过程,可参考有关文献,这里重点讨论光纤的几个重要参数,以及对传输模式的影响。

归一化频率:

$$V = (n_1^2 - n_2^2)^{\frac{1}{2}} ka \tag{1-7}$$

它概括了光纤的结构参数和工作波长,是一个重要的综合参数,光纤的很多特性都与光纤归一化频率有关。

归一化径向相位常数 U 和归一化径向衰减常数 W:

$$U = (n_1^2 k^2 - \beta^2)^{\frac{1}{2}} a \tag{1-8}$$

$$W = (\beta^2 - n_2^2 k^2)^{\frac{1}{2}} a \tag{1-9}$$

式中: n_1 和 n_2 分别为光纤芯子和包层的折射率; $k = \dfrac{2\pi}{\lambda}$ 为沿轴向传播的行波的相位常数; a 为光纤芯子的半径。

U 和 W 分别表示在光纤的芯子和包层中导波场沿径向的变化情况。它们和归一化频率 V 之间存在关系:

$$V = (U^2 + W^2)^{\frac{1}{2}} \tag{1-10}$$

在大功率光纤中,一般可以有多个导波同时传输。归一化频率 V 越大,导波数量也越多。由式(1-10)可以看出,光纤的芯径越大,折射率差越大,工作波长越短,光纤中传播的模式就越多,保留在芯子中的能量就越大。

光纤的传输损耗是影响功率传输的因素之一。光纤的损耗可分为材料损耗和波导结构损耗两个方面。材料损耗主要是材料吸收和材料散射。任何材料传输光的过程中都有最低限度的吸收,称为本征吸收光纤中的杂质离子会引起吸收;材料结构中的原子缺陷会产生吸收。而材料散射主要是光的瑞利散射,与波长的四次方成反比,所以在长波波段有更小的传输损耗,这对目前工业用红外激光器是个有利条件。另外就是光纤自身结构的散射以及光纤弯曲损耗,光纤弯曲会产生传输模式的转换和高阶模的激发等,造成损耗,因此在使用过程中应该防止形成过小的曲率半径。

　　光纤柔性传输的影响因素包括纤维端面和连接耦合、光纤长度、光纤芯径和光纤的径向折射率分布等。光纤长度可分为短、中、长。短光纤对光的改变较小,实际上相当于一个窗口。而长光纤的输出则对入射激光的分布有依赖。实际应用中的光纤长度一般为中等,这个范围的选择依赖于许多因素,包括耦合条件、输入分布、纤维的不均匀性和弯曲等。光纤尺寸是配置光束传输系统的重要因素。一般芯径范围是 0.1~1.0mm。使用较细的光纤(假设数值孔径相同)允许在相同焦点大小的条件下,有更远的工作距离或更小的焦点。光纤的直径受到激光束质量、聚焦元件和光纤的数值孔径的限制。高功率激光传输系统的破坏原因主要是连接器的受热。如果光纤的输入和输出耦合设计得恰当,连接器的受热主要是由于端面漫反射和折射造成的。连接器应该可调、耐热、定位精度高;在大功率条件下,需要可承受后反射的连接器。

　　光纤传输的激光需要变换以适应不同的应用,常见的是扩束准直后聚焦。准直元件由光纤的数值孔径确定。对大直径的纤芯,短焦长透镜用来获得高功率密度,但为了避免加工飞溅物和烟尘,限制了焦长的减少。而且一般对焦深的要求也使得焦长不能太小。采用输出窗口来防止加工时的溅射损坏镜头。对光纤传输系统的选择,需要考虑到具体应用所需的功率水平和使用方式。可以通过仔细选择耦合元件,提高光纤传输系统的效率,提高光束质量和保证光纤刚度。较细的光纤可以获得高质量的激光传输,但能耦合入光纤的光斑大小受光束质量、聚焦元件和光纤数值孔径的限制。

　　Nd:YAG 激光适于用光纤传输(特别在考虑机器人应用时),光路中的元件能使用普通的光学玻璃材料,光束对准、转换和分束较容易,光纤长度基本不影响加工过程,激光器(固体器件)和传输系统的维护简单,费用低,体积小,脉冲 Nd:YAG 激光能得到高能量和高峰值功率。在大功率激光的光纤传输中,主要考虑激光的入端耦合和出端聚焦问题,应在实践中尽可能实现高效率和高可靠性。

　　2) 光束质量评价

　　M^2 因子理论是 20 世纪 90 年代初由 A. E. Siegman 教授提出的描述激光光束质量较为完整的理论[6,7],并得到国际标准化组织(ISO)的支持。通过光束横截面上强度分布的二阶距表示光束束宽,用 M^2 因子表示光束质量[8]。由于激光束束腰宽度由束腰横截面上的光强分布来决定,远场发散角由相位分布决定,因此,M^2 因子能够反映光场的强度分布和相位分布特性[9]。

　　M^2 因子作为评价光束质量的参数可以全面地描述激光束传输特性,虽然通过聚焦或准直的办法可以缩小光斑直径和压缩远场发散角,但对于确定的高斯光束,当通过理想的无像差光学系统变换时,其 M^2 因子总是一个常数,这比仅用

聚焦光斑尺寸或远场发散角描述光束质量更加完善。M^2因子的定义为

$$M^2 = \frac{实际光束的束腰半径 \times 远场发散角}{理想光束的束腰半径 \times 远场发散角} \quad (1-11)$$

在M^2因子的定义中，理想光束是指基模高斯光束，即基模高斯光束的$M^2=1$，具有最好的光束质量。M^2因子越大，则光束质量越差。对于多模激光束的传播，M^2因子的引入具有重要的意义。在整个传输过程中，所有的轴向位置上的光束横向扩展，都比对应的基模高斯光束大一个常数倍因子M，即

$$W(z) = Mw(z) \quad (1-12)$$

式中：$W(z)$为多模光束的光束半径；$w(z)$为基模高斯光束的光束半径；z为轴向位置。

光束聚焦特征参数值K_f，也称为光束参数积（Beam Parameters Product，BPP），ISO将其定义为光束束腰直径与光束发散角全角的乘积的1/4，即

$$K_f = \frac{D_0 \cdot \Theta_0}{4} \quad (1-13)$$

式中：D_0为光束束腰直径；Θ_0为光束发散全角。

它描述了光束的束宽和远场发散角的乘积不变原理。即光束经过无像差光学系统变换后，光束的束宽和远场发散角乘积不变。式(1-13)可以表示为

$$K_f = \omega_0 \theta_0 = \omega_f \theta_f \quad (1-14)$$

式中：θ_0、θ_f分别为激光束聚焦前、后的光束发散半角；ω_0、ω_f分别为激光束聚焦前、后的束腰半径。

在整个光束传输变换系统中，K_f值是一个常数（$K_f =$常数）。在激光束为基模高斯光束时，K_f值达到其最小值λ/π，对于实际的激光束来说，$K_f > \lambda/\pi$。光束聚焦特征参数值K_f是激光束可聚焦性的一个量化标准，也可以说是激光束空间横模特性的量化评价。它仅包含了光束直径和发散角，并不包含波长的因素，能更好地反映激光束的聚焦特性。

K_f值与M^2因子之间的关系可以表示为

$$K_f = \frac{\lambda}{\pi} M^2 \quad (1-15)$$

对于基模高斯光束，用M^2因子来评价光束质量时，得到的结果都是一样的，即$M^2=1$，但波长不同时，其光束聚焦特征参数值的极小值是不相同的，波长越短，K_{f00}值越小。

对于基模高斯光束，K_{f00}相同而波长不同时，其光束发散角$\left(\theta_{00} = \frac{\lambda}{\pi \omega_{00}}\right)$是不相同的。例如，在相同束腰半径下，Nd:YAG激光的光束远场发散角比CO_2激光的远场发散角小一个数量级，相应地，Nd:YAG激光的K_{f00}值也比CO_2激光的K_{f00}值小一个数量级，即：

CO_2 激光：

$$K_{f00} = \frac{\lambda}{\pi} = 3.37 \text{mm} \cdot \text{rad} \qquad (1-16)$$

Nd:YAG 激光：

$$K_{f00} = \frac{\lambda}{\pi} = 0.337 \text{mm} \cdot \text{rad} \qquad (1-17)$$

实际上，无论用 K_f 值还是 M^2 因子来评价激光光束质量，其理想光束是一致的，都为基模高斯光束，即越接近基模的激光束，其光束质量越好。

2. 激光束的聚焦与变换

1）激光束的聚焦

激光在工业领域应用很广泛的原因在于它可以通过聚焦获得极高的功率密度，从而高效快速地完成加工任务，所以光束的聚焦特性是体现光束质量好坏的关键。光束的聚焦特性包括焦斑的大小和形状、焦深和发散角、截面能量密度分布等。目前对激光光束质量没有统一的定义和评价标准，不同的应用领域对光束质量有不同的评定指标或者用多个参数来评价光束质量。对于制造用激光束，可以用束腰半径、远场发散角等表征激光束的聚焦特性，M^2 因子可反映光场的强度分布和相位分布特性，光束聚焦特征参数值 K_f 是制造用激光器的固有参数，用以评价激光束的聚焦能力和光束质量。

激光制造中，焦点附近的光斑尺寸变化较大，不同的焦点位置将使作用在材料表面的激光功率密度变化很大，对加工质量的影响也很大。

对于旋转对称的激光束，腰斑位置在 z 轴上的光束半径为

$$w(z) = w_0 \sqrt{1 + \left(\frac{z}{z_R}\right)^2} \qquad (1-18)$$

式中：z_R 为瑞利长度。显然，$z=0$ 时，$w(z)$ 有最小值 w_0，将 $z=0$ 定义为束腰的位置，w_0 定义为束腰半径。

瑞利长度 z_R 表示沿光束传播方向光束直径（或半径）增长为束腰直径（或半径）的 $\sqrt{2}$ 倍时到束腰位置的距离。瑞利长度可以理解为光束的准直距离，表示在这段长度内，光束可以近似认为是平行的。瑞利长度越长，就意味着光束准直的范围越大。

激光束的传输依双曲线规律从中心向外扩展，光束束宽在远场增大形成渐进的面锥，图 1-7 所示为激光束束腰半径和远场发散角示意图。任何旋转对称的激光束具有三个参数特点：光腰位置 z_0、光束束腰半径 w_0 和远

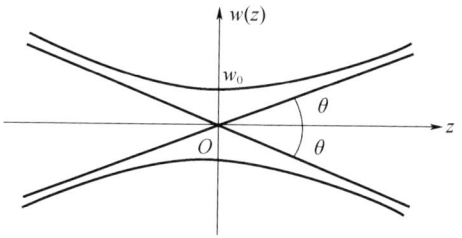

图 1-7 远场发散角与束腰半径

场发散角 θ。

光束远场发散角定义为双曲线的两根渐进线之间的夹角 2θ，是指高斯光束的光束宽度在远场增大形成的渐进锥面所构成的全角度。θ 为远场发散半角，可表示为

$$\theta = \lim_{z \to \infty} \frac{w(z)}{z} \qquad (1-19)$$

式中：$w(z)$ 为光束半径；z 为距离束腰位置的距离。

对于高斯光束，其远场发散半角可表示为

$$\theta = \frac{\lambda}{\pi w_0} \qquad (1-20)$$

式中：λ 为激光束波长；w_0 为光束束腰半径。

由式(1-20)可以看出，在波长一定的情况下，高斯光束的远场发散角只与束腰半径大小有关，束腰半径越大，发散角越小。

远场发散角的大小决定了激光束在不明显发散的条件下可以传输的距离，这往往是激光制造中要考虑的问题，小的发散角有利于加工深度的提高，并可降低对加工距离的严格要求。可通过采用透镜或望远镜的方法改变光束的束腰半径，从而改变光束发散角，所以当用远场发散角评价光束质量时，必须确定一固定的激光光斑尺寸才能比较。

实际应用中，常常根据聚焦镜的焦距 f 和聚焦光束传输距离与焦距相同时的光束束宽来计算远场发散角的大小，公式表示为

$$\theta = \frac{w(f)}{f} \qquad (1-21)$$

式中：f 为激光束的焦距；$w(f)$ 为焦距处的光束束宽。

对于一定的聚焦激光束来讲，处于焦点处的光斑尺寸最小，距离焦点越远，光斑尺寸越大，功率密度越小。

2) 激光束的变换

激光束变换不仅有深刻的理论意义，而且有更重要的实际意义。激光器直接输出的激光束具有固有的传输特性，一般在光束任意横截面上表现为具有高斯或者超高斯强度分布的圆形光斑，难以满足激光先进制造过程中对激光束空间强度分布多样化的需求。在激光与材料的相互作用的实践中，不同的激光制造工艺对所需的激光束提出了不同的要求，虽然可以从激光器本身加以改进，但是在激光束的传输与变换过程中对激光束进行变换与整形则更灵活和有效。激光制造的光束传输和变换可以在外光路系统完成，而外光路系统中的各种光学元件的设计、加工质量和装调精度，都直接关系到各种激光制造的最终结果。

光束变换技术一直伴随着光学技术的发展而不断进步。光束变换是为了更好地利用有限的能量，从技术光学角度上提高设备的工作效率。光束变换可以

从光束的时间特性和空间特性两个方面考虑。时间特性如脉冲激光的频率、脉宽等;空间特性如模式分布、光斑形状等。对于时间方面,例如声光调制,可以把连续输出调制为具有一定频率和脉宽的脉冲序列输出,主要是由系统的电路部分控制;对于空间方面,可以调制输出的截面光强分布,实现特殊的空间功率密度分布要求。对于各种光学元件来说,主要是对光束进行空间特性的变换。空间分布还包括沿传播方向的分布,例如产生长焦深的贝塞尔函数光束。空间分布的变换(广义)包括常规的,如能用普通折射、反射光学元件实现准直、聚焦,也包括非常规的能够同时实现多种光学功能的衍射光学系统,例如能用衍射光学元件来形成空间点阵分布。

利用二元光学技术,可实现高强激光束的空间强度特定分布变换,从而满足激光相变强化[10,11]、激光热负荷[12]等不同应用的需求,为特定激光先进制造技术提供了具有特定空间强度分布的激光束,从而提高激光先进制造过程的加工效率和制造效果,具有重要应用价值。图1-8为激光束二元光学空间变换的示意图。通过激光束的二元光学变换可实现方形、圆形、环形、点阵以及任意形状和强度分布的光斑。

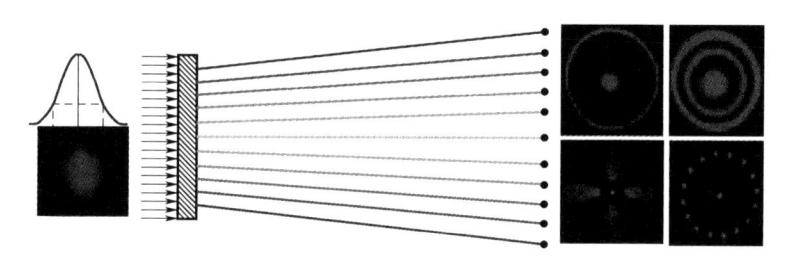

图1-8 激光束二元光学空间变换示意图

例如,为满足激光表面硬化的需求,制备具有比例强度分布的准达曼光栅,提高了激光表面硬化后硬化层的几何均匀度[13-15],得到了周期性的硬度分布,提高了材料的耐磨性。为模拟发动机零部件的激光热负荷过程,可研制多台阶二元光学元件,模拟活塞和汽缸盖在实际工况中的受热过程[16]。

1.2 激光与金属的相互作用

激光与金属相互作用的物理过程十分复杂,包括材料对激光能量的吸收,材料的加热、熔化、汽化、冷却、凝固和等离子化等,涉及诸多学科领域,包括激光物理、等离子体物理、非线性光学、传热学、气体动力学、流体力学、材料力学、固体物理、固体材料的光学性质等方面。

在不同工艺参数(如激光功率密度、作用时间等)的激光束照射下,材料表面区域将发生各种不同的变化,以满足不同的工艺加工。例如:有的仅引起金属材料表层温度升高,但其物相不发生变化,主要用于零件的表面退火和相变硬化处理;有的要求将一种或多种材料加热到熔化程度而不要求去除材料,主要应用于焊接和合金化等连接过程;有的则要求激光对材料加热并去除材料,如打孔、切割和表面清除等。

同时,材料表面区域物理状态的不同变化反过来也将极大地影响激光与被加工材料之间的相互作用。当激光功率密度小于材料的汽化阈值时,金属对激光吸收率很低,大部分的激光能量被材料表面反射,加工效率极低。一旦激光功率密度超过汽化阈值,材料对激光的吸收率和焊接深度都将急剧增加。而当其功率密度大于等离子体的屏蔽阈值时,材料对激光的吸收率和加工效率又将降低。

但无论哪种情况,其所涉及的激光与金属相互作用的原理是一致的。从微观机理[17]来看,激光与物质的相互作用是高频电磁场对物质中自由电子或束缚电子作用的结果,物质对激光的吸收与其物质结构和电子能带结构有关。金属中的自由电子在激光作用下发生高频振动,通过韧致辐射过程部分振动能量转变为电磁波(即反射光)向外辐射,其余转化为电子的平动动能,再通过电子与晶格之间的弛豫过程转变为热能[18,19]。

1.2.1　金属表面对激光的吸收与反射

激光与金属的相互作用首先是从入射激光被金属反射和吸收开始的,当一束激光照射到金属材料表面上时,激光能量一部分被材料吸收,另一部分则发生反射。

激光照射到材料表面,入射光子与金属中的自由电子发生相互作用,使自由电子发生强迫振动,组成物质的粒子成为振荡电偶极子而辐射出次电磁波,次波与入射波之间以及各次波之间相干叠加,从而形成一定的反射波和透射波[20,21]。而透射波又在很薄的金属表层被吸收,因此会在金属材料表面产生反射、散射和吸收等物理过程,同时由于金属中电子的密度很大,金属表面对激光常有较高的反射率。金属吸收激光是通过自由电子这一中间体,然后通过电子与晶体点阵的碰撞将多余能量转变为晶体点阵的振动。电子和晶体点阵碰撞弛豫时间的典型值为 10^{-13} s,因此可以认为材料吸收的光能向热能的转变是在一瞬间发生的。由于金属中的自由电子数密度很高,因此金属对光的吸收率很大。对于从波长 $0.25\mu m$ 的紫外光到波长为 $10.6\mu m$ 的红外光这个波段内的测量结果表明,光在各类金属中的穿透深度仅为 $10nm$ 数量级,也就是说,透射光波在金属表面一个很薄的表层内被吸收。因此金属吸收的激光能量使表面金属加热,然后通过热传导,热量由高温区向低温区传递。

不同材料对不同波长入射光的吸收和反射有很大的差别,表面状态对反射和吸收也有很大的影响。金属材料具有相对较高的反射率和相对较低的吸收率,根据试验,大部分金属的反射率 R 在 $0.7 \sim 0.9$ 之间。金属作为不透明材料,其透射率 $T \approx 0$,所以有

$$A = 1 - R \tag{1-22}$$

式中:A 为吸收率;R 为反射率。

材料对激光的吸收率不是一个固定值,它与入射光的波长、入射光的偏振特性、材料性质、温度、材料表面状况等有关。

1. 激光波长

一般情况下,波长越短,吸收率越高,如图 1-9 所示为几种金属对不同波长的吸收率曲线。对于一种金属材料,假设处于真空中,表面没有氧化,则其发射率可以计算出来,且发射率和反射率之和等于1,因此金属的吸收特性通常是通过计算其发射率得到的,对于金属材料来说,发射率是入射光波长和温度的函数。

表 1-1 是在 20℃ 的情况下几种常用金属的发射率与波长的关系。

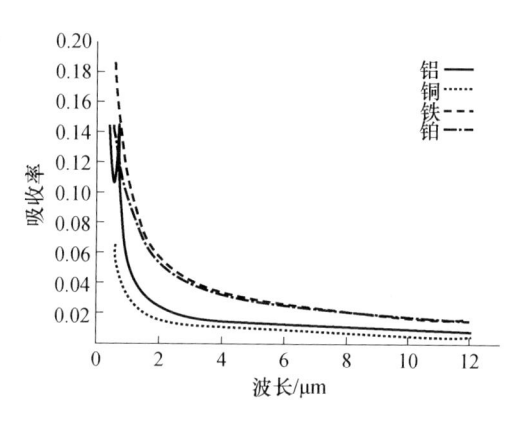

图 1-9 不同波长下不同金属材料的激光吸收率曲线

表 1-1 常用金属的发射率[22]

金属($T=20℃$)	发射率		
	红宝石($\lambda=700nm$)	Nd:YAG($\lambda=1060nm$)	CO_2($\lambda=10600nm$)
Cu	0.17	0.10	0.015
Au	0.07	—	0.017
Fe	0.64	—	0.035
Mo	0.48	0.40	0.027
Ni	0.32	0.26	0.03
Ag	0.04	0.04	0.014
Ti	0.18	0.19	0.034
W	0.50	0.41	0.026

波长还影响到光致等离子体的形成。例如,在激光深熔焊接过程中,若激光的功率密度较大,被辐照的金属材料表面强烈汽化形成金属蒸气,随着激光的继续照射,金属蒸气中和保护气体的一部分自由电子通过逆韧致辐射吸收激光的能量而被加速,直至有足够的能量能够使金属蒸气和保护气体电离,使电子密度雪崩式地增长而形成光致等离子体。等离子体对入射激光具有屏蔽作用,影响正常焊接过程。对于激光诱导金属蒸气击穿形成等离子体的临界功率密度,Nd:YAG 激光比 CO_2 激光高两个数量级。CO_2 激光焊接时,光致等离子体的阈值功率密度约为 10^6W/cm^2,Nd:YAG 激光焊接时,其值约为 10^8W/cm^2,所以在 Nd:YAG 激光深熔焊接过程中几乎不产生等离子体。

2. 偏振和入射角

在入射角较小的情况下,材料对激光的吸收率受光束偏振特性的影响很小,但如果入射角增大到一定程度,激光的偏振特性对激光制造过程有强烈的影响,这时需对激光束的偏振特性加以控制。

当采用线偏振光进行切割和深熔焊接时,激光不是垂直入射的,加工方向的改变将导致材料对激光吸收率的变化,影响加工质量的一致性。这时可采用圆偏振镜将激光器输出的线偏振光转换为圆偏振光,这样,吸收率就与工件加工方向无关了,如图 1-10 所示。

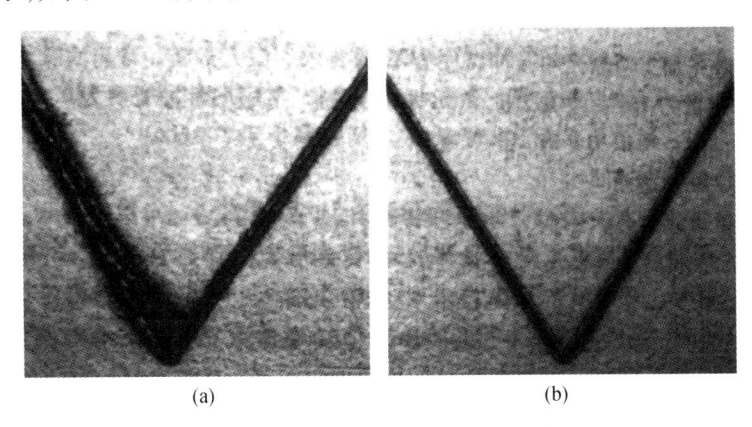

图 1-10 线偏振光和圆偏振光切割效果图
(a)线偏振光切割效果;(b)圆偏振光切割效果。

激光束的入射角定义为入射光的轴线方向与工件表面法线方向的夹角。它对吸收率的影响不能忽视。设 θ 表示激光束入射角,则在不同偏振方向上,材料对激光的吸收率可表示为

$$A_\mathrm{p}(\theta) = 1 - R_\mathrm{p}(\theta) = \frac{4n\cos\theta}{(n^2 + k^2)\cos^2\theta + 2n\cos\theta + 1} \quad (1-23)$$

$$A_v(\theta) = 1 - R_v(\theta) = \frac{4n\cos\theta}{(n^2 + k^2) + 2n\cos\theta + \cos^2\theta} \quad (1-24)$$

式中：n、k 分别为折射系数和消光系数，一般与波长有关；A_p、A_v 分别表示平行偏振方向和垂直偏振方向的吸收率；R_p、R_v 分别表示平行偏振方向和垂直偏振方向的反射率。

材料对垂直线偏振光的吸收率随着入射角的增大而减小，材料对平行线偏振光的吸收率随着入射角的增加逐渐达到最大值，之后吸收率急剧降低。吸收率最大值时的光束入射角称为布儒斯特角，这个角度非常接近90°。实际应用中，通常都采取激光束垂直入射到工件表面的方式（入射角为0°），这种入射方式要求虽然给不规则曲面的激光制造带来了一定困难，但保证了吸收率的稳定性。

3. 材料性质

不同的材料对激光的吸收率是不同的。大多数金属在光学波段上都有高的反射率（70% ~ 90%）和大的吸收率（$10^5 \sim 10^6 \text{cm}^{-1}$）。光在金属表面层的能量即被吸收，并把吸收的光能转变为热能，使材料局部温度升高，然后以热传导的方式把热量传导到金属内部。在金属表面上，光吸收是由导电的电子产生的，因而主要是由材料的导电性决定的，并且材料对激光的吸收率随电导率的增大而减小。

对于一种金属材料，假定表面没有氧化，且处于真空中，根据麦克斯韦（Maxwell）波动理论，对于具有复折射率 $\tilde{n} = n + ik$ 的材料，光波垂直入射时，其界面处的反射率为

$$R = \frac{(n-1)^2 + k^2}{(n+1)^2 + k^2} \quad (1-25)$$

式中：R 为反射率；n 为折射率（复折射率的实部）；k 为消光系数或吸收指数（复折射率的虚部）。对于金属来说，n 和 k 均是波长 λ 和温度 T 的函数。

将式（1-25）代入式（1-22）可得到

$$A = \frac{4n}{(n+1)^2 + k^2} \quad (1-26)$$

式中：A 为吸收率。

对于进入材料内部的激光，根据朗伯定律（Lambert-Beer Law），光强 I 随传播距离 z 呈指数衰减，即

$$I(z) = I_0 \, e^{-Az} \quad (1-27)$$

式中：z 为光传播的距离；$I(z)$ 为光波传播距离 z 后的强度；I_0 为界面处被材料吸收的光强；A 为吸收率，它与材料的消光系数的关系为

$$A = \frac{4\pi k}{\lambda} \quad (1-28)$$

其中：k 为消光系数或吸收指数；λ 为波长。

多数金属的吸收率 A 在 $10^5 \sim 10^6 \text{cm}^{-1}$ 之间，吸收过程仅发生在被照射金属材料厚度为 $0.01 \sim 1\mu\text{m}$ 的范围内，称为金属的趋肤效应。光强 I 衰减 e 倍，即把光强降至 I_0/e 时，激光所穿过的距离称为趋肤深度或吸收深度，用 l_α 表示，有

$$l_\alpha = \frac{1}{A} = \frac{\lambda}{4\pi k} \tag{1-29}$$

4. 温度

材料的电导率受温度的影响较大，所以金属表面对激光的吸收率随温度也会发生变化，材料对激光的吸收率随温度的升高而增大，如图 1-11 所示。金属材料在室温时吸收率较小，温度升高到接近熔点时，其吸收率可提高到 40%~50%，如果温度接近沸点，其吸收率高达 90%。

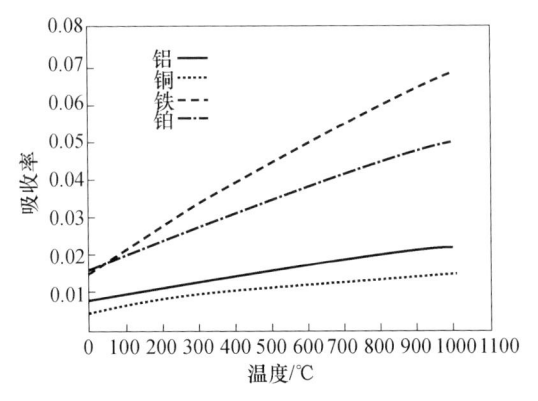

图 1-11 在不同温度下铝、铜、铁、铂的激光吸收率

材料的汽化是一个分界线。当材料没有发生汽化时，不论处于固相还是液相，金属材料对激光的吸收仅随表面温度的升高而有较慢的变化；而一旦材料出现汽化并形成等离子体和匙孔，材料对激光的吸收则会突然发生变化。当功率密度大于汽化阈值时，反射率会突然降至很低，材料对激光的吸收剧增。

在实际加工中，由于金属随温度升高使表面氧化加重，所以，还应考虑材料表面氧化层增加对激光的吸收。

当暴露于空气中时，常规金属表面多数情况下覆盖着一层氧化物。氧化层的厚度和结构取决于金属试件的准备和经历的时间，相当厚的氧化层可以使试件的吸收率增加一个数量级甚至更高。氧化层对吸收的影响还取决于激光波长。例如，通常情况下，铝表面的自然氧化铝层是很薄的（小于 10nm）。在准分子激光产生的紫外区，$\lambda \leqslant 220\text{nm}$，薄的氧化膜层的附加吸收超过金属的固有吸收；但是，同样的氧化铝膜对 CO_2 激光却是完全透明的。铝表面的自然氧化铝膜层对 CO_2 激光的附加吸收不足铝的固有吸收的 1.6%，然而采用阳极氧化处理

铝表面所得到的氧化铝厚膜对 CO_2 激光的吸收率接近 100%。

5. 材料表面状况

金属对激光的吸收率与材料表面状况(如表面粗糙度、表面涂层等)有很大关系。

如表 1-2 所列,不同的表面粗糙度的吸收率不同。增大金属的表面粗糙度也可提高其对激光的吸收率。比如用喷砂处理、砂纸打磨等粗化手段进行预处理,尤其是粗化表面微观不平整度在波长量级左右时,吸收率变化较大,这种现象在室温条件下比较明显。温度升高时,该现象减少,温度超过 600℃ 时,几乎失效。

表 1-2 表面粗糙度对吸收率的影响

表面状态	平均表面粗糙度 $Ra/\mu m$	对 CO_2 激光的吸收率 /% ($\lambda = 10.6\mu m$)	对 CO 激光的吸收率 /% ($5.3\mu m \leq \lambda \leq 5.5\mu m$)	对 Nd:YAG 激光的吸收率/% ($\lambda = 1.06\mu m$)
抛光	0.02	5.15 ~ 5.25	8.55 ~ 8.70	29.75 ~ 30.00
碾磨	0.21	7.45 ~ 7.55	12.85 ~ 12.95	38.90 ~ 40.10
碾磨	0.28	7.70 ~ 7.80	13.10 ~ 13.20	40.20 ~ 41.40
磨削	0.87	5.95 ~ 6.05	10.10 ~ 10.35	33.80 ~ 34.20
磨削	1.10	6.35 ~ 6.45	10.85 ~ 11.00	34.10 ~ 34.40
磨削	2.05	8.10 ~ 8.25	13.50 ~ 13.70	41.80 ~ 42.50
磨削	2.93	11.60 ~ 12.10	19.85 ~ 20.60	52.80 ~ 53.20
磨削	3.35	12.55 ~ 12.65	21.35 ~ 21.50	51.40 ~ 51.70
砂纸打磨	1.65	33.85 ~ 34.30	42.40 ~ 42.80	68.20 ~ 68.40

在金属激光相变强化中利用涂层提高光能利用效率,已是应用的必要措施。各种材料的涂层影响对激光的吸收率的同时,会渗入材料表面,实现激光对材料的合金化,若处理得当,将是一举两得的优选工艺。

1.2.2 激光对金属的热效应

1. 传热理论

激光制造过程中,激光辐射可看作加热的热源,热量主要通过热传导在材料内扩散,造成一定的温度场。三维热传导偏微分方程的一般形式是

$$\rho c \frac{\partial T}{\partial t} = \frac{\partial}{\partial x}\left(\kappa \frac{\partial T}{\partial x}\right) + \frac{\partial}{\partial y}\left(\kappa \frac{\partial T}{\partial y}\right) + \frac{\partial}{\partial z}\left(\kappa \frac{\partial T}{\partial z}\right) + Q(x,y,z,t) \quad (1-30)$$

式中:ρ 为金属材料的密度;c 为金属材料的(定压)比热容;T 为某瞬间材料内任意点 (x,y,z) 的温度;t 为时间;κ 为材料导热系数,或称热导率;$Q(x,y,z,t)$ 为作用于材料内部的热源体积功率密度,即材料单位时间、单位体积的发热量。导热系数 κ 和比热容 c 都是随温度 T 变化的函数。式(1-30)代表的意义是材料内部单位时

间、单位体积的能量守恒定律。式(1-30)左边代表使材料加热本身所需的热量；右边前三项代表向周围材料传递所消耗的热量；右边第四项代表热源供给的热量。

若材料是均匀和各向同性的，则式(1-30)可化为

$$\frac{1}{\alpha} \times \frac{\partial T}{\partial t} = \nabla^2 T + \frac{Q(x,y,z,t)}{\kappa} \qquad (1-31)$$

式中：$\alpha = \kappa/(\rho c)$ 为材料的热扩散率。

在激光制造过程中，激光辐射一般被材料表面所吸收，看作表面热源，不存在体积热源，则 $Q=0$，因此，式(1-30)和式(1-31)变为

$$\frac{1}{\alpha} \times \frac{\partial T}{\partial t} = \nabla^2 T \qquad (1-32)$$

在热稳定情况下，有 $\frac{\partial T}{\partial t}=0$，于是

$$\nabla^2 T = 0 \qquad (1-33)$$

至于方程的边界条件，对激光制造过程而言，表面对流和辐射换热常常可以忽略，不受激光辐照的表面可视为绝热边界，直接受激光辐照的表面区域，其表面沿法线 n 方向的温度梯度由下式确定：

$$AI = -\kappa \frac{\partial T}{\partial n} \qquad (1-34)$$

式中：A 为表面对激光的吸收率；I 为激光功率密度。

2. 物态变化

由式(1-29)所示，激光与固体直接相互作用层厚度约为 $l_\alpha = \frac{1}{A} = \frac{\lambda}{4\pi\kappa}$，因此，激光作用下金属内部发生的物理变化是通过激光直接作用的表面薄层来实现的。激光照射金属表面，光能被金属表面吸收并转化为热能，以热传导的方式在金属内部传播，引起材料内部温度场的变化，实现快速加热，并且具有较高的温度梯度。

与此同时，在氧化气氛下，可能发生金属的氧化，从而使激光作用区及其附近出现与氧化层特性有关的金属氧化色，降低金属的表面粗糙度；在真空中用激光束清除附在固体表面的杂质原子，可获得原子清洁的净化表面；在激光将金属加热到高温并保持足够长时间的条件下，金属与环境介质发生相互作用，使表面发生化学成分变化。

当激光照射到金属表面时，激光作用区的表面薄层吸收了激光的能量并瞬间转换为热能，使表面温度升高，发生固态加热、表面重熔、匙孔效应和等离子体屏蔽，如图1-12所示。

（1）当激光功率密度较低（$10^3 \sim 10^4 \text{W/cm}^2$）时，大部分入射光被材料吸收，使材料由表向里温度逐渐升高，但只能加热材料，不能熔化和汽化，主要用于零

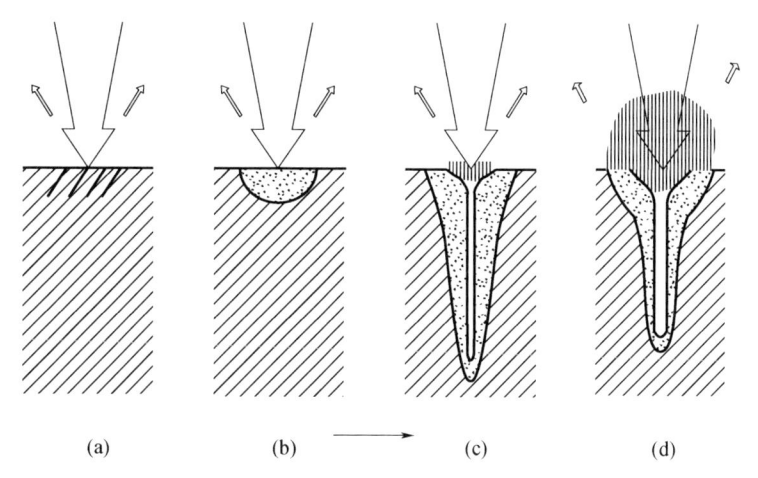

图 1-12　金属吸收激光后的物态变化

(a)固态加热；(b)表面重熔；(c)匙孔效应；(d)等离子体屏蔽。

件的表面退火和相变硬化。

（2）随着激光功率密度的提高（$10^5 \sim 10^6 \mathrm{W/cm^2}$），温度达到材料的熔点，材料表面将发生熔化，形成熔池，材料对激光的吸收率有一定幅度的提高。熔池深度随辐射照度的增加和辐照时间的加长而增加，主要用于金属的表面重熔、合金化、熔覆和热导型焊接。

（3）继续提高激光功率密度（不小于$10^6 \mathrm{W/cm^2}$）时，材料表面在激光束的照射下强烈汽化，在较大的汽化膨胀压力作用下，液态表面向下凹陷形成深熔匙孔。这一阶段等离子体的密度还较低，有助于材料对激光能量的吸收（可达到90%以上）。这一阶段主要用于激光深熔焊接、切割和打孔等。

（4）进一步提高激光的功率密度（$10^7 \sim 10^8 \mathrm{W/cm^2}$）时，材料表面强烈汽化，并使金属蒸气和周围气体发生较高程度的电离，形成较高密度的等离子体，对激光束有显著的吸收、折射和散射作用，使进入匙孔的激光功率减小，所以熔深不能随着照射激光功率密度的增加而按比例增加。等离子体云对激光辐射的屏蔽将导致匙孔的崩溃，而匙孔出口处由于等离子体对工件表面的辐射力加热，使该处受热范围扩大。这一阶段用于激光深熔焊接，将得到酒杯状的焊缝成形。

（5）当激光功率密度进一步提高时，光致等离子体的温度和电子数密度都很高，以致激光对工件的辐射一时被完全屏蔽，工件表面的汽化和电离化过程暂时中断，引发等离子体的周期振荡，在激光焊接中过程变得很不稳定，必须避免。

1.3　激光先进制造技术

20世纪80年代末，美国学者首先提出了先进制造技术（Advanced Manufacturing Technology，AMT）的理念[23]。先进制造技术是传统制造技术不断吸收机械、电子、材料、能源、信息及现代管理等技术成果，将其综合应用于制造全过程，实现优质、高效、低耗、清洁和灵活生产，取得理想技术经济效果的制造技术的总称。

激光制造是先进制造技术的典型代表，是一种高度柔性和智能化的先进加工技术，被誉为"未来的万能加工工具"。

激光先进制造技术将控制系统/技术、检测系统、数据系统和创新工艺技术与激光制造技术相结合，能够对制造过程进行精密控制及实时监测、反馈和调整，具有高精度、高自动化、高信息化、智能化、绿色环保等优点，是一个涉及光学、材料、物理、力学、机械、控制等多个学科交叉的新兴技术。

1.3.1 激光先进制造技术的特点

激光具有高亮度、高方向性、高单色性、高相干性，这些特性是其他普通光源望尘莫及的。1960年，美国休斯实验室的T. H. Mainman制成了世界上第一台红宝石激光器，从此激光技术开始迅速发展。激光技术推动了许多领域的迅速发展，应用范围越来越广，尤其在加工领域中的应用。激光制造是指激光束作用于物体的表面而引起物体形状或性能的改变的加工过程。激光制造已成为一种新型的高能束流广泛应用于汽车、电子、电器、航空、冶金、机械制造等国民经济重要部门。与传统制造方法相比，激光制造具有以下特点：

（1）可加工材料范围广。激光束的焦点光斑直径小，功率密度高，因此可以加工一些高燃点、高强度的合金材料，也能加工陶瓷、金刚石、玻璃之类的非金属脆硬材料以及其他一些常规制造工艺难以加工的材料。

（2）无接触加工。加工速度快，可控性好，无噪声。而且由于光束的能量、移动速度、与工件间的速度可控制，因此能够实现多种制造工艺和加工目的。

（3）适用于复杂形状工件的制造和加工。激光束易于导向、聚焦和发散，根据制造要求，可以得到不同的光斑尺寸和功率密度。通过外光路系统可以很方便地实现作用方向和作用位置的改变，因而极易与数控系统、机器结合起来，构成各种加工系统，对任意形状的复杂工件进行制造和加工，是一种极灵活的加工系统。

（4）激光制造过程中激光与材料相互作用的热影响区小。由于激光束照射到材料表面是局部的，虽然加工部位的热量很大，温度很高，但移动速度快，对非照射的部位没有什么影响，因此，加工工件基本上没有变形，可省去后处理工序。

（5）激光制造不受电磁干扰。与电子束加工相比，其优越性在于可以在大气中进行加工。在大件加工中，使用激光制造技术比电子束制造技术方便得多。

(6) 激光制造可实现精密加工。激光束不仅可以聚焦,而且可以聚焦到波长级的光斑,因此,用这样小的高能量光斑可以进行微区加工,也可进行选择性加工。在微型加工中,激光精密加工技术可以在加工小零件时达到很高的加工精度。

激光先进制造技术是将先进的计算机技术、网络技术、控制技术、传感技术、机-光-电一体化技术、创新工艺技术与激光制造技术相结合,实现信息化、集成化、柔性化、智能化的一种先进制造技术。激光先进制造技术的先进性主要体现在:

(1) 设备重复定位精度高,制造过程稳定性好,加工质量高。

(2) 自动化程度高,能够进行工艺参数优化和轨迹优化,生产效率高。

(3) 柔性和智能化程度高,具有实时监测系统,能够对加工过程中的现象和参量进行实时监测和反馈,并及时调整,形成闭环控制。

(4) 数字化和信息化程度高,能够形成工艺优化窗口和数据库,调取所需参数。

激光先进制造的自动化程度高,生产效率高,产品质量稳定可靠,且制造过程中清洁无污染,环保指标高,是建设资源节约型、环境友好型社会所应提倡的一种先进制造技术,被公认为是 21 世纪先进制造技术的代表性加工手段[24]。

1.3.2 激光先进制造技术的分类

激光先进制造是以激光为能量源的一种加工手段,自 20 世纪 70 年代大功率激光器件诞生以来,已形成了激光焊接、激光切割、激光打孔、激光表面处理、激光合金化、激光熔覆、激光快速原型制造、金属零件激光直接成形、激光刻槽、激光标记和激光掺杂等十几种应用工艺。从不同角度考虑,激光先进制造有多种分类方式。例如,按照激光与材料的作用机理可分为"热加工"和"冷加工";按照材料是否增减,可分为激光增材制造、激光减材制造和激光表面工程;按加工目的,主要有激光表面处理、激光去除、激光连接、激光增材制造技术四大类,如图 1-13 所示,除此之外,还发展了许多新的技术,如激光材料制备等。

1. 激光表面处理技术

激光表面处理技术是通过激光和材料的相互作用使材料表面发生所希望的物理化学变化。激光高能束流作用在金属材料表面,被材料表面吸收并转换为热能。该热量通过热传导机制在材料表层内扩散,造成相应的温度场和应力场,改变零件表面的物理结构、化学成分和金相组织等,从而导致材料的性能在一定范围内发生变化,实现对金属表面的不同处理。

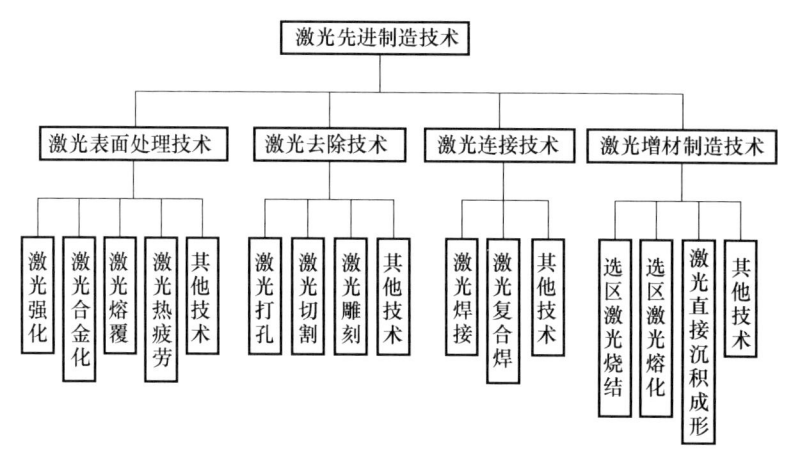

图 1-13 激光先进制造技术的分类

1) 激光强化

激光强化,是指通过光束变换以及高能量密度作用于材料表面,以极快的速度使其材料表面改性,形成满足各种服役要求的强化层,实现对基底或模具表面全部或局部的激光表面强化和表面修复。激光表面强化可以提高金属材料的表面强度、耐磨性、耐腐蚀性。激光表面强化一般分为三种工艺:激光相变强化、激光熔化凝固强化(简称激光熔凝强化)和激光冲击强化。它们共同的理论基础是激光与物质相互作用的规律。三种工艺各自的特点主要是作用于材料上的激光能量密度不同,并与激光作用于物质上的时间有关,如表 1-3 所列。

表 1-3 不同激光强化方式的区别[25]

工艺方法	功率密度/(W/cm^2)	冷却速度/(℃/s)	时间作用长度/s	作用区深度/mm
激光相变强化	$10^4 \sim 10^5$	$10^4 \sim 10^6$	$10^{-3} \sim 10^{-6}$	0.2~1.0
激光熔凝强化	$10^4 \sim 10^7$	$10^4 \sim 10^6$	$10^{-4} \sim 10^{-8}$	0.2~2.0
激光冲击强化	$10^8 \sim 10^{10}$	$10^4 \sim 10^6$	$10^{-8} \sim 10^{-10}$	0.02~0.2

激光相变强化是用激光束快速扫描工件表层区域,使被照射的金属或合金的表面温度以极快的速度升到高于相变点而低于熔点的温度。当激光束离开被照射部位时,由于热传导作用,处于冷态的工件基体使其迅速冷却而发生自冷淬火,进而完成相变强化过程。这一过程是在快速加热和迅速冷却下完成的,所以得到的硬化层组织较薄,硬度也高于常规淬火的硬度。

激光熔凝强化是利用高能激光束加热材料,使其表面薄层在瞬间被加热到相当高的温度,进而使之熔化,随后借助于冷态的金属基体使已熔化的薄层快速凝固。激光熔凝强化得到的是铸态组织,硬度较高,耐磨性也较好。

激光冲击强化是以很高的激光功率密度在极短的时间内与金属交互作用,

金属表面局部区域吸收激光能量迅速汽化,并几乎同时形成大量稠密的高温、高压等离子体。该等离子体继续吸收激光能量急剧升温膨胀,然后爆炸形成高强度冲击波作用于金属表面。当冲击波的峰值压力超过材料的动态屈服强度时,材料发生塑性变形并在表层产生平行于材料表面的拉应力,激光冲击波作用区的显微组织出现复杂的位错缠结网络。这种组织能明显提高材料的表面硬度、屈服强度及疲劳寿命。

2)激光合金化

激光合金化是利用高能密度的激光束,使基体表层金属熔化,同时添加合金元素,形成以原基材为基底的新的表面合金层,从而使机体表面金属具有所要求的耐磨性、耐腐蚀性、耐高温性、抗氧化等特殊性能。按合金元素的添加方式可将其分为预置式激光合金化、送粉式激光合金化和气体激光合金化。

(1)预置式激光合金化是将要添加的合金元素置于基材合金化部位,再用激光辐照熔化。

(2)送粉式激光合金化是采用送粉装置将要添加的合金粉末直接送入基材表面的激光熔池内,使添加合金元素和激光熔化同步完成。

(3)气体激光合金化是将基材置于适当的气氛中,使激光辐照的部位从气氛中吸收碳、氮等元素并与之化合,实现表面合金化。如钛及钛合金的氮化,这种激光氮化法可以在毫秒级的短时间内完成,生成硬度超过 1000HV 的 5~20μm 厚的 TiN 薄膜。

3)激光熔覆

激光熔覆是一种表面改性技术。它在被熔覆的基体表面添加熔覆材料,利用高能密度的激光束使熔覆材料与基材表面的薄层一起快速熔凝,形成稀释率极低并且与基体冶金结合的表面涂层。激光熔覆可在金属基材上制备出特定性能的合金表面而不受基体性质的影响,满足对材料表面特定性能的要求。激光熔覆和激光合金化的差异在于:激光熔覆中熔覆层材料完全融化,基材熔化层极薄,因而对熔覆层的成分影响极小;激光合金化则是在基材的表面熔融层内加入合金元素,形成以基材为基的新的合金层。

4)激光热疲劳

激光热疲劳是利用受热零部件热损伤机理,以激光作为热源反映零部件特定的温度分布并加速危险区域热疲劳损伤。利用光束整形器将激光整形为热疲劳实验所需的特定光强分布的光束,对样件进行热疲劳模拟试验,可以对加载时间和作用区域进行控制,从而测试材料或零部件的抗热疲劳性能,并一定程度上模拟如发动机零部件等的热疲劳损伤过程。

5)其他激光表面处理技术

激光清除技术是利用激光与材料相互作用过程中的汽化过程来清除掉工件

表面上的锈斑、氧化层、毛刺和飞边等冗余的无用或有害部分。激光清洗具有无研磨、非接触、无热效应和适用于各种材质的物体等特点,被认为是最可靠、最有效的解决办法。同时,激光清洗可以精确地清除掉不需要的部分而不损伤其他正常部位表面,解决采用传统清洗方式无法解决的问题。

激光辅助弯曲成形是一种新兴的塑性加工方法,基于材料的热胀冷缩特性,利用高能激光束扫描金属板料表面,由非均匀温度场在材料内部引起不均匀的热应力场,从而实现板材的塑性变形。与传统的金属成形工艺相比,它不需模具、不需外力,仅仅通过优化激光加工工艺、精确控制热作用区内的温度分布,从而获得合理的热应力分布,使板料最终实现无模成形。

2. 激光去除技术

激光材料去除就是通过激光与材料的相互作用实现机械切削的工艺过程,按照激光束与材料相互作用的烧蚀前沿运动的不同,可以把激光材料去除分为激光打孔、激光切割和激光雕刻等。

1)激光打孔

激光打孔是最早达到实用化的激光制造技术,也是激光制造的主要应用领域之一。随着近代工业和科学技术的迅速发展,硬度大、熔点高的材料使用越来越多,而传统的加工方法已不能满足某些工艺需求。激光打孔主要是利用材料的蒸发去除原理,即将聚集后的激光束作用于材料上,光能被工件表面吸收并转化为热能,使材料熔化或汽化。

激光打孔是一种非接触式的去除蒸发的加工过程,避免了常规机械打孔所带来的残渣和工具磨损问题,是一种"绿色"的生产方式。激光打孔过程中,激光与材料的相互作用时间短,对被加工材料的氧化、变形、热影响区小,不需要特别的保护处理。此外,激光打孔具有灵活性大的特点,不仅可以在不同工件的不同位置打孔,孔径大小、形状也可以调整[26]。

2)激光切割

激光切割是利用聚焦后的高功率密度激光束照射工件,使被照射的材料迅速熔化、汽化、烧蚀或达到燃点,同时借助于光束同轴的高速气流吹除熔融物质,从而实现将工件割开。激光切割属于热切割方法,是一种高能量密度、可控性好的无接触加工。它是将激光束聚焦成直径很小的光点,焦点处的功率密度很大,所以被照射的材料很快被加热至汽化温度,蒸发形成匙孔,随着光束与材料沿一定轨迹相对线性移动,使这些匙孔连起来形成切缝,达到切割目的。

由于受激光器功率和设备体积的限制,激光切割只能切割中、小厚度的板材和管材,而且随着工件厚度的增加,切割速度明显下降。当工件厚度超过15mm时,现有的工业激光器一般不能有效地切割。此外激光切割设备费用高,一次性投资大。

3）激光雕刻

激光雕刻加工是利用高功率密度的激光照射被加工材料,通过瞬间的熔化和汽化的物理变性,达到加工的目的。激光雕刻设备由激光器、刻划机、图像处理器、控制系统组成,与传统雕刻方法相比较,激光雕刻为非接触式加工方式,不受机械运动影响,材料表面不会变形,一般无需固定;几乎可以对任何材料进行加工;且加工精度高,可实现精细复杂图案的加工。随着光电子技术的飞速发展,激光雕刻技术应用范围将越来越广泛。

4）其他激光去除技术

激光打孔、激光切割等都涉及材料的迁移,材料迁移是通过激光烧蚀过程发生的。激光烧蚀技术是激光束照射不透明靶材,随着激光能量的沉积,靶材表面局部区域受热温升、熔化和汽化,汽化物质高速喷出即等离子体产生,使得材料表面质量发生迁移。

随着激光器的发展,脉冲激光烧蚀技术经历了纳秒激光烧蚀、皮秒激光烧蚀、飞秒激光烧蚀的发展历程。由于飞秒激光的高脉冲功率密度,在激光微细加工中具有独特的优越性。

激光标记是通过在各种不同的物质表面用激光束打上永久的标记,实现图文印刷。标记效应是通过表层物质的蒸发露出深层物质,或者是通过光能导致表面物质发生化学物理变化而"刻"出痕迹,或者通过光能烧掉部分物质,显示出所需刻蚀的图形、文字。激光标记可以打出各种文字、符号和图案等,字符大小可从毫米到微米量级,这对产品的防伪有特殊的意义。准分子激光标记是近年发展起来的一项新技术,特别适用于金属打标,可实现亚微米打标,已广泛用于微电子工业和生物工程。

3. 激光连接技术

1）激光焊接

激光焊接是将高强度的激光束辐射至金属表面,通过激光与金属的相互作用,金属吸收激光转化为热能,使金属熔化后冷却结晶形成焊接[27]。其特点是:能量密度高、焊接速度快、焊接变形小、焊接质量高。因为这些特点,可实现对小型精密微结构件的激光焊接,图1-14为航空仪表中陀螺电机的激光焊接,通过对被焊结构件的温度控制,可保证结构件在焊接中的温度始终处于较低的温度环境,焊缝表面光滑、无氧化,无需二次加工,广泛应用于航空、航天、军工等精密加工领域。

激光焊接可以采用连续或脉冲激光束加以实现,激光焊接的原理可分为热传导型焊接和激光深熔焊接。功率密度小于 $10^4 \sim 10^5 \text{W/cm}^2$ 为热传导焊,此时熔深浅、焊接速度慢;功率密度大于 $10^5 \sim 10^7 \text{W/cm}^2$ 时,金属表面受热作用下凹成"匙孔",形成深熔焊,具有焊接速度快、深宽比大的特点。激光焊接是将高功

图 1-14 航空仪表中陀螺电机的激光焊接

率密度的激光束作为热源,聚焦后激光束照射到生产工件的金属表面,被金属表面吸收,使之产生热能,工件表面的金属被激光融化后又经历冷却阶段,最后焊料与焊件结晶后形成焊接。

2)激光复合焊

为了避免激光焊接的缺陷,可采用激光与其他热源复合焊接的工艺,主要有激光与电弧、激光与等离子弧、激光与感应热源复合焊接等。

激光电弧复合焊接结合了激光和电弧两个独立热源各自的优点,极大程度地避免了二者的缺点,进行了优势互补,具有熔深大、效率高、能量密度高、能量利用率高等特点,使之成为具有极大应用前景的新型焊接热源。根据电弧热源的形式又可分为激光-MIG复合焊、激光-TIG复合焊、激光-MAG复合焊等。

3)其他激光焊接技术

此外还可采用各种辅助工艺措施,如激光填丝焊、外加磁场辅助增强激光焊、保护气控制熔池深度激光焊、激光辅助搅拌摩擦焊等。

激光钎焊是以激光为热源加热钎料融化的钎焊技术,是激光填丝焊的一种。激光钎焊的主要特点是利用激光的高能量密度实现局部或微小区域快速加热,完成钎焊过程。根据加热温度的不同,可分为软钎焊和硬钎焊。

4. 激光增材制造技术

激光增材制造技术是以激光束作为热源,通过激光与被加工材料之间的相互作用,实现模型或者零件的体积单元叠加,用以制造三维模型或零件的过程。激光增材制造技术是在计算机辅助设计、计算机辅助制造、计算机数字控制、激光技术和新材料的基础上发展起来的一种新的制造技术[28,29]。它基于离散和堆积原理,将零件的 CAD 模型按一定方式离散,成为可加工的离散面、离散线和离散点,而后采用物理或化学手段,将这些离散的面、线段和点堆积而形成零件的整体形状。近年来,激光增材制造技术取得了快速的发展,"激光 3D 打印"

"激光快速成形"等不同叫法也一定程度上反映了该技术的特点。

目前对于金属材料的激光成形技术主要可分为激光直接沉积成形和选区式激光成形。其中,激光直接沉积成形以金属直接沉积技术(Direct Metal Deposition,DMD)、激光近净成形技术(Laser Engineered Net Shaping,LENS)等为代表,选区式激光成形以选区激光烧结(Selective Laser Sintering,SLS)、选区激光熔化(Selective Laser Melting,SLM)为代表。

激光直接沉积成形采用激光扫描时同步送粉的方式,选区式激光成形采用预制粉末的方式。

1) 激光直接沉积成形

激光直接沉积成形是把快速原型制造技术和激光熔覆表面强化技术相结合,利用高能激光束在金属基体上形成熔池,通过送粉装置将粉末输送到熔池,快速凝固后与基体形成冶金结合,逐层进行扫描熔覆,最终成形出所设计的三维实体金属零件。有时,也称作激光直接沉积技术。

2) 选区式激光成形

选区式激光成形采用粉末预制的方式,然后激光扫描零件各分层几何路径来加热粉末使其达到一定温度,从而把它与基体材料连接到一起,成形完一层后将工作台下降一层的高度再成形第二层,一直到制造出整个零件。SLS加热到烧结温度,部分熔化;而SLM加热到熔点以上,完全熔化。

3) 其他激光增材制造技术

除上述三种典型的激光增材制造技术外,还有立体光造型技术(SLA)、激光薄片叠层制造技术(LOM)等。立体光造型技术又称光固化快速成形技术,其原理是计算机控制激光束对光敏树脂为原料的表面进行逐点扫描,被扫描区域的树脂薄层产生光聚合反应而固化,光聚合反应是基于光的作用而不是热的作用。激光薄片叠层制造技术又称为分层实体制造,其原理是先用大功率激光束切割金属薄片,然后将多层薄片叠加,并使其形状逐渐发生变化,最终获得所需原型的立体几何形状。

参考文献

[1] 波恩,沃耳夫. 光学原理[M]. 杨葭荪,等译. 北京:科学出版社,1978.
[2] Svelto O. Principles of Lasers[M]. New York:Plenum Press,1998.
[3] Silfvast W T. Laser Fundamentals[M]. Cam bridge:Cambridge University Press,2004.
[4] 周炳琨,等. 激光原理[M]. 北京:国防工业出版社,2000.
[5] 吕百达. 激光光学:激光束的传输变换和光束质量控制[M]. 成都:四川大学出版社,1992.
[6] Siegman A E. New development in laser resonators[J]. Proceedings of SPIE. The International Society for Optical Engineer. 1990,1224:2 - 14.

[7] Siegman A E. High-power laser beams:defining,measuring and optimizing transverse beam quality[J]. Proceedings of SPIE,1992(1810):758-765.

[8] Johnston T F. 2M concept characterizes beam quality[J]. Laser Focus World. 1990,26(2):173-183.

[9] 曾秉斌,徐德衍,王润文. 激光光束质量因子 M^2 的物理概念与测试方法[J]. 应用激光,1994,14(3):104-108.

[10] Sun P P,Li S X,Yu G,et al. Laser surface hardening of 42CrMo cast steel for obtaining a wide and uniform hardened layer by shaped beams[J]. International Journal of Advanced Manufacturing Technology,2014,70(2):5-8.

[11] 虞钢,李少霞,郑彩云,等. 一种激光整形方法及整形后激光硬化处理设备及方法[P]. ZL20110101038008. 2013-08-28.

[12] 宋宏伟,李少霞,虞钢. 基于数值模拟的激光热负荷光强分布设计[J]. 中国激光,2006,33(6):842-845.

[13] Li S X,Tan Q F,Yu G,et al. Quasi-Dammann grating with proportional intensity of array spots for surface hardening of metal[J]. Science China-Physics Mechanics & Astronomy,2011,54(1):79-83.

[14] Chen Y,Gan C H,Wang L X,et al. Laser Surface Modified Ductile Iron by Pulsed Nd:YAG Laser Beam with Two-Dimensional Array Distribution[J]. Applied Surface Science,2005,245(1-4):316-321.

[15] 虞钢,聂树真,郑彩云,等. 用于激光加工中的矩形孔径 Dammann 光栅光束变换技术[J]. 中国激光,2008,35(11):1841-1846.

[16] Song H W,Li S X,Zhang L,et al. Numerical simulation of thermal loading produced by shaped high power laser onto engine parts[J]. Applied Thermal Engineering,2010,30(6-7):553-560.

[17] 许祖彦. 大色域显示——新一代显示技术[J]. 物理,2010,39(4):227-231.

[18] Yilbas B S. Heating of metals at a free surface by laser irradiation-an electron kinetic theory approach[J]. Laser & Particle Beams,1986,24(8):1325-1334.

[19] Migliore L,ed. Laser-Materials Processing. Marcel Dekker,New York,1996. 本书链接:https://www.amazon.ca/Laser-Materials-Processing-Leonard-Migliore/dp/0824797140/178-7121142-4461568? ie = UTF8& * Version * = 1& * entries * = 0.

[20] Bäuerle D. Laser Processing and Chemistry[M]. 3rd edition. Berlin:Springer-Verlag,2000.

[21] Von Allmen M. Laser-Beam Interactions with Materials-Physical Principles and Applications. Berlin:Springer-Verlag,1987.

[22] WDuley W. Laser Processing and Analysis of Material[M]. New York:Plenum Press,1983.

[23] 材料科学和技术综合专题组. 2020 年中国材料科学和技术发展研究[A]. 中国土木工程学会. 2020 年中国科学和技术发展研究(上)[C]. 中国土木工程学会,2004:75.

[24] 虞钢,虞和济. 激光制造工艺力学[M]. 北京:国防工业出版社,2012.

[25] 虞钢,虞和济. 集成化激光智能加工工程[M]. 北京:冶金工业出版社,2002.

[26] Leong K H,Kirham P A,Meinert K C. Deep penetration welding of nickle 2 aluminum bronze[A]. In:Christensen. ICALEO(R)'99:Proceedings of the laser materials processing conference[C]. Orlando:Laser Inst America,1999,(Section A):1742183.

[27] Katayama S. Handbook of Laser Welding Technologies[M]. Handbook of laser welding technologies. Woodhead,2013.

[28] 颜永年. 先进制造技术[M]. 北京:化学工业出版社,2002.

[29] 张凯,刘伟军,尚晓峰,等. 金属零件激光直接快速成形技术的研究(上)——国外篇[J]. 工具技术,2005,39(5):3-8.

第 2 章　激光先进制造系统

激光制造系统由激光源、传输与聚焦系统、运动与控制系统、传感与检测系统组成,其核心是激光束的产生、传播和操作。具体来说,激光先进制造系统由激光器系统、机器人系统、数字化辅助系统等部分组成。本章首先介绍激光制造系统各个组成部分的结构、功能和特点,最后将各个组成部分有机地结合起来,介绍激光制造系统的集成。

2.1　激光器系统

激光束作为制造用的"光工具",其激光功率、光束控制、光束质量是衡量制造用激光的标准[1]。这三者既是激光制造系统的整体要求,也是激光制造系统激光器发展、进步的重要标志。其中激光功率或者能量表征激光制造系统的加工能力,对光束的控制是实现产业化应用的条件,光束质量直接限定了可能实现的加工方法、可能传输的距离、可能获得的焦斑尺寸以及最终可获得的加工质量。这是激光制造系统与其他激光系统的明显区别。追求高光束质量的大功率激光输出是现代激光制造用激光器追求的目标。

本节首先介绍激光器的基本构成,然后根据激光制造工艺的要求,分别介绍制造用工业激光器的特性。

2.1.1　基本构成

激光器系统一般由激活介质、泵浦源、光学谐振腔和控制系统等部分组成。

1. 激活介质

激活介质(激光工作物质)是激光器的核心,是实现粒子数反转并产生光子的受激辐射作用的物质体系,它可以是气体(主要为原子气体、离子气体、分子气体等)、固体(主要为晶体、玻璃等)、半导体、液体(主要为有机液体或者无机液体)及自由电子等。其中,能够形成粒子数反转的发光粒子,称为激活粒子,它们可以是分子、原子、离子或者电子－空穴对等。这些激活粒子有些必须依附于某些材料中,有些则可独立存在。为激活粒子提供寄存场所的材料为基质,它们可以是气体、固体或者液体。不同的激活介质将激发出不同波长的激光,在激光制造过程中影响激光与材料的相互作用。

2. 泵浦源

泵浦源是提供激励能源的装置,用于将下能级粒子送到上能级去,使激活介质实现粒子数反转。不同的激励源形式需要与不同的激光工作物质相匹配[2]。激励方式有光学激励、气体放电激励、热激励、化学反应激励和核能激励等。固体激光器一般采用光学激励(或者称光泵),即利用外界光源发出的光辐照工作物质使其实现粒子数反转。光学激励系统由光源和聚光器组成,光源一般用高压氙灯、氪灯或者卤–钨灯。这些光源一般发射连续光谱,而工作物质只对光谱区中的某些谱线或者谱带有较强的吸收,使与这些谱线或者谱带对应的能级获得粒子数积累。光源发出的沿空间各个方向的光被聚光腔集中后照射到工作物质上,提高光源的激发效率。热激励是用高温加热方式使高能级上的气体粒子数增多,然后突然降低气体温度,因高、低能级的热弛豫时间不同,可使粒子数反转。气体放电激励是利用在气体工作物质内发生的气体放电过程来实现粒子数反转的,整个激励装置通常由放电电极和放电电源组成。核能激励是利用小型核裂变反应所产生的裂变碎片、高能粒子或者放射线来激励工作物质并实现粒子数反转的。化学激励是利用在工作物质内部发生的化学反应过程来实现粒子数反转的,通常要求有适当的化学反应物和相应的引发措施。

3. 光学谐振腔

光学谐振腔(激光腔)是形成激光振荡的必要条件,而且对输出的模式、功率、光束发散角等均有很大影响。光学谐振腔是由全反射镜和部分透过输出镜所组成的一个反射镜系统,它迫使受激辐射的光量子停留在此腔内,导致相干光量子雪崩似地增加。激光腔前、后反射镜的参数及相对位置决定了激光的输出模式,从而影响激光制造效果和质量。激光腔中的反射镜可以是平面镜或者球面镜(凹面镜和凸面镜),由其表面半径描述。

4. 控制系统

激光器控制系统是实现激光先进制造的必要部分,也是激光制造系统集成化的必备条件。以半导体激光器为例,激光器控制系统主要实现以下功能:实时监测大功率半导体激光器整体系统的工作状态,包括循环水的温度、流量、离子度、压力及激光电源的输出电流、半导体激光器的电压等;实现大功率激光器恒温系统和激光电源的集成控制,保证半导体激光器安全稳定地工作;参数超过设定值立即启动声光报警,同时切断激光电源,并显示超限参数;根据用户设定的激光输出功率和输出方式控制激光电源的输出电流及工作方式,并依据其反馈电流稳定激光的输出功率;具有简洁方便的操作界面。

激励介质、泵浦源、激光腔和控制系统是激光器必不可少的四个部分。按照上面所述的原理可以实现多种激光器。

2.1.2 制造用激光器

激光器种类繁多,而且还有新型激光器不断开发出来。在激光制造工程中应用的激光器主要有 CO_2 激光器、Nd:YAG 固体激光器、半导体激光器、光纤激光器、准分子激光器和飞秒脉冲激光器等。

1. CO_2 激光器

CO_2 激光器是气体激光器中应用时间最为悠久、市场拥有量最大、使用维护技术也最为成熟的。因此本节主要介绍 CO_2 激光器。

CO_2 激光器的激光工作物质为 CO_2 混合气体,其主要输出的激光波长为 $10.6\mu m$。由于该种激光器的激光转换效率较高,同时激光器工作产生的热量可通过对流或者扩散迅速传递到激光增益区之外,其激光输出平均功率可达到很高的水平(10^4 W),满足大功率激光加工的要求。

CO_2 激光器有着以下特点:

(1) CO_2 激光器的转换效率是很高的,但最高也不会超过40%,这就是说,将有60%以上的能量转换为气体的热能,使温度升高。而气体温度的升高,将引起激光上能级的消激发和激光下能级的热激发,这都会使粒子的反转数减少。并且,气体温度的升高,将使谱线展宽,导致增益系数下降。

(2) 具有较好的方向性、单色性和较好的频率稳定性。而气体的密度小,不易得到高的激发粒子浓度,因此,CO_2 激光器输出的能量密度一般比固体激光器小。

(3) 气体温度的升高,还将引起 CO_2 分子的分解,降低放电管内的 CO_2 分子浓度。这些因素都会使激光器的输出功率下降,甚至产生"温度猝灭"[2]。

国内外用于激光加工的大功率 CO_2 激光器,主要是轴流、横流激光器。

轴流激光器:轴流激光器的光束质量较好,为基模或者准基模输出,主要用于激光切割和焊接,我国激光切割设备市场主要由国外轴流激光器所占领。尽管国内激光器厂商在国外轴流激光器上做了许多工作,但由于主要配件还需进口,产品价格难以大幅度下降,普及率低。

横流激光器:横流激光器的光束质量不太好,为多模输出,主要用于热处理和焊接。我国目前已能生产各种大功率横流 CO_2 激光器系列,可满足国内激光热处理和焊接的需求。

早期以高功率横流 CO_2 激光器为主的表面处理加工正在逐渐被兴起的二极管激光器直接应用装备所取代,而以轴快流 CO_2 激光器和射频板条 CO_2 激光器为主流的激光器在切割装备中至今仍占最大市场份额,一直处于垄断地位。从光束传输上讲,1μm 波长激光器可通过光纤传导,而 CO_2 激光器输出的 10.6μm 的激光无法实现光纤传输,降低了激光加工系统的柔性化。从光束质量上讲,光纤激光器和 CO_2 激光器较好,固体激光器较差。从结构上看,CO_2 激光器由于有真空密封和气体循环环节,因此体积较大,维护点较多,固体激光器和光纤激光器在这方面占优势。

材料对不同波长激光的吸收率是明显不同的。金属材料对激光的吸收率随波长的增大而降低,而木质材料和有机材料等非金属材料对 CO_2 激光的吸收率就显著高于 1μm 波长激光器,因此,CO_2 激光器在这方面一直垄断加工应用。

目前光纤激光器的发展势头很猛,但在加工 4mm 以上板材时,CO_2 激光器优势明显。激光加工站通常希望能提供各种不同厚度的切割服务,因此 CO_2 激光器将牢牢保持这一部分市场份额。虽然光纤激光器针对薄板的切割速度更快,但同样的加工过程,CO_2 激光也能很好满足,前者的设备价格却远高于 CO_2 激光器的价格。而且由于光束质量稳定性的原因,1μm 波长光纤激光的切割质量远低于 CO_2 激光的切割质量。

图 2-1 为典型的轴快流 CO_2 激光器,输出功率达 10kW 以上。它由激光发生器、冷水机、控制操作系统和控制系统射频电源组成,激光发生器包括激光谐振腔、涡轮风机、热交换机、光闸和功率计。

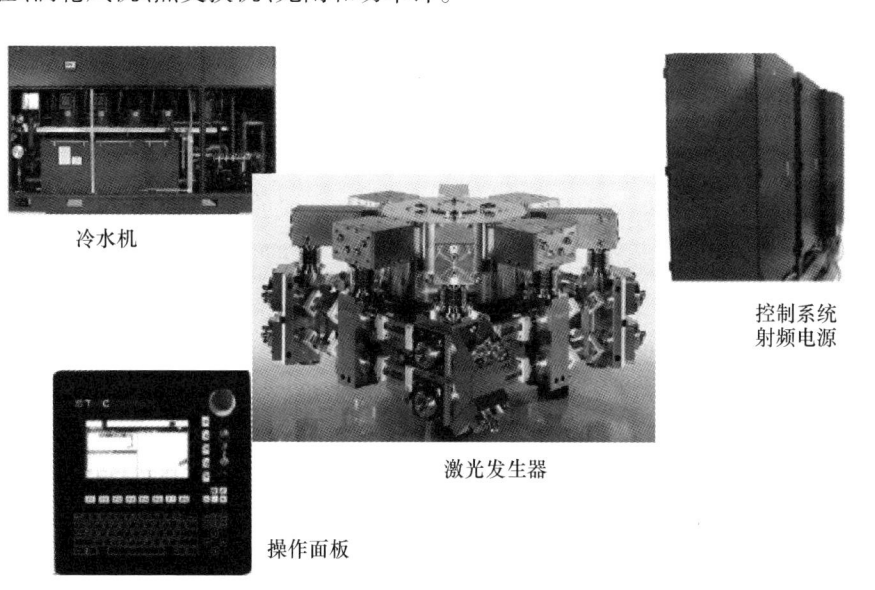

图 2-1 轴快流 CO_2 激光器

激光电源的稳定性是影响激光功率的稳定性和横流连续 CO_2 激光器放电技术的关键因素。为了在高气压下获得大体积均匀连续辉光放电和有效地抑制弧光放电,放电方式一般采用直流高压自持放电方式。针板式横流 CO_2 激光器的电源系统包括中压和中流调节器两部分,其工作原理的框图如图 2-2 所示。

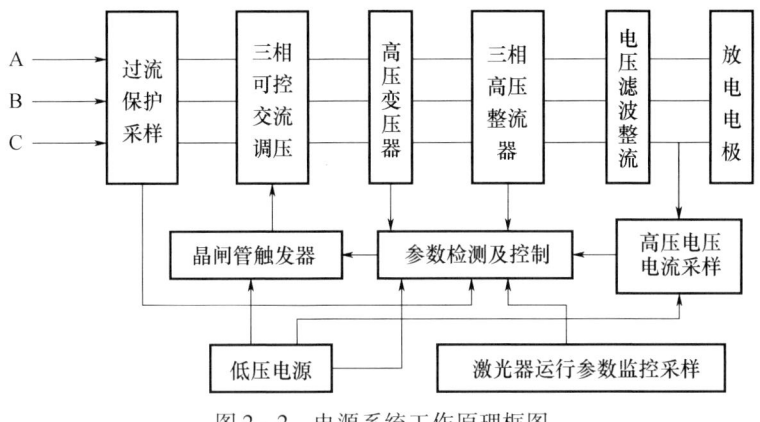

图 2-2 电源系统工作原理框图

2. Nd:YAG 固体激光器

固体激光器在材料加工方面经过多年的应用,有着成熟的技术手段和良好的应用基础,可实现高平均功率的连续激光输出和高峰值功率、高脉冲能量的脉冲激光输出,性价比较高。固体激光器在材料加工方面有许多优点,主要在于:

(1) 固体激光器的输出波长比 CO_2 激光的波长更短,更有利于金属材料对激光能量的吸收。由于铝对 Nd:YAG 激光的反射率低,因而可用于铝合金的切割焊接,尤其适用于汽车和轨道交通车辆发展需要。

(2) 固体激光器及配套设备结构紧凑,体积较小。

(3) 可用光纤进行传输,与机械手组成柔性激光加工系统,避免了复杂传输光路的设计制作,在三维加工中非常有用。

Nd:YAG 激光器的激光转换效率较低,同时受到 Nd:YAG 激光棒体积和热导率的限制,其激光输出平均功率不高,一般通过多 Nd:YAG 激光棒串联的方式可获得较高的激光功率输出。另外由于 Nd:YAG 激光器可通过 Q 开关压缩激光输出的脉冲宽度,在以脉冲方式工作时可获得很高的峰值功率,适用于需要高峰值功率的激光加工应用;此外,还可通过三倍频技术将激光波长转换为 355nm(紫外),在激光立体造形技术中得到应用。

固体激光器的泵浦方式主要有 LD 泵浦和气体灯泵浦两种[3],目前商用 LD 泵浦的棒状固体激光器的输出功率已达 6kW,LD 泵浦碟片激光器的输出功率更达到 16kW[4],但其价格昂贵,维护费用高。并且由于 LD 泵浦的固体激光器光束质量的提高,进行焊接应用时对被焊接工件和工装的要求也相应提高。针对汽车覆盖件加工时,大多为薄板切割和焊接,对光束质量的实际需求不高,而灯泵浦大功率固体激光器更利于增加焊缝宽度。费用相对 LD 泵浦固体激光器更低廉，虽然切割厚板的能力较差，但针对常用薄板的三维焊接和切割，灯泵浦大功率固体激光器是相对成熟、相对经济的选择。脉冲激光器峰值功率高，热影响区小，因而在加工过程中可减少不可控的材料燃烧，可实现高精度切割和焊接；并且在相同的平均功率下可加工更厚的材料，实现较好的加工效果，应用基础良好，性价比高，有利于获得广泛的推广应用。

脉冲 Nd:YAG 激光器是激光打孔的首选激光器，可快速在各种材料表面（包括有耐热涂层的合金材料）加工小孔，具有加工效率高、再铸层厚度薄、可实现高纵深比加工等优点，在航空航天、化工行业、汽车制造、电子行业等都有广泛的应用[5]。例如燃烧室等部件、喷管叶片以及燃气涡轮上的叶片的冷却孔加工，不仅能够提高引擎的工作性能，还可延长零件的使用寿命。这些气膜冷却孔的孔径一般在 0.25～1.25mm 之间，每片叶片有数百个，燃烧室有数万个这样的气膜冷却孔，一个较先进的引擎表面会有十多万个这样的孔。

图 2-3 为 Nd:YAG 激光器的基本组成，由激光器、光缆、加工镜头、外围工作台/机器人及辅助设施组成了一套完整的激光加工系统。

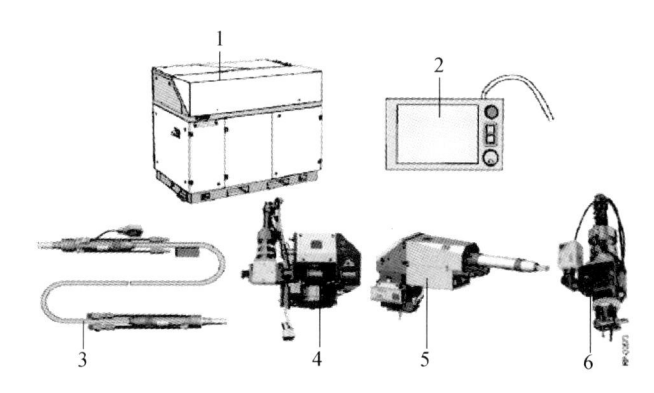

图 2-3 Nd:YAG 激光器
1—激光器；2—操作面板（选配）；3—光缆；
4—可编程聚集镜；5—可控聚焦镜头；6—加工聚焦镜头。

3. 半导体激光器

半导体激光器是指以半导体材料为工作物质的激光器，又称半导体激光二极管（LD），是 20 世纪 60 年代发展起来的一种激光器。在 20 世纪 90 年代，半导体激光器取得了突破性进展，其输出功率显著增加，开始大范围应用于激光制造领域。由于半导体材料物质结构的特异性和其中电子运动的特殊性，半导体激光器具有体积小、重量轻、成本低、波长可选择等特点，并可兼容光纤导光，能实现激光能量参数微机控制。制造用半导体激光器有以下几个优点：

(1) 耦合效率高,可直接调制。

(2) 在制备过程中可在线检测,由于有源区的体积非常小,可得到非常小的阈值电流。

(3) 具有较长的器件寿命。

(4) 波长和尺寸与光纤尺寸适配,非常容易与光纤结合。

(5) 响应速度快。

(6) 波长及阈值电流针对温度的变化不敏感,相干性好。

(7) 可输出与衬底垂直的圆形光斑,并且便于二维集成。

从应用观点来看,其中光束能量和质量决定了应用领域和可用性。当今半导体激光器的光束质量还是比已成熟的激光器如 CO_2 激光器和 Nd:YAG 激光器差,当然这主要是因为在一个条甚至一个堆栈中激光器不连贯的结合所导致的。

半导体激光器由于具有了高效率,它们的体积比传统激光器要小得多。其光电转换效率高达 40%,效率是 Nd:YAG 激光器的 10 倍以上,其寿命长达 100000h 以上。而且因为使用了光束重组技术,半导体激光器的光束质量得以改善,并且已经能够耦合进光纤。这些耦合单元可与激光头组合,这样激光的能量就可由一个 1.5mm 的光纤传导到工作台。如果使用了光纤,可在焦平面上得到一个截面是圆形、顶部是帽形的、高功率的激光束。

在激光熔覆与表面处理领域,半导体激光器有一定的优势,主要表现在电光效率高、材料吸收率高、光斑形状为矩形、使用维护费用低、光强分布均匀等。

利用冷却系统、衬垫系统和光束耦合以及光束构成技术,可得到功率达到几千瓦的半导体激光器系统。如图 2-4 所示,图中展示的是 3kW 的半导体激光器系统,包括多模光纤半导体激光管、半导体激光器模块和电源附件。

半导体激光器模块　　多模光纤半导体激光管

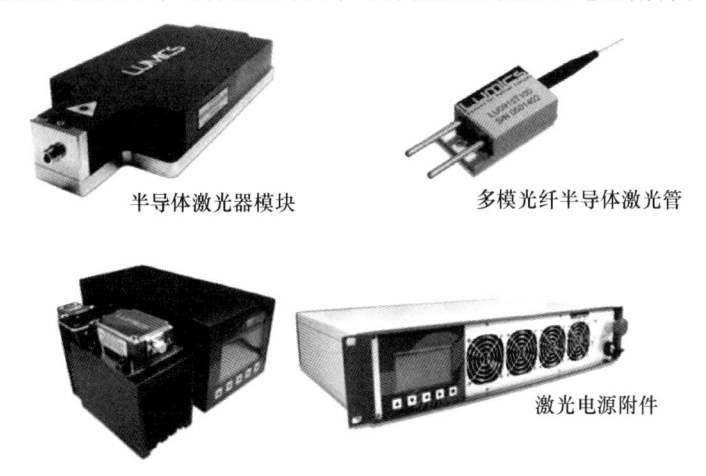

激光电源附件

图 2-4　半导体激光器系统

4. 光纤激光器

以光纤为工作物质的光纤激光器是很有发展潜力的中红外波段激光器,按发射机理的不同可分为光纤非线性效应激光器、稀土掺杂光纤激光器、光纤孤子激光器、单晶光纤激光器等,其中较为成熟的是稀土掺杂光纤激光器,其中掺铒光纤放大器(EDFA)已广泛用于光纤通信系统。高功率光纤激光器还用于军事、激光加工、激光医疗等领域[6]。

在激光焊接设备使用过程中,由于光纤激光器靠光纤来传导激光,因此使用前不需要对激光器进行调整,而且在使用过程中不容易受到外界振动和冲击的影响,外光路系统稳定性较好。

光纤激光器的波长为 $1.06\mu m$,CO_2 激光器的波长为 $10.6\mu m$。金属对光纤激光器的吸收率要远远高于对 CO_2 激光器的吸收率。

除了材料对光纤激光器产生的激光的吸收率更高外,对于大功率范围(特别是千瓦级),光纤激光器所产生的激光的光束质量优于 CO_2 激光器产生的激光。因此,通过分时光闸的方式使用 2000W 的光纤激光器,可与通过分功率的方式使用 4000W 的 CO_2 激光器达到一样的焊接效果,甚至要更好。

高功率光纤激光器的增益介质(光纤)中产生的多余热量是通过一个大的表面区域散热的,或者采用简单的对流风冷装置。其体积小,结构和维护运行简单。而采用激光二极管泵浦固体激光器时,需要采用水冷等系统对激光介质降温,体积大,结构多,维护运行复杂。

在激光制造中,大功率双包层光纤激光器已用于金属切割、焊接、激光标刻和雕刻、熔覆、铜焊、钻孔及烧结等方面,显示出逐步取代传统高功率激光器(如 CO_2 激光器、YAG 激光器)的趋势。这种先进的有巨大发展潜力的激光器很有潜力得到广泛应用。

图 2-5 所示为 IPG 公司生产的大功率光纤激光器的内部结构,其包括激光电源、光学模块、合束器、控制安全界面、冗余设计、传输光纤、准直聚焦系统和外部光闸。

5. 准分子激光器

准分子激光器是电子束激发的惰性气体和卤素气体结合的混合气体形成的分子向其基态跃迁时发射所产生的激光,属于冷激光,无热效应,是波长纯度高、方向性强、输出功率大的脉冲激光,寿命为几十纳秒,光子能量波长范围为 157~353nm,属于紫外线。最常见的波长有 157nm、193nm、248nm、308nm、351~353nm 等。准分子激光器切除材料的本质是激光烧蚀效应,它几乎没有热影响区域,所以使用准分子时,切口干净而且轮廓分明。它十分适合进行亚微米范围的微加工。此外,短波长的紫外(UV)准分子辐射很容易被很多材料所吸收,使得它不论对软质聚合物还是对硬质材料(硅和陶瓷)都能进行有效加工。紫外

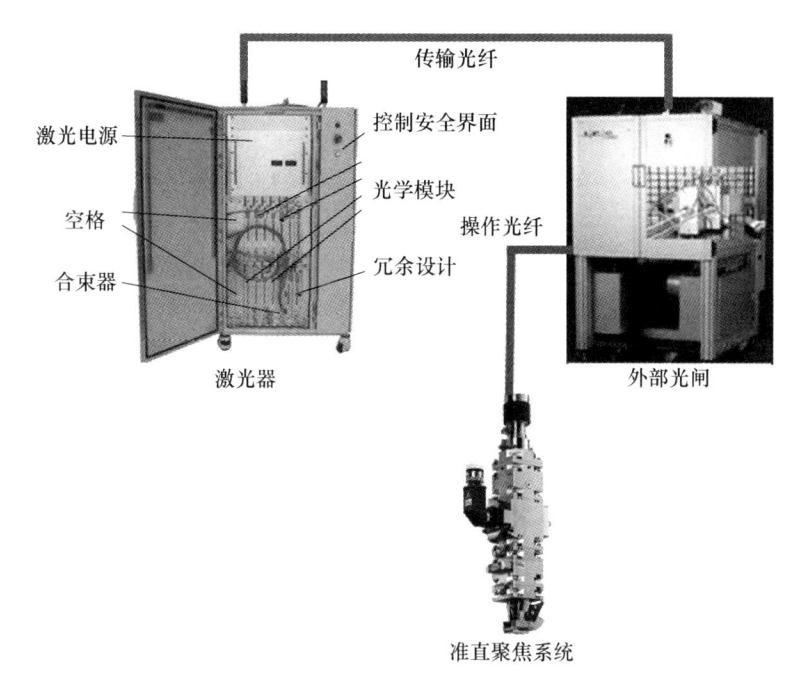

图2-5　IPG大功率光纤激光器内部结构

准分子激光波长的范围选择较广，这意味着，基本上针对任何需要加工的材料都可以找到合适的波长。大型的多模平顶准分子光束让大面积图案制作所需的光束整形和掩膜技术成为可能，使得加工效率更高，而且能得到复杂的三维图案。

准分子激光器在应用方面的数目和种类不断地增多。与其他气体激光器不同，准分子激光器具有独有的特性和性能，同时具备紫外激光的波长和高输出功率的特性，这使得准分子激光器能满足许多的材料加工的需要。其独有的特性也使得它可以很好地用于新兴的技术中。目前，主要应用于材料的切除、光学材料的加工，尤其是打孔、划线、微加工等方面的加工。

激光波长主要在紫外线到可见光段，波长短，频率高，能量大，焦斑小，加工分辨率高，更适合用于高质量的激光加工。

目前，准分子激光器有三个主要的用途：半导体微光刻、平板显示器退火和LASIK眼科手术。不过，准分子市场的其他部分也是很重要的，包括了很多不同的加工行业，从电子工业中的打孔到加工柴油机汽缸套，乃至对眼镜打标都使用了该技术。然而，这"三大"主要的应用有专门的模型，这些模型被优化以满足行业中已很好确立的性能参数，在大量应用中对激光条件有着广泛且多样的要求。这是因为针对一个给定的材料和波长，要进行有效的材料加工就需要在主要的准分子激光性能，即重复频率和脉冲能量（对加工对象的影响）之间得到正确的平衡。

图2-6所示为准分子激光微加工系统,包括相干准分子激光、机械线性顺序选择器、LSV3头部(含数值孔径0.2mm的镜头)、同轴照明及颜色聚焦、TTL检视。

6. 飞秒脉冲激光器

超短、超强和高聚焦能力是飞秒激光的三大特点。飞秒激光脉宽短至4fs($1fs = 10^{-15}s$)以内,峰值功率可高达拍瓦量级($1PW = 10^{15}W$),聚焦功率密度可达到$10^{20} \sim 10^{22} W/cm^2$[7]。飞秒激光可将其能量全部、快速并且准确地集中在限定的小作用区域,实现对玻璃、塑料、半导体、陶瓷、聚合物、树脂等材料的微纳尺寸加工,有着其他激光加工无法比拟的优势。

图2-6 准分子激光微加工系统

飞秒激光微加工是光电行业中极为引人注目的前沿研究方向。飞秒激光与材料相互作用的机理研究方面已取得了重大的进展,开发出以钛宝石激光器为主的飞秒激光加工系统,并且开展了飞秒激光微纳加工的工艺研究,促进了多学科的融合,推动着飞秒激光微纳加工技术向着高可靠性、低成本、产业化、多用途的方向发展。飞秒激光微加工技术将在强场科学、超高速光通信、生物医学、纳米科学等领域具有广泛的应用和潜在的市场前景。

飞秒激光出现以来,以钛宝石晶体为主的增益介质、啁啾脉冲放大(Chirped Pulse Amplification,CPA)、克尔透镜锁模(Kerr Lens Mode Locking,KLM)和半导体可饱和吸收镜等技术促使它从染料激光器发展至自启动克尔透镜锁模激光器,以及之后的二极管泵浦全固态飞秒激光器和飞秒光纤激光器。为满足生产和科研进一步发展的要求,研究人员仍然致力于飞秒激光器研究,搭建微加工系统。飞秒激光系统由展宽器、振荡器、放大器和压缩器四部分组成。从近年来国内外最具有代表性的飞秒激光器、微加工系统来看,有如下特点:

(1)输出脉宽大约几百飞秒,真正短到几飞秒的甚少,因而平均功率较低,限制了它在商业中的应用,生产效率较低。

(2)实现兆赫的重复频率输出。

(3)工作稳定性提高,寿命延长,如畅销全球的CPA221××系列的种子光有20年的平均无故障时间。

(4)可调谐波长范围变广,加工精度、光束质量较高。

(5)利用它的超快特性,逐渐实现三维精细加工。但飞秒激光系统在小型化、可调可控性、实用性、全光纤等方面还有很大的发展空间。

通常,按激光脉冲标准来说,持续时间大于10ps的激光脉冲属于长脉冲,用它来加工材料,由于热效应使周围材料发生变化,从而降低了加工精度。而脉冲宽度只有几千万亿分之一秒的飞秒激光脉冲则拥有独特的加工特性,如加工孔径的熔融区很小或者没有;可实现多种材料,如半导体、金属、透明材料内部甚至生物组织等的微机械雕刻、加工;加工区域可小于聚焦尺寸,达到或者突破衍射极限,等等。一些重型设备加工厂和汽车制造厂目前正研究用飞秒激光加工更好的发动机喷油嘴。使用超短脉冲激光,可在金属基体上打出几百纳米宽的小孔。

超短超快激光极高的峰值功率密度和极短的作用时间能引起材料很强的非线性效应,热扩散造成的影响很小。主要用于材料的超精细加工,蓝宝石、透明导电体的烧蚀石英玻璃和各种光纤等透明材料的三维加工与改性以及光学元件的精密制造等方面。

图2-7所示为Trumpf飞秒激光器,提供脉冲持续时间为(800 ± 200)fs、脉冲能量高达200μJ的激光输出,脉冲重复频率范围400~600kHz,工作时的平均功率为80W。非常适用于电子工业、芯片以及医疗制造行业连续工作环境。其最初的一些应用包括医疗植入物的聚合物加工,以及电路板钻孔。

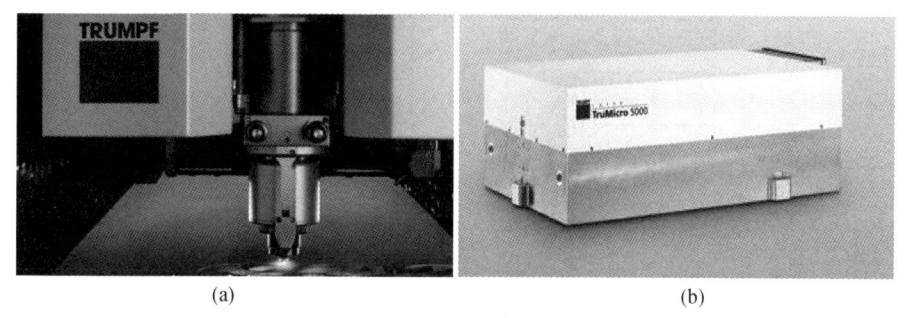

图2-7 飞秒型激光器系统
(a)激光头系统;(b)飞秒激光器。

2.2 机器人系统

机器人系统是激光先进制造系统实现激光先进制造的载体,它的功能和精度将直接决定激光先进制造系统的功能和最终的制造精度。工业机器人的定义是一种可编程序的多功能操作机构,用以按照预先编制的能完成多种作业的动作程序运送材料、零件、工具或者专用设备。工业机器人常用于搬运、喷漆、焊接和装配工作。

本节将首先介绍工业机器人的工作原理,之后介绍三种激光先进制造中常用的工业机器人的结构和功能特点,最后介绍机器人的控制系统。

2.2.1 工业机器人

1. 工作原理

目前广泛应用的工业机器人的基本工作原理一般为示教再现。即由用户导引机器人按实际任务操作一遍,机器人在导引过程中记忆示教的每个动作的姿态、位置、运动参数、工艺参数等,并自动生成一个连续执行全部操作的程序。在完成示教后,只需给机器人一个启动命令,机器人将精确地按示教动作,按顺序完成全部操作。实现上述功能的主要工作原理,主要涉及以下四个方面:

1)系统结构

一台通用的工业机器人,按其功能划分,一般由三个相互关联的部分组成:机械手总成、控制器、示教系统,如图2-8所示。

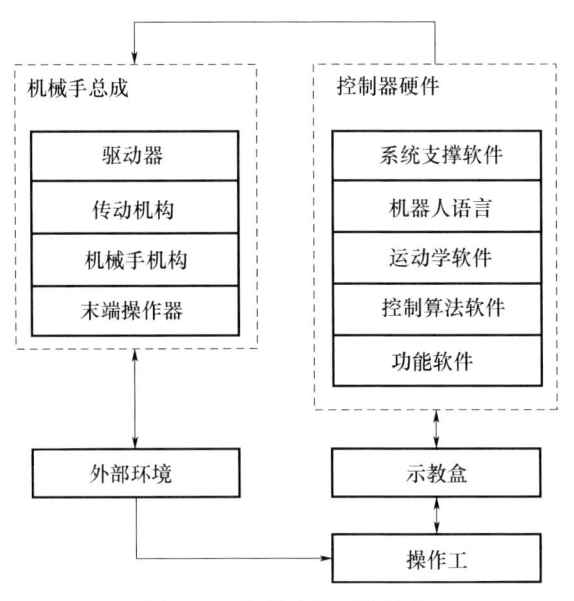

图2-8 机器人的系统结构

机械手总成是机器人的执行机构,它由传动机构、驱动器、机器人臂、关节、内部传感器以及末端操作器等组成。它的任务是精确地保证末端操作器所要求的位置、姿态和实现其运动。在激光制造过程中,它是激光头的机械载体,可实现激光头的移动和旋转。

控制器是机器人的神经中枢。它由计算机软件、硬件和一些专用控制电路构成,其软件包括控制器系统软件、动力学软件、机器人运动学软件、机器人专用语言、机器人控制软件、机器人自诊断、自保护功能软件等,它处理机器人工作过程中的全部信息并控制其全部动作。在激光制造过程中,控制器可通过机器人实现对激光参数、运动轨迹等的控制。

示教系统是机器人与操作者的交互接口,在示教过程中它将控制机器人的全部动作,并将信息送入控制器的存储器中,其实质上是一个专用的智能终端。在激光制造过程中,操作者可通过示教系统实现机器人在所需坐标点的定位,并将信息反馈到控制系统中,以确定激光头的初始位置和运动轨迹。

2)手臂运动学

机器人的机械臂是由若干个刚性杆体由旋转或者移动的关节串连而成,是一个开环关节链,开链的一端固接在基座上,另一端则是自由的,可安装末端操作器(比如焊枪),在机器人操作时,机器人手臂前端的末端操作器与被加工工件处于相适应的位置和姿态,而这些位置和姿态是由若干个臂关节的运动所合成的。一台机器人机械臂几何结构确定后,其运动学模型即可确定,这是机器人运动控制的基础。因此,机器人运动控制中,必须要知道机械臂各关节变量空间和末端操作器的位置和姿态之间的关系,这就是机器人运动学模型。

机器人手臂运动学中有两个基本问题:

(1)对给定机械臂,已知末端操作器在参考坐标系中的期望位置和姿态,求各关节矢量,称为运动学逆问题。在机器人再现过程中,机器人控制器即逐点进行运动学逆问题运算,将角矢量分解到机械臂各关节。

(2)对给定机械臂,已知各关节角矢量,求末端操作器相对于参考坐标系的位置和姿态,称为运动学正问题。在机器人示教过程中。机器人控制器即逐点进行运动学正问题运算。

运动学正问题的运算一般采用 D-H 法,该方法采用四阶齐次变换矩阵来描述两个相邻刚体杆件的空间关系,把正问题简化为寻求等价的四阶齐次变换矩阵。逆问题的运算可用几种方法求解,最常用的是矩阵代数、迭代或者几何方法[8]。

针对高速、高精度机器人,还必须建立合适的动力学模型,由于目前通用的工业机器人(包括焊接机器人)最大的运动速度都在 3m/s 内,精度都不高于 0.1mm,所以都只做简单的动力学控制[9]。

3)轨迹规划

机器人机械手端部从起点(位置和姿态)至终点的运动轨迹空间曲线称为路径,轨迹规划的任务是用一种函数来"内插"或者"逼近"给定的路径,并随时间产生一系列"控制设定点",用来控制机械手运动。

目前常用的轨迹规划方法有变量空间关节插值法和笛卡儿空间规划等方法[9]。

4)编程语言

机器人编程语言是机器人和操作用户的软件接口,编程语言的功能决定了机器人的适应性和给用户的方便性,目前还没有完全公认的机器人编程语言,很多机器人制造厂都有自己的语言。

实际上,机器人编程与传统的计算机编程不同,因为机器人操作的对象是各类三维物体,其运动在一个复杂的空间环境,并且还要监视和处理传感器信息。其编程语言主要有两类:面向任务的编程语言和面向机器人的编程语言。

面向任务的机器人编程语言可允许用户发出直接命令,以控制机器人去完成一个具体的任务,不需要说明机器人需要采取的每一个动作的细节。机器人编程语言,用 C 语言和一组 C 函数来控制机器人运动的任务级机器人语言。

焊接机器人的编程语言,目前大多都属于面向机器人的语言,面向任务的机器人语言尚在开发阶段,大都是针对装配作业的需要。

面向机器人的编程语言的主要特点是描述机器人的动作序列,每一条语句大约相当于机器人的一个动作,进而推广到整个程序控制机器[8]:

(1) 专用的机器人语言,如 VAL 语言,是专用的机器人控制语言。

(2) 在现有计算机语言的基础上加机器人子程序库,如 AR-Basic 和 Robot-Basic 语言,都是建立在 BASIC 语言上的。

(3) 开发一种新的通用语言加上机器人子程序库,如 AML 机器人语言。

2. 典型分类

根据工业实际应用需求和机器人结构形式特点,机器人可分为以下三种。

1) 多关节式

随着机器人机构学的发展,工业机器人的种类越来越多,但是从机器人机构学的角度范围来分,一般可分为串联式机器人、并联式机器人以及串联并联混合式的混联机器人三大类。

串联式工业机器人的最典型结构是其将开式运动链固定在机架上。这类机器人称为关节型工业机器人,如图 2-9 所示。

图 2-9 关节型工业机器人

此类机器人的组成元素主要是刚性连杆及运动副,也称为机械手或者操作器。在机械手的末端,固定着一个夹持用的机械手爪,也称为末端执行器。该末端执行器可夹持各类激光头,可按工作需要随时更换。对此种关节型机器人来说,它由机身、臂部、手部、腕部等部分组成。各部分功能是模仿人的手臂来定义的。其中,机身相当于人的身躯,它起支撑作用,并且用于安装驱动装置等部件,相当于一个机架;臂部结构相当于人的大臂小臂,是主要执行部件,其作用是用来支撑腕部和肘部,并带动它们一起在空间运动,从而带动手部按一定轨迹运动;腕部结构相当于人的手腕,是连接臂部和手部的部件,其作用是调整和改变手部在空间的方位;手部结构相当于人的手部,是操作器的末端执行部件,其作用是握住所需要的物件或者对象。在典型的串联关节型机器人中,每个转动关节或者移动关节的位置都由一个变量来确定,即每个转动关节或者移动关节的自由度为1。整个机器人的自由度数目等于各个运动部件自由度的总和。

图 2-10 所示机器人为典型的 6 自由度关节型串联机器人示意图。其中,臂部结构是由腰关节、肩关节以及肘关节 3 个关节,共计 3 个自由度组成。腕部结构是由绕腕部自身轴旋转、腕的上下摆动以及腕的左右摆动 3 个关节,共合计 3 个自由度组成。即整个机器人的总自由度为 6 个自由度。手部结构的开合运动有时也称为半个自由度。

此机器人的运动主要是由机械臂与机械腕的联动来实现的,臂部结构的运动用于完成主运动,腕部结构

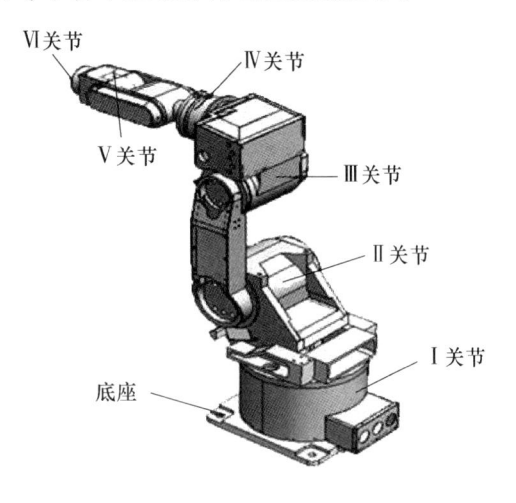

图 2-10 6 自由度关节型串联机器人

的运动用于调整手部在空间的姿态。通常情况下,操作器手部结构在空间的位置和运动范围,主要取决于臂部的自由度以及臂长和转角范围。因此,臂部结构运动也称为操作器的主运动,臂部结构各关节称为操作器的基本关节。根据臂部结构以及关节运动形式,不同的关节自由度数以及臂部集中自由度的不同组合,就可得到不同的工作空间运动。

当臂部只有 1 个自由度时,其工作空间为直线或者圆弧曲线,即为一维空间。当臂部有 2 个自由度时,其工作空间为平面、圆柱面或者球面,即为二维空间。当臂部有 3 个自由度时,其工作空间为长方体或者回转球体,即为三维空间。由此可得出结论,要使机器人操作器手部能到达空间任意指定位置并实时激光加工,空间机器人操作器的臂部至少应具有 3 个以上独立的自由度。同理,

为使机器人操作器手部等到达平面任意指定位置，平面机器人的臂部至少应具有 2 个以上独立的自由度。

腕部结构包括各个关节的运动用于调整手部的空间姿态。为了使手爪在空间能取得任意指定的姿态，串联式空间机器人操作器腕部结构至少应有 3 个独立自由度。通常取 3 个轴线相互垂直的 3 个转动关节。同理，为使手爪能在平面中取得任意指定的姿态，平面串联式机器人操作器腕部结构至少应有 1 个转动关节。手部结构运动的作用是夹持或者握住所需搬运的物件、工件或者工具。由于其运动不会改变所握物体在空间的位置和姿态，故其运动独立自由度通常不算做机器人操作器的独立自由度。为了使串联式机器人适用于各种应用场合，针对一般通用串联式空间机器人操作器至少应具有 6 个独立自由度。其中，3 个为臂部结构独立自由度，用来决定手部结构末端执行器在空间的位置，另 3 个为腕部结构独立自由度，用来确定手部结构末端执行器在空间中的姿态。为了使末端执行器在三维空间中能取得任意指定的姿态，腕部结构的运动必须至少有 3 个独立的转动关节。针对通用的平面串联式机器人操作器，必须至少具有 3 个独立自由度。其中，臂部结构 2 个独立自由度决定末端执行器在平面中的位置；另 1 个腕部结构独立自由度决定末端执行器在平面中的姿态。为使末端执行器能在二维平面内取得任意指定的姿态，则必须至少要有 1 个转动关节。

由以上分析可知，针对通用型串联式机器人操作器，无论是空间型或者平面型，都必须有转动关节，只用移动关节是无法满足各种位置及姿态要求的。针对特殊的专用机器人，则要求空间操作器具有 4 个或者 5 个独立自由度。工程中常用的操作器，其独立自由度数约为 4~7 个。当空间操作器的独立自由度数大于 6 时，这种操作器的独立自由度称为冗余自由度。这种具有冗余自由度的串联式机器人操作器具有机动性及灵活性，可适用于避障等场合。当机器人工作区内存在障碍时，具有冗余自由度的机器人能够将手臂绕过障碍，进入通常机器人无法进入的区域。

但是，串联式机器人也有明显的不足，如各关节为悬臂结构，刚度比较低，在相同自重或者体积下与并联式机器人相比，承载能力较低，且由于末端杆误差是各个关节的积累和放大，导致其误差大，精度低。但并联机器人在这些方面性能较好。两者各有优缺点，且为互补关系，应视具体情况，取长补短，选择最佳方案。

多关节式机器人因其灵活性高，适应性好，广泛应用于激光焊接、激光熔覆、激光成形等激光先进制造领域。

2）框架式

框架式机器人运动部分由 3 个相互垂直的直线移动单元及 2 个（或以上）旋转单元组成，其工作空间图形为长方形，如图 2-11 所示。它在各个轴向的移动距离，可在各个坐标轴上直接读出，直观性强，位置和姿态的编程计算方便，定位精度高，控制无耦合，结构简单，但其机体所占空间体积大，动作范围小，灵活性差，难与其他工业机器人协调工作。采用框架式的机械结构，可在较大的加工区内提高运动精度。对于三维的多工艺激光加工，采用了五维坐标，即三维直线运动坐标(X,Y,Z)和两维转动坐标(A,C)。所有坐标轴的驱动均采用交流伺服驱动电动机、滚珠丝杠螺母副等机构将电动机的转动变为移动部件的直线移动。为确保运动灵敏性、运动精度和工业应用环境，采用了最先进的一体化的滚动导轨，检测元件采用码盘型光电编码器。

图 2-11 框架式机器人示意图

由于框架式机器人的跨距较大，容易产生运动力矩不同步的现象。解决方案可采用两个丝杠副同时驱动。有两种驱动方案：一是采用双伺服电动机驱动，利用特定的龙门驱动软件使这两个电动机同步，但是这无疑会增加一套伺服驱动系统和伺服电动机；二是用一台伺服电动机经中间连接轴同时驱动这两个丝杠。

框架式机器人因其工作范围大，稳定性高，特别适用于大尺寸结构的激光强化、精密焊接、修复等激光先进制造工艺。

3) 龙门式

龙门式机床主机一般作为光纤激光切割机或者焊接机的组成部分，其精度都是由主机部分来实现的，机床稳定性好，精度高，如图 2-12 所示。对于焊接，龙门式机床采用整体焊接方式，退火消除内应力后进行加工，可完全消除因焊接等加工产生的应力。

以切割用龙门式工业机器人为例，其由以下几部分组成：

（1）齿轮齿条和直线导轨。齿轮齿条和直线导轨采用原装进口的精密产品，传动精度高；行程两端配有限位开关控制，同时两侧辅以缓冲机构，有效地保

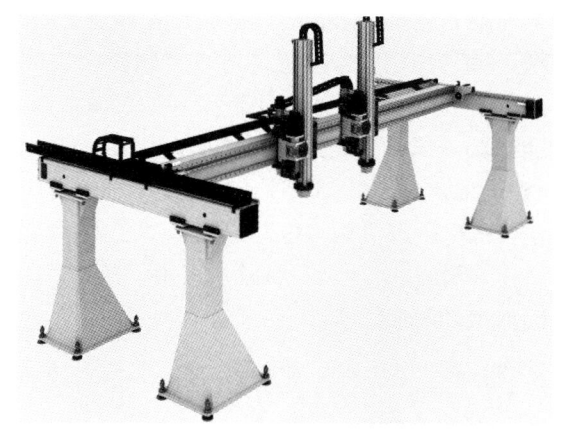

图 2-12 龙门式机器人示意图

证了机床运动的安全性;机床配备自动润滑装置,定期向床身、横梁的齿轮齿条添加润滑油,提高齿轮齿条使用寿命;直线导轨、丝杠均有加注润滑脂油嘴,可定期向其加注润滑脂。

(2) 交换工作台。交换工作台由固定工作台支架、切割工作台组成。

(3) 横梁。采用铝合金材料。重量轻,动态性能佳。采用整体铸造方式,退火后进行精加工,保证了横梁整体的强度、刚性及稳定性。

(4) 切割工作台。由整条方通拼焊而成,结构稳固;工作时双层交换工作台同时进行交换,交换时间可在 20s 之内完成,大大减少交换时间,从而提高生产效率。

(5) 固定工作台主架。采用超厚板整体折弯工艺,再整体焊接成形,从而具有极大的承载能力。

(6) 激光头上下装置。上下装置用于实现切割头的上下运动。上下两端均采用接近开关控制行程,同时在滚珠丝杠两端有弹性缓冲垫,保证了运动的安全性。它既可作为一个数控轴进行其单独的插补运动,同时能和水平轴联动,又可切换成随动控制,以满足不同情况的需要。上下装置中的电容传感器检测出激光头板材表面的距离后,将信号反馈到控制系统,由控制系统控制 Z 轴电动机驱动切割头上下运动,从而保证激光头与板材的距离不变,有效保证制造质量。激光头有调节焦点的螺母,可根据材料的材质和厚度来调整焦点的位置,以获得良好的断面质量。

2.2.2 机器人控制

1. 特点和要求

机器人的核心是机器人的控制系统,它涉及自动控制、计算机、传感器、人工智能、电子技术和机械工程等多种学科的内容。这里讲述激光制造系统中机器人控制的基本要求和机器人控制技术。

1）基本要求

工业机器人的控制系统的基本要求有：

（1）方便的人机交互功能，方便操作人员采用直接指令代码对工业机器人进行作用指示。工业机器人具有作业知识的记忆、修正和工作程序的跳转功能。

（2）实现对工业机器人的位置、速度、加速度等控制功能，针对连续轨迹运动的工业机器人还必须具有轨迹的规划与控制功能。

（3）多轴运动协调控制功能，以产生激光制造过程要求的加工轨迹；较高的位置精度，较大的调速范围；系统的静差率要小；各关节的速度误差系数应尽量一致；位置无超调，动态响应尽量快；需采用加减速控制等。

（4）具有对外部环境（包括作业条件）的检测和感觉功能。为使工业机器人具有对外部状态变化的适应能力，工业机器人应能对诸如视觉、力觉、触觉等有关信息进行测量、识别、判断、理解等功能。在自动化生产线中，工业机器人应具有与其他设备交换信息，协调工作的能力。

2）特殊之处

工业机器人的控制技术是在传统机械控制技术的基础上发展起来的，因此两者之间并无根本的不同，但工业机器人控制系统也有很多特殊之处，如下：

（1）工业机器人的工作任务是要求操作机的手部进行空间点位运动或者连续轨迹运动，对工业机器人的运动控制，需要进行复杂的坐标变换运算，以及矩阵函数的逆运算。

（2）工业机器人有若干个关节，典型工业机器人有五六个关节，每个关节由一个伺服系统控制，多个关节的运动要求各个伺服系统协同工作。

（3）较高级的工业机器人要求对环境条件、控制指令进行测定和分析，采用计算机建立庞大的信息库，用人工智能的方法进行控制、决策、管理和操作，按照给定的要求，自动选择最佳控制规律。

（4）工业机器人的数学模型是一个多变量、非线性和变参数的复杂模型，各变量之间还存在着耦合，因此工业机器人的控制中经常使用前馈、补偿、解耦和自适应等复杂控制技术。

3）分类

工业机器人控制系统可以从不同角度进行分类，如根据控制运动的方式不同，可分为关节控制、自适应控制和笛卡儿空间运动控制；根据轨迹控制方式的不同，可分为点位控制和连续轨迹控制；根据速度控制方式的不同，可分为速度控制、力控制、加速度控制。

（1）程序控制系统：给每个独立自由度施加一定规律的控制作用，机器人就可实现要求的空间轨迹。

（2）自适应控制系统：当外界条件变化时，为保证所要求的控制品质或者为了随着经验的积累而自行改善控制品质，其过程是基于操作状态和伺服误差的观察，再调整非线性模型参数，一直到误差消失为止。这种系统的结构和参数能随时间和条件自适应地改变。

（3）人工智能系统：其主要特点为事先无法编制运动程序，而是要求在运动过程中根据所获得的周围状态信息，实时确定控制作用。

2. 机器人控制技术

1）控制系统组成

典型的机器人控制系统由以下几个部分组成，如图 2-13 所示。

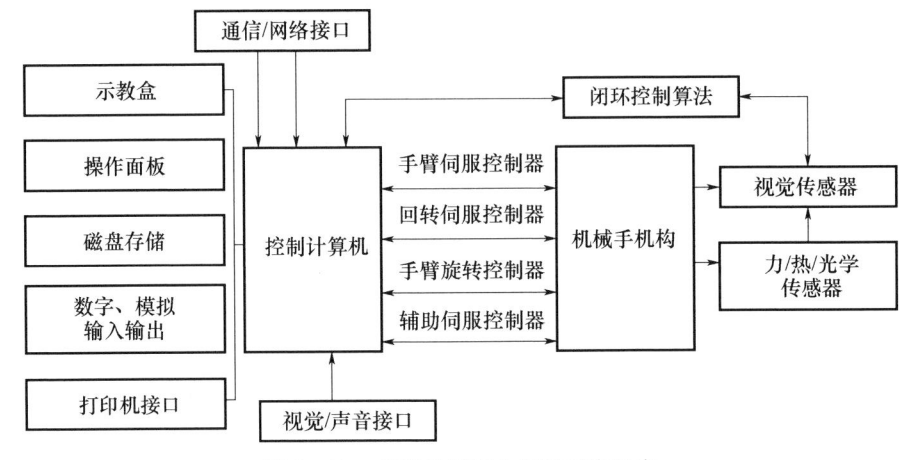

图 2-13 典型的机器人控制系统组成

（1）控制计算机：控制系统的调度指挥机构。一般为微型机、微处理器，有 32 位、64 位等。

（2）操作面板：由各种操作按键、状态指示灯构成，只完成基本功能操作。

（3）示教盒：示教机器人的工作轨迹和参数设定，以及所有人-机交互操作，拥有自己独立的处理器以及存储单元能与主计算机之间以串行通信方式实现信息交互。

（4）硬盘和软盘存储：存储机器人工作程序的外围存储器。

（5）打印机接口：记录需要输出的各种信息。

（6）数字和模拟量输入输出：各种状态和控制命令的输入或者输出。

（7）通信接口：实现机器人和其他设备的信息交换，一般有串行接口、并行接口等。

（8）轴控制器：完成机器人各关节位置、速度和加速度控制。

（9）辅助设备控制：用于和机器人配合的辅助设备控制，如手爪变位器等。

（10）传感器接口：用于信息的自动检测，实现机器人柔顺控制，一般为力觉、触觉和视觉传感器。

（11）网络接口。

① Fieldbus 接口：支持多种流行的现场总线规格，如 Devicenet、ABRemoteI/O、Interbuss、Profibus-DP、M-NET 等。

② Ethernet 接口：可通过以太网实现数台或者单台机器人的直接 PC 通信。数据传输速率高达 10Mb/s。可直接在 PC 上用 Windows 库函数进行应用程序编程。支持 TCP/IP 通信协议。通过 Ethernet 接口将数据及程序装入各个机器人控制器中。

2）集中控制系统

集中控制系统是用一台计算机实现全部控制功能，其结构简单，成本低，但实时性差，难以扩展，在早期的机器人中常采用这种结构，其构成框图如图 2-14 所示。

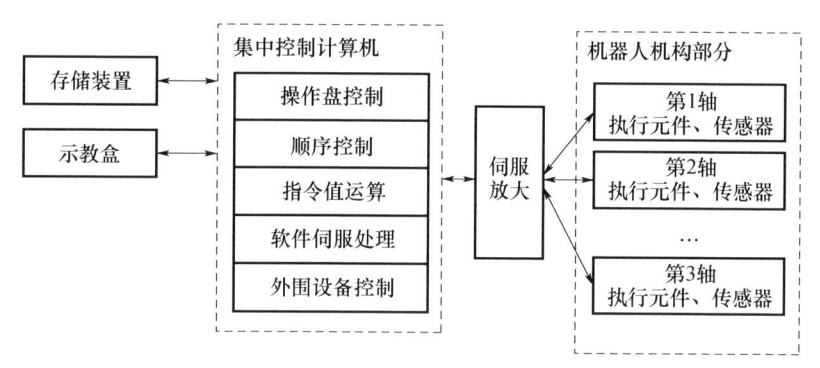

图 2-14 集中控制系统原理图

基于 PC 的集中控制系统充分利用了 PC 高度开放的特点，可实现很好的扩展性。多种传感器设备和控制卡等都可通过标准的 PCI 插槽或者通过标准串口、并口集成到控制系统中。集中式控制系统的优点是：易于实现系统的最优控制，整体性与协调性较好，硬件成本较低，便于信息的采集和分析，基于 PC 的系统硬件扩展较为方便。其缺点也显而易见：控制危险容易集中，一旦出现故障，其影响面广，后果严重。由于工业机器人的实时性的要求很高，当系统进行大量数据计算时，会降低系统实时性，则系统对多任务的响应能力也会与系统的实时性相冲突。此外，该类控制系统连线复杂，会降低系统的可靠性。

3）主从控制系统

主从控制系统是采用主、从两级处理器实现系统的全部控制功能。主 CPU 实现管理、系统自诊断、轨迹生成和坐标变换等；从 CPU 实现所有关节的底层控制。其构成框图如图 2-15 所示。主从控制方式系统的实时性较好，非常适于高速度、高精度控制,但其维修困难,系统扩展性较差。

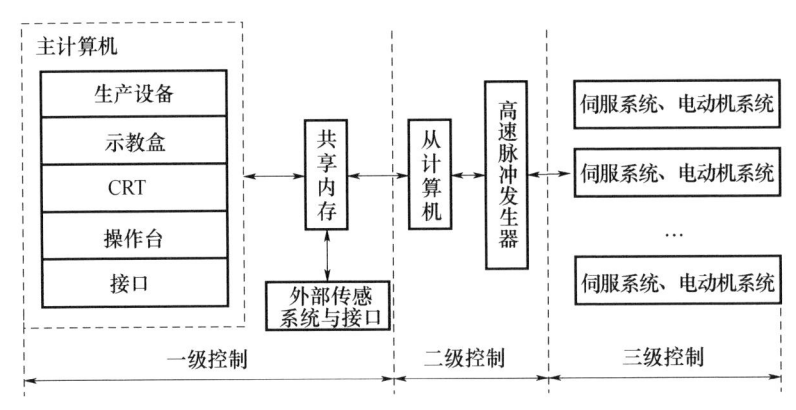

图 2-15 主从控制系统原理图

4) 分布式控制系统

分布式控制系统是按系统的方式和性质将系统控制分成几个模块,每一个模块各有不同的控制策略和控制任务,各模块之间可以是主从关系,也可以是平等关系。这种方式实时性好,易于实现高精度、高速控制,易于扩展,易实现智能控制,是目前主流的方式。其主要思想是"分散控制,集中管理",系统对其总体目标和任务可以进行综合分配和协调,并通过对子系统的协调工作来完成控制任务。整个系统在物理、逻辑和功能等方面都是分散的,所以 DCS 系统又称为集散控制系统或者分散控制系统。这种结构中,子系统是由控制器和不同被控对象或者设备构成的,各个子系统之间通过有线或无线网络等相互通信。分布式控制结构提供了一个实时、开放、精确的机器人控制系统。分布式系统中一般采用两级控制方式。

两级分布式控制系统通常由上位机、下位机和通信网络组成。上位机可进行不同的控制算法和轨迹规划,下位机可实现控制优化、插补细分等。上位机和下位机是通过通信总线相互通信和协调工作的,这里的通信总线可以是 EEE-488、RS-232、RS-485 以及 USB 总线等形式。现在,以太网和现场总线技术的发展为机器人提供了更有效、稳定、快速的通信服务。尤其是现场总线,它应用于生产现场,在微机化测量控制设备之间实现双向且多节点数字通信,从而形成了新型的网络集成式全分布控制系统——现场总线控制系统(Field Control System,FCS)。从系统控制论的角度来说,工业机器人作为工厂的生产设备之一,也可以被归纳为现场设备。一般认为,在机器人系统中引入现场总线技术后,更有利于机器人在工业生产环境中的集成。

分布式控制系统的优点在于:控制系统的危险性降低,系统灵活性好,采用多处理器的分散控制,有利于系统功能的并行执行,提高系统的处理效率,能有效缩短系统响应时间。

对具有多独立自由度的工业机器人而言,集中控制对各个控制运动轴之间的耦合关系处理得很好,可简单方便地进行补偿。但是,当轴的数量增加到使控制算法变得很复杂时,其控制性能可能会恶化。而且,当系统中轴的数量或者控制算法变得很复杂时,可能会导致系统不得不被重新设计。与之相比,分布式结构的每一个运动轴都由一个控制器处理,这意味着,系统有较少的轴间耦合和较高的系统重构性。

2.3 数字化辅助系统

数字化辅助系统是激光先进制造系统不可缺少的组成部分,也是激光先进制造系统与传统制造系统的重要区别和优势。本节将介绍主要的四种数字化辅助系统,包括先进传感器系统、数字化材料输送系统、智能测量系统和高纯度惰性气氛箱系统。

2.3.1 先进传感器系统

激光制造系统要实现其自动控制,进而实现制造的智能化,很重要的一点就是传感器的使用。而就传感器本身来说,又是千差万别,种类繁多。用于不同目的的各种传感器,需要有不同的控制方法。

以激光焊接为例,随着焊接自动化的发展,焊缝自动跟踪用传感器显得越来越重要。在激光焊接时首先应该使激光束与焊缝对中,这是保证焊接质量的关键。例如,弧焊机器人虽能按预先编制的程序沿一定的轨迹运动,但即使是由示教得来的轨迹,也未必是焊缝的实际位置。这种差异主要是由于批量生产中工件的加工误差(对于薄板冲压工件误差更大)、夹具的不精确、焊接过程中的热变形以及轨迹程序本身的误差等因素综合造成的。因此焊缝的实时自动跟踪成为国内外焊接界非常重视的课题,焊缝自动跟踪传感器的研究也就占据了焊接传感器的主导地位。为了提高焊接过程的自动化程度,除了对焊缝进行自动跟踪之外,还应实时监控焊接质量。为此需要在焊接过程中检测焊接坡口的状况,如深度、宽度、面积等,并检测焊接熔池的状况,如熔深、熔宽和背面焊道的成形等,以便能实时地调整焊接参数,进而保证良好的焊接质量。这就是焊接智能化,是焊接自动化的发展方向之一。由此又发展了可用于此类目的的各种传感器。但它们目前在焊接传感器中所占的比例要远小于焊缝跟踪用传感器。

随着科学技术特别是微电子学的飞速发展,出现了许多种位置自动跟踪的传感器。它们利用光、电磁、声、机械、热等各种物理量的变化所产生的电信号作为特征信号。下面将具体介绍在激光制造过程中应用最多的红外温度传感器、视觉传感器和超声传感器[10-18]。

1. 红外温度传感器

红外线辐射无处不在而且永无休止,物体之间的温差越大,辐射现象就越明显,基于红外技术温度传感器能够实现精确的测温,如图2-16所示。当非接触仪器测温时,被测物体发射出的红外波长光信号,通过测温仪的光学系统在探测器上转换为电信号,该信号的温度读数显示出来。所有物体会反射、透过和发射能量,只有发射的能量能指示物体的温度。当红外测温仪测量表面温度时,仪器能接收到所有这三种能量。而测量误差通常由其他光源反射的红外能量引起。有几个重要因素影响精确的测温:发射率、视场、物体到光斑的距离和光斑的位置。

图2-16 红外光学传感器示意图

红外测温仪一般可调整发射率,通常将材料的发射率设置为0.95,该发射率值是针对多数有机材料、油漆或者氧化物的表面温度。测量过程中,用一种胶带或者平光黑漆涂于被测表面加以补偿。使胶带或者漆达到与基底材料相同温度时,测量胶带或者漆表面的温度,即为其真实温度。

(1) 视场:确保目标大于仪器测量时的光斑尺寸,目标越小,就应离它越近。当精度特别重要时,要确保目标至少2倍于光斑尺寸。

(2) 距离与光斑之比:外测温仪的光学系统从圆形测量光斑收集能量并聚焦在探测器上,光学分辨率定义为仪器到物体的距离与被测光斑尺寸之比。该比值越大,仪器的分辨率越好,且被测光斑尺寸也就越小。

(3) 激光瞄准:用于帮助瞄准在测量点上。由于红外光学的最新改进,红外测温传感器可以增加近焦特性,可对小目标区域提供精确测量,还可防止背景温度的影响。

在生产制造过程中,红外测温传感器在产品质量监测和控制、设备在线故障诊断与安全保护以及节约能源等方面发挥着重要作用。红外测温传感器可对正在运行的设备进行非接触检测,测量任意部位的温度值,拍摄其温度场的分布,据此对各种外部及内部故障进行诊断,具有直观、遥测、实时和定量测温等优点,用来检测发电厂、输电线路和变电所的运转设备和带电设备时,非常有效、方便。使用红外测温仪,可连续诊断电子连接问题,查找连接处的热点,以检测设备的功能状态,还可检验功率配电盘接线端子和电池组件、开关齿轮或者熔断器连接,防止能源消耗。

红外测温仪具有响应速度快、温度分辨率高、稳定性好、测量精度高、不扰动被测温度场等特点。为了测温,需将仪器对准要测的物体,按触发器在仪器上读出温度数据,保证安排好距离和光斑尺寸之比。

利用红外测温有以下几点注意事项:

(1) 红外测温仪只适用于测量表面温度,不能测量内部温度。

(2) 不能透过玻璃进行测温,玻璃有很特殊的反射和透过特性,不允许精确红外温度读数。但可通过红外窗口测温。此外,红外测温仪最好不用于光亮的或者抛光的金属表面的测温(不锈钢、铝等)。

(3) 在定位热点时,要发现热点,然后仪器瞄准目标,通过在目标上做上下扫描运动确定热点。

(4) 需注意环境条件如尘土、蒸汽、烟雾等,它会阻挡仪器的光学系统而影响精确测温。

(5) 对于环境温度,当测温仪暴露在环境温差为20℃或者更高的情况下,允许仪器在20min内调节到新的环境温度。

2. 视觉传感器

CCD(Charge-Coupled Devices)即电荷耦合器件,是一种半导体集成光电敏感元件。它分线阵(只有一列光敏元件)和面阵(包含多列光敏元件)两种,其功能和摄像管类似。但与传统的真空管式光导摄像管相比,CCD具有体积小巧、无高压、耐振动等一系列优点,而且其制造工艺和一般半导体集成电路的制造工艺相比并不十分复杂,所以自20世纪70年代出现以来获得了飞速的发展。线阵CCD在单列上集成的光敏单元数目有256、512、1024和2048等多种型号。面阵CCD则能对被测物进行平面成像,用它制成的摄像机传感器当然功能最强,但很复杂,计算机的信息处理量也很大,运算较慢(每秒只能处理几幅图像)。相对而言,线阵CCD视觉传感器价格低,性价比很高,运算较快(一般每秒处理几十幅图象),故更具有实用意义。

1) 线阵CCD传感器

线阵CCD可测出缝隙宽度,如在激光焊接过程中,传感器固定在激光头前方约50mm处,线阵CCD元件横跨于焊缝上方,一般用外加白光光源照射在工件上,针对不开坡口的对接接头,钢板上反射光强,缝隙处反射光弱。故能显示焊缝中心的位置,其分辨率为0.1mm。可以用微机来处理其信号,可以求出焊缝中心线位置,之后实时控制焊炬的对中。一般处理每组数据的时间不超过25ms,图2-17为线阵CCD传感器的控制方框图。

2) 面阵CCD摄像机传感器

摄像机传感器一般有两种工作方式:一种为直接拍摄的方式;另一种为结构光式,即把外加光源作成一条或者多条窄光带形状。

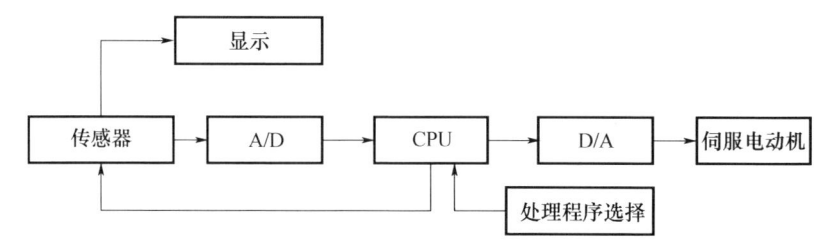

图 2-17 线阵 CCD 传感器的控制方框图

（1）直接拍摄式。以拍摄熔池为例，将摄像机置于激光与金属作用时产生的熔池上方，从 45°角度直接拍摄激光产生的熔池图像，如图 2-18 所示。拍摄所得的图形上部大块的白色区域是熔池。通过对熔池图像的处理可以得到熔池尺寸、温度等信息。

由于跟踪信号是直接取自熔池，故没有传感器位置的附加导前误差。同时它还能测量熔池宽度等参数，能对激光参数进行自动控制，功能很强。

（2）结构光式。传感器的光源可以是白光或者激光，它被作成一条或者多条窄带形状，故称结构光。该光带一般位于焊炬前方，以 40°～45°方向斜射在工件上，如图 2-19 所示，摄像机位于工件正上方，拍摄到光带和工件的交线。此图形能反映坡口的深浅和形状，从而求出工件的三维尺寸，故称三维传感器。

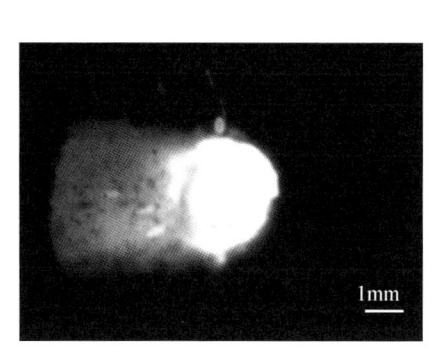

图 2-18 摄像机直接拍摄传感器　　图 2-19 结构光三维传感器

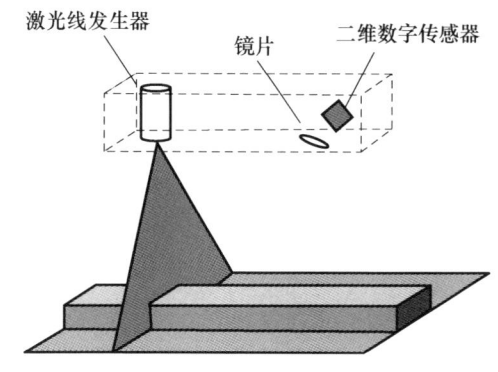

由微机对图像进行处理后，可求出焊缝位置及坡口尺寸。由于信息量大，故处理时间较长，约 0.3s 能够处理一幅图像。

3）激光扫描传感器

激光扫描传感器的工作原理已经比较成熟：He-Ne 激光束打在工件上之后，激光光点经过透镜在线阵 CCD 元件上成像。由于透镜平面与激光束成倾斜角度（如 45°），故不同的工件高度位置的激光光点对应于水平安放着的 CCD 元件上不同的成像点。不同工件高度位置的反射光点对应于 CCD 上感光的光敏元件的号码,由 CCD 输出的光电信号图可确定感光元件的号码,从而探测出工件的高度位置。当激光束进行被测物体扫描时,即可探测坡口形状。

激光扫描传感器结构如图 2-20 所示,激光束从水平方向射到扫描轴的反射镜上再射到工件上,从工件上反射的激光束经扫描轴的另一反射镜射到透镜并在线阵 CCD 元件上成像,通过电动机正反转驱动扫描不停地进行,而使激光束在工件焊缝处横向扫描,电动机转角范

图 2-20 激光扫描传感器示意图

围决定扫描范围。扫描频率为 10Hz,测量高度位置的精度为 ±0.2mm。激光束在电弧前方约 35mm 处。它已用于激光焊机器人的焊缝自动跟踪,还可以进行焊接规范自动控制。

3. 超声传感器

超声传感器利用超声波脉冲在金属内传播时的界面反射现象,可以接收到反射波脉冲,根据入射和反射波脉冲的行程,即可测得界面位置。若用超声传感器作为界面跟踪传感器,当探头距界面的位置发生变化时,接收到反射波脉冲的时间就发生变化,从而实现信号的跟踪。例如,在焊接过程中,用横波探头追踪焊缝位置,由于探头与焊炬刚性固定,当焊炬与焊缝对中时,探头的位置即为平衡位置,其对应的声程(时间)即为标准声程。当焊炬偏离焊缝中心时,其获得的标准声程与声程之差即为左右跟踪信号。

由于流动的液体不传播横波,超声波不可能透射到焊接熔池中去,即它在固-液界面也要反射,利用这一特性就能测量熔池深度。两横波探头置于焊缝两侧,它们是两套彼此独立的系统,因此不需要对称配置,熔深增大时,声程变短,当熔深减小时,声程长度增大,与预定的标准声程作比较即可实时测量及反馈控制熔深。用两套系统的好处是,若有一探头由于钢板表面粗糙而暂时不能接触,第二个探头还在跟踪和控制熔深。工业应用的超声波焊缝跟踪兼熔深控制器由于放置在电弧的前面,故没有传感器导前的跟踪附加误差。超声传感器的测量精度主要取决于超声波的频率,一般用 2.5MHz 或者 1.25MHz 的晶体,频率越高则误差越小,目前已有 5MHz 的晶体,声程长度测量精度达到 1mm。

超声传感器可用于铝合金和钢等材料的焊接,板厚一般要求大于 10mm,材料越厚则系统工作越好;由于探头要求与工件表面可靠地接触,故要求工件表面平整;它不受电弧的电磁、烟尘、光等干扰,且兼有熔深控制和焊缝跟踪的可能,故是一种很有前途的传感器,能用于自动焊机和弧焊机器人。当然,如果机器人要焊接薄板工件,则超声传感器还需要进一步改善。

2.3.2 数字化材料输送系统

根据激光制造系统的需求和制造任务的不同,材料输送系统可分为送气系统、送粉系统和送丝系统。

1. 送气系统

保护气系统是激光先进制造的一个重要组成部分,已在许多领域得到了广泛应用。以 N_2、Ar、He、CO_2 这些单种惰性气体或其混合气体为例,Ar 与 CO_2 混合气体保护焊是在 Ar 气中加入少量的 CO_2 气体形成富氩保护气,对保证焊接质量具有较好的作用。$Ar + CO_2$ 混合气的供气方式主要有两种:一种是使用专用设备,控制 Ar 与 CO_2 的比例进行现场混配;另一种是由气体供应商提供混配好的气体,以瓶装方式供应使用。在某产品制造中,根据材料性质及焊接工艺试验,要求采用 95% Ar + 5% CO_2 保护气体进行自动激光焊接。为保证焊接质量,需研制一个专用供气系统,实现 CO_2 比例可靠、可调,如图 2-21 所示为保护气混配系统的原理框图。

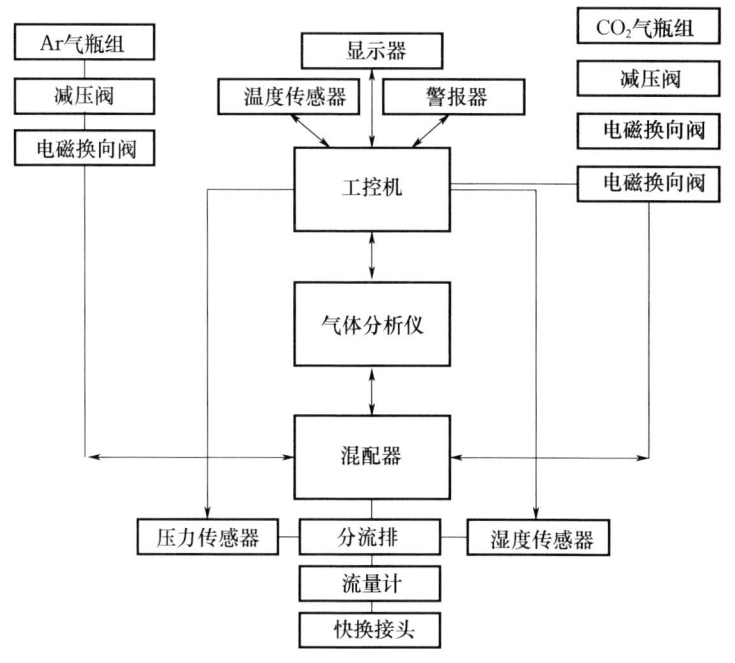

图 2-21 保护气混配系统原理模块框图[19]

保护气混配系统是 Ar 和 CO_2 两种气体输出、混合的专用系统。其总体要求是:将瓶装的 Ar 及 CO_2 气体,按制造要求所给定的混配比例,由电气控制系统通过工业控制计算机实现闭环实时精确监测控制,并在输出压力、混配比例出现超标情况时发出声光报警。

高压的 Ar 气经双级减压阀压力降至 0.8MPa 后,再经电磁换向阀进入混配器。同时,高压的 CO_2(液态)经两级电加热减压阀降至 0.8MPa 后,经电磁换向阀、比例阀也进入混配器,两种气体在混配器中充分混合后进入储气缸。气体分析仪对混合后的气体进行检测分析,并显示 CO_2 的配比,同时将配比情况以电信号的形式反馈给计算机,计算机将其与设定配比比较后,控制比例阀改变开度,由此改变 CO_2 的流量,从而精确控制气体的混合比例。从储气缸内,通过压力和湿度传感器采集压力和湿度(露点)的电信号,输入计算机,实现压力、湿度(露点)的实时监控,将 CO_2 比例、压力电信号与设定要求比较,超标则进行电声光信号报警。混合后的气体经流量计则由防逆快换接头向外输出。

2. 送粉系统

送粉系统是激光直接沉积成形、激光熔覆、激光合金化等送粉式激光加工技术的重要组成部分,送粉系统性能的好坏影响着成形工件的最终质量。

同步送粉技术是目前最为先进的粉末输送技术,它可以大大提高成形质量,降低对基材的热影响,减少能量消耗,还易于实现自动控制。同步送粉技术是激光先进制造技术的重要组成部分,它将现有的快速成形技术推进到金属和高温冶金的新高度。

同步送粉法中,粉末由送粉器经送粉管直接送入工件表面激光辐照区。粉末到达熔区前先经过激光,被加热至熔化或者红热状态,落入熔区后随即熔化与基材表面共同形成熔池,随激光束或者基材移动,形成激光熔覆带。激光直接成形对送粉的基本要求是要连续、均匀、可控地把粉末送入熔区,送粉范围要大,并能精密连续可调,还要有良好的重复性和可靠性。同步送粉对粉末的粒度有一定的要求,一般认为粉末的粒度在 40~160μm 间具有最好的流动性。颗粒过细,粉末易于结团,过粗则易于堵塞送料喷嘴。根据送粉喷嘴形式的不同,送粉式激光熔覆可分为侧向送粉、多向送粉以及同轴送粉方式,需要指出的是,送粉式激光熔覆与激光直接成形技术的基本原理是一致的,其加工机理和工艺方法没有本质的区别,国内外众多研究机构均使用激光金属沉积设备同时进行激光熔覆和激光直接成形的相关研究。

激光近净成形技术(LENS)[20]中使用的金属粉末由惰性气体 Ar 气送入熔池,为克服侧向气体送粉对沉积头运动方向的限制,已开发了激光束同轴的多路同时送粉头,喷嘴数目为 4 个,第一次将同轴粉末喷嘴应用在金属零件激光快速成形之中。如图 2-22 所示为有 4 个喷嘴的同轴送粉装置。

由于 LENS 是逐层堆积金属粉末,因此很容易通过改变材料在一个零件上得到不同的成分,甚至是梯度变化的成分。目前,采用 LENS 已经制备了 316-304 不锈钢、钛-钒、钛-钼、碳化钛-钛合金梯度材料,显示出其在功能梯度材料制备方面的独特优势[21]。

金属直接沉积技术(DMD)[22]融合了激光、传感器、计算机数控平台、CAD/CAM 软件、熔覆冶金学等多种技术的闭环控制系统。DMD 区别于其他激光熔覆成形系统的主要特点在于采用的是反馈式同轴送粉喷嘴,能实时反馈控制熔覆层高度、化学成分和显微组织。该特点使得 DMD 除常规激光熔覆外,在零件修复方面也有独特的优势,当零件破损后,先将零件破损部位进行铣切,然后在破损部位熔覆材料。此外,对于激光熔覆快速成形金属零件方面的研究,也取得了一定的研究成果。所使用的同轴粉末喷嘴的基本结构大都采用多层同心圆锥套筒形式,内部包含光路通道、粉末输送通道、冷却水路和气体通道,粉末流采用多路注入方式,靠近端部有冷却装置[23]。

图2-22 四出口同轴送粉喷嘴

随着激光制造技术的快速发展,送粉器作为熔覆设备的核心元件之一,也得到了广泛的研究。目前,国内外对送粉器的研制目标是将送粉器工作时的均匀性、连续性、稳定性和可控性提高到一个更科学、更先进的水平[24]。送粉器发展的特点如下:

(1)超细化。目前的送粉器能够对较大尺寸粉末进行连续稳定的送粉,因为其流动性好,易于传输。然而,针对尺寸在毫米级以下的微细熔覆粉末甚至纳米级粉末,现有送粉器难以输送,特别是针对有些工件表面的缺陷特别微小(小的磨损坑、裂痕、小孔洞和腐蚀坑等)无法满足加工要求的情况。

(2)微量化。现有的送粉器都是连续送粉,送粉量都比较大,一般仅适合大面积熔覆应用和三维快速制造。目前的激光制造技术已经开始应用于精密熔覆和微成形,在这种加工过程中,需要对激光制造加工区域进行微量输送,这对送粉器的性能要求很高。例如,当进行零件的激光制造精密修复时,大送粉量的送粉器无法满足工作的要求。

(3)多功能化。现有的送粉器基本都能够对单一的粉末进行连续送粉,以后送粉器将向着混合送粉、多方式送粉和高精度方向发展,目前已先后研制出多料仓混合的送粉器,熔覆材料组成及配比连续可调的送粉器以及高度集成带有信息反馈附件的送粉器等。

送粉装置主要由送粉器、送粉喷嘴、气瓶等构成,如图 2-23 所示。送粉装置的核心是送粉器,本装置采用 XM-80SK 双筒刮板型送粉器,如图 2-23 所示。工作时,电动机带动转盘转动,送粉筒中的粉末由于自身重力作用流至转盘的环形沟槽中,粉末在环形沟槽中均匀分布,并随着转盘的转动移至吸块处,由于压差作用,载粉气体将粉末经由吸块输送出来。送粉速率的大小主要是由转盘转速决定的,通过调节电动机电压可以控制送粉速率。由于采用了上述结构,送粉器能将熔覆粉末均匀、稳定、可重复地输送到熔池中,并且实现送粉率可调节。

3. 送丝系统

当激光制造工艺中需要丝状质量添加时,如激光填丝焊、激光 – MIG 复合焊等,需要送丝系统。典型的送丝系统包括送丝电动机、送丝轮、校正装置、减速箱、加压装置和导向装置,如图 2 – 24 所示。

图 2 – 23　XM – 80SK 双筒刮板型送粉器

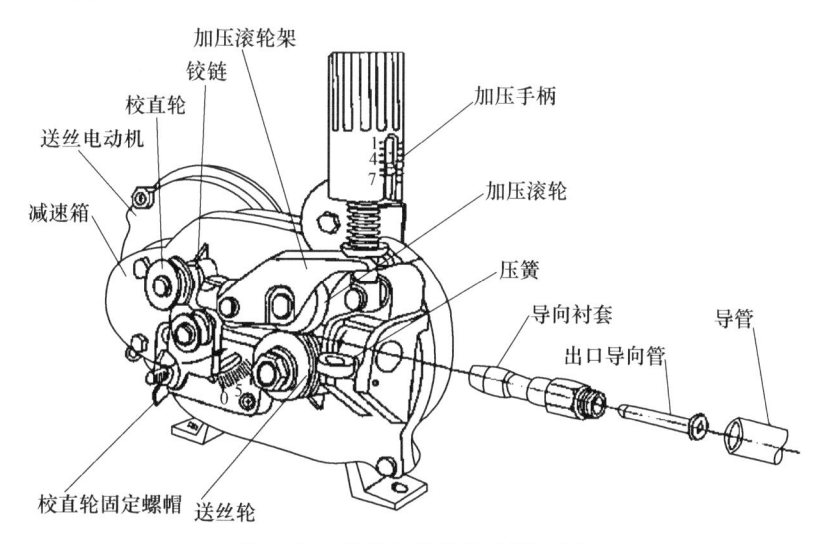

图 2 – 24　典型的送丝机系统示意图

现有的送丝系统类型可分为三种:拉丝式、推丝式和推 – 拉丝式。

拉丝方式是将焊枪头部与送丝系统作为一体。这种送丝方式的优点在于焊丝送进时受到的阻力较小,不易出现卡丝现象,送丝稳定。缺点是这种送丝方式焊枪头部复杂,并且体积相对较大,给焊枪头带来负担,而且送丝力一般不大,所以不易长距离送丝。过去大多数电弧喷枪采用拉丝方式。推丝式送丝系统是焊接应用最广泛的送丝方式之一。其优点一是送丝系统的重量和尺寸不受限制,给设计制造带来较大选择的余地[23];二是焊枪结构简单、轻便,维护方便,易于操作,这种特点对于在恶劣环境下使用的场合很有意义。其缺点是焊丝需要经过较长的送丝软管才能进入焊枪,焊丝在软管中受到较大的阻力,送丝的稳定性较差。所以软管长度不应过长,一般送丝软管长 3~5m[25]。

推-拉式送丝系统是采用拉丝、推丝并用的送丝方式。拉丝电动机保证随时将软管内的焊丝拉直,推丝电动机是主要的动力,它保证等速推进焊丝,其速度应稍大于推丝电动机。这种送丝机可保证 10~20m 距离内可靠地送丝,适用于送进较软的药芯焊丝和铝焊丝。但机构及其控制部分复杂,目前极少应用。

不论采用哪种送丝方式,现有送丝系统的组成都是一样的,通常由电动机、送丝盘、减速器、送丝滚轮、送丝软管等组成[26],如图 2-25 所示。

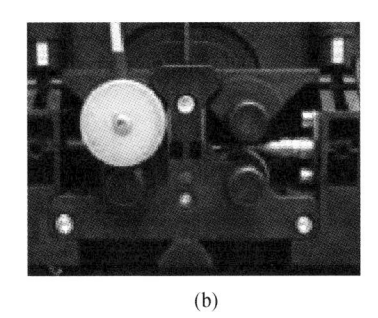

(a)　　　　　　　　　　(b)

图 2-25　送丝电动机组成

(a)送丝电动机外观图;(b)送丝电动机内部图。

1) 送丝电动机

一般送丝电动机主要采用机械特性硬和惯性小的。送丝电动机选用他激直流伺服电动机。为进一步提高送丝的稳定性,送丝电动机除了直流伺服电动机外,还大量采用了步进电动机、力矩电动机和印刷电动机。其中日本大都采用印刷电动机,而欧美则使用直流伺服电动机。

2) 减速器

送丝电动机采用印刷电动机时,因其转速较高,所以减速器需经过数级齿轮减速,其传动比应根据电动机的转速、所要求的速度和送丝滚轮的直径来确定。而选用伺服电动机,因其转速较低,所以减速器只需一级蜗轮蜗杆和一级齿轮减速。

3) 送丝滚轮

送丝滚轮的作用是送进焊丝,是送丝机的易损件,要求耐磨性好,通常由合金钢、高碳工具钢或者 45 钢制成,经表面热处理使其具有 50~60HRC 的硬度,以提高耐磨性。送丝滚轮有多种形式,其中比较常用的滚轮只有一只主动滚轮,另一只为加压从动滚轮。此外,也有采用双主动轮、三主动轮和四主动轮的送丝机构,这种送丝机构的两个、三个或者四个送丝滚轮轴都装有相同的齿轮,主动轮分别为两个、三个或者四个,能够在压力不增加时使送丝力成倍增大[13]。

4）送丝软管

送丝软管是送丝系统的重要组成部分,它担负着从送丝机向焊接熔池输送焊丝的任务。送丝软管一般用聚四氟乙烯管制成、尼龙管或者钢丝绕成螺旋管。钢丝软管使用寿命长,塑料或者尼龙管送丝阻力小。软管内径要与所通过的焊丝相匹配,过大或者过小都会造成送丝不稳定[26]。

5）压紧机构

为保证送丝滚轮对丝材有较大的传递力,送丝滚轮间必须压紧。可采用凸轮或者扭转弹簧来压紧,也可用压缩弹簧压紧。在使用时,压紧力必须调节合适,压力过大,会使丝材变形,而导致丝材在导电嘴、软管中送进困难;压力过小,容易打滑,造成丝材送进不均匀。

2.3.3 智能测量系统

测量技术作为一门古老的学科,其发展经历了从一维测量、二维测量再到三维测量的过程。测量的实质是被测物体和标准尺度的比较[6]。根据被测工件的几何特性,可将其分为两大类。一类是工件主要表面或者被加工部位由标准体素如立方体、锥体、圆柱体、球体、矩形体等构成的,如轴类、盘体类等。这类工件形状比较规范,测量精度高且易于测量,大多数测量系统都是针对这类工件的测量而设计的。另一类是工件主要表面或者加工部位由空间自由曲面构成,这类工件常见的有汽车车身覆盖件模具(凸凹模)、轮机叶片、注塑模等。这类工件表面形状比较复杂,测量精度低,测量比较困难。尤其是内曲面测量更是如此,即三维内曲面轮廓的测量,也就是该工件表面是由空间自由曲面构成的工件的测量。

对于激光制造过程,复杂空间自由曲面的测量是一个关键问题,其测量要求速度快、精度高,传统的测量难以满足要求。需要结合快速原型技术(RP 技术)对复杂曲面进行定位和测量。

本节对目前国内外空间自由曲面的测量系统进行分类、对比讨论和性能分析[27]。

1. 基本方法

扫描方式是获得空间自由曲面尺寸与形状的基本方法。尽管实现扫描的方法不同,但各种测量装置一般都是靠扫描方式完成对空间自由曲面的测量。

扫描方式就是利用测头等位置传感器对待测工件表面进行坐标点逐点测量的过程,其测量方式可以是间断的,也可以是连续的。突出特点是运动轨迹有很强的规律性。测头与工件表面接触,测头的运动轨迹彼此平行。

对工件表面的测量范围即测量区域也应有所规定。当扫描到测量区域边界线后,进给停止,或者反向。对于规定测量区有两种常用的方法:

（1）定义一个多边形区域为测量区域。该多边形由若干个点构成。这种设定方法与上述相反,它适合于复杂的表面测试。空间自由曲面主要由复杂的曲线、曲面构成。当测量区域比较复杂时,这种设定法常被采用。

（2）设置极限位置,如设置 $+x$、$-x$、$+y$、$-y$、$+z$、$-z$ 的极限。这种测量区域的设定方法需设定的参数比较少,占内存少,设置容易,控制也方便,适合于比较规则的形状、表面测量。

2. 方式分类

1）空间位置关系

根据测头与被测件表面空间位置关系的不同,可将测量方式分为接触式测量和非接触式测量两大类。如果测头测量时与被测工件表面接触,测量方式为接触式测量,否则为非接触式测量。

接触式测头又分为软测头和硬测头两类。硬测头主要用于手动测量和精度要求不高的场合,软测头是目前三坐标测量机等普遍使用的测头。

电触式测头是一种软测头,其作用主要是瞄准。它可用于"飞越"测量,即在测量过程中,测头缓慢地前进。当测头接触到工件,并过零点时,测头自动发出信号,采集该点的坐标值。而测头则不需要立即停止或者退回,允许有一定的超程。触发式测头的工作原理相当于零位发信开关。当三对钢球接触副均匀接触时,测杆处于零位。当测杆与被测件接触的时候,测杆被推向任意方向发生偏转或者顶起,此时三对钢球接触副一定有一对脱开,则立即发出过零信号,同时指示灯亮。当测杆与被测件脱离后,外力消失,由于弹簧的作用,使测杆回到原始位置。这种测量头的单向重复精度为 $\pm 1m$。测杆长度 l 与触点到中心的半径 r 之间的比例将影响瞄准精度,一般 r/l 的比值越大,则瞄准精度越高。测端接触变形、测端直径及测杆变形值等可根据给定的数值在计算中修正。

非接触式扫描测量方法也较多,如采用电容式、光电式等测头,利用光电效应式电容量等参数的变化求得被测件表面与测头的距离和空间位置关系,进行位置坐标测量。以一个利用激光扫描图像测量的方法对三维内轮廓曲面进行非接触测量的实例来说明。其主要组成部分是光学系统（He-Ne 激光器）,计算机控制系统、计算机图像处理（CCD 图像传感器）和数控扫描等。其基本工作原理是主从双三角法测量。经图形处理就可获得工件的三维内曲面轮廓。

激光扫描测量的测量速度比较高,但工作稳定性及可靠性程度不如软测头。电触式软测头是通过机械接触发出信号的,输出信号幅值差较大,可达 5V、12V 或者 24V,对环境适应性强,其测量精度可以满足一般加工要求。

2）测量时间关系

根据扫描测量工件表面时是否同时对工件表面进行加工,可分为三类情况：

（1）在线测量。测量与加工同步。典型加工工艺是仿形加工,这种加工方法在传统加工设备上应用较多,如各种仿形加工机床。特点是加工与测量同步,无二次装夹误差,效率高,但加工精度不高,加工后需采用其他方法进行再加工或者修整。此外,需专用的仿形加工设备,设备投资较大,适合于大批量仿形加工同类型或者单一工件。

(2) 离线测量。测量与加工不同步,不在一台设备上进行。一般是先测量,然后加工,这种测量方法目前应用比较普遍。典型测量设备是三坐标测量机,先进行工件表面测量,然后在另一台加工机床上进行加工。离线测量可发挥测量系统的功能,测量精度高。同时对加工设备的专用程度要求不高,由于测量与加工不在一台设备上进行,需对测量数据进行调整以减小两次装夹存在误差的影响。

(3) 准在线测量。加工与测量在同一台设备上进行,但在时间上不同步,如配有测量系统的数控铣床和加工中心,就可进行准在线测量,这时与仿形加工一样,只要工件一次装夹就完成测量与加工,测量成本低,省时,而且无二次装夹误差。

3) 控制方式

这种分类方法将扫描测量系统分为三类:机动测量、手动控制和自动控制,有时一台设备同时具其中两种或者三种控制方式。

(1) 机动测量和手动控制测量。这种控制方式是最原始的也是最直观的测量方式。目前机器人的示教功能属于此类,它一般是由人操作控制盒(机器人上为示教盒)控制引导测头,或者直接由人手引导测量头到指定位置点进行测量的方法。这种方法有如下特点:智能性高,操作者可根据精度、工件形状等自行更改测量轨迹与点数。但劳动强度大,效率低,速度低,适用于简单形状的工件测量。

(2) 自动控制测量。这种测量方式目前应用较多,特别是对三维曲面测量时,根据被测工件表面精度和形状要求,设定测量参数、轨迹等,并编写测量程序。然后,由计算机控制完成测量工作。测头根据计算机的测量程序,按照给定步长、轨迹、区域等参数,自动完成对工件表面的测量。特点是测量速度快,测量精度高。

3. 测量方法评价

接触式测量方式是传统测量机所采用的方式,在技术上比较成熟。首先对被测量表面进行区域划分,之后对每一个区域进行测量。测量后的数据输入后续的 CAD 软件中进行处理。这种测量方法存在着以下几个问题:①由于被测表面形状未知,因此测量区域的划分缺乏依据,而不合理的划分将影响曲面拼接的整体品质;②在测量的过程中,为保证测量的精度,只能测量密集处,这违背了表面曲率变化测点应疏密不同的原则,因此测量效率低。

非接触式测量虽然测量速度很高,但测量的数据量过大,使得后续的 CAD 处理无法接受。因此,必须对测量的数据进行滤波处理、冗余处理、特征提取等处理,但是工作量也非常巨大。目前,还没有解决"点云"测量数据处理,特别是难以建立可供直接交互修改的 CAD 数学模型。在这种情况下,研究点到点的接触式测量仍然具有现实意义。

2.3.4 高纯度惰性气氛箱系统

由于高密度激光辐照在材料表面形成高温环境,空气中的氧气和水分极容易与被加工材料反应,产生氧化等不良影响,因此,惰性气体保护或者真空环境在大多数激光制造过程中都是必要的,在多种惰性气体保护方式中,惰性气氛箱系统是其中最有效的方式之一[6]。

高纯度惰性气氛箱系统主要工作原理:气体净化系统与箱体形成密封的工作环境,通过气体净化系统不断对箱体内的气体进行净化(如水、氧),使系统始终保持高纯度和高洁净的惰性气体环境。在这样的环境中可以进行许多通常条件下无法实现的制造和生产。

气氛箱系统主要由箱体、气体净化系统、真空泵、过渡舱、控制系统以及附加功能组成。气氛箱系统主要结构示意图如图 2-26 所示。

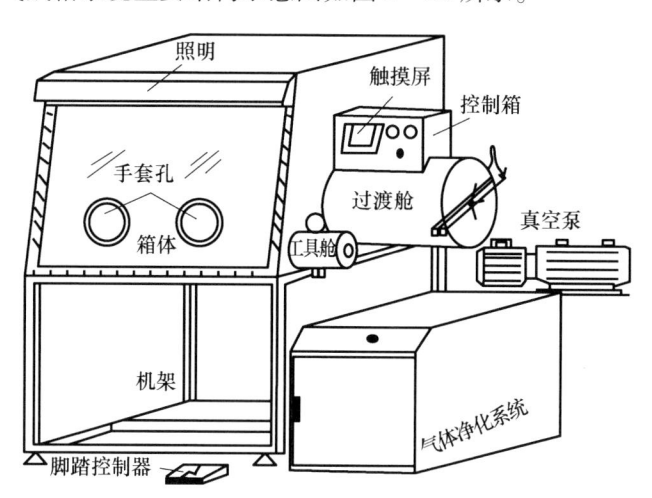

图 2-26 高纯度惰性气氛箱系统结构示意图

如图 2-27 所示,气氛箱系统是一个密闭系统,气体从箱体经净化管道进入净化系统,净化系统将气体净化之后输送回箱体,这样就完成一次循环。这种循环持续运行不断地将系统内的水、氧等不需要的成分除去,使系统内保持在高纯度的惰性气体的保护环境中。气氛箱系统能与其他设备或者生产线实现无缝对接、工艺联动等。近年气氛箱系统已经在各个领域开始得到广泛运用,针对激光

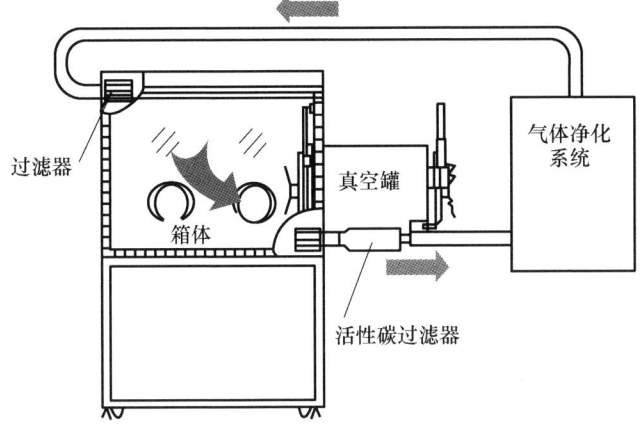

图 2-27 高纯度惰性气氛箱系统工作原理

制造系统的气氛箱系统也得到广泛应用。

气氛箱系统具有气体净化、气体置换、净化系统还原、系统气体压力控制、数据记录和打印、远程服务、提示和报警以及在线工况检测等功能,大部分功能可以通过设置实现自动化控制,确保了激光先进制造过程对加工环境的需求。

2.4 激光先进制造系统集成

将激光先进制造系统的各个功能模块有机地集成,使之能够完成复杂的制造任务是一个非常具有挑战性和复杂性的课题,本节将本书作者研制的集成化激光智能制造系统[2]为对象,提供激光制造系统集成的思路,分别从硬件系统集成、控制系统集成和专家数据库系统集成三部分展开介绍。

2.4.1 硬件系统集成

集成激光制造系统主要由以下五个部分组成:全数控工业 Nd:YAG 激光器系统、激光束柔性传输与变换系统、机器人系统、基于 PC 机的控制系统和辅助系统[2],系统组成的实物图和原理框图分别如图 2-28 和图 2-29 所示。它可满足大型模具的加工处理要求。其中,全数控工业 Nd:YAG 激光器系统、激光束柔性传输与变换系统、机器人系统为整个集成激光制造系统的主要硬件。系统在几何结构上具有如下结构特点:激光制造过程中,系统中各模块装配拓扑关系不变;系统由相对比较独立的模块构成,各模块之间具有层次性装配关系;激光头位姿随框架机器人做复合运动,为保证加工质量应尽量保证激光头垂直于待加工面;与传统加工方式不同,激光制造不存在车、铣、刨、镗、磨等诸多工艺类型,而是通过激光与材料的非接触式相互作用,实现激光增材、激光去除和激光

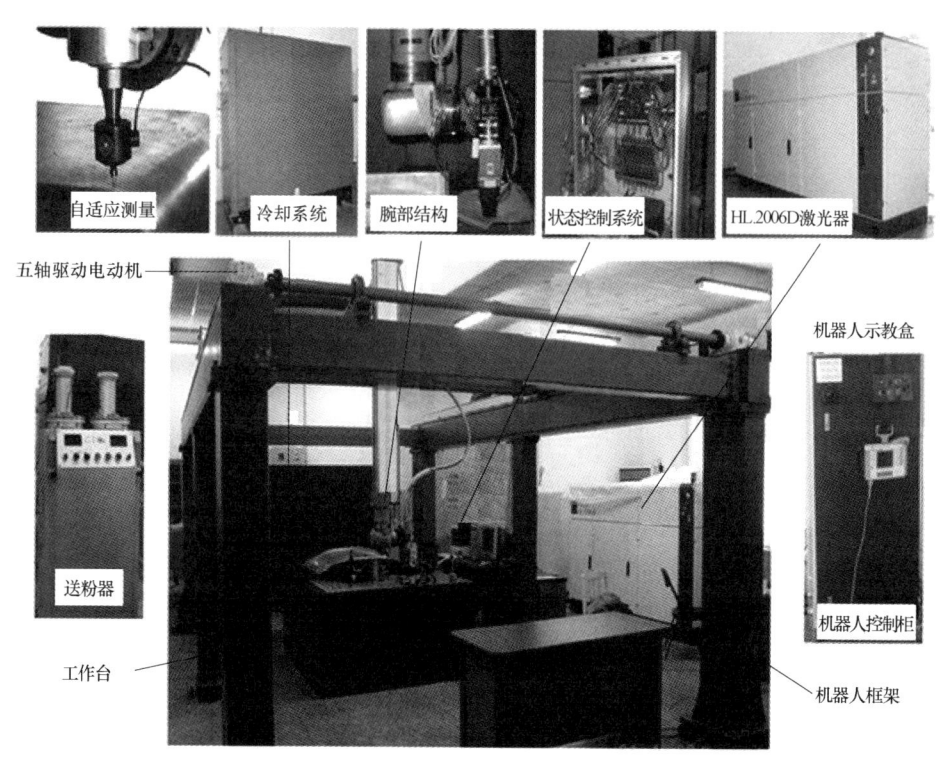

图 2-28　集成激光制造硬件系统

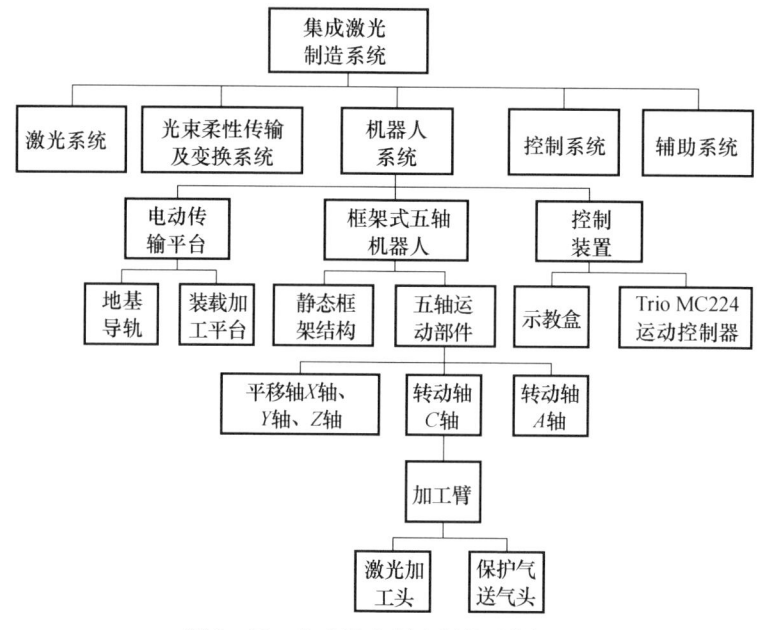

图 2-29　集成激光制造硬件系统框图

连接等多种工艺形式。针对不同的加工方式,激光加工可以通过适当地调节激光工艺参数(如激光功率、离焦量、光斑大小等)来实现[28]。

1. 全数字控制激光系统

全数字控制激光系统包括计算机主控系统、内制冷循环水冷系统、外部遥控显示终端和脉冲激励电源系统。激光的主要工作参量设定和显示均可通过 RS-232 串口由外部计算机控制,并可实现 CAM,具有友好的人机界面[29]。在实现其他激光加工形式时,还需要增加粉、气、丝输送系统。

2. 大功率激光束柔性传输及变换装置

大功率激光束柔性传输及变换装置可将光束进行远距离传输,与光束整形器件配合可实现可控的激光束空间强度分布,例如可使光束在作用面上实现等强度分布点阵、圆环,甚至非对称非等强度分布激光束,以满足不同激光制造工艺对光束空间强度分布的要求。

3. 大范围、高精度框架式五维机器人系统

大范围、高精度框架式五维机器人系统包括四个子系统[30]:

(1) 五维联动数控机器人系统。采用了框架式三维笛卡儿坐标加上二维旋转坐标,五维联动工作台加工范围:笛卡儿坐标达到 1m×2m×3m,旋转范围 ±370°,摆动范围 ±120°。可以实现对中、大型工件的处理,其精度为 0.1mm/m。

(2) 电动传输平台系统。该系统可运输达 20t 重的工件,并具有锁定功能和可升降的液压装置,能实现双向切换功能。

(3) 上位机数控系统。它可以实现对激光系统进行参数控制,对整个加工系统进行计算机控制,具有监视和显示的功能。

(4) 地基导轨系统。该系统分南北和东西两交叉双向,承重 50~70t,采用了 1m 深三层钢筋混凝土,精度≤0.5mm,五独立自由度工作台的机构框架支撑基础和导轨系统隔震。

由于该机器人行程的加大,以及精度的大大提高,在基本的结构形式、传动系统的配置方式、关键部件(交流伺服电动机、一体化传动装置)的选用等方面采用诸多技术措施。

(1) X、Y 梁采取了提高刚度的措施,Z 梁立柱由 2 个增加至 3 个,以提高其刚度系数。

(2) 腕部结构独立自由度的配置做了较大的改变,解决激光头与 A 轴同心度带来的误差,并加了激光头姿态的调整功能。

(3) Y 轴传动采用双传动型,来减少由于 Z 轴的倾斜引起的误差。

(4) X 轴、Z 轴一体化传动装置的动力桥,采用加长型,由 340mm 长改为 500mm 长,提高装置的承载能力,减少变形的影响。

(5) X 梁、Y 梁采用严格加工工艺,确保性能稳定和高精度:专做的 20 钢的

特种钢管、合理的焊接工艺、人工时效处理、导轨磨床精加工等。

（6）增加了 X 轴、Y 轴一体化传动装置的侧向直线度的整体功能，达到垂直方向的直线度由梁的平面度保证，侧向直线度由调整保证。

（7）轴采用弃荷装置，以减小 X 轴一体化传动装置的负载，同时加大 X 轴驱动电动机的功率。

（8）地基:应有严格的防震要求。

在控制硬件上，采用全新设计的计算机控制系统、编程示教盒和控制柜。在软件上，采用软件工程的思想，实现以功能键驱动的全菜单操作的汉字机器人操作系统。以自主开发的弧焊机器人控制系统为基础，并进行了进一步的更新和升级，操作更简便，功能更强大。

该系统具有下列特点:

（1）缩短了控制周期，改善了插补精度，提高了机器人的性能。

（2）主计算机采用工业级 486DX4－100 微型单板计算机，具有可靠性高、运算速度快等特点。

（3）编程示教盒是机器人控制器中人机交互的主要部件，它通过串行口与主计算机相连。显示屏采用 320×240 点阵的 LCD 图形显示器，可显示 12 行×20 个汉字。示教编程盒的外壳采用注塑件，以减轻重量，方便操作。

（4）可实现上位机对激光加工机器人的监控和管理。

（5）全方位的同步位置检测功能，提高位置检测的精度。

（6）提供上位机离线编程模块，可进行机器人程序的下载运行，检测和加工无需切换。

激光加工机器人控制器采用多 CPU 计算机结构，分为主计算机、上位机和编程示教盒(手控盒)。主计算机和编程示教盒通过串口通信接口进行异步通信。上位机和主计算机通过 CAN、串口等进行通信。主计算机完成机器人的运动插补、规划和位置伺服以及数字 I/O、主控逻辑等功能，而编程示教盒完成信息的显示和按键的输入。位置检测单元和码盘输入上的单片机完成同步位置检测和码盘输入功能，上位机完成离线编程、管理和监控等功能。

2.4.2 控制系统集成

激光制造控制系统是激光先进制造系统的核心，它将直接决定激光先进制造系统所能实现制造任务的复杂程度，它已经从最初的开环控制，经过简单闭环控制，发展到目前的复杂闭环控制(工艺过程、加工效果的实时控制)，传感系统较为复杂[31]，传感信息的分析较为复杂，进一步的控制算法较为复杂，控制的实施涉及多个参量，是多参数控制。本节以作者研制的集成化激光智能制造系统[2]为对象来具体分析激光制造控制系统。

1. 开放式控制系统

1）DMC运动控制卡

Galil数字运动控制器采用32位高速MCU，提供了多种运动控制方式，如定位、JOG、龙门同步驱动、仿型/示教、电子齿轮、直线/圆弧插补、电子凸轮、正切跟随、螺旋线等功能。双位置反馈接口功能可消除机械换向间隙及滚珠丝杆离散误差。除回零、高速锁存(0.1μs)事件触发接口、急停、限位之外，还为用户提供通用数字I/O及高分辨率(12/16位)模拟输入接口。DMC数字运动控制器同时提供与液压马达、步进及伺服的接口，用户可以进行任意组合使用，实现控制系统最佳配置。多任务功能可以同时执行8个应用程序；控制器本身具有应用变量、参数、程序、阵列元素存储功能，即使脱离主机控制器也能正常运行。控制器为用户提供了功能强大的2字符命令集，在一般应用场合，用户可以直接进行编程，简单、快捷。除此之处，还提供了相当齐全的软件工具，如DLLs、ActiveX，使用户能够以此为基础开发独特的人机界面及一些高级控制算法[32]；可以接收由AutoCAD产生的PLT格式及HPGL产生的DXF格式的文件；具有运动控制参数自调整功能的WSDK软件，自动适配滤波器PID参数。

2）基于PC+运动控制卡的开放式机器人控制结构

采用PC+运动控制卡的开放式机器人控制器如图2-30所示，图2-31为机器人控制框图，图2-32为各轴调节功能图，图2-33为机器人任务分工图。

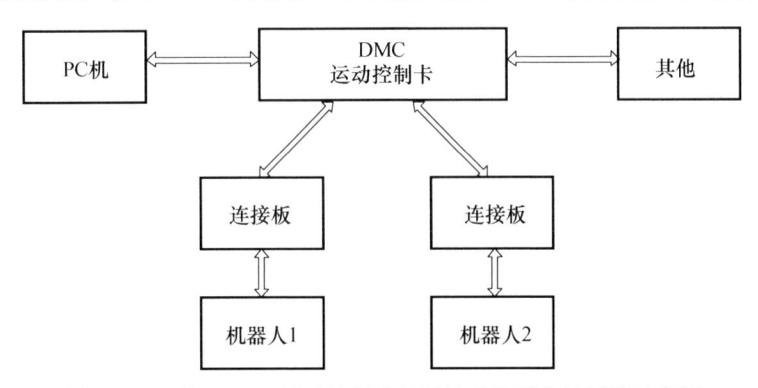

图2-30 基于PC+运动控制卡的开放式机器人控制器示意图

这种PC+运动控制卡的方式可充分利用计算机资源，使机器人获得更好的柔性，满足复杂的加工要求。运动控制卡的CPU与PC的CPU构成主从式双CPU控制模式[33]：PC的CPU专注于人机界面、发送指令和实时监控等系统管理工作；运动控制卡上专用的CPU(DSP或者专业运动控制芯片)处理所有运动控制细节，如升降速计算、多轴插补、行程控制等，控制过程无需占用PC资源。

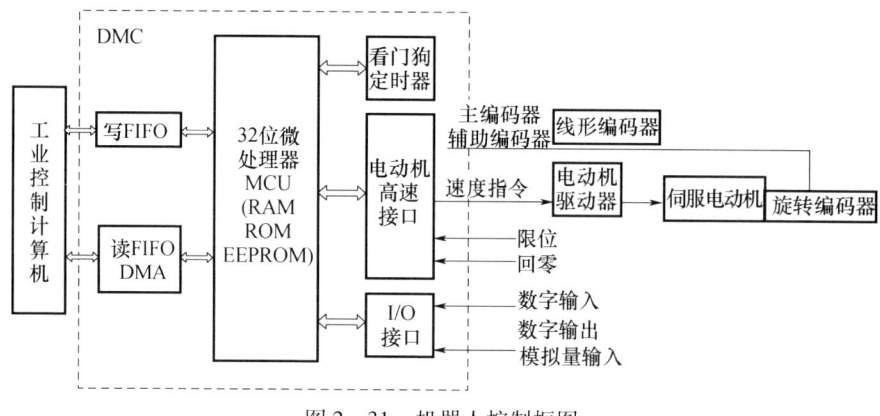

图 2-31　机器人控制框图

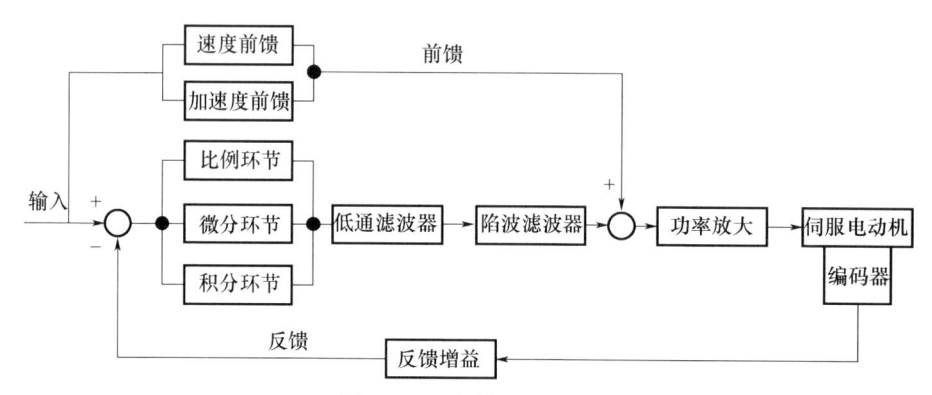

图 2-32　各轴调节功能

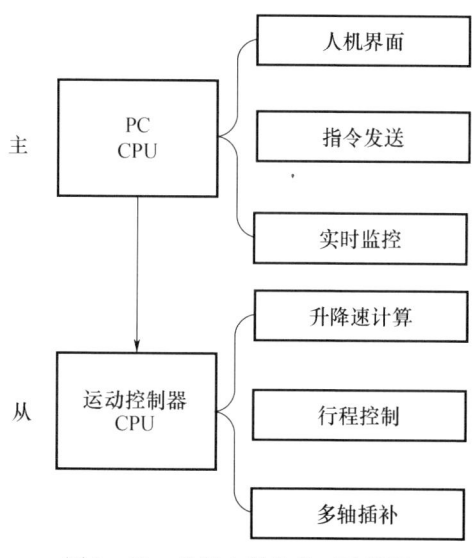

图 2-33　机器人任务分工示意图

3）机器人控制软件

以 Visual C++ 为开发语言，采用模块化设计和面向对象的方法（OPP），开发了机器人的底层功能模块，将其定义为 CMotor 类，它主要包括八类函数，如图 2-34 所示[5]。

第一步，将 DMC 提供的两字节命令编写为 CMotor 类函数，这些函数分为四大类：第一类，运动功能函数，启动、停止、复位、下载等；第二类，设置函数，如设置加速度、速度、联动方式等；第三类，访问函数，如访问坐标值、限位状态、输入输出口状态等；第四类，数字/函数运算函数，如正弦计算、平方根计算等。

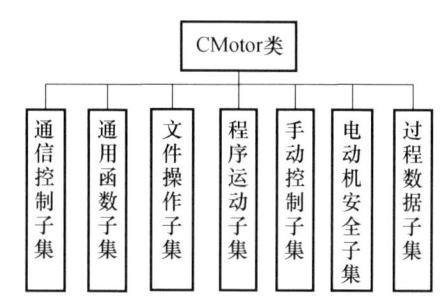

图 2-34 封装 CMotor 类的组成

第二步，基本运动实现，考虑每种运动的不同实现方式，以 CAD 作图思想为指导原则，如直线可能是两点式，也可能是点距式，圆弧可能是半径始角终止角式，也可能是圆心半径式等。为了使机器人获得更好的柔性，一般将基本运动编为类或者文件，上位机负责向这些类或者文件写入参数，具体的运动任务实现由运动控制卡完成。

第三步，任意空间曲线（含姿态变化）的实现。激光制造系统的加工运动载体为五轴框架式机器人，其中，X、Y 轴沿框架方向且相互垂直，Z 轴垂直于 XY 平面，机器人腕部结构绕 C 轴旋转，绕 A 轴摆动。在机器人的腕部结构（图 2-35），工具夹持末端装载激光加工装置等。在加工过程中激光束的方向垂直于工件表面（即法线方向），因此针对空间曲线的加工一般为五轴联动过程。

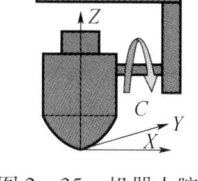

图 2-35 机器人腕部结构结构图

例如，其中以含姿态变化的空间直线（起始姿态已知，工具末端点运动轨迹为设定直线）的运动程序见文献[8]。

完成以上三步，基本能实现加工中遇到的大多数运动轨迹要求，但这只是完成了机器人运动轨迹的开发，更重要的是要在加工过程中实时反馈各种状态信息并得以控制，如速度、距离、I/O 口状态、加工的时间等。上位机通过对这些状态信息解读，进一步去协调控制激光（程序号、功率等）[34]。利用运动控制卡的多任务功能以及实时处理能力，可以在加工轨迹中加入各种到位信号。到位信号分两种，一种是把运动控制卡的通用 I/O 规定为特定的控制位，如当运动完成时，在上位机控制软件上规定 1 号高位代表将激光停止，把 1 号输出口置高位，从而上位机向激光器发出停止命令。I/O 数量有限，且有其他的一些重要用途。另一种则是利用运动控制卡的变量空间，当一个加工过程到达某个位置需要更改激光功率时,设置一些特殊变量作为到位信号,将变量 ChangePower 由 0 置为 1,上位机收到该到位信号后,将激光功率更改为预先设置好的参数并发送给激光控制器。

可以看出到位信号点的设置与加工工艺密切相关,因此能否灵活方便地给出各种到位信号,也体现着机器人控制的开放性。图 2 - 36 是整个机器人控制模块的软件树结构。

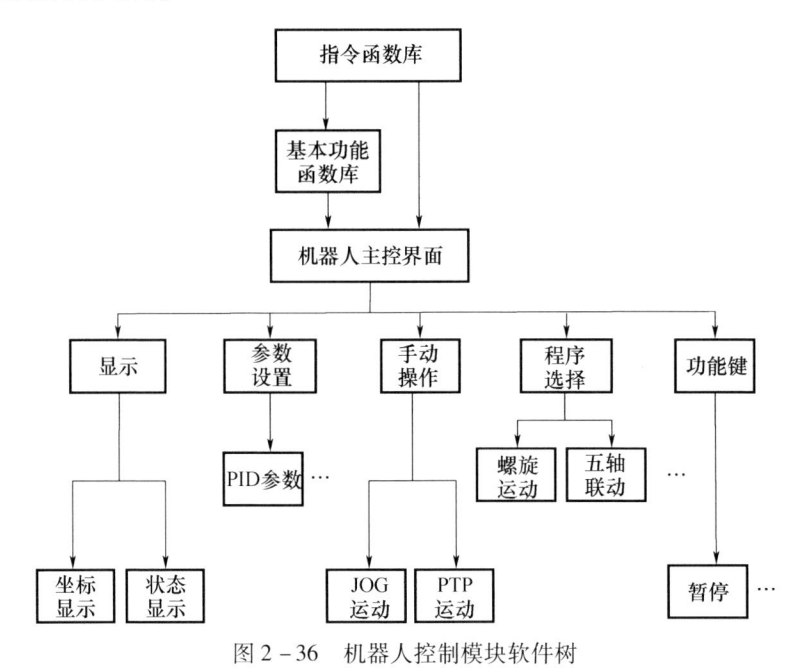

图 2 - 36 机器人控制模块软件树

与原有系统相比,它有如下优点[35]:

(1) 到位信号的多样化与灵活性,大大提高了机器人与激光器的协调配合程度。而原有系统只能通过 I/O 到位信号判断激光的启停。

(2) 运动功能得到了极大扩展,可以根据加工要求任意编程。而原有系统只能进行直线、圆弧、关节运动,五轴联动轨迹只能通过离散点示教方式实现。

总之,开放式控制系统是一个动态发展的概念,不同组织有不同定义,综合各种定义,开放式机器人控制系统的主要特征有:可互换性、可互操作性、可移植性、可派生性、即插即用和模块化等。

采用 PC + DMC 运动控制卡的模式建立开放式机器人控制器。采用模块化设计方法,开发了机器人控制的功能模块,并与原有系统功能进行了比较,其开放程度和运动功能都比原有系统有了很大提高。

以 PC + 运动控制卡模式建立的机器人结构是现有技术条件下开放程度相对较高的机器人控制器。但是由于底层的软硬件结构仍不相同,厂商不同,这需要通过刺激厂商竞争或者制定行业标准,来开发通用性更好的类似于 Java、C + + 等标准的控制软件。这将是机器人控制器的一个发展方向。

4) 示教编程器设计

示教编程器是机器人与人交互最重要的手段之一,它一般为机器人系统的配套装备[36-42]。本节讨论的激光制造系统使用的是大功率激光器,机器人结构也比较庞大,在加工过程中为了保证操作者的安全,一般需要将操作间与加工间分离,因此从整个系统操作方便考虑,必须在操作间配备示教编程器,以完成简单机器人运动(比如调节工具末端点位姿)以及简单的激光加工。为了达到上述目的,本示教编程器应该满足如下要求:二次开发灵活,具有一定的开放性;按键少,方便操作;能同时操作机器人和激光器。

(1) 触摸屏式示教编程器设计[43]。总结国内外的示教编程器来看,示教编程器都是与机器人控制器直接通信,它们之间有专门的通信协议,而且每个示教编程器都是针对某种机器人控制器专门开发的。这种结构已经无法满足激光制造系统示教编程器同时控制机器人和激光器的要求,也不便于系统升级。综合各种因素考虑,作者采用触摸屏(富士 UG320—HD 型)开发了本系统的示教编程器。在工作时,主控计算机把指令处理后再控制激光器和机器人,触摸屏向主控计算机发送指令。其核心是通过 Modbus 通信协议发送消息,上位机控制软件把接收到的消息与预先编制好的消息码进行比较,再向机器人控制器或者激光控制器发送相应的控制指令。

(2) Modbus 通信协议。Modbus 协议是应用于电子控制器上的一种常用的通用语言[44]。通过此协议,控制器经由网络(例如以太网)和其他设备之间、控制器相互之间可以通信。它已经成为一个通用工业标准,不同厂商生产的控制设备可以连成工业网络,进行集中监控。此协议定义了一个控制器能认识使用的消息结构,而不用管它们是经过何种网络进行通信的。它描述了控制器请求访问其他设备的过程,以及如何回应来自其他设备的请求和怎样侦测错误并记录。它制定了消息域格局和内容的公共格式。

当在 Modbus 网络上通信时,此协议决定了每个控制器需要知道它们的设备地址,识别系统按地址发来的消息,决定要产生何种行动。如果需要回应,控制器则将生成反馈信息并用 Modbus 协议发出。在其他网络上,包含了 Modbus 协议的消息实时转换为在此网络上使用的帧或者包结构。这种转换也扩展了根据具体的网络解决路由路径、节地址及错误检测的方法[25]。

(3) 触摸屏通信机制。

① 触摸屏画面编辑。利用触摸屏自带的组态软件编辑触摸屏画面。触摸屏上任何元素如指示灯、开关、文本显示框等都占用一个寄存器或者多个元素占用一个寄存器(一般单个寄存器为 16 位)。编辑元素时,定义好该元素的寄存

器地址、外观样式,可用的寄存器地址为100~60000。

② 通信。计算机与触摸屏通信采用 RS-232 接口,实时查询触摸屏的状态,计算机做主站,做出相应决策。Modbus 协议设置为 CRC 效验、RTU 通信模式。当上位机软件启用示教模式后,示教编程器可以实现通信。

(4) 上位机软件与实现。利用 VC++ 编写了触摸屏上位机控制程序,主要是由监测触摸屏通过串口发送过来的消息,对消息解释后再对机器人或者激光器做出行动。并且,WaitCommEvent( )、ReadFile( )、WriteFile( ) 函数都使用了非阻塞通信技术,依靠重叠(overlapped)来读写操作,让串口读写操作在后台运行;使用多线程技术,在辅助线程中监视串口数据,有数据到达时依靠事件驱动,之后读入数据并向主线程报告(发送数据在主线程中,相对来说,下行命令的数据总是少得多)。具体步骤参见文献[11]。

采用触摸屏开发的激光制造系统"示教编程器",实现了对机器人的简单运动控制,如坐标显示、各轴的往返运动,以及激光器的控制,如启动、准备、停止、参数修改等,满足了集成激光制造系统的控制要求。与机器人示教编程器相比,开发成本和周期大大降低,由于不受激光器控制器和机器人控制器的影响,使上位机软件开发和触摸屏界面编辑都有相当大的灵活性,在一定程度上也提高了激光制造系统的开放性。

当然,由于硬件开放程度以及接口协议不同,利用触摸屏开发的示教编程器功能与真正的机器人示教编程器功能还有一定差距,但它仍然可以促使各厂商进一步开放协议并制定标准的接口,使软件受限于硬件的程度下降,使系统的模块化程度提高。

2. 在线监测与闭环控制

经多年研究,作者在实验室中建立了一套集成化智能激光加工和柔性制造系统的软硬件平台。其软件系统是运行在 PC 上的综合加工软件系统。系统包含测量、加工、激光器控制、加工数据处理和专家系统的功能,实现了从测量到加工的完整的工业化制造过程。软件系统模块如图 2-37 所示[45]。

该系统采用了模块化设计方法,有许多功能模块仍可以移植到作者新构建的开放式集成激光制造系统上,如测量、数据库、仿真模块等。因此针对新系统的软件开发仍采用模块化方法,按功能将软件系统分成多个模块,使模块之间耦合度小。但是由于系统的控制模式已经改变,需要对集成软件重新进行整体规划和控制模块设计,特别是对于各模块之间的相互通信,加工流程设计以及安全监测都是整个软件系统的核心及难点。针对激光制造的发展要求和特点,对集成软件进行了合理的流程设计[46]。

本系统的硬件连接如图 2-38 所示,其中控制上位机主要负责协调管理、发送命令,具体的控制任务实施由各自的 CPU 完成。

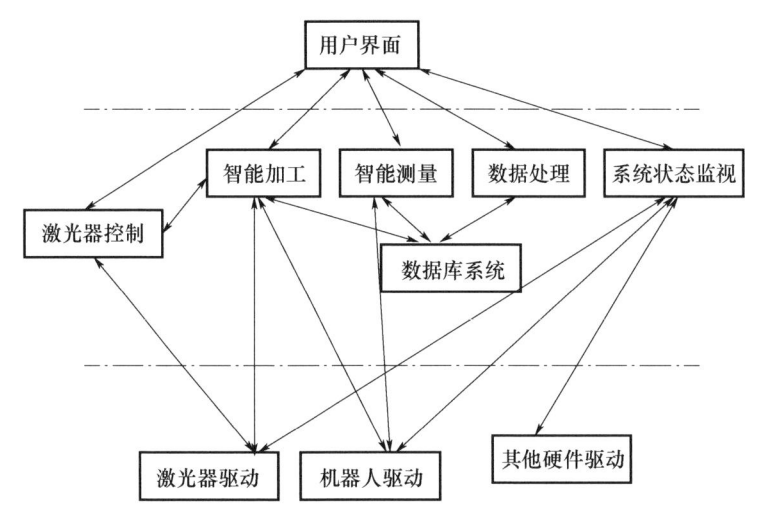

图 2-37 软件系统模块功能及相互关系示意图

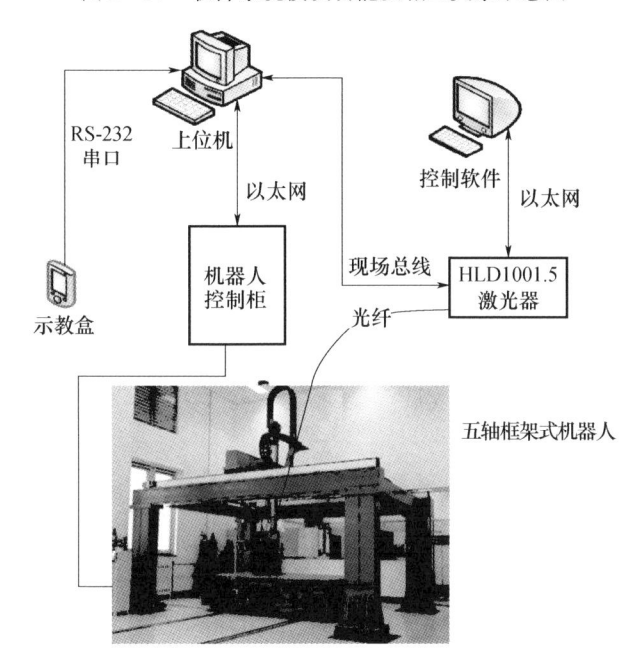

图 2-38 系统连接示意图

1）集成控制软件

针对一个软件系统,合理、正确的程序操作流程是一个主要的问题,而且激光加工过程是非常危险的制造过程,作为一个集成化的工业加工系统,如何对加工过程中可能出现的各种突发故障进行响应是系统成败的关键。为了解决这个问题,原有系统在重要硬件上设置了系统状态监测的报警装置和I/O电路,从硬件上保证故障一旦发生,可以立即被系统监测到,然后立即启动报警装置。但是,这样还需要用户去判断故障并人工采取安全措施。而在许多实际情况中,尤其是在加工过程中,用户收到故障信息后采取处理措施往往延误了时间(因为激光加工是一个时间较短的过程),导致加工零件被破坏。虽然在软件系统上做了多层次的安全处理,但仍存在实时性差的问题[47]。

针对本系统,由于软、硬件子系统的开放性,已经不再需要额外的 I/O 电路来监视系统状态,机器人和激光器的报警信息会由它们各自的 CPU 实时监测,主计算机只需获取这些报警信号并做出响应。因此,为了使系统能够及时响应故障并对故障信息进行处理,将系统划分成主程序和系统状态监视及故障处理两个独立的子程序流程。利用 Windows 系统的抢占式多任务机制,采用多线程编程的模式,将系统的界面维护及主要功能在主程序中实现,将系统状态监视及故障处理功能和到位信号处理功能单独作为一个线程。

(1) 主程序工作流程设计。主程序(图 2 - 39)负责响应用户操作、界面维

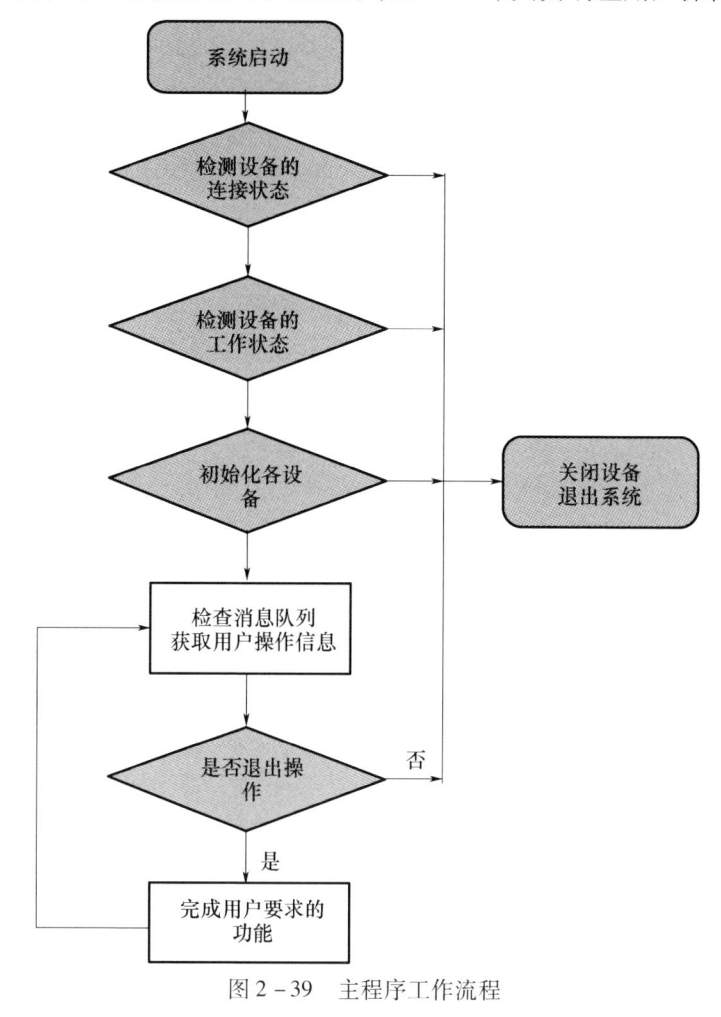

图 2 - 39　主程序工作流程

护和系统的控制。软件系统启动时,检测机器人、激光器和其他设备的通信连接,在连接正常时,检查各设备的状态,如果各设备状态一切正常,初始化设备,再设置各设备的运行参数,接着启动系统状态监视和故障处理线程和到位信号处理线程,同时主程序进入消息循环,接受用户要求的功能,完成用户的操作信息,包括测量、数据库、仿真、加工管理、进行工艺试验等,完成以后返回消息循环继续等待用户的操作信息,直到收到退出系统的命令。

(2)系统状态监视和故障处理线程工作流程设计。系统状态监视和故障处理线程(图2-40)每隔一定的时间(最短的采集间隔)查询各设备状态,如果检测到故障,系统立即进入故障处理过程[48]。系统可以从数据库中查询到故障的相关信息及处理办法,针对发生的故障,按照故障的性质进行处理,严重的故障将由系统按预先设置的处理方式进行处理,一般问题将报告给用户并推荐处理方法,由于 Windows 操作系统并不是严格的实时操作系统,为了提高对故障的处理速度,一般通过提高该线程的优先级,这样该线程按一定的时间间隔检查系统的状态,检查完毕后,该线程会进入一个短暂的休眠状态,避免占用过多的 CPU 资源,休眠结束后,由于之前已将它升级为较高优先级,将会被系统优先调用。这样一方面保证了主程序的执行,另一方面保证了对故障的响应。线程与主程序之间通过 Windows 消息机制通信。

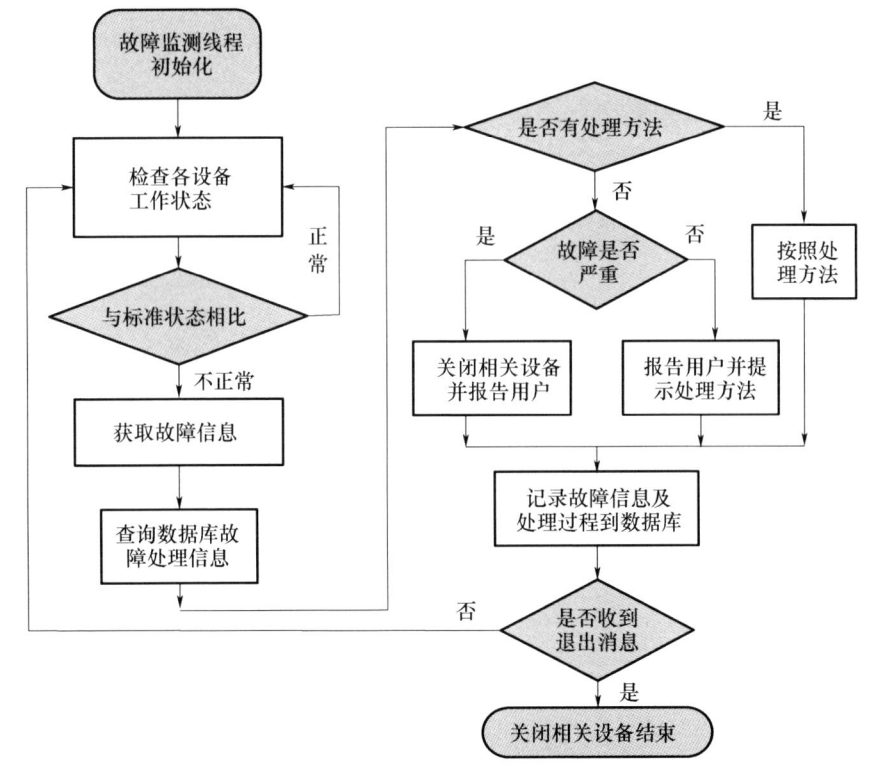

图 2-40 状态检测及故障处理流程

(3) 加工处理流程。加工处理流程(图 2 – 41)是激光制造系统中一个最主要的流程[49]，系统的所有功能都是围绕着它开展的。一个完整的加工处理流程，包括材料参数的输入和加工要求、工艺参数的选择、仿真、测量再到加工过程。因而，一个完整的加工流程的时间是比较长的，在实际操作当中，可能要重复使用有关数据，还可能要把一个加工流程分成几个独立的部分分别操作，比如对同一加工区域多次加工时，只要第一次测量数据，以后只需要对系统进行简单定位就可以直接使用已有的测量数据或者轨迹数据。因此，将几个重要步骤的结果写入数据库中，这样，当流程中断后，下次可以从中断的地方开始继续，针对需要重复使用的数据，一般也可以从数据库中导入而不需要重新生成，通过这种方式，提高了加工的灵活性和效率。

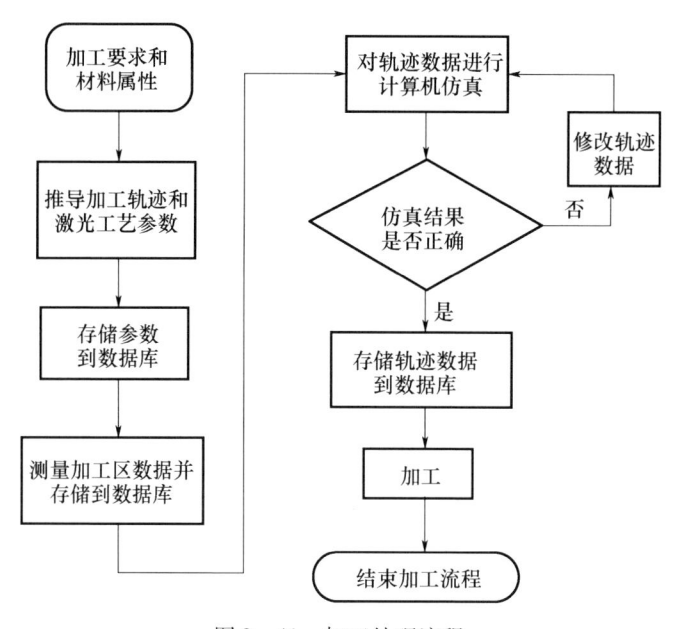

图 2 – 41 加工处理流程

在加工处理过程中，根据工艺参数和轨迹数据驱动机器人和激光器进行加工的过程是系统和复杂的多参数计算机控制过程，在这段时间内，系统各设备都处于运行状态。上位机主要的工作包括：

① 控制命令发送，如参数设置、轨迹命令等。
② 控制指令发送，如开、关、参数设置等。
③ 信号检测。
④ 状态检测，如故障处理。

系统不存在机器人缓冲区数据溢出和欠载的问题，也不需要通过计算到位信号个数来控制机器人和激光器的状态。由于运动控制器提供了不同种到位信号,上位机主程序中的到位信号监测线程查询到到位信号后就会对激光器和其他设备做出行动,在运动轨迹的需要位置设置到位信号,这里不存在到位信号重复检测和丢失的问题。关键在于监测到到位信号后,加工系统做出什么反应,因此必须对到位信号编码,每个编码都对应一个具体的功能函数,如修改激光程序号,开、关激光器或者改变激光器功率等。图 2-42 给出了机器人的加工流程[50]。

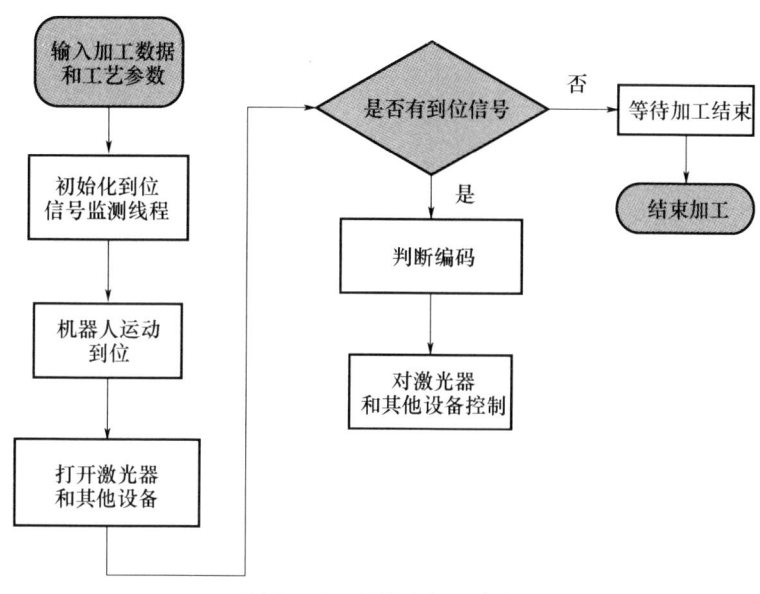

图 2-42 机器人加工流程

2) 人机界面

人机接口是人与机器打交道的直接作用体,针对许多应用,用户界面本身就是产品。人机接口界面设计好坏(是否具有透明性和一致性,交互系统是否易用易学,以及结构的灵活程度、复杂程度等)将直接影响到一个系统的成功与否、功能的发挥程度,更重要的是,它会影响到系统是否为用户接受,即用户对系统的评价。作者对控制采用了基于 Windows 的应用程序,这种方案在保证控制稳定性的前提下,可以充分利用 Windows 界面友好、开发过程方便、开发工具多的特点。

软件系统采用了基于 Windows 对话框的界面。以作者为用户开发的激光焊接软件为例,其主程序外观如图 2-43 所示。界面分为四个区,分别为激光制造熔池 CCD 实时监测结果和数据库、机器人设置、保护气对话框弹出按键,其他区为功能区,包括对机器人和激光器的操作。

在集成本实验室原有系统模块的基础上,开放式集成激光制造系统的软件模块开发采用了 Windows 线程机制,开发了故障处理线程及系统状态监测和信号监测线程。利用运动控制卡的多种到位信号功能,对各种信号编码并对应不

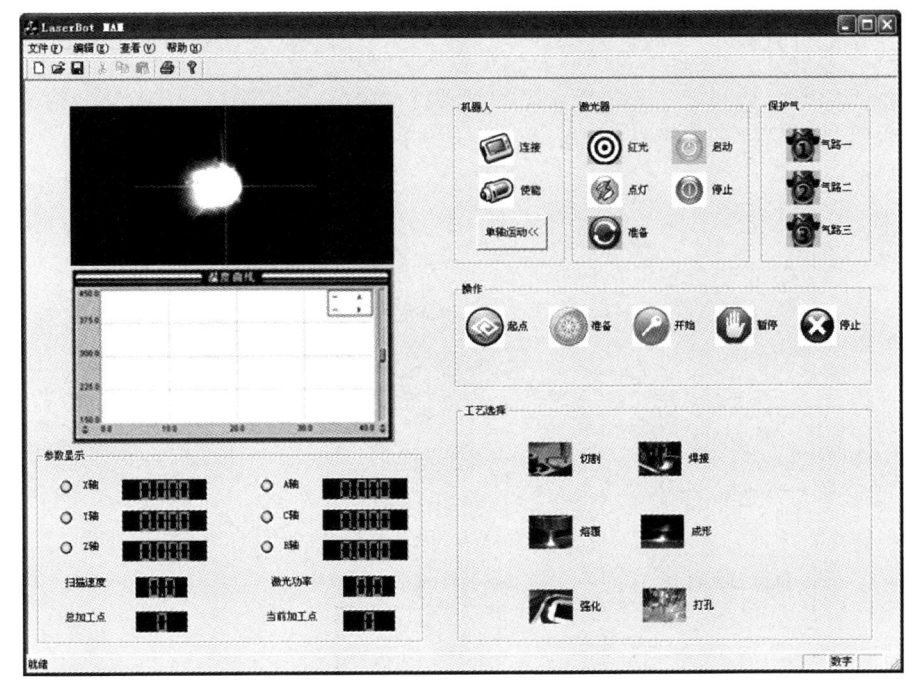

图 2-43　激光焊接集成软件界面

同的功能函数,实现了机器人和激光器的协调控制,这是机器人和激光器的开放性在集成系统上的具体体现。整个软件系统各模块之间耦合程度低,模块化程度高,系统的可移植性控制系统的开放性。

由于基于专业运动控制芯片或者高速 DSP 的运动控制技术成熟并得到广泛的应用,因此,基于 PC+运动控制卡的控制模式性能最为可靠,功能最为强大,实现最为方便。国内外有许多基于专业运动控制芯片或者高速 DSP 的运动控制卡产品,综合比较后,选用价格合理、功能强大的 DMC 控制卡。

2.4.3　专家数据库系统集成

1. 工艺数据库系统

当今比较成熟的工艺数据库中,已经形成了基于文本的工艺数据库系统和基于网络与数据库的工艺数据库系统两种不同数据库类型[51]。

文本型工艺数据库的特点是上手快,入门容易,系统简洁实用;但在与相关信息系统集成、数据的处理方面存在先天的缺陷。数据库型工艺数据库的特点是起点高、容易进行数据集成和后续处理,功能全面;但系统相对比较复杂,对用户的计算机应用水平有比较高的要求[52]。

基于数据库的工艺数据库系统是随着网络技术的发展而逐步出现的,其特点在于：在应用工艺数据库系统之前必须对数据库结构进行认真的规划，以便填写的数据能够分类存放，集中显示；工艺卡片的填写过程，实质是在工艺数据库提供的表格界面中对数据库进行操作的过程，所有的工艺数据，包括文字、附图、工程符号都存放在数据库中。

总之，一般认为数据库型工艺数据库在技术上领先于文本型工艺数据库，代表了工艺数据库系统将来的发展趋势和方向；但在目前一段时间内，两种类型的工艺数据库还将在市场上共存，满足不同层次用户的不同需要。

下面以激光－MIG复合焊接工艺数据库系统作为典型案例介绍工艺数据库系统基本结构。

焊接质量和可靠性直接关系到最终产品的性能与安全，其成本也在较大程度上影响到产品的最终成本。焊接工艺评定的主要目的是确定与实际被焊材料及结构条件相匹配的焊接工艺规范及焊接材料，从而获得满足使用要求的焊接接头性能。针对实际结构件的焊接效果，可以对服役期间的性能进行跟踪，从而进一步提出质量控制和参数优化方法。

计算机辅助工艺设计是连接工程设计和生产制造的纽带，可为选择和优化工艺参数提供基础。建立工艺、材料、综合服役性能数据库可以针对材料、接头性能及结构件使用环境提出合理的、优化后的复合焊接工艺参数，提高生产效率。

如图2－44所示，激光－MIG复合焊工艺数据库可以由：焊接对象、工艺参数设定、工艺存储、焊接后处理信息及焊接质量评估等模块构成。

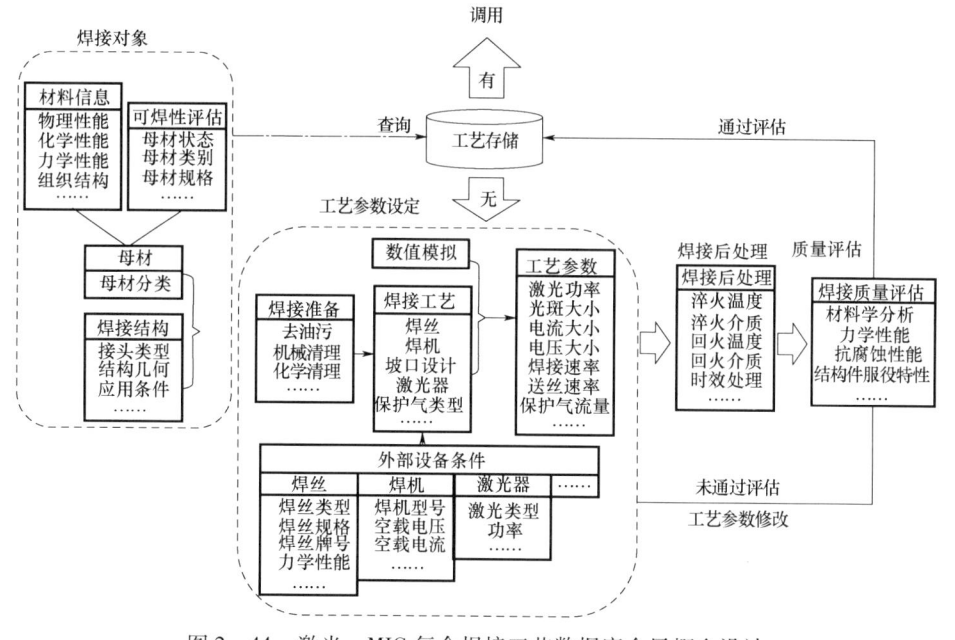

图2－44 激光－MIG复合焊接工艺数据库全局概念设计

1) 工艺对象输入

焊接对象主要用于材料和结构相关信息的输入和存储,其主要包括材料信息、可焊性评估、母材分类、焊接结构等功能。

2) 可行性评估

金属的焊接性是焊接加工中的关键。系统根据用户输入的母材描述信息(如母材牌号),进入材料库查询其对应的化学成分,采用化学成分分析法中的碳当量(Carbon Equivalent)和 HAZ 最大硬度来分析焊接性。按照计算公式计算出母材的碳当量和 HAZ 硬度,再与相对应的合格数据比较后得出结论,以便用于指导随后的相关设计过程。

3) 制造工艺查询

由母材信息、接头类型或者特定的结构件,通过在已存在的工艺存储库中查找相匹配的对象。如果发现相同或者类似的焊接对象,可以直接调用库中的参数信息,生成工艺卡。如果未查找到,则进入工艺参数设定模块。

4) 工艺参数设定

为得到合理的焊接工艺参数需考虑的因素较多,如保护气体的选择、母材的接头类型、坡口参数、焊丝的选择、焊接功率、激光电弧配合等。在进行焊接工艺参数选择时,兼顾上述各方面的影响因素,查询相关的保护气体库、坡口库、焊丝库、工艺参数库。通过工艺设计流程,综合分析输入的母材综合描述信息,确定采用最佳工艺参数。

激光 – MIG 复合焊接为多参数多物理场耦合过程,采用理论和实验数据分析相结合的方法进行工艺参数优化和质量控制。

对加工对象进行加工之前,采用量纲分析和相关优化方法实现多参数(激光功率、光强分布、送丝速率、扫描速度、材料热物理性能)、多目标工艺优化。通过多种材料物性参数、制造工艺参数和几何参数,构造分别表征传热、传质和应力特征的无量纲数,针对研究目标提取关键无量纲数并依此控制工艺力学试验和数值模型研究。以无量纲数为控制参量,以焊缝金属综合性能为目标参量,通过神经网络优化方法,实现工艺优化和质量控制。本研究中构造的无量纲数包含多种工艺参数,直接与工艺过程挂钩,并与最终的焊接接头综合性能相结合形成工艺参数数据库。最终对实验件进行质量评定,进而调整相应参数。将优化后的参数作为参照存储在工艺存储库中。

5) 后处理的实现

焊后处理是为改善焊接接头的组织和性能或者消除残余应力而进行的热处理。焊后处理有淬火、回火、退火等方法,其对应的温度、时间、缓冷介质等相关参数存储在焊后处理表中,完善焊接工艺,降低母材的性能损害。

6）制造质量评估

从材料学和力学方面针对焊接材料及结构件的质量评估,具体可以通过以下步骤进行：

① 通过光学手段考察焊接部位金属质量,判定表面气孔及裂纹等缺陷。

② 采用无损探伤和破坏性方法进行缺陷分析。

③ 利用 SEM、XRD、EDS 等显微分析手段对激光－MIG 复合焊接接头典型区域(FZ 区及 HAZ 区)的微观组织生长、成分分配进行分析。

④ 对复合焊接件进行常规力学性能测试,包括静拉伸强度、显微硬度、疲劳强度等。

⑤ 考察焊接部位的抗腐蚀性能。

7）跟踪服役情况

通过以上步骤进行数据筛选、对焊接件的性能评价及焊接结构服役性能的综合考察,循环迭代,通过删除不合理工艺流程,存储优化的工艺参数,实现工艺制定的自动化。

2. 专家系统

专家系统是一种智能化计算机软件系统,它可以让普通人以专家级的水平解决问题。专家系统(Expert System)包括如下几个部分:知识库(Knowledge Base)、推理机(Inferring Machine)和数据库(Data Base),有的还包括知识必要的解释程序和获取程序。知识库存放领域专家知识,数据库存放已知的一些事实和数据,推理机则根据用户的要求,运用知识库中的知识进行推理,解决实际的制造问题。知识获取程序是知识库内容扩充的有力工具,而解释程序可以解释推理过程及用户和客户的疑问,它使专家系统变得更为友好。激光加工的工艺力学过程,涉及大量的加工材料、加工类型、相互作用过程、机器人参数和激光束参数的匹配关系,这些关系是在一定的实验条件下得到的,具有很强的专业性,因此适合于利用专家系统的形式进行管理。

五轴柔性激光制造系统在软件上最终以专家系统的形式出现。加工轨迹数据将存放在专家系统的数据库中。工艺参数的智能匹配关系,构成了加工专家系统的知识库。不同的加工类型形成不同的加工专家系统,但它们具有相同的结构形式和界面。每个加工专家系统的结构都是开放的,用户可以简单方便地把自己的知识加进去,从而保证数据库系统具有足够的柔性。

为了保证系统的安全高效运行,激光加工专家系统还包括其他一些必要的功能模块,如监测诊断模块等。

仿真优化以后的加工轨迹构成了加工专家系统的数据库,而制造工艺参数的匹配关系则构成了专家系统的知识库。制造工艺参数的组织有多种形式,其中最常用的是规则形式(Rule-based)。规则由前项和后项组成。前项表示前提条件,各个条件由逻辑连接词(与、或、非)组成各种不同的组合。后项表示前提条件为真时,应采取的行为或者所得的结论。例如针对厚度为3mm的不锈钢板进行间距为2mm、孔径为0.5mm的激光打孔,对机器人的要求是采用CP方式,行走速度为50mm/s。用规则的形式表示为图2-45。

```
规律名:
If(激光打孔AND不锈钢AND孔径0.5mm AND 间距2mm)
Then
激光器参数：脉冲形式
机器人参数：CP方式，行走速度为50mm/s
```

图2-45 推理机规则

这样,对每一种具体的激光加工,对激光器和机器人的要求都形成了一组规则。这种规则有自己的规则名,它构成了知识库的一个最基本的单元,可称为一个规则表。知识库实际上是表单的集合。针对不同加工类型下不同材料的具体制造过程,其形成的众多规则或者知识可以形成树状的结构,称为专利知识树。

激光制造专家系统的实现有两种方式。简单情况下,把专家系统的推理过程设计为一个单纯的搜索过程,即专家系统搜索知识树,例如,打孔—间距—孔径—材料,从而得到对机器人和激光器的控制参数,然后进行参数分配即可。因此,这种实现过程并没有太多的交叉匹配,是比较明晰的。在组织形式上,加工工艺参数可以存在数据库中。当这些参数直接以规则的形式存放在知识库,则数据库的推理和内容没有直接的关系。

激光制造专家系统的上述工作方式,其推理过程只是调用已经构造的工艺参数的关联匹配关系,使得专家系统表现为只是对激光制造工艺参数和制造过程的一种管理形式。应该说,这种专家系统并不具有很高的智能特性。知识库中有几条规则,一般只能进行几种形式的激光制造工艺及技术。

激光制造专家系统的另外一种实现方式是设计专门的模糊推理机。推理机有正向推理、反向推理和混合推理三种推理方式。正向推理是从原始数据出发,按照一定的搜索策略,运用知识库中的专家知识,推断出结论的方法,也叫数据驱动的专家策略;反向推理一般先提出结论,然后去寻找支持该结论的证据,也叫目标驱动的专家策略;混合推理是先根据数据库中的原始数据,通过正向推理,帮助系统提出必要的假设,再运用反向推理,进一步寻找支持假设的证据,如此不断循环,也叫混合驱动的专家策略。该类推理机在工作时,调用知识库的规则进行相互匹配,并把中间推出的事实和结论分别存储起来,一般存放在数据库中。这种实现方式,可以产生现有知识库中不存在的规则,从而进行知识库中规则以外形式的加工,这种方式表现出稍高一些的智能特性。

知识库中知识的获取一般是通过实验得到的,即针对不同材料的制造过程,寻找相应的机器人参数和激光参数。知识的获取将是激光制造专家系统实现的瓶颈,一般来说知识库中每一条规则的生成都需要大量的实验。这些规则自身的可靠性,则是实现智能加工的基础。

激光制造专家系统构造好之后,制造过程的实现将非常简便。用户提出具体的加工要求和条件后,可直接调用专家系统,产生与之相适应的制造工艺参数。由于激光参数控制和发送机器人加工动作是串行设计的,在上位机上实现时,只需首先启动激光器系统,然后将指令发送给机器人即可。

参考文献

[1] 杨叔子,吴波. 先进制造技术及其发展趋势[J]. 机械工程学报,2003,39(10):73-78.

[2] 虞钢,虞和济. 集成化激光智能加工工程[M]. 北京:冶金工业出版社,2002.

[3] 张国顺. 现代激光制造技术[M]. 北京:化学工业出版社,2006.

[4] 彭翰生. 超强固体激光及其在前沿学科中的应用(2)[J]. 中国激光,2006,33(6):865-872.

[5] 史玉升. 激光制造技术[M]. 北京:机械工业出版社,2012.

[6] 虞钢,虞和济. 激光制造工艺力学[M]. 北京:国防工业出版社,2012.

[7] Keisaku Y,Zhang Z,Kazuhi K,et al. Optical pulse compression to 3.4 fs in the monocycle eregion by feed-back phase compensation[J]. Opt. Lett. ,2003,28(22):2258-2260.

[8] 孙增圻. 机器人系统仿真及应用[J]. 系统仿真学报,1995,7(3):23-29.

[9] 孙增圻. 系统分析与控制[M]. 北京:清华大学出版社,1994.

[10] 迎春,湘滨. 现代新型传感器原理与应用[M]. 北京:国防工业出版社,1998.

[11] 李玲,黄永清. 光纤通信基础[M]. 北京:国防工业出版社,1999.

[12] 蔡自兴. 机器人学[M]. 北京:清华大学出版社,2000.

[13] 孙斌,杨汝清. 开放式机器人控制器综述[J]. 机器人,2001,23(4):374-378.

[14] Bradley N D,Chles W Y,Robert J G. Open Architecture Controls for Precision Machine Tools[J]. Proceeding of Mechanism and Controls for Ultraprecision Motion,1994,(4):6-8.

[15] 周延佑. 迅速占领市场是机床数控产业的紧迫任务[J]. 中国机械工程,1998,9(5):5-7,24.

[16] 周祖德,魏仁选. 开放式控制系统的现状,趋势与对策[J]. 中国机械工程,1999,10(10):1090-1093.

[17] 王宇晗,吴祖育. 开放式控制器对数控机床低成本改造的策略[J]. 机械设计与研究,2001(1):63-65.

[18] 周学才,李卫平,李强. 开放式机器人通用控制系统[J]. 机器人,1998(1):25-31.

[19] 张志勇,张晓牧,彭云,等. 高强度铝合金厚板焊接气孔形态分析及混合保护气体效应[J]. 焊接,2004(7):13-16.

[20] Mazumder J,Dutta D,Kikuchi N,et al. Closed-loop direct metal deposition:art to part[J]. Opt Lasers Eng,2000,34:397-414.

[21] Chryssolouris G. Laser Machining Theory and Practice[M]. NewYork:Springer-Verley,1991.

[22] Hu D,Kovacevic R. Modeling and measuring the thermal behaviour of the molten pool in closed-loop con-

trolled laser-based additive manufacturing[J]. Proc Inst Mech Eng,Part B:J Mech Eng Sci,2003,217:441-452.

[23] 席明哲,虞钢,张永忠,等. 同轴送粉激光成形中粉末与激光的相互作用[J]. 中国激光,2005,28(4):266-270.

[24] 胡晓冬,马磊,罗铖. 激光熔覆同步送粉器的研究现状[J]. 航空制造技术,2011(9).

[25] 何学俭,虞钢. 激光智能制造系统中同步控制的实现[J]. 机械工程学报,2004,40(5):126-130.

[26] 白金元,徐滨士,许一,等. 自动化电弧喷涂技术的研究应用现状[J]. 中国表面工程,2006,(z1):267-270.

[27] Haus H A,Fujimoto J G,Ippen E P. Structure for additive pulse mode locking[J]. Opt. Soc. Am. B,1991,8(10):2068-2076.

[28] 颜永振. 集成激光制造系统的开放式控制研究及应用[D]. 北京:中国科学院力学研究所,2007.

[29] 刘荷辉,虞钢. 集成化柔性激光加工系统的误差检测及其补偿[J]. 中国机械工程,2003,14(5):367-370.

[30] 虞钢,王红才,张凤林,等. 一种具有柔性传输和多轴联动的激光加工装置:中国,98101217.5[P]. 1998.

[31] 王建伦,虞钢. 汽车覆盖件模具激光表面强化中环带区域的测量及轨迹规划[J]. 应用激光,2005,25(4):226-229.

[32] 谢建平,明海. 近代光学基础[M]. 合肥:中国科学技术大学出版社,1990.

[33] 张宏,李富平. 基于PC+运动控制卡的开放式数控系统的研究[J]. 机械设计与制造,2008(6):171-172.

[34] 高春林,辛企明. 衍射光学元件的应用[J]. 光学技术,1995,(6):40-43.

[35] Eero N,Jyrki S. Rigorous synthesis of diffractive optical elements[J]. SPIE,1996,2689:54-65.

[36] Mark A,Shlomo H. S-Matrix propagation algorithm for eletromagnetics of multiplayer grating structures[J]. SPIE,1996,2689:66-79.

[37] Dennis W P,Mark S M,Joseph N M. Boundary element method for vector modeling diffractive optical elements[J]. SPIE,1995,2404:28-39.

[38] Neal C G,et al. Diffractive Optics:Scalar and non-scalar design analysis[J]. SPIE,1989,1052:32-40.

[39] Kinsman G,Duley W W. Fuzzy logic control of CO_2 laser welding[J]. Proceeding of the international congress on application of lasers and electro-optics,ICALEO'93. LIA,1993:160-167.

[40] Boddu M R,Musti S,Lenards R G,et al. Empirical modeling and vision based control for laser aided metal deposition process[J]. Solid freeform fabrication proceedings.,2001:452-459.

[41] Ehsan T,Amir K. A mechatronics approach to laser powder deposition process[J]. Mechatronics,2006,16:631-641.

[42] Guijun B,Andres G,Konrad W,et al. Characterization of the process control for the direct laser metallic powder deposition[J]. Surface & Coatings Technology,2006,201(6):2676-2683.

[43] 张永强,陈武柱,张旭东. 多轴激光加工机床控制参数评估和调节技术[J]. 中国机械工程,2005,16(24):2219-2221.

[44] 虞钢,等. 一种具有柔性传输和多轴联动的激光装置:中国专利,98101217.5[P]. 1998.

[45] 刘荷辉,虞钢. 自由曲面的二维自适应测量及测球半径的三维补偿[J]. 机械工程学报,2004,40(2):117-120.

[46] 谢剑英,贾青. 微型计算机控制技术[M]. 北京:国防工业出版社,2001.

[47] 阳宪惠. 现场总线技术及其应用[M]. 北京:清华大学出版社,1999.

[48] Greenfeld H, Wright P K. Self-Sustaining Open-System Machine Tools[J]. Transaction of the 17th North American Manufacturing Research Institution,1989,17:304-310.

[49] 克希奈尔 W. 固体激光工程[M]. 华光,译. 北京:科学出版社,1983.

[50] 党刚. 冲压模具激光相变强化的强度分布控制研究[D]. 北京:中国科学院力学研究所,2007.

[51] Duley W W. Laser Welding[M]. NewYork:A Wiley-intersience Poblication John Wiley & Sons,INC,1999.

[52] Mazumder J,Scifferer A,Choi J. Direct materials deposition:designed macro and microstructure[J]. J Mater Res Innovation,1999,3(3):118-131.

第3章

激光焊接技术

　　激光焊接是用高功率密度激光束对材料表面进行照射,材料表面吸收的光能转化成热能,使焊接部位材料温度升高、熔化成液态,在随后的冷却凝固过程中实现同种或异种材料的连接。该过程主要涉及光的反射、光的吸收、热传导和物质的传输等。激光功率密度一般在 $10^4 \sim 10^8 \text{W/cm}^2$ 范围,随激光功率密度的不同,激光焊接机理相应发生变化。根据激光焊接机理不同,一般分为激光传导焊和激光深熔焊。

　　早期激光焊接过程属于热传导型,主要用于薄壁材料和低速焊接,即激光辐射加热工件表面,表面热量通过热传导向内部扩散,通过控制激光脉冲的宽度、能量、峰值功率和重复频率等参数,使工件熔化,形成特定的熔池。由于其独特的优点,已成功地应用于微、小型零部件的精密焊接中。随着焊接技术的发展以及高功率激光器的出现,开辟了激光焊接的新领域,获得了以匙孔效应为理论基础的深熔焊接,在机械、汽车、钢铁等工业部门获得了日益广泛的应用。

　　与其他焊接技术比较,激光焊接的优点在于:功率密度高,焊接速度快,熔深大,变形小;可焊接难熔材料如钨、石英等,并能对异种材料施焊,效果良好;能精密定位,可应用于大批量自动化生产的微、小型元件的组焊中;在真空、空气及某种气体环境中均能施焊,并能通过玻璃或对光束透明的材料进行焊接;可焊接难以接近的部位,施行非接触远距离焊接,具有很大的灵活性。同时,激光焊接也有其缺点,比如激光焊接的熔深有限,对工件的装配精度要求高,对高反射率和高导热性材料焊接难度大,能量转换效率较低,而且激光加工设备比较昂贵。尽管如此,激光焊接凭借其独特的优势获得了越来越广泛的应用。

　　本章首先介绍激光焊接原理与方法,根据激光与材料作用原理的不同可以分为传导焊和深熔焊,另外,根据材料焊接工艺特点和待焊两种材料是否相同进行了焊接方法分类;然后,介绍了焊接数值计算温度场和应力场的方法和准则,为后面涉及的数值计算提供理论和方法支撑;之后详细介绍了钢、铝、钛等材料的同种焊接与异种焊接工艺优化、组织及力学性能、相关数值模拟;最后,介绍了激光焊接在发动机领域、航空航天领域及高速列车制造领域的几个应用实例。

3.1 激光焊接原理与方法

对于激光焊接,激光的功率密度一般在 $10^4\sim10^7\,\mathrm{W/cm^2}$ 范围,随激光功率密度的不同,激光焊接机理相应发生变化[1],按照是否有匙孔(Keyhole)的产生[2],分为激光传导焊和激光深熔焊。

由于不同材料间相异的物理、化学和力学性能,不可避免地会出现很多问题,所以根据待焊的两种金属材料相同与否,可以将激光焊接分为同种金属激光焊接、异种金属激光焊接。

根据焊接工艺的特点,激光焊接又包括以下焊接方法:激光填丝焊、激光钎焊、双光束焊、复合焊接等。

3.1.1 激光焊接原理

从激光与材料作用原理来看,激光焊接主要分为传导焊和深熔焊(图3-1)。传导时,激光辐射能量作用于材料表面,激光辐射能在表面转化为热量,材料从表层开始逐渐熔化,随输入能量增加和能量的热传导,液固界面不断向材料内部延伸,最终实现焊接的过程。激光传导焊时材料仅表层附近被加热到熔点以上较低的温度,激光能量大部分被材料表面反射,材料对光的吸收率低,熔深较浅。

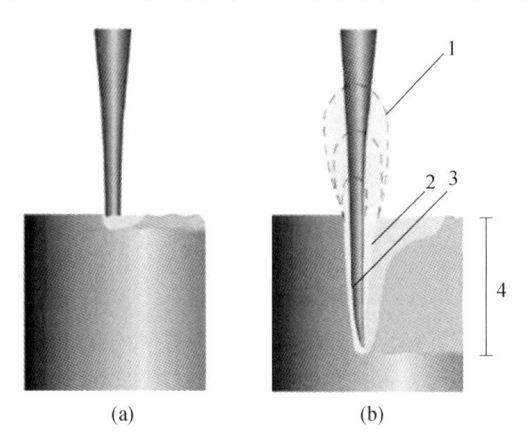

图 3-1 激光焊接模式
(a)传导焊;(b)深熔焊。
1—等离子体云;2—熔化材料;3—匙孔;4—熔深。

随着大功率连续激光器的产生[3],作用在材料上的激光功率密度可达 $10^6\,\mathrm{W/cm^2}$ 以上,在如此高密度的激光照射下,金属材料被迅速加热熔化,其表面温度在短时间内升高到沸点,导致金属汽化甚至蒸发,形成金属蒸气或等离子体,金属蒸气或等离子体以一定的速度喷出熔池时,对液态熔池产生反冲压力,使熔池表面凹陷。随着激光作用时间的增长,凹陷逐渐加深,最终在熔池中形成细长的匙孔,当金属蒸气的反冲压力和液态金属熔池的表面张力和重力平衡后,匙孔的形状趋于稳定[4-6]。由于匙孔的存在,激光束可以照射到匙孔内部,有利于材料对激光的吸收,促使匙孔周围的金属熔化形成熔池;同时由于激光束能量密度高,匙孔周围存在很大的压力梯度和温度梯度,造成匙孔周围的熔池发生复杂的流动行为。

相比传导焊接,激光深熔焊焊接的焊缝深宽比较大,焊接速度快,加工效率高,成为工业应用中主要的激光焊接方式。

3.1.2 激光焊接方法

对于同种材料同一光源,其一般焊接过程如图3-2所示。焊接过程中的能量转换机制主要是通过"匙孔"来完成的。匙孔和围着孔壁的熔融金属随着前导光束前进速度向前移动,熔融金属充填着匙孔移开后留下的空隙并随之冷凝,从而形成焊缝。

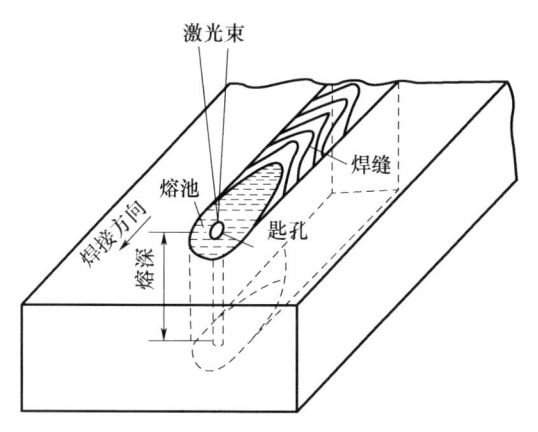

图3-2 激光焊接过程示意图

如果待焊材料是异种金属材料,则会带来热物性差异的问题,这种差异是影响焊接过程的最主要因素。具体表现为:异种材料熔点不同,易造成低熔点合金元素烧损力学性能难以控制;异种材料线膨胀系数差异将导致熔池结晶时产生较大焊接应力与焊接变形;材料的热导率和比热容差异使焊缝金属的结晶条件变坏,晶粒严重粗化,并影响难熔金属的润湿性能。异种材料焊接时易产生金属间化合物,导致焊接接头力学性能下降,甚至发生断裂。同时,材料膨胀系数、热导率和比热容等热物性参数随温度变化而变化,导致异种材料激光焊接过程更加复杂。所以,基于待焊材料是否相同,有必要做一个系统性的阐述[7]。

对焊接工艺进行变化,可衍生出具有不同特点的焊接方法。根据焊接工艺的特点,主要有添加填充料的激光焊接、激光钎焊、双光束激光焊接、激光复合焊接等。

1. 添加填充料的激光焊接

在激光焊接中,为得到更好的焊接效果,可以采用填充料的方法。特别是在铝、钛及铜合金的激光焊接过程中,由于铝、铜等材料对激光的反射率高($>90\%$),光致等离子体对激光有一定的屏蔽,且焊接过程中易出现气孔、裂纹等缺陷,可能会影响激光焊接质量。此外,在薄板的激光拼焊过程中,工件的配合间隙接近或大于光斑直径时,也会影响激光焊接效果。填充料可以是焊丝形式[8],也可以是粉末形式,还可以采用预置填充料方式。由于激光聚焦光斑较小,故要求填充丝的直径较细,且在送丝过程中,焊丝要求有较高的指向性。未添加填充材料时,焊缝较宽,且焊缝表面出现凹痕;而加填充材料后,焊缝变窄且表面呈现微凸形状。这是因为添加填充材料后,在相同热输入情况下,添加填充材料吸收一部分激光能量,熔化母材的能量相应减少。

2. 激光钎焊

钎焊与熔焊有很大区别。熔焊是将两个焊件结合面材料同时熔化而连接在一起,形成焊缝,实现了冶金结合。而钎焊是在焊件结合面内添加熔点比母材低的填充材料,在低于母材熔点高于填充材料熔点的温度下将填充料熔化填满焊件的间隙,然后冷凝,从而形成牢固的焊缝。在钎焊过程中部分钎料成分通过扩散进入母材,实现一定程度上的冶金结合。

钎焊适用于那些热敏感的微电子器件、薄板以及易挥发的金属材料。钎焊可以分为软钎焊和硬钎焊两种。软钎焊是指加热钎料的温度低于450℃的钎焊。在软钎焊中,加热温度相对较低,只使钎料溶解但不熔化母材,一般强度较低。硬钎焊是指加热的温度高于450℃的钎焊,一般强度较高。

常规的钎焊热源一般为电烙铁、炉内加热、火焰加热等方式。除了以上热源,现在也采用电子束和激光束作为钎焊热源。激光钎焊比常规钎焊相比具有如下特点:①激光束聚焦成很小的光斑,光束能量可精确控制在焊件结合处很小的区域而不加热周围的材料;②激光钎焊可使基体保持较低温度,大大减小焊缝区的机械应力;③激光可快速加热,快速冷却,能保证钎料和母材具有良好的湿润性,提高焊缝性能,减小焊件的脆性破坏;④激光束属于无接触加热,能量传输方便灵活,可控性好,能对常规钎焊不能进行的焊件进行焊接;⑤激光钎焊自动化程度高,环保性好。

3. 双光束激光焊接

激光焊接可以采用单光束,也可以采用双光束。双光束既可以通过两个独立的激光器获得,也可以通过分光镜分光获得。双光束焊接可以更加灵活方便地控制辐照时间和位置,从而调整能量分布及作用区域,主要应用于铝、镁合金激光焊接、汽车用拼板、搭接板焊接、激光钎焊与熔钎焊。如图3-3所示,双光束焊接主要分为三种机制:①一束光进行深熔焊接,另一束光散焦或功率较小,作为热处理热源,焊接裂纹敏感性材料,如高碳钢、合金钢等,可提高焊缝的韧性;②两束光在同一熔池内产生两个独立的匙孔,改变熔池流动方式,防止咬边、焊道凸起等缺陷的产生,改善焊缝成形;③两束光在熔池中产生一个共同的匙孔,匙孔尺寸变大,不易闭合,焊接过程更加稳定,气体更易排出。

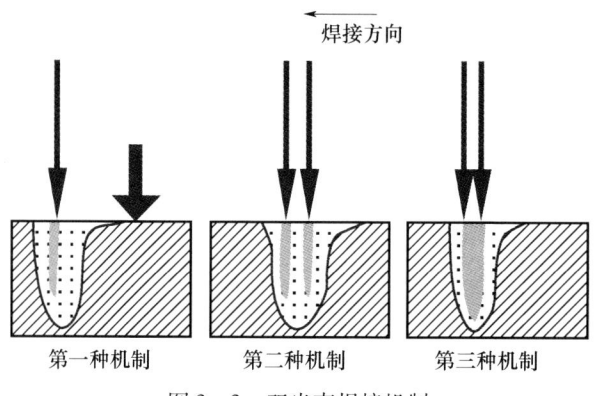

图3-3 双光束焊接机制

4. 激光复合焊接

由于热作用条件的限制,单热源激光焊接有如下缺点:能量转换效率和利用率低;对焊接母材端面接口要求高,容易产生错位;容易生成气孔、疏松和裂纹;焊接后可能在母材端面之间的接口部位存在凹陷;焊接过程不稳定。为消除或减少单热源激光焊接的缺陷,在保持激光加热优点的基础上,可以利用其他热源的加热特性来改善激光对工件的加热,从而把激光与其他热源一起进行复合热源焊接。

激光复合焊的主要形式为激光与电弧的复合焊接,激光焊接由于产生了等离子体云,使能量利用率降低;而且等离子体对激光的吸收与正负离子密度的乘积成正比。如果在激光束附近外加电弧,电子密度显著降低,等离子云得到稀释,激光的吸收率大大提高。同时,电弧对母材进行预热,母材温度升高,激光的吸收率进一步提高。另外,电弧的能量利用率高,从而使总的能量利用率提高。激光焊接由于热作用区域很小,母材端面接口容易发生错位。而电弧的热作用范围较大,可以缓和对接口的要求,减少错位;同时由于激光束对电弧的聚焦、引导作用,电弧的焊接质量和效率得到提高。激光焊接时峰值温度高,温度梯度大,冷却、凝固很快,容易产生裂纹和气孔。电弧的热作用范围、热影响区较大,使温度梯度减小,降低冷却速度,使凝固过程变得缓慢,减少或消除气孔和裂纹的生成。电弧焊接经常使用添加剂,可以填充间隙,采用激光电弧复合焊接的方法能减少或消除焊接后接口部位的凹陷。

激光与电弧复合焊接有两种：一种是激光与 TIG 复合焊接；另一种是激光与 MIG 复合焊接。另外还有激光与等离子弧、激光与感应热源复合焊接。

3.2 数值计算方法

数值模拟是分析激光焊接过程中温度分布和流动状态的有效途径。激光焊接热过程分析包括焊接热源分布形式分析、热物性参数随温度变化的影响分析、熔池温度场传热分析、熔池流动传质分析，以及各种焊接方式、工艺方法的边界条件处理等。采用数值模拟的方法研究激光焊接过程，可为优化工艺参数、进行冶金分析和动态应力变形分析奠定基础。

计算求解熔池的温度场通常采用两种方式：一种是热源函数解析法，通常采用 Rosenthal 方法求解；另一种是数值计算法，通常采用有限差分法和有限元法。由于解析方法的局限性，目前主要以数值模拟的方法研究熔池温度场问题。自从 Swift-Hook 等人开始对激光焊接温度场进行研究以来，激光焊接数值模拟经历了 30 多年的发展历史。

在对激光焊接温度场的数值模拟中，大体可以分为两个研究方向：一个是只考虑焊接过程的热传导形式，忽略熔池流动问题，利用各种热源模型求解焊接温度场的分布；另一个是考虑焊接中熔池流动及相关力学行为，基于能量方程、动量方程、质量方程求解焊接熔池流场和温度场的分布。对于激光焊接结构来说，温度场的模拟可以获得熔池温度分布和热循环规律，对焊接工艺试验提供参考依据，同时另一个重要目的是通过熔池温度场的求解来分析焊接结构的热应力应变，对焊后的残余应力以及结构的变形进行描述，从而为实验者提供帮助。从实际的应用来看，第一类模拟的结果能够很好地表明熔池周围区域的温度分布、热循环的影响以及满足后续激光焊接应力场的计算精度，而且不需要考虑匙孔效应中复杂的流动问题，计算和求解简单；第二类模拟研究能够体现熔池内部实际物理过程，对熔池温度和流动的演化规律给出更科学的解释，一直是激光深熔焊研究的焦点。因此，两类激光焊接温度场的研究均得到了广泛的应用和不断的发展。

3.2.1 热源模型

热源模型的建立是为了寻找符合相应焊接参数条件下的热流分布形式，为了简化计算并易于求解，对实际的热源进行抽象，通过对热源模型参数的优化使得模型计算结果与实际温度场相符，从而指导焊接实践。激光焊与电弧焊由于热源作用特性的不同，需要用不同的热源模型来拟合。

1. 激光热源模型

通过对激光热源特征的综合分析,根据激光深熔焊的焊缝特征可知,高温等离子体对工件表面的加热可以认为是一个面热源,其余的能量通过匙孔多次折射被吸收,这种作用模式可以用体热源模型来模拟。所以可建立高斯面热源与其他体热源叠加的组合热源模型,即将激光热源分成两部分:焊缝上部为等离子体加热的区域,可以认为顶部等离子的能量密度符合高斯面热源的分布特点;焊缝下部主要为匙孔效应下的激光作用区域,对于该部位的热源模型的建立,不同的研究者采用了不同的数学模型。目前认可度较高的有峰值热流沿深度衰减的高斯柱体热源函数和热流作用半径在深度方向呈一定衰减的旋转体热源函数(简称三维锥体热源)这两类数学模型。

1) 峰值热流沿深度衰减的高斯柱体热源模型

该热源模型并非具有均布的能量密度,而是一个逐渐衰减的非线性分布热源,这与匙孔内壁多次反射吸收而使激光束能量逐渐衰减的理论是一致的。从深熔焊的焊缝截面特征可以看出,大多数焊缝形貌呈酒杯状、图钉状、三角形状。假设柱体热源中每一层面的能量服从高斯分布特征,而在深度方向热流峰值呈现一定规律的衰减(图3-4)。峰值热流衰减的高斯柱体热源的能量分布的表达式为

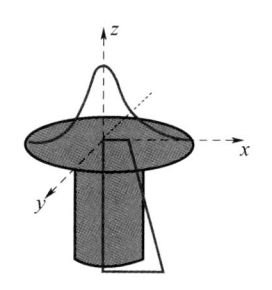

图3-4 峰值热流沿深度衰减的高斯柱体热源模型

$$Q(r,z) = Q_0(z) \cdot e^{-\frac{3r^2}{r_0^2}} \cdot u(z) \quad (3-1)$$

式中:$Q_0(z)$为热流峰值函数即体热源某一深度z上的最大热流值,表示热源功率密度峰值在深度方向衰减的函数;r_0为在深度z处体热源的有效作用半径,其热流峰值降为该深度z处最大热流峰值强度的5%,即$Q(r_0,z) = 0.05Q_0(z)$;$u(z)$为表征热源作用的函数。

热流峰值函数$Q_0(z)$可以有各种函数形式,包括线性函数、二次函数、指数函数等。其具体表达式取决于焊接过程使用的焊接方法及具体的焊接参数等,建模时可以根据实际焊缝形貌选择。热流峰值函数控制了能量沿焊件深度方向的衰减规律,这就控制了热流在任意深度处的能量分配,因此热流峰值函数就成为控制熔池形状尺寸和焊接温度场分布的最关键的因素。其中,以二次热流抛物型衰减为例介绍深度方向的峰值热流分布,热流峰值衰减模型函数如下:

$$Q(r,z) = \frac{9P}{2\pi h r_0^2} \cdot \sqrt{\frac{z+h}{h}} \quad (3-2)$$

式中:h为热源作用深度;P为激光功率。

2) 有效作用半径沿深度方向变化的旋转体热源模型

利用衰减热源模型求解温度场时,会出现熔池外的内热源,这是峰值热流衰减的高斯柱体热源本身的不足之处。距离表面越远的位置,熔池内的生热区域越小,而熔池外的生热区域越大,这种情况与实际严重不符。因此,考虑建立一种只有熔池内的质点生热的模型,即热流作用半径在深度方向呈一定衰减的旋转体热源更符合实际焊接过程的特点。旋转体热源表示峰值热流在深度方向无衰减,而其作用半径沿深度方向呈一定变化的一种热源形式(图3-5)。简单地说,就是热源作用半径在深度方向呈一定变化趋势,将体热源的作用半径r_1表示为深度z的函数,即

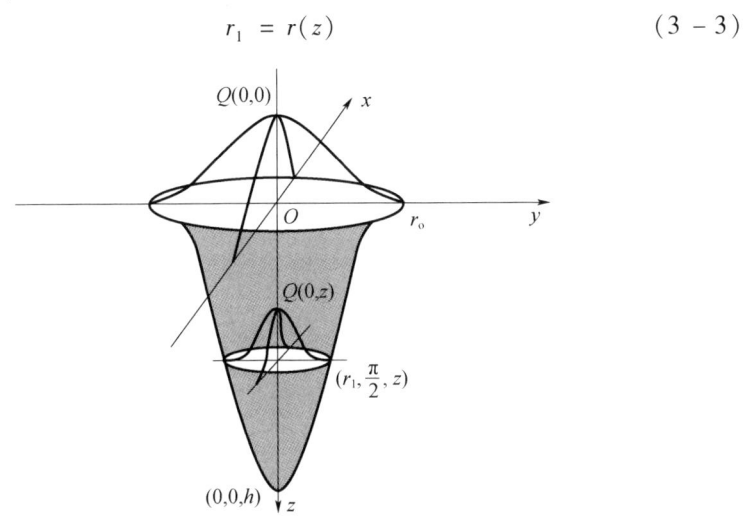

$$r_1 = r(z) \quad (3-3)$$

图3-5 有效作用半径沿深度方向变化的旋转体热源模型

旋转体热源的一般形式为

$$Q(r,z) = Q_m \cdot e^{-\frac{3r^2}{r_1^2}} \quad (3-4)$$

(1) 锥体热源。设锥体的上表面热源作用半径为r_0,且在有效作用深度h时热流作用半径减小为零,则在深度为z处,热流作用半径为r_1,r_1可以表示为

$$r_1 = \frac{h+z}{h} r_0 \quad (3-5)$$

根据功率平衡方程

$$P = \int_0^{2\pi} \int_{-h}^{0} \int_0^{\infty} Q_m \cdot e^{-\frac{3r^2}{r_1^2}} r \, dr \, dz \, d\theta \quad (3-6)$$

得到锥体热源模型的表达式为

$$Q(r,z) = \frac{9P}{\pi h \, r_0^2} \cdot e^{-\frac{h^2}{(h+z)^2} \cdot \frac{3r^2}{r_0^2}} \quad (3-7)$$

（2）高斯型旋转体热源。高斯型旋转体热源表示旋转体热源的半径在深度方向呈高斯衰减，即r_1满足以下高斯函数：

$$z = -h \cdot e^{-\frac{3r_1^2}{r_0^2}} \qquad (3-8)$$

所以高斯型旋转体的峰值热流为

$$Q(r,z) = \frac{9P}{\pi h r_0^2} e^{\left(\frac{3}{\ln(-\frac{z}{h})} \cdot \frac{3r^2}{r_0^2}\right)} \qquad (3-9)$$

（3）峰值热流递增型旋转体热源。事实上，在激光焊接和激光复合焊的温度场模拟中，使用高斯旋转体热源模型仍然难以模拟出合适的熔池形貌。特别是对于具有大钉头小钉身的激光焊缝，钉身部分体积极小，散热极快，难以模拟出钉身部分的液态熔池。峰值热流沿深度递增的旋转体热源模型不仅考虑了深度方向热流作用半径的衰减，而且将深度方向生热质点消耗功率的增长进行了有效的补偿，是一种比较符合深熔焊实际传热过程的焊接热源模型。峰值热流递增型旋转体热源的一般形式可以表示为

$$Q(r,z) = Q_m \cdot I(z) \cdot e^{-\frac{3r^2}{r_1^2}} \qquad (3-10)$$

式中：$I(z)$为峰值热流递增函数，将该递增函数与Q_m合并考虑，就可以表示热流峰值沿深度方向的递增关系。热流峰值递增函数以及旋转体的半径衰减函数形式的选择较为灵活，这两个函数的选取大体上取决于焊缝的形貌特征。一旦设定了这两个函数，就可以利用功率平衡方程求解相应的热流峰值递增型旋转体热源模型。

2. 电弧热源模型

电弧热源模型主要有高斯函数分布的热源模型、双椭球热源模型和均匀分布的高斯圆柱体热源模型。对于手工电弧焊、钨极氩弧焊等焊接方法，常采用高斯分布的函数；对电弧穿透能力较大的熔化极氩弧焊（MIG焊），常采用双椭球形热源分布函数。

1）高斯函数分布的热源模型

高斯热源模型的分布函数如图3-6所示。

$$Q(r) = \frac{3\eta UI}{\pi r_0^2} \cdot e^{-\frac{3r^2}{r_0^2}} \qquad (3-11)$$

式中：r_0为电弧有效加热半径；r为焊件上任意点至电弧加热中心的距离；η为焊接热效率；U为电弧电压；I为焊接电流。

2）双椭球热源模型

考虑到热源移动对热流分布的影响，双椭球热源模型将热源前方（前半部分）、后方（后半部分）的热流密度分布函数分别用以下两式表示：

$$Q(x,y,z,t) = \frac{6\sqrt{3}Qf_f}{ab c_1 \pi \sqrt{\pi}} \cdot e^{-3\left(\frac{x^2}{a^2}+\frac{y^2}{b^2}+\frac{(z-vt)^2}{c_1^2}\right)} \qquad (3-12)$$

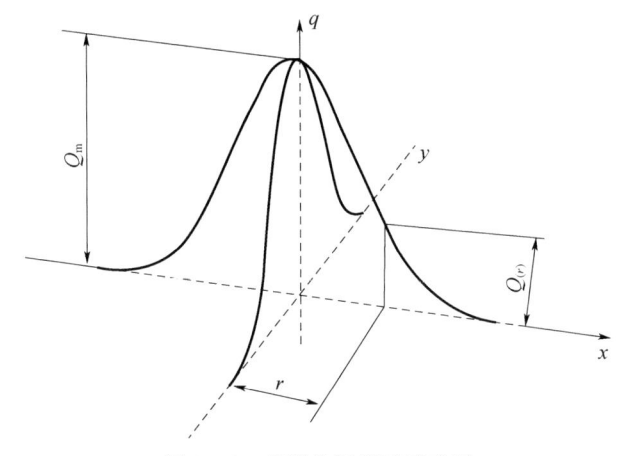

图 3-6 高斯热源模型示意图

$$Q(x,y,z,t) = \frac{6\sqrt{3}\,Q f_{\mathrm{r}}}{ab\,c_2 \pi \sqrt{\pi}} \cdot \mathrm{e}^{-3\left(\frac{x^2}{a^2}+\frac{y^2}{b^2}+\frac{(z-rt)^2}{c_2^2}\right)} \qquad (3-13)$$

式中：f_{f}、f_{r} 分别为热流密度分布系数；a、b、c_1、c_2 分别为熔池的几何尺寸（图 3-7）。

3）均匀分布的高斯圆柱体热源模型

此热源模型径向热流呈高斯分布，深度方向上是恒定的，工件内生热源为圆柱体热源。高斯圆柱体热源可以表示为

$$Q(r,z) = \frac{3P}{\pi r_0^2 h} \cdot \mathrm{e}^{-\frac{3r^2}{r_0^2}} \cdot u(z) \qquad (3-14)$$

式中：r_0 为热源有效作用半径，该处的峰值热流密度为最大峰值密度的 5%；h 为柱体热源的作用深度；$u(z)$ 为表征热源作用范围的函数，其定义为

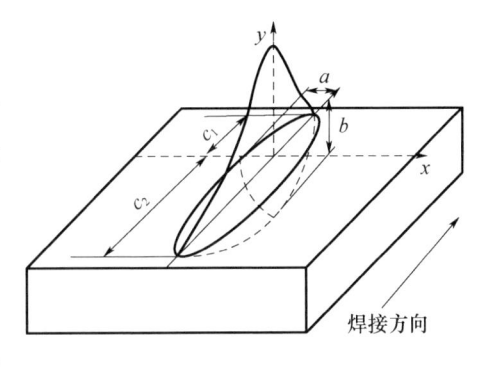

图 3-7 双椭球热源模型示意图

$$\begin{cases} u(z) = 1, 0 \leqslant z \leqslant h \\ u(z) = 0, h \leqslant z \leqslant \delta \end{cases} \qquad (3-15)$$

式中：δ 为焊件厚度。该热源模型适用于未焊透的深熔焊接热分析。

3.2.2 网格划分

几何模型的建立要考虑焊接过程是否具有对称性，如果工件几何形状对称，并且所受载荷也是对称的，可以只考虑实际几何形状尺寸的一半，以减少计算量。建模时通过定义关键点，然后连线成面并生成体模型，再通过布尔操作把体

模型连接起来,并且在对称点、线或面上施加对称边界条件。

网格划分一般有两种方法:自由划分和映射划分。自由网格对于单元形状没有限制,用这种方式划分的网格排列不规则,可应用于具有不规则几何形状的模型或者是需要网格过渡的区域;而映射网格对包含的单元形状有限制,通常映射面网格只包含四边形或三角形单元,映射体网格只包含六面体单元。用映射划分得到的网格具有规则的几何形状,可手动设置网格大小。这种网格划分后的模型对载荷的施加和收敛的控制相当有利,因而,实际应用中一般优先选用映射网格划分,然后用自由网格作为补充。

有限元分析中,网格划分的合适与否直接关系到计算效率和结果的精度。网格划分越细,计算精度越高,占用的资源越多,花费的计算时间也越长;反之,计算精度降低,花费的时间也短。但是,网格划分细到一定程度,计算精度变化较小甚至不发生变化。即划分的网格大小应适度,根据经验,一般在1mm以下。

焊接过程中,升温速度快且不均匀,在焊缝处温度梯度变化很大;在远离焊缝区,能量来不及传递,温度梯度变化又相当小。因此在划分网格时,不能采用统一的网格大小。一般在焊缝及其附近的部分用加密的单元网格;而远离焊缝的区域采用相对稀疏的单元网格。平板对接的网格划分如图3-8所示。

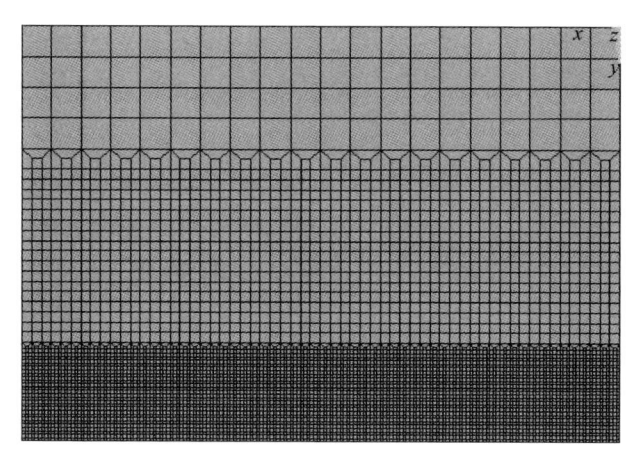

图3-8 平板对接焊的过渡网格

3.2.3 温度场求解

温度场的模拟过程中,影响传热的因素多,过程复杂;三维模型网格划分后单元数量庞大,使得计算时间过长;材料物理性能参数的非线性导致求解过程收敛困难。因此,在模拟中有必要简化甚至忽略某些不重要的因素,既节约了宝贵的计算机运算资源和时间,又可以保证模拟的计算精度。

与普通热加工相比,激光焊接的主要特点是功率密度高、升温降温速度快、热集中性和瞬时性强。常规的热分析一般采用稳态分析方法,而激光焊接过程必须考虑非稳态瞬时效应。非线性热传导问题的控制方程为

$$\rho c \frac{\partial T}{\partial t} = \frac{\partial}{\partial x}\left(\kappa \frac{\partial T}{\partial x}\right) + \frac{\partial}{\partial y}\left(\kappa \frac{\partial T}{\partial y}\right) + \frac{\partial}{\partial z}\left(\kappa \frac{\partial T}{\partial z}\right) + Q \quad (3-16)$$

式中:ρ 为密度;c 为比热容;κ 为热导率;Q 为内热源,即线热源部分。求解式(3-16)需要引入初始条件和边界条件。激光焊接一般在室温下进行,焊接热分析的初始条件一般取环境温度,即

$$T|_{\Omega} = T(x,y,z,0) \quad (3-17)$$

传热问题的边界条件主要有三类。

第一类边界条件是指在物体某一边界上温度已知,即

$$T = T_s(x,y,z,t) \quad (3-18)$$

式中:T_s 是已知壁面温度(℃)。

第二类边界条件是指在物体某一边界上热流密度已知,即

$$\kappa \frac{\partial T}{\partial n} = -Q(x,y,z,t) \quad (3-19)$$

式中:热流密度 Q 的方向沿外法线方向,热量从物体向外流出为正,而从外界流入物体为负。

第三类边界条件是指在物体某一边界上,辐射与对流换热条件已知,即

$$-\kappa \frac{\partial T}{\partial n} = h_c(T - T_f) + \lambda \omega (T^4 - T_a^4) \quad (3-20)$$

式中:λ 为物体的黑度系数或发射率;ω 为斯特潘-玻耳兹曼(Stefan-Bolzman)常数(5.67×10^{-8} W/(m²·K⁴));T_a 为外界环境温度;h_c 为对流换热系数;T_f 为流体温度。

3.2.4 应力场求解

当结构加热或冷却时,会发生膨胀或收缩。如果结构各部分之间膨胀收缩程度不同,或结构的膨胀、收缩受到限制,就会产生热应力。在焊接过程中,被焊金属在热源的作用下将发生加热和局部熔化的过程,部分金属产生压缩塑性变形;随着热源的远离,金属又会逐渐冷却,由于这种不均匀加热或冷却造成不均匀的热胀冷缩,从而造成焊接热应力。焊接内应力是在没有外力的条件下平衡于焊件内部的应力。焊接内应力按照其产生原因可分为温差应力、相变应力和残余应力等几种。

(1)温差应力(热应力)。温差应力是由于焊件受热不均匀引起的,如果温差应力不高(低于材料的屈服极限),在焊件中不产生塑性变形,那么当焊件温度均匀化以后,热应力随之消失。

(2)相变应力。金属在相变时其比热容也有所变化,也就是说其尺寸有所

变化。如果温度升高,使局部金属发生相变,伴随这种相变所出现的体积变化将产生新的内应力,即相变应力。温差应力和相变应力都属于瞬时应力。

（3）残余应力。如果温差应力、相变应力达到了材料的屈服极限,使局部区域产生了压缩塑性变形,当温度恢复到原来的均匀状态后,就产生了新的内应力。这种内应力是温度均匀后残余在物体中的,故称为残余应力。焊接过程中产生的残余应力可使焊缝部分或者完全断开,也可能造成结构的脆性断裂。拉伸残余应力降低疲劳强度和腐蚀抗力,压缩残余应力减小稳定性极限,而焊接残余应力的有利影响（压缩应力对防止疲劳裂纹和腐蚀有利,拉伸应力则有利于稳定性）是次要的。

焊接是一个涉及传热学、电磁学、材料冶金学、固体和流体学等多学科交叉的复杂过程。焊接现象包括焊接时的电磁、传热过程、金属的熔化和凝固、冷却时的相变、焊接应力与变形等。焊接过程中温度场、应力变形场以及显微组织结构之间的相互关系如图3－9所示,从中可以看出,影响焊接应力应变的因素有焊接温度场和金属显微组织。而焊接应力应变场对温度场和显微组织的影响很小,所以一般仅考虑单向耦合问题,即焊接温度场和金属显微组织

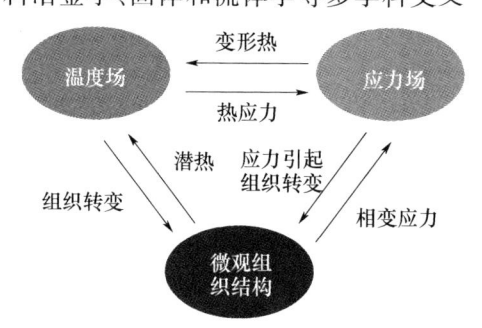

图3－9 温度、相变、热应力三者之间的耦合效应

对焊接应力应变场的影响,而不考虑应力场对它们的影响。因此在焊接热过程的数值分析中,仅研究焊接温度场对应力应变场的影响。此外,金属相变对焊接温度场有影响,但影响不是太大,一般在分析中考虑相变潜热对温度场的影响。

焊接应力和变形计算是以焊接温度场的分析为基础的,同时考虑焊接区组织转变对应力应变场带来的影响。目前,研究焊接应力和变形的理论很多,如塑性分析、固有应变法、黏弹塑性分析、考虑相变与热应力耦合效应等。其中弹塑性分析是在焊接热循环过程中通过一步步跟踪热应变行为来计算热应力应变的,通过有限元计算方法实现。采用这种方法可以模拟焊接应力和变形的产生及变化的过程。随着大型有限元软件的开发,这种方法被越来越多地采用。

焊接应力应变场存在着材料非线性、几何非线性等非线性问题。考虑到焊热应力过程的复杂性,将焊接热应力场看作材料非线性瞬态问题。选用弹塑性力学模型,用增量理论进行计算。根据应变叠加原理,激光焊接过程中热弹塑性本构关系为

$$\mathrm{d}\boldsymbol{\varepsilon}_{ij} = \mathrm{d}\boldsymbol{\varepsilon}_{ij}^{E} + \mathrm{d}\boldsymbol{\varepsilon}_{ij}^{P} + \mathrm{d}\boldsymbol{\varepsilon}_{ij}^{T} \quad (3-21)$$

式中:$\boldsymbol{\varepsilon}_{ij}^{E}$为弹性应变张量;$\boldsymbol{\varepsilon}_{ij}^{P}$为塑性应变张量;$\boldsymbol{\varepsilon}_{ij}^{T}$为热应变张量。弹性应变增量

可根据胡克定律确定：

$$d\varepsilon_{ij}^{E} = \frac{1}{E_T}[(1+\nu)d\sigma_{ij} - \nu d\sigma_{ij}\delta_{ij}] \qquad (3-22)$$

式中：E_T 是某温度下的弹性模量；σ_{ij} 是应力张量；ν 是泊松比；δ_{ij} 是单位矩阵。因温度引起热应变张量可表示为

$$d\varepsilon_{ij}^{E} = \alpha_T \cdot dT \cdot \delta_{ij} \qquad (3-23)$$

式中：α_T 是某温度下材料的热膨胀系数。

塑性应变增量可根据 Prandtl-Reuss 相关塑性流动理论，表达为

$$\begin{cases} d\varepsilon_{ij}^{P} = 0, 当 \phi < 0 \text{ 或 } \dfrac{\partial \phi}{\partial \sigma_{ij}} d\sigma_{ij} \leq 0 \\ d\varepsilon_{ij}^{P} = \dfrac{3}{2H'} \dfrac{d\bar{\sigma}}{\bar{\sigma}} \dfrac{\partial \phi}{\partial \sigma_{ij}}, 当 \phi = 0 \text{ 且 } \dfrac{\partial \phi}{\partial \sigma_{ij}} d\sigma_{ij} > 0 \end{cases} \qquad (3-24)$$

式中：ϕ 为屈服面；$\bar{\sigma}$ 为等效应力；H' 为切向模量。

在热弹塑性分析的基础上做如下假定：

(1) 材料的屈服服从米塞斯(Von Mises)屈服准则。

(2) 塑性区内的行为服从塑性流动准则和强化准则。

(3) 弹性应变、塑性应变与温度应变是不可分的。

(4) 与温度有关的力学性能、应力应变在微小的时间增量内线性变化。

在给定边界条件下，可根据热变形体的平衡方程 $d\sigma_{ij,j} = 0$、几何方程 $d\varepsilon_{ij} = \dfrac{1}{2}(du_{i,j} + du_{j,i})$ 和上述物理方程，进行联立求解，得到激光焊接过程的瞬时应力场。

激光焊接应力场与变形场计算流程如图 3-10 所示。首先在确定换热边界条件和初始条件后求解非线性热传导方程，得到激光焊接过程的瞬态温度场；将

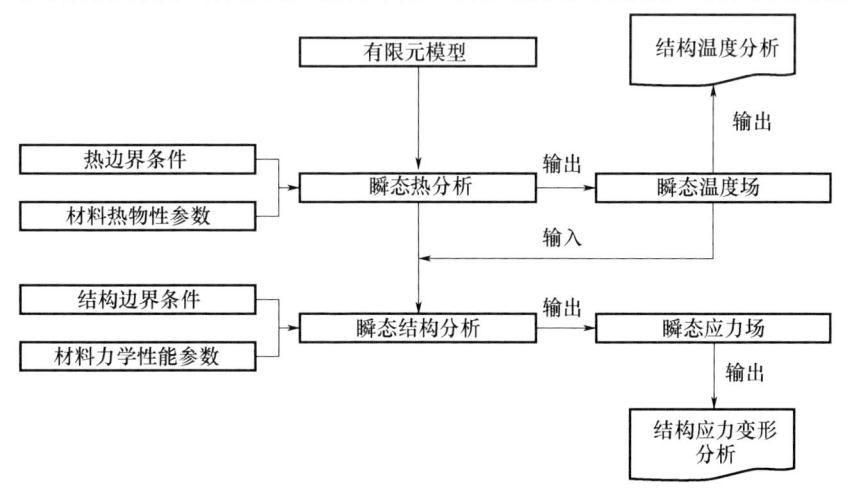

图 3-10 应力与热变形数值仿真基本流程图

瞬态温度场结果作为载荷条件输入到模型中,利用材料力学的边界条件和物性参数求解热弹塑性运动方程,进行激光焊接过程的热应力及变形分析。

通过计算模拟,研究瞬态应力与变形规律,并从焊接热循环的角度解释应力变形的特点,从而可以对焊接热应力和变形的产生和发展过程,以及热循环对应力变形的影响规律有深入的了解,并为焊接试验中工艺参数优化和焊件力学性能的研究提供依据。

3.3 同种金属激光焊接

激光焊接的熔池形成与演化过程具有多场(激光场、熔池流场、固体应力-应变场、温度场等)、多尺度(时间尺度($10^{-3}\sim10^{0}$s):熔池形成-凝固过程;空间尺度($10^{-6}\sim10^{-3}$m):微结构-熔池形貌)和多参数(激光功率、光强分布、移动速度等)的特点。熔池的形成与凝固是激光深熔焊接中的关键科学问题。它涉及材料对激光束的吸收、能量与动量的输运与转换、固/液/气的快速相变及相界面移动、熔池中热-力场及梯度分布与演化规律[9]、混合界面各相浓度分布等。其中,较大梯度的温度、压力与浓度变化以及表面张力变化对熔池形成的状态产生影响[10]。

钢与铝合金是生活与生产中广泛应用的两种材料。工业经济的飞速发展,对焊接结构件的需求日益增多,使得其焊接性研究也随之深入。本节以不锈钢、铝合金的同种焊接为例介绍激光焊接及激光-MIG复合焊接技术。

3.3.1 不锈钢的激光焊接

钢以其低廉的价格、可靠的性能成为世界上使用最多的材料之一,是建筑业、制造业和人们日常生活中不可或缺的成分。随着我国工业的快速发展,对焊接工艺的需求越来越多样化,非熔透型激光搭接焊工艺得到越来越广泛的应用[11],以保证产品的表面质量。

1. 参数对焊缝影响

激光焊接采用的材料为1mm厚与2mm厚的301不锈钢板(牌号1Cr17Mn2Ni6N),侧吹保护气为高纯氩气。为尽量减小板间空隙,由特定夹具夹紧,上下板间隙小于0.2mm。焊接运动轨迹由高精度五轴框架式机器人控制,并对焊接工艺进行优化,有效避免了焊接接头开始和收尾处的缺陷问题。图3-11是激光功率500W时,不同扫描速度条件下的焊缝横截面尺寸。可以看出,随焊接速度的提高,熔池变窄、变浅,这主要因为激光加热的线能量逐渐减小。

2. 显微组织

激光焊接后焊缝材料的微观组织取决于其凝固行为和固态相变。通常奥氏体不锈钢有四种凝固模式,如表 3-1 所列。根据 Cr、Ni 当量,平衡态时 301 不锈钢的凝固模式属于 FA 模式。而激光焊接所具有的高冷却速率、高温度梯度以及快速凝固将使不锈钢的凝固行为发生变化[12]。从图 3-12 可以看出,各种凝固模式和温度的变化密切相关,对于激光焊接这种快速冷却形式,温度变化剧烈,铁素体和奥氏体转变很容易不够完全和充分,进而造成凝固模式的转变和显微组织的变化[13]。

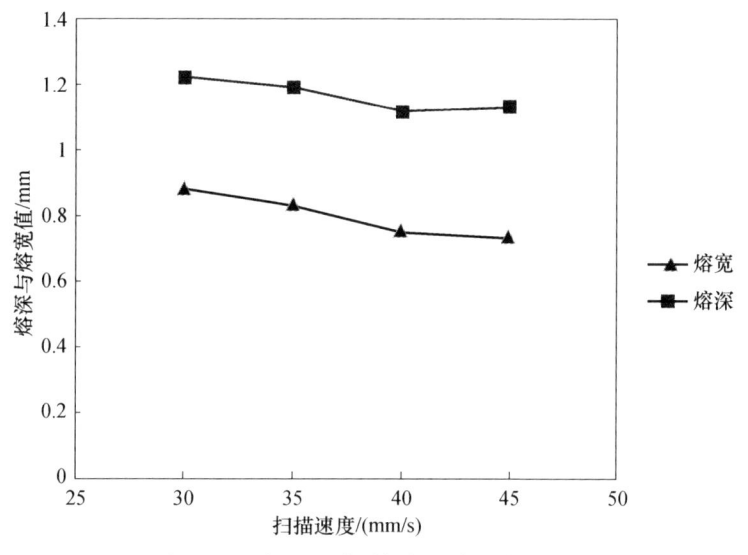

图 3-11 焊缝尺寸随扫描速度的变化规律

表 3-1 奥氏体不锈钢凝固模式及对应组织

凝固模式	组织转变	凝固组织	条件
A	L→L+γ→γ	全奥氏体	$Cr_{eq}/Ni_{eq} < 1.25$
AF	L→L+γ→L+γ+δ→γ+δ	铁素体存在于胞晶晶界和枝晶界	$1.25 < Cr_{eq}/Ni_{eq} < 1.48$
FA	L→L+δ→L+γ+δ→γ+δ	形成骨架状或板条状铁素体	$1.48 < Cr_{eq}/Ni_{eq} < 1.95$
F	L→L+δ→δ→γ+δ	针状铁素体或铁素体母相上有晶粒边界奥氏体和莱氏体形式的侧板条	$1.95 < Cr_{eq}/Ni_{eq}$

图 3-13 为焊缝接头横向不同区域的显微组织形貌,从焊缝中心到母材过渡区(线 L 方向)的组织依次表现为(a)等轴状奥氏体(γ)+骨架状铁素体(δ)→(b)枝晶状奥氏体(γ)+枝晶状铁素体(δ)→(c)柱状奥氏体(γ)+蠕虫状铁素体(δ)。焊缝组成从熔合区过渡到母材区,只有比较窄的过渡区。由于热影响区紧靠母材,容易引起母材发生晶粒长大、有害相析出甚至发生相变,从而降低

该区域母材的力学性能,进而降低整个焊接结构的力学性能,因此减小热影响区无疑将提高焊接结构的综合性能。

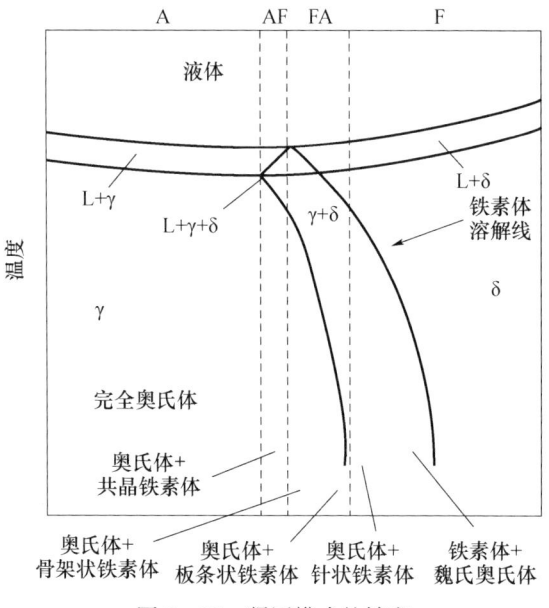

图 3-12 凝固模式的转变

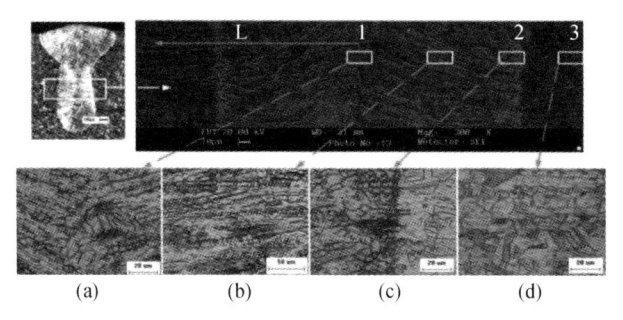

图 3-13 焊接接头横向不同区域的显微组织形貌

图 3-14 是接头横向三点(图 3-13)的热循环曲线。可以看出,距离焊缝中心越近,加热速度越大,峰值温度越高,冷却速度也越大,因此距离焊缝中心不同位置的凝固行为会有差别,进而造成显微组织的不同。在凝固过程中,δ 铁素体的含量跟热循环有密切关系,冷却速率越大,δ 铁素体的含量越高[14]。从图 3-14 中可以看出,从焊缝中心向母材区,冷却速率越来越小,δ 铁素体含量逐渐减小,在组织上表现为骨架状铁素体(δ)→枝晶状铁素体(δ)→蠕虫状铁素体(δ)的转变。由于激光焊接属于快速的非平衡冷却过程,在熔合区的峰值温度远大于奥氏体与铁素体的相变温度(γ-δ 转变),γ-δ 转变不完全,很容易在焊缝区残余

部分δ铁素体[15],这也说明了图3-13焊缝区各处奥氏体与δ铁素体共存的原因。

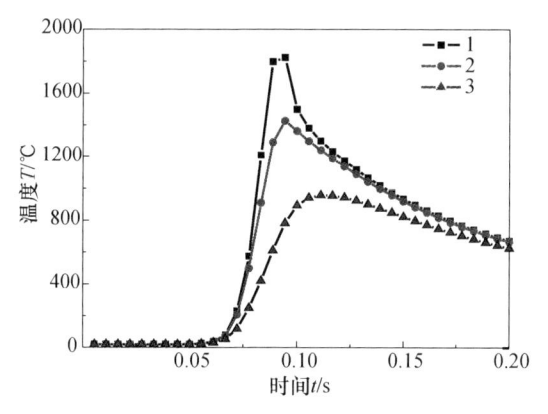

图3-14 焊缝横向上不同位置热循环

3. 焊缝合金元素含量

激光焊接时,材料在极短的时间内升温熔化甚至汽化,高的温度分布和温度梯度导致合金元素的烧蚀和易挥发元素的蒸发,造成焊缝化学成分的变化,并引起焊缝组织的转变,从而影响焊件的力学性能。图3-15是焊缝各区中合金元素含量的变化(1、2、3对应位置如图3-13所示)。从母材到焊缝中心,合金元素含量逐渐减少,这主要由于各区的峰值温度引起。在焊缝中心区熔池峰值温度最高,向两边温度逐渐降低,进而造成合金元素蒸发量随之减小。此外,各区域中Ni的含量也呈减小趋势,由于Ni是影响结晶相结构的关键元素[16],其含量的变化造成奥氏体从铁素体(δ)析出数量的变化,在组织结构上表现为图3-13所示形态。

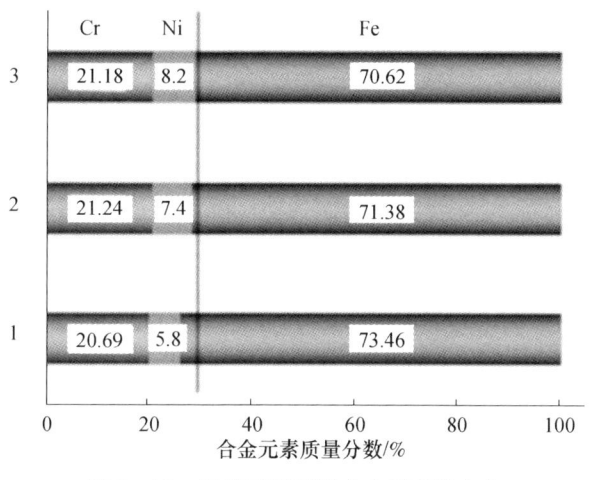

图3-15 焊缝不同区域合金元素的变化

4. 显微硬度

图 3-16 为焊缝横向方向显微硬度的变化，表现为从焊缝中心到过渡区（TZ）有所提高，在过渡区迅速增大，直至接近母材的显微硬度，在 500HV 左右。显微硬度取决定于晶粒的大小和组织特点，从焊缝中心到母材区，熔池峰值温度逐渐降低，铁素体的组织形式的转变过程为：骨架状铁素体→枝晶状铁素体→蠕虫状铁素体，凝固晶粒尺寸变小，显微硬度增大。同时，由于焊缝中心骨架状的铁素体含量增加对奥氏体晶粒的约束作用减小，因此硬度降低；枝晶状铁素体的细长分布，阻碍了奥氏体晶粒的长度，其显微硬度有所增加。在过渡区由于冷却速率逐渐降低，$\gamma-\delta$ 转变变得充分，δ 铁素体的含量减小，显微硬度增加。

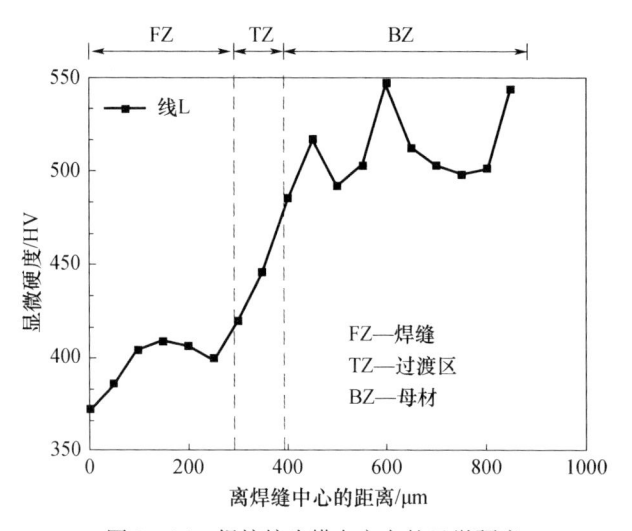

图 3-16 焊接接头横向方向的显微硬度

图 3-17 为焊缝深度方向的热循环和显微硬度变化特点，其显微组织形貌如图 3-13 所示。从图 3-13 可以看出，在整个焊缝深度方向上其显微组织都为树枝状奥氏体和铁素体晶粒，此处的显微硬度为 400HV 左右。而观察深度方向的加热速率、冷却速率以及峰值温度，如图 3-17（a）所示，三处位置基本一致。这进一步说明，热循环相同的情况下，焊缝性能具有相似性。

5. 温度场计算

激光焊接过程使材料熔化甚至汽化而形成熔池，随后快速冷却凝固形成一定组织形态和强度的焊缝结构。激光焊接热过程对于焊接冶金、熔池凝固结晶、热影响区的组织和性能、焊接应力与变形以及焊接缺陷的产生都有着重要的影响。对焊接热过程的计算分析有助于优化激光焊接参数，改善焊缝微观组织和力学性能。

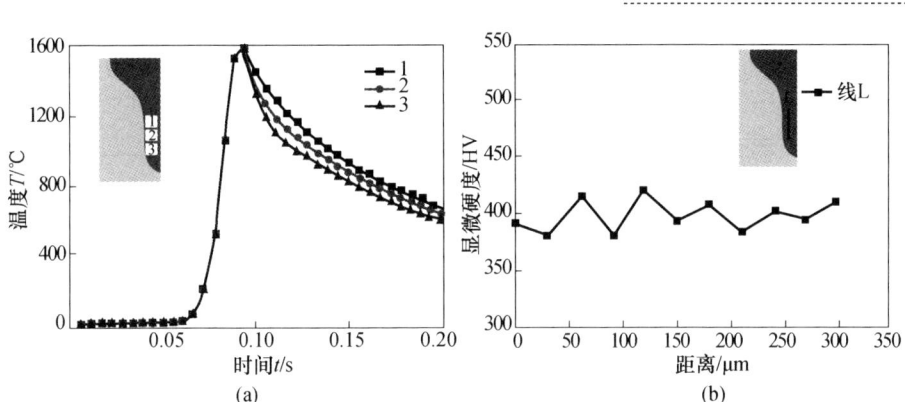

图 3-17　焊缝纵向上热循环及显微硬度变化

(a)焊缝纵向上热循环变化；(b)显微硬度变化。

1）基本假设

激光深熔焊接的特点是存在匙孔效应,匙孔的存在使激光能量的吸收与传导焊有很大不同。本节建立的三维模型具有以下特点：

（1）以试验观测结果为依据,分析得到可以反映匙孔效应能量分布特点的热源模型。材料吸收的激光能量在匙孔不同区域是不同的,在匙孔底部吸收的能量相比其他位置要多,因此模型中要考虑能量吸收递增的特点。

（2）考虑材料对激光的吸收率随温度的变化特点。

（3）模型中考虑激光搭接焊板间接触热阻的影响。由于上下板之间存在间隙,在接触面两侧存在温度差,在本模型中将分析此处的影响。

（4）在激光深熔焊接中存在材料的熔化汽化,这将伴随着相变问题,相变时会吸收或放出潜热,即相变潜热。一般是通过定义材料的焓值随温度的变化来考虑潜热。

2）热源模型

材料吸收的激光能量主要由两部分组成：一部分是匙孔上部的金属蒸气和等离子体吸收;另一部分是光束在匙孔内壁面上吸收。激光热源模式应该由体现这两部分热作用的复合热源组成,并具有基本假设中的特点,为此采用复合热源模型,根据试验结果和观测过程,采用高斯面热源加柱体热源的复合热源模型。

3）有限元模型的建立

考虑结构的对称性,模型取一半,有限元网格如图 3-18 所示。接触热阻的特征长度取板间隙长度,接触区热导率取材料室温时热导率的 1/2（假定上下板一半接触）。

4）计算结果与试验对比

图 3-19 为焊接速度 30mm/s、激光功率密度 $1.26 \times 10^6 \text{W/cm}^2$ 时计算的熔

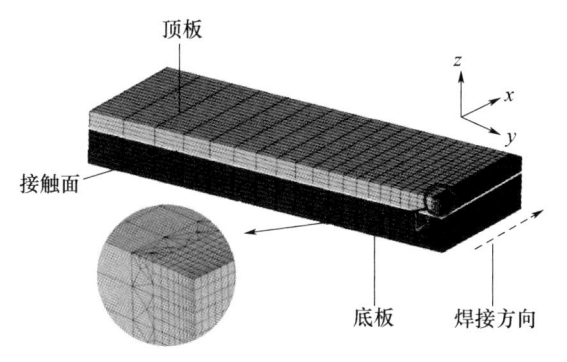

图3-18 有限元网格

池形状和焊缝的对比图。由图3-19可见,两者吻合较好;特别是焊缝的"钉身"处几何形状基本一致,避免了以前模型计算得到的焊缝底部尖细的弊端;但计算焊缝的钉头不如焊缝中的内凹明显,原因一方面可能是计算时热源模型中面热源能量分配较小,另一方面是激光深熔焊时由于匙孔的存在,熔池的流动具有波动性,其对焊缝表面具有一定的影响,在进入熔池内部时影响逐渐减小。另外,在模型中考虑了两板间接触面的间隙问题,如图3-19接触区的放大图所示,接触面处存在温度降。由于焊接采用的不锈钢板表面质量较好,在夹具的作用下两板间隙较小,温度差较小,这在试验结果中也可以看出,间隙处平滑过渡。因此,在一般的数值模拟中为简单起见可以忽略板间隙问题。

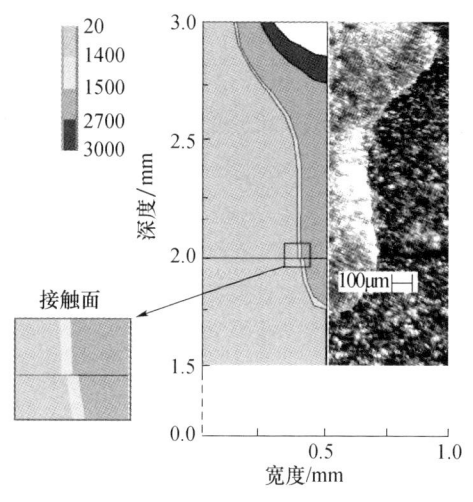

图3-19 焊缝横截面形状计算结果和试验结果对比

表3-2是不同工艺参数下焊缝横截面形状的计算结果和试验结果对比,W_t和δ表示焊缝的熔宽和熔深,ER和SR分别表示试验结果和计算结果。从表3-2中可见,随着焊接速度的提高,熔宽和熔深都在变小。在焊缝宽度方向

上,计算结果较试验结果偏小,主要是由于模型中忽略了熔池流动对温度场的影响。从表3-2中可以看出,在其他工艺参数下,计算结果亦和试验结果吻合较好。进一步说明此传热模型可以用来计算研究激光深熔搭接焊过程的传热分析,对研究激光深熔焊接温度场问题和激光工艺参数的优化选择具有参考价值。

表3-2 焊缝横截面形状计算结果与试验结果对比

编号	激光功率/W	焊接速度/(mm/s)	离焦量/mm	线能量(P/v)/(J/mm)	W_t/mm ER	W_t/mm SR	δ/mm ER	δ/mm SR
①	500	30	0	16.7	0.88	0.77	1.22	1.19
②	500	35	0	14.3	0.83	0.72	1.19	1.12
③	500	40	0	12.5	0.75	0.67	1.12	1.07
④	500	45	0	11.1	0.73	0.62	1.13	1.06

3.3.2 铝合金的激光-MIG复合焊接

近年来,铝及铝合金材料凭借其一系列的优良特性,已经成为广泛应用的材料之一,被应用于国民经济中各个领域[17]。但由于铝合金热导率高、线膨胀系数大等特点,增加了铝合金激光焊接的困难[18,19]:①铝的热导率高,同样厚度铝合金需要更多的热输入;②线膨胀系数大,焊接时易产生较大热应力和变形,在脆性温度区间内易产生热裂纹;③活性强,在空气中容易形成Al_2O_3氧化膜,在焊缝中形成夹渣缺陷;④液态铝可溶解大量氢气,焊接时易形成气孔;⑤合金元素易蒸发和烧损;⑥接头软化严重。

而采用激光-MIG复合焊接可以解决上述困难。激光-MIG复合焊接具有以下优势(图3-20):①熔深大,高功率密度的激光和电弧复合能够获得更大的熔深;②焊接速度快,两种热源复合可以提供更高的线能量,从而提高焊接速度;③桥接能力强,与单激光焊相比,复合焊接可以焊接更大间隙的接头;④工艺稳定性好,复合焊中激光的作用斑点及光致等离子体可以稳定电弧;⑤变形小,相同熔深时复合焊接比电弧焊热输入小,从而可以减小变形;⑥可填充焊材,可以通过焊材的选择,改变接头的成分,从而改善接头的组织性能。

1. 工艺参数对焊缝质量的影响

激光-MIG复合焊接的可调参数较多,包括激光参数、电弧参数、复合参数等,其中对焊接过程影响较大的有焊接电流、焊接速度、保护气流量、焊接电压、复合方式、离焦量、激光功率、光丝间距。

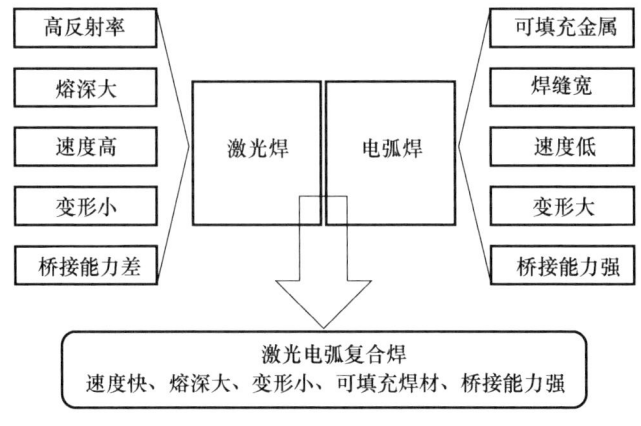

图 3-20　激光焊、MIG 焊和复合焊的特点与联系

1) 焊接电流的影响

图 3-21 所示为双脉冲时不同电流下结构件试板的焊缝表面形貌。焊接电流是复合焊的重要参数,它直接影响焊缝的熔深、熔宽以及焊丝的熔化速度。焊接电流过大时,焊缝过宽,余高大,焊缝成形不好,甚至会烧穿,造成底部塌陷。同时,电流大小会影响电弧的弧柱热电离度,进而影响电弧等离子体与激光等离子体的耦合作用。因此需要选择合适的结构件焊接参数。

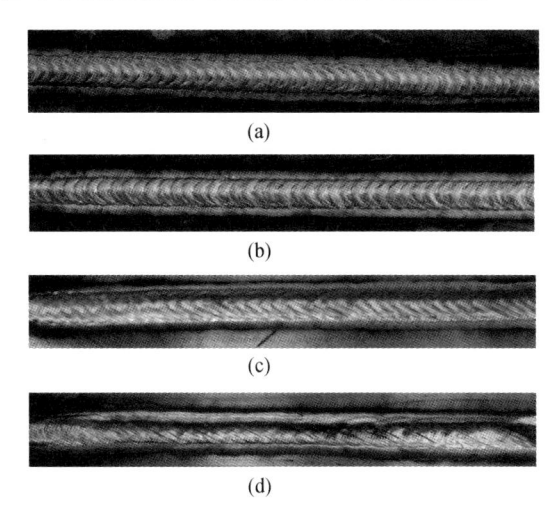

图 3-21　不同焊接电流下的焊缝表面形貌
（a）$I=130A$;（b）$I=136A$;（c）$I=147A$;（d）$I=155A$。

2) 焊接速度的影响

焊接速度直接影响焊缝成形,不同焊接速度下的焊缝表面形貌如图 3-22 所示。随着焊接速度的增加,焊缝的熔深、熔宽和余高均减小。焊接速度过低时,熔池中的液态金属溢出流到电弧前方,造成电弧在液态金属表面燃烧,使焊缝熔合不良,形成未焊透的缺陷。焊接速度过快时,填充金属来不及填满边缘被熔化处,产生焊缝两侧边缘咬边的缺陷。同时,焊接速度过快,激光线能量密度会降低,影响匙孔的形成,从而影响熔深。

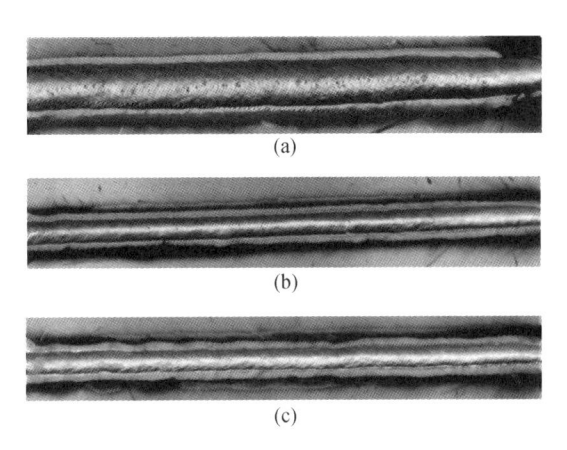

图 3-22　不同焊接速度下的焊缝表面形貌
(a)$v=6\text{mm/s}$;(b)$v=14\text{mm/s}$;(c)$v=22\text{mm/s}$。

3)保护气流量的影响

复合焊中保护气体一般为 Ar、He 或 Ar/He 混合气体。Ar 的电离能低,易于形成等离子体,与激光束光子形成耦合作用,不利于保护,所以纯 He 气比纯 Ar 气保护效果好,但从经济角度来看,Ar 气更经济一些。焊枪保护气体流量的大小关系到保护气罩的挺度,从而决定气罩的保护范围。气流量小时,保护气体挺度不足,保护效果差,熔池易被氧化并产生气孔。气流量过大时,会将外界空气卷入焊接区,产生气孔,同样会降低保护效果。

4)焊接电压的影响

电弧电压反映了电弧长短,影响着焊缝的形状参数。电压越高,电弧越长,笼罩范围越大,所以焊缝较宽,熔深和余高小,并且焊接飞溅颗粒大。

5)复合方式的影响

复合方式主要影响复合焊接的工艺稳定性和焊接气孔、裂纹的形成,同时对熔池保护效果也产生很大影响。激光前置时,电弧吹力作用下推到前面的熔池会受到激光的作用。此时 MIG 为左焊法,电弧指向待焊接母材,焊缝较宽,已焊接部位没有熔渣附着,表面较光洁。激光后置时,激光直接作用在电弧力后排熔池金属后下凹的液态高温金属上,利于形成匙孔。此时 MIG 为右焊法,电弧指向已焊接部位,这种情况下会有较多熔渣被吹动附着在焊缝表面,同时焊缝较窄,余高较高(图 3-23)。

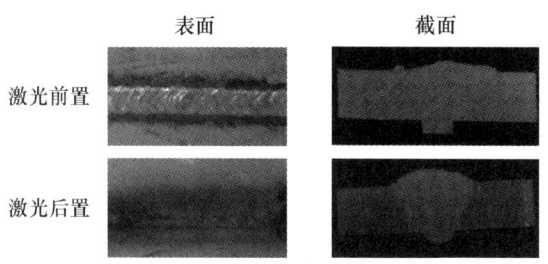

图 3-23 不同复合方式下的截面和熔深

6) 离焦量的影响

离焦量能改变激光在工件表面的光斑直径,对激光在工件表面的能量分布有直接影响,可以改变激光匙孔的深度。通常离焦量在 1~2mm 左右能获得较大的熔深,因为此时光斑在瑞利长度范围内,能量密度很高,更利于形成匙孔,增大熔深。

7) 激光功率的影响

激光的加入会提高焊接热输入,形成更宽更深的焊接熔池,能够有效降低驼峰焊缝产生的可能(图 3-24),同时激光的加入还有"稳弧作用",激光等离子体与电弧等离子体相互作用,一方面能够使电弧更加稳定,另一方面会缓解激光等离子体对激光的遮挡作用。

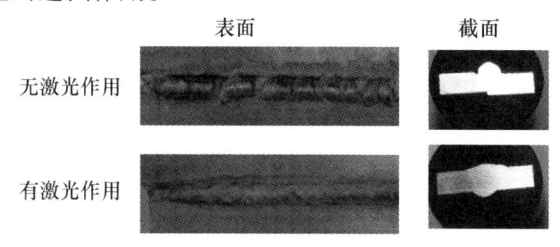

图 3-24 激光作用对焊缝的影响

8) 光丝间距的影响

在一定范围内,激光与电弧中心距越小,则熔深越大,此时增加电弧电流不仅增加熔宽,而且增加熔深。但是过小的光丝间距会使电弧等离子体对激光的遮蔽效应加强,导致熔深降低。在复合焊接过程中,随着光丝间距的增加,激光和电弧等离子体逐步分离,意味着两者之间的协同作用逐步减弱;另一方面,保护气体由喷嘴至熔池的距离增加,对熔池的保护作用和激光等离子体膨胀的抑制能力也开始减弱,会降低工件的激光吸收率和激光匙孔的穿透深度。

尺寸 200mm×100mm×4mm 的 6N01 铝合金,经工艺优化后的对接焊效果如图 3-25 所示。

2. 工艺监测与控制

激光-MIG 复合焊接过程中,焊丝过渡、匙孔瞬态演化、熔池瞬态流动的交互行为以及焊丝成分在激光深熔焊接运动熔池内部的动态稀释,均影响着焊接质量与接头性能。因此,需要对焊接过程中的温度场、熔池流动进行监测,从而提取关键参量,为焊接过程工艺质量控制提供实时数据流。

1) 温度历程的监测

因为红外测温过程中会有噪声和干扰,导致测温数据不符合实际情况,因此设计了测温数据滤波算法。通过滤波,得到相对真实的测量数据。滤波算法分为两部分:①自适应阈值滤波,此算法逐段计算数据的变化量,以三个数据为一段,如果每段中有一个数据与其他两个数据的均值之差大于阈值,则认为该值为干扰噪声数据;②均值滤波,将经过自适应阈值滤波的数据每10个测温数据点取均值,形成一个新的数据点,该数据点的时间取原来第五个数据点的时间。均值滤波的作用是使测温曲线平滑,消除随机噪声的影响。

红外测点示意图及测温结果分别如图3-26、图3-27及图3-28所示。可以看出,热影响区温度最高接近600℃,没有达到熔点温度,但是达到相变温度,因此根据热历程的不同会得到不同的组织。由图3-28可以看出熔池的温度历程,熔池经过时,此点温度迅速上升,经过激光和电弧的共同作用,熔池的温度有所波动,激光和电弧移过此点时,由于铝合金的热导率高,熔池迅速冷却到400℃以下。

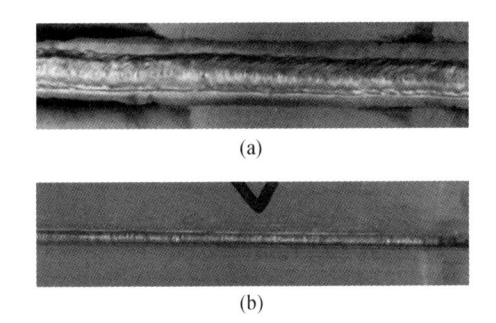

图3-25 板厚4mm铝合金对接焊焊缝形貌
(a)焊缝正面;(b)焊缝背面。

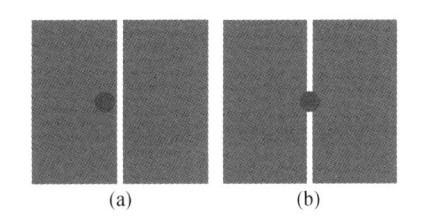

图3-26 红外测点示意图
(a)热影响区测点;(b)熔池温度测点。

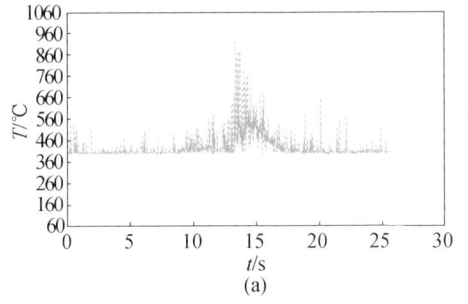

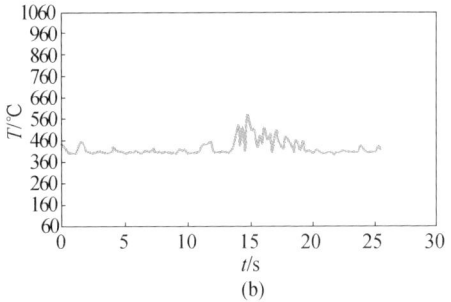

图3-27 热影响区一点(图3-26(a))的温度历程
(a)滤波前;(b)滤波后。

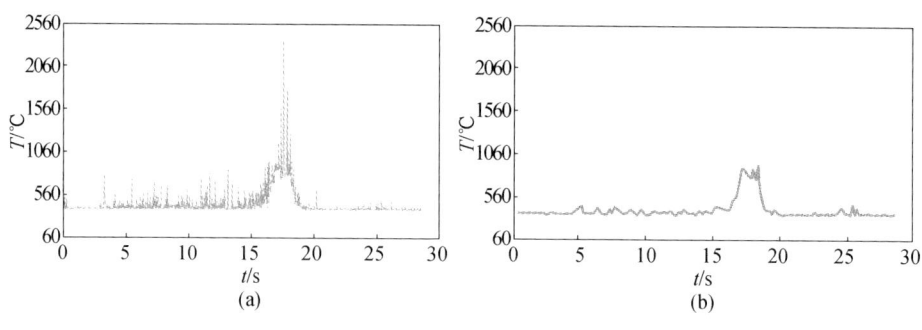

图 3-28 焊缝内一点(图 3-26(b))的温度历程
(a)滤波前;(b)滤波后。

2) 起弧与收弧的控制

铝合金焊接过程中存在起弧难熔合、收弧易形成弧坑的问题。在焊接开始初期,电流较高,迅速加热铝工件获得合适的熔深及焊缝外观成形。随工件温度的升高,不需要初期电流的预热作用,焊接参数由初期高电流逐渐衰减到正常焊接的焊接电流。因铝及其合金具有热强性低、焊接时易出现热塌现象的特点,因此焊接的最后阶段需要再次减小焊接电流,此时由较小的收弧电流完成最后的焊接及填弧坑功能(图 3-29)。

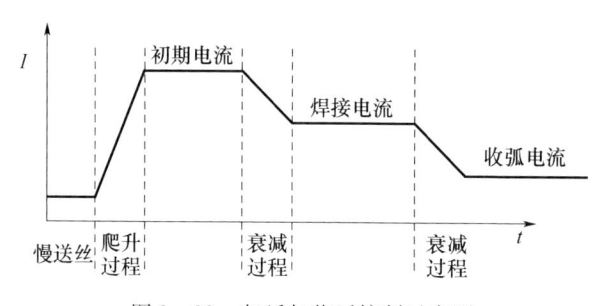

图 3-29 起弧与收弧控制示意图

3. 焊缝组织特点

7N01 铝合金激光-MIG 复合焊接的金相组织如图 3-30 所示。焊缝区为等轴状铸态组织。热影响区仍保留部分母材特征。其晶粒在热作用下长大,晶粒比母材晶粒稍粗大。熔合区为焊缝和热影响区之间的狭窄区域,其靠近母材的晶粒发生了部分熔化,靠近焊缝部分的晶粒全部熔化。在随后的结晶过程中,由于焊缝边缘散热充分,冷却速度快,熔化的金属在壁上直接形核长大。因为垂直于熔池边界的方向温度梯度最大、散热最快,晶粒沿此方向生长。

4. 焊缝力学性能

激光-MIG 复合焊接后,焊接接头相应的力学性能发生较大变化,为此需要对接头力学性能进行测试,以研究其变化规律。

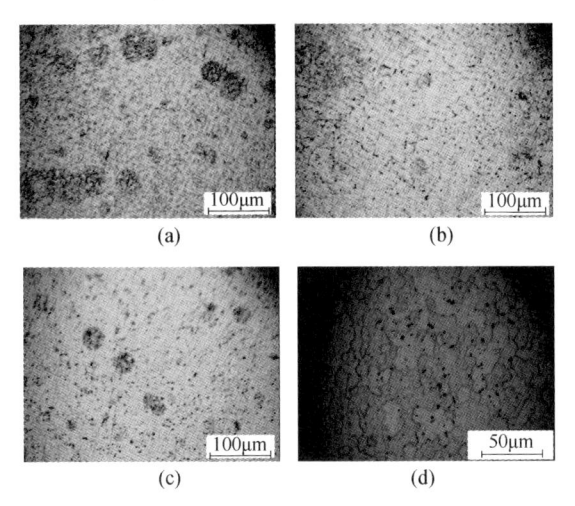

图 3-30 铝合金激光-MIG 复合焊接的焊缝组织
(a)焊缝区;(b)熔合区;(c)热影响区;(d)母材。

1) 焊缝硬度

从图 3-31 可以看出,焊接接头的焊缝金属显微硬度低于母材金属显微硬度,焊缝中心的显微硬度低于母材约 50HV。对于 7N01 铝合金来说,母材是经过固溶处理和人工时效的,所以其强度和硬度都较高。在焊缝区,焊材金属经历了熔化到凝固的结晶过程,是没有经过热处理的近铸态组织。在熔合区,7N01 母材由于材料的熔化,热处理效果消失,导致此区域硬度值较低,甚至低于焊缝区硬度值。在热影响区,由于材料的再结晶和长大,热处理效果部分消失,靠近

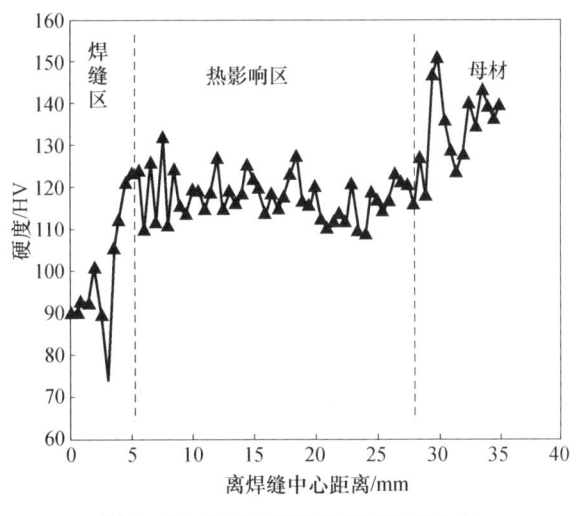

图 3-31 7N01 焊缝显微硬度值分布

熔合区的部分,经历快速高温和冷却,形成淬火区,硬度损失较少,所以此处硬度值较高。离熔合区较远的部分,由于经历较低温度长时间冷却,硬度值较淬火区有所降低。

2)拉伸性能

参考GB/T 2651—2008(ISO 4136:2001)《焊接接头拉伸试验方法》,对6N01铝合金焊接试样进行了静态拉伸试验,试验测得母材相应的抗拉强度为267MPa,焊缝拉伸测试结果如图3-32和图3-33所示,抗拉强度为199MPa,接头系数达到0.75。从拉伸曲线可以看出,铝合金焊接接头拉伸曲线没有明显的屈服阶段,在经过起始的弹性阶段之后,进入变形强化阶段直至拉伸试样断裂。试样断裂位置在焊缝区域,这表明,经过焊接过程之后,焊接接头有一定软化,导致接头抗拉强度低于母材。

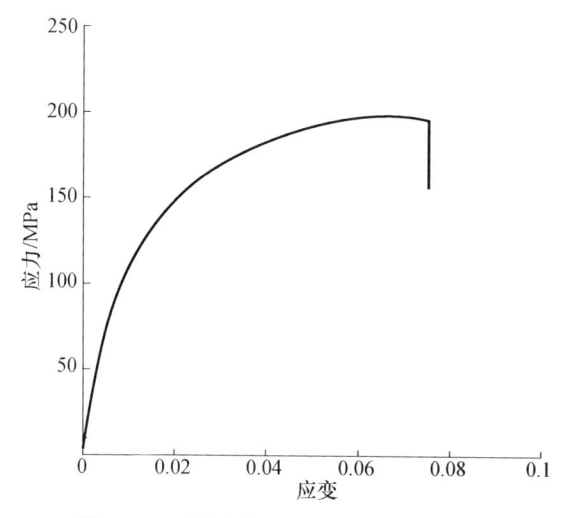

图3-32 板厚为4mm的6N01拉伸曲线

图3-33 拉伸试样断口

3)弯曲性能

弯曲试验是测定材料承受弯曲载荷时的力学特性的试验,主要用于测定脆性和低塑性材料的抗弯强度,并能反映塑性指标的挠度。弯曲试验还可用来检查材料的表面质量。试验时将试样加载,使其弯曲到一定程度,观察试样表面有无裂缝。参考GB/T 2653—2008和AS_1665_NSZ_1665标准进行弯曲试验,压头直径为20mm,弯曲角度为180°,弯曲试验示意图如图3-34所示,试样受弯后的结果如图 3-35 所示。可以看出,试样未出现裂纹,弯曲性能达到了标准要求。

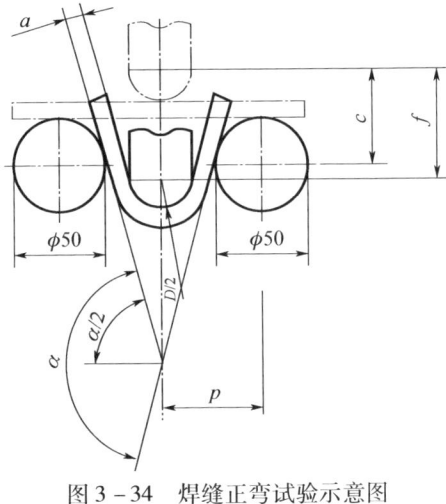

图 3-34 焊缝正弯试验示意图

图 3-35 板厚 4mm 的 6N01 铝合金弯曲试验结果

4) 疲劳性能

参照国家标准 GB/T 3075—2008,设计疲劳试样,采用轴向拉-拉的加载方式,在低频疲劳实验机上进行试验,试验条件为:应力比 $R = 0.1$;加载频率 $f = 25$Hz;最高循环次数 10^7。

根据疲劳试验结果,拟合出疲劳-寿命趋势曲线如图 3-36 所示。由于焊缝的屈服强度在 100~120MPa 之间,可以看出,在屈服强度以上,焊缝很快断裂,疲劳寿命很短。在屈服强度以下,疲劳寿命迅速增加,在 70MPa 时,疲劳寿命达到 10^7,且此时试样未发现明显的裂纹扩展与塑性变形。

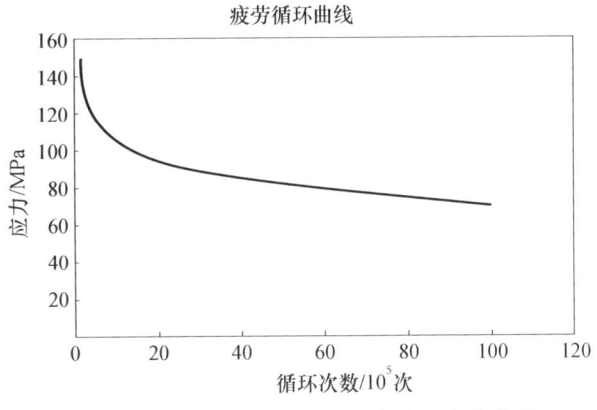

图 3-36 6N01 铝合金焊缝的疲劳-寿命曲线

疲劳断口形貌如图 3-37 所示,疲劳断口主要由以下区域组成:疲劳裂纹产生及扩展区和最后断裂区。由于焊缝存在夹杂、气孔等缺陷,这些缺陷部位强度较低并且容易造成应力集中,这些区域便是疲劳裂纹核心产生的策源地。疲劳裂纹产生后,在交变应力作用下继续扩展长大,常常留下一条条的同心弧线,叫做前沿线(疲劳线),这些弧线形成了像"贝壳"一样的花样,也称为贝纹区(图3-37(a)和(b))。疲劳裂纹不断扩展,使得零件或试样有效断面逐渐减少,应力不断增加,当应力超过材料的断裂强度时,则发生断裂,形成最后断裂区(图3-37(c))。根据电镜形貌可以判断,该疲劳断口类型为微孔聚集型断裂,断口在高倍电子显微镜下观察,可见大量微坑覆盖断面,这些微坑称为韧窝。对韧窝内部进行仔细观察,多数情况下能够看到夹杂物存在,所以韧窝形成与第二相粒子存在有关。

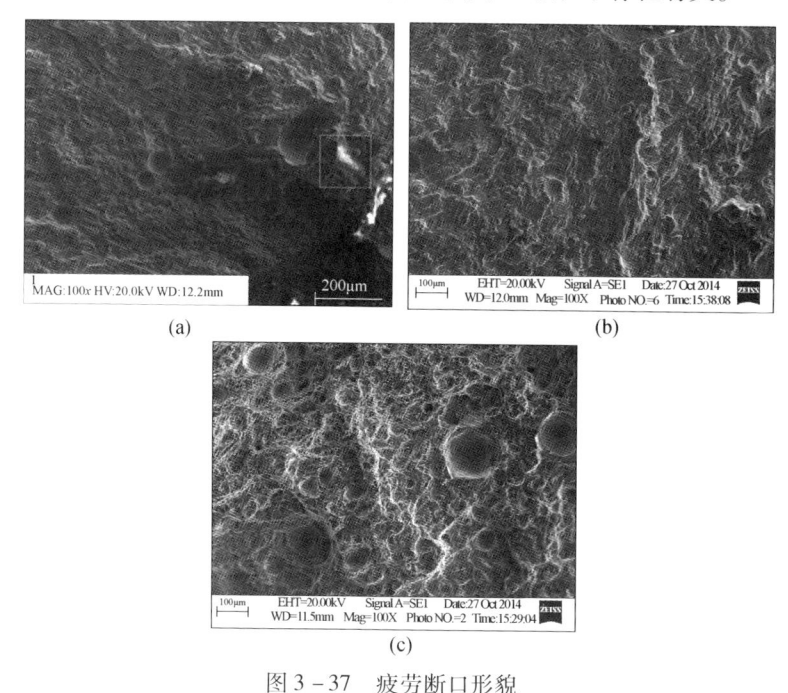

图3-37 疲劳断口形貌

(a)疲劳裂纹策源地;(b)扩展区;(c)最后断裂区。

5)抗应力腐蚀性能

应力腐蚀是指在拉应力作用下,金属在腐蚀介质中引起的破坏。这种腐蚀一般均穿过晶粒,即穿晶腐蚀。应力腐蚀是由残余或外加应力导致的应变和腐蚀联合作用产生的材料破坏过程。应力腐蚀导致材料的断裂称为应力腐蚀断裂。

(1)试验原理与方法。应力腐蚀一般认为有阳极溶解和氢致开裂两种。常见应力腐蚀的机理是:零件或构件在应力和腐蚀介质作用下,表面的氧化膜被腐蚀而受到破坏,破坏的表面和未破坏的表面分别形成阳极和阴极,因此阳极处的金属成为离子而被溶解,产生电流流向阴极。由于阳极面积比阴极的小得多,因此阳极的电流密度很大,进一步腐蚀已破坏的表面。加上拉应力的作用,破坏处逐渐形成裂纹,裂纹随时间逐渐扩展直到断裂。

参照美国标准 ASTM G103—1997(2011)进行了铝合金应力腐蚀 U 形弯曲法试验。首先对焊缝试样做 U 弯,然后置于沸腾状态下的 6%(质量分数)NaCl 溶液,测试 168h,期间保持溶液浓度不变,试验结束后取出观察试样是否开裂或剥落。腐蚀装置及腐蚀试样如图 3-38 和图 3-39 所示。

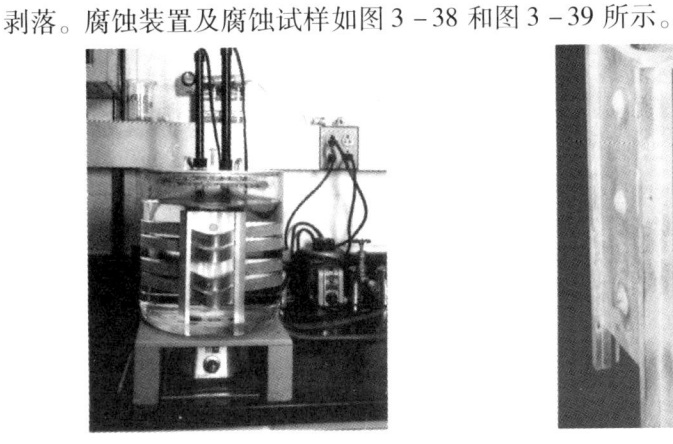

图 3-38　沸腾 6%氯化钠应力腐蚀装置 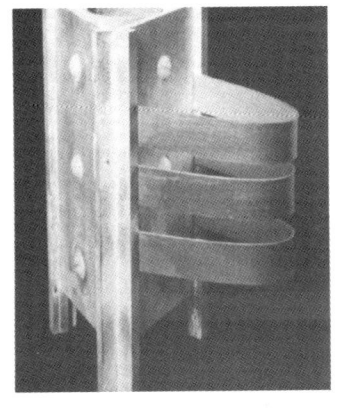　　　图 3-39　沸腾 6%氯化钠应力腐蚀试样

(2)试验结果。试验前及试验后试样状态分别如图 3-40 和图 3-41 所示。对比试验前后的试样可以看到,焊缝并没有开裂,抗应力腐蚀性能满足美国标准 ASTM G103—1997(2011)要求。

图 3-40　腐蚀前经 180°弯曲试验后的试样 　　　图 3-41　经沸腾的 6%氯化钠腐蚀后的试样

5. 应力场数值计算

目前对焊接应力和变形的研究方法主要采用试验测试和数值模拟,或者二者相结合进行。试验方法有钻孔法、X 射线衍射法、中子衍射法、超声波法等破坏性或非破坏性的测试方法。试验检测结果具有真实性,但各种测试方法人为因素和环境因素影响较大,需要试验人员具有相当的经验,一般试验成本高;而对于焊缝及靠近焊缝区域的应力,由于尺度较小,应力梯度大,一般也难以测得。此外,焊接过程需要保持低变形和减小残余应力,不仅需要考虑焊接接头类型的变化、焊接顺序、装夹形式、试验参数等,同时要深入了解焊接过程中应力和变形的变化规律以采取相应的措施,数值模拟无疑成为有效的方式。随着计算机技术和有限元技术的发展,采用数值模拟方法成为研究焊接过程的重要手段。

通过前面对热源模型的综合分析,根据实际激光-MIG复合焊接工艺过程特点,激光热源取为高斯面热源+柱体热源模型,电弧热源取为双椭球热源模型。热源之间的距离(光丝间距)为2mm,采用生死单元方法模拟质量添加过程,随着热源的移动,相应的单元激活并参与温度场与应力场计算。温度场和应力场的计算结果如图3-42和图3-43所示。可以看出,焊缝中心及周围母材达到材料熔点,离热源中心越远,温度越低;等效应力最大值出现在焊缝周围,且由于焊缝表面拘束度小,没有造成严重的应力集中。

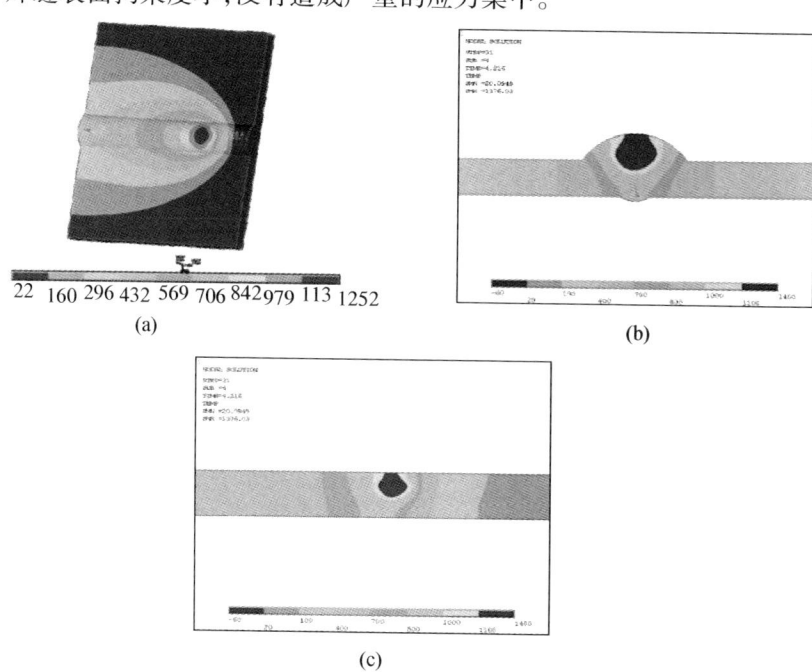

图3-42 复合焊接温度场分布
(a)表面温度场分布;(b)横截面温度分布;(c)纵截面温度分布。

图3-43 复合焊接残余应力分布

3.4 异种金属激光焊接

异种材料是指不同元素的金属或从冶金观点看性能(如物理性能、化学性能)有显著差异的合金构成的结构材料。在异种金属激光焊接的过程中,由于不同材料间相异的物理、化学和力学性能,不可避免地会出现很多问题[21],如图3-44所示。比如元素相互溶解能力局限性,超过常温的溶解能力,焊接熔池冷却过程在界面会形成脆性金属间化合物,降低接头的塑性,引起裂纹萌生与扩展[22];由于热物理性能差异,导致界面温度梯度增大,焊接熔池发生偏移,接头热变形,并产生残余应力;对于熔点、沸点差异较大的异种金属焊接,若要熔焊焊缝,易造成低熔点材料严重的汽化损失;焊接材料力学性能差异,以及所形成焊缝材料与母材的力学性能差异,导致连接界面力学失配,易产生应力奇异行为等[23]。因此,材料属性差异会直接影响到焊接接头的力学性能。异种金属激光焊接的关键问题可归结为材料性能差异对焊缝微观组织与宏观性能影响和熔池凝固过程焊接缺陷及残余应力形成。

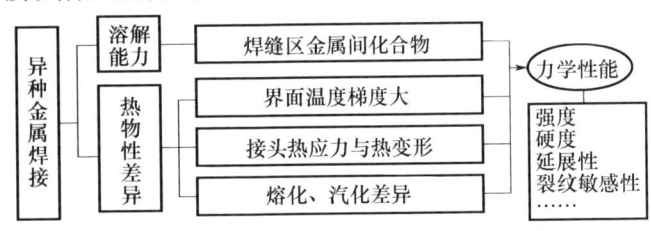

图3-44 异种金属焊接过程出现的问题

1)材料性能差异对焊接接头微观组织与宏观性能的影响

异种金属材料具有热物性差异[24],这种差异是影响焊接过程的最主要因素[25]。异种材料熔点不同,熔点低的材料达到熔化状态时,熔点高的材料仍呈固体状态,这时已经熔化的材料容易渗入过热区的晶界,会造成低熔点材料的流失、合金元素烧损或蒸发,从而使焊缝的化学成分发生变化,力学性能难以控制。金属的热导率和比热容差异使焊缝金属的结晶条件变坏,晶粒严重粗化,并影响难熔金属的润湿性能。异种材料焊接时易产生金属间化合物,同时会发生组织变化,从而导致焊接接头力学性能下降,尤其是热影响区容易产生裂纹,甚至发生断裂。常温下金属对激光的吸收率一般比较小[26],而且同种金属对于不同波长的激光吸收率也有差异。针对吸收率差异较大的金属材料激光焊接,熔池容易出现偏熔现象,匙孔不稳定,从而给焊接过程建模带来困难。

2)熔池凝固过程焊接缺陷及残余应力的形成

对于异种金属激光焊接,焊缝熔化区凝固过程及热影响区微结构演化过程复杂。在熔池凝固过程中,熔池的快速冷却、凝固的不均匀传热过程会产生很大热应力。在热应力与相变应力共同作用下会引起塑性变形,生成微缺陷,形成残余应力[27]。其中接头典型缺陷主要有热裂纹、气孔以及有害相等。有害相的形成是由于焊接过程中的非平衡凝固导致焊接过程中元素的偏析所致[28]。

本节以几种典型的异种材料(高温合金与钢、钛合金与钢、钛合金与铅)的激光焊接为例,阐述异种金属激光焊接过程涉及的科学问题。

3.4.1 高温合金与钢的激光焊接

以 K418 镍基高温合金和 42CrMo 合金钢焊接为例,其难点在于二者的热物理性能和高温力学性能差异很大,特别是在低温(<873K)情况下,42CrMo 合金钢的热导率明显高于 K418 镍基高温合金。此外,一般的镍基高温合金在焊接接头的热影响区(HAZ)存在较大的裂纹敏感性,而 42CrMo 中碳合金钢的标准碳当量是 0.834%,故其在焊接过程中具有较大的淬硬倾向,同时也意味着其焊接性能较差。因此,两种材料的激光焊接通常被认为是一种很大的挑战[29]。

1. 工艺参数优化

K418 和 42CrMo 平板采用对接,连续激光焊接。聚焦镜镜头焦距 200mm,侧吹保护气体为高纯度的 Ar 气,侧吹保护气角度 35°,侧吹方向和焊接方向相反。

根据试验观察到 K418 与 42CrMo 激光穿透焊有 X 形和 T 形两种焊缝形貌,且焊缝形貌是不对称的,焊缝下部的不对称度比焊缝上部大,这说明焊缝下部的熔化金属的流动和传热的不均匀性比焊缝上部大,如图 3-45 所示。定义激光焊缝正面宽度为 W_u,焊缝背面宽度为 W_b,焊缝中间平直部分宽度为 W_m,靠近 42CrMo 侧的上下弧形高度分别为 H_{u1}、H_{b1},靠近 K418 上下侧的弧形垂直高度分别为 H_{u2}、H_{b2},如图 3-46 所示。

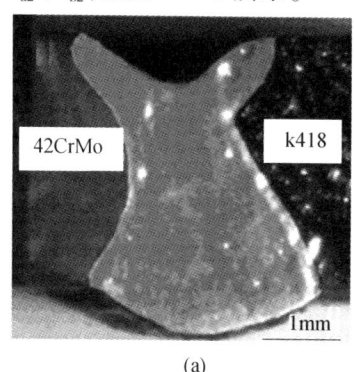

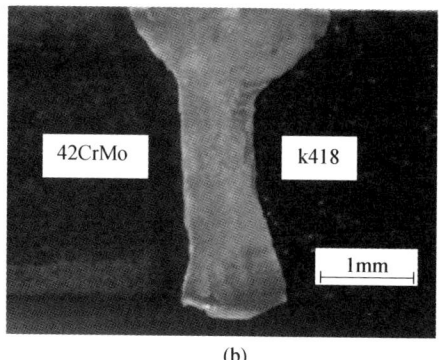

图 3-45 K418 与 42CrMo 激光穿透焊焊缝截面形貌
(a) $P=3kW, v=15mm/s, \Delta Z=0, U_f=5L/min$;(b) $P=3kW, v=35mm/s, \Delta Z=2mm, U_f=15L/min$。

焊接速度和焊缝区域尺寸的关系如图 3-47 所示。可以看出,在焊接速度较低时,焊缝下表面宽度比上表面宽,随着焊接速度的增加,焊缝的各区域尺寸都变小,但是焊缝下部分区域尺寸变化比焊缝上部分区域尺寸变化快,焊缝形貌由 X 形过渡到 T 形。这是由于激光穿透焊接中的金属蒸气和等离子气体沿匙孔的上下面喷出来,在焊缝的上下表面喷出来的等离子体相当于一个热源分别作用于焊缝的上下表面,壁面的液态金属靠热传导熔化周围的金属,穿透的激光对焊缝下表面的等离子云和金属蒸气有加热作用[30]。随着焊接速度的增加,激光熔化和汽化的金属量减少,从匙孔喷出的金属蒸气和等离子体密度减少,其中的液态金属对周围金属热传导的时间也减少,激光与焊缝上下表面的金属蒸气和等离子体作用时间也缩短,所以焊缝各区域的尺寸随速度的增加而减少。由于焊缝上部有侧吹保护气体和同轴保护气体的

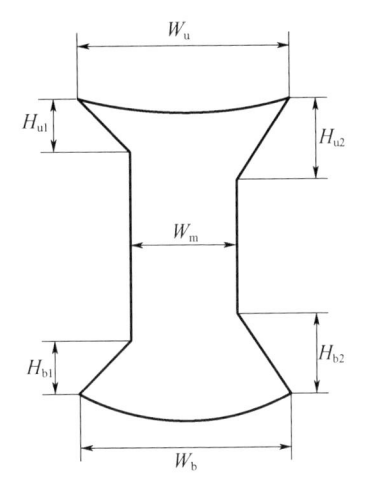

图 3-46 焊缝各区域尺寸示意图

影响,所以上部各区域的尺寸没有焊缝下部各区域尺寸变化快。观察焊缝表面,当速度为 15 mm/s 时,焊缝出现严重塌陷,随着速度的增加,塌陷程度减小。

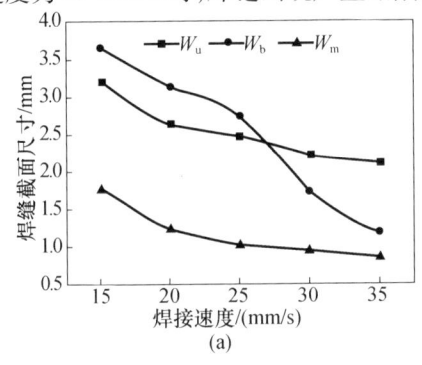

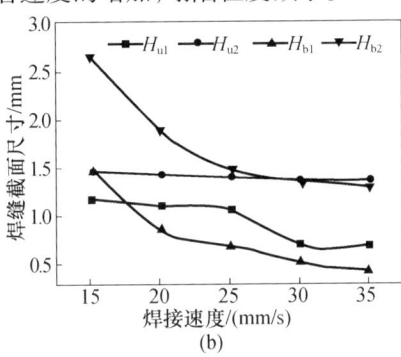

图 3-47 焊接速度和焊缝区域尺寸的关系($P=3$ kW,$\Delta Z=0$,$U_f=15$ L/min)

激光焊接侧吹保护气体的作用主要是吹散焊缝表面的等离子气体,减少等离子对激光的吸收、散射和折射。由图 3-48(a)可以看出,焊缝截面的上下宽度随侧吹保护气体流量的增加先升高,再降低,再升高,焊缝中间平直部分宽度随侧吹保护气体流量的增加先降低再增加。焊缝上表面宽度的变化是由于随侧吹保护气流量的增加,侧吹保护气体使焊缝正面的熔池有扩大的倾势,和焊缝表面减少的等离子体使焊缝表面的熔池减少的倾势的综合作用。焊缝中部宽度的变化是由于侧吹保护气流量对焊缝的冷却,和侧吹保护气体把一部分等离子气体压入匙孔的综合作用。焊缝下部宽度的变化主要受沿匙孔中流下的液体金属和向下喷出的等离子体和金属蒸气的综合影响。由图 3-48(b)可以看出,侧吹保护气体对焊缝靠近 K418 侧上部分区域的尺寸影响比下部分区域尺寸影响大;侧吹保护气体对焊缝靠近 42CrMo 侧下部分区域尺寸的影响比上部尺寸的

影响大。观察焊缝的表面,侧吹保护气体为 5 L/min、10 L/min、20 L/min 时,焊缝正面有凹坑;侧吹保护气体为 15 L/min 时,焊缝正面微凸。

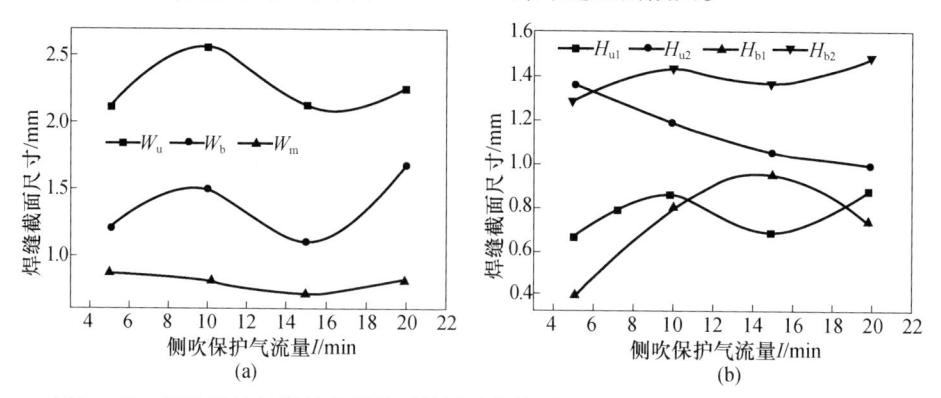

图 3-48 侧吹保护气流量和焊缝区域尺寸的关系($P = 3$ kW, $v = 35$ mm/s, $\Delta Z = 0$)

作用于工件表面的功率密度除了和激光束的焦斑功率密度有关外,还取决于工件表面和焦平面的相对位置。不同的离焦量使激光作用于焊接试样内部的功率密度也不一样[31]。从图 3-49(a)可以看出:离焦量从 -3 mm 变到 -2 mm,焊缝的上表面宽度快速变小;离焦量在 -2～1 mm 范围内,焊缝的上表面宽度变化不大;离焦量从 1 mm 变到 2 mm,焊缝的上表面宽度增加很快;离焦量在 -3～2 mm 范围内,焊缝的下表面宽度和焊缝中间平直部分的宽度变化不大。从图 3-49(b)可以看出:离焦量在 -3～2 mm 的范围内,离焦量变化对焊缝下部分区域尺寸的影响比对焊缝上部分区域尺寸的影响大。焊缝的上表面宽度变化并不是关于焦点对称,主要是因为在焊接过程中,激光焦点在热透镜效应、等离子体二次聚焦等效应的影响下向下偏移了 0.5 mm 左右[32]。观察焊缝表面,在离焦量为 0 时,焊缝上表面微凸;在离焦量为 1 mm 时,焊缝上表面较平;在离焦量为 -3 mm、-2 mm、-1 mm、2 mm 时,焊缝上表面有凹坑;当离焦量为 1 mm 时,焊缝下表面质量最好。

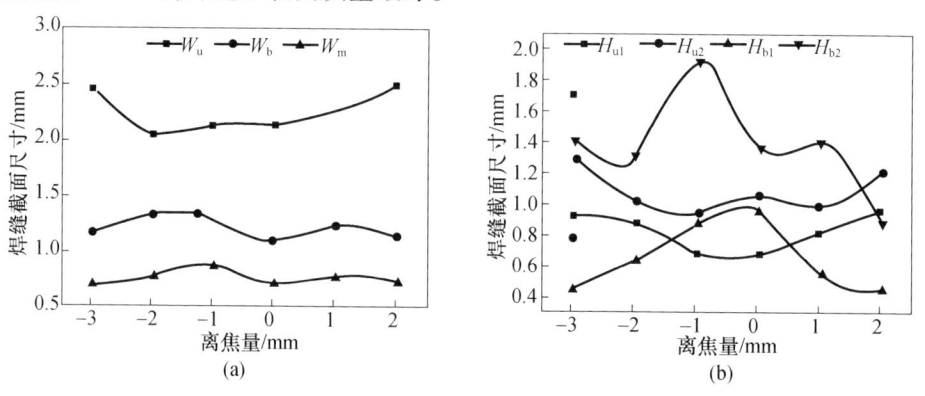

图 3-49 离焦量和焊缝区域尺寸的关系($P = 3$ kW, $v = 35$ mm/s, $U_f = 15$ L/min)

2. 焊缝组织演变

图 3-50(a)(b)和(c)分别是焊缝上钉头与 K418 交界、上钉头中心组织、上钉头与 42CrMo 交界的组织。从图 3-50(a)和(c)可以看出焊缝与 K418 和 42CrMo 交界的组织为具有一定方向的枝晶组织；图 3-50(b)组织为等轴晶。由凝固理论可知,焊缝区的显微组织与结晶方向的温度梯度 G 与结晶前沿的晶粒生成速度或凝固速度 R 之比有关。在焊接熔池与母材的交界处,与凝固速度相比,高的温度梯度占优势,使结晶参数值变大,形成与散热方向相反的枝晶组织；在焊接熔池中心,温度梯度降低,散热已经失去了方向性,晶核在液体中可以自由生长,在各个方向上的长大速度差不多相等,因此形成了焊缝中心的等轴晶。

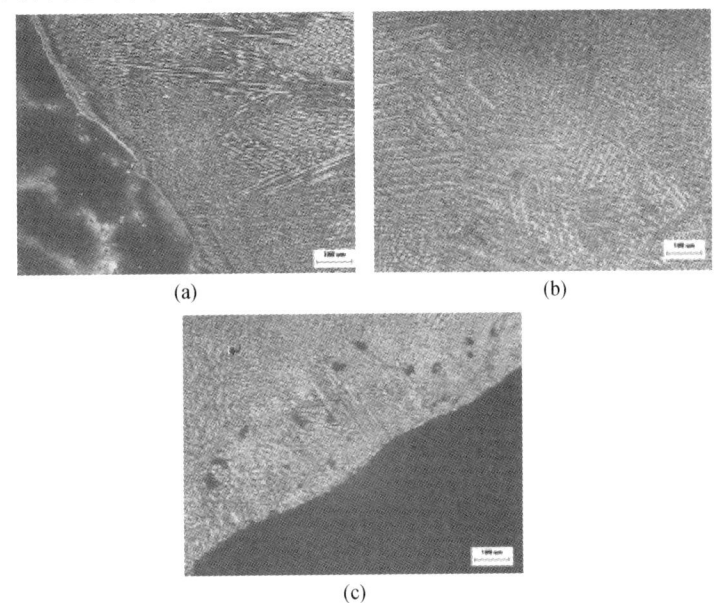

图 3-50　焊缝上钉头从 K418 侧到 42CrMo 侧接头组织演变

图 3-51(a)和(b)分别是焊缝区域放大的光学显微镜(OM)和扫描电镜(SEM)图片。由于激光固有的快速加热和快速冷却特点,焊缝主要由树枝状非平衡凝固 γ-FeCrNiC 镍基固溶体基体、少量颗粒状 Ni_3Al (γ′)和 MC 碳化物组成。焊缝枝晶间弥散分布着颗粒状物和针状物,如图 3-51(b)所示。能谱对比分析表明,颗粒状物 Nd、Ti、Mo 元素聚集,Fe 和 Ni 元素减少；针状物 Nd 和 Ti 元素聚集。通过进一步鉴定表明,颗粒状是 Laves 相。Laves 是一种密排六方形结构,具有比较硬和脆的特点,在焊缝区域经常成为裂纹萌生和扩展的地方,因此在焊接过程要尽可能地抑制这种相的生成。

图 3-52 和图 3-53 是不同焊接速度下对焊接接头组织和 Laves 相的 SEM 图片。可以看出,焊接速度越高,Laves 相的大小和在枝晶间分布的致密度越低。这是由于 Laves 相的形成是焊接过程中的非平衡凝固导致元素偏析所致。当焊

接速度提高,元素偏析时间减少,导致 Laves 相的大小和致密度降低。

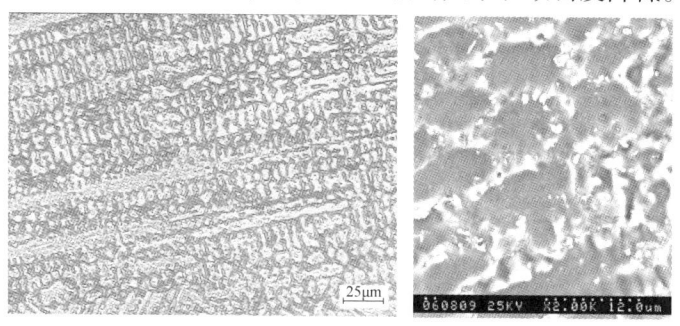

图 3-51　焊缝组织的放大图
(a)焊缝组织的 OM 图;(b)焊缝组织的 SEM 图。

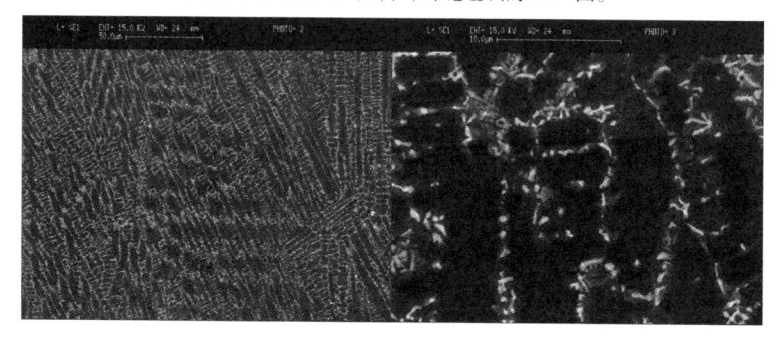

图 3-52　焊缝区域 SEM 图($v=35\text{mm/s}$)

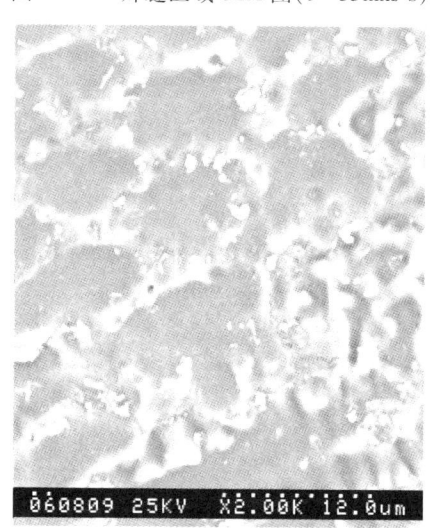

图 3-53　焊缝区域 SEM 图($v=8\text{mm/s}$)

Laves 相经过高温热处理可以被消除。由于 Laves 相中的大原子直径的 Nb 扩散缓慢,高温热处理所需要的时间较长。对于某种具体材料的 Laves 相,通过热处理完全消除的具体参数和 Laves 相的颗粒大小相关。热处理的温度越高,

Laves 相消失越快。

3. 焊缝力学性能

图 3-54 所示为焊接接头各区域的显微硬度分布图。可以看出，42CrMo 侧热影响区出现了硬化；K418 侧热影响区硬度与母材比波动不大；焊缝区硬度略高于 42CrMo 母材，低于 K418 母材硬度。主要由于 K418 是镍基铸造高温合金，γ'（Ni3（Al,Ti））是主要的强化相，激光焊接的快速凝固及熔化的 42CrMo 对 K418 液态金属的稀释有综合作用，使焊缝区域的 γ' 分布发生了改变。

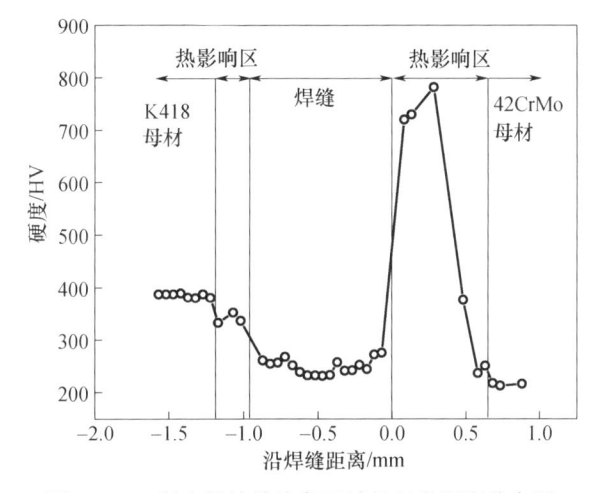

图 3-54 激光焊接接头各区域的显微硬度分布图

如图 3-55 所示，焊接接头的横断拉伸试验结果显示接头的断口在焊缝之外，位于 42CrMo 母材一侧。焊接接头的强度至少等于或大于两种基体金属之一的强度，断裂机制显示为良好的塑性断裂。42CrMo 母材的断口表面形貌主要为韧窝状断裂特征。

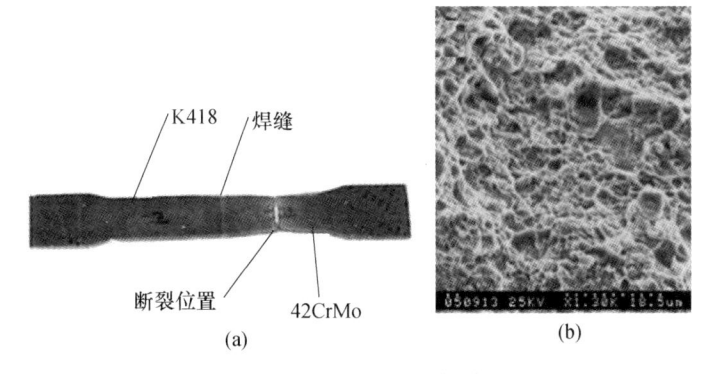

图 3-55 激光焊接接头横断拉伸试验结果

(a) 拉伸试样断口位置；(b) 横断面 SEM 形貌。

4. 温度场的数值模拟

在分析激光深熔焊接 K418 与 42CrMo 异种金属激光深熔焊接焊缝形貌的基础上,考虑到匙孔正面的等离子云相当于一个附加的热源作用在焊缝的正面对焊接熔池的影响、激光深熔焊接匙孔中激光的菲涅耳吸收、激光穿过匙孔中的等离子体的逆韧致辐射吸收的综合效果,提出了锥形热源模型与沿厚度方向逐渐衰减的高斯柱体热源模型相结合的复合热源模型[33,34],如图 3-56 所示,即

$$\eta P = P_1 + P_2 \qquad (3-25)$$

式中:η 为激光的吸收系数;P 为激光功率;P_1 为激光作用在锥形热源部分的功率;P_2 为激光作用在指数衰减的圆柱体热源的功率。

图 3-57 是厚度为 7mm 的 K418 与 42CrMo 异种金属激光深熔焊接温度场的计算结果,图 3-58 是模拟结果与试验结果的对比。可以看出,数值模拟结果与试验结果基本吻合。

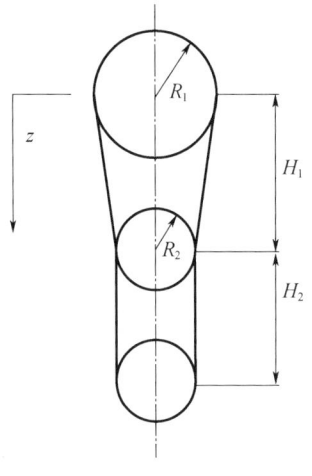

图 3-56 锥形热源与指数衰减的圆柱体热源结合的复合热源

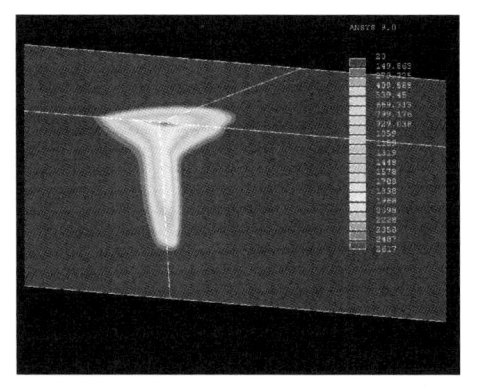

图 3-57 7mm 厚的 K418 与 42CrMo 异种金属激光点焊温度场

图 3-58 K418 与 42CrMo 异种金属激光点焊焊缝横截面试验与数值模拟对比(厚度 7mm)

3.4.2 钛合金与钢的激光焊接

钛合金与钢焊接结构有着广泛的工业应用需求，同时这两种材料的焊接是典型的异种难焊材料焊接。从 Ti-Fe 相图（图3-59）可以看出，铁在钛中的溶解度极低，焊接时焊缝金属中容易形成金属间化合物 FeTi、Fe₂Ti，使接头塑性严重下降，脆性增加。

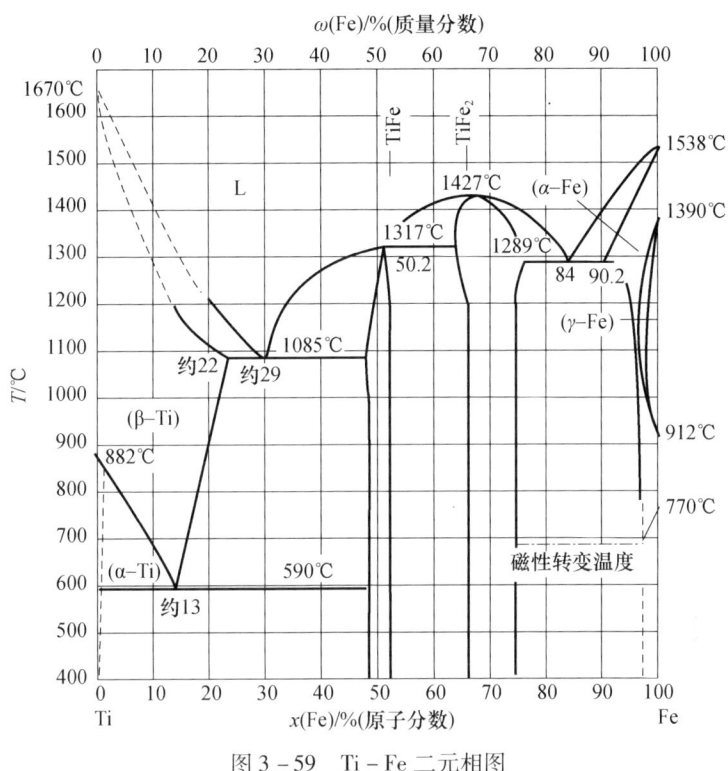

图 3-59 Ti-Fe 二元相图

以钛合金 Ti6Al4V 与合金钢 42CrMo 为研究对象。Ti6Al4V 熔点为 1540～1650℃，42CrMo 熔点约为 1400℃。针对两种材料熔点差异较小的特点，提出激光搭接熔钎焊方法，其原理如图 3-60 所示。将熔点较高的 Ti6Al4V 置于上层，熔点较低的 42CrMo 置于底层，激光辐照在上层的钛合金上，形成熔池，热量向下传递。控制激光能量输入，使得在钛合金与合金钢搭接界面上保持这样一种状态：界面的温度达到或略微超过下层材料 42CrMo 的熔点，从而使搭接界面刚好形成熔池。熔池小可以限制 Ti、Fe 两种元素相互扩散的区域，一定程度上能够抑制 Ti-Fe 金属间化合物的生成，提高焊接质量[35]。

基于激光搭接熔钎焊的原理，提出对工艺参数进行优化，其优化目标：将界面温度控制在 42CrMo 材料的熔点附近。具体步骤：①建立焊接温度场计算模

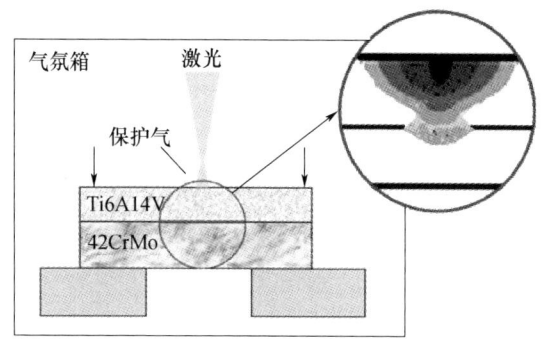

图 3-60 钛合金/合金钢激光搭接熔钎焊原理示意图

型;②研究工艺参数对界面温度的影响规律;③选择合适的工艺参数进行工艺实验验证。

1. 以界面温度为目标的工艺参数优化

在钛合金 Ti6Al4V 与合金钢 42CrMo 的激光搭接焊过程中,必须控制界面的温度,以减缓焊接过程 Ti、Fe 元素在界面上的扩散,抑制 Ti-Fe 金属间化合物的形成。

首先建立温度场计算模型,为界面温度优化提供参考依据。针对钛合金 Ti6Al4V 与合金钢 42CrMo 激光搭接焊,选择传导焊接模式。作出如下假设[36]:

（1）传导焊接模式下熔池流动对焊缝形状影响较小,为简化计算过程,忽略熔池流动,控制方程仅包含能量守恒方程。

（2）激光光束为多模,假设光斑范围内功率密度均匀分布。

（3）考虑侧吹保护气对焊接材料上表面的强制对流作用,假设保护气吹过焊接试样表面为层流,并且保护气体属性为常数。

（4）考虑搭接接触传热。对于搭接焊,接触热阻 R_c 为

$$R_c = l_c / k_c \tag{3-26}$$

式中:l_c 为特征长度,指接触区域的厚度;k_c 为接触区域的热导率。

（5）焊接材料上表面接受激光辐照,同时还承受侧吹保护气体的强制冷却作用,因此考虑热对流与热辐射的边界条件,其他面上只考虑对流边界条件。

搭接界面的温度控制目标为底层材料 42CrMo 的熔点（1400℃）。定义计算界面深度（Calculated Interface Depth）为温度场中 1400℃ 等温线距离上表面的垂直距离,如图 3-61 所示。当计算界面深

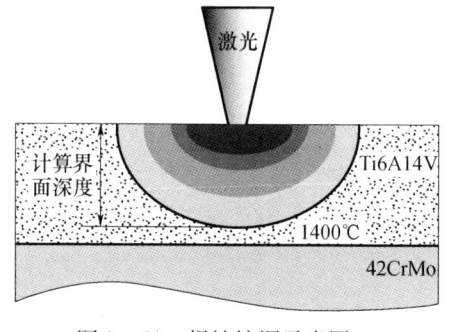

图 3-61 焊缝熔深示意图

度达到上层材料厚度时,搭接界面的温度刚好达到42CrMo的熔点。在计算与实验中,上层材料Ti6Al4V的厚度均为1mm。

根据有限元计算模型,固定光斑大小,采用不同的激光功率与扫描速度,计算不同工艺参数所对应的焊接温度场,获取计算界面深度。图3-62所示为不同功率与扫描速度条件下的计算界面深度。对于钛合金与合金钢的激光搭接焊,当扫描速度一定时,计算界面深度随激光功率线性增大,并且计算界面深度随着扫描速度减小而增大。由计算结果,对于扫描速度为5mm/s或10mm/s,以及扫描速度1mm/s且激光功率小于650W的情况,计算界面深度均小于1mm,界面温度小于42CrMo的熔点,在界面上焊接材料均保持固态。对于扫描速度为1mm/s的情况,功率800W时,计算界面深度达到1.2mm,此时搭接界面的温度已超过42CrMo的熔点,并且形成较大的熔池,这样不利于抑制Ti、Fe元素的扩散。扫描速度为1mm/s,当激光功率达到650W或700W时,计算界面深度刚好等于1mm,即等同于上层Ti6Al4V板的厚度,此时搭接界面上的计算温度刚好达到42CrMo的熔点。此组工艺参数即获取的优化工艺参数。

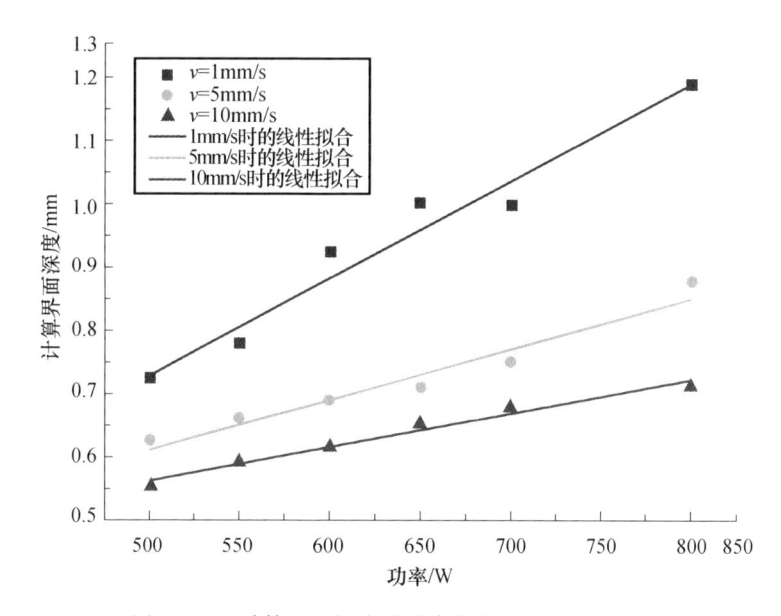

图3-62 计算界面深度随功率与扫描速度变化规律

2. 激光焊接工艺

将1mm厚Ti6Al4V置于上层,将2mm厚42CrMo置于下层,安装在焊接夹具上。按照激光搭接熔钎焊原理,以控制界面温度为目标,在分析数值计算结果的基础上对工艺参数进行优化。

1) Ti6Al4V 与 42CrMo 激光搭接焊

由于钛合金密度较低,搭接焊缝熔池中两种材料均发生熔化并充分搅拌,在焊缝中生成了 Ti-Fe 金属间化合物,导致焊缝脆性增加,在热应力作用下产生宏观裂纹,如图 3-63(a)所示。对于钛合金置于上层的情况,添加中间材料 Cu、Ni 以及 V。由于熔池搅拌的作用,导致 Ti 与 Fe 及中间金属元素充分混合,在焊缝中形成金属间化合物以致焊缝开裂。其中,金属 V 作为中间材料时,由于 V 的热变形导致搭接界面出现间隙,未形成搭接焊缝。搭接焊过程中填入中间金属,使原来的双层材料焊接变为多层材料焊接,不同元素间的热物性差异及相互溶解能力使得整个焊接工艺更为复杂。当焊缝熔池发生充分搅拌时,不仅焊接母材之间形成金属间化合物,而且母材与钎料也可能形成金属间化合物,使焊缝变脆,影响接头的力学性能。

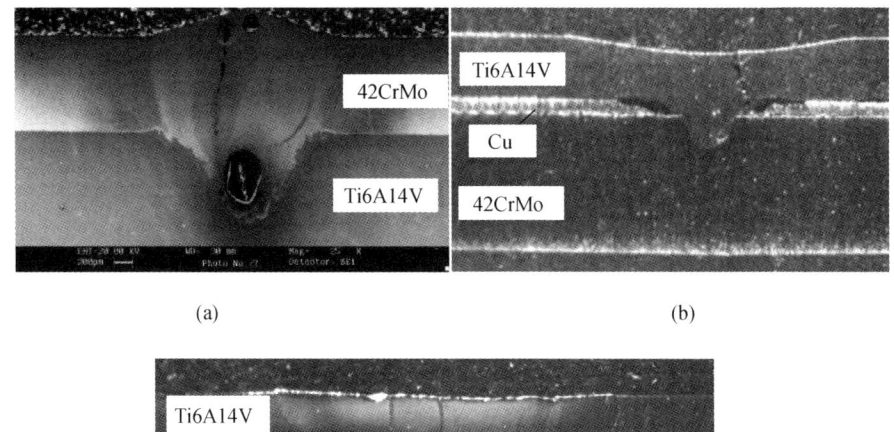

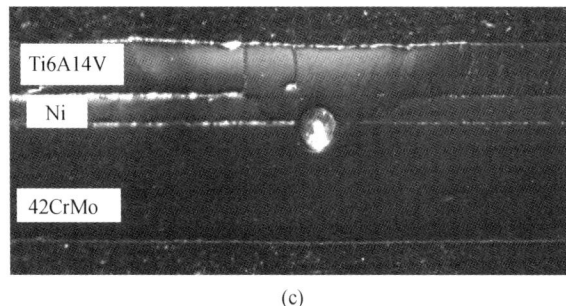

图 3-63　Ti6Al4V 与 42CrMo 搭接焊缝裂纹
(a)无中间金属;(b)中间金属为 Cu;(c)中间金属为 Ni。

2) Ti6Al4V 与 42CrMo 激光搭接熔钎焊

表 3-3 列出的是 Ti6Al4V 与 42CrMo 激光搭接焊不同工艺参数下的实验结果。可以看出,当激光功率为 650W、700W,扫描速度为 1mm/s、离焦量为 -1mm 时,在界面上刚好形成焊缝。而在其他工艺参数条件下,在界面上未形成焊接熔池。

表 3-3 Ti6Al4V 与 42CrMo 激光搭接焊不同工艺参数的结果

功率/W	扫描速度/(mm/s)	离焦量/mm	焊接结果
210	40	+3	×
210	20	+3	×
210	5	+3	×
250	3	-2	×
500	1	-1	×
550	1	-1	×
600	1	-1	×
650	1	-1	√
650	2	-1	×
700	1	-1	√
700	2	-1	×

对不同工艺参数下的熔深进行测量,拟合了熔深随线能量(功率/扫描速度)的变化规律,如图 3-64 所示。可以看出,熔深随着线能量线性变化。另外,对于功率650W、700W,扫描速度1mm/s,离焦量-1mm工艺参数下的熔深分别为1.15mm 与1.2mm,这与工艺参数预测所达到的1mm 熔深基本一致。说明了以界面温度为目标的工艺优化是合理的。

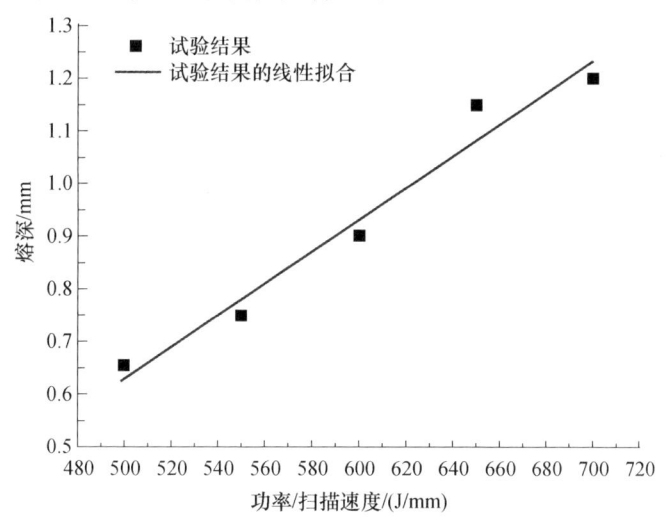

图 3-64 熔化深度随线能量的变化规律

3. 热输入对焊接界面微观结构的影响

异种焊接过程中,焊缝界面微观组织与物相成分对焊缝力学性能有重要影响,焊接过程 Ti、Fe 元素在界面上的扩散程度,Ti-Fe 金属间化合物的形成均会影响界面的结合程度及接头焊接质量。

1) 焊缝形貌及组织

图3-65所示为Ti6Al4V与42CrMo激光搭接熔钎焊的焊缝截面形貌,焊接工艺参数为功率700W,扫描速度1mm/s,离焦量-1mm。整个焊接接头没有宏观裂纹。

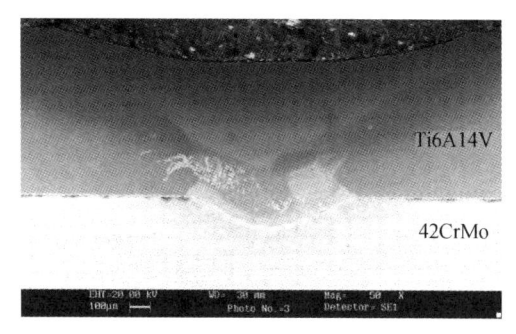

图3-65 Ti6Al4V与42CrMo激光搭接熔钎焊缝形貌

图3-66(a)所示为Ti6Al4V母材组织,包括α(黑色区域)和β(白色区域)两相。图3-66(b)所示为Ti6Al4V熔化区组织,为网篮状马氏体(有文献称为魏氏体组织)。图3-66(c)为Ti6Al4V热影响区的组织,靠近焊缝区域超过了相变温度,组织为针状马氏体组织,靠近母材的区域,马氏体组织稀疏。

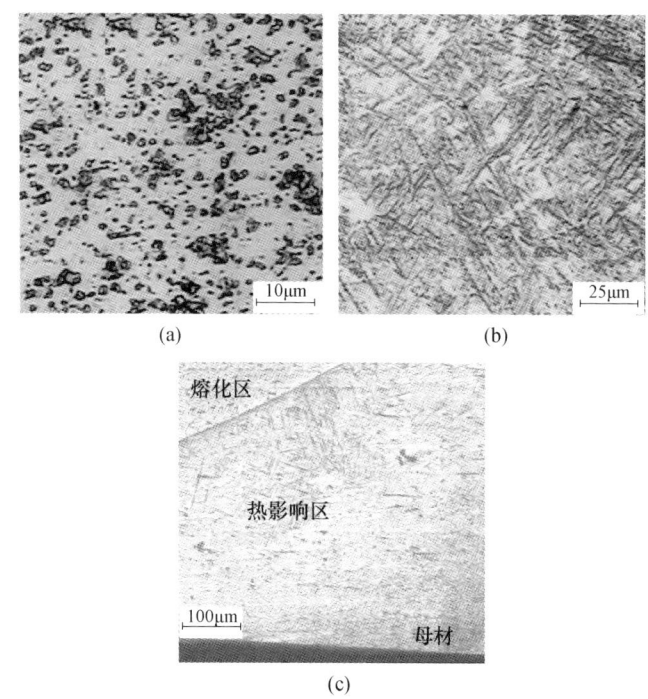

图3-66 Ti6Al4V微观组织
(a)母材;(b)熔化区;(c)热影响区。

如图 3-67 所示,42CrMo 基体为铁素体与珠光体;靠近熔合区组织为针状马氏体;远离熔合区的热影响区组织为马氏体与贝氏体的混合物。

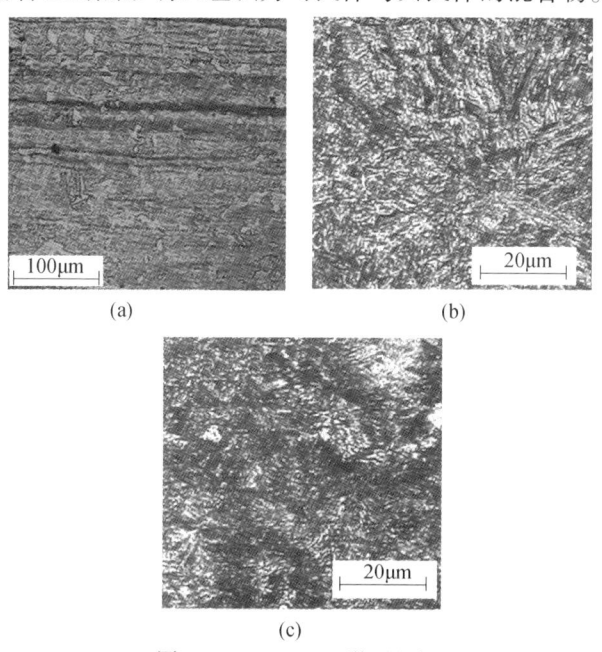

图 3-67 42CrMo 微观组织
(a)母材;(b)靠近熔化区的热影响区;(c)远离熔化区的热影响区。

将 Ti 6Al 4V 与 42CrMo 激光搭接焊界面局部区域放大,如图 3-68 所示。界面主要由灰色带状区域与白色带状区域构成。对界面区域进行成分面扫描,如图 3-69 所示。观察到界面上 Ti、Fe 及 Al 元素的分布具有明显的边界,Ti 与 Al 元素仅在界面上方区域分布,Fe 元素仅在界面下方分布,这说明在焊接过程中 Fe 元素并未扩散至整个焊缝区域。如此可以抑制整个焊缝区域上 Ti-Fe 脆性金属间化合物的形成,从而有效改善焊缝的力学性能。

图 3-68 Ti6Al4V 与 42CrMo 界面微观形貌

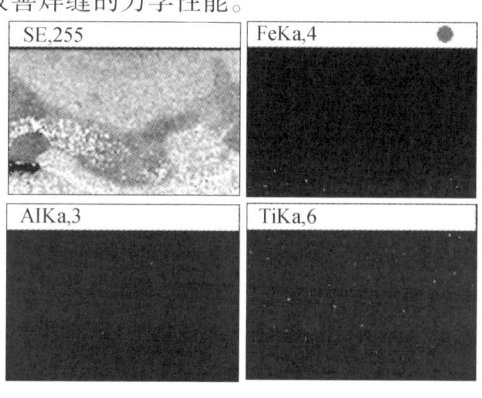

图 3-69 界面区域成分面分布图

为进一步研究界面区域微观结构,对图3-68中的A区域进行能谱面扫描分析。可以看出,Ti、Fe元素的分布具有明显的界限,图中灰色与白色的带状区域同时含有Ti、Fe元素,而其他区域并不同时含有这两种元素。对图3-70中灰色带状区域中的B区域,以及白色带状区域中的C区域进行区域成分分析,观察两个区域的元素分布情况。区域B中含有Ti元素67.75%(原

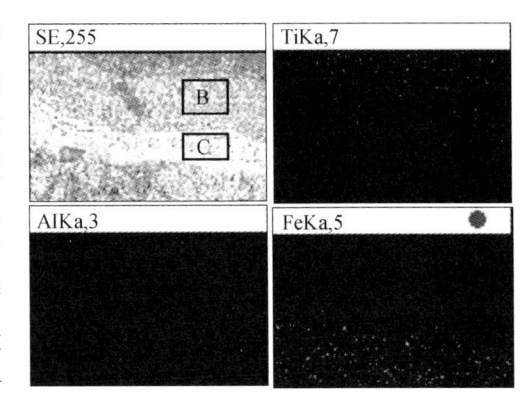

图3-70 A区域成分面分布

子比例)、Fe元素24.08%(原子比例)。区域C靠近合金钢一侧,其中,Ti元素降低为53.79%(原子比例)、Fe元素升高到44.22%(原子比例)。可见Ti6Al4V与42CrMo交界面上,存在明显的两层微观结构,这两层微观结构中均含有Ti、Fe两种元素,靠近Ti6Al4V侧灰色区域厚度约为30~40μm,Ti含量偏高,原子百分比约为Fe元素的2倍,靠近42CrMo的白色区域厚度约为15~20μm,Ti元素含量减少,与Fe元素的原子比例相当。

对两层带状区域进行点能谱分析,发现灰色带状区域中白色分布主要成分是Ti元素,在白色带状区域中白色物质含有的Fe、Ti元素大致相当,白色带状区域中黑色物质主要成分为Fe元素。通过对成分的分析,可以判断,这两个区域中含有Ti-Fe金属间化合物。

2) 焊缝区域的显微硬度

图3-71所示为焊缝截面的显微硬度(0.98N载荷,加载时间15s)。Ti6Al4V侧硬度主要分为3个区域:母材区,硬度平均为337HV;热影响区,硬度在367~391HV间变化,平均为380HV;熔化区,硬度在412~470HV间变化,平均值为440HV。42CrMo侧硬度主要分为两个区:热影响区,硬度在552~685HV间变化,平均值为629HV;母材区,硬度平均234HV,变化范围为222~245HV。

在钛合金与合金钢的交界面上,即灰色和白色带状区域内,硬度较高,在675~825HV范围内波动,最高硬度达到825HV,位于白色带状区域内,是整个焊缝区域的最高硬度。显微硬度测试结果也说明了在界面上存在脆性Ti-Fe金属间化合物。

3) 搭接焊缝界面上的反应层厚度

通过扫描电镜、XRD以及显微硬度测试,可以确定在搭接界面上存在有Ti-Fe金属间化合物。Ghosh等(2005)[38]研究发现Ti-Fe金属间化合物为脆硬相,对焊接接头的力学性能有重要影响。通常把含有金属间化合物的区域称作

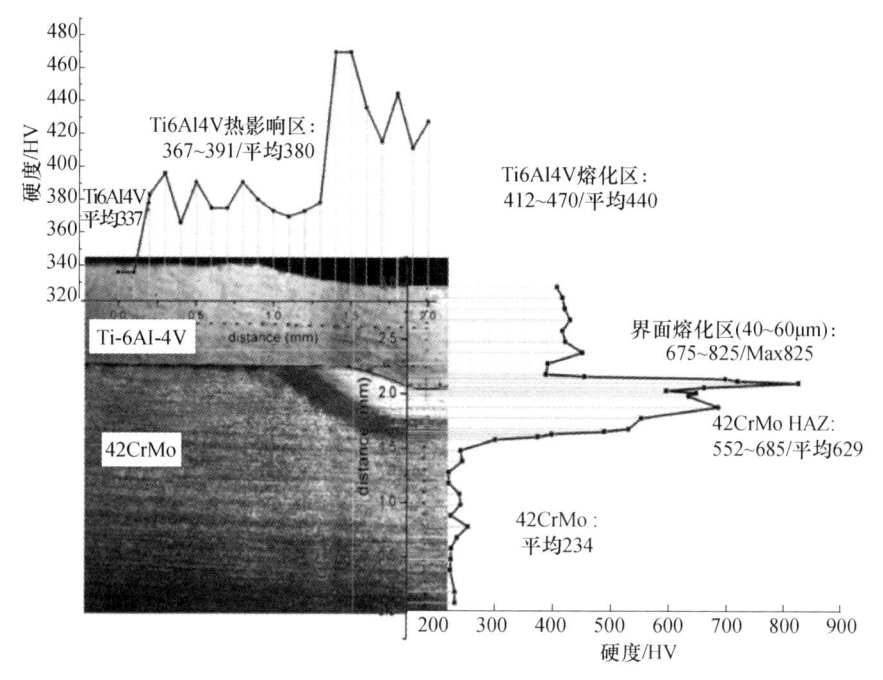

图 3-71 Ti6Al4V 与 42CrMo 焊缝区域显微硬度

反应层(Intermetallic Reaction Layer)，反应层的厚度测量结果如表 3-4 所列。可以看出，反应层的厚度随热输入的增加而增大。已有研究表明接头的强度随反应层厚度增大而降低。因此，通过对热输入的调节与控制，可以抑制金属间化合物的形成，减小反应层的厚度，从而提高接头的强度。

表 3-4 不同功率的反应层厚度(扫描速度 1mm/s，离焦量 -1mm)

功率/W	650	700
白色区域厚度/μm	11	15
灰色区域厚度/μm	29	36
反应层厚度/μm	40	51

3.4.3 钛合金与铅的激光焊接

钛合金化学活性大。钛及钛合金不仅在熔化状态，即使在 400℃ 以上的高温固态也极易被空气、水分、油脂、氧化皮等污染，吸收 O_2、N_2、H_2、C 等，使焊接接头的塑性及冲击韧度下降，并引起气孔。因此，钛合金焊接时要妥善保护。在热物理性能方面，钛及钛合金与其他金属比较，具有熔点高、热容量小、热导率小的特点，因此焊接接头易产生过热组织，晶粒变得粗大，特别是 β 钛合金，易引起塑性降低。钛的弹性模量约比钢小一半，所以焊接残余变形较大[38]。

铅的熔点为327℃，与大多数常用金属比较，常温时已处于更接近熔点的温度。铅在低应力作用下会发生变形并同时产生回复与再结晶过程。应变与再结晶同时发生，在应力作用下就会产生持久的蠕变行为[39]。这种蠕变敏感性导致铅难以作为结构材料应用到工程领域。因此很少有关于铅焊接的研究报告。铅金属暴露在空气中易发生氧化，其表面被暗灰色的PbO_2薄膜所覆盖，在与其他材料焊接时易产生氧化物，对接头力学性能产生影响。焊接过程中铅与空气中的氧可能形成PbO_2、Pb_2O_3、Pb_3O_4及PbO等不同氧化物。其中，PbO是一种低熔点的强氧化剂，沸点为1472℃，容易加剧焊接过程的铅汽化损失。

钛合金与铅在热物性及力学性能方面差异很大。Ti6Al4V的熔点接近Pb的沸点，在焊接过程中如果两种材料同时熔化，熔池温度可能达到铅的沸点，易造成铅的汽化流失。热扩散性能存在较大差异，固态时Pb的热导率大约为Ti6Al4V热导率的5倍，比热大约是Ti6Al4V的1/4，容易造成熔池的偏移，影响焊缝成形。在力学性能方面，铅是一种柔软的金属，其弹性模量与钛合金相比具有数量级的差别，铅的线膨胀系数却是钛合金的3倍，使两种材料焊接界面易产生较大的热变形，影响焊缝力学性能[40]。

1. 焊接工艺试验

将Ti6Al4V与Pb板材加工成60mm×20mm×2mm试样，进行激光对焊工艺试验。图3-72所示为功率250W、扫描速度25mm/s条件下的焊缝形貌。焊缝左侧为Ti6Al4V，右侧为Pb，白色区域为钛合金与铅的混熔焊缝。将对应的焊缝局部放大，A和B区域的成分线扫描结果如图3-73和图3-74所示。A区域位于焊缝的上部，紧挨着激光加载的上表面，此区域温度较高。从成分面分布结果可以看出，白色区域同时含有Ti与Pb两种元素。由此可以推断，焊接过程A区域的钛合金与铅均发生熔化，在此区域形成了熔焊焊缝。

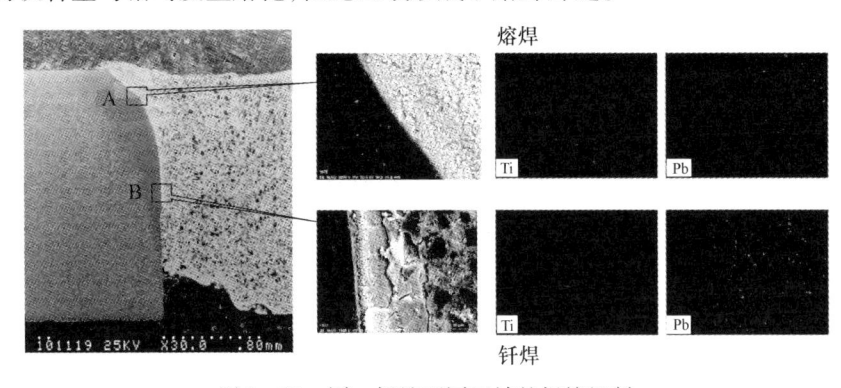

图3-72 同一焊缝不同区域的焊接机制

同一焊缝不同区域存在不同的焊接机制。这种现象仅发生在熔点差异较大的异种金属焊接过程。当焊缝区域温度较高，超过两种母材熔点时，两种材料均

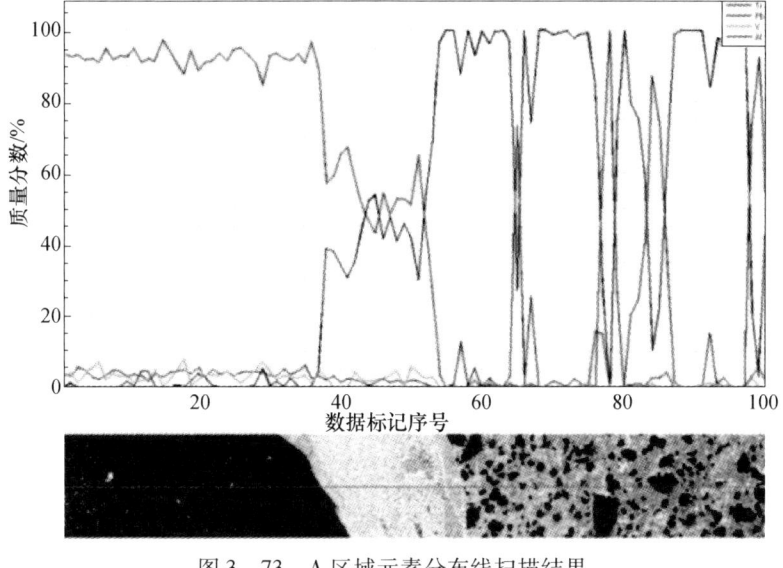

图 3-73 A 区域元素分布线扫描结果

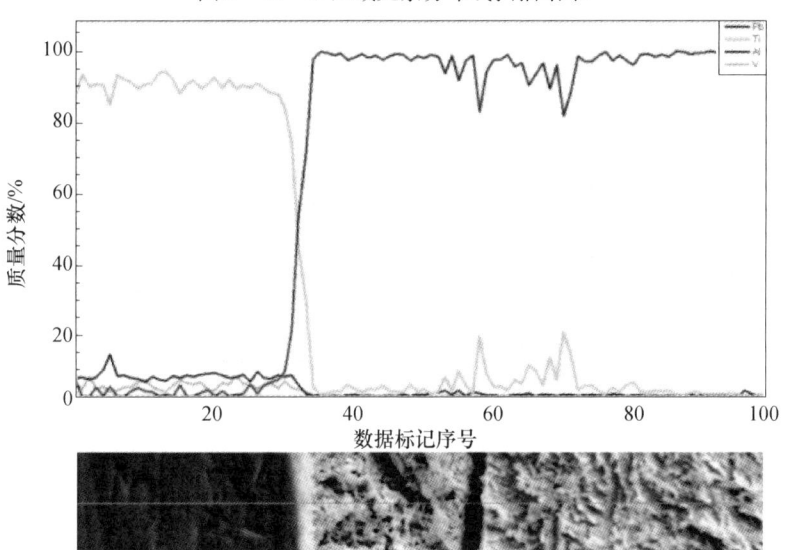

图 3-74 B 区域元素分布线扫描结果

发生熔化从而形成熔焊焊缝；当焊缝区域温度较低，介于两种母材熔点之间时，低熔点母材熔化，高熔点母材保持固态，低熔点的母材润湿铺展到高熔点母材的固态界面上，从而形成了以低熔点母材为钎料的钎焊焊缝。总之，界面温度 T_I 与焊接材料熔点 T_{mA}、T_{mB} 的关系决定了该区域的焊接机制：

(1) $T_I > \max(T_{mA}, T_{mB})$：两种材料熔化混合，形成熔焊焊缝。

(2) $\max(T_{mA}, T_{mB}) > T_I > \min(T_{mA}, T_{mB})$：低熔点材料熔化，高熔点材料保

持固态，液态低熔点材料润湿固态界面，形成钎焊焊缝。

（3） $T_1 = \max(T_{mA}, T_{mB})$：焊接机制由熔焊转变为钎焊。

对于具有较大熔点差异的异种金属激光焊接，同一焊缝可能同时存在熔焊区域与钎焊区域。针对Ti6Al4V与纯Pb激光对焊焊缝，可以划分如下区域：钛合金与铅的混熔区(Mixed Fusion Zone)、固态钛合金热影响区以及液态铅。定义混熔区深度为熔焊深度(Fusion Welding Depth)，定义钎焊界面的长度为钎焊深度(Brazing Depth)，熔焊深度与钎焊深度的总和为焊缝深度(Welding Depth)，如图3-75所示。

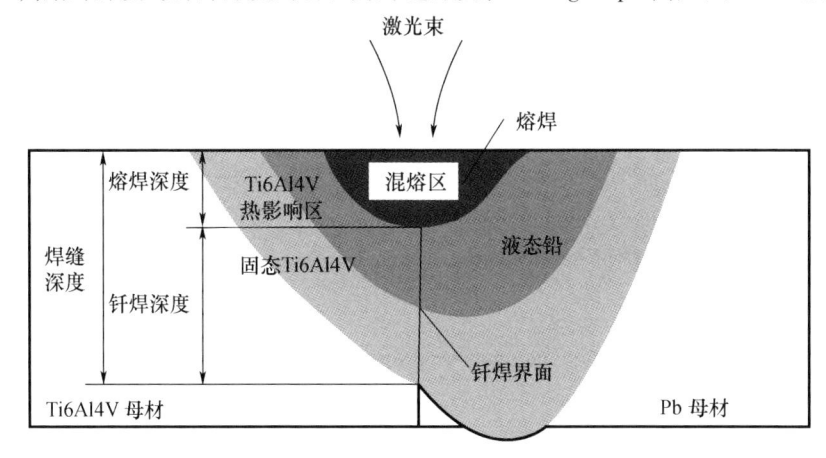

图3-75 焊接深度示意图

改变功率激光功率、扫描速度以及光斑偏移，测量焊缝深度与熔焊深度，研究工艺参数对焊缝形貌的影响规律，如图3-76所示。可以看出，焊缝深度是由激光功率、扫描速度以及光斑偏移共同影响的。

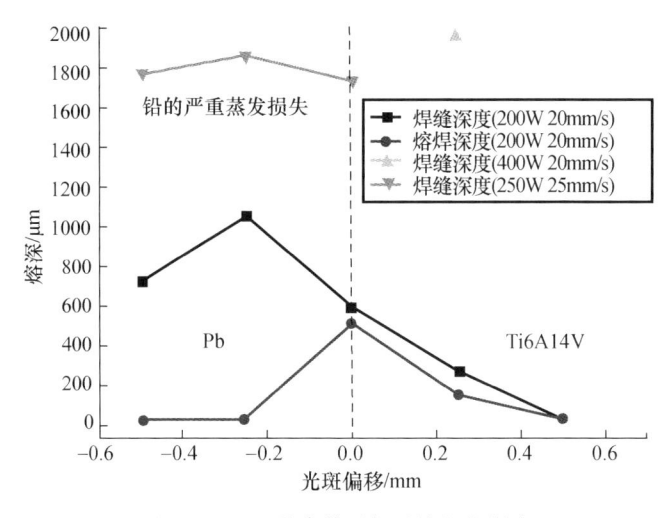

图3-76 工艺参数对焊缝熔深的影响

对于激光功率200W、扫描速度20mm/s的能量输入,当光斑位置位于焊缝中央或者略微偏向铅一侧时,会形成熔焊焊缝;当光斑偏向钛合金一侧时,未能形成熔焊焊缝。最大的焊缝深度出现在偏向铅一侧0.25mm条件下,此时只有铅熔化,钛合金保持固态,焊缝为钎焊焊缝,由于液态铅的表面张力,使得铅底部形成圆弧面,如图3-77所示。焊缝深度随着光斑向钛合金一侧的偏移而减小,当偏向钛合金一侧0.5mm时,界面未形成焊缝。

图3-77 Ti6Al4V与Pb激光钎焊焊缝(功率200W,扫描速度20mm/s)
(a)光斑偏移铅侧0.25mm;(b)光斑偏移铅侧0.5mm。

通过比较不同工艺参数下的焊缝形貌,熔-钎复合连接机制的焊缝既可以达到较大的熔深,又可以避免低熔点的铅过度熔化而产生的塌陷。

2. 微观结构演化

异种金属激光焊接焊缝的界面主要包括焊缝与两侧母材之间的两个界面。由于两种焊接母材热物性及力学性能的差异,使得这两个界面具有不同的特征。本节以激光功率200W、扫描速度20mm/s、光斑位于焊缝中央工艺条件下的焊缝为观察对象,探讨钛合金与焊缝间界面区域的微观结构演化。

1)Ti6Al4V热影响区组织演化

Ti6Al4V是一种($\alpha+\beta$)双相合金,其母材的组织如图3-78所示,其中黑色为常温相(α-Ti),白色为高温相(β-Ti)。当钛基合金温度超过995℃时,晶体结构将由α相(hcp,密排六方结构)转换为β相(bcc,体心立方结构)。

激光焊接的特点之一就是高冷却速率,通常可达$10^2 \sim 10^4$℃/s。图3-79为Ti6Al4V整个热影响区的组织演变。从图3-79(a)中看出,距离焊缝越近,显

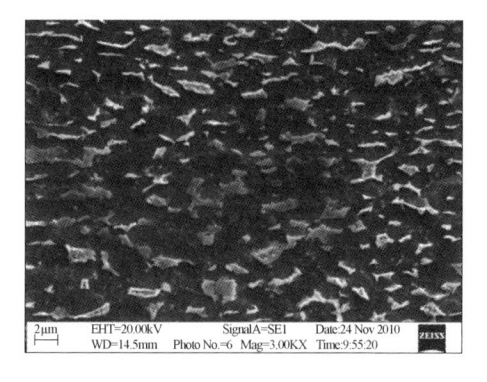

图3-78 Ti6Al4V母材显微组织

微组织呈现出晶粒细化分布的趋势。越靠近焊缝的热影响区,由于冷却速率较高,高温 β 相没有足够的时间转变为平衡 α 相,而通过原子迁移过程生成了针状马氏体,如图 3-79(b)所示,这种组织通常具有较高的显微硬度。

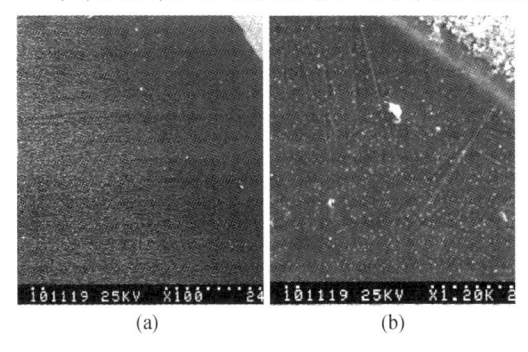

图 3-79 Ti6Al4V 整个热影响区的组织演变(Ti6Al4V/焊缝界面)
(a)热影响区组织演化;(b)靠近焊缝热影响区局部放大。

图 3-80 所示为 Ti6Al4V 与焊缝界面形貌图,图中白色区域为熔焊焊缝,黑色区域为钛合金 Ti6Al4V 的热影响区。Ti6Al4V 与焊缝具有明显的界面,在界面上形成良好冶金结合,未出现宏观裂纹。对界面进行成分面扫描,如图 3-81 所示,从图中 Ti、Pb 元素的分布图可以看出,在界面两侧均存在 Ti 元素,而 Pb 元素的分布具有较为明确的阶跃——Pb 的分布集中在焊缝区域,而没有扩散到边界另一侧的钛合金区域。

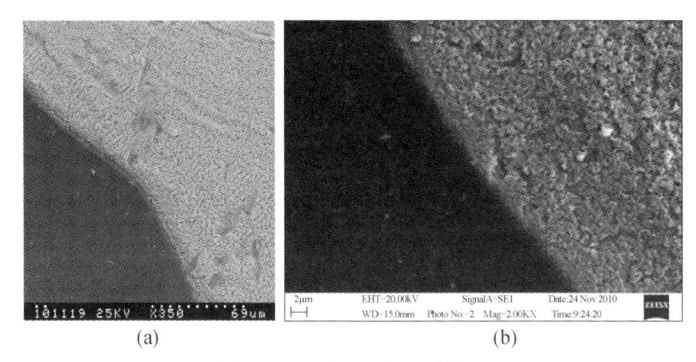

图 3-80 焊缝界面形貌图

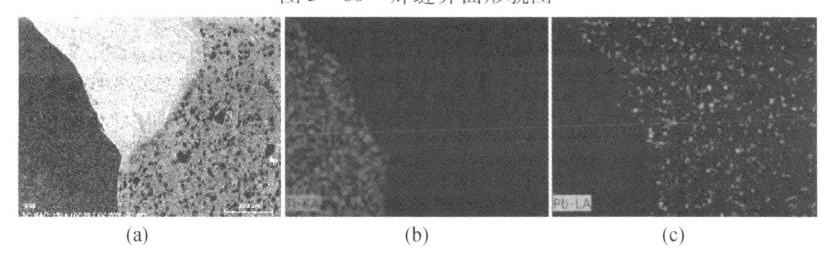

图 3-81 焊缝区域成分面分布

2) 钎焊界面组织

在钛合金与铅的激光焊接过程中,由于母材熔点差异极大,当光斑位置偏移 Pb 侧时,低熔点 Pb 熔化,而高熔点钛合金保持固态,形成以 Pb 为钎料的钎焊焊缝,焊缝形貌及焊缝断面分别如图 3-82 所示。焊缝左边深灰色材料为 Ti6Al4V,右侧白色材料为铅。将焊缝剖开,发现在钛合金断面上保留有铅的熔合物,如图 3-82(b)所示。可以看出,焊缝未形成共熔区,特别是钛合金侧仍然保留着焊接前焊接试样的几何形状。而铅在焊接过程中加热熔化,在表面张力作用下,铅的背面形成一个大的弧面,导致焊缝底部未熔合。钛合金由于受热较小,焊接材料大部分区域未超过相变温度,因此热影响区较窄,钛合金微观组织未发生明显的变化,没有出现针状马氏体组织,只有靠近钎焊界面的局部区域出现组织细化,如图 3-83 所示。

图 3-82 Ti6Al4V 与 Pb 激光钎焊焊缝
(a)焊缝形貌;(b)焊缝断面。

对焊缝进行了成分面分布测试,结果如图 3-84 所示。可以看出,Ti、Pb 两种元素的分布具有明显的界线。

图 3-83 母材区组织演变
(a)母材组织;(b)靠近焊缝区域区组织。

图 3-84 焊缝面成分分布

3. 焊缝力学性能

图 3-85 为焊缝的显微硬度分布。Ti6Al4V 母材硬度分布位于 350～400HV 区间,热影响区由于形成了针状组织,硬度有所提高,平均硬度可达 450HV。在白色焊缝区域,由于含有 Ti-Pb 的金属间化合物,使得焊缝塑性降低,硬度增高。

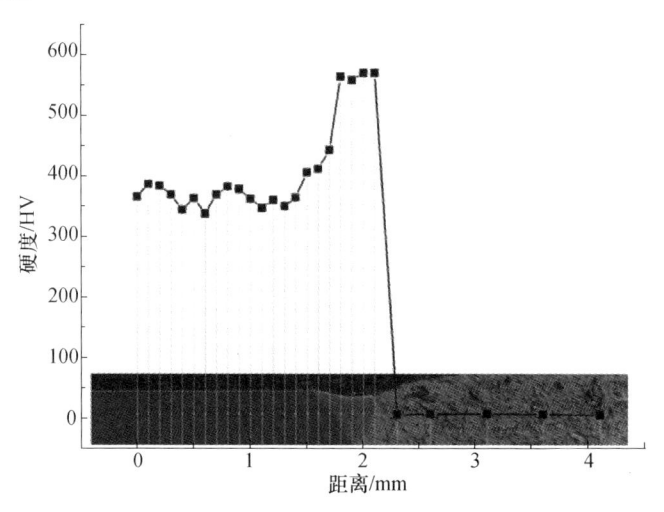

图 3-85 Ti 6Al 4V 与 Pb 焊缝显微硬度

对功率 400W、扫描速度 200mm/s 工艺条件下的焊接试样进行拉伸测试。由于铅质地柔软,无法装夹到材料试验机上,将铅试样两侧焊接钛合金,在试验机上夹具夹紧钛合金材料,试样如图 3-86 所示。拉伸试验过程中,断裂发生在铅母材,材料发生塑性变形,拉断时的载荷分别为 13.9MPa 与 12.7MPa。拉断图如图 3-87 所示。由于铅质地柔软,拉断过程出现塑性变形,延伸率远高于传统金属。测试结果说明了焊缝的强度高于铅的母材强度,满足应用需求。

图 3-86 Ti6Al4V 与 Pb 焊接拉伸试样

4. 焊缝传质界面

激光焊接过程,熔池质量传递主要是依靠熔池中液态金属的对流搅拌。在 Ti6Al4V 与 Pb 的激光焊接工艺试验中,发现在焊缝混熔区与液态铅之间存在质量分布界面(以下称作传质界面)。

图 3-87 Ti6Al4V 与 Pb 焊接试样断口

Ti6Al4V 与 Pb 激光对焊,当功率为 400W,扫描速度为 20mm/s,光斑偏 Ti6Al4V 侧 0.25mm 时,焊缝的正、反表面与截面分别如图 3-88 与图 3-89 所示。由焊缝宏观形貌看出,焊缝上下表面均存在较宽的焊接鱼鳞纹。由于深熔焊缝中央温度较高,导致焊缝一侧的低熔点铅在焊接过程中形成较大熔化区,在冷却过程产生较大塌陷变形。

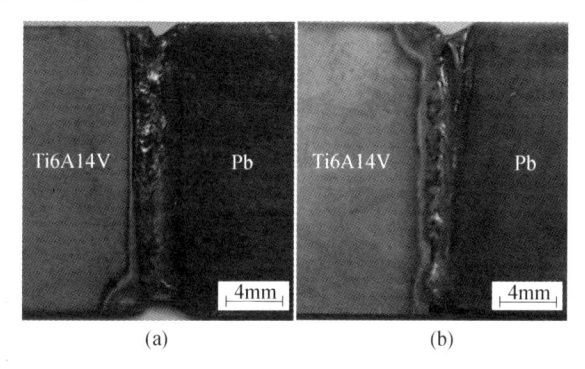

图 3-88 焊缝的表面
(a)正面;(b)反面。

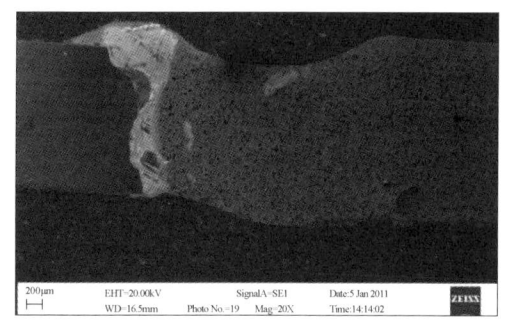

图 3-89 焊缝的截面形貌

对图 3-89 焊缝局部区域进行成分面扫描,如图 3-90 所示。测试结果显示,在钛合金母材与白色焊缝中含有 Ti 元素。白色的焊缝区域存在 Pb 元素,在白色焊缝区域右侧的灰色区域未发现 Ti 元素。由此可知,Ti 元素在焊接过程中仅扩散到了白色焊缝区域,并未扩散到白色焊缝右侧铅的熔化区域。白色焊缝

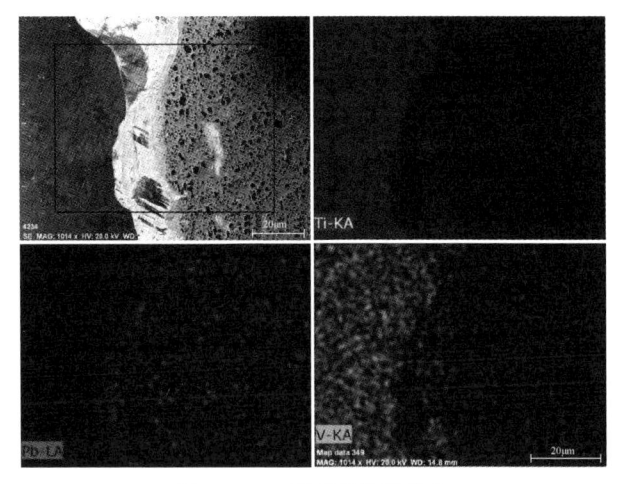

图 3-90　界面成分面分布

区域同时含有 Ti 与 Pb 元素,这说明在焊接过程钛合金与铅均发生熔化,在此区域两种液态材料发生互溶,元素相互扩散,形成了熔焊焊缝。白色区域为两种焊接材料的混熔区,白色区域右侧为铅的熔化区。焊接过程液态钛合金未对流扩散至液态的铅区域,在混熔区与铅之间形成一个明显的传质界面。

从焊接熔池对流驱动力方面考虑,熔池流动的驱动力来自熔池表面两个方向的表面张力梯度 $\partial\sigma_{sur}/\partial x$ 与 $\partial\sigma_{sur}/\partial z$ [41]。其中,温度梯度引起的表面张力在表面张力起主导作用。

由于铅的导热性能较钛合金好,且铅的熔点极低(327℃),当激光作用在某位置时,光束前方及周围的低熔点铅已经发生熔化,形成较大区域的铅熔池,如图 3-91 所示。熔化区域温度在铅的熔点与沸点之间波动。同时,固态铅导热性较好,热导率大约为固态 Ti6Al4V 的 5 倍,因此在铅的熔化区温度梯度较小。

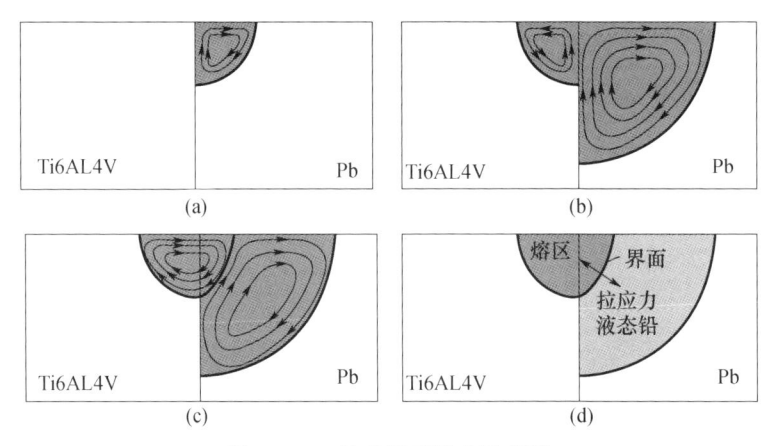

图 3-91　传质界面形成示意图

此外,铅的熔化区域中浓度没有变化,不存在浓度梯度。

激光直接作用的位置,由于离焦量为0,全部激光能量作用在焦斑区域内,高功率密度使该区域瞬间产生高温,使钛合金熔化,并可能使部分的铅汽化。钛合金热导率较低,在较短的加载时间内会产生较高的温度梯度。钛合金熔化的周围为液态的铅,液态铅的导热性为固态铅的一半,对液态的钛合金来说起到了保温的作用,更加剧了钛合金熔化区域的温度梯度。不同的温度梯度导致不同的表面张力梯度,从而产生不同的熔池驱动力。

局部熔化的钛合金具有较高的温度梯度,部分液态铅通过对流与扩散的形式,形成了钛合金与铅的混熔区域,混熔区域位于激光加载的中心,温度梯度较液态铅的温度梯度要高。混熔区中浓度梯度对于熔池表面张力也产生影响。于是,在混熔区与液态铅区域产生不同的表面张力梯度,从而形成了不同的熔池流动。此外,激光能量集中且扫描速度较快,导致冷却速率大,混熔区与液态铅来不及充分混合就开始凝固,可能导致传质界面的形成。

5. 温度场与应力场数值模拟

异种材料连接过程,由于界面结构两侧材料的力学与物化性能不同,使得沿界面方向的应力发生不连续[24];由于材料弹塑性与导热性能系数不同,造成界面两侧发生变形也不同;连接时的热应力或存在残余应力在界面端部发生应力集中。对于Ti6Al4V与Pb激光焊接,混熔焊缝在Pb侧的界面上,由于两侧材料属性的差异导致界面出现裂纹。

以图3-92(a)所示焊缝为例,在Ti6Al4V与Pb激光对焊混熔焊缝与Pb侧的界面上,存在着一条贯穿整个界面的裂纹,裂纹的宽度大约1μm,裂纹的位置与局部放大如图3-92所示。界面结构两侧材料性能的差异会导致界面应力的不连续,同时界面两侧材料在焊接热循环过程中,导热性能与热膨胀性能的不同,在界面端部会产生局部应力集中。因此,有必要对焊接过程的热应力进行计算分析。首先对温度场进行求解,然后以温度场结果作为输入条件对应力场进行计算。

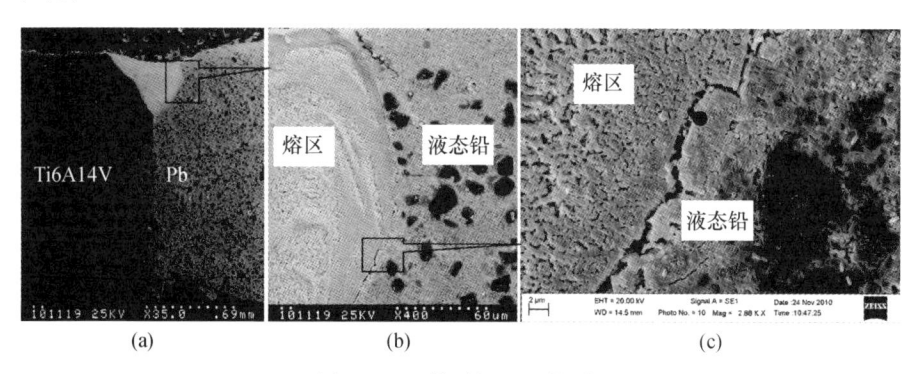

图3-92 传质界面上的裂纹

1）焊接温度场数值模拟

根据焊缝形状,热源采用面热源与锥形体热源的混合热源。温度场计算结果如图 3-93 所示。$t=0.01s$ 时,激光作用区域最高温度已经超过铅的熔点,铅开始熔化;$t=0.05s$ 时,最高温度 1384℃,未达到钛合金熔点,在这个过程铅继

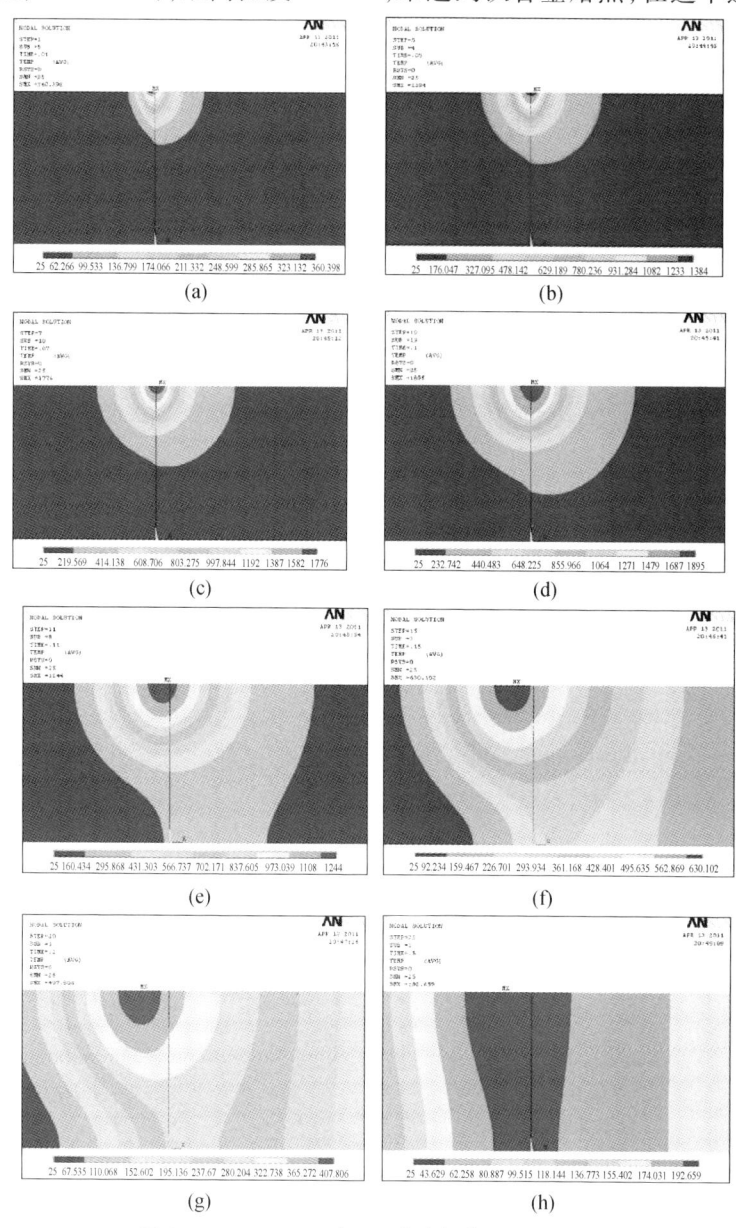

图 3-93　Ti6Al4V 与 Pb 激光焊接二维温度场
(a)$t=0.01s$;(b)$t=0.05s$;(c)$t=0.07s$;(d)$t=0.1s$;
(e)$t=0.11s$;(f)$t=0.15s$;(g)$t=0.2s$;(h)$t=0.5s$。

续熔化,钛合金界面仍保持固态;$t=0.07\text{s}$ 时,温度场最高温度超过 1700℃,钛合金开始熔化;在 $t=0.1\text{s}$ 时,整个温度场达到时间历程的最高温度,两种焊接材料均发生熔化,并且熔池最大;在随后的时间,材料逐渐冷却,由于铅的导热性能较钛合金好,最高温度偏移至钛合金侧。当 $t=0.5\text{s}$ 时,焊接温度场的最高温度已经低于铅的熔点,整个焊缝已经完全凝固为固态。

2) 焊接热应力数值模拟

考察焊接材料垂直于扫描速度截面的应力状态,当温度场为准稳态时,任一截面上的温度历程与应力状态的变化基本是一致的。因此应力场问题可简化为平面应变问题。

本构关系的建立与材料的状态密切相关。某一时刻焊接材料上会有固相区、液相区和固液共存区,激光焊接过程固液共存区存在时间短,忽略不计,因此主要考虑固相区和液相区的状态。固态区的应力、应变服从热弹塑性理论。采用 Von Mises 屈服准则,三维坐标系中,屈服面是一个以 $\sigma_x = \sigma_y = \sigma_z$ 为轴的圆柱面,在屈服面内部的任何应力状态都是弹性的,屈服面外部的任何应力状态都会引起屈服。

二维有限元模型左侧边界固支,右侧边界简支。对接面上,尽管只有上半部形成焊缝,但是为了计算收敛,在对接界面上未形成焊缝区域进行自由度耦合处理。

计算中,对钛合金 Ti6Al4V 1100℃以上的力学性能参数提高到和1100℃时相等的水平。对铅250℃以上的力学性能参数提高到和250℃时相等的水平。其中,由于焊缝区域的力学性能参数难以测定,根据硬度测试结果(焊缝处硬度略高于钛合金热影响区硬度),假设焊缝力学性能等同于 Ti6Al4V 力学性能。

焊接材料在激光辐照下温度迅速上升,当等效应力大于材料的屈服强度时,这一部分产生塑性变形。而在塑性区以外产生与塑性变形相适应的弹性变形。焊接残余应力的产生是由于不均匀加热引起的不均匀塑性变形,再由不均匀变形引起的弹性应力,是强制协调焊缝与母材变形不一致的结果。

图 3-94 所示为不同时刻的焊接等效应力(Von Mises Stress)分布,在冷却开始阶段($t=0.11\text{s}$),熔池混熔区仍然处于高温状态,熔池区域附近几乎处于零应力状态。应力最大值出现在钛合金侧,但是远未达到钛合金的屈服强度。$0.13 \sim 0.19\text{s}$ 阶段,熔池开始冷却,应力有所增加,在焊缝三角区底端顶角出现应力最大值。应力最大值不仅超过了铅的屈服强度,而且在焊缝三角形区域与铅母材界面上的应力超过了铅的抗拉强度,在此处可能萌生裂纹。0.4s 以后,整个焊接温度场已经低于铅的熔点,整个区域均为固态,焊缝冷却收缩而受到周围材料限制,在焊缝中部出现应力的最大值。铅母材质地柔软,为典型的塑性材料,没有抵抗变形的能力,在整个焊接过程铅侧材料基本处于零应力状态。因

此,熔焊区域与铅之间的传质界面上具有不连续的应力分布,这种界面结构性能的失配是导致界面出现裂纹的原因之一。

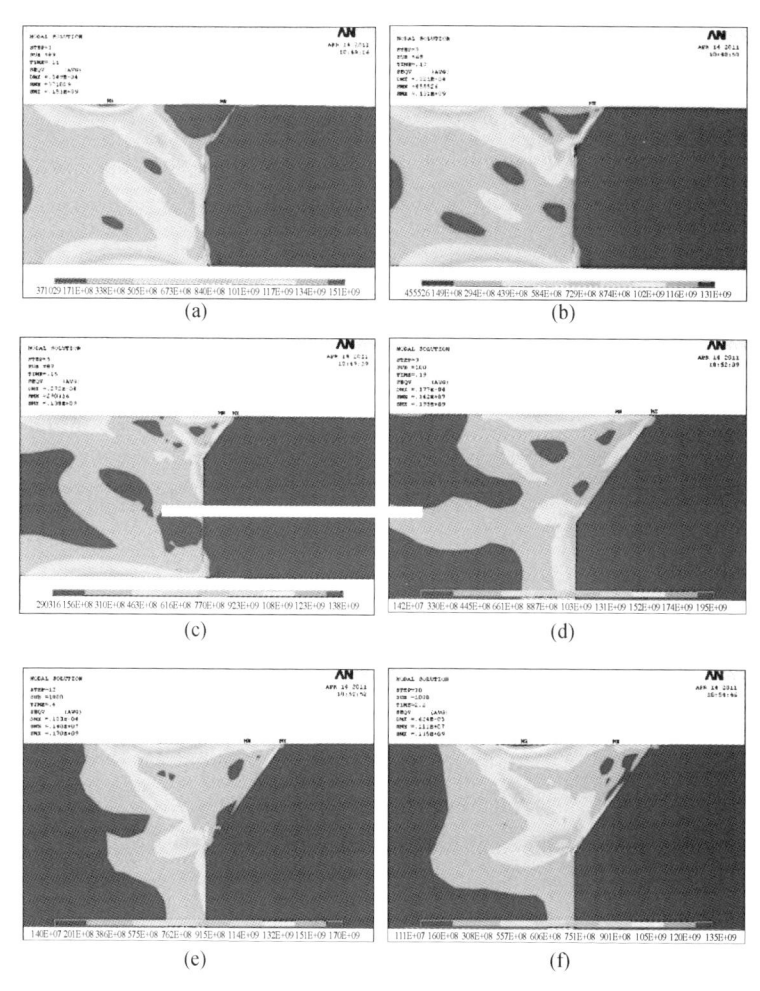

图 3-94　不同时刻等效应力分布
(a)$t=0.11s$;(b)$t=0.13s$;(c)$t=0.15s$;(d)$t=0.19s$;(e)$t=0.4s$;(f)$t=2.2s$。

由等效应力分布的云图可见,应力集中的位置位于三角形焊缝的底部顶角处,此处在材料的力学性能上也不连续,而且在几何上出现尺寸突变。因此,可以判断此处是整个焊接界面上最容易出现裂纹的位置。观察此处的微观结构发现,此位置正是界面裂纹的端部,如图 3-95 所示,推断此处是裂纹萌生的源头。

由此可以看出,混熔焊缝区与铅界面上存在着由于材料性能差异造成的应力不连续。在焊缝三角形下端顶角位置,既是几何突变的位置,又存在材料属性的不连续,此界面端部存在应力集中。铅的抗拉强度较低(12~13MPa),在集中应力的作用下,此区域的铅可能最先出现裂纹,并最终扩展至整个界面。

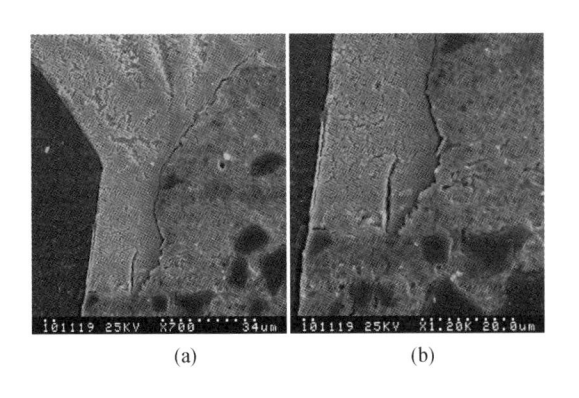

图 3 – 95　三角形焊缝底部裂纹

(a)底部裂纹;(b)裂纹局部放大。

3.5　激光焊接应用

激光焊接以其接头优良的性能在车辆工程、航空航天、轨道交通等领域获得了广泛的应用。本节以冷却板件的激光焊接、发动机增压器涡轮与转轴的激光焊接、飞行器陀螺马达的激光焊接、火工产品的激光焊接、铝合金车身的激光 – MIG 复合焊接为例，介绍激光焊接的应用。

3.5.1　冷却板件的激光焊接

在超燃冲压发动机工作环境中，核心部件承受着高温、高压、高速等极端工况与服役环境，而主动冷却部件是发动机热防护中的重要组成部分。

如图 3 – 96 所示为主动冷却板件结构图，一般这种复杂结构件难于整体直接加工，多采用连接技术。然而运用传统加工方法，如电弧焊技术，工件变形大，易开裂，结构的可靠性得不到保证。利用高功率激光焊接技术，具有焊接区域变形小、易于控制、表面质量好、强度高等优势，可以实现这种冷却板件的焊接。

图 3 – 96　冷却板结构

冷却板件结构特点要求实现上面薄板和下面多条冷却槽道的焊接。对于这种焊接要求，需采用多道非熔透性搭接焊方式。最终焊接接头形式如图3-97所示，效果为冷却板上板焊透，下板冷却槽部分焊透。

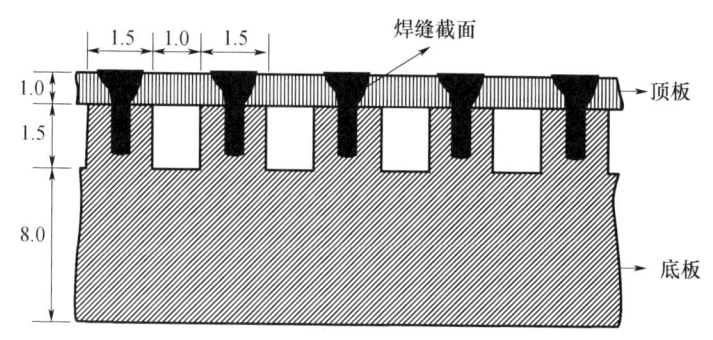

图3-97　冷却板件激光搭接焊接头截面示意图

图3-98为激光焊接后的冷却板件，焊接分外围密封焊和冷却槽搭接焊，上表面焊道宽度小于2mm。通过合理设定保护气吹气方向和压力，焊缝表面基本没有氧化现象，表面光亮呈金黄色；焊接过程对焊道的起始和收尾段的工艺参数进行微调控制，最终焊缝无凹陷等缺陷，如图3-98(b)所示。

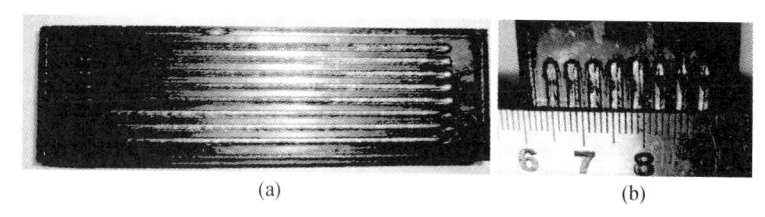

图3-98　冷却板件激光焊接
(a)焊件；(b)起弧收弧端。

对焊接后的冷却件进行充气加压试验，如图3-99所示。可以看出，焊接整体气密性良好，无漏气现象；在冷却板一段有凸起，而焊接处无裂开现象，说明结构强度达到了要求。

图3-99　受压膨胀后的冷却板件

3.5.2 增压器涡轮与转轴的激光焊接

涡轮增压器转子是发动机的核心部件,其质量对发动机的寿命有很大影响。它通常是由铸态的 K418 镍基高温合金涡轮盘和调质状态的 42CrMo 合金钢转轴焊接而成。

对于轴形零件的激光焊接存在几个问题:对焊的两根轴能否紧密挤压并在焊接过程中不产生相对移动;焊接过程中能否稳定运行;如何解决轴件各段焊前温度不同所造成的焊接不均匀;如何解决焊接收尾时的焊接缺陷等。目前对于轴形零件的激光焊接通常是在恒定功率和恒定速度下进行的,这样很难避免一些焊接缺陷,如焊接收尾时的凹坑。在长时间的连续焊接过程中,某些参量会发生改变,从而造成焊接质量的不稳定。对于首尾衔接处的凹坑缺陷,在激光深熔焊接中极易出现,这些凹坑缺陷的产生与激光焊接时工艺参量配合是否合理有关,为了避免缺陷的产生,针对轴类零件的焊接,需要相应的工艺优化。

激光深熔焊接工艺一般规律为:在焊接速度等其他参量不变的情况下,仅提高激光功率,由于输入线能量增大等原因,焊缝一般会变深变宽,反之变浅变窄;在激光功率等其他工艺参量不变的情况下仅提高焊接速度,由于线能量减小等原因,焊缝一般会变浅变窄。正因为激光功率和焊接速度对最终焊接质量影响很大,因此可以通过改变这两个工艺参量来使焊接达到更好的效果。

图 3-100 中分别为 45 钢圆筒匀速恒功率焊接和收尾阶段提速降功率焊接的首尾衔接处焊接结果。可以看出,在匀速恒功率焊接首尾衔接处有明显的凹坑缺陷,而利用在收尾阶段突然提高速度同时降低功率的方法进行激光焊接,可以有效地消除焊接轴形零件首尾衔接处的凹坑缺陷。

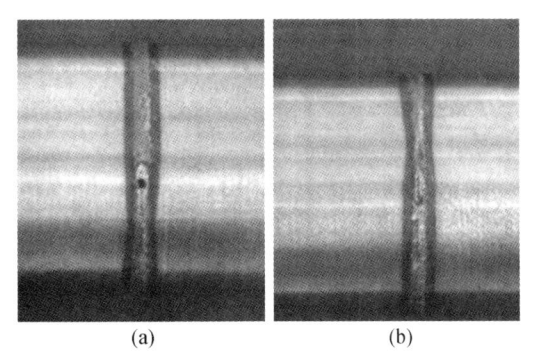

图 3-100 45 钢圆筒首尾衔接处焊接结果
(a)匀速恒功率焊接;(b)收尾阶段提速降功率焊接。

利用焊接收尾阶段线性降低功率的方法对 K418 涡轮盘和 42CrMo 涡轮轴进行焊接。所用工艺为:激光束偏转 6.5°,速度 8mm/s,离焦量 -3mm,激光功率3kW,焊接开始后旋转台转过360°后激光功率线性下降,再转45°后停激光停旋转台。图3-101为焊后整体效果图。可以看出,K418涡轮盘与42CrMo转轴焊缝均匀平滑,无明显的表面缺陷,证明对轴形零件的焊接进行多工艺控制是必要的。

图3-101 发动机涡轮与转轴的激光焊接

3.5.3 飞行器陀螺马达的激光焊接

陀螺马达是歼击机航空仪表中的关键部件,由于马达的体积微小,在生产过程中外壳的封装只能采取树脂粘接的方法,歼击机在高空恶劣环境下高速飞行所产生的高频振动极易造成陀螺马达的开胶,使马达受损。由于马达的生产、工作温度不能超过60℃,常规焊接方法无法实现。因此,马达的封装问题一直困扰着军工业。

对陀螺马达采用激光焊接的方法,设定如图3-102所示的激光功率波形,并保持激光焦点在焊缝中心,控制马达以12s一周的速度旋转,重复激光波形3次,激光沿焊缝圆周形成3个焊点。焊接件整体温度可以控制在40℃范围内,实现了陀螺马达异种材料的激光焊接,如图3-103所示。通过高频振动试验台的测试表明,马达焊接牢固,强度高。

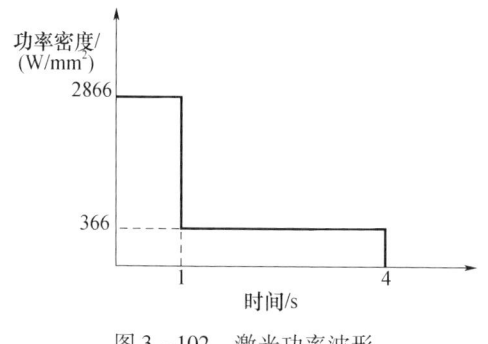

图3-102 激光功率波形

图3-103 焊接完成的陀螺马达

3.5.4 火工产品的激光焊接

火工品设计和其他工程设计一样,贯彻先进可行与经济合理的通用设计原则,其中最重要的是安全性原则与可靠性原则。火工产品的生产通常是装填弹药后靠螺纹紧固密封,如果密封不好,在工作时有可能泄露或者失效。采用激光焊接的方法,在火工产品装填药后用激光焊接封装,通过特殊工艺,避免焊接过程火药易爆炸的危险,确保激光焊接过程中的绝对安全,攻克了该技术难题,为激光在火工产品领域的应用奠定了基础。火工产品焊接装备与零件如图3-104所示。

图3-104 火工产品焊接装备与零件

3.5.5 铝合金车身的激光-MIG复合焊接

轻量化铝合金车体制造技术是动车组九大关键技术之一,车体为筒形整体承载结构,由大型、中空、薄壁铝合金挤压型材双面焊接而成(图3-105)。与欧洲高速动车组车体相比,CRH2型动车组铝合金车体所采用的型材壁厚更薄(最薄处只有1.5mm),车体重量更轻,因此CRH2型动车组在铝合金车体的焊接要求比欧洲动车组铝合金车体的更高更难。

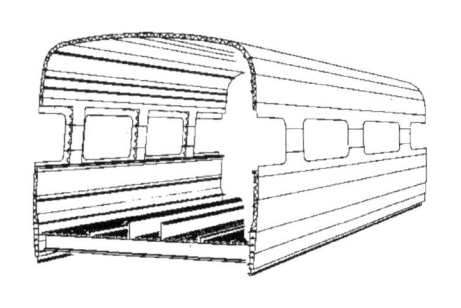

图3-105 铝合金车体示意图

为了更好地进行完整结构件的焊接,首先取结构件试件进行焊接,进行结构件的工艺优化,得到的焊接效果如图3-106所示。为了保证车体结构件的焊接质量,需要对焊缝做X射线探伤,以检测是否有夹杂和气孔缺陷(图3-107)。结果表明,结构件试件焊接未发现气孔和夹杂类缺陷,符合探伤Ⅰ级焊缝要求。

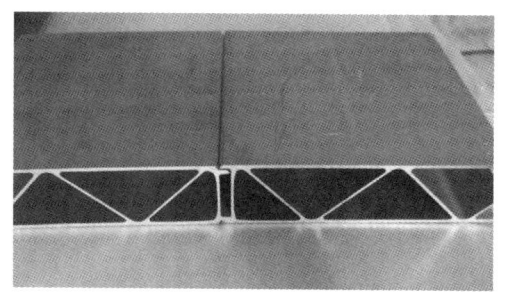

图 3-106 结构件焊接试板

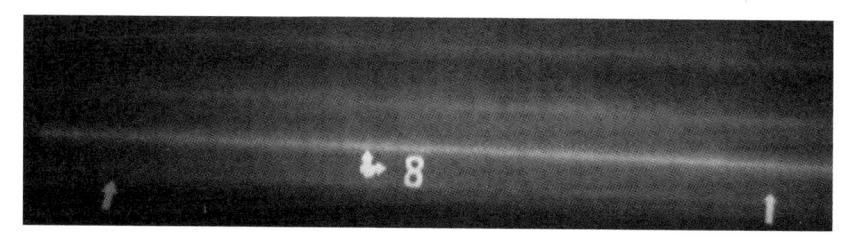

图 3-107 X射线探伤结果

焊接工艺装备、结构件焊缝、焊接后的整体车身结构件效果如图 3-108～图 3-110 所示。

图 3-108 焊接工艺装备

图 3-109 结构件焊缝

图 3-110 激光-MIG 复合焊接后的车身结构件

参考文献

[1] Mazumder J. Overview of melt dynamics in laser processing[J]. Optical Engineering,1991,30(8): 1208-1219.

[2] Duley W W. Laser welding[M]. New York:John Wiley & Sons,1999.

[3] Siegman A E. Laser beams and resonators:Beyond the 1960s[J]. IEEE Journal of Selected Topics in Quantum Electronics,2000,6(6):1389-1399.

[4] Semak V,Matsunawa A. The role of recoil pressure in energy balance during laser materials processing[J]. Journal of Physics D - Applied Physics,1997,30(18):2541-2552.

[5] Fabbro R,Chouf K. Dynamical description of the keyhole in deep penetration laser welding[J]. Journal of Laser Applications,2000,12(4):142-148.

[6] Fabbro R. Study of keyhole behaviour for full penetration Nd - Yag CW laser welding[J]. Journal of Physics D - Applied Physics,2005,38(12):1881-1887.

[7] 虞钢,赵树森,张永杰,等. 异种金属激光焊接关键问题研究[J]. 中国激光,2009,2:262-267.

[8] 梅汉华. 采用填充焊丝激光焊接工艺的研究[J]. 北京工业大学学报,1996,22(3):38-42.

[9] Goldstein R J. Heat transfer-a review of 1999 literature[J]. International Journal of Heat and Mass Transfer, 2001,44(19):3579-3699.

[10] Rai R. A convective heat - transfer model for partial and full penetration keyhole mode laser welding of a structural steel[J]. Metallurgical and Materials Transactions a - Physical Metallurgy and Materials Science, 2008,39A(1):98-112.

[11] 王洪潇. 铁道客车用 SUS301L 不锈钢非熔透型激光搭接焊工艺[J]. 热加工工艺,2009,38(19): 136-139.

[12] 褚庆臣,何秀丽,虞钢,等. 不锈钢激光搭接焊接头温度场数值模拟及分析[J]. 中国激光,2010,12: 3180-3186.

[13] Yoo Y T. Welding characteristics of S45C medium carbon steel in laser welding process using a high power CWNd:YAG laser[J]. Journal of Materials Science,2004,39(19):6117-6119.

[14] Capello E. Laser welding and surface treatment of a 22Cr - 5M - 3Mo duplex stainless steel[J]. Materials Science and Engineering a - Structural Materials Properties Microstructure and Processing,2003,351(1 - 2):334-343.

[15] Yan J. Study on microstructure and mechanical properties of 304 stainless steel joints by TIG,laser and laser-TIG hybrid welding[J]. Optics and Lasers in Engineering,2010,48(4):512-517.

[16] Folkhard E. Welding metallurgy of stainless steels[M]. Beijing:Chemical Industry Press,2004.

[17] 潘复生,张丁非. 铝合金及应用[M]. 北京:化学工业出版社,2006.

[18] Guen L E E,Fabbro R,Carin M,et al. Analysis of hybrid Nd:YAG laser-MAG arcwelding processes [J]. Optics & Laser Technology,2011,43(7):1155-1166.

[19] Tan Bing,Wang Youqi,et al. Study of the Laser-MIG Hybrid Welded Al-Mg Alloy[J]. Rare Metal Materials,2011(54):115-119.

[20] Casalino G. Statistical analysis of MIG-laser CO_2 hybrid welding of Al-Mg alloy[J]. Journal of materials processing technology,2007,191(1):106-110.

[21] Phanikumar G. Continuous welding of Cu-Ni dissimilar couple using CO_2 laser[J]. Science and Technology of Welding and Joining,2005,10(2):158-166.

[22] Phanikumar G. Characterization of a continuous CO_2 laser-welded Fe-Cu dissimilar couple[J]. Metallurgical and Materials Transactions a-Physical Metallurgy and Materials Science,2005,36A(8):2137-2147.

[23] 张彦华. 焊接力学与结构完整性原理[M]. 北京:北京航空航天大学出版社,2007.

[24] 李松瑞. 铅及铅合金[M]. 长沙:中南工业大学出版社,1996.

[25] 李亚江. 异种难焊材料的焊接及应用[M]. 北京:化学工业出版社,2004.

[26] Duley W W. Laser welding[M]. New York:Wiley,1999.

[27] Anawa E M. Control of welding residual stress for dissimilar laser welded materials[J]. Journal of Materials Processing Technology,2008,204(1-3):22-33.

[28] Liu X-B,Yu G,Guo J,et al. Research on laser welding of cast Ni-based superalloy K418 turbo disk and alloy steel 42CrMo shaft [J]. Journal of Alloys and Compounds,2008,453(1-2):371-378.

[29] Liu X-B,Pang M,Guo J,et al. Transmission electron microscopy characterization of laser welding cast Ni-based superalloy K418 turbo disk and alloy steel 42CrMo shaft [J]. Journal of Alloys and Compounds,2008,461(1-2):648-653.

[30] Liu X-B,Yu G,Pang M,et al. Dissimilar autogenous full penetration welding of superalloy K418 and 42CrMo steel by a high power CW Nd:YAG laser [J]. Applied Surface Science,2007,253(17):7281-7289.

[31] Ghosh M. Influence of interface microstructure on the strength of the transition joint between Ti-6Al-4V and stainless steel. Metallurgical and Materials Transactions a-Physical Metallurgy and Materials Science,2005,36A(7):1891-1899.

[32] Radhakrishna C. The formation and control of Laves phase in superalloy 718 welds[J]. Journal of Materials Science,1997,32(8):1977-1984.

[33] Phanikumar G. Computational modeling of laser welding of Cu-Ni dissimilar couple[J]. Metallurgical and Materials Transactions B-Process Metallurgy and Materials Processing Science,2004,35(2):339-350.

[34] Tomashchuk I. The simulation of morphology of dissimilar copper-steel electron beam welds using level set method[J]. Computational Materials Science,2010,48(4):827-836.

[35] Zheng Caiyun,Zhao Shusen,Yu Gang,et al. Experimental Investigation of LaserWelding of Titanium Alloy and Alloy Steel [J]. Applied laser,2011,31(5):369-374.

[36] Sun Z,Ion J C. Laser welding of dissimilar metal combinations[J]. Journal of Materials Science Letters,1995,30:4205-4214.

[37] Steen W M. Arc augmented laser processing of materials [J]. Journal of application physics,1980,51(11):5636-5641.

[38] Nowotny H. Investigation of the Titanium-Lead System[J]. Monatshefte fur Chemie,1951,82:344-347.

[39] Liu H. Tensile properties and their heterogeneity in friction stir welded joints of astrain hardened aluminum alloy[J]. Joining and Welding Research Institute,2002,31(2):193-199.

[40] Zhao S,Yu G,He X,et al. Numerical simulation and experimental investigation of laser overlap welding of Ti6Al4V and 42CrMo[J]. Journal of Materials Processing Technology,2011,211(3):530-537.

[41] Zhao S,Yu G,He X,et al. Microstructural and mechanical characteristics of laser welding of Ti6Al4V and lead metal[J]. Journal of Materials Processing Technology,2012,212(7):1520-1527.

第4章　激光打孔技术

激光打孔技术自20世纪70年代产生后在工业生产中得到广泛应用,是最早达到实用化的激光加工技术。相比电加工打孔和机械打孔方法,激光打孔的优势在于:打孔速度快,效率高;可获得较小的孔径和较高的深径比;不受材料及其形状限制,可以在各类材料和复杂形状的零件上进行激光打孔;可实现高密度及高定位精度的群孔加工。由于其特有优势,目前激光打孔在航空航天、电子、机械等行业获得日益广泛的应用[1]。

根据激光与材料作用机理的区别,激光打孔主要分为激光热打孔和激光冷打孔[2]。激光热打孔一般采用的脉冲时间为微秒至毫秒级别,激光与材料作用的时间相对较长,过程中会发生升温、熔化、汽化、溅射、重凝等现象,打孔过程较为复杂。激光冷打孔一般采用短波长如准分子激光器,或者激光束的脉冲时间为飞秒(10^{-15}s)及以下。打孔过程中,激光与材料作用时,材料直接生成汽化产物,几乎不发生热熔现象,激光能量并不转化为热量向周围扩散,与激光热打孔有较大区别[3]。

在本章中,主要针对激光热打孔过程,讨论激光打孔原理、打孔过程演化、工艺参数对孔形的影响、激光打孔数值计算及激光打孔的有关应用。

4.1　激光打孔原理

激光打孔过程伴随大量复杂的物理力学问题[4],包括材料加热、熔化、蒸发、溅射及重凝等过程(图4-1),是典型的光-热-力耦合的物理相变问题。主要过程包括以下几方面。

(1) 加热。激光束聚焦到金属表面上,光与电子通过菲涅耳吸收原理相互作用。受激辐射电子与晶格光子和其他电子发生碰撞,能量很快转化成晶格振动并在材料内部传输。

(2) 熔化。如果激光强度和相互作用时间充足(脉宽大于晶格振动响应时间),晶格振动加剧,表面的薄层开始熔化,形成金属熔融层。

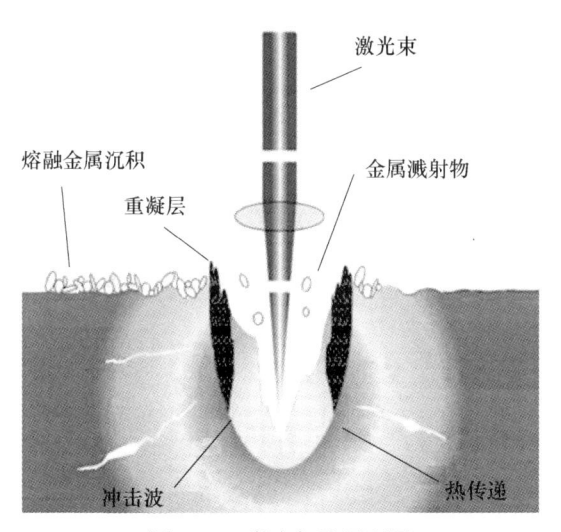

图 4-1 激光打孔原理图

（3）蒸发。随着能量的持续累积，光照区域的温度持续升高以至超过材料的沸点，材料内部原子振动动能大于自身受到的束缚能，开始脱离基体材料，蒸发开始。

（4）溅射。不断输入能量的情况下，凹坑内的汽化程度不断加剧，蒸气量急剧增多，气压也不断攀升，对凹坑内四周产生强烈冲击波（Shock Wave）作用，产生局部微型爆炸，致使高压蒸气携带溶液从凹坑底部高速向外喷射，形成火花和金属溅射。

（5）重凝。在激光作用后期，能量减弱，并在辅助气的强烈对流冷却下，孔内温度降低，沿孔壁面流动的熔融金属最先开始凝固并附着于孔壁面，特别是在孔壁出口处形成重凝金属层。

典型激光打孔都包含以上 5 个基本物理过程（图 4-2）。每个过程都与激光相对于靶材的能量空间分布以及时间分布紧密相关，同时每个物理过程的产生可能反过来影响激光的时空分布。微孔的最终形状（孔型、孔径）由这 5 个物理现象共同作用决定。

激光热打孔由于作用时间较长，具有明显的金属熔融过程。在高密度激光辐照下，材料将经历 4 种状态：固态、液态、气态及等离子态。高密度激光与材料相互作用过程是固/液（S/L）、液/气（L/V）界面演化行为，包含复杂的热、力效应。在激光去除过程中，熔池液/气界面向下，在材料内部产生充满蒸气的空腔，形成"匙孔"，当匙孔逐步向材料内部深入，激光的能量分布因匙孔内部的多重反射而发生相应的变化。匙孔的产生能有效增加激光利用效率，同时也增加了物理效应的复杂性。

165

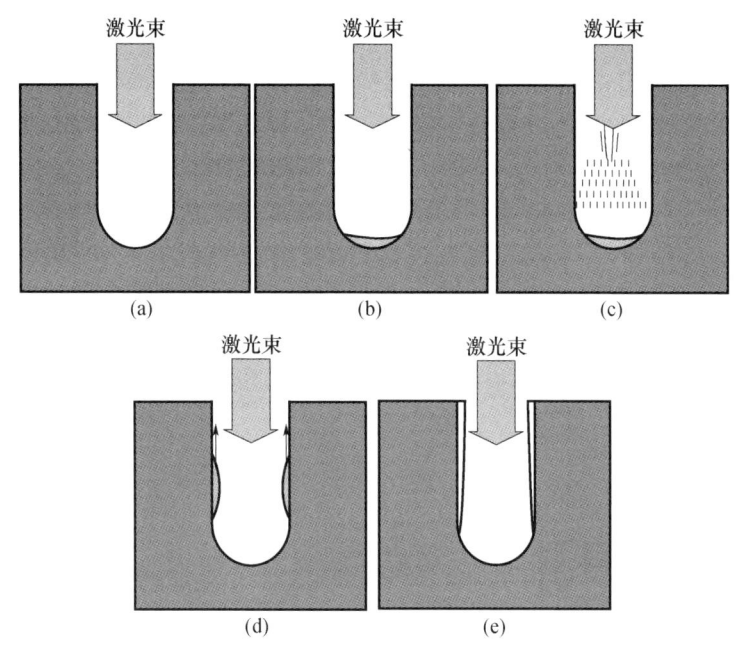

图 4-2　激光打孔过程示意图
(a)加热;(b)熔化;(c)蒸发;(d)溅射;(e)重凝。

4.2　激光打孔过程演化

目前虽有不同的理论及数值模型对熔融液体流动、匙孔形态及匙孔内激光的多重反射进行了探讨[5-8],但这些理论上的探索依然需要相应实验对其进行验证。然而针对激光与金属作用过程中剧烈的熔池流动、熔融液体溅射和由此引起的匙孔(液/气界面)演化,以及激光停止后熔池重凝过程的实时观测仍缺少有效的实验研究。一方面,虽有研究人员采用与激光束同轴的 CCD 摄影的方法[9-11],可以对材料表面熔融液体流动及匙孔大小进行观测,但由于观察方法的限制,只能得到匙孔形状的顶视图,通过对上述图像的识别,可以为判断匙孔是否处于穿透状态提供参考,而无法描述匙孔内部熔池的运动行为。另一方面,由于通常的材料例如金属是非透明物体,所以直接从光学角度对匙孔内部进行观测不可行,虽可采用 X 光透视图像系统对匙孔及熔池流动的动态过程进行观测,但分辨率较低,难以对气/液、固/液界面加以详细描述。

本节通过高速摄影的方法,对金属薄片在激光作用下的蒸发、熔化、溅射、重凝等现象进行原位观测,研究高密度激光作用下的固/液、液/气界面演化过程的驱动因素[12]。

4.2.1 实时观测

为深入观察打孔过程中金属内部的物理现象,采用高功率激光辐照被两块耐高温石英玻璃夹持的金属薄片,在垂直激光作用面的一侧用高速摄影技术观察匙孔内部,试验装置如图4-3所示。激光与材料相互作用过程中熔池和匙孔形成后产生强烈的可见光辐射,为清楚采集到整个瞬态变化过程,要求摄像机曝光时间较短。

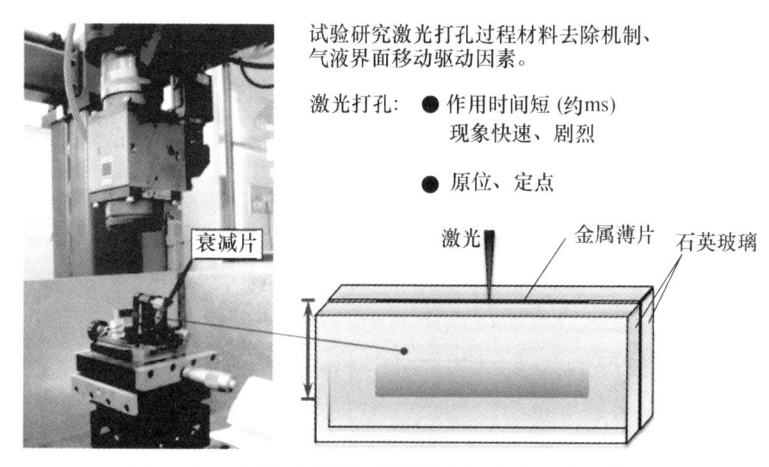

图4-3 高速摄影原位观测激光打孔过程试验装置

选取金属钼作为介质,金属薄片厚度0.2mm。使用焦距为150mm的聚焦透镜,聚焦光斑直径为0.11mm,功率1000W,作用时间10ms。考虑到熔池内部快速流动过程,选取帧率为10^5帧/s,曝光时间为$1/(2.7 \times 10^6)$s,在曝光时间内假定匙孔效应过程为准静态。

由于激光打孔过程中金属蒸气和等离子体的作用,温度较高,光强较强,为此在摄像机前加装偏振片以衰减光强。由于熔池尺寸较小,实验前需要对玻璃片进行打磨抛光,去除玻璃表面的倒角,以减小拍摄时的视线遮挡;同时用夹具夹紧玻璃片使金属薄片的平整度良好。

4.2.2 演化过程

采用以上实验装置,可分别观测激光打孔未穿透和穿透金属底部时的液/气界面演化。

1. 盲孔演化过程

1) 初始阶段

图4-4为激光辐照材料表面0.01~0.04ms内的变化过程。在激光束辐照材料表面瞬间,金属薄片上表面吸收能量,材料迅速升温至汽化状态。在图4-4中

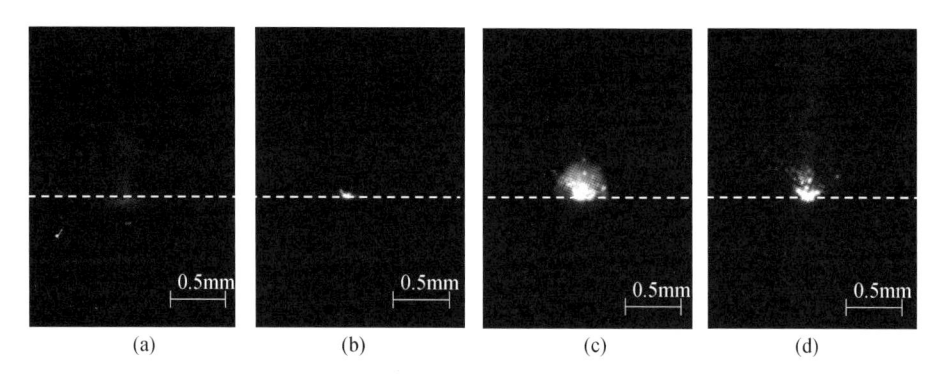

图 4-4 激光与材料作用初始阶段材料表面物理现象
(a) 0.01ms; (b) 0.02ms; (c) 0.03ms; (d) 0.04ms。

可以发现羽状的汽化物云团。

由于材料表面被瞬间加热，温度升高，激光能量迅速向周围传播。在 0.02ms 时材料表层开始熔化，形成较薄的熔融层，随着辐照时间的增长，熔融层扩大，温度继续升高，熔融液体体积增大。

随着温度继续升高，在液/气界面处材料汽化速率加剧，金属蒸气膨胀所产生的反冲压力及高温度梯度引发的热毛细力使熔融液体剧烈运动，熔池失稳，熔融液体从匙孔底部脱离，瞬间发生溅射。大量熔融金属液体以不同大小的颗粒形式向四周喷出，金属表面向内部形成凹陷，0.04ms 时可以清晰看到金属液体颗粒的溅射。

2) 匙孔内部动态变化

高密度激光与材料相互作用过程经历升温、汽化阶段，蒸气在激光的作用下膨胀。当入射激光强度适当时，蒸气电离度较低，蒸气对入射激光基本透明，大部分激光透过蒸气照射到材料表面。随着蒸气密度不断增加，少部分激光能量转化为蒸气的内能，蒸气膨胀对靶产生冲量，即反冲压力；蒸气电离形成的等离子体，在入射激光强度继续增加时，含有少量自由电子的材料蒸气通过逆韧致辐射吸收的激光能量增加，并与蒸气原子发生碰撞使之电离，导致带电离子数量急剧增加，发展成为高度电离的高温高压等离子体。由于等离子体中含有大量自由电子，对后续激光强烈吸收，所以这时部分激光能量不能透过等离子体到液/气界面处。

在高密度激光与材料相互作用过程中存在着两种能量吸收机制：一是小孔孔壁上的多次反射吸收；二是等离子体的反韧致辐射吸收。后者是指电子在与原子发生自由碰撞时吸收外来辐射场能量的现象。与此相对应，匙孔液/气界面处吸收的激光功率也由两部分组成：一部分是通过孔壁上的多次反射吸收的激光功率；另一部分是通过等离子体的逆韧致辐射吸收的激光功率，再借助金属蒸气的传导、对流和热辐射向孔壁四周传递,使得激光能量发散,可以认为等离子体对激光具有屏蔽作用。

图 4-5 为激光连续辐照下匙孔发展及熔池内熔融金属液体流动形态记录。高密度激光作用于材料表面,高热流输入造成匙孔液/气界面温度上升,剧烈蒸发和熔融液体溅射造成材料损失而形成匙孔,由于匙孔内温度总体升高,熔融液体表面张力梯度减弱,剧烈汽化引起的反冲压力作为主要驱动力,将部分熔融液体以液滴形式向匙孔外溅射。通过捕捉相邻两幅图中溅射液滴的轨迹(图 4-6),可计算出液体飞溅的速度在 10m/s 量级。

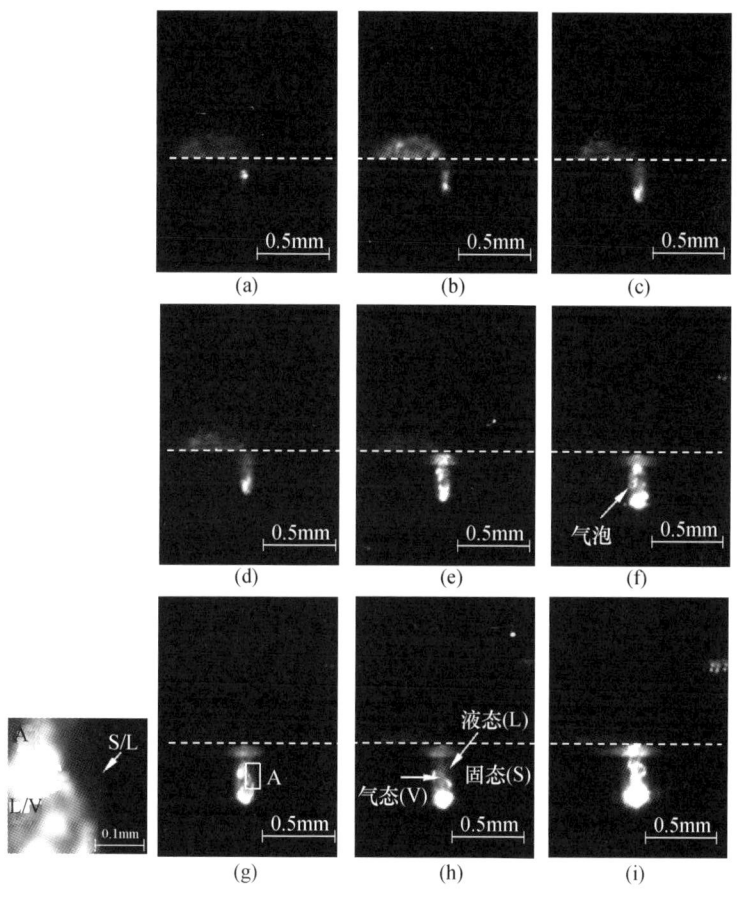

图 4-5 激光与材料作用过程匙孔内部动态变化
(a)1.00ms;(b)2.00ms;(c)3.00ms;(d)4.00ms;
(e)5.00ms;(f)6.00ms;(g)7.00ms;(h)8.00ms;(i)9.00ms。

在激光与材料作用的开始阶段,液气界面主要沿激光传输方向向深处发展;匙孔形成后,由于等离子对激光的逆韧致辐射吸收及激光束通过匙孔壁面的多重反射,将激光能量分布于匙孔壁面。伴随熔融液体的流动,将能量迅速从匙孔

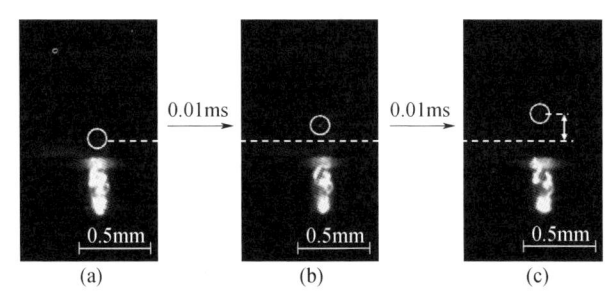

图4-6 熔融液体溅射

壁向四周传递,造成液/气界面的横向发展,匙孔宽度增加。与此同时,等离子体沿激光传输方向的屏蔽作用使激光向底部传输的能量减少,造成钻孔速率的降低,液/气界面向深度发展的趋势受到阻隔。

液/气界面处表面张力下降,熔池内部液体过热程度加强,进而导致熔池发生均质沸腾的可能;其熔融液体内部气泡的产生(图4-5)、生长及不稳定的合并进而引发爆炸沸腾现象,造成熔池的震荡,匙孔形状处于生长与湮灭状态。由于液/气界面是材料与激光束直接作用边界,熔池运动与激光能量吸收相互耦合,熔池运动的不稳定造成了液/气界面能量吸收的不稳定性,在实验记录中表现为匙孔内部亮度的跳跃及分布变化。

沸腾现象揭示了液/气界面不稳定的机理,但从宏观角度来说,激光与材料的相互作用伴随着材料的剧烈汽化,因汽化产生的反冲压力作为主要的驱动因素,匙孔周围的熔融液体在反冲压力的作用下沿固/液边界向上运动,形成集中的溅射物质。汽化和溅射造成的材料损失率引发液/气界面的向下发展,液/气界面作为能量的输入界面,其变化将引起热流输入的变化,对此,需要将两者进行耦合考虑。

3) 凝固过程

图4-7为激光作用结束后的熔池形态变化。激光停止后,材料汽化作用减弱,反冲压力减小,熔融液体逐渐失去匙孔内部蒸气反冲压力的支撑作用。由于液/气界面温度依然较高,表面张力较小,所以重力占据了主导作用,熔融过热液体在重力的影响下向匙孔底部会聚。尽管激光的热流密度输入已经停止,但同时,反冲压力的消退减少了液/气界面上的气体压力,使液体内部继续保持沸腾状态,产生气泡(图4-7(b))。经过足够长的时间,熔融金属热量向四周散失,最终凝固。由于采用两片玻璃板中间夹钼金属板的实验方法,使得钼的两侧近似为绝热状态,和真实的激光打孔相比,熔融层的厚度增大。

4) 物性对熔融层形态的影响

激光打孔过程中,激光与基体材料的能量传递依然基于热传导形式,这里通

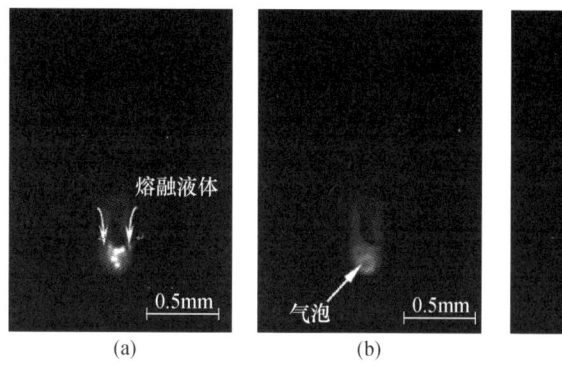

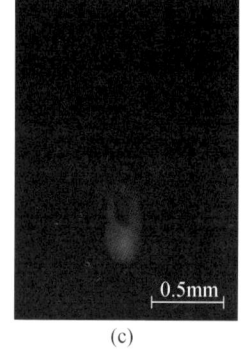

图 4-7 凝固过程
(a)10.50ms;(b)10.70ms;(c)10.90ms。

过改变材料,讨论材料热物性对熔融层形态的影响。

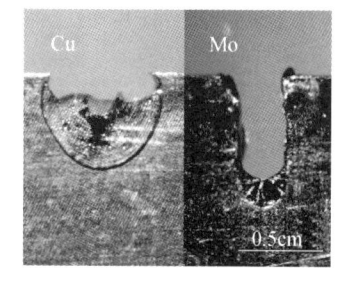

采用铜作为激光作用介质。在相同的条件下进行激光打孔试验,对照凝固后熔池的形貌(图 4-8)发现,激光对铜的材料去除效果明显比钼差。一方面由于铜对激光的反射率较高,相比于钼,其所吸收的能量较少;另一方面,通过比较热扩散系数 $\alpha = \dfrac{k}{\rho C_p}$,可以发现 $\alpha_{Mo} = 6.22 \times 10^{-5}\ m^2/s$,$\alpha_{Cu} = 1.1 \times 10^{-4}\ m^2/s$,铜的热扩散效果是钼的两倍。由于所用的激光脉宽较长(10ms),吸收的激光能量由匙孔的液/气界面边缘向铜内部扩散,从而导致热影响区的扩大,其凝固后的熔融金属的厚度要大于钼。熔融层厚度和热影响区的扩大阻碍了液/气界面向更深处发展。因此,在进行热扩散率高的材料的激光打孔时,应尽量提高激光功率密度,减少激光作用时间,使得熔融层厚度减少,并利用反冲压力让其充分地溅射。

图 4-8 熔池凝固形态对比

2. 通孔演化过程

在匙孔未穿透之前,液/气界面所经历的物理过程和前面盲孔演化过程所观察的结果类似。下面重点关注匙孔在穿透瞬间所发生的现象。

如图 4-9(a)所示为匙孔即将穿透的瞬间。高密度激光作用下,匙孔底部的金属呈现半熔凝的状态,在匙孔内强烈反冲压力的作用下,底部金属整体脱落,形成大颗粒的熔融液体向下溅射。和盲孔作用下熔融液体溅射出现的小粒子形态相比,此处的向下溅射物更多表现为大液珠的形式。

同时,在匙孔穿透之前,受反冲压力约束而沿壁面爬升的熔融液体,此刻由于匙孔的穿透导致反冲压力的瞬间释放,在重力和表面张力的共同作用下,重新在匙孔中心会聚,形成封闭的空腔(图4-9(c))。原本贯穿匙孔的激光束受材料阻挡,使得金属再次剧烈汽化,产生的反冲压力冲破熔融液体的包裹,形成更大范围的溅射(图4-9(d)),清除孔壁的熔融金属层。可以发现匙孔穿透形式下的材料去除行为更加复杂。

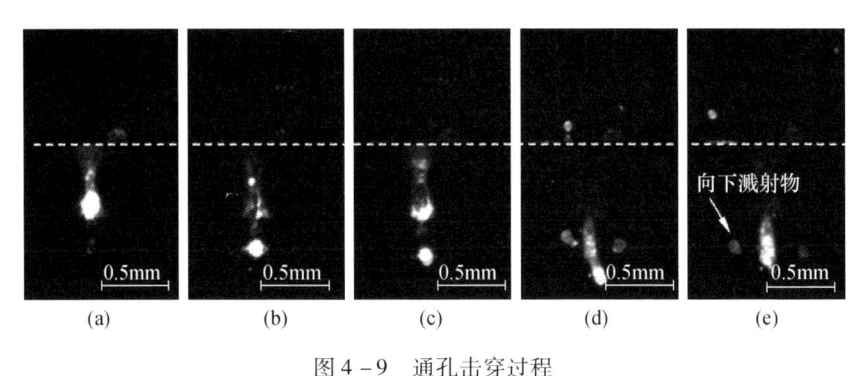

图4-9 通孔击穿过程
(a)11.00ms;(b)11.50ms;(c)12.00ms;(d)12.50ms;(e)13.00ms。

激光与材料相互作用过程中液/气界面的演化和熔池复杂流动主要是各种驱动力作用的结果。在熔池内部主要存在三种驱动力:熔池表面张力、蒸气反冲压力和因温度分布导致熔融液体密度差异引起的浮力,三种作用力为匙孔内部温度的函数。在匙孔形成过程中,金属蒸气的反冲压力远大于熔池表面张力和浮力的作用,金属表层向内凹陷;随着激光能量继续被材料吸收,熔池温度升高,熔融液体流动剧烈。由于等离子对激光的逆轫致辐射吸收及激光束通过匙孔壁面的多重反射,将能量分布于液/气界面,能量从匙孔壁向四周传递,造成匙孔宽度的增加。与此同时,等离子沿激光传输方向的屏蔽作用使得激光向底部传输的能量减少,造成钻孔速率的降低,孔沿深度发展受阻。

4.3 工艺参数对孔形的影响

影响激光打孔最终成孔质量的因素,主要涵盖五大类型的参数,包括激光参数、材料参数、辅助气体参数、运动参数和透镜相关参数。这些参数之间并不独立,彼此之间有较强的联系。例如,运动参数变化时,可能会影响作用在材料表面的激光能量和功率密度。因此,激光打孔过程是一个影响参数多、参数关联性强的工艺过程。

本节主要对激光打孔的截面形貌做出描述,并定义了一种新的孔形描述方法,系统分析了激光打孔工艺参数对孔形的影响规律。

4.3.1 激光打孔截面形貌

1. 激光打孔实验系统

激光打孔实验所采用系统如图4-10所示,主要包括激光器系统、光束传输系统、装夹定位运动系统和软件控制系统。激光束从谐振腔射出后,先后通过扩束镜和45°折返镜,最后经过焦距为75mm的聚焦透镜聚焦后作用在靶材上表面。实验所用工作台为三自由度数控工作台,定位精度为0.01mm,重复定位精度为0.002mm。实验过程中,用特定夹具将靶材水平固定于工作台平面上,通过调整数控工作台的XY轴来改变孔与孔之间的间距,通过调整Z轴来改变透镜焦点与靶材上表面的距离。喷气嘴为锥形,出口直径为1.2mm,距离材料表面的距离为1.5mm。实验采用的材料为18CrNi8。

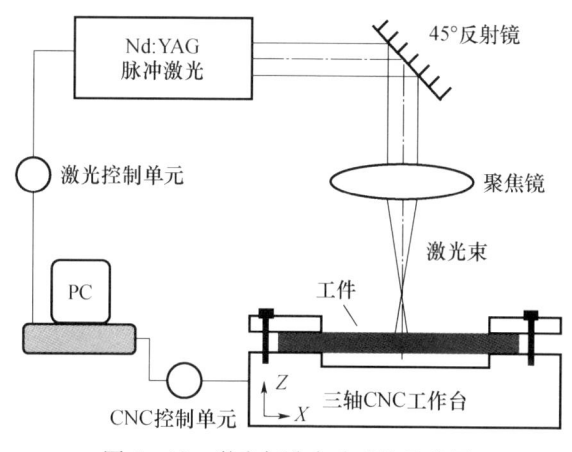

图4-10 激光打孔实验系统示意图

激光光束作为激光与材料相互作用的热输入,其光束特点对激光打孔过程至关重要。实验过程的激光束在传输方向上的形状为双曲形,从激光焦点处到光斑半径变为$\sqrt{2}$倍焦点半径(称为瑞利长度Z_R)的范围内,激光光束是近似平行的,而随着传输距离的增加,光斑逐渐增大,功率密度减小。图4-11所示为不同焦斑位置的激光光斑直径和功率密度。可以看出,激光束只有在光斑位置附近才具有较高的功率密度($10^5 \mathrm{W/mm^2}$量级),而一旦离开光斑位置,光斑内部的功率密度则急剧下降。

激光光斑形状及内部光强分布对打孔过程中孔的形状具有重要影响。图4-12为激光器光路结构简图及激光传输路径上不同位置的光斑大小及能量分布。其中,位置1为谐振腔输出端,位置2为放大器输出端,位置3是扩束镜前端,位置4为经过聚焦透镜之后的终端。聚焦透镜输出位置的光束质量及光斑形状尤为关键。实验采用光学相纸探测这4个关键位置的光斑形状。可以

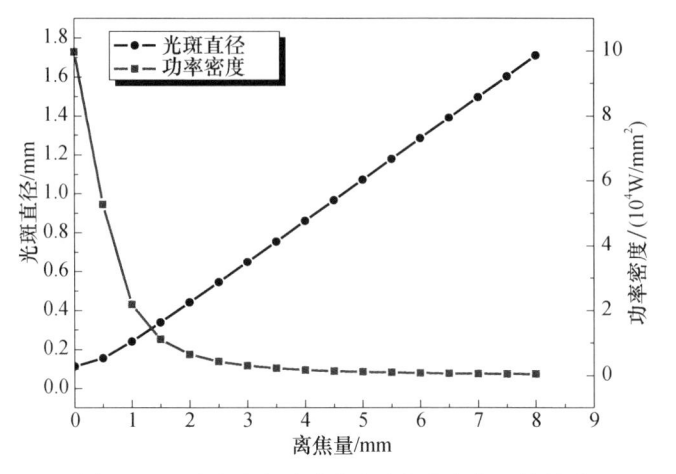

图 4-11 光斑直径及功率密度与焦斑位置的关系

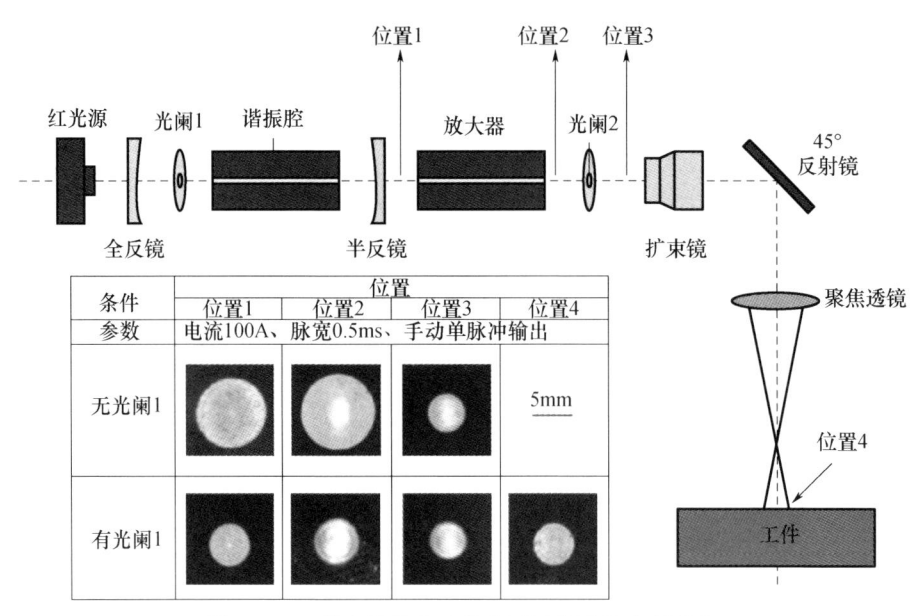

图 4-12 激光器输出过程中不同位置的光斑形状

看出,无论是激光器内部的光斑以及最终输出到工件上的光斑,其形状均为较理想的圆形光斑,这就最大限度保证了打孔过程中孔的圆度。

2. 激光能量输出性能评估

对于脉冲激光器而言,主要调节的激光参数有电流、脉宽、频率。通过改变这 3 个激光参数,可以改变最终输出到靶材上的激光总能量,进而改变最终孔的几何形貌。因此,激光能量的输出性能随着这 3 个参数的变化规律对激光打孔的成孔质量具有至关重要的作用。实验采用能量测量计对不同参数下的激光能

第 4 章　激光打孔技术

量输出进行测量,从能量的角度探索激光参数对孔几何形状的影响规律。另外,由于输入电流是决定激光激发能量稳定性的重要参量,因此不同输入电流下激光能量输出的稳定性也是激光器重要的性能参数。特别是在激光精微打孔过程中,如果输出脉冲能量之间的波动过大,则与材料相互作用过程中的有效能量值也随之呈现较大波动,最终可能导致孔形状一致性变差。本实验通过重复多次测量相同激光参数下的能量值,通过计算能量的偏差得出脉冲输出能量的稳定性。

图 4-13(a)为固定频率 5Hz、电流 250A 时,激光输出能量随脉宽的变化规律。可以看出,激光输出能量随脉宽的增大而增大,其变化规律呈直线上升趋势,而且线性度非常高。图 4-13(b)为固定电流 250A、脉宽 0.7ms 时,激光输出能量随频率的变化规律。如图 4-13(b)可知,频率基本上不改变单脉冲激光的输出能量大小。图 4-13(c)为固定频率 5Hz、脉宽 0.7ms 时,激光输出能量随电流的变化规律。由图 4-13(c)可知当电流较低时,激光输出单脉冲能量随着电流的增大而增大;而当电流增大到高于某个阈值时,激光输出能量不再随电流的改变而改变。该激光系统的电流阈值为 280A 左右。

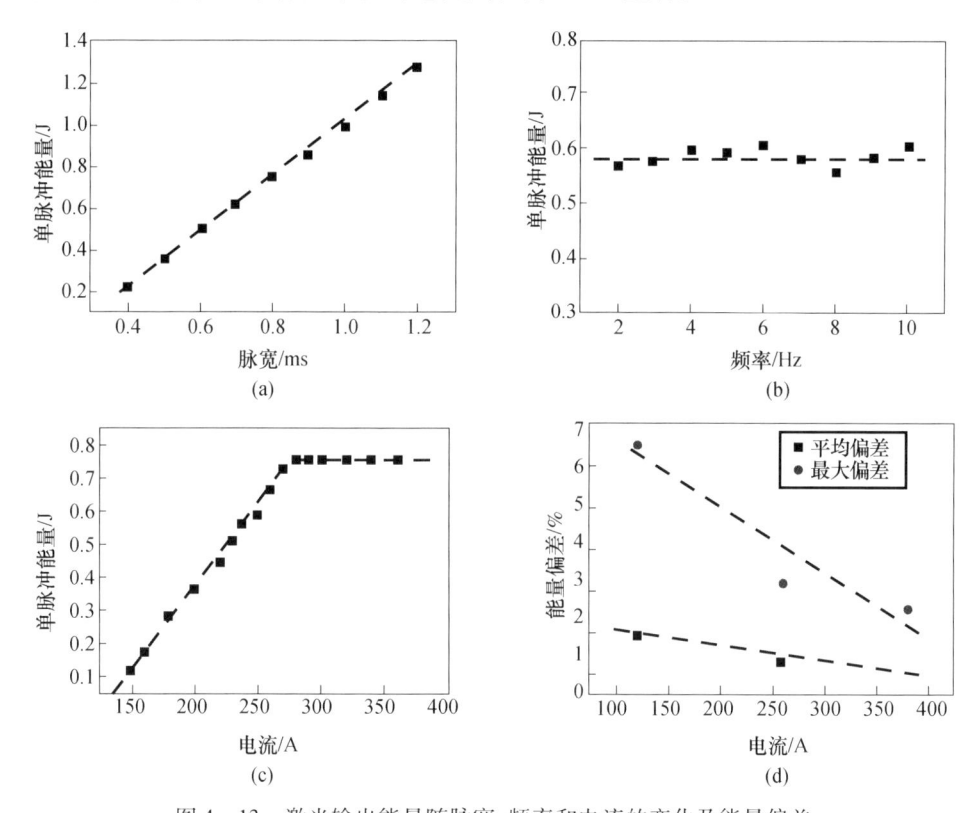

图 4-13　激光输出能量随脉宽、频率和电流的变化及能量偏差

由图4-13(d)可知,在激光器可控电流输入范围(50~300A)内,无论是最大能量偏差还是平均偏差,都随着电流的增大而减小。当电流较小($I=120$A)时,平均能量偏差为1.47%,最大能量偏差为6.73%;电流较大($I=260$A)时,平均能量偏差为0.82%;电流继续增大($I=380$A)时,平均能量偏差为0.57%。由此可见,输入电流越大,输出能量的平均偏差越小,能量稳定性也越高。因此打孔过程尽量采用较大的电流以获得较高的一致性。

3. 激光束作用下孔截面形貌

图4-14、图4-15、图4-16为不同脉冲个数、脉宽、电流以及离焦量耦合作用下形成的孔形。可以看出,离焦量对孔形具有非常显著的影响。当焦点位置从负离焦变化到正离焦时,孔的截面形状从近似的倒三角形逐步向近似直孔转变。在负离焦较大的范围内,整体的孔形状都是近似倒三角。在零离焦区域内,孔的入口段为倒三角形,而孔中间近似为直孔。随着离焦量进一步增加,入口段的倒三角形区域逐渐缩小,出口段直孔区域进一步增加。在正离焦较大的区域,孔的入口段为直孔,下半段为倒三角形状。此时,在局部区域,孔型还存在较明显的扩张趋势。对于固定的离焦量而言,在不同的焦斑位置改变脉冲个数、脉宽与电流等参数,孔形状的改变程度不尽相同。这些参数对孔形状的影响主要体现在离焦量较大的情况,而在零离焦附近,这几个参数对孔形的影响程度则没有那么明显。

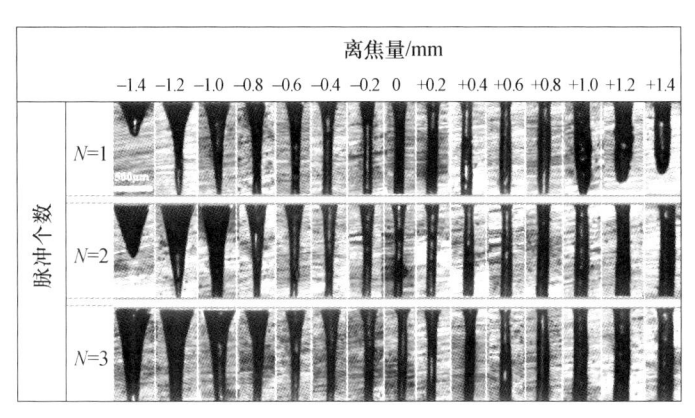

图4-14 孔截面形貌随离焦量与脉冲个数的变化

还可以看出,与传统的打孔工艺相比,激光打孔形成的微孔形状大部分都是复杂变截面的孔形。这就说明,截面在轴线方向上不断变化是激光打孔工艺形成的微孔自身的一个固有属性。因此,目前针对直孔的几何量化指标在描述这些变截面孔时会存在描述不准确的问题。

图4-17是激光打孔实际微孔孔型轮廓线与仅用出入口孔径定义得到的锥度斜线对比的示意图。如图4-17可知,激光打孔形成的孔壁面远不是简单直

线,由于轴线方向上孔径变化梯度较大,两条线存在较大的差异,说明用出入口直径、圆度及整体锥度这几个常规的几何参数来描述激光打孔过程的孔几何特征是不够的,需要更加细致的描述。

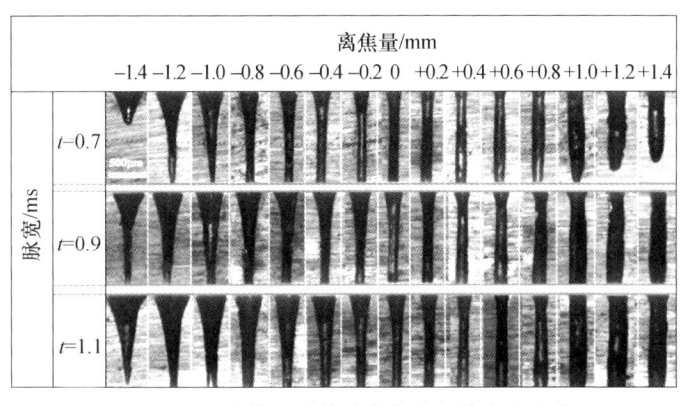

图 4-15 孔截面形貌随离焦量与脉宽的变化

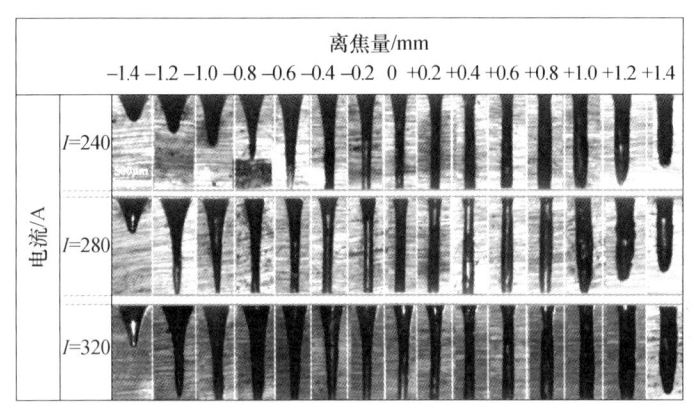

图 4-16 孔截面形貌随离焦量与电流的变化

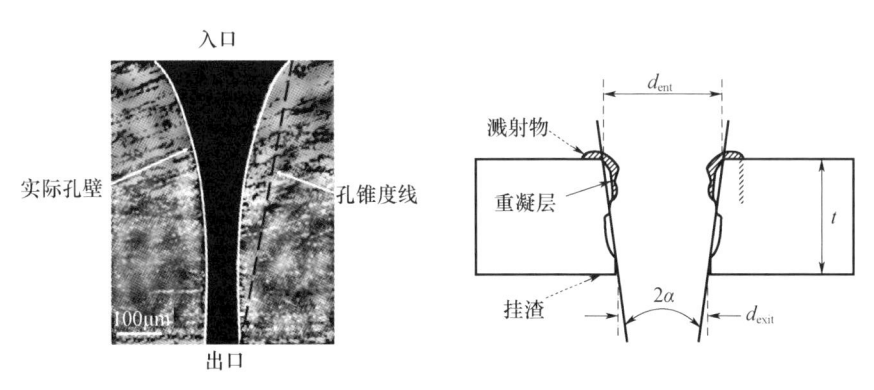

图 4-17 孔形描述差异示意图

4.3.2 孔形的特征参数

激光打孔孔形的分析中,一般描述孔形的几何参数有孔的入口直径、出口直径、孔的整体锥度等。但由于激光打孔孔形并非直孔,而是复杂的变截面孔,因此这几个参数并不能完整表达激光打孔孔形的几何特征。本节提出了两种方法来表示激光打孔孔形的特征参数:二次曲线法和局部锥度法。

1. 二次曲线法

激光打孔过程中,孔截面形状是由激光传输方向上的能量分布特性来决定的,孔的截面会随着激光能量空间及时间分布的不同而发生改变。根据激光光束的形状以及激光打孔过程的能量分布规律,激光打孔形成的孔截面主要有两个典型的特征:一为局部截面扩张型,如图4-18(a)所示,这主要是由激光打孔过程的 Barreling 效应及多重反射引起的;二为局部截面收缩型,如图4-18(b)所示,这是由光束形状及焦斑位置决定的。

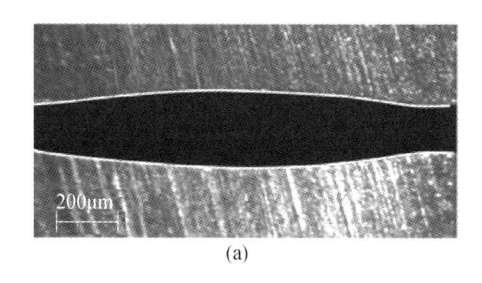

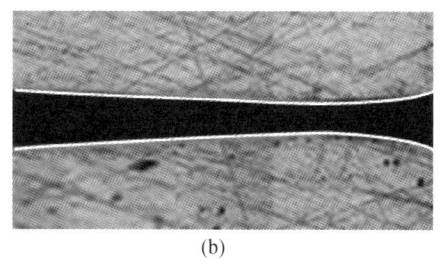

图4-18 激光打孔截面图
(a)椭圆形孔截面;(b)双曲形孔截面。

由于激光束在传输方向上的总体轮廓为类双曲线形状,而激光打孔过程中孔形沿着深度方向的演化势必强烈依赖于激光束传输方向上的分布特性,最终孔形轮廓将与光束的双曲形轮廓有某种内在的联系。对于扩张型孔,其形状与椭圆曲线或圆弧曲线类似;而收缩型孔,则与双曲线类似。无论是双曲线、椭圆曲线还是圆弧曲线都属于二次曲线的范畴,因此尝试采用二次曲线来描述激光打孔形成的孔轮廓。

将具有扩张截面的孔形定义为椭圆形,如图4-19(a)所示,孔轮廓线为 A、B、C 三点形成的椭圆形曲线或圆弧形曲线;将具有收缩截面的孔形定义为双曲形,如图4-19(b)所示,孔轮廓线为 E、F、G 三点形成的双曲线。

对于椭圆形孔和双曲形孔,较为明显的特征即扩张截面或收缩截面的大小以及它们的位置。因此定义两个特征参量,其一为中径比 K_m,表征内部截面相对于进出口截面收缩或者扩张的程度;其二为中径位置比 X_m,表征内部收缩截面或者扩张截面的位置。具体表达如下:

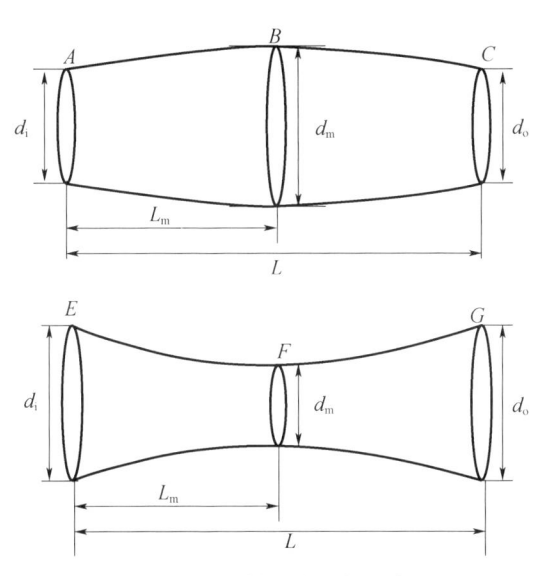

图 4 – 19　变截面孔形状示意图
(a) 椭圆形孔截面；(b) 双曲形孔截面。

$$K_{\mathrm{m}} = \frac{d_{\mathrm{m}}}{(d_{\mathrm{i}} + d_{\mathrm{o}})/2} \tag{4-1}$$

$$X_{\mathrm{m}} = \frac{L_{\mathrm{m}}}{L} \tag{4-2}$$

式中：d_{m} 为收缩或扩张截面直径；d_{i} 为孔入口直径；d_{o} 为孔出口直径；L_{m} 为收缩或扩张截面与孔入口的距离；L 为孔长度。

二次曲线法的优点在于抓住了基于激光打孔工艺的孔形的两种截面变化情况，即局部收缩型和局部扩张型。并且二次曲线法更能体现孔轮廓的非线性变化，与激光束本身的二次曲线的空间传输特性一致，因此更能反映实际孔截面变化的实质。同时，这种方法仅需要两个主要的几何特征参量就可以近似描述孔形变化的特点，方便使用。然而，二次曲线法只能定义轮廓比较理想光滑的近似二次曲线的抽象孔形，而对于其他更为复杂的截面情况，采用这种方式可能存在较大误差。

2. 局部锥度法

图 4 – 20 展示了脉冲激光打孔过程焦斑位置变化时典型的孔截面形貌。可以看出，具有特定空间聚焦特性的激光束作用在材料表面形成的微孔形状远比二次曲线复杂，孔轮廓线上每个位置对应的曲率都不尽相同。显然，这样的孔形若采用二次曲线法，势必会产生较大误差。因此，为更精细描述这些复杂变截面微孔的形状，提出了局部锥度法。局部锥度法，就是将微孔沿深度方向进行适当等分，在各个等分点定义局部锥度线，采用首尾相连的直线来近似替代实际微孔

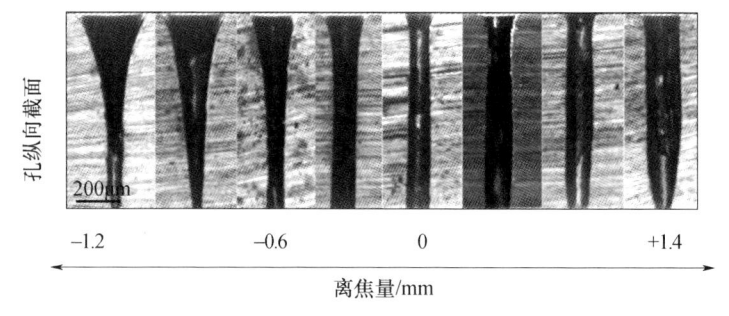

图 4-20 激光打孔形成的变截面孔

的轮廓线。等分点越多,越接近实际的微孔轮廓线,但数据量也急剧增多,因此在实际分析中需要合理细分。为减少实验数据的分析量,仅将微孔沿深度方向进行二等分,采用首尾相连的两条直线近似拟合微孔纵向轮廓线。这种分法虽然仍无法精确描述实际的微孔纵向轮廓线,然而比起常规的总体锥度法,更加贴近实际的孔轮廓线,如图 4-21 所示。

采用局部锥度法描述时,除了入口直径 D_i、出口直径 D_o 以及总体锥度 $\theta_g = (D_i - D_o)/2L$ 之外,还需增加 3 个局部几何参数才能更加完整地描述这种孔形的局部特征变化。这 3 个局部几何参数包括:

(1) 中位直径(1/2 孔深度位置)D_m。
(2) 上锥度 $\theta_u = (D_i - D_m)/L$。
(3) 下锥度 $\theta_d = (D_m - D_o)/L$。

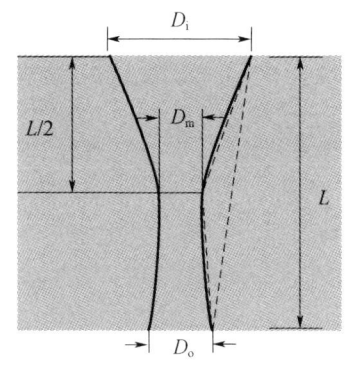

如果孔的几何形貌用常规定义的孔出入口直径和总体锥度来描述,孔截面形状仅可以分为三类:第一类为直孔,即出入口直径相等的孔形;第二类为正锥度孔,即入口直径大于出口直径的孔形;第三类就是倒锥孔,与正锥度孔相反,即入口直径小于出口直径的孔形。这三类分别如图 4-22、图 4-23、图 4-24 中的粗虚线所示。而实际激光打孔形成的孔形即使是出入口直径完全一样,孔内直径也有可能与出入口直径不一样。最典型的情况有两类:第一类是孔内某个特定位置的直径小于出入口直径的均值,即之前定义的双曲形孔;第二类是孔内某位置的直径大于出入口直径的均值,即椭圆形孔。因此即使出入口直径相等,但将这类孔定义为直孔,显然是不合适的。同样,对出入口直径不等的锥度孔也是如此。此时,采用局部锥度法就可以将上述的这种情况加以描述,如图 4-22、图 4-23、图 4-24 中的细虚线所示。当然此前也提到过,局部锥度法描述的精度与锥度细分的段数成正比。为分析局部锥

图 4-21 局部锥度法定义变截面孔

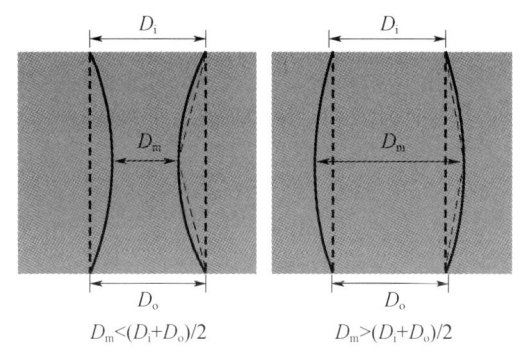

图 4-22　出入口直径相等的孔形（$D_i = D_o$）

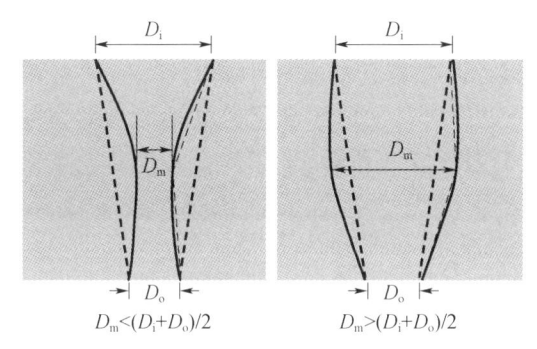

图 4-23　出入口直径不相等的孔形（$D_i > D_o$）

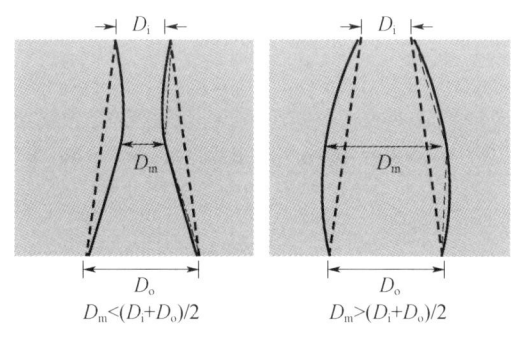

图 4-24　出入口直径不相等的孔形（$D_i < D_o$）

度法在描述变截面孔形状上产生的误差，在此引入另外一个误差评估参数 E_j，定义为

$$E_j = \frac{A_j}{D_e \cdot L} \tag{4-3}$$

式中：A_j 为锥度线与孔实际轮廓线围成的面积。如果采用总体锥度法描述孔形，则 $A_j = A_g = A_1 + A_2 + A_3$，此时 $E_j = E_g$（E 为描述误差）。如果采用局部锥度法描

述孔形，则$A_j = A_l = A_1 + A_2$，此时$E_j = E_l$。D_e为等效参考孔径，可取为本次实验中所获取孔直径的平均值，具体参数如图4-25所示。

图4-26是局部锥度法和整体锥度法在描述不同离焦量下形成的变截面孔上产生的相对误差。可以看出，在整个离焦量范围内，局部锥度法描述的孔形误差都小于整体锥度描述产生的误差，这个误差基本维持在10%~20%之间。而采用整体锥度法描述时，最大的描述误差产生在离焦量为较大负值的情况，此时误差达60%左右，这是由于在负离焦量范围内孔形变化情况非常复杂，与一般的直孔或者锥孔都有较大的差别，因此整体锥度描述法显然不能准确反映这个变化信息。局部锥度法描述的误差则明显减小。由此可见，对于激光打孔工艺形成的孔形，采用局部几何特征来细致描述是非常必要的。

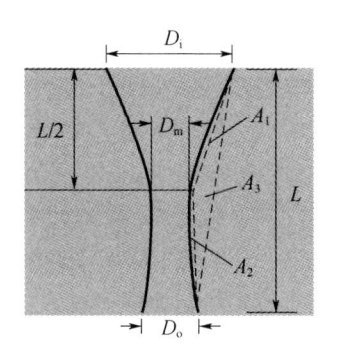

图4-25 局部锥度误差参数示意图

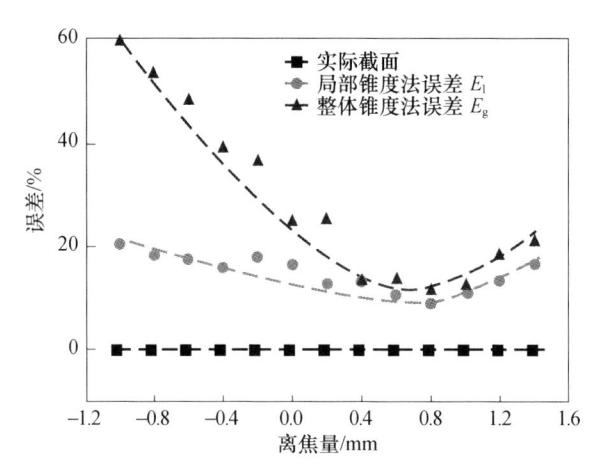

图4-26 局部锥度与整体锥度误差分析对比

目前提出的双局部锥度法能从一定程度上提高孔形的描述精度，然而这种方法是一种纯几何的描述方式，并且每一段都采用线性化的方式表达，这可能很难从根本上体现激光束原本的传输特性。而且这种线性化产生的曲线类型的变化也可能对孔内流动状态产生重要的影响。但无论如何，定量化描述孔的局部几何形貌时，这种方法仍然具有很大的实用性。

4.3.3 工艺参数的影响

激光打孔过程是一个多参量互相耦合的过程。这些参量变化时，会改变激光与材料相互作用过程,最终影响到喷孔的成形质量。因此,需要研究激光打孔过程中不同工艺参数对喷孔成形质量的影响规律,从而通过精微控制各个工艺参数的变化,选择最优的工艺参数组合,确保所形成的喷孔质量满足应用要求。本节主要分析激光打孔过程中几个重要的参数,包括离焦量、脉冲个数、脉宽、激光功率(电流)、辅助气体压力对孔形的影响规律。

1. 离焦量的影响

离焦量是改变激光束传输特性,尤其是沿传输方向上光束能量分布的重要因素,从而也是影响深度方向上孔几何形状的重要因素。

实际激光束是具有多种模式构成的能量束,一般其光强的总体分布以中心轴向外逐渐平缓减弱。研究中一般将实际的激光束近似为理想的高斯光束。其功率密度分布函数表达式为

$$I(r) = \frac{2P}{\pi \omega(z)^2} e^{-\frac{2r^2}{\omega(z)^2}} \tag{4-4}$$

式中:$\omega(z)$为激光功率为峰值功率的$1/e^2$处的光斑半径;z为激光传输方向上某点位置到最小焦斑的距离;r为距激光束中心的距离。一般认为激光传输方向上的光束形状近似为双曲形,因而$\omega(z)$随传输距离z的关系满足如下关系式:

$$\omega(z) = \omega_0 \sqrt{1 + \left(\frac{z\omega_m}{f\omega_0}\right)^2} = \omega_0 \sqrt{1 + \left(\frac{z}{z_R}\right)^2} \tag{4-5}$$

式中:ω_0为最小焦斑半径;ω_m为聚焦镜处的光斑半径;f为聚焦透镜的焦距;z_R为瑞利长度。由式(4-5)可以描绘出激光束在传输方向上的基本轮廓。

实际激光与材料相互作用时,材料产生相变的条件具有一个特定阈值。只有当激光束光斑内的功率密度超过这个材料的相变阈值时,材料才会发生熔化或者蒸发等相变现象。图4-27为实验使用的激光束不同焦斑位置的光斑作用在显像纸上产生的感应斑点。由于显像纸对光强的感应同样具有一个特定阈值,因此图中各个斑点的外轮廓表征材料相变的感应阈值。所有这些斑点外轮廓圆直径沿着激光传输方向上的分布,即为激光束与材料相互作用过程的有效光束形状。因此在激光打孔过程中,对孔的形状起决定性作用的是瞬时有效激光束形状。可以断定,当瞬时有效激光束与实际光束形状一致时,孔的形状则与

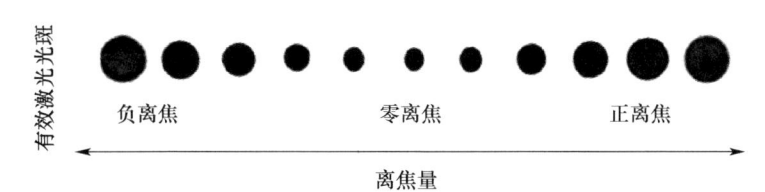

图4-27 激光传输方向上有效光斑直径的变化

实际光束的形状相近。如果有效激光束形状与实际光束形状偏离较大,孔的形状则可能与实际光束形状存在较大差别。

图 4-28、图 4-29 分别为离焦量为 -1.0mm 和 +1.0mm 时,激光打孔过程中孔的纵截面形状随时间的变化图。可以看出,不同的离焦量下孔形的演化规律存在较大差异。

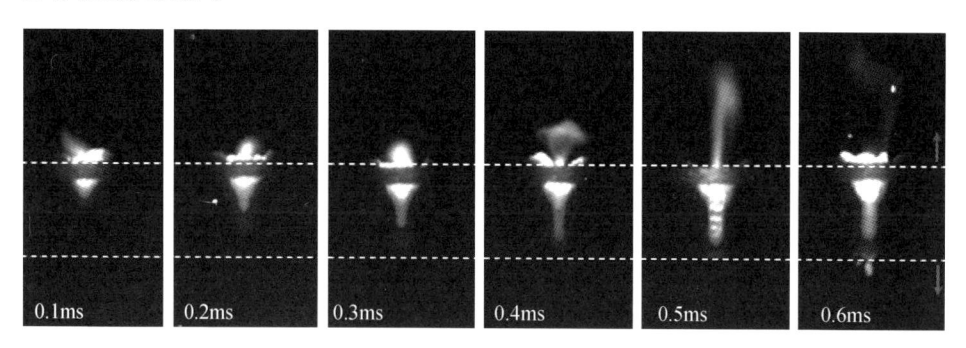

图 4-28 负离焦下孔形演化观测图

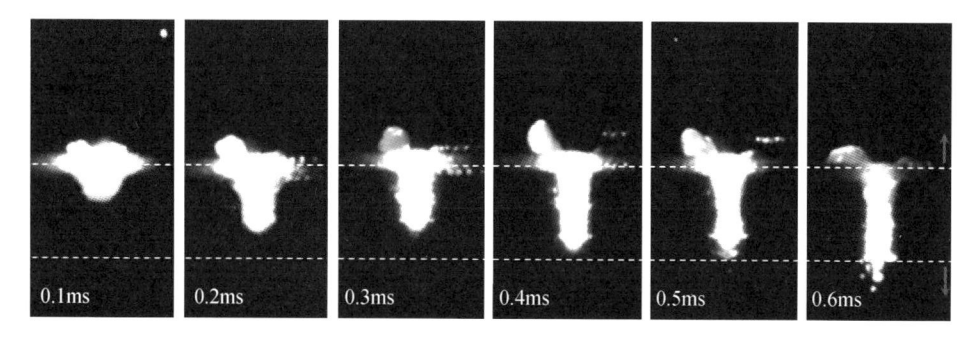

图 4-29 正离焦下孔形演化观测图

通过图 4-28 可以看出,当焦斑位置位于材料表面下方时,在激光与材料作用的起始阶段,一个较大的激光光斑作用在材料上表面,形成第一个起始的凹坑。由于此光斑距离焦斑比较近,实际光斑与有效光斑相近,形成的凹坑直径与实际光斑大小基本一致。此时由于沿材料深度方向的光束是汇聚的,因而此凹坑的形成,使得下一个时间段作用在凹坑底部的实际光斑减小;同时此时实际光斑内部的激光功率密度均大于材料的熔化相变阈值,有效光斑直径依然等于实际光斑直径,此时形成的第二个凹坑直径也等于实际光斑直径。随着光束在材料内部的进一步会聚,有效光斑始终等于实际的光斑,因而此时孔的直径也等于光束的直径,如图 4-30 所示。也就是说在负离焦范围内,激光打孔过程的有效光斑与实际光斑相差甚微,孔的形状基本由实际光束的形状来界定。实际光束的形状一般可近似为双曲形的,因此负离焦区域内的孔形状基本为类双曲形孔,这与以上大量的实验结果相吻合。与此同时,由于光斑内部的能量分布近似呈高斯分布,孔底部中心位置吸收较多能量而深度较大,两侧深度锐减,此时呈现的孔形状底部较尖锐,与光斑内部的光强分布类似。

根据图4-29可以分析正离焦量时的孔形演化过程。如图4-31的原理图可知,当焦斑位置位于材料表面上方时,同样由于作用在材料上表面的第一个大光斑距离焦斑位置比较近,有效光斑直径与实际光斑直径相当,形成的第一个凹坑直径也与实际光斑直径相当。由于光束在材料内部呈发散状态,此时在凹坑底部位置的实际光斑直径已经大于凹坑的直径。然而,离焦发散的光束内部的平均功率密度也在减弱,因此作用在凹坑底部的有效光斑则要比实际光斑小,极有可能与上一个有效光斑大小相当,此时形成的凹坑大小也与上一个凹坑直径相当。随着光束的进一步发散,光斑内的平均功率密度进一步降低,尽管实际光斑进一步增大,但有效光斑则基本保持不变或可能不增反降,因此每次作用形成的凹坑直径尺寸都基本相当。

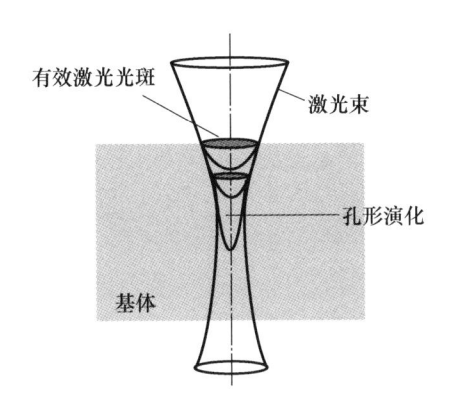

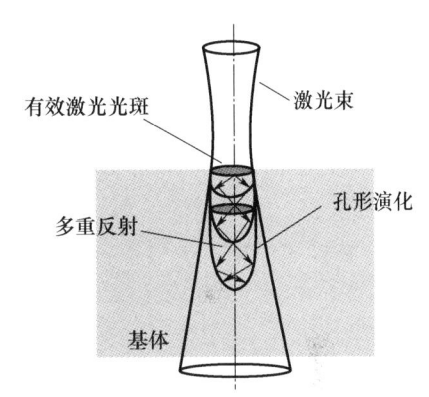

图4-30 负离焦下孔形演化原理示意图　图4-31 正离焦量下孔形演化原理示意图

由图4-29还可看出,正离焦情况下每个时间段形成的孔形状底部都比较平坦,没有出现负离焦时孔底部尖锐的现象,一部分是由于离焦后的光斑内部光强从中心到边沿的分布趋于平缓,不像焦点位置那样在光斑中心处出现尖锐的峰值。另一个重要的原因是由于光束在孔内的多重反射效应引起的。焦点位置位于靶材上表面时,光束在材料内部的发散效果致使作用在孔壁面的能量增多,加剧了孔底部两侧材料的熔化和蒸发,因此孔底部趋于平坦。多重反射效应在正离焦情况下对孔的形状影响更为明显,这个现象可由正离焦条件下形成的孔壁形貌得到证实。如图4-32所示,与负离焦情况下得出的光滑孔壁相比,正离焦条件下形成的孔壁普遍比较粗糙。壁面上形成了大量的烧蚀凹坑,导致孔壁面出现凹凸起伏的波纹,这就是光束在孔壁面上多重反射的结果。

| 无多重反射作用下的光滑孔壁 | 多重反射作用下的粗糙孔壁 |

图 4-32　正、负离焦量下孔壁面形貌对比

因此可以推断,正离焦情况下的孔形主要由激光光斑内的能量分布以及光束发散引起的多重反射效应共同决定。这两个机制共同作用,使得正离焦情况下孔形成过程的各个阶段,孔侧壁面都与孔轴线近似平行,因而容易形成直孔。另外,在正离焦量较大的区域,由于光束发散效果进一步明显,多重反射作用会使激光能量在孔中间位置的孔壁上加剧积聚,导致该位置的孔径进一步向外扩张,形成鼓状的孔形。这也是为什么鼓状的孔形一般出现在正离焦量较大区域的原因。

2. 脉冲个数的影响

脉冲个数改变时,对于光束本身而言,无论是传输方向上光束的形状还是光斑内部的能量分布都没有任何改变。当第一个脉冲作用在材料上形成第一个凹坑之后,由于实际光束时空分布没有改变,有效光束与第一个脉冲作用时一致,因此接下来的第二个脉冲能量主要集中在第一个凹坑的底部中心区域,其对孔侧壁影响很小。另外,由于试验中使用的脉冲频率很低,两个脉冲作用过程基本独立。第二个脉冲作用时,第一个脉冲的能量已经耗散完毕,因此没有能量的累积,使第二个脉冲没有足够的能量来影响第一个脉冲形成的凹坑的侧壁面。这也是增加脉冲个数对入口处的孔径几乎没有任何影响的原因。另外由于脉冲个数只影响凹坑的底部区域,因此一旦形成通孔,继续增加脉冲个数,轴线方向上孔的几何形状不会发生任何变化。这点是与实验结果相符的。

从图 4-33 可以看出孔深度方向上不同位置的孔径随离焦量和脉冲个数的变化趋势。当焦斑位置从负离焦到正离焦变化时,入口孔径呈现先减小后增大的趋势,大约在 +0.5mm 的离焦量位置出现极小值。另外,脉冲个数对于入口孔径影响非常小,在大范围的离焦量内改变脉冲个数,入口孔径几乎没有太大变化。对于 1/2 孔深位置的中位直径,离焦量的影响因脉冲个数的不同而不同。

当脉冲个数为1时,中位直径随离焦量的增加而增加;当脉冲个数增加到2或者更多时,中位直径随离焦量的变化呈现先减小后增大的趋势,孔径的最小值出现在离焦量为 -0.5mm 附近的区域。在正离焦范围内,脉冲个数对中位直径影响很小。在负离焦范围内,增加脉冲个数使该位置的孔径增加,但随着脉冲个数的增加,其对中位直径的影响逐渐减小。对于出口孔径,离焦量的影响也因脉冲个数的不同而不同。当脉冲个数为1时,出口孔径随离焦量的增大呈现先增大后减小的趋势;当脉冲个数增大时,如 $N=3$,出口孔径呈现先减小后增大的趋势。也就是说,脉冲个数对出口孔径的影响仅在焦斑位置远离靶材表面的区域内起作用,而在 $-0.5 \sim +0.5$mm 的离焦量范围内,脉冲个数对出口孔径的影响非常小。

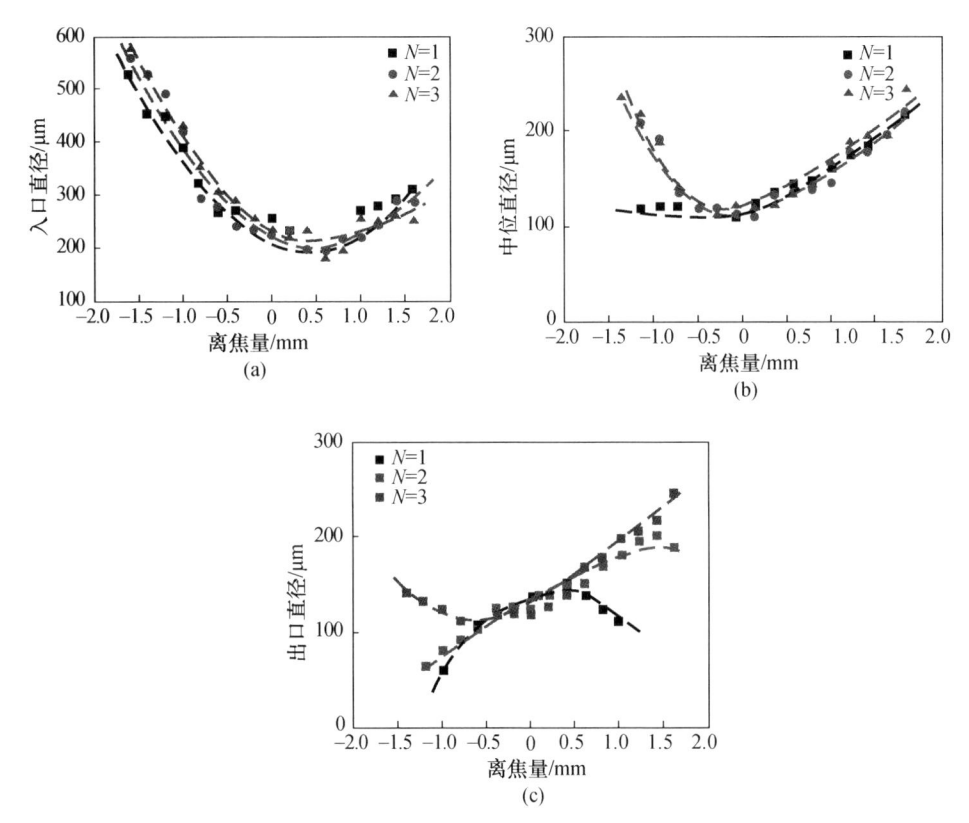

图 4-33 孔直径随离焦量与脉冲个数的变化
(a)入口直径;(b)中位直径;(c)出口直径。

图 4-34 为离焦量为 -0.5mm 的情况下,出、入口孔径随脉冲个数的变化。脉冲作用时间不变时,频率的作用效果相当于增加了脉冲个数,并且频率增加时脉冲间隔也随之变短。可以看出,在该离焦量范围内,频率增大引起的脉冲总输

出能量增大并没有引起孔径的相应增大。频率增大时,入口孔径基本维持不变;出口直径在开始缓慢增大后,达到了稳定值。这也证明,增加脉冲个数引起的输出能量增大,对入口孔径没有影响,而出口孔径呈现缓慢增大后趋于稳定的趋势。这主要与该离焦量位置的光束空间传输情况有关。

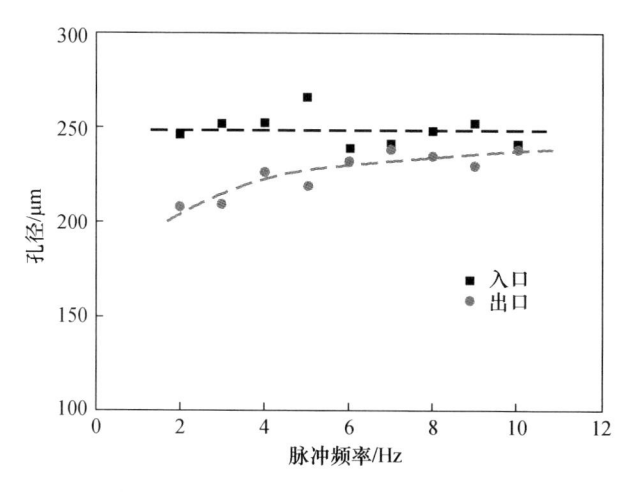

图4-34 出、入口孔径随脉冲频率的变化

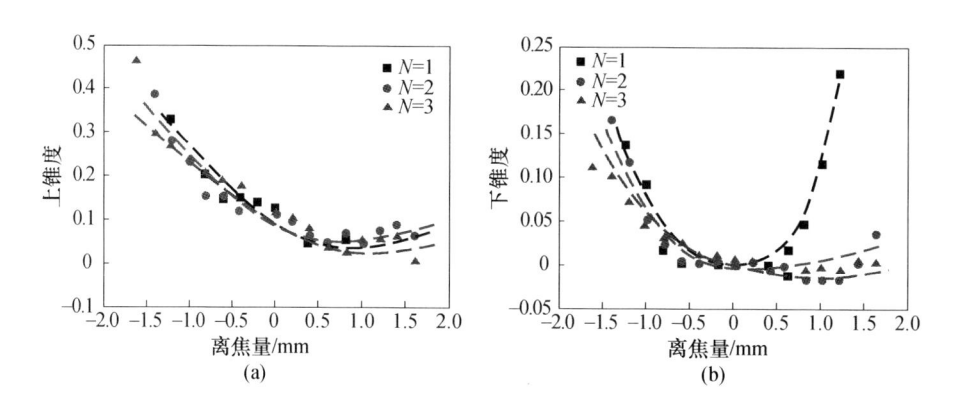

图4-35为孔锥度随离焦量与脉冲个数的变化规律。对于整体锥度而言,在离焦量小于+0.5mm的范围内,整体锥度随离焦量的增加而减小,而且此离焦量范围内脉冲个数对整体锥度没有影响。而在离焦量大于+0.5mm的范围内,脉冲个数较小时,例如$N=1$,整体锥度随着离焦量的增大而增大;而脉冲个数较大时,整体锥度则不随离焦量变化,此时增大脉冲个数也不再改变孔的整体锥度。从整体锥度随离焦量的变化趋势来看,在负离焦范围,基本是入口大于出口的正锥形孔;而在正离焦量范围,只要脉冲个数足够多,孔形基本近似为出、入口孔径相等的直孔。

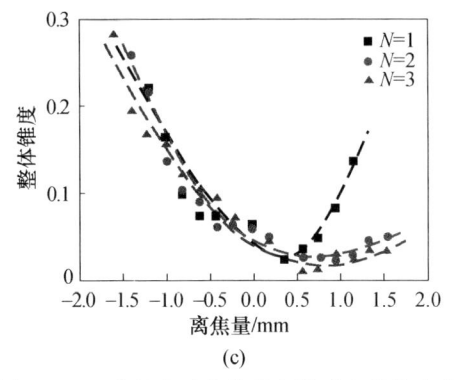

图4-35 孔锥度随离焦量与脉冲个数的变化
(a)上锥度;(b)下锥度;(c)整体锥度。

从局部锥度看,它们随离焦量的变化规律与整体锥度的变化不尽相同。离焦量从-1.4~+1.4mm的整个变化过程中,上锥度呈现逐渐减小的趋势,最后趋向于零,即孔的上半部分形状由倒三角形逐渐变为直孔形。而对于下锥度,它们随离焦量的变化较为复杂。当脉冲个数较少时,下锥度呈现先减小后不变然后再逐渐增大的趋势,即此时下半部分孔形由负离焦区域的倒三角形,变为零离焦附近区域的直孔形,在正离焦区域又变为倒三角形状。当脉冲个数较多时,在离焦量小于-0.5mm的区域,下锥度随离焦量的增加迅速下降到零;在-0.5~+0.5mm的范围内,下锥度基本不随离焦量变化;在离焦量大于+0.5mm的范围内,下锥度变为负值,即此时下半部分孔形变为上小下大的正三角形状。同时由图4-35(a)可以看出,脉冲个数对上锥度基本没有影响,即一旦形成通孔,增加脉冲个数的方式无法改变孔上半部分的形状。而对于下锥度,仅在离焦量大于+0.5mm的范围内,脉冲个数对孔形具有较明显的影响,并且一旦脉冲个数足够大,其影响效果则减小。

3. 脉宽的影响

与脉冲个数的作用效果不同,脉宽的改变会使激光束的时间分布发生变化。如图4-36所示,当脉冲宽度增加时,单脉冲能量随着脉宽呈线性增加的趋势,但单脉冲内的平均功率(即峰值功率)并没有增加。因此,增加脉宽的最终表现形式为激光束以相同输出功率与材料相互作用的时间增长,从而导入材料的总能量增加。由热量穿透距离公式

$$L = 2\sqrt{\alpha\tau} \qquad (4-6)$$

式中:L为热穿透距离;α为导温系数;τ为作用时间,在此等效为激光的脉宽。可知增加脉宽使孔壁面上受到更多的热侵蚀,从而产生更多的熔融金属从孔入口向上及四周溅射而出,导致孔入口边沿处形成一个较大的倒角,并且溅射量越大,该倒角越大,具体表现为入口处的孔径增大。这也是增大脉宽使入口

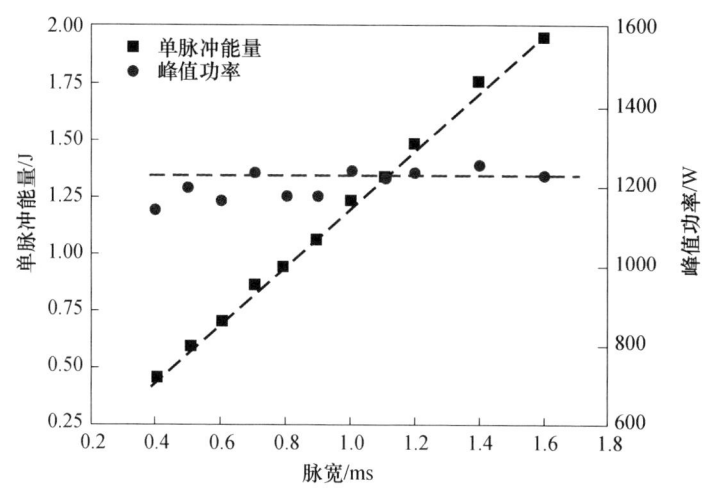

图 4-36 单脉冲能量与峰值功率随脉宽的变化

孔径增大的一个重要原因。不同脉宽下的有效光斑和入口处截面形貌分别如图 4-37 和图 4-38 所示。增大脉宽使激光的有效作用光斑增大，加上作用时间增加导致的能量累积效果，会使入口孔径进一步增大，进而使 1/2 孔深位置的孔径和出口孔径增大。这也是增加脉冲宽度比增加脉冲个数对深度方向上的位置，尤其是 1/2 孔深位置和出口位置孔径影响更明显的原因。当然，由于激光能量主要集中在中心位置，光斑边沿的能量与中心能量相比小 1~2 个数量级，因此一旦形成通孔后，剩余的激光能量对孔形状的改变量也将迅速减小。

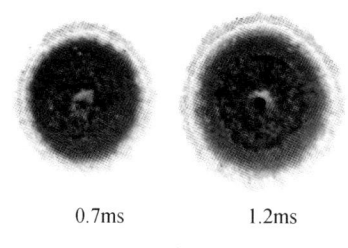

图 4-37 不同脉宽下的有效光斑

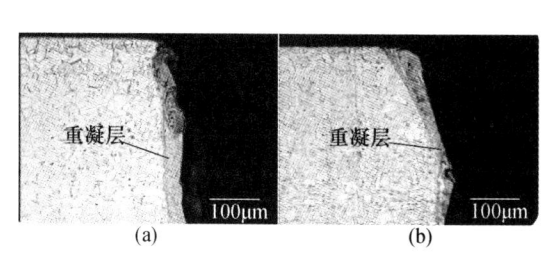

图 4-38 不同脉宽下孔入口处的截面形貌

图 4-39 为孔轴线方向上不同位置的直径随脉宽和焦斑位置的变化规律。在不同的脉宽下，入口直径随离焦量变化呈现先下降再上升的趋势。然而不同于脉冲个数对入口直径的影响，在所有的离焦量范围内脉宽都对入口直径产生影响，而且入口直径随脉宽的增加呈现近似线性增加的趋势。对于中位直径，不同脉宽情况下，该位置孔径呈现先减小后增大的趋势，最小孔径出现在离焦量为零的区域。而脉宽对该位置孔径的变化主要体现在离焦量小于零和大于 +1.0mm 的区域。在这两个区域内，增大脉宽可以增大该位

置的孔直径,而在其他离焦量位置,脉冲宽度对该位置的孔直径的影响不大。对于出口直径,脉冲宽度的影响也同样限于大离焦的区域(如离焦量小于-0.8mm,或者离焦量大于+0.5mm)。在这两个区域,增加脉冲宽度可以增大出口孔径。

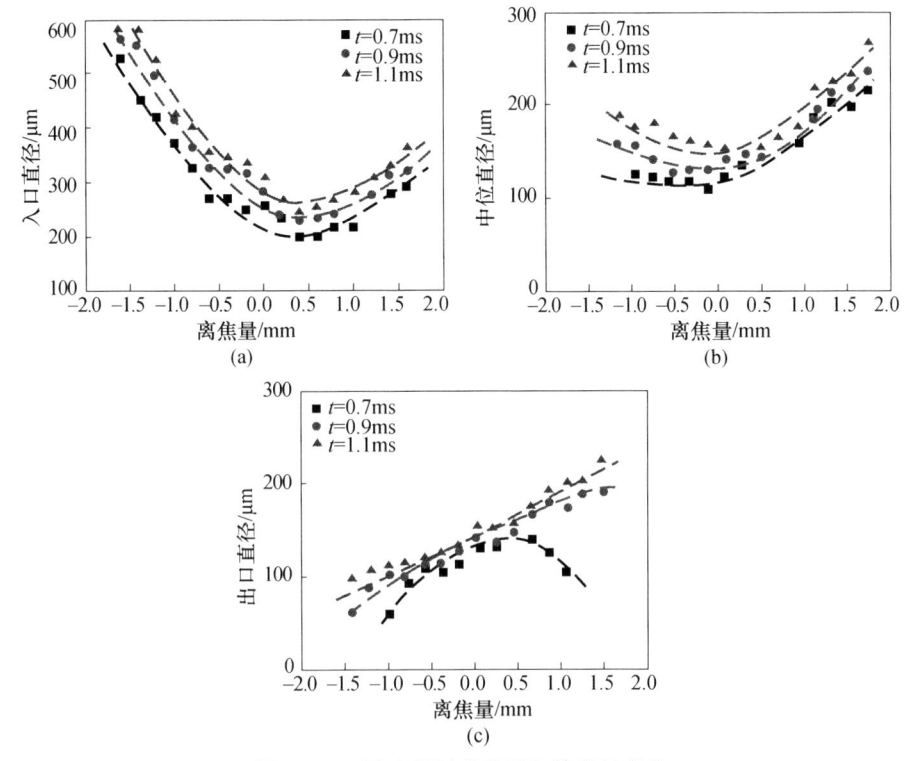

图4-39 孔直径随离焦量与脉宽的变化
(a)入口直径;(b)中位直径;(c)出口直径。

图4-40为固定离焦量-0.5~+0.5mm范围时,出、入口孔径随脉冲宽度的变化。可以看出,在给定的脉宽范围内,由于激光输出能量随着脉宽增大而线性增大,对应的出、入口孔径也随之近似线性增大。

在不同的脉宽下,离焦量对孔锥度的影响与不同脉冲个数下的变化规律基本相似,如图4-41所示。随着离焦量的增大,总体锥度和下锥度近似呈先减小后增大的趋势;而上锥度则呈现持续下降的趋势,只是在离焦量大于+0.5mm后,其下降趋势趋于平缓。另外,对于整体锥度而言,脉宽的影响主要体现在离焦量大于+0.5mm的区域,在该区域内,增大脉宽可以降低孔的整体锥度,使之趋于直孔。而在其他离焦量范围,脉宽对孔的整体锥度没有明显影响。同样,上锥度对脉宽的改变也没有很强的敏感性。对于下锥度,脉宽的影响主要体现在离焦量大于+0.5mm的区域,该区域内随脉宽增大,下锥度减小,使该位置的孔

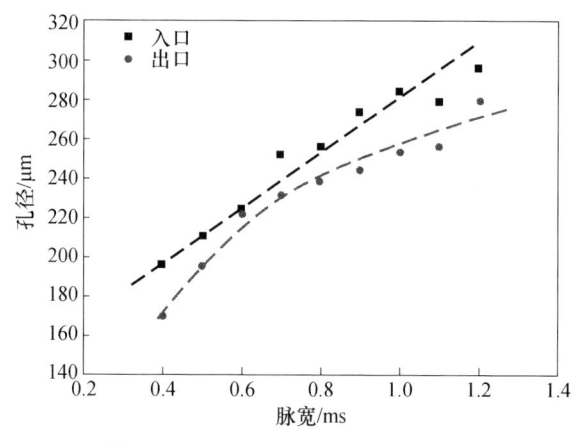

图 4-40 出、入口孔径随脉宽的变化

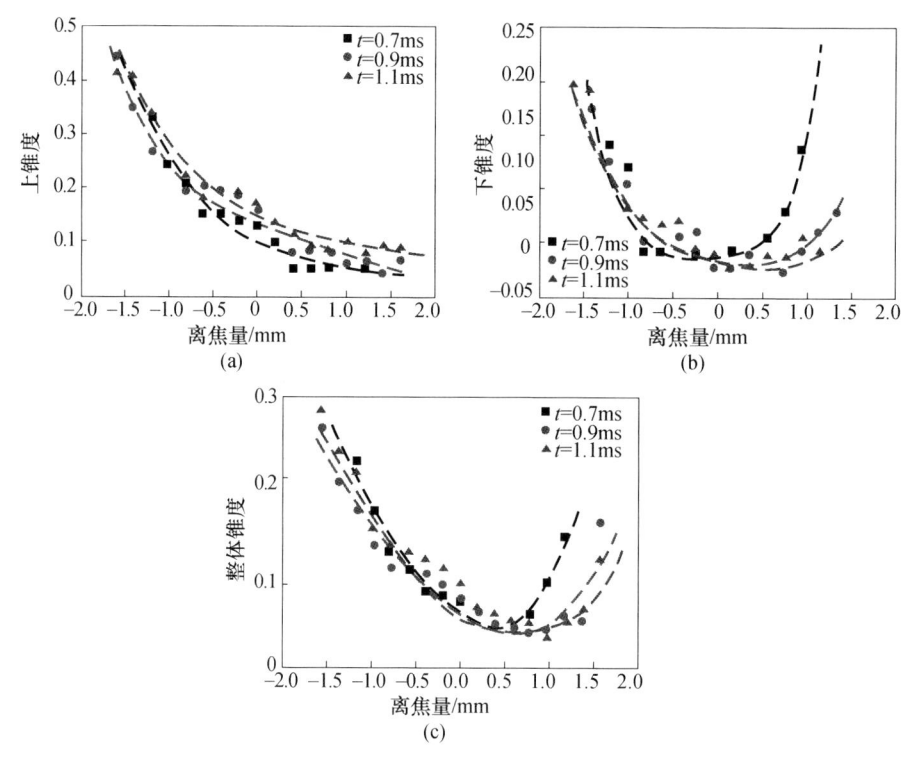

图 4-41 孔锥度随离焦量与脉宽的变化
(a)上锥度；(b)下锥度；(c)整体锥度。

形趋于直孔。由此可以看出，在单脉冲情况下增大脉宽，其对孔形状的影响与增加脉冲个数相类似。两者比较明显的区别是，增大脉宽会增大入口直径，而增加脉冲个数则对入口直径没有影响。

4. 电流的影响

脉冲激光器中的电流参数表征供给激光泵浦氙灯所需的能量。因此，电流越大，氙灯发光强度越大，单位时间内输出的激光强度也就越大，脉冲能量则越高。但氙灯的发光强度总有饱和阈值，一旦饱和，再增加电流氙灯的发光强度也不会改变。因此，电流作为脉冲激光器中较为特殊的激光参数，虽不能直接反应激光输出能量大小，却作为间接因素与激光脉冲能量关联起来。因此，研究电流与激光打孔过程孔成形质量之间的关系也甚为重要。

图 4-42 和图 4-43 为输入电流增加的情况下，单脉冲能量、峰值功率及有效作用的光斑大小随电流的变化规律。由图可知，电流的变化使激光束的时空分布发生变化。固定脉宽时，单脉冲能量与峰值功率随着输入电流的增加而呈现近似半抛物线形式的增长趋势。与此同时，输入电流增加时，有效作用光斑也会增加，因此孔轴线方向上各个位置的直径均会随着输入电流的增加而增加，这与脉宽的影响是相似的。电流增加到一定程度时，脉冲能量将维持不变，这也是此时孔的几何特征不再随电流变化的原因。与脉宽的影响机制不同，在固定脉宽的情况下，输入电流的增加会使脉冲激光的峰值功率增加，而作用时间不变。也就是说，电流增加引起的孔径增加，其根本原因是峰值功率的增加引起了有效作用光斑的增大。峰值功率的增加使得功率密度增加，从而使得材料相变（熔化、汽化）对激光能量的响应速度和强度也增大。因此可以推断，相对于脉宽增加引起的能量增加对孔形状的影响效果，电流增加引起的峰值功率增加对孔形状的影响效果更加明显。

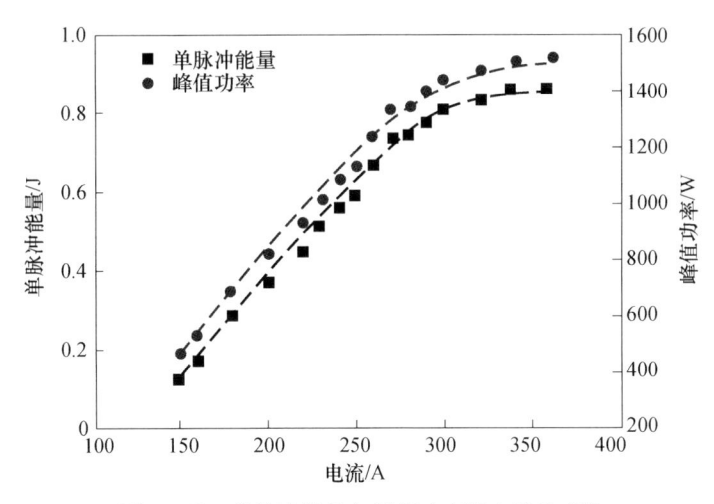

图 4-42　单脉冲能量与峰值功率随电流的变化

图 4-44 为其他条件不变的情况下，出、入口孔径与电流的对应关系。起初阶段，出、入口孔径随着电流增大而增大；一旦超过某个阈值，孔径大小在某个固

定值上下波动，基本维持稳定。这个现象与电流改变时对应的激光输出能量之间的关系一致，并且转变的阈值也相同。说明电流对孔形状的作用规律，取决于其对应的激光输出能量形式。一旦电流对应的输出能量不变，孔的几何形状也不变。

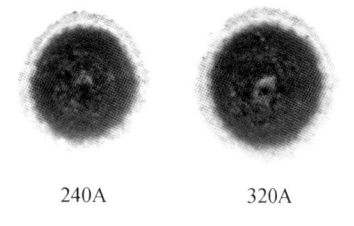

240A   320A

图 4-43　不同电流下的有效光斑

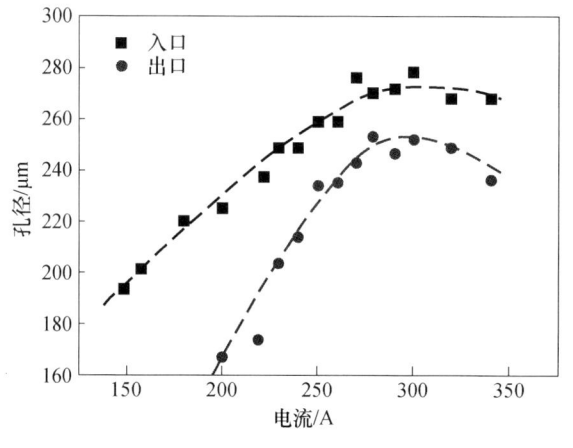

图 4-44　电流对出入、口孔径的影响

图 4-45 和图 4-46 是固定脉宽 0.7ms、脉冲个数为 1 的情况下，输入电流分别为 240A、280A 和 320A 时，微孔纵向截面参数随焦斑位置的变化情况。可以看出，输入电流对轴线方向上的孔形状有着较明显的影响。

与其他两个参数（脉冲个数、脉宽）类似，输入电流在不同的离焦量范围内对孔径和孔形状产生不同的影响。对于入口孔径，在所有的离焦量范围内，增加输入电流会增大孔的入口孔径，这点与脉宽的影响相类似。而且，当输入电流增

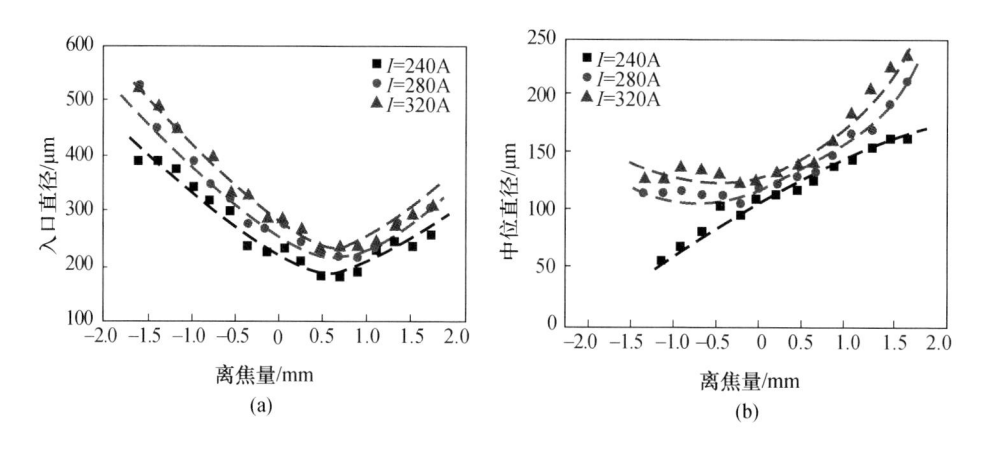

(a)

(b)

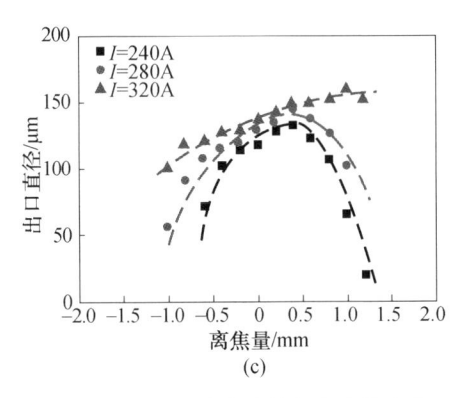

图 4-45 孔径随离焦量与电流的变化

(a)入口直径;(b)中位直径;(c)出口直径。

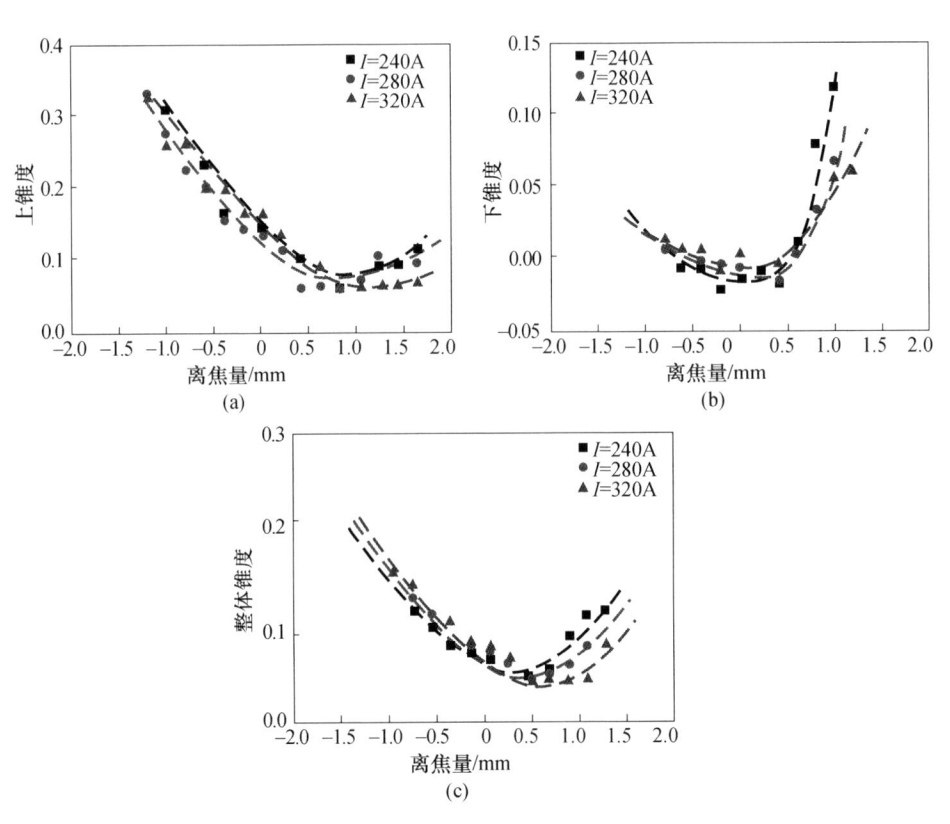

图 4-46 孔锥度随离焦量与电流的变化

(a)上锥度;(b)下锥度;(c)整体锥度。

大到一定程度时,其对入口孔径的影响不再明显。对于1/2深度的孔径,与脉冲个数和脉宽的影响不同,在所有的离焦量范围内,增加电流都使该位置的孔径增加。同样,当输入电流增大到一定程度时,其对该位置孔径的影响也不再明显。对于出口孔径,与脉宽的影响相似,即电流的影响主要体现在焦斑位置远离材料表面的情况。在离焦量为零的附近区域,输入电流对出口孔径则没有明显影响。

5. 辅助气体的影响

辅助气体的压力是影响孔形成过程的关键参数。高密度激光与金属作用过程中,如果没有辅助气体的参与,金属蒸发会形成较大的反冲压力,在此反冲压力作用下,会有大量熔融金属液滴从孔的入口溅射出来。形成通孔之后,熔融金属的重力效应开始凸显,从而形成重力与热浮力近似平衡的态势,如图4-47所示。此时一旦激光作用结束,微孔内部会有大量熔融金属沉积,最终使微孔堵塞。基于此,必须采用额外的辅助气体对孔内的熔融金属进行冲刷,使孔壁变得光滑,这也是激光打孔过程辅助气体最重要的作用之一。

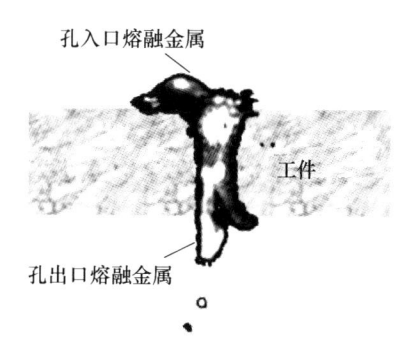

图4-47 孔内熔融金属分布

图4-48及图4-49为不同辅助气体压力下孔出、入口以及孔内部熔融金属的分布情况。可以看出,当辅助气体压力过小时,熔化后的金属无法排出,整个孔内部沉积大量熔融金属,导致孔堵塞。辅助气体压力逐渐增大,熔融金属主要沉积于孔的底部。辅助气体压力增大到一定程度(>0.1MPa),才可形成通孔。因此,激光打孔实验中一般采用较高的辅助气体压力(>0.5MPa),确保孔壁的光滑。

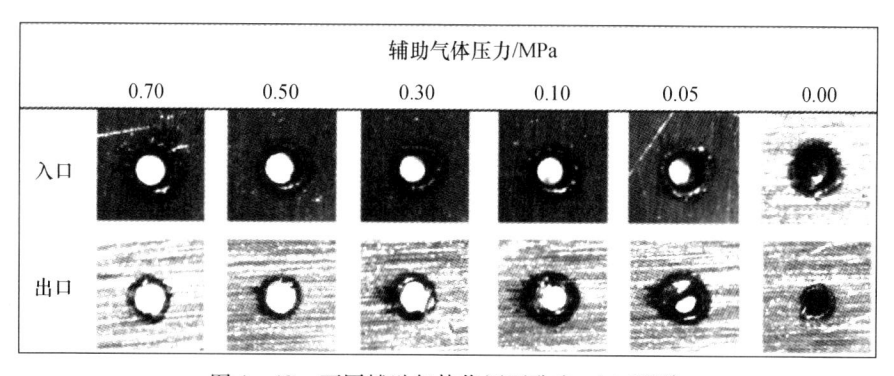

图4-48 不同辅助气体作用下孔出、入口形貌

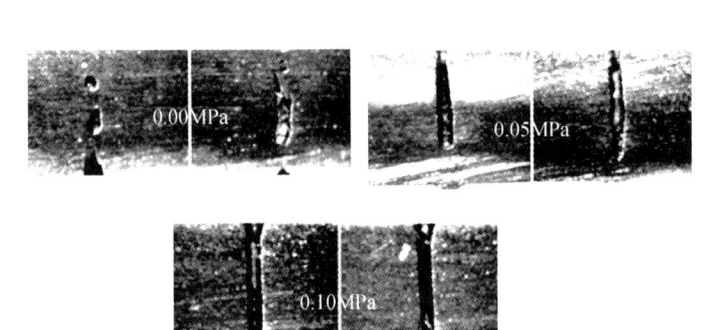

图4-49 不同辅助气体作用下孔截面形貌

4.4 激光打孔数值计算

数值计算是研究激光打孔过程的重要方法[13]。本节采用 Level-set 方法,考虑了激光打孔过程中材料的汽化和熔融液体的溅射,建立起激光打孔的数值模型,对激光打孔演化过程进行模拟,研究了工艺参数对温度场和孔形演化的影响规律。

4.4.1 数值模型

1. Level-set 方法

激光打孔是材料液/气界面发展过程,结合原位观测实验,在匙孔非穿透条件下,将材料的汽化和熔融液体的溅射视为造成液/气界面移动的基本驱动因素。

液/气界面是基底质量损失表面,同时也是能量交换界面,匙孔液/气界面形态和能量、质量分布状态相互耦合。Level-set 方法作为一种有效捕捉界面的数学方法,可以灵活处理界面上的物理量分布,并将界面上的相关物理参量集中在整个计算域的控制方程中进行整体求解,从而有效地描述激光打孔过程。为建立描述激光打孔过程的数学模型,基本假设如下:

(1) 原始的激光束为 TEM_{00} 模,呈高斯分布。

(2) 孔界面(气、液界面)的发展由蒸发和溅射造成的质量损失驱动。

(3) 忽略熔融液体对流造成的能量损失。

通过构造一个符号距离函数,并定义液/气界面位于 $\phi(x,y,z;t)=0$ 位置(图4-50),则液/气界面的发展可以用以下形式来表达:

$$\phi_t + F_{l/v}|\nabla\phi| = 0 \qquad (4-7)$$

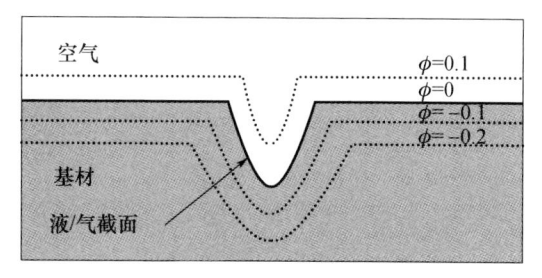

图 4-50 激光打孔 Level-set 简图

式中：$F_{l/v}$ 为激光打孔过程液/气界面运动的驱动函数，主要由汽化和熔融液体溅射引起的质量损失两部分组成，则液/气界面的发展方程可以写成

$$\phi_t + (F_l + F_v)|\nabla\phi| = 0 \qquad (4-8)$$

式中：F_l 和 F_v 分别为因溅射和汽化引起的液/气界面移动速度项。

2. 激光作用下材料汽化

当激光照射靶表面并出现汽化后，如果继续提供适当强度的激光，激光与靶的作用将进入透明蒸气膨胀阶段，大部分激光透过蒸气照射靶表面，使靶蒸气不断增加。激光打孔过程中，蒸气压力远大于环境压力，材料汽化表面处蒸气粒子动态不平衡，大部分粒子因扩散离开靶表面，但蒸气粒子之间经过若干个平均自由行程的相互碰撞后才可逐渐达到平衡，进而形成宏观状态一致的蒸气流。因此激光打孔过程中，在汽化表面附近有一个很薄的质量密度间断区 Knudsen 层[14]（图 4-51），在 Knudsen 层处，温度、气压、密度等物理参数发生阶跃。在

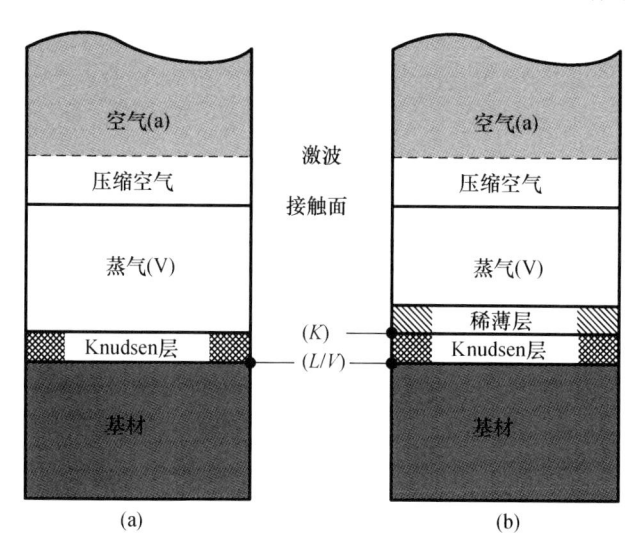

图 4-51 蒸发层结构
（a）声速或亚声速；（b）超声速。

Knudsen 层以上则存在接触间断,温度、密度等物理参数会发生突变,而压力保持连续。接触间断层以外,喷射的蒸气流压缩空气层,从而产生激波间断,激波前后空气的压强遵循 Rankine-Hugoniot 关系式。

图 4-51 展示了在高密度激光作用下的汽化层形式,其中括号内的字母分别表示汽化层的不同区域,和各状态量的下标相对应。根据 Knight 提出的间断条件[14-16],蒸发的质量损失可以表示为

$$\dot{m}_v = \rho_{l/v}\left(\frac{R_v T_{l/v}}{2\pi}\right)^{1/2} - \rho_v\left(\frac{R_v T_v}{2\pi}\right)^{1/2}\beta F_-(m) = \rho_1 F_v \qquad (4-9)$$

式中:$T_{l/v}$ 为液/气界面处的温度,通过求解整个计算域内的热传导方程得到;$\rho_{l/v}$、ρ_v、T_v、R_v 分别为液/气界面处的金属密度、Knudsen 层内蒸气密度、蒸气温度、气体状态常数;m 为无量纲蒸发率,可以表示为

$$m = u_v/\sqrt{2R_v T_v} \qquad (4-10)$$

式中:u_v 为蒸气速度。

$$F_-(m) = \sqrt{\pi}m(-1+\mathrm{erf}(m))+\mathrm{e}^{-m^2} \qquad (4-11)$$

式中:$\mathrm{erf}(m) = \frac{2}{\sqrt{\pi}}\int_0^m \mathrm{e}^{-t^2}\mathrm{d}t$。由式(4-8)可得材料蒸发导致的界面移动速度 F_v。

基于 Clausius-Clapeyron 关系式[17],假定在液/气界面处,蒸气处于饱和蒸发状态,匙孔液/气界面处反冲压力和温度的关系可以表示为[18]

$$p_{l/v} = 0.55\cdot p_{\mathrm{sat}} = 0.55\cdot p_a \mathrm{e}^{\frac{L_v(T_{l/v}/T_b-1)}{R_v T_{l/v}}} \qquad (4-12)$$

式中:p_a 为大气压力;p_{sat} 为一个大气压下的金属饱和蒸气压;L_v 为金属的汽化潜热。如图 4-52 所示,在材料沸点以上,随着液/气界面处温度的上升,汽化所产生的反冲压力迅速增高。

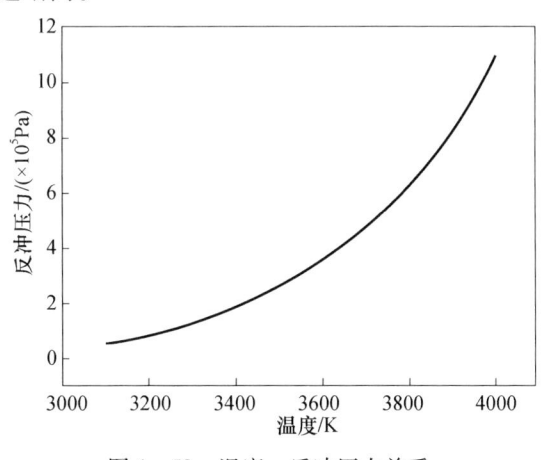

图 4-52 温度-反冲压力关系

3. 激光作用下熔融液体的溅射

激光打孔过程中,熔融金属液体在孔内反冲压力的作用下发生飞溅,对打孔速度有重要的影响。熔融液体的驱动力包括浮力、重力、液体表面张力及反冲压力[19]。激光打孔过程中,熔融液体温度较高,液体表面张力系数小,相对于反冲压力,以上两者可以忽略。由于熔融液层薄,液体溅射速度大($\approx 10 m/s$),在求解因熔融液体飞溅而引起的液/气界面演化速度函数 F_1 过程中,可以采用以下近似方法。取反冲压力为蒸发过程中界面压力的平均,$p_{\text{recoil}} = \overline{P_{l/v}}$,则根据伯努利方程,反冲压力驱动下液体的溅射速度可以由式(4-12)进行计算。

$$p_{\text{recoil}} = \frac{1}{2}\rho_1 V_1^2 \quad (4-13)$$

根据质量守恒,孔底部固态材料的减少由材料蒸发和熔融液体飞溅两部分构成:

$$\frac{dm_s}{dt} = \frac{dm_v}{dt} + \frac{dm_l}{dt} \quad (4-14)$$

如图4-53所示,假定孔的半径相当于激光有效半径 r,则式(4-14)近似地写作

$$A\rho_s(\overline{F_v} + \overline{F_l}) = A\rho_{\text{liq}}\overline{F_v} + 2\pi r \overline{\delta_1}\rho_1 V_1 \quad (4-15)$$

式中:A 为由激光辐照的孔底部面积,如图4-53(b)所示,熔化层厚度平均值为[20]

$$\overline{\delta_1} \approx \frac{\alpha}{\overline{F_p}} = \frac{\alpha}{\overline{F_v} + \overline{F_l}} \quad (4-16)$$

式中:α 为液态材料的热扩散系数,$\alpha = k/\rho_1 C_{pl}$,通过式(4-14)求解 $\overline{F_l}$,进而得到液/气界面各点总的推进速度为

$$F_p \approx F_v + \overline{F_l} \quad (4-17)$$

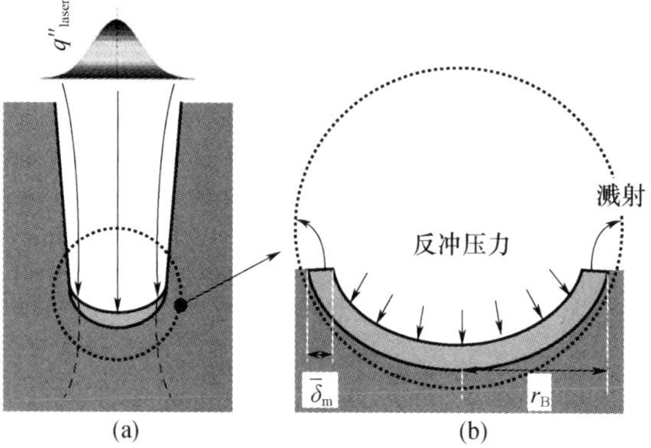

图4-53 激光打孔过程中熔融液体溅射
(a)激光打孔示意;(b)孔底部结构简化。

从以上建模过程可以发现,无论是材料的汽化还是熔融液体的溅射,其最终都和液/气界面上的温度直接关联。由此,在考虑固、液、气三相物性变化的基础上,引入 Level-set 方法,通过 $\delta(\phi)$ 将液/气界面处的能量边界包含至能量方程的源项中,实现能量方程的统一求解,并且能量输入边界的加载随孔形变化而实时移动。求解后,可以得到液/气界面处的温度,从而获得液/气界面处的蒸发速率和反冲压力,驱使液/气界面发展。

$$\frac{\partial(\rho_\varepsilon C_{p\varepsilon} T)}{\partial t} = k_\varepsilon \nabla^2 T + q\delta(\phi) \qquad (4-18)$$

$$\delta(\phi) = \begin{cases} 1, \phi = 0 \\ 1, 其他 \end{cases} \qquad (4-19)$$

液/气界面处的能量可以表达为

$$q'' = \eta \cdot q''_{\text{laser}} - [\rho_s C_{ps}(T_s - T_a) + \rho_l C_{pl}(T_b - T_l)/2 + \rho_l l_m] F_l \\ - \rho_l L_v F_v - \sigma\varepsilon(T_{l/v}^4 - T_\infty^4) - H(T_{l/v} - T_a) \qquad (4-20)$$

式中:$\eta \cdot q''_{\text{laser}}$ 为液/气界面上吸收的能量,其他项分别表示因溅射、蒸发、辐射及与空气对流换热造成的能量损失。L_v、ε、σ 及 H 分别表示汽化潜热、发射系数、玻耳兹曼系数及空气对流换热系数。

4.4.2 计算模拟

根据 4.4.1 节建立的激光打孔数值模型,对激光打孔过程的温度场和孔形演化进行数值模拟,并对激光打孔工艺参数(主要包括离焦量、激光功率、透镜焦距)的影响进行模拟分析。

1. 温度场和孔形演化

激光的辐照使材料表面的温度上升,使材料熔化、汽化,进而造成材料的烧蚀,使得孔界面向下运动。液/气界面是激光能量的接受面,即孔的界面演化和能量吸收相互耦合。图 4-54 显示了激光峰值功率 600W、离焦量为 -0.8mm 时孔形随激光作用时间的变化。由于空气的热扩散率远小于金属材料,因此在匙孔内部温度较高,超过基底金属在标准大气压下的沸点,孔中心内聚集的物质以金属蒸气和高温等离子为主。图 4-55 为孔深和孔底部最高温度随激光作用时间的变化。由于热流密度高($\approx 3 \times 10^8 \text{W/m}^2$),孔内中心处温度在 0.2ms 内达到沸点,继而汽化和蒸气膨胀引起的熔融液体溅射促成孔的成形。在大的负离焦条件下,由于激光束的会聚及多重反射造成激光能量集中,在匙孔液/气界面发展过程中,孔底部温度及激光打孔速率逐步加大,造成孔底部加速向下发展[21]。

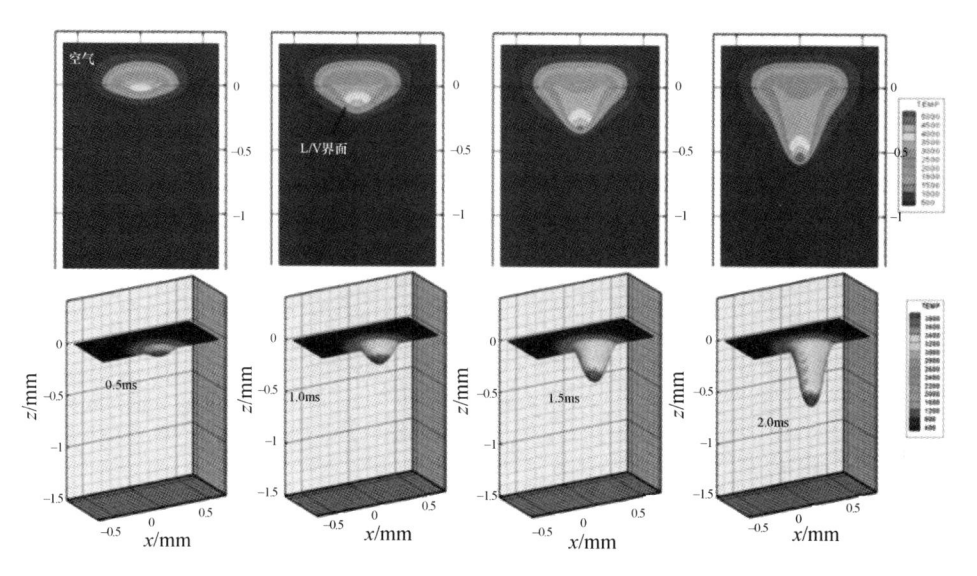

图4-54 激光峰值功率600W、离焦量-0.8mm时温度场及孔形演化

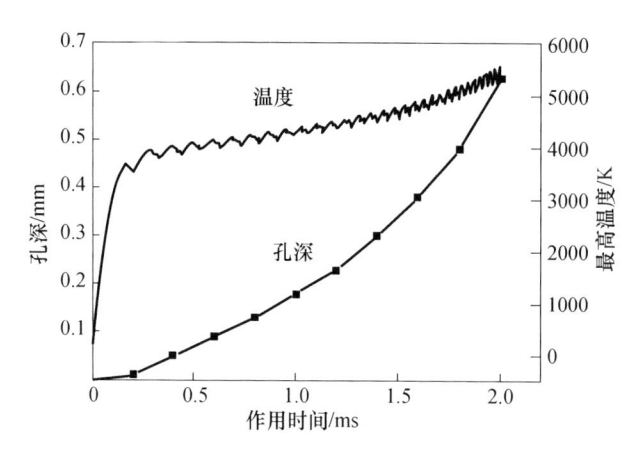

图4-55 孔深和孔底部最高温度随激光作用时间的变化
（激光峰值功率600W，离焦量-0.8mm）

2. 离焦量的影响

离焦量是影响激光打孔孔形的重要参数，图4-56给出了离焦量在-0.8~+0.8mm时，所对应孔形的变化。相对于零离焦附近，试样上表面在远离焦平面时的孔形更加宽和浅。负离焦条件下孔的底部尖而窄；而正离焦条件下，孔的底部相对要宽而圆。

负离焦条件下(-0.8mm)，激光照射时，由于材料上表面光斑加大，功率密度低，大面积的材料首先被缓慢去除。随着孔的加深，光束向焦点方向会聚，同

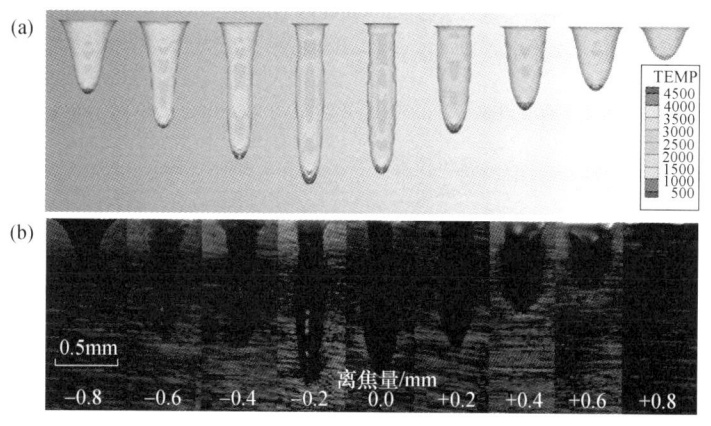

图4-56 孔深随离焦量的变化(激光峰值功率600W,脉宽2ms)
(a)计算结果;(b)实验照片。

时由于多重反射的存在,能量向底部集中。两种因素共同作用,造成打孔速率增加,最终形成喇叭形的孔。同样在负离焦条件下,当焦点和试样上表面的距离缩短时,材料表面处的光斑缩小,打孔速率有所上升,并且造成孔入口直径缩小。同样,由于光束的会聚作用,孔的入口依然呈现喇叭形。

当孔的深度超过焦点位置时,光束由会聚转为发散,但与此同时,孔壁面的多重反射重新将能量向中心集中。当焦点位置从-0.6mm上升至-0.4mm时,孔壁多重反射造成的能量会聚依然占主导作用。然而,孔壁的倾斜程度有所下降,表明激光发散而造成的能量分布改变所起的作用越来越大。在某个位置,可以实现多重反射造成的能量集中和光束发散两者作用的相互制衡。通过对以上实验结果进行观察,发现在-0.2mm离焦条件下得到一个近乎于直的、并且最深的孔。在此条件下,绝大多数的能量被用于将孔往深度方向发展,而不是加宽孔径。

最小的孔径出现在焦点在试样上表面时,此时随着孔的向下发展,激光光斑加大,但由于此时激光的能量密度依然较高,烧蚀孔壁,出现孔局部倒锥的形状。

当激光焦点位于试样表面上方时,试样上表面的光斑加大,能量密度减小,多重反射将能量向中心会聚,再一次获得直孔,如图4-56中+0.2mm离焦条件下。

当激光焦点再次向上提升,激光能量密度继续下降,边缘的能量不足以烧蚀材料,然而孔中心处,高的激光能量密度及因多重反射造成的能量会聚,使得孔中心烧蚀,向深处发展从而再次形成喇叭形的孔。由此可见,激光打孔中孔形的变化是光束发散和多重反射所造成的能量集中之间相互制约的结果。

图4-57为实验和计算的孔深和入口孔径的对照。负离焦条件下孔深的平

均值要明显大于正离焦条件。入口孔径最小出现在零离焦位置,而在负离焦条件下可以获得最深的孔。结合图4-56,发现计算结果和实验吻合,验证了模型的准确性。

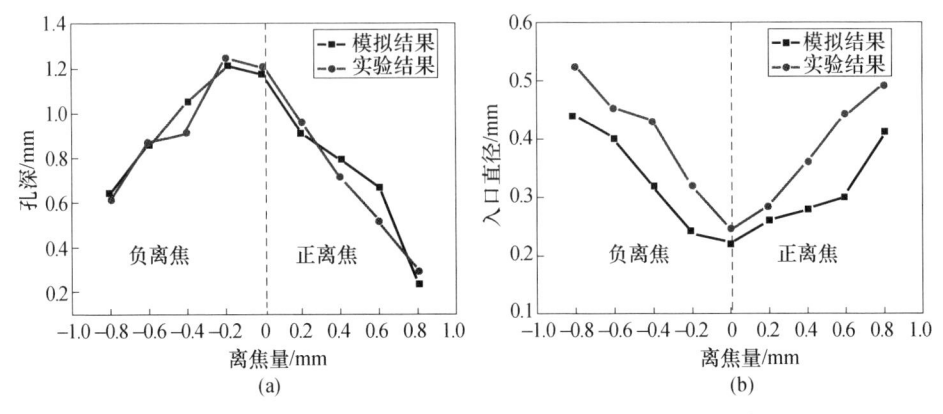

图4-57 孔深和孔宽的计算、实验对比(激光峰值功率600W,脉宽2ms)

3. 激光功率的影响

在离焦量为-0.8mm,脉宽为2ms,峰值功率分别为600W、700W及900W时,计算与实验获得的孔形如图4-58所示,可以发现计算和实验结果均吻合较好。图4-59为孔底部温度和孔深随时间的变化。在负离焦条件下,由于激光束的会聚和壁面能量的多重反射共同使激光能量向中心集中,造成孔底部温度的迅速上升,打孔速率增加。随着功率提高,打孔速率和孔底部最高温度上升,然而温度的增加程度与打孔速率的增加程度相比显得较小。分析原因在于,高密度激光作用下,激光打孔速率增加,造成汽化和熔融液体溅射所发生的能量耗散也同时增加,使得通过液/气界面向材料内部传输的能量减少。

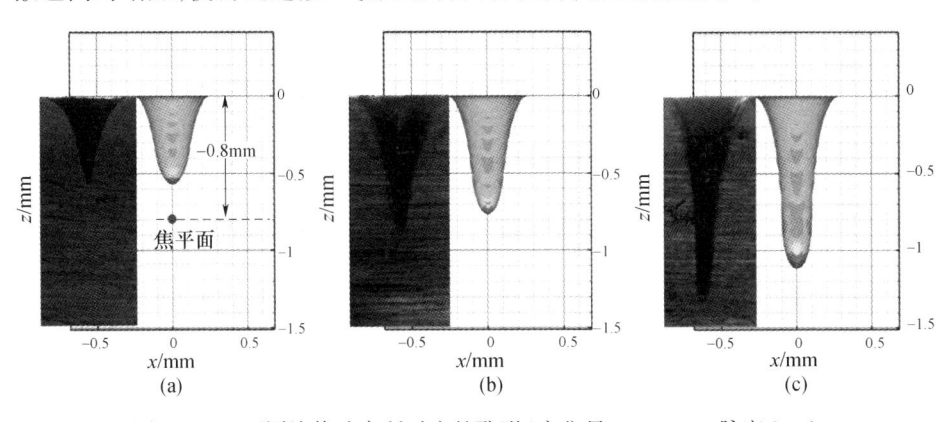

图4-58 不同峰值功率所对应的孔形(离焦量-0.8mm,脉宽2ms)
(a)600W;(b)700W;(c)900W。

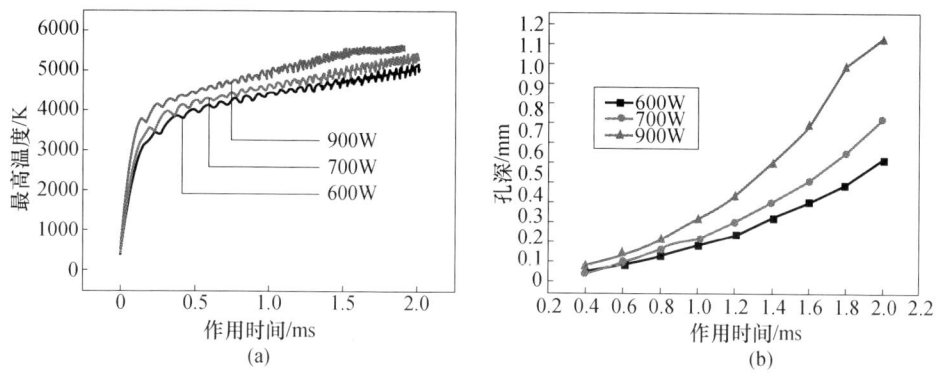

图 4-59 不同峰值功率下孔底部最高温度和孔深随时间的变化

4. 透镜焦距的影响

光束的发散角与聚焦透镜的焦距密切相关,准直激光经透镜聚焦后,其焦斑半径和焦距成正比,而瑞利长度与焦距的平方成正比,聚焦透镜焦距越长,光束束腰半径和瑞利长度越大,光束的发散角越小。图 4-60 展示了在峰值功率 600W,脉宽 2ms,离焦量为 -0.2mm、0mm 及 +0.2mm 时,透镜焦距为 100mm、120mm、150mm 下的孔形。

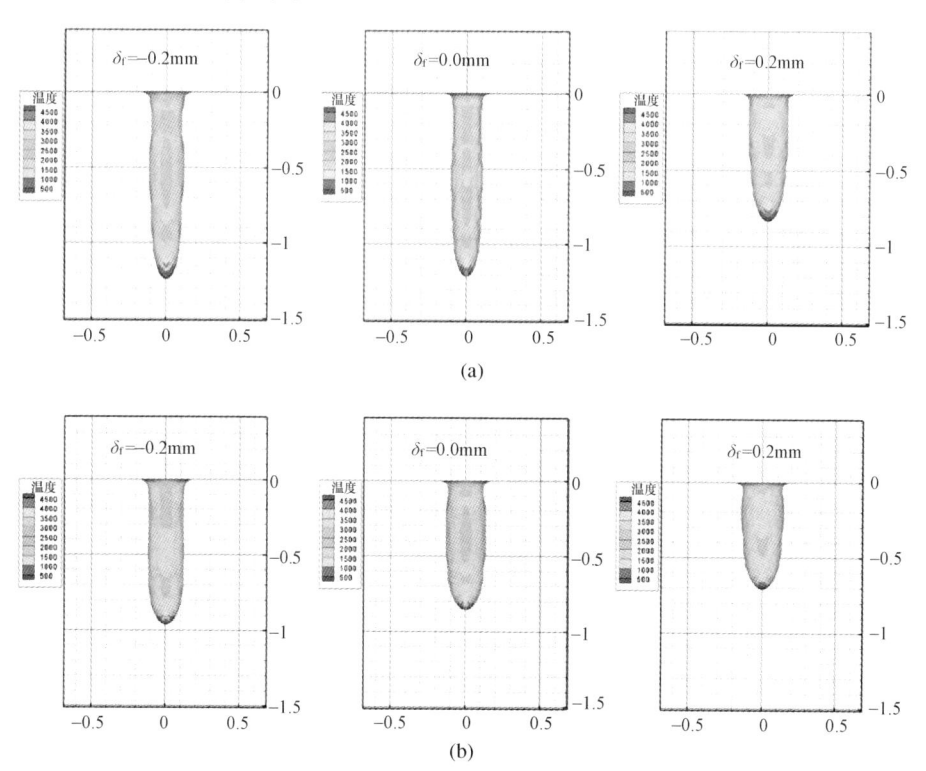

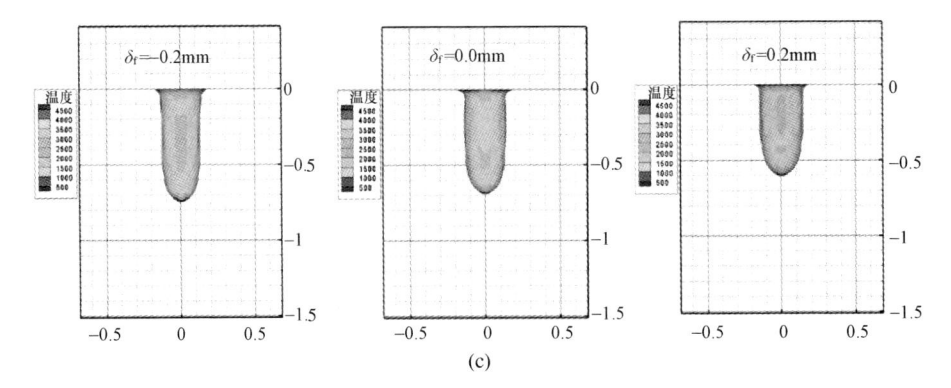

图 4-60 不同离焦量时,透镜焦距对孔形的影响(横坐标 x/mm,纵坐标 z/mm)
(a)$f=100$mm;(b)$f=120$mm;(c)$f=150$mm。

在相同离焦条件下,透镜焦距越长,基体材料表面的光斑尺寸越大,所对应的孔径越大。且随着聚焦透镜焦距增加,瑞利长度随之增加,光束的发散程度减缓,有助于激光在较长的传输距离内保持传递能量的一致性,利于形成直孔。其次,在使用较长焦距透镜进行激光打孔时,离焦量对激光功率密度分布的影响减弱,比较图 4-60(a)和图 4-60(c),可以发现,当离焦量从 -0.2mm 变化到 +0.2mm 时,长焦距时的孔形变化量较短焦距时要少。然而另一方面,由于能量密度的降低,使得激光打孔速率相应地减小,孔深下降。

4.5 激光打孔应用

激光打孔目前在航空航天、电子、机械等工业领域获得日益广泛的应用。本节主要以发动机喷油嘴喷孔和涡轮叶片冷却孔为例,介绍激光打孔的应用。

4.5.1 发动机喷油嘴喷孔

在发动机喷油过程中,燃油是通过喷油器上的喷油孔以高速射流的形式进入到燃烧室内部的。在喷孔的入口,燃油以连续相的形式存在,而喷孔出口端的燃油却转变为分散的雾化液滴,这种燃油状态的显著变化都是在喷孔内部完成的,由此可见喷油孔对燃油射流雾化效果的影响是极其关键的。在两端出入口压力确定的情况下,能改变燃油流动形态的仅有喷孔内部的局部几何特征。因此喷孔内局部几何特征的变化将会对射流效果产生显著影响。然而就发动机的喷油孔而言,长期以来由于加工工艺的限制,实际形成和使用的喷孔形状绝大部分都是圆直孔。因为无论是机械打孔还是电火花打孔,都不太可能对直径仅为

100~300μm 的微小喷孔内部形状进行更大的改变。这在很大程度上限制了提升喷孔射流雾化性能的途径。

除了机械打孔和电火花打孔之外,激光打孔作为一种高效的微孔加工手段已经逐步被应用到发动机喷油孔的加工领域中。而激光束最大的特点就是能量时空分布具有高度的可调节性,这就使通过改变激光时空分布来控制喷孔几何特征变化,从而改变射流雾化效果成为可能。

为了以上工艺能在实际喷油嘴上成功实现,设计了如图 4-61 所示的喷油嘴激光打孔系统。核心在于两套辅助系统的设计:一是喷油嘴的装卡定位系统;二是激光打孔过程多余能量的控制系统。由于喷雾过程的要求,喷油孔的位置、角度等定位精度必须满足相应的要求,因此设计高精度的定位装卡系统是非常必要的。另外,由于喷油嘴是一个密闭的结构,激光打孔过程中需要对穿孔后的激光能量进行合理的控制(阻挡或衰减),避免这部分能量对压力室产生不必要的烧蚀破坏。另外,还需要解决熔融金属在压力室的凝固沉积问题。将解决这些问题的附加子系统整合到原有的板材激光打孔系统后,就形成了如图 4-61 所示的喷油嘴激光打孔系统。

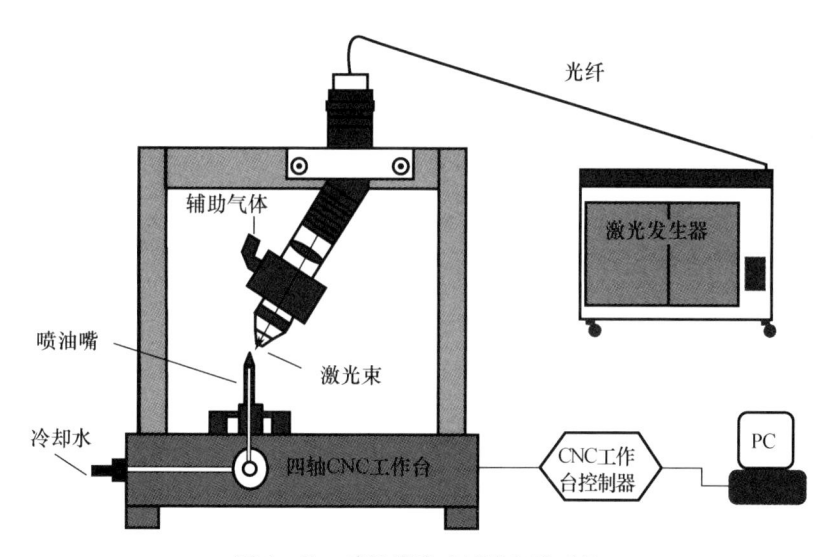

图 4-61 喷油嘴激光精微打孔系统

结合前述板材激光打孔工艺规律,在发动机喷油嘴上利用激光打孔成功制备了各种类型的喷油孔。图 4-62 为 P 系列发动机激光打孔喷油嘴。图 4-63 为多孔均匀分布的倒锥孔。常规的直孔和复杂变截面孔分别如图 4-64、图 4-65 所示。这些变截面喷孔激光加工工艺的实现,为研究变截面喷油孔的喷油雾化规律以改善发动机的性能提供了实验条件和可行性。

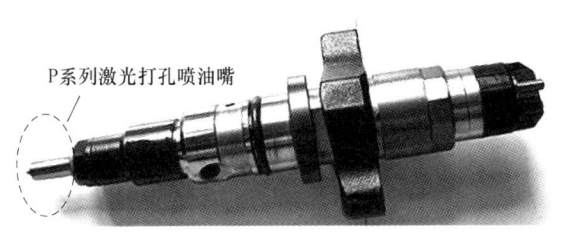

图 4-62 发动机激光打孔喷油嘴 　　　图 4-63 多孔均匀分布的倒锥孔

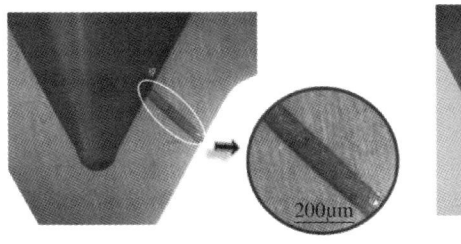

图 4-64 激光打孔获得的直孔

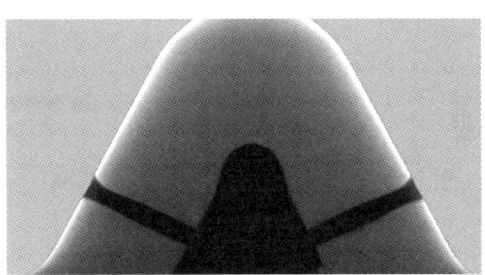

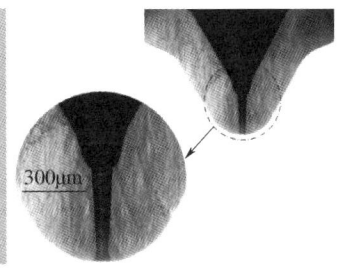

图 4-65 复杂变截面喷油孔

通过对激光打孔变截面孔与传统直孔的喷油雾化进行数值计算[22]，得出变截面喷孔确实会对喷孔内燃油空穴流动状态具有重要影响，可在出口形成更大的空穴强度分布，有利于促进燃油的初次分裂及雾化，同时使得燃烧出口平均速度增大，提高了流量系数，并提高了喷油嘴孔流量及雾化的均匀性。

4.5.2　涡轮叶片冷却孔

在现代喷气发动机中，发动机部件需要在2000℃温度下工作，这个工作温度已经高于用于发动机叶片材料的熔点温度，因此需要采取合适的方法保护叶片抵御极端温度条件下的损坏。目前常用的方法是边界层冷却，即在发动机部件表面加工出数目和类型不同的孔(图4-66)，当冷空气流过部件表面时形成

图 4-66 航空发动机部件冷却孔

一层冷却层，起到保护发动机部件的作用[23]。

表 4-1 为目前典型航空发动机部件上需要加工的孔的数量及尺寸。可以看到，各部件孔的数量及直径变化范围很大，并且与部件表面有一定夹角。目前在冷却孔的加工中，采取的方法主要有电火花打孔和激光打孔方法。电火花打孔是在金属丝与部件之间形成高的电压差，两者之间放电产生 5000~10000℃ 的高温，熔化需加工的材料。金属丝在移动的过程中不断放电进而在部件上加工出需要的孔。电火花打孔是一个非连续过程，而激光打孔是一个连续过程。

表 4-1 航空发动机部件冷却孔[24]

部件	直径/mm	板厚/mm	夹角/(°)	数量
叶片	0.3~0.5	1.0~3.0	15	25~200
轮叶	0.3~1.0	1.0~3.0	15	25~200
燃烧室	0.4	2.0~2.5	90	40000
基板	0.5~0.7	1.0	30~90	10000
密封环	0.95~1.05	1.5	50	180
冷却环一	0.78~0.84	4.0	79	4200
冷却环二	5.0	4.0	90	280

为提高发动机部件的耐温性，一种耐高温的氧化锆陶瓷被应用在发动机叶片和轮叶上作为热障涂层，如图 4-67 所示。在这种条件下，电火花打孔不能够加工陶瓷等绝缘材料，激光打孔成为最优的加工方法。

英国学者[25]在发动机叶片材料上进行了激光打孔实验，分别对基体材料及表面带有陶瓷涂层的材料开展激光打孔工作，得到了不同孔径、夹角的孔形。图 4-68 为叶片材料的激光打孔实例，材料为 HastelloyX 镍-铬-

图 4-67 热障陶瓷涂层叶片

钼合金,板厚为 2mm,重凝层厚度分别为 30~40μm 和 35~40μm,孔的倾角分别为 30°和 20°。图 4-69 为带有 TBC 涂层的激光打孔,基体厚度分别为 2mm 和 3mm,对应涂层的厚度分别为 0.35mm 和 0.65mm,重凝层厚度分别为 20μm 和 29μm,孔的倾角均为 20°。可以看到,激光打孔没有引起涂层的破裂及涂层与基体结合层的损坏。

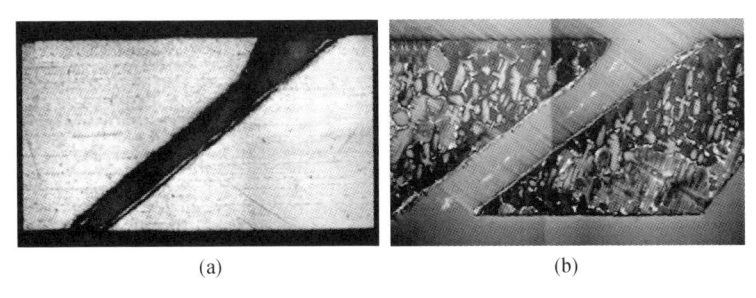

图 4-68 叶片激光打孔实例

(a)倾角 30°,孔径 0.32mm;(b)倾角 20°,孔径 0.33mm。

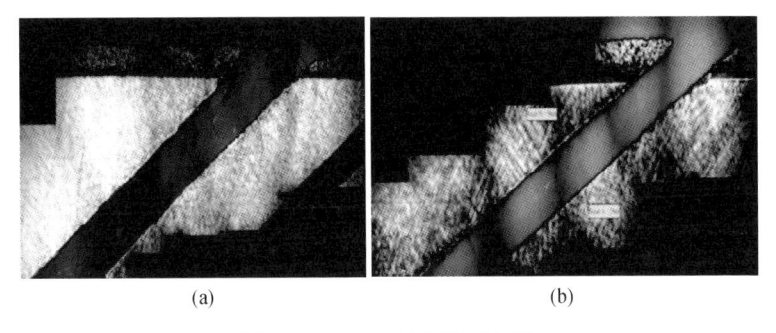

图 4-69 TBC 涂层激光打孔

(a)基体厚度 2mm,涂层厚度 0.35mm,倾角 20°,孔径 0.52mm;
(b)基体厚度 3mm,涂层厚度 0.65mm,倾角 20°,孔径 0.7mm。

参考文献

[1] 虞钢,虞和济. 集成化激光智能加工工程[M]. 北京:冶金工业出版社,2001.
[2] Dahotre N B,Harikar S P. Laser Fabrication and Machining of Materials[M]. Springer US,2008.
[3] Willian M Steen,Jyotirmoy Mazumader. Laser Material Processing. 4th Edition. Springer Publisher,2010.
[4] Bekir Sami Yilbas. Laser Drilling Practial Applications[M]. Springer,2012.
[5] Semak V,Matsunawa A. The role of recoil pressure in energy balance during laser materials processing [J]. Journal of Physics D:Applied Physics,1997,30:2541.
[6] Voisey K,Kudesea S,Rodden W,et al. Melt ejection during laser drilling of metals [J]. Materials Science and Engineering A,2003,356(1-2):414-424.

[7] Park K-W, Na S-J. Theoretical investigations on multiple – reflection and Rayleigh absorption-emission-scattering effects in laser drilling[J]. Applied Surface Science, 2010, 256(8): 2392 – 2399.

[8] Slonitis K, Stournaras A, Tsoukantas G, et al. A theoretical and experimental investigation on limitations of pulsed laser drilling[J]. Journal of Materials Processing Technology, 2007, 183(1): 96 – 103.

[9] Fabbro R, Slimani S, Doudet I, et al. Experimental study of the dynamical coupling between the induced vapour plume and the melt pool for Nd-Yag CW laser welding[J]. Journal of physics D: Applied physics, 2006, 39(2): 394 – 400.

[10] Fabbro R. Melt pool and keyhole behaviour analysis for deep penetration laser welding[J]. Journal of Physics D: Applied Physics, 2010, 43(44): 445501.

[11] Fabbro R, Slimani S, Coste F, et al. Study of keyhole behaviour for full penetration Nd-Yag CW laser welding[J]. Journal of physics D: Applied physics, 2005, 38(12): 1881 – 1887.

[12] Chen M, Wang Y, Yu G, et al. In situ optical observations of keyhole dynamics during laser drilling[J]. Applied Physics Letters, 2013, 103(19): 194102.

[13] 褚庆臣,虞钢,等. 激光打孔工艺参数对孔型影响的二位数值模拟研究[J]. 中国激光,38(6): 83 – 88.

[14] Das S, Krishan P, Bruguier O, et al. Kinetic theory approach to interphase processes[J]. International Journal of Multiphase Flow, 1996, 22(1): 133 – 155.

[15] Knight C J. Theoretical modeling of rapid surface vaporization with back-pressure[J]. Proceedings of the AIAA, F, 1978[C].

[16] Ki H, Mohanty P S, Mazumder J. Modeling of laser welding: PartI. mathematical modeling, numerical methodology, role of recoil pressure, multiple reflections, and free surface evolution[J]. Metall Mater Trans A, 2002, 33(6): 1817 – 1830.

[17] Pan H, Ritter J A, Balbuena P B. Examination of the approximations used in determining the isosteric heat of adsorption from the Clausius-Clapeyron equation[J]. Langmuir, 1998, 14(21): 6323 – 6327.

[18] Kelly R, Miotello A. Comments on explosive mechanisms of laser sputtering[J]. Applied Surface Science, 1996, 96 – 98: 205 – 215.

[19] Zhang Y, Li S, Chen G, et al. Experimental observation and simulation of keyhole dynamics during laser drilling[J]. Optics & Laser Technology, 2013, 48: 405 – 414.

[20] Low D K Y, Li L, Byrd P J. Hydrodynamic Physical Modeling of Laser Drilling[J]. Journal of Manufacturing Science and Engineering, 2002, 124(4): 852.

[21] 葛志福,虞钢,何秀丽,等. 激光打孔过程三维瞬态数值模拟[J]. 中国科学:物理学、力学、天文学,2012, 42(8): 869 – 876.

[22] 卢国权,虞钢,何秀丽,等. 喷孔几何特征对变截面喷油孔空穴流动状态的影响[J]. 内燃机学报,2012, 30(2): 254 – 259.

[23] Disimile P J, Fox C W. An experimental investigation of the airflow characteristics of laser drilled holes[J]. Journal of Laser Applications, 1998, 10: 78 – 84.

[24] Van Dijk, Vilrger M H H, De D, et al. Laser Precision Hole Drilling in Aero – engine Components[J]. Proc 6th Conf lasers in Manufacturing, 1989: 237 – 247.

[25] Naeem M. Laser Percussion Drilling of Aerospace Material with High Peak Fiber Delivered Lamp-Pumped Pulsed Nd: YAG Laser[J]. Conference Proceeding, 2006.

第5章

激光表面改性技术

据统计,在国民经济各行业所报废的构件中,80%以上的报废件是由于表面失效造成的。因此,通过各种表面工程手段,改善构件的表面状态,提高硬度,改善抗腐蚀、耐磨损、抗疲劳等性能,对提高产品的使用寿命至关重要[1]。目前表面技术的应用极其广泛,已经遍及各行各业。传统的表面强化处理技术如火焰淬火、渗碳、渗氮、堆焊等存在可控性差、自动化和柔性程度低、后续工序复杂等问题。随着科学技术进步和现代化工业的发展,对零部件的表面改性提出了更高的要求。

激光技术在20世纪70年代开始应用于金属表面改性,现在已成为高能束表面改性技术中的一种主要手段[2]。激光表面改性是通过激光与材料的相互作用,使材料表层发生所希望的物理、化学、力学性能的变化,改变金属表面的结构,从而满足工业应用上的性能要求。由于激光束易于传输,功率密度高,时间和空间分布易于控制,因此激光表面改性具有热影响区小、工件变形小、生产效率高、易于实现自动化等优点[3]。根据表面处理工艺和强化机理的不同,典型的激光表面改性技术有激光相变硬化、激光熔凝、激光非晶化、激光合金化、激光熔覆、激光冲击强化等。

激光相变硬化,是利用激光将金属材料加热到相变点以上、熔点以下,随着激光的快速移开而迅速冷却,达到淬火硬化的目的。激光熔凝是利用激光将基体材料加热到熔点以上,形成熔池,激光移开后快速冷却凝固,从而获得细密的非平衡快速凝固组织,改善材料表面性能。上述两种技术是研究最早、发展也最为成熟的激光表面改性方法[4]。然而由于这两种技术对材料性能的提高受材料本身属性的限制,因此提升表面性能的发挥空间有限。相比而言,激光合金化和激光熔覆可以在激光处理过程中添加新的合金粉末,改变材料表面成分,进而获得一种组织和性能完全不同于基体的强化涂层,是既可改变表面物理状态又可改变化学成分的方法;可以根据不同的表面需要,添加不同的合金系,拓宽了材料的应用范围,节约具有战略意义的贵金属。利用以上工艺方法,采用高密度激光使材料表面熔化,当满足一定的急热骤冷条件时,形成非晶态组织的过程,则称之为激光非晶化。激光冲击强化则与以上工艺过程差别较大,不是利用激光产生的热效应,而是利用高密度激光诱导等离子体冲击波产生类似机械喷丸的力效应,使金属表面形成复杂位错缠结网络结构,从而提高其力学性能。本章将对以上几种激光表面改性技术分别进行讨论。

5.1 激光相变强化技术

激光相变强化,是利用激光将金属材料加热并随着激光的快速移开而迅速冷却,获得细化的微观组织,达到淬火硬化的目的。激光表面硬化技术的首次应用开始于20世纪70年代初,通用汽车公司对齿轮转向器箱体内各零件[5]进行激光相变硬化处理,取得了良好的效益。自此该项技术蓬勃发展,国内外多位学者在激光表面硬化工艺实验、温度场分析及组织演化机制[6-11]方面做了大量的工作,完成了发动机缸体、机床离合器、成形刀具、模具、锯齿、轴承等多种机器零部件的局部硬化处理。本节将主要从激光相变强化原理及方法、工艺及参数优化、强化层组织、强化层性能及温度场数值模拟等方面对激光相变强化技术进行阐述。

5.1.1 原理及方法

激光相变硬化是一种具有高度柔性化的先进制造技术。采用高能量激光束照射工件表面,使工件表面快速升温至相变点以上、熔点以下的温度。当激光束离开被照射部位时,由于基体的热传导作用,使其表面迅速自冷淬火实现工件的表面相变强化,又称为激光淬火。这一过程是在快速加热和快速冷却下完成的,所得强化层组织细密,硬度高于常规淬火的硬度。

激光熔凝硬化,是利用高密度激光束在金属表面连续扫描,使之迅速形成一层熔化层,当光束移除之后,熔池快速凝固,从而使金属表面产生致密微观组织结构的一种表面改性方法。材料表面经激光熔凝处理后可以细化组织、减少偏析、形成高度过饱和固溶体等亚稳相,因而可以提高表面的耐磨性、抗氧化性和抗腐蚀性能。

这两种表面强化手段都只需利用激光束在材料表面进行扫描,不需要加入其他合金元素。在实际工艺实现中,由于激光功率密度、扫描速度的不同,材料表面可能出现相变、微熔、熔化等现象,但硬化区各元素成分不发生变化,硬化区组织均发生相变过程,因此本章对此不做具体区分,统称为激光相变强化。

与其他改性方法相比,激光表面相变强化具有如下特点:

(1) 材料表面快速加热和冷却。加热速度可达 $10^4 \sim 10^9 ℃/s$,冷却速度可达 $10^5 ℃/s$ 以上,可用于传统技术难于淬硬的材料硬化。

（2）可获得极细的强化层组织，硬度比普通淬火高15%～20%。铸铁处理后，耐磨性可提高3～4倍。

（3）变形小，热影响区小，而且可以使表面产生一定的压应力，有助于工件疲劳强度的提高。

（4）可自冷，不需淬火介质，不必清洗，无污染。

（5）表层性能的改善几乎不影响基体的性能。

（6）可以对形状复杂的工件以及常规方法难于处理的工件进行局部强化处理。

（7）工艺周期短，生产效率高，工艺过程易实现计算机控制，自动化程度高，可用于流水生产线。

传统的激光相变强化技术是利用直接来自激光器或通过简单聚焦的高斯光束进行连续扫描的处理方法，在实际应用中存在以下问题：①材料经热处理后相变硬化带的形状为中央较深的月牙形[12-14]，与一般希望获得的均匀硬化带有较大的差距；②对大面积表面进行激光相变强化，一般要通过硬化带搭接来实现，搭接区常常出现回火软化现象等[15-17]；③工艺参数难以精确控制，强化层均匀性难以保证，严重影响强化的质量[18]。在实际应用中，对零件强化后的硬化层分布、表面硬度、表面粗糙度及耐磨性等都有很高的要求，传统的激光相变强化方法难以完全满足这些要求。因此需要特定光强分布的光束来达到强化效果，这种特定光强分布的光束只有通过光束变换才能得到。激光强度空间分布包含两方面内容：光斑几何形状和激光强度的空间分布形式。随着光束变换技术的发展，使利用不同光强分布的光斑进行激光相变强化以满足使用性能成为可能。

根据激光输出的形式，激光相变强化分为：连续激光相变强化和脉冲激光相变强化。激光相变强化早期的应用主要以连续式强化为主。连续激光表面硬化处理通常由于激光强度的空间分布与时间分布难以准确控制，在硬化处理过程中不可避免会产生淬空比小以及邻近道的搭接回火现象，因此，脉冲激光表面硬化越来越受到重视。近年来，随着智能化程度和脉冲激光器的发展以及对材料表面强化性能要求的提高，脉冲式激光相变强化开始得到应用[19]。在激光相变强化中，激光束的尺寸、功率密度的空间分布等参数，将对强化后的效果产生直接的影响。高斯光束和变换后的矩形光束等连续分布的光斑一般应用于连续激光强化工艺；点阵光斑等非连续分布的光斑一般应用于脉冲激光强化工艺。根据不同零部件的激光表面强化需求，利用二元光学元件对激光束空间强度分布的整形，可以使表面强化层更加均匀，并有利于提高加工效率，激光束整形后的脉冲激光表面强化适于处理形状复杂的零件表面。按照光强分布的不同，激光相变强化技术主要有以下几种。

1. 高斯圆光斑的激光相变强化

利用高斯圆光斑进行的激光相变强化技术是应用最早、最广泛的表面强化方法。一般来说，利用直接来自激光器的光束或者通过简单聚焦系统的光束，材料经淬火处理后相变硬化带的形貌为中间厚、向光斑两侧边缘逐渐变薄的"月牙形"硬化层，如图 5-1 所示[20]。利用高斯光束进行激光相变强化一般要用到搭接工艺，由于搭接区常常出现回火软化现象，所以工艺参数难以精确控制。

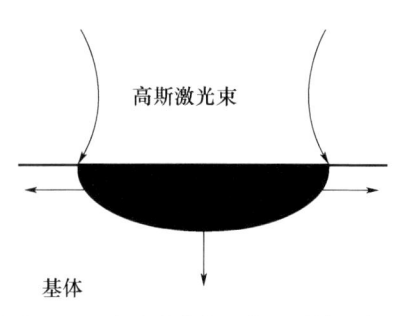

图 5-1　月牙形激光强化层形貌示意图

2. 平顶矩形光束

由于高斯光束进行相变强化存在硬化层均匀性较差、搭接区易出现回火软化等不足，利用平顶矩形光束进行宽带扫描应运而生。平顶矩形光束有利于提高激光表面强化过程的加工效率，减少强化带之间搭接次数及硬度的不均匀性，因此适用于具有较大表面积的零部件的激光表面强化。国内外众多学者已经采用微透镜列阵、衍射光学等方法得到平顶矩形光束[21,22]。矩形光束的激光相变强化也已得到广泛的应用[15,18,23]。

3. "马鞍形"功率密度分布及曲边矩形

由于平顶矩形光束中各部分的能量密度是均匀的，与材料相互作用时，光斑中心处热量主要向纵深方向传递，而光斑边缘处热量向两边传递更剧烈，因此并不能改变光斑中心温度高、边缘温度低的特点，强化后的硬化层仍是中心厚、边缘薄的"月牙形"。要使激光与材料相互作用时的温度场尽量均匀，从而使靠近光斑边缘处的硬化层厚度增大，改善其硬化层分布的均匀性，必须设法加大光斑两侧边缘的能量注入，以补偿由于横向热传导所带来的部分热损失，增加纵向传递的热量。目前主要有以下两种方法：

（1）改变矩形光斑内的激光功率密度分布。如增大光斑边缘处的功率密度，使其呈"马鞍形"分布[12]，如图 5-2 所示。这就增大了光斑边缘处的能量注入，从而使得到的硬化层均匀性明显改善。

（2）改变光斑形状。将原矩形光斑的两条直边改为曲边，这种光斑形状称为曲边矩形。在激光功率密度保持均匀的前提下，越靠近边缘，光斑的长度越长，激光相变强化时边缘处与工件表面的作用时间也越长，注入的能量越多，

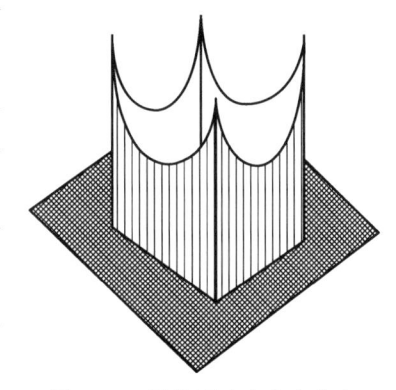

图 5-2　马鞍形功率密度分布

因此可达到改善硬化层分布均匀性的目的[24]。

图 5-3 为利用高斯圆光斑、矩形光斑和曲边矩形光斑进行激光相变强化后的强化层分布比较示意图。可以看出,在层深基本相同的前提下,采用曲边矩形光斑扫描得到的硬化层分布更为均匀,且硬化宽度也相应增大。

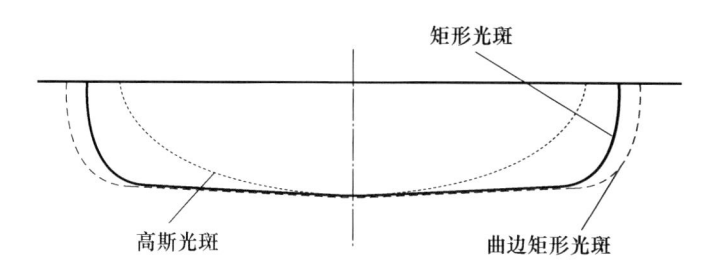

图 5-3 利用高斯光斑、矩形光斑和曲边矩形光斑
进行激光相变强化的强化层分布比较

4. 点阵光斑

点阵光斑属于非连续分布的光斑,通过二元光学变换技术,可使单脉冲激光在聚焦透镜的焦平面上产生二维的光斑列阵[25],不但实现了特定的光强空间分布,使表面强化比较均匀,而且大幅度提高了处理速度[3,26-28]。由于激光与材料相互作用时,光斑中心处热量主要向纵深方向传递,而光斑边缘处热量向两边传递更剧烈,因此,利用均匀点阵光斑进行激光相变强化得到的硬化层并不均匀。在设计点阵光斑时,光斑的形状分布以及各个小光斑的能量密度分布都可以精确控制,因此可以设计光强非均匀分布的点阵光斑,以满足不同的表面强化效果需求。

下面详细介绍几种特定光强分布的 5×5 点阵光斑的激光相变强化:均匀点阵光斑、1:2:3 点阵光斑和 3:2:1 点阵光斑[29]。其光斑强度二维分布及强度大小分别如图 5-4~图 5-6 所示。5×5 点阵光斑中的 25 个小光斑的强度是相等的;1:2:3 点阵光斑中若假设最中心处的小光斑强度为 1,则围绕中心光斑的 8 个小光斑的强度为 2,最外圈的小光斑强度为 3;与 1:2:3 点阵光斑正好相反,3:2:1 点阵光斑中若假设中心处的小光斑强度为 3,则围绕中心光斑的 8 个小光斑的强度为 2,最外圈的小光斑强度为 1。

利用上述 3 种特定强度分布的激光束对 Q235 钢进行了单光斑的表面强化实验,表面形貌如图 5-7 所示。图中所用激光功率 1000W,对于均匀光斑,所用脉宽为 50ms;对于非均匀光斑,所用脉宽为 100ms。从图 5-7 中可以看出激光与材料相互作用后,均匀强度分布光斑形成的硬化痕迹中心处和边缘处大小有所差别;1:2:3 强度分布光斑作用在材料表面形成的硬化痕迹比较均匀;3:2:1 强度分布光斑形成的硬化痕迹中心处和边缘处大小差别很大。大多数零件激光

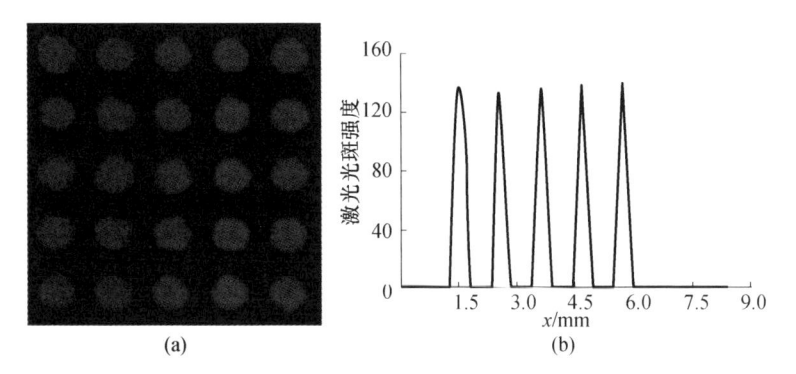

图5-4 5×5均匀点阵光斑强度二维分布图及强度大小示意图
(a)二维分布;(b)强度大小。

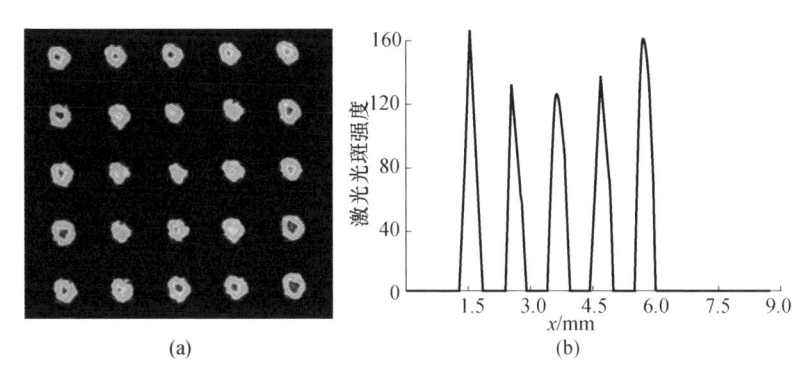

图5-5 1:2:3点阵光斑强度二维分布图及强度大小示意图
(a)二维分布;(b)强度大小。

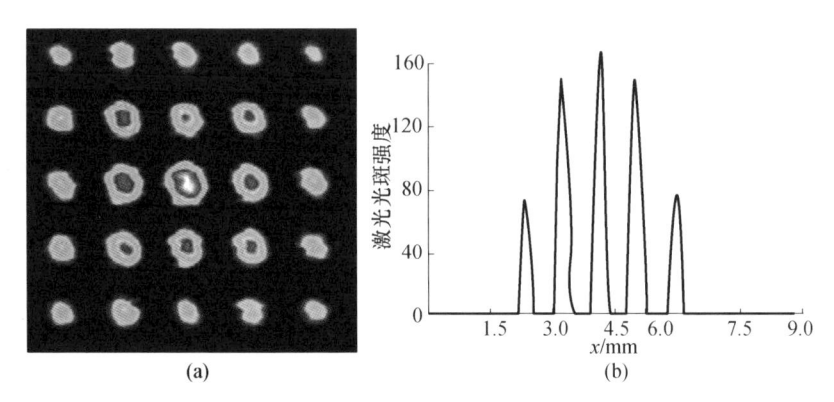

图5-6 3:2:1点阵光斑强度二维分布图及强度大小示意图
(a)二维分布;(b)强度大小。

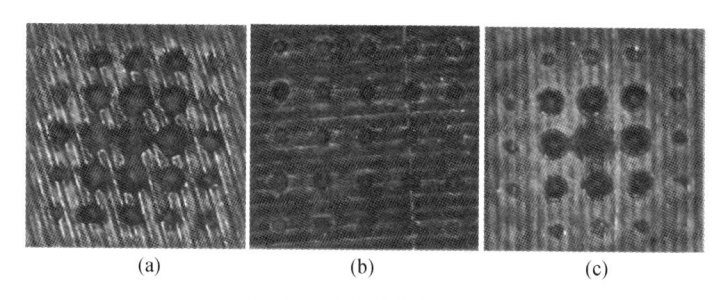

图 5-7 激光强化表面形貌
(a)均匀光斑;(b)1∶2∶3 强度分布光斑;(c)3∶2∶1 强度分布光斑。

相变强化处理都需要获得均匀的强化层,显然 3∶2∶1 强度分布点阵光斑并不适合。

尽管点阵光斑可以较好地满足强化层的硬度、耐磨性等要求,但由于其不连续性,强化后的表面粗糙度会有一定的降低,在实际应用中需要考虑。随着激光相变强化技术的发展,针对不同零件强化需求的光强分布设计方法不断发展及改进,具有特定光强分布的激光相变强化技术必将得到更广泛的应用。

5.1.2 工艺及参数优化

激光相变强化过程涉及的工艺参数众多,工艺效果具有多指标特征,即强化层具有多个特征参量,每个特征参量都与多个工艺参数非线性相关。要明确激光表面相变强化过程中工艺参数与强化层特征参量之间的量化关系,首先需对强化过程工艺参数和强化层特征参量进行量化表达,在此基础上,结合具体的材料和工艺,明确工艺参数对特征参量的影响。

1. 强化层特征参量

激光相变强化过程涉及的参量按照不同分类原则可以划分为多种类别。按各参量反映的不同属性,考虑参量类型的完整性、可持续性和可比较性,将激光相变强化过程涉及的参量分为三类:第一类为工艺参量;第二类为强化层参量;第三类为性能参量。这三类参量是相互影响、相辅相成的。强化层参量作为中间承载体,无论是从特定的性能参量出发去选择工艺参数,还是从工艺参数出发探索决定性能参量的规律,都离不开强化层参量的表达。强化层参量涉及形貌尺寸、表面状态、组织和硬度 4 个部分,如图 5-8 所示。

图 5-9 所示为典型激光相变强化层形貌图。强化层宽度和深度的定义方法类似,均分为总体和有效两类。以强化层深度为例,从显微硬度方面来表达,总体强化层深度是指从工件表面中心点垂直往下测量直至硬度值达到基体硬度的距离;从显微组织方面来表达,总体强化层深度即为从工件表面中心点垂直往

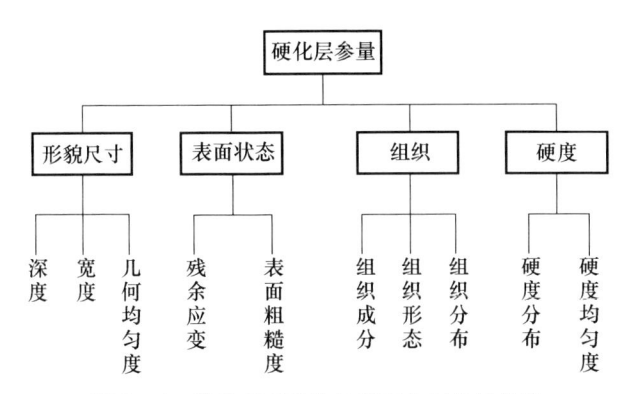

图5-8 激光相变强化过程强化层参量分类

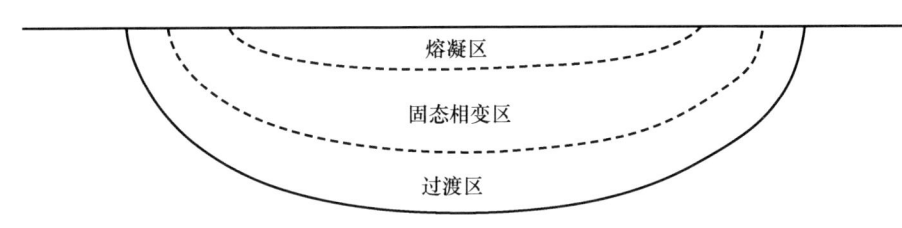

图5-9 典型激光相变强化层形貌图

下测量,直至到达基体组织的距离。而有效强化层深度则与应用联系得更紧密,定义为从工件表面中心点垂直往下测量直至硬度值达到规定硬度值或是出现规定显微组织那一层强化层的距离。例如,若基体组织的硬度为300HV,而需求硬度为400HV及以上,则此种情况下的有效强化层深度即为从工件表面中心点垂直往下测量直至硬度值达到400HV处的距离。在有效强化层宽度方面还可能出现的情况是,待加工工件表面为特定宽度,比如环面距离为2.8mm的排气门座表面,此时的有效强化层宽度可直接定义为2.8mm。

均匀性也是强化层需要关注的一个指标。首先从显微组织方面给出强化层均匀性的定义。将横截面强化层的均匀性分为整体强化层均匀度和有效强化层均匀度两个指标。

1）整体强化层均匀度

如图5-10所示,H为总体强化层深度,L为总体强化层宽度。那么,总深度H和总宽度L构成的矩形即为期望得到的均匀强化层,其面积为$S = L \times H$。如图5-10中,阴影部分所示为实际强化层,其面积记为S_1,那么整体强化层均匀度R_t定义为

$$R_t = \frac{S_1}{S} = \frac{S_1}{L \times H} \tag{5-1}$$

可见,整体强化层均匀度R_t反映了横截面强化层几何均匀性的好坏,R_t越

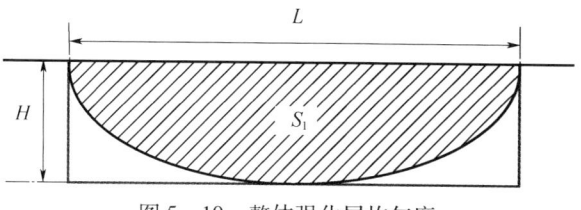

图 5 - 10 整体强化层均匀度

大,强化层均匀性越好。

2) 有效强化层均匀度

如图 5 - 11 所示,L'为需求强化层宽度,即有效强化层宽度,H'为有效强化层深度,其面积 $S' = L' \times H'$。当然,这里 L' 和 H' 都可能大于强化层的实际宽度和深度。阴影部分为有效强化层,其面积为 S_2,那么有效强化层均匀度 R_e 定义为

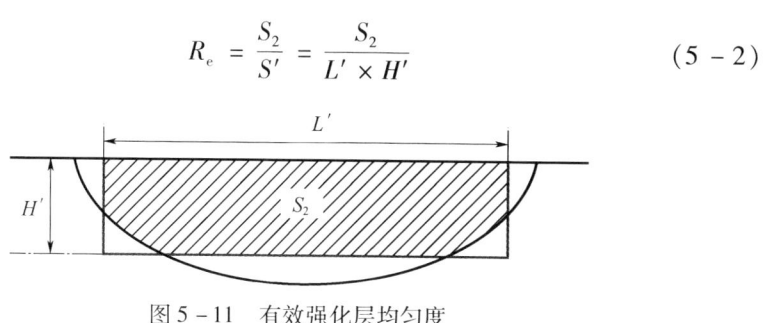

$$R_e = \frac{S_2}{S'} = \frac{S_2}{L' \times H'} \quad (5-2)$$

图 5 - 11 有效强化层均匀度

有效强化层均匀度 R_e 反映了实际强化层满足所需理想强化层程度的好坏,实际整体均匀度 R_e 越大,表明强化层越接近所需的硬化标准。

3) 硬度均匀度

从显微硬度方面给出强化层均匀性的定义,称为横截面强化层的硬度均匀度。硬度测试方法如图 5 - 12 所示,分别沿强化层中心和 $1/3L$ 处沿表面垂直往下测试,每隔 50 μm 打一个点。假设所要求的强化层最低临界硬度为 HV_1,从横截面强化层中心(光斑中心)沿深度方向直至达到临界硬度 HV_1 的距离表示为 H_1,强化层宽度为 L,从强化层表面离中心为 $1/3L$ 处硬度沿深度方向直至达到临界硬度 HV_0 的距离表示为 H_0,则强化层横截面硬度均匀度可表示为

$$R_H = \frac{H_0}{H_1} \quad (5-3)$$

式中:R_H 为硬度均匀度,它表示了沿深度方向满足临界硬度以上的硬度值随强化层宽度方向的变化情况。它本质上表征了达到临界硬度的强化层的均匀性。此处,临界硬度 HV_0 可以是基体材料的硬度值,也可以是工业应用要求的硬度

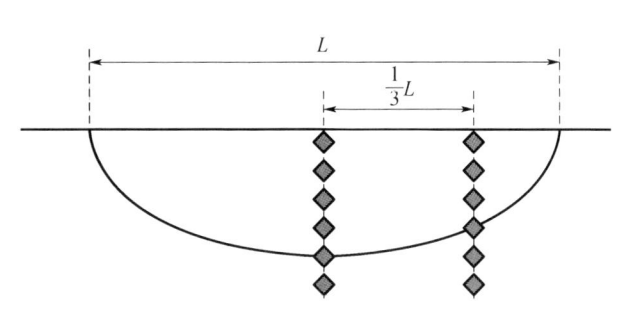

图 5-12 显微硬度测试方法

值,分别与上述以显微组织表示的总体强化层均匀度和有效强化层均匀度对应。

以上定义的均匀度均是基于二维的,当把这个概念扩张到三维层面上时,会涉及待处理工件的实际形状。例如,若为直线处理,可取进口和出口两个强化层横截面进行比较;若为圆周处理,可将圆周每90°取一个横截面进行比较。这里比较的参量主要是强化层宽度、深度及上述定义的均匀度,均可以百分比的形式给出。故激光行进方向的均匀度可根据实际情况灵活给出。

2. 工艺参数对特征参量的影响

采用圆光斑对铸铁材料表面进行激光相变强化。根据输入的激光能量密度大小以及实验后测得的表面粗糙度,结合强化层形貌和微观组织区别,将实验结果分为三类:第一类,激光输入能量密度大于 5500 J/cm²,表面粗糙度大于 10μm,此时材料表面发生蒸发烧损,强化层由重凝区、固态相变区和过渡区组成;第二类,激光输入能量大于 3500 J/cm²、小于 5500 J/cm²,表面粗糙度处在 2~10μm 之间,材料表面不发生汽化,强化层亦由重凝区、固态相变区和过渡区组成;第三类,激光输入能量小于 3500 J/cm²,表面粗糙度小于 2μm,材料表面不发生重凝,强化层由固态相变区和过渡区组成。以下各部分分析结果将依次分这三类给出。

把激光表面相变强化后的工件沿垂直于激光行进方向切样,抛磨侵蚀后使用低倍数电镜给出截面强化层形貌。三类强化层分别如图 5-13(a)(b)(c)所示。当输入能量密度为 2110J/cm²时,材料表面不发生熔化,强化层分为固态相变区和过渡区,如图 5-13(a)所示;当输入能量密度为 5276 J/cm²时,材料表面出现重凝层,固态相变区和过渡区依然存在,如图 5-13(b)所示;当输入能量密度为 10552 J/cm²时,材料发生烧损蒸发,表面粗糙度达到几百微米,表面质量不再符合一般激光表面强化的要求,如图 5-13(c)所示。

将有效强化层深度定义为强化层表面中心点垂直向下至平均硬度为 400HV$_{0.1}$区域的距离。总体强化层宽度和深度如图 5-13(b)所示。以有效强化层宽度 2.8mm 为例,选定临界硬度值为 400HV$_{0.1}$,图 5-14 中给出了强化层各特征参量随工艺参数的变化规律。可以看出,随着激光功率的增加和扫描速

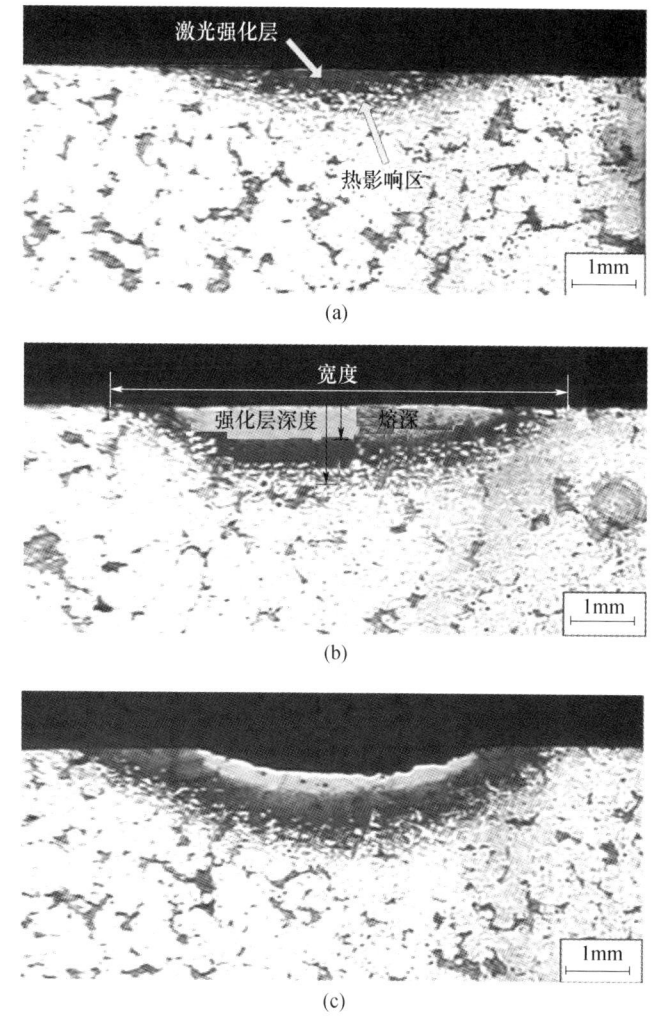

图 5-13 激光功率为 900 W 的强化层形貌
(a)扫描速度为 5mm/s；(b)扫描速度为 2mm/s；(c)扫描速度为 1mm/s。

度的降低,强化层的整体深度、宽度和表面粗糙度呈上升趋势。强化层的有效深度也随着激光功率的增加和扫描速度的降低而增大。强化层的整体均匀度随着激光功率的增加呈上升趋势,但并不会无限制上升,只能无限趋近于某个数值;强化层的整体均匀度随着扫描速度的变化并不明显。随着功率和速度的变化,强化层的硬度均匀度均没有呈现出明显的规律,可能的原因是不规则出现的石墨造成组织分布不均,不确定性增大。因为离焦量足够大,在有效宽度 2.8mm时,大部分参数组合下有效强化层均匀度可达到 100%,可以预见在有效宽度取为 1.4mm 的情况下,有效均匀度达到 100% 的参数组合会更多。这意味着采用传统圆形光斑对此种2.8mm和1.4mm宽度工件表面进行激光处理时,通过增大离焦量的方法,可以满足其强化层均匀度的要求。

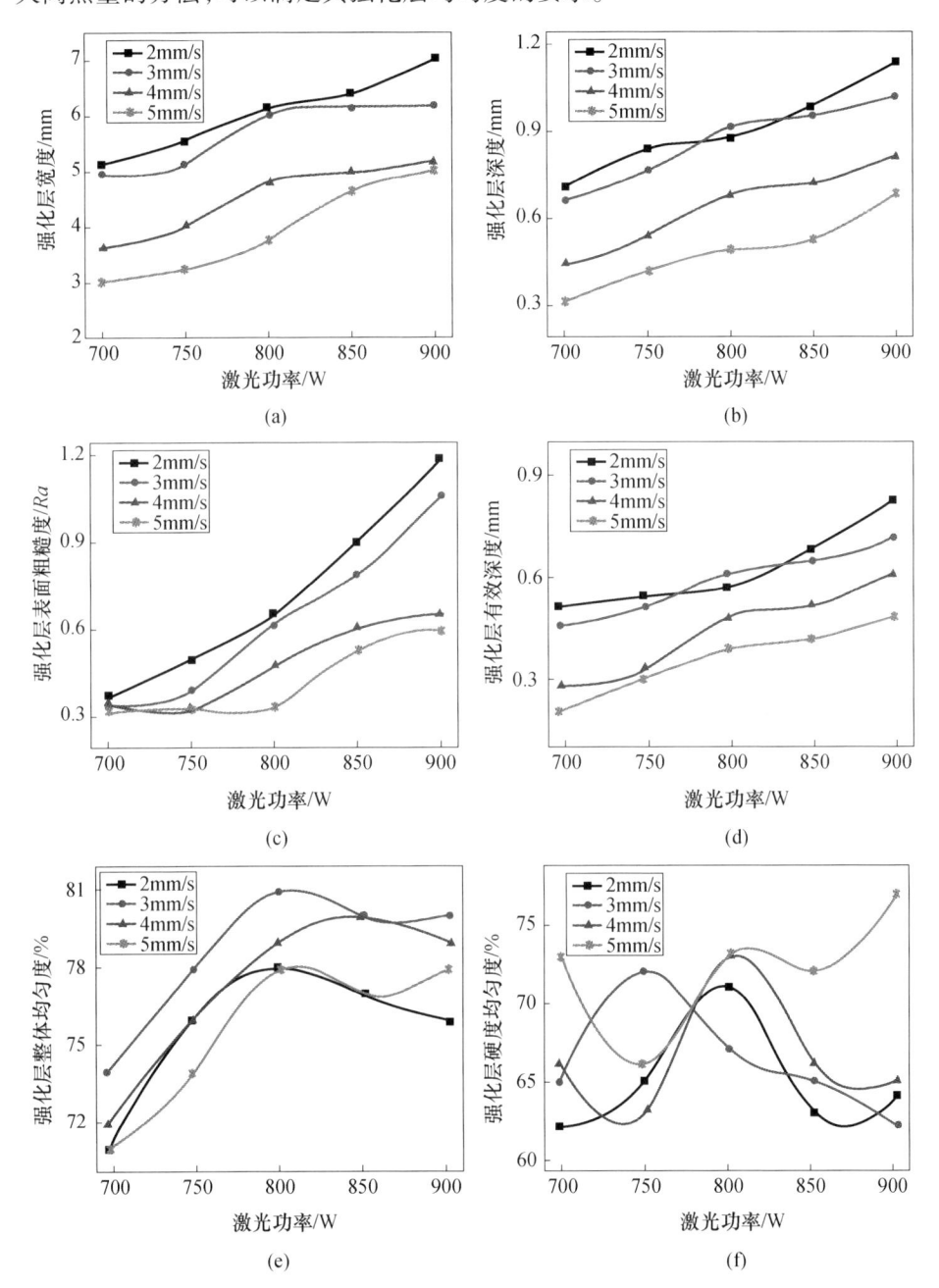

图5-14 不同扫描速度下强化层特征参量随激光功率变化曲线
(a)强化层宽度;(b)强化层深度;(c)强化层表面粗糙度;
(d)强化层有效深度;(e)强化层整体均匀度;(f)强化层硬度均匀度。

采用 5×5 点阵均匀强度光斑对 Q235 钢材料表面进行激光相变强化。图 5-15 为光斑边长 2mm、功率 1000W、不同脉宽作用下强化层截面形貌。可以看出,强化层形貌为月牙形。对强化层形貌进行研究,得出功率 1000W 时,脉宽与层深的关系曲线,如图 5-16 所示。可以看出,在一定范围内,功率相同时脉宽与深度成正比;当脉宽增大到一定程度时,深度不再增加。图 5-17 为脉宽与强化层整体均匀度的关系。可以看出,功率相同时,随着脉宽的增加,强化层整体均匀度变化不大,都处在 65%~75% 之间。

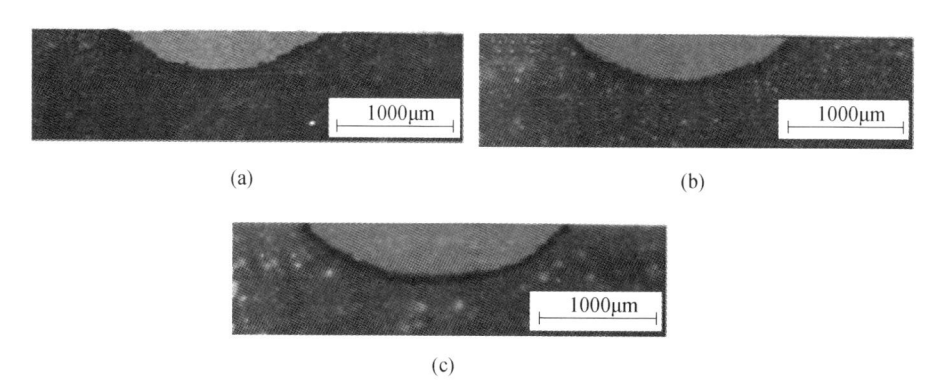

图 5-15 不同脉宽下的 5×5 均匀点阵激光强化层形貌
(a)70ms;(b)80ms;(c)90ms。

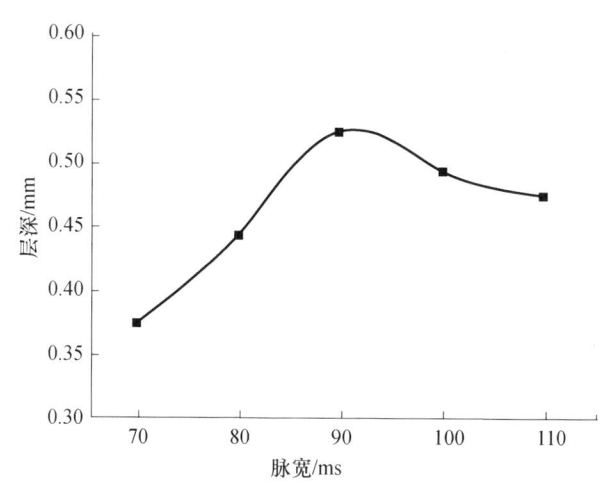

图 5-16 功率相同(1000W)时脉宽与强化层层深的关系

如图 5-18 所示为脉宽 100ms 时,不同功率作用下强化层截面形貌。对强化层形貌进行研究,得出脉宽 100ms 时,功率与层深的关系曲线,如图 5-19 所示,可以看出,在一定范围内,强化层层深随功率的增大而增大,二者近似呈线性增长关系。对强化层的整体均匀度进行研究,得出脉宽 100ms 时,功率与强化层整体均匀度的关系如图 5-20 所示。可以看出,功率相同时,随脉宽增加,强化层整体均匀度变化不大,都处在 60%~70% 之间。

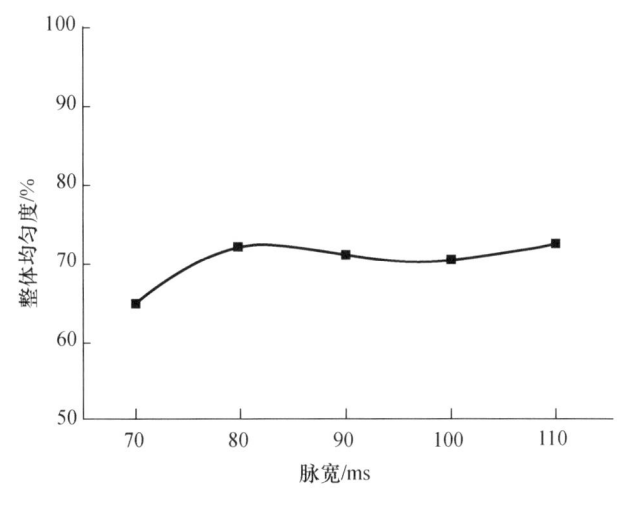

图 5-17 功率相同(1000W)时脉宽与强化层整体均匀度的关系

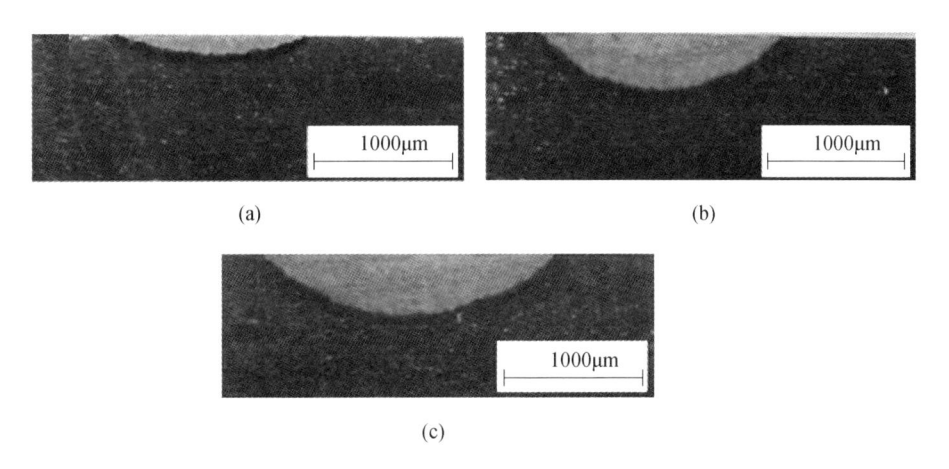

图 5-18 不同功率下的 5×5 均匀点阵激光强化层形貌
(a)500W;(b)700W;(c) 800W。

采用 5×5 点阵 1∶2∶3 强度光斑对 Q235 钢材料表面进行相变强化。图 5-21 为功率 1000W 时,不同脉宽作用下强化层截面的形貌。可以看出,强化层形貌比较均匀。对强化层形貌进行研究,得出功率 1000W 时,脉宽与层深的关系曲线,如图 5-22 所示。可以看出,在一定范围内,功率相同时,随着脉宽的增大,总体上层深呈增大的趋势。图 5-23 为功率 1000W 时,脉宽与强化层整体均匀

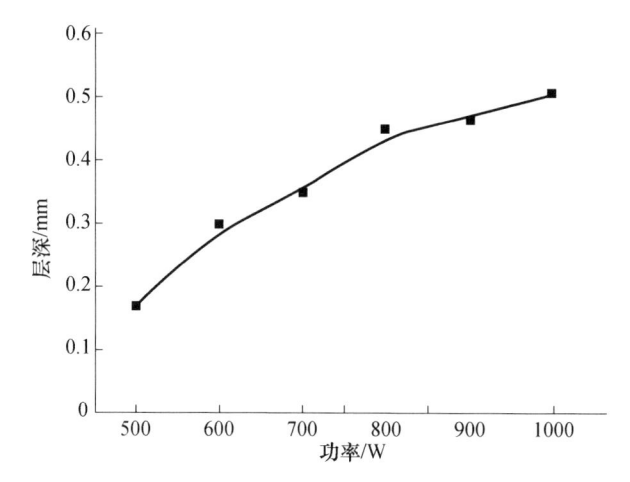

图 5-19 脉宽相同(100ms)时功率与强化层层深的关系

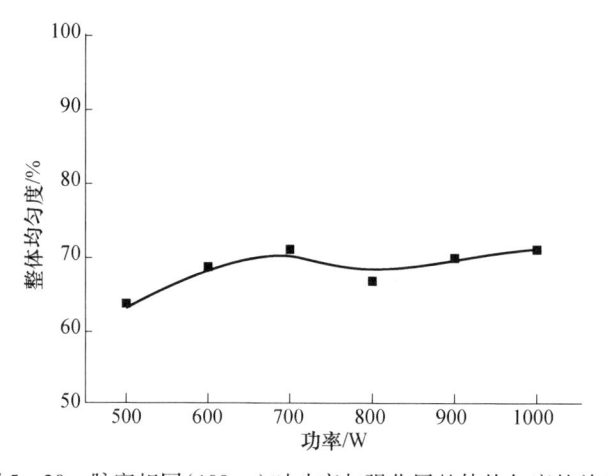

图 5-20 脉宽相同(100ms)时功率与强化层整体均匀度的关系

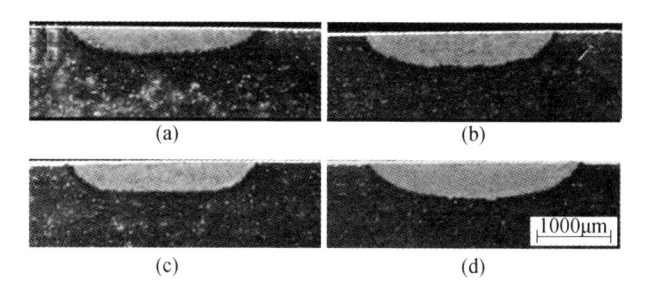

图 5-21 不同脉宽下的 1∶2∶3 强度分布光斑激光强化层形貌
(a)140ms;(b)160ms;(c)170ms;(d)180ms。

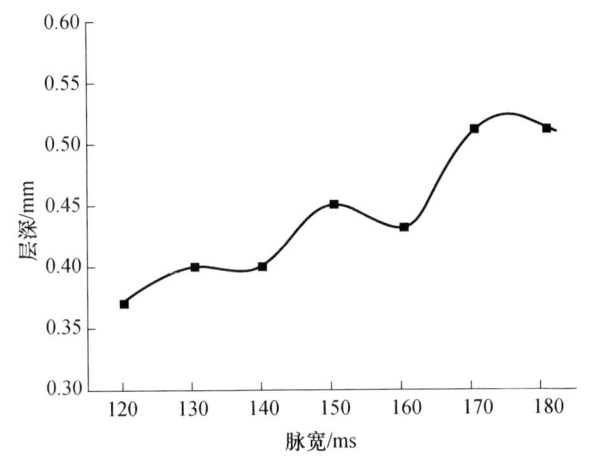

图 5-22　1:2:3 光强分布功率相同(1000W)时脉宽与强化层层深的关系

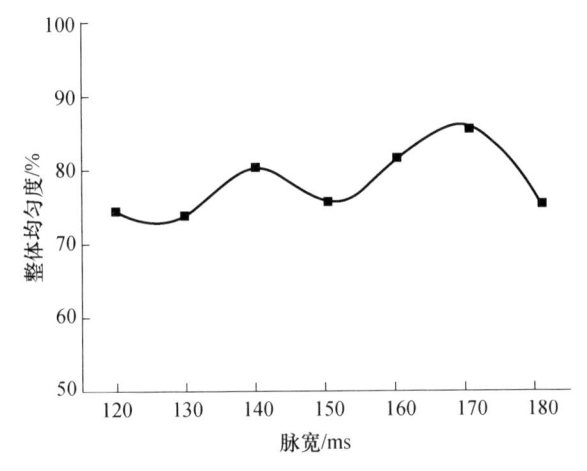

图 5-23　功率相同(1000W)时脉宽与强化层整体均匀度的关系

度的关系曲线。可以看出,功率相同时,随着脉宽的增加,强化层整体均匀度变化不大,都处在 75%~85%之间。

由以上结果可知,相比均匀光强分布,采用 1:2:3 光强分布光斑进行激光相变强化后的强化层整体均匀度大。因此,利用 1:2:3 光强分布光斑进行激光相变强化更容易得到几何均匀性好的强化层。

5.1.3　强化层组织

对采用圆光斑强化后的铸铁截面进行显微组织观察分析。图 5-24(a)所示为第一类强化层微观组织,从上至下依次为重凝层、固态相变层和过渡层。图 5-24(b)、(c)所示重凝区微观组织由两部分组成:第一部分表现为过共晶白口铁的典型组织,为一次渗碳体和低温莱氏体,把这一部分进一步放大,如图5-25(a)所示,可以看出莱氏体生长方向与热流方向垂直;第二部分表现为共晶白口铁和亚共晶白口铁的典型组织,为沿热流方向树枝状分布的珠光体和低温莱氏体,把这一部分进一步放大,如图5-25(b)所示,可清晰看出黑色树枝状珠光体组织、二次渗碳体和方向性生长的共晶组织。重凝区里残留的石墨球数量很少,石墨球大多溢出熔池表面,从未熔基体转移到熔化区的碳元素数量有限,造成了熔化区里的碳含量相对较低,同时由于熔池的搅动作用,碳元素扩散到整个熔池中,局部富集较少,所以凝固后往往只能得到亚共晶组织,甚至大多是奥氏体激冷转变的枝晶相。如图5-24(d)所示,重凝区下部尚存在未熔化的石墨球,紧靠着重凝区往下为固态相变区,更高倍数的图片如图5-25(c)所示。固态相变区由未熔化石墨、竹叶状马氏体、未转变铁素体及残余奥氏体共同组成。如图5-25(d)所示为过渡区组织,包括蠕虫状石墨、围绕石墨周围生长出的莱氏体环、未转变铁素体和残余奥氏体。

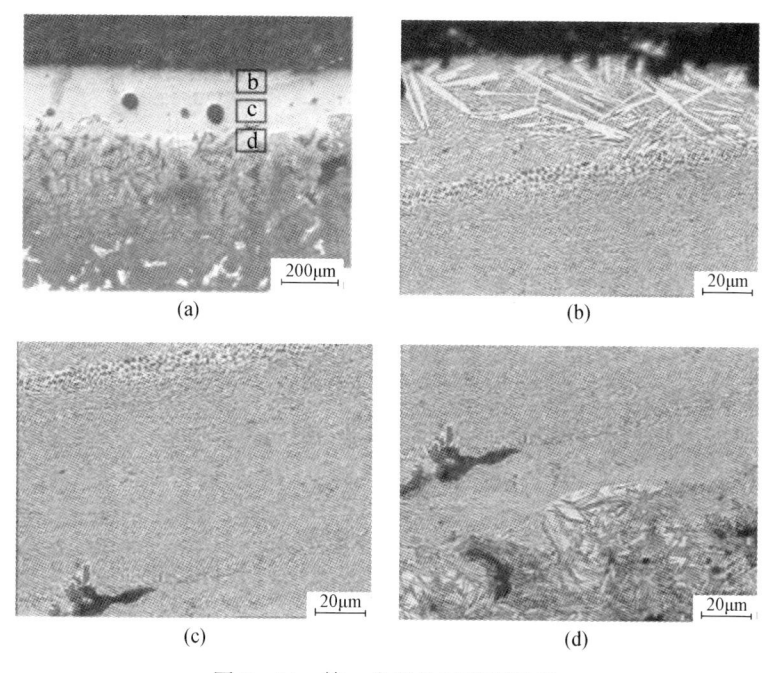

图5-24 第一类强化层微观组织
(a)放大50倍宏观形貌;(b)重凝区上部;(c)重凝区中部;(d)重凝区下部。

如图5-26所示为第二类强化层微观组织,由重凝区、固态相变区和过渡区组成。固态相变区组织如图5-26(e)和(f)所示,过渡区组织如图5-26(g)所示,这两个区域组织与第一类强化层无明显差别。图5-26(b)和(c)分别为放大100倍和500倍的重凝组织,可以看出重凝区为典型的亚共晶介稳组织,即先

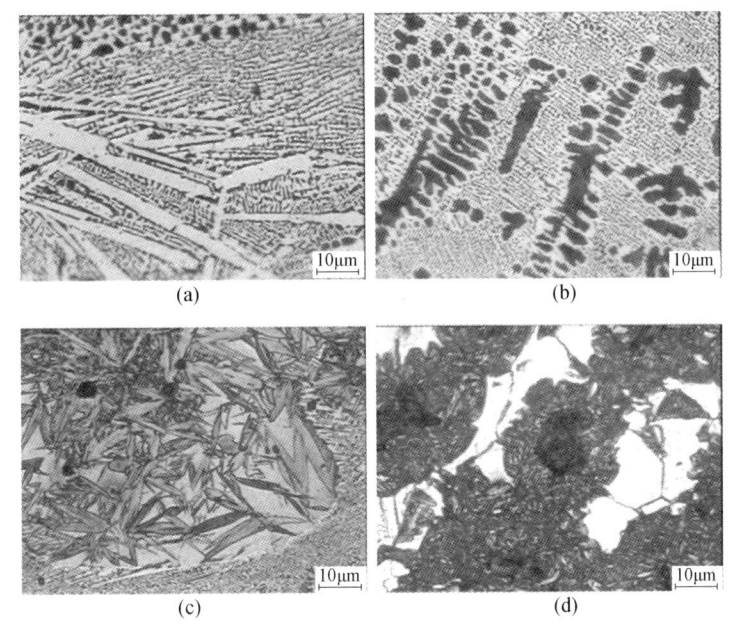

图 5-25　第一类强化层放大的微观组织
(a) 重凝区上部；(b) 重凝区中部；(c) 固态相变区；(d) 过渡区。

共晶奥氏体弥散分布在共晶莱氏体基底上，在快速冷却条件下，奥氏体发生马氏体相变，形成竹叶状马氏体。在材料表面形成了一层以渗碳体为骨架、以马氏体和残余奥氏体为基底的表层，并且莱氏体的生长方向与热流方向相反，即大体上指向表面。

如图 5-27 所示为第三类强化层微观组织，由固态相变区和过渡区组成，表面不发生熔化。固态相变区组织如图 5-27 (b) 所示，过渡区组织如

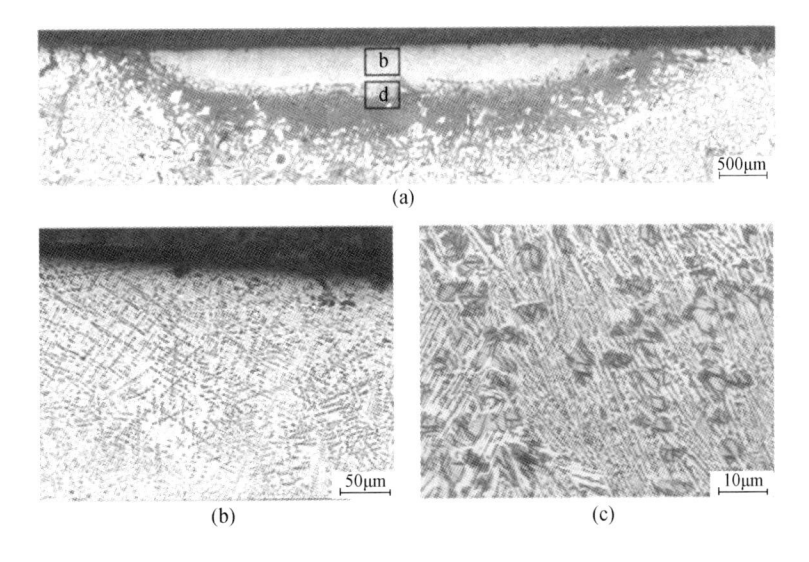

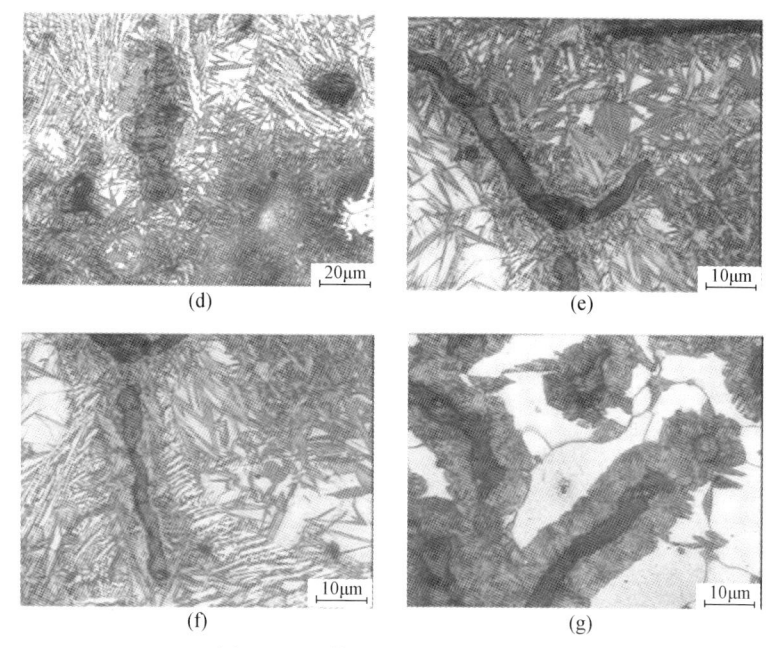

图 5-26 第二类强化层微观组织

(a)放大 50 倍重凝区;(b)放大 100 倍重凝区;(c)放大 200 倍固态相变区;(d)放大 500 倍固态相变区;
(e)放大 500 倍固态相变区;(f)放大 500 倍固态相变区;(g)放大 500 倍过渡区。

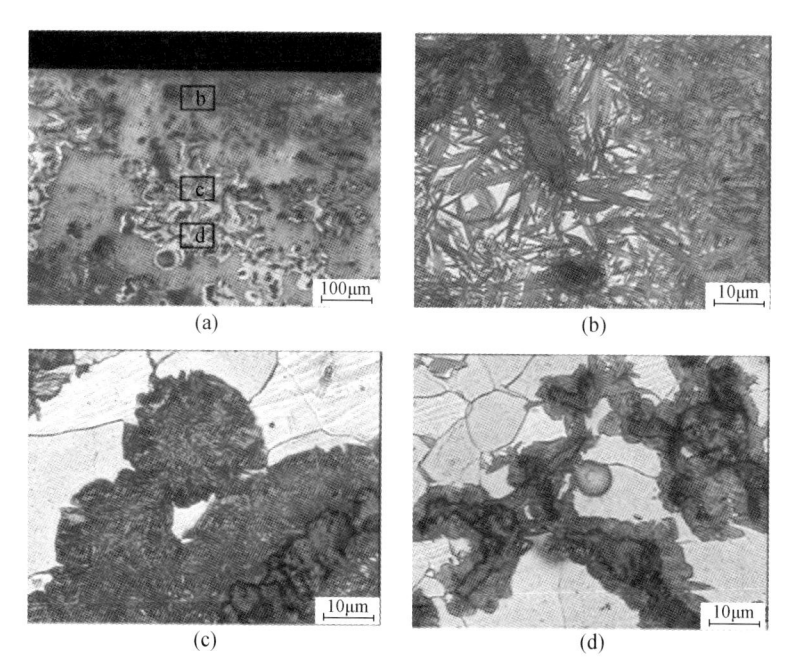

图 5-27 第三类强化层微观组织

(a)放大 50 倍宏观形貌;(b)固态相变区;(c)过渡区上部;(d)过渡区下部。

图5-27(c)和(d)所示。固态相变区由未熔化石墨、竹叶状马氏体、未转化铁素体和残余奥氏体组成。过渡区由蠕虫状石墨、未转变铁素体和沿石墨周围生长的莱氏体组成。在过渡区上部,高温致使石墨边缘大量碳的析出,尚存在竹叶状马氏体及莱氏体环的混合组织。

图5-28为利用5×5点阵光斑对Q235钢表面进行激光相变强化后强化层的宏观形貌。可以看出激光强化层主要由两部分组成:硬化区和过渡区。在表面不存在熔化的情况下,硬化区完全为固体相变硬化区;而对于表面有熔化的情况,硬化区由微熔区和固体相变硬化区组成。随着对硬化区深度和力学性能要求的提高,在很多情况下强化处理过程中材料表面都会存在微熔区。

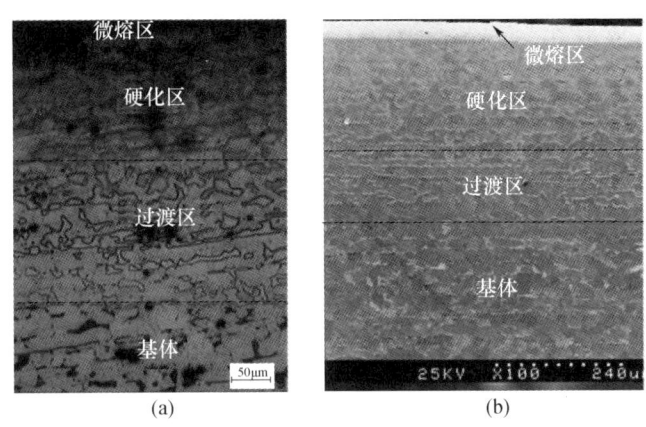

图5-28 5×5点阵光斑激光强化层宏观形貌
(a)OM图;(b)SEM图。

图5-29为5×5点阵光斑激光强化层过渡区组织。激光相变强化时,过渡区中Q235钢原始组织受热升温,珠光体中的渗碳体开始沿晶界析出,越靠近表

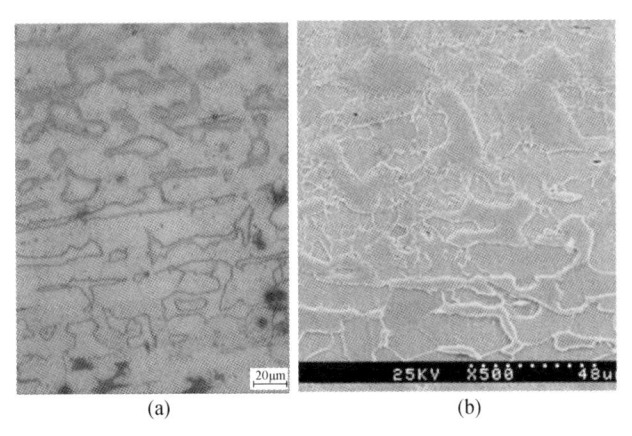

图5-29 5×5点阵光斑激光强化层过渡区组织
(a)OM图;(b)SEM图。

面的部分,温度越高,渗碳体进一步扩散,形成网状结构。从图 5-29 中可以清晰地看到沿晶界析出的渗碳体以及颗粒状的碳化物。

图 5-30 为 5×5 点阵光斑激光强化层相变硬化区组织。由图中硬化区域的组织形貌,可以将相变硬化区域细分为两个部分:上部(靠近表面)的完全相变硬化区和下部(靠近基体)的不完全相变硬化区。由铁碳合金相图可以分析激光硬化 Q235 钢相变硬化区分成完全相变硬化区和不完全相变硬化区的原因。对于不完全相变硬化区,激光加热升温阶段,温度升至 Ac_1 和 Ac_3 之间,由于没有更多的能量传递,温度不再升高,组织由原始材料的铁素体和珠光体转变为奥氏体和铁素体,而不能完全奥氏体化,激光移去后冷却时,奥氏体转变为马氏体,铁素体不发生转变,所以不完全相变区组织主要为细针状马氏体和铁素体。对于完全相变硬化区,激光加热升温阶段,由于接受能量比较多,温度直接升至 Ac_3 以上,组织由原始材料的铁素体和珠光体完全转变为奥氏体,移去激光后快速冷却,奥氏体几乎完全转变为马氏体,所以完全相变硬化区组织为细针状马氏体和很少量未转化的残余奥氏体。因此,当激光相变强化过程中表面最高温度高于 Q235 材料熔点时,表面从表及里可细分为如下几部分:微熔区、完全相变硬化区、不完全相变硬化区、过渡区、基体原始组织。

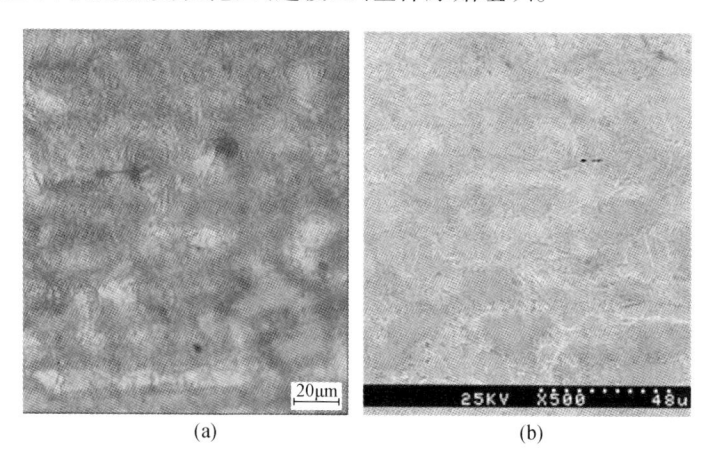

图 5-30 5×5 点阵光斑激光强化层相变硬化区组织
(a)OM 图;(b)SEM 图。

经过实验研究发现,Q235 钢经过激光相变强化后,强化层组织比较均匀,但在特定工艺处理情况下也会有少量显微裂纹产生,如图 5-31 所示,可以看到,显微裂纹发生在强化层的微熔区,裂纹沿晶分布,尾端尖细。在裂纹周围可观察到粗针状马氏体,微熔区呈现过热特征。

针对激光相变强化的特点、材料相变及熔凝理论,可知微熔区显微裂纹的形成机制为:激光加热升温至材料熔点温度以上,激光移开后熔池迅速冷却,在凝

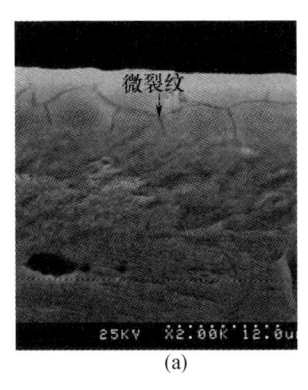

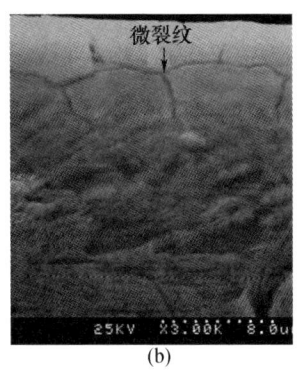

图 5 – 31　激光强化层微熔区微裂纹

固后期,由于熔池中固相体积百分比很高,晶间的液态金属不能愈合因收缩和应变产生的裂纹,由于凝固收缩产生的组织应力和冷却降温体积收缩引起的热应力均为拉应力,在拉应力作用下,晶界极易被撕裂,导致沿晶分布裂纹的产生,其机理可用下式表示:

$$\frac{d\varepsilon}{dT} > CST \quad (5-4)$$

式中:ε 为在拉应力下产生的内部应变;T 为温度;CST 为临界应变率。当随温度变化的应变量大于临界应变率时,就会导致裂纹的产生。另外,原始材料中所含的杂质由于热膨胀系数与基体材料不同,在加热和冷却时,会产生较大的热应力,容易引起元素偏析、晶间结合力差,从而引起裂纹的产生。

针对激光相变强化微熔区裂纹产生的原因和特点,给出激光强化显微裂纹的预防措施:①严格原材料化学成分、金相组织和探伤检查,确保材料杂质较少,组织均匀;②制定合理的激光相变强化工艺,针对不同化学成分和晶粒大小的材料选用合适的强化工艺;③加入预热或后热工艺,通过减小表面残余拉应力以抑制裂纹的产生。

总之,一般情况下,激光相变强化处理不会产生裂纹。对于少量裂纹的产生只要合理优化工艺参数,做好预防措施,即可有效地抑制。

5.1.4　强化层性能

激光相变强化后,强化层的组织形貌发生显著变化,对应的力学性能也会产生相应变化。如果基体材料和激光束空间分布不同,会形成不同的强化区显微组织,强化层性能也不尽相同。本节分别从显微硬度和耐磨性能两个方面,对强化后的铸铁和 Q235 钢进行分析讨论。

1. 显微硬度

铸铁材料由于多相组织共存且相互之间硬度大小存在差异,激光相变强化后更是马氏体、莱氏体、未熔化石墨、残余奥氏体和未转变铁素体等多相组织共存,因此硬度分布的表征方法相对比较困难。如图5-32所示,沿深度方向每50μm给出一个硬度值,沿横截面方向每100μm给出一个硬度值,同时给出各种不同组织的平均硬度值。

图5-32 硬度表征方法

按照上述硬度表征方法,三类强化层沿深度方向的硬度曲线如图5-33所示。由图5-33(a)可知,第一类强化层的珠光体区域,其硬度值较低,处在700~800HV$_{0.1}$之间。一次渗碳体和低温莱氏体混合组织区只有50μm薄层,硬度值处在1100HV$_{0.1}$左右。整体硬度曲线随着深度的增加呈下降趋势,固态相变区硬度值处在900~1000HV$_{0.1}$左右,过渡区硬度值相对较低,且随着石墨的不规则出现导致硬度曲线的波动。图5-33(b)为第二类和第三类强化层沿深度方向的硬度曲线,均随着深度的增加呈下降趋势,第二类强化层重凝区组织硬度值高于固态相变区,为1100HV$_{0.1}$左右。而两类强化层固态相变区硬度值相差不大,均为1000HV$_{0.1}$左右。

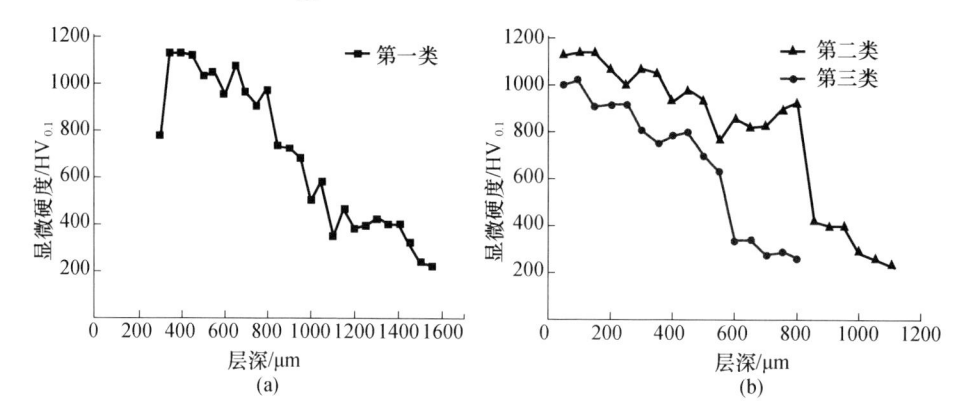

图5-33 沿深度方向硬度分布
(a)第一类强化层(900W,1mm/s);(b)第二、三类强化层(900W,2mm/s;700W,3mm/s)。

图5-34所示为第二、三类强化层在表面以下100μm处横向硬度分布曲线。由于第一类强化层表面材料损失现象严重,没有给出其横向硬度。第二类强化层在100μm处为伴有细密竹叶状马氏体分布的枝晶,平均硬度处在1100HV$_{0.1}$左右;第三类强化层为较粗大的竹叶状马氏体组织及未熔化石墨等混

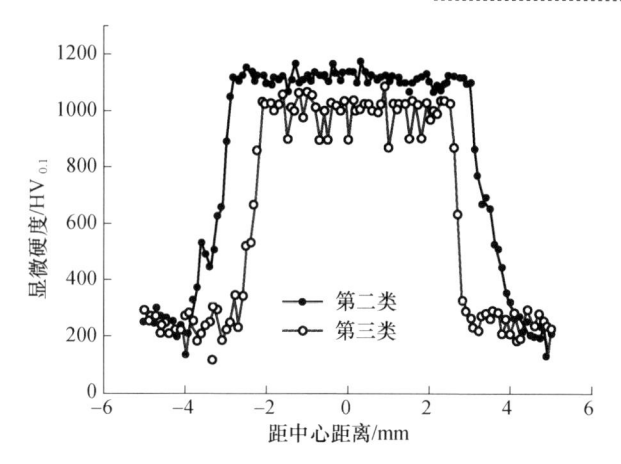

图 5-34 沿表面以下 100μm 处横向硬度分布

合组织,平均硬度处在 1000HV$_{0.1}$左右,由于未熔化石墨球的存在,硬度曲线具有周期性分布低值点。

图 5-35 所示为采用均匀光强分布的点阵光斑激光强化后的 Q235 钢硬度分布曲线。根据图 5-12,曲线 1 为硬化层中心处沿层深的硬度曲线,曲线 2 为离中心 1/3L 处沿层深的硬度曲线。从图 5-35 中可以看出,强化层的硬度沿深度方向呈逐渐降低的趋势,根据前述对硬化层的分类,可知各区的硬度情况为:完全硬化区 > 不完全硬化区 > 过渡区 > 基体。

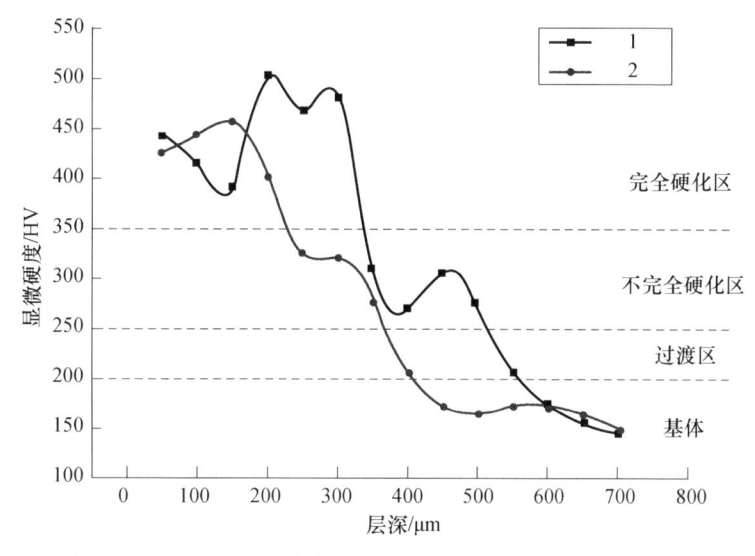

图 5-35 均匀光强分布点阵光斑激光强化后的强化层硬度分布

图 5-36 所示为采用 1:2:3 非均匀光强分布的点阵光斑激光强化后的硬度分布曲线。从图 5-36 中可以看出,强化层的硬度沿深度方向呈逐渐降低的趋

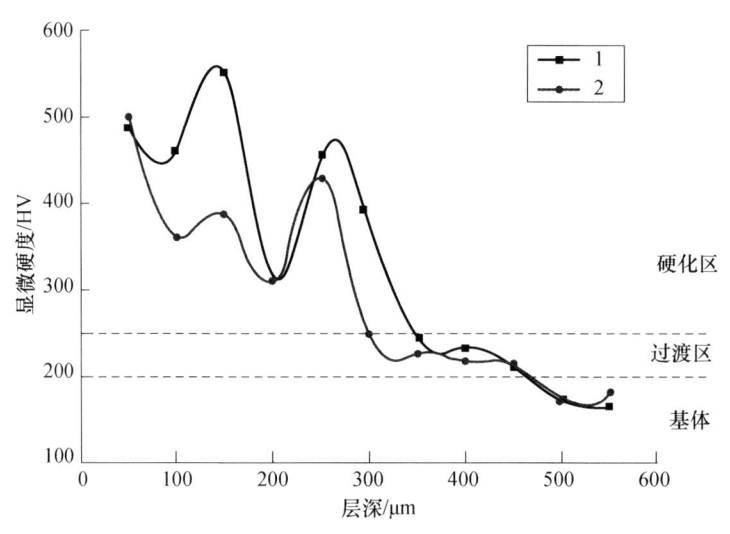

图 5-36　1∶2∶3 非均匀光强分布点阵光斑激光强化后的强化层硬度分布

势,强化层的完全强化层与不完全强化层界线不是很明显,沿表层深度方向的硬度分布情况为:硬化区 > 过渡区 > 基体。

采用均匀光强分布和 1∶2∶3 非均匀光强分布的 5×5 点阵光斑激光强化后沿表面以下 100μm 处的横向硬度分布曲线分别如图 5-37 和图 5-38 所示。可以看出,点阵光斑激光强化层沿宽度方向硬度呈波浪形变化。均匀光强分布点阵光斑激光强化层沿宽度方向平均硬度约为 400HV;1∶2∶3 非均匀光强分布

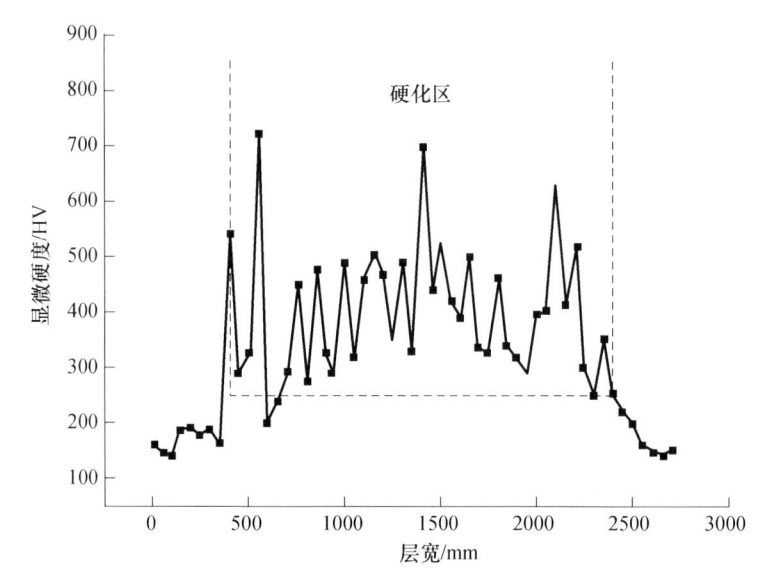

图 5-37　均匀光强分布点阵光斑激光强化后沿表面
以下 100μm 处的横向硬度分布(功率 1kW,脉宽 60ms)

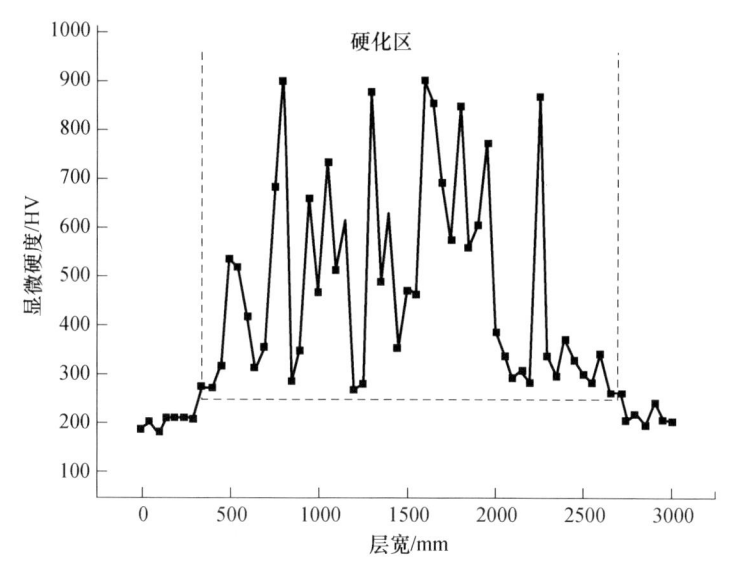

图 5-38 1:2:3 非均匀光强分布点阵光斑激光强化后沿表面以下 100μm 处的横向硬度分布（功率 1kW，脉宽 130ms）

点阵光斑激光强化层沿宽度方向平均硬度约为 483HV，且表面硬度值波动更大，这种波浪形的硬度分布使强化层具有强韧结合的特点，有利于提高表面耐磨性。

2. 耐磨性能

对上述采用圆光斑激光相变强化后的三类强化层以及基体材料进行了滑动磨损实验，在 MHK500 型环块滑动磨损实验机上进行。试样尺寸为 20mm×9mm×5mm。实验采用载荷为 20N，转速为 50r/s，干磨 1h，磨损结果如图 5-39 所示。根据前述分类，其中 2、3、4 为第一类强化层，5、6 为第二类强化层，7、8 为第三类强化层，1 为基体材料。从图 5-39 中可知，基体材料的磨损量约为激光相变强化后的 3~4 倍，可见经激光表面强化后的耐磨性有了较大的提高。第二类强化层的耐磨性优于第一类和第三类，主要是这种重凝表层以大量细小而相互连接的高硬度渗碳体为支撑骨架，细小马氏体和残余奥氏体分散其中，是耐磨性能显著提高的主要原因。特别是，莱氏体垂直于表面的生长方式使硬化层具有较好的承载能力。

利用均匀光强分布和 1:2:3 非均匀光强分布的点阵光斑进行激光表面强化后的表面以及基体材料的磨损实验结果如图 5-40 所示。可以看出，基体材料的磨损量约为点阵光斑激光强化后磨损量的 5 倍。对比均匀光强分布和 1:2:3 光强分布的点阵光斑激光强化表面的磨损情况，发现二者耐磨性相差不多，1:2:3 光强分布激光强化后的表面耐磨性稍好。

图 5-39 磨损失重对比

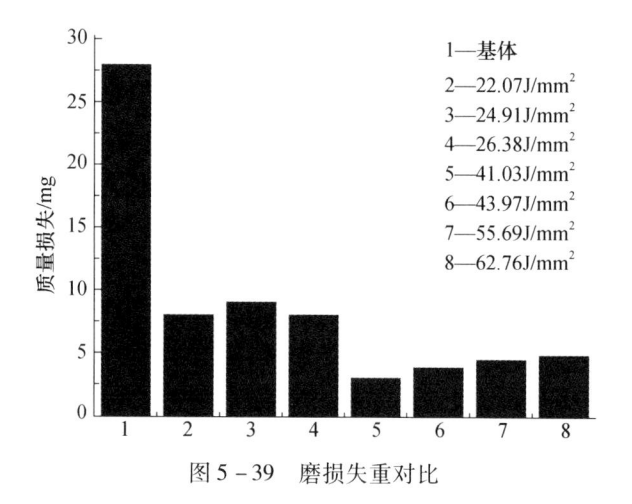

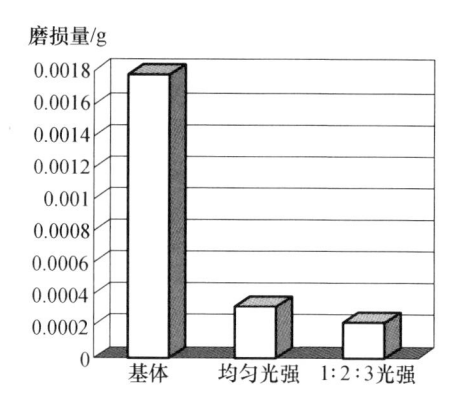

1—基体
2—22.07J/mm^2
3—24.91J/mm^2
4—26.38J/mm^2
5—41.03J/mm^2
6—43.97J/mm^2
7—55.69J/mm^2
8—62.76J/mm^2

图 5-40 基体材料与点阵光斑激光表面强化试样磨损失重对比

5.1.5 温度场数值模拟

实际工程应用需求的多样化导致传统圆光斑无法满足条件,需要通过改变光束几何形状和强度分布的方法来解决问题。本节通过有限元方法建立基于 ANSYS 的激光相变强化过程的数值模型,模型中考虑了热物性参数随温度的变化以及材料熔凝过程中的潜热,通过数值模拟研究不同光斑形状和光斑强度分布对强化层特征参量的影响规律。建立如图 5-41 所示有限元模

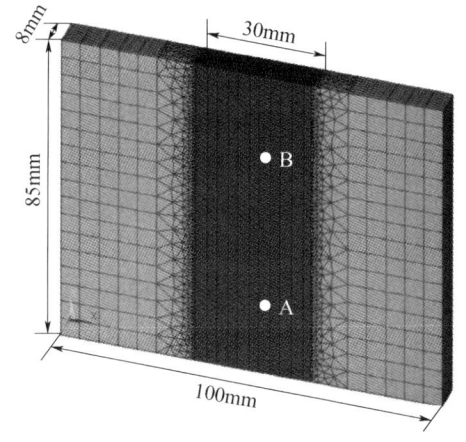

图 5-41 有限元模型和网格划分

型。激光束的移动主要是通过控制热流边界随着时间和加载位置的变化来实现的。所用材料为铸钢42CrMo,含碳量0.42%,熔点1450℃。激光吸收率取为0.42。

采用热电偶定点测温的方法对模型参数进行校正,热电偶布置点如图5-41中A、B两点所示。其中,A点在X方向距离光斑中心2.5mm,B点在X方向距离光斑中心3mm。A点在Y方向距离原点22.5mm,B点在Y方向距离原点62.5mm。实验参数为:激光功率450W,激光扫描速度5mm/s,离焦量26mm。图5-42所示为A、B两点实测温度和模拟温度对比曲线,可见无论是最高温度还是曲线趋势均吻合度良好。

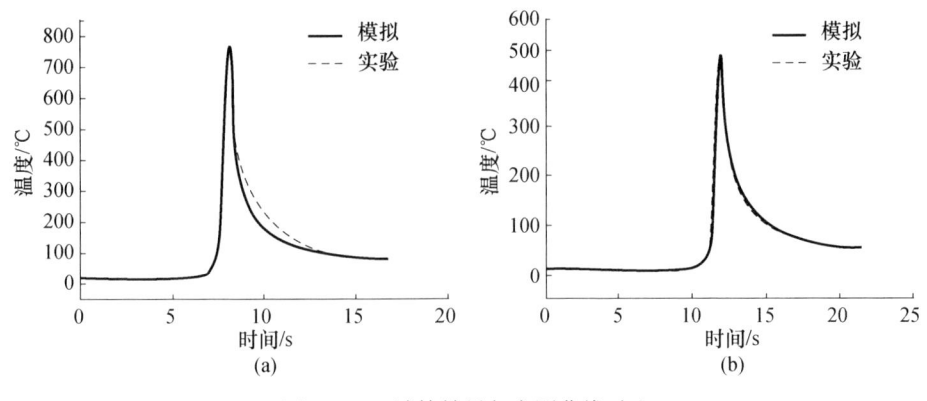

图5-42 计算结果与实测曲线对比
(a)A点;(b)B点。

模拟中采用5种不同几何形状光斑,基本形状为圆形和矩形且面积均为25mm^2,如图5-43所示。其中,矩形类光斑根据其长宽比分为正方形、矩形和线形(或者称条形,此处之所以称线形或条形是因为光斑长宽比较大,$a:b=25$)。其中,矩形光斑根据扫描方向的不同分为两种形式,即长边矩形(Rec-L)和短边矩形(Rec-S),此处的长边和短边是对垂直于激光行进方向的边a定义的。这5种光斑的强度都为均匀分布。激光扫描方向如图5-43所示。模拟所用功率为1000W,每种光斑的功率密度均相同,为4kW/cm^2,激光扫描速度为10mm/s。如图5-44所示为这5种光斑作用下,Y轴方向42.5mm处,即激光扫描至第4s时XY平面的瞬态温度场分布,从中可以看出,激光行进前端的等温线可以如实反映出输入光斑的形状,后端等温线形状则很相似,由于激光扫描速度的关系,前端等温线被压缩,后端被拉长。各种光斑作用后温度场也可如实反映光斑尺寸大小,其中线光斑由于长宽比较大,垂直于激光扫描方向长度为25mm,可以预见得到强化层的横截面宽度相比其他形式光斑较大。

图 5-43 5 种不同几何形状光斑

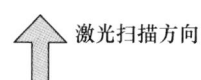

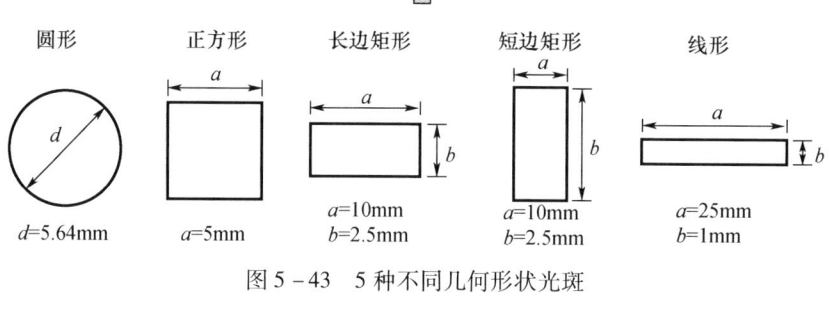

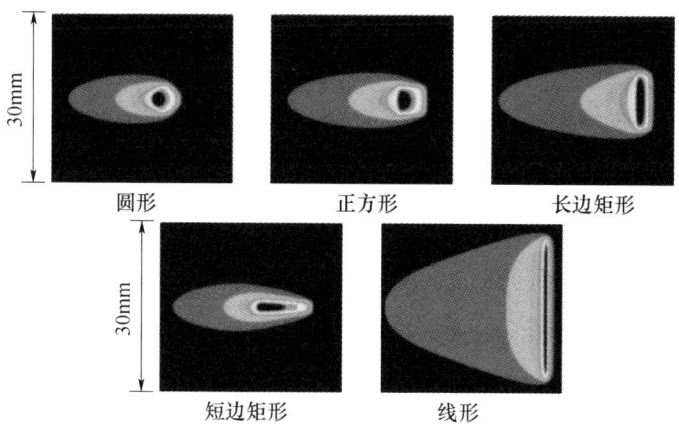

图 5-44 XY 平面温度场分布

如图 5-45 所示为 5 种不同几何形状光斑下得出的强化层形貌图,其中,浅色区域为熔凝区,深色区域为相变硬化区。可见,光斑的长度直接影响横截面强化层的宽度,而光斑的宽度则直接影响到强化层的深度。正方形光斑的边长虽然略小于圆光斑的直径,但得到的强化层宽度和深度均大于圆光斑,原因是圆光斑的边缘能量补给较少,而光斑边缘处能量本就向横向传递更剧烈,造成达到 Ac_1 温度的强化层尺寸减小。光斑的几何形状分布对于整体强化层均匀度的影响较大,在此种功率密度相同的情况下,几种矩形分布光斑的整体强化层均匀度随着光斑长度的增加而增加。实际应用中,还需要考虑到加工效益的问题。因为圆光斑为激光器直接输出的光斑形式,而正方形光斑需要经过光束变换得到,光束变换有一定的转换效率,因此需要根据具体工程要求,结合效益和效率,多方面衡量两种光斑的选择。长边矩形和条状光斑的均匀度和强化层宽度均较高,适合于大面积扫描,实际选择时还需考虑所用激光器的功率和所需强化层深度,综合评价。

如果两种光斑的形状不一样,比如圆形光斑和正方形光斑,即使它们内部

圆形　　正方形　　长边矩形　　短边矩形

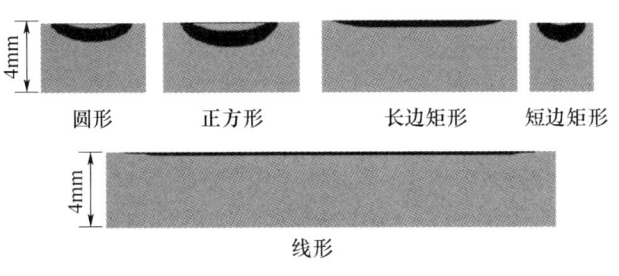

线形

图 5-45　预测的强化层形貌

光强均匀分布,由于圆形光斑边缘形状的收缩等同于强度的缺失,依然不能算作光强分布相同。选定适合大尺寸工件激光相变强化的条状光斑,在激光能量输入相同的情况下,光斑长度直接决定着强化层的宽度,而光斑宽度则影响强化过程的升温速率和强化层深度。一条长而窄的条状光斑,可以得到一条宽而浅的强化层,且由于升温速率较高,最终形成的马氏体组织晶粒细化、含量增多。此类光斑对于工程应用中诸如大型模切轮、冲压模具、石油井管内壁和大型回转窑拖轮等大尺寸工件有重要意义,可提高单道扫描面积,从而提高生产效率,减少搭接区。但是这种强度均匀分布的矩形光斑在光学制作上比较难实现,需要多台阶套刻,精度难以保证。因此,提出一种由 n 个直径相等的小圆光斑排成一排,所得光斑包络线为条状的新型光斑,其中,n 可以根据实际要求调整为任意数值。此种光斑制作简单,生产成本低且在光学上容易实现,其中每个小圆光斑的强度易于控制,可实现不同强度配比以满足不同工程要求。

如图 5-46 所示,给出长度为 25mm、宽度为 1mm 的条状光斑,称为条状光斑 2;给出包络线为条状光斑的由 25 个直径为 1mm 的小圆光斑组成的光斑,称为条状光斑 1。以下将探讨这两种形式光斑作用后的激光相变强化温度场演化

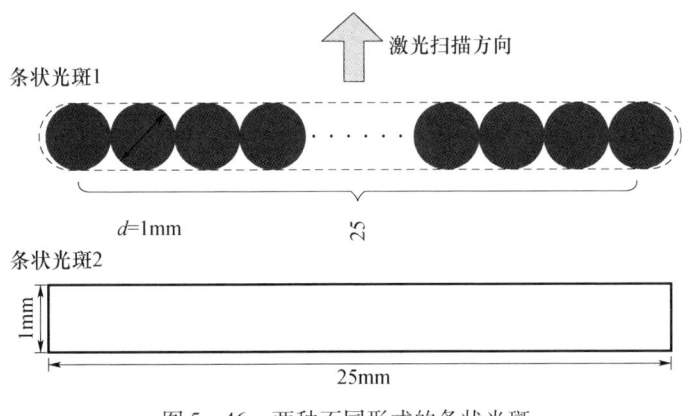

图 5-46　两种不同形式的条状光斑

过程。所用激光功率1500W，扫描速度10mm/s，扫描路径80mm。

如图5-47所示给出两种条状光斑作用后，Y轴方向42.5mm处，即激光扫描至第4s时XY、YZ和XZ平面的温度场轮廓，可以看出，YZ和XZ平面的温度场轮廓线无明显区别，而XY平面的温度场分布则直观地反映出光斑的形状。条状光斑1作用后XY平面的最高温度区(图中深色区域)可以看出首尾相接的25个圆光斑形状，说明两种形式条状光斑作用后温度场的差异主要反映在X方向上。

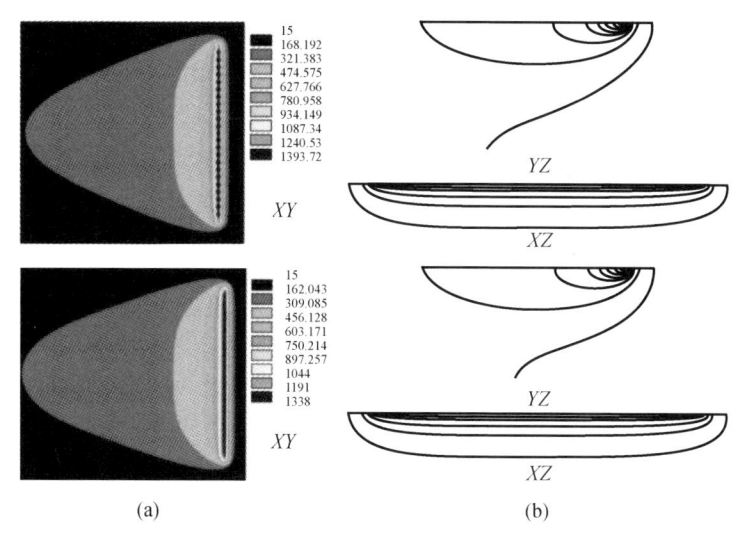

图5-47 两种条状光斑作用后XY、YZ和XZ平面的温度场轮廓
(a)条状光斑1；(b)条状光斑2。

取奥氏体转变温度为850℃，得出图5-48所示的强化层形貌，两种光斑作用后均得到一条宽而窄的强化层，强化层宽度24mm左右，深度0.3mm左右，均匀度均达到90%以上。可见采用光学上更容易实现的条状光斑1可获得与条状光斑2同等的效果。两种形式条状光斑由于分布差异造成沿光斑长度方向的温度场差异。条状光斑1中每个小圆光斑圆心和边缘能量输入的差距造成沿光

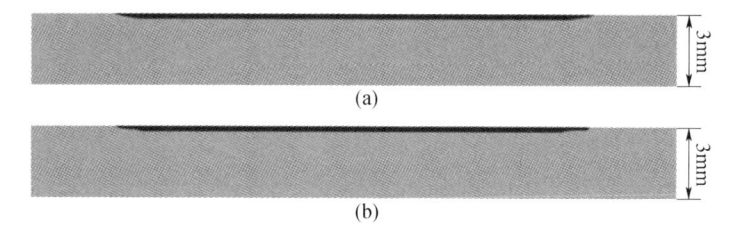

图5-48 强化层形貌预测
(a)条状光斑1；(b)条状光斑2。

斑长度方向锯齿状的温度场分布。在激光输出功率相同的情况下,同样由于条状光斑 1 中每个小圆光斑圆心和边缘能量输入的差距造成升温和降温速率均高于条状光斑 2。

为检验边缘强度对强化层均匀度的影响,图 5-49 分别给出 25 个和 17 个直径为 1mm 的小圆光斑组成的条状光斑作用后,Y 轴方向 42.5mm 处,即激光扫描至第 4s 时 XY 平面的温度场及预测的强化层形貌。在相同功率密度情况下,采用两种光斑所获得的最高温度相同。观察 XY 平面温度场,可以看出边缘两个小圆光斑处最高温度低于中心小圆光斑处最高温度,在强化层形貌上表现为边缘较中心区域稍窄。但是由于这两种光斑的长宽比较大,边缘窄的区域所占比例很小,强化层整体均匀度分别为 94% 和 91%,说明此种条状光斑作用下,强化层整体均匀度随着光斑长度的减小而减小。

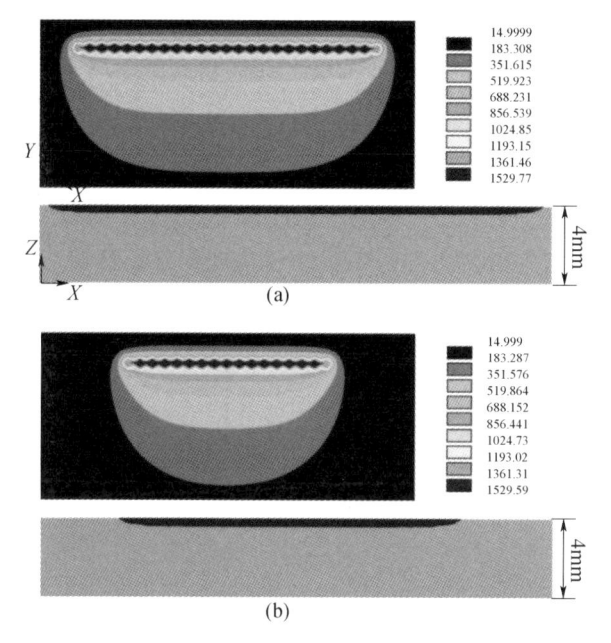

图 5-49 XY 平面温度场分布及预测强化层形貌
(a) 25×1 条状光斑;(b) 17×1 条状光斑。

5.2 激光熔覆技术

激光熔覆技术以其独特的优势引起了材料表面工程领域的广泛重视[30]。该方法利用高密度激光辐射到基体材料表面上,使得基体和粉末共同形成熔池,随着激光的移动,熔池中金属快速凝固,并最终在基体表面形成高性能涂层[31,32]。激光熔覆技术可以制备成分、组织不同于基体材料的高性能合金涂层,目前已经广泛应用于航空航天、汽车制造等领域,在提高材料表面性能方面具有很大的工业应用潜力。本节将主要从熔覆原理及方法、熔覆工艺、涂层组织、涂层性能以及熔覆过程中的温度场数值模拟等几个方面对激光熔覆技术进行阐述。

5.2.1 原理及方法

激光熔覆技术是利用高功率密度($10^3 \sim 10^7 \text{W/cm}^2$)的激光束,使材料表面成分、组织结构和性能实现预期变化的技术。以不同的填料方式在被涂覆基材表面放置选择的涂层材料,经激光照射使之和基体表面共同熔化,快速凝固后形成与基体材料冶金结合的表面涂层,从而显著改善基体材料的表面耐磨、耐蚀、耐热、抗氧化等性能。与其他材料表面改性技术如等离子喷涂、火焰喷涂等相比,激光表面熔覆技术具有以下几方面的优点:

(1)激光功率密度高,作用时间短,基体材料的热影响区和加工应力变形小。

(2)熔覆层组织致密,晶粒细小,微观缺陷小,性能优异。

(3)熔覆层与基材呈良好的冶金结合,结合强度较高。

(4)激光熔覆过程加热冷却速度极快,合金熔池在快速凝固过程中易获得具有特殊性能的亚稳态合金。

(5)激光表面熔覆过程可精确控制,后续机械加工量小。

(6)激光熔覆对环境的污染小。

(7)熔覆层成分设计柔性大,易实现选区熔覆和自动化控制。

利用激光熔覆技术可以节约具有战略价值且昂贵的合金元素,在低成本基体上制备出性能上与传统冶金方法不同的高性能涂层,发挥合金的特殊性能,获得具有合金或其他复合材料所特有性质的表面涂层。这类表面涂层与制造部件的整体相比具有厚度薄、面积小的特点,但却承担着工作部件的主要功能,适用于高磨损、强冲击、高温或腐蚀环境下对局部有特殊性能要求零部件的表面性能改进。利用激光熔覆技术可以解决材料使用性能和加工性能之间的矛盾,实现传统方法难加工材料的加工或功能梯度材料的制备,大大扩展材料的应用范围。

激光熔覆按熔覆材料的供给方式大致可分为两大类,即预置式激光熔覆和同步式激光熔覆,如图 5 – 50、图 5 – 51 所示。

预置式激光熔覆是将熔覆材料通过热喷涂、电镀、化学镀、手工粘接的方法预先置于基材表面的熔覆部位,然后采用激光束照射扫描熔化,形成熔

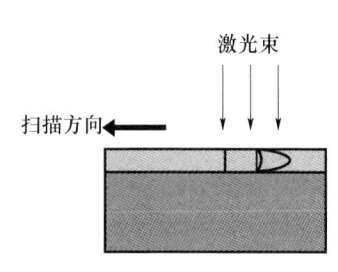

图 5 – 50 预置涂层法激光熔覆示意图

覆层。预置式激光熔覆的主要工艺流程为：基材熔覆表面预处理—预置熔覆材料—预热—激光加载—后处理。熔覆材料以粉、丝和板的形式加入，其中以粉末的形式最为常用。预置式激光熔覆可获得大面积涂层，涂层厚度均匀，与基体结合强度高。早期的激光熔覆研究主要采用的就是预置式激光熔覆法。但是，预置式激光熔覆的不足也很明显：首先，预置式激光熔覆是一个"两步式"的工艺过程，第一步的预置粉末的步骤降低了生产效率与制造

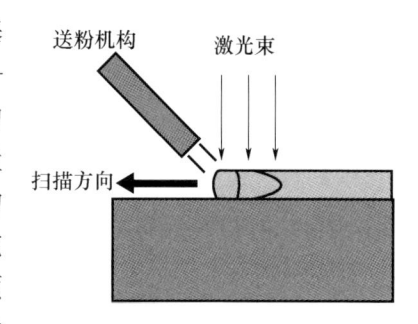

图 5-51 同步送粉法激光熔覆示意图

的柔性，在一些特殊表面，如叶片薄壁面、齿轮面等，粉末的预置较为困难和低效；其次，预置粉末层一般为多孔介质，导热性差，在第二步重熔需要消耗更高的激光能量，降低了工艺的经济性；再者，粘结剂在熔覆时易分解污染熔覆层，产生气孔、裂纹等缺陷。

同步送粉激光熔覆能够在一定程度上克服预置粉末的熔覆方式的缺点，具有易实现自动化、熔覆层气孔少、激光利用率高、适用于复杂表面等优点。同步送粉激光熔覆是将熔覆粉末通过载粉气体直接输送到工件表面激光辐射区域，激光束熔化工件表面金属薄层，与输送至此区域的粉末共同形成熔池，随着工件与激光束的相对移动，熔池凝固而在工件表面形成熔覆层。送粉式激光熔覆过程是一个复杂的物理化学过程，过程中几何形状、边界条件不断变化，系统质量增加，其中包含激光-材料之间相互作用而产生的多尺度力学现象，如粉末浓度分布对激光能量的衰减、金属材料的快速熔化与蒸发、熔池中的对流传热传质、激光诱导等离子体等。其过程可概括为两个阶段：第一阶段，金属粉末通过载粉气体输送至熔覆区域，在粉末到达熔池之前，粉末流、气流与激光相互作用；第二阶段，金属基底吸收激光能量，与到达基底表面的粉末颗粒形成熔池，随着基体与激光束的相对移动，熔池快速凝固冷却，在基体表面形成冶金结合良好的熔覆层。上述两个阶段，在熔覆过程中其实是连续、同时进行的，并且相互影响、互为边界。从材料冶金学方面考虑，温度场分布及熔池固液界面的局部凝固条件是决定凝固材料的关键因素。以熔池和温度场为研究对象，粉末流的输送与经粉末遮蔽而衰减的激光功率是系统的质量与能量边界条件。

同步送粉法激光熔覆中，对送粉的基本要求是要连续、均匀和可控地把粉末送入熔区，送粉范围要大，并能精密连续可调，还有良好的重复性和可靠性。同步送粉对粉末的粒度有一定的要求，一般认为粉末的粒度在 $40 \sim 160 \mu m$ 间具有最好的流动性。颗粒过细，粉末易结团，过粗则易堵塞送料喷嘴。熔覆材料主要以粉末的形式送入，也有采取线材或板材进行同步送料。根据送粉喷嘴形式的

不同,送粉式激光熔覆可分侧向送粉、多向送粉以及同轴送粉方式,需要指出的是,送粉式激光熔覆与激光增材制造技术的基本原理是一致的,其加工机理和工艺方法没有本质的区别,国内外众多研究机构均使用激光金属沉积设备同时进行激光熔覆和激光增材制造的相关研究。

5.2.2 激光熔覆工艺

工艺参数是影响激光制造质量的关键因素。激光熔覆的物理机制复杂,涉及的工艺参数较多,以同步送粉式激光熔覆为例,其分类如图 5-52 所示。其中,轨迹参数表示激光束与熔覆工件的相对运动状态,包括扫描速度、搭接方式、搭接率等;激光参数一部分是激光束及其传输特性,包括激光波长、激光功率、光束模式、瑞利长度等,另一部分描述激光聚焦平面与熔覆工件之间的位置关系,包括离焦量和光斑直径;送粉参数是与粉末输送过程相关的参数,主要包括送粉方式、送粉速率、喷嘴结构参数等;材料参数包含熔覆材料与基体材料两部分,主要有热物性、粉末粒径及分布、吸收率、工件几何结构及尺寸等,是一类表征熔覆材料与基体材料物理、化学、力学等固有属性的参数;环境参数是对激光熔覆相关环境条件的描述,如环境温度、环境湿度等。

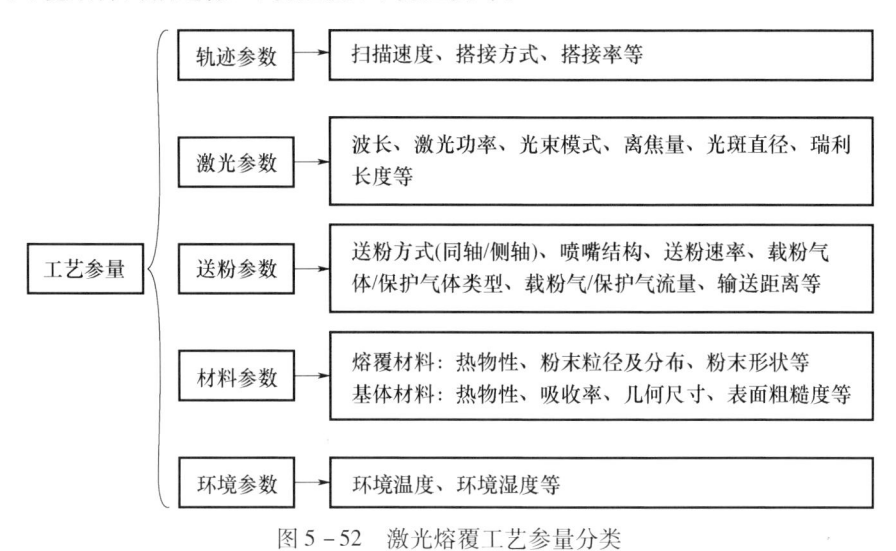

图 5-52 激光熔覆工艺参量分类

激光熔覆过程中影响熔覆层质量的主要工艺参数有激光输出模式、激光功率、光斑直径、扫描速度、送粉速率。熔覆层形貌包括熔覆层表面状态和熔覆截面几何形状,从熔覆层形貌可以反映出熔覆层与基体结合情况、表面粗糙度、气孔缺陷等熔覆层质量。激光熔覆过程中,对于工件与熔覆材料系统,激光束功率密度与送粉速率分别是系统的能量输入和质量输入,两者之间的匹配关系直接影响熔覆过程的熔池状态,进而决定了熔覆层的表面状态和截面形状。以蠕墨铸铁表面激光熔覆镍基涂层为例,选取 3mm/s 和 5mm/s 的激光扫描速度,每组内由激光功率与送粉速率两两结合。其熔覆层截面形状如图 5-53 和图 5-54 所示。可以看出,当熔覆面积、熔覆高度过大,使熔覆层接触角(熔覆层边缘切线方向与基体水平面之间的夹角)变小,熔覆层极易出现裂纹、结合不良等缺陷,严重影响了熔覆质量。下面从缺陷产生机制进行简要的分析。

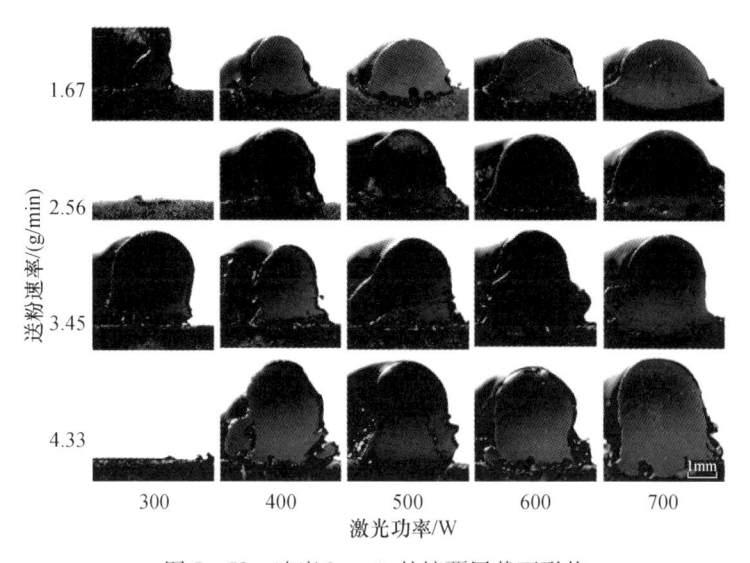

图 5-53 速度 3mm/s 的熔覆层截面形状

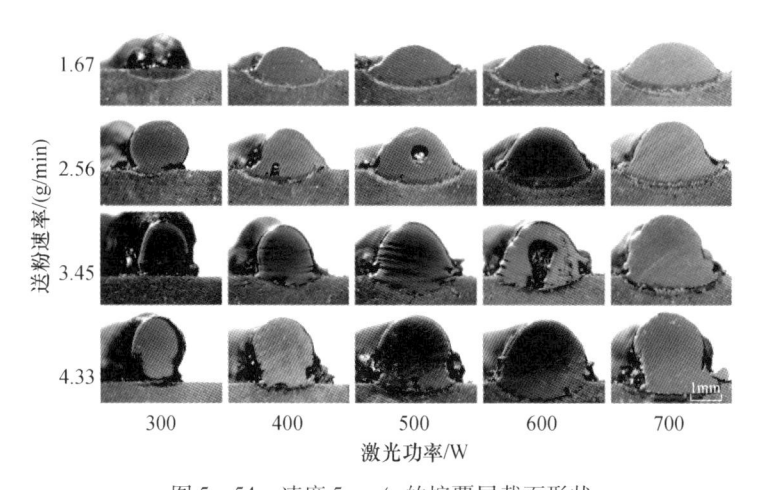

图 5-54 速度 5mm/s 的熔覆层截面形状

1) 结合不良

激光熔覆形成冶金结合的前提条件是形成合金熔池。送粉式激光熔覆时，粉末在传输过程中吸收激光能量熔化，穿过粉末流的激光束辐射在被熔覆基体上，如果不能形成一定深度的熔池，熔化的粉末落在固体材料表面凝固，随着激光束的移动形成间断的熔覆层，则不能形成冶金结合。对于热导率较高（Cu、Al 等）或熔点较高（Ta、W 等）的金属容易出现结合不良。对于铸铁材料，通过提高功率密度，能够有效避免结合不良的情况，形成冶金结合界面。

2）气孔

从观察中发现，气孔大量出现于熔覆层与基体的结合界面处，只有极少数出现在熔覆层内部。气孔的出现与不溶于金属熔池的气体有关，熔池冶金反应生成的气体多在熔池底部形成气泡，当气泡的浮出速度小于熔液凝固速度时，气泡在熔池凝固期间未能及时逸出，而形成气孔。增大功率密度，提高熔池温度，通过增加熔池的流动性，可以有效避免气孔的发生。

3）挂渣

挂渣的形成说明粉末流的输送与熔池尺度配合不当。当粉末流汇聚半径过大、送粉速率高而熔池尺寸较小时，粉末在熔池边缘凝固。在熔覆层边缘的挂渣不仅影响了熔覆层与基体的冶金结合，而且也会成为后续层或者搭接道的裂纹萌生源。

由以上分析可以看出，在激光熔覆铸铁表面时，通过控制粉末流汇聚、增加激光能量输入，提高熔池流动性，可以使熔覆层表面状态平整光亮，避免出现结合不良、挂渣、气孔等缺陷。

熔覆层质量与熔池的动态特征密切相关，功率密度和交互作用时间是直接影响熔池形态及对流特征的两个最重要的激光工艺参数，功率密度与交互作用时间表示为

$$I = \frac{P}{\pi r_b^2} \qquad (5-5)$$

$$t_i = \frac{2 r_b}{v} \qquad (5-6)$$

式中：P 为激光功率；r_b 为激光束半径；v 为扫描速度。由此扫描速度、光斑直径对熔覆层质量的影响可以归结为交互作用时间的影响。激光单道熔覆工艺参数与质量关系如图 5-55 所示。图中显示了 $t_i = 1s$、$t_i = 0.6s$、$t_i = 0.43s$ 的 3 条临界线，根据不同交互作用时间下的临界线将激光功率密度和送粉速率分为两个区；其上部分表示的工艺参数组合下熔覆层具有结合不良等缺陷；其下部分表示的工艺参数组合下能形成有效冶金结合界面的熔覆层。另外，在高功率密度条件下，较短交互作用时间的表面形貌平整光滑，挂渣少，优于长交互作用时间的表面形貌。

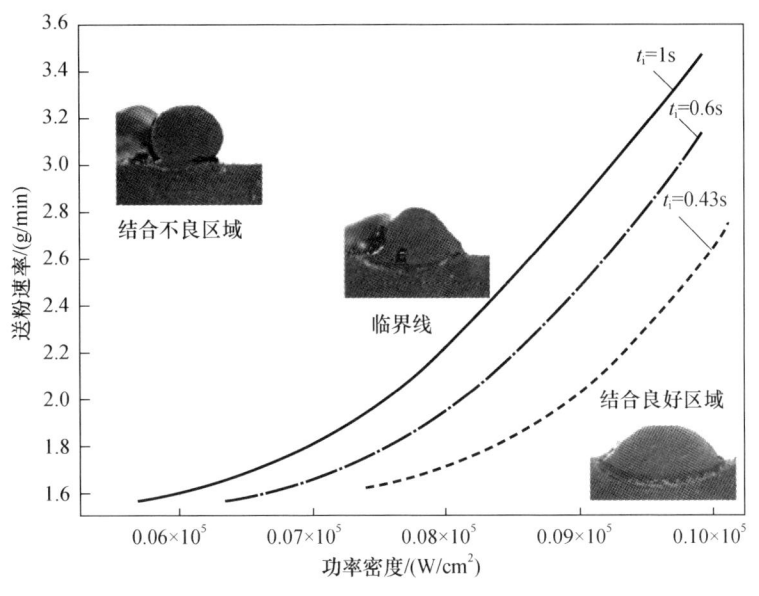

图 5-55 激光单道熔覆工艺参数与质量关系图

5.2.3 熔覆层组织

激光熔覆过程中,激光热源和粉末流、基体相互作用,在熔池中形成了复杂的温度场和流场。不同工艺参数下的熔池成分和温度历程不同,熔池的温度梯度和冷却速率也不相同,进而会影响熔覆层及热影响区显微组织演化,并最终影响涂层性能。本节将主要对熔覆层及热影响区显微组织进行分析与探讨。

1. 熔覆层稀释率

图 5-56 所示为典型的熔覆层横截面几何形貌。其特征可以用熔覆层宽度 L、熔覆层高度 H_c、深度 H_m 来描述。根据熔覆层的宏观几何形貌,其外轮廓线及基材熔合线均为抛物线。熔覆层稀释率可以表示为

$$\eta = \frac{H_m}{H_c + H_m} \tag{5-7}$$

稀释率是熔覆层质量的重要参数,它表征了熔覆合金材料受基体成分稀释作用的大小。显然,稀释率直接影响熔覆层的组织和性能,是熔覆层性能的关键指标。在激光熔覆中需要对稀释率进行合理的控制,稀释率过小,熔深较小,熔覆层与基体的结合力小;稀释率过大,则熔覆层材料的特殊性能会受到基体材料的影响。稀释率与基体材料及熔覆材料的物理化学性能有关,对于成分差异较大的两种材料,较大的稀释率能起到梯度过渡、减少裂纹倾向的作用。

对进行了 6 层激光熔覆的截面进行测量,根据式(5-7)分别计算了 1~6

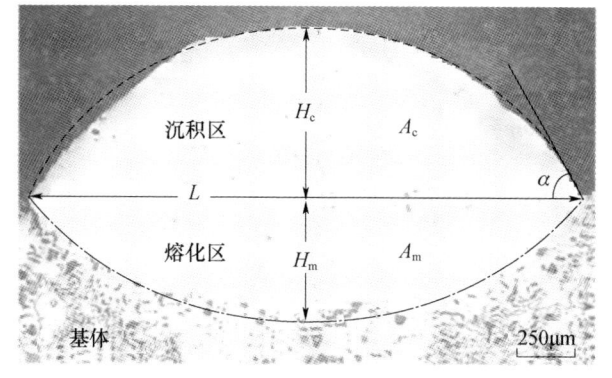

图 5-56 熔覆层横截面几何形貌特征

层激光熔覆的稀释率,如图 5-57 所示。可以看出,稀释率随熔覆层增多而逐渐减小,因为后续层的熔覆材料逐渐堆积,使熔覆高度增加而熔覆深度基本保持不变。因此,激光熔覆过程中,可先以合适的工艺参数确保第一层与基体冶金结合,通过后续层的堆积来控制熔覆层厚度和稀释率。

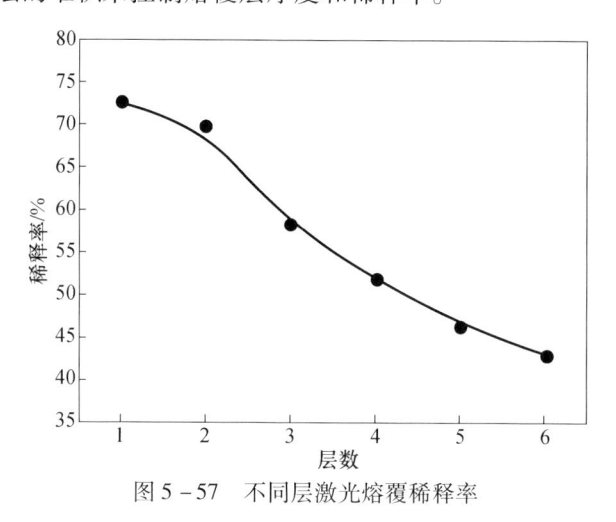

图 5-57 不同层激光熔覆稀释率

2. 热影响区显微组织

图 5-58 给出了在熔覆 1 层时的热影响区组织。图 5-58(a)中,从上到下依次为熔覆层、热影响区、基体。热影响区上部,距熔合线较近,温度较高,铁素体和珠光体在加热过程中奥氏体化,当激光移动离开后,迅速降温,转变为贝氏体及竹叶状马氏体组织。在热影响区下部,距熔合线较远,在冷却阶段重结晶形成铁素体与残余奥氏体组织。因此,热影响区最终组织由贝氏体、竹叶状马氏体、铁素体、残余奥氏体和石墨构成。其中,竹叶状马氏体具有高强度、高硬度,但韧性较差,即硬而脆。马氏体形成时体积膨胀,产生相变应力,使热影响区结合界面易产生微裂纹,如图 5-58(b)所示。

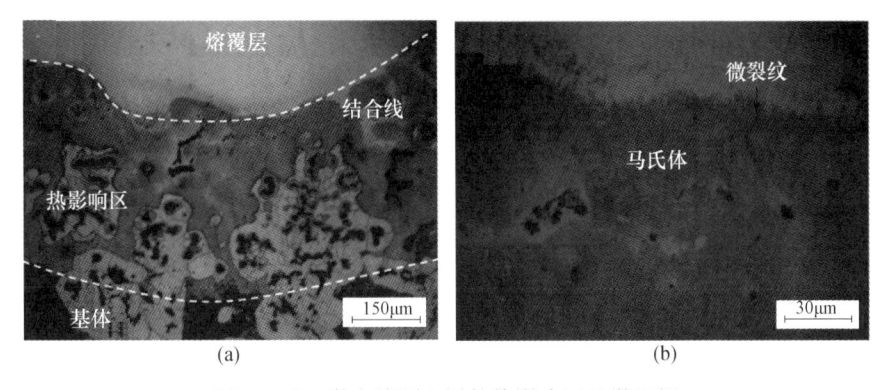

图 5-58 激光熔覆 1 层的热影响区显微组织

(a)热影响区组织;(b)微裂纹。

激光熔覆 6 层的结合界面与热影响区组织如图 5-59 所示。在熔合线附近虽然仍存在部分竹叶状马氏体组织,如图 5-59(b)所示,但在热影响区中距离熔合线较远的部分,显微组织转变为回火索氏体,图 5-59(c)清晰显示了回火

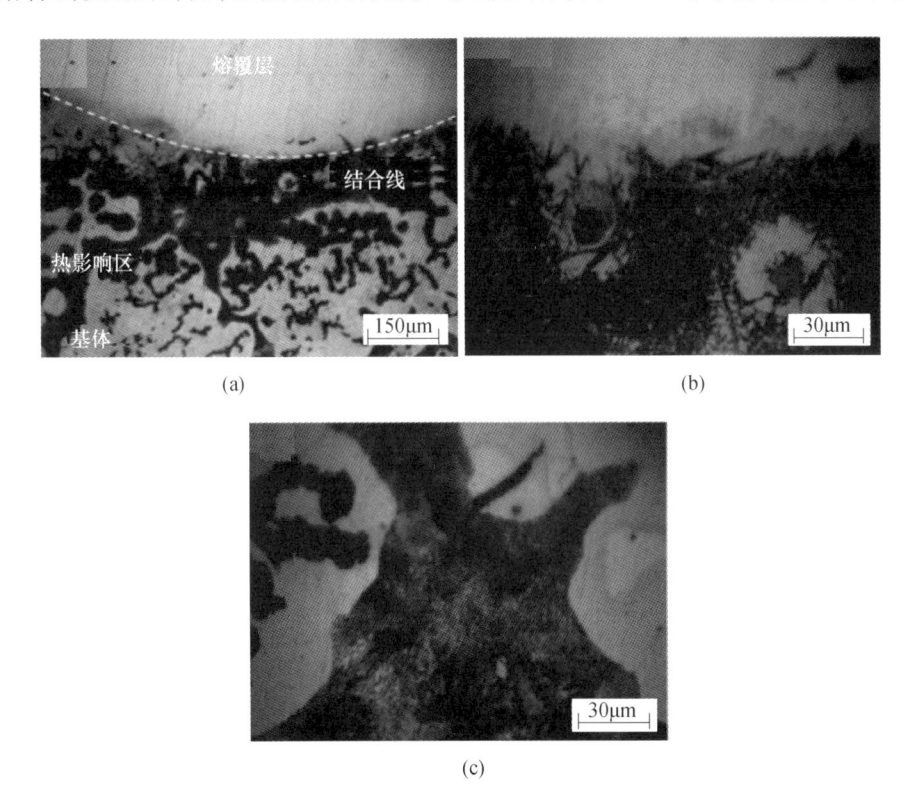

图 5-59 激光熔覆 6 层的显微组织

(a)结合界面与热影响区组织;(b)竹叶状马氏体组织;(c)回火索氏体组织。

索氏体中铁素体和渗碳体的片层状组织形态。说明在后续层的熔覆中,基体材料温度升高,对第一层形成的热影响区具有高温回火作用。这种高温回火作用能够减小和消除第一层熔覆时的内应力,降低了结合界面处的硬度,提高了塑性和韧性,使其综合力学性能优良。

3. 熔区内显微组织

激光熔覆1层的熔覆层内不同位置的微观组织如图5-60所示。从熔覆层底部到熔覆层顶部凝固组织形态依次为平面晶、胞晶、柱状晶和等轴晶。

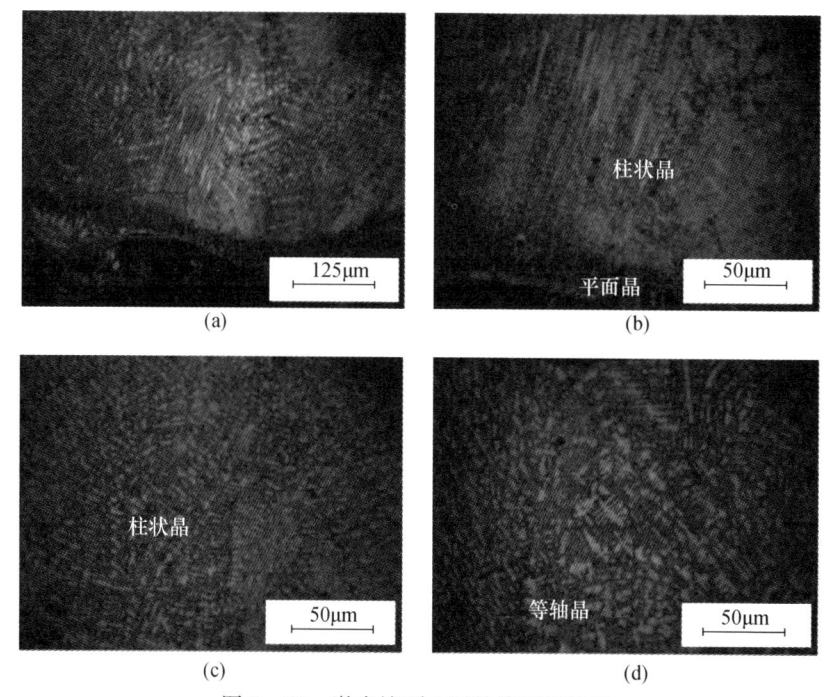

图5-60 激光熔覆1层的熔覆层组织
(a)熔覆层底部低倍显微组织;(b)熔覆层底部高倍显微组织;
(c)熔覆层中上部显微组织;(d)熔覆层顶部显微组织。

不同送粉速率的熔覆层底部组织如图5-61所示。送粉速率为2.19g/min的熔覆层底部,熔覆层组织主要为平面晶、细小的胞状树枝晶。随着送粉速率增大到10.02g/min,熔覆层底部逐渐转变为粗大的、具有高度侧向分枝的柱状晶,其一次枝晶间距为6.17μm,二次枝晶间距为2.25μm,且垂直于基体方向生长,与低送粉速率熔覆层相比方向性更强。相应的熔覆层中部凝固组织形态如图5-62所示。在2.19g/min的低送粉速率下,熔覆层中部为方向性不强的胞状树枝晶,少量具有棒状二次臂。在6.11g/min的送粉速率下,熔覆层中部主要由方向性较为杂乱的树枝晶和柱状晶构成。在10.02g/min的高送粉速率下,熔覆层中部转变为具有高度方向性、成熟的柱状晶。相应的熔覆层顶部凝固组织形

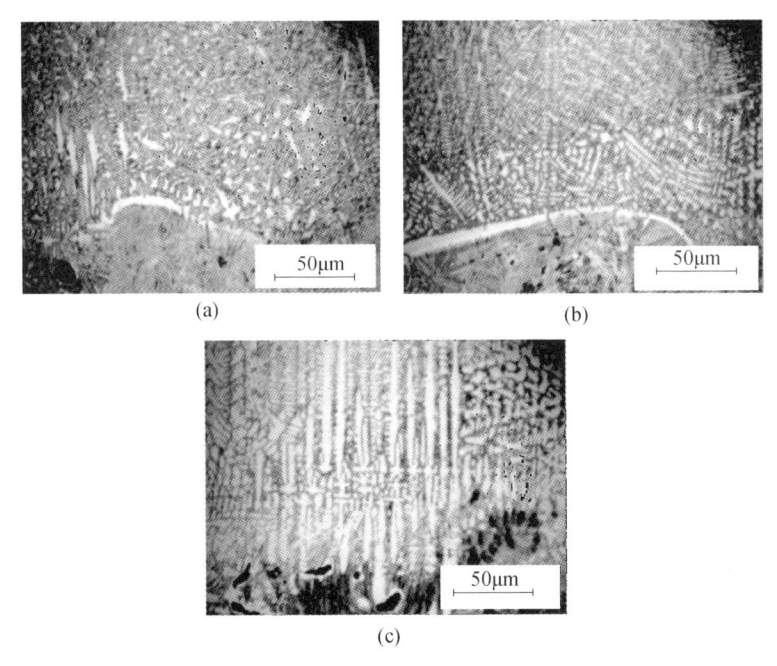

图 5-61 不同送粉速率下熔覆层底部组织

(a)2.19g/min；(b)6.11g/min；(c)10.02g/min。

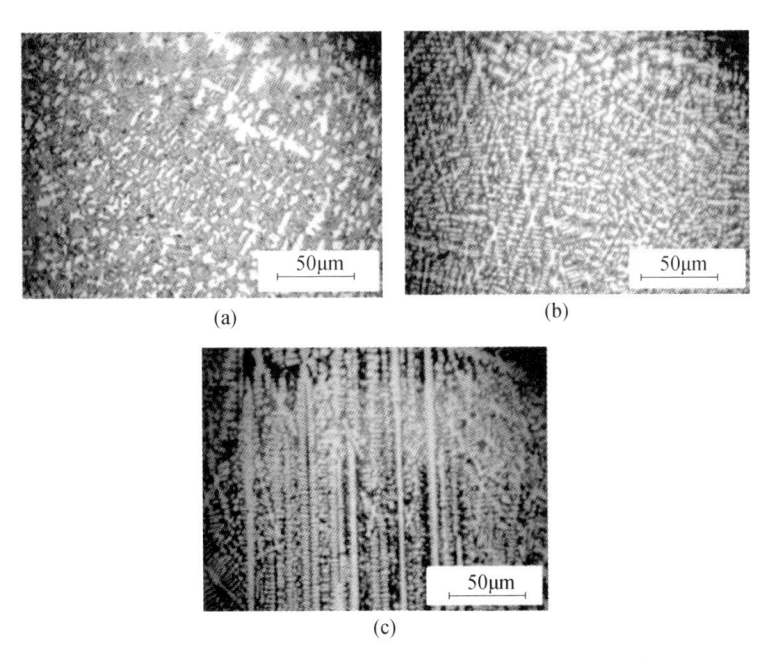

图 5-62 不同送粉速率下熔覆层中部凝固组织形态

(a)2.19g/min；(b)6.11g/min；(c)10.02g/min。

态如图5-63所示。在不同送粉速率下,熔覆层顶部组织均表现为等轴树枝晶结构。因此,可以通过调节送粉速率改变熔覆层显微组织形态。随着送粉速率的增大,熔覆层底部、中部显微组织结构从无明显方向性的树枝晶,逐渐变化为柱状晶,最后转变为方向性强的柱状晶。在熔覆层顶部主要为等轴树枝晶结构。通过控制送粉速率,有可能得到耐热性良好的柱状晶组织为主的熔覆层。

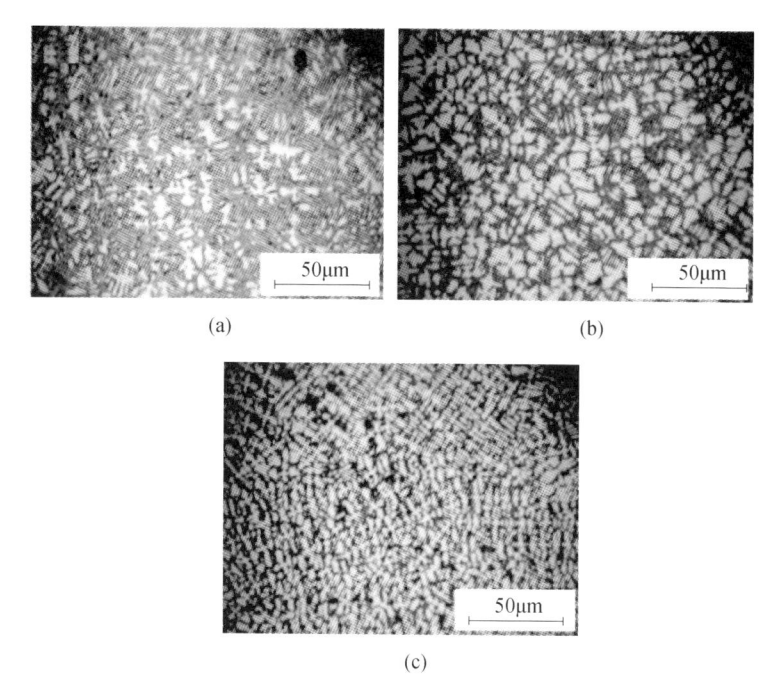

图5-63 不同送粉速率下熔覆层顶部凝固组织形态
(a) 2.19g/min;(b) 6.11g/min;(c) 10.02g/min。

在多层熔覆中,熔覆层顶部会在下一层扫描的过程中再次熔化凝固,通过控制层间的重熔深度,使顶部等轴晶区和部分方向性不强的树枝晶重熔,再次凝固时在重熔界面结晶以外延方式生长,从而获得以定向生长的柱状晶为主的熔覆层。图5-64显示了堆积4层的熔覆层内不同位置的微观组织。图5-64(b)表明在第1层熔覆底部主要为胞晶,并开始向柱状晶形态过渡,图5-64(c)(d)(e)分别显示了第1与第2层、第2与第3层、第3与第4层之间的重熔结合,在进行后一层熔覆时,前一层熔覆层尚未完全冷却,两层熔覆层的结合处并不形成平面晶,结晶是以前一层熔覆层柱状树枝晶方向外延生长。同时可以发现,熔覆后一层的柱状树枝晶组织明显比前一层粗化。熔覆层组织细化程度与冷却速率密切相关,冷却速率越大,结晶组织越细。由于前一层熔覆对后层有预热作用,后层冷却速度减小,故而使后层的凝固组织明显粗化。但随着熔覆层数的增加,差别逐渐减小。在第 4 层的底部和中部,如图 5 - 64(f)(g)所示,柱状树枝晶方向性良好,并且已经生长出熟化的二次臂结构。在第 4 层顶部,如图 5 - 64(h)所示,与单层熔覆类似,结晶形态主要是等轴树枝晶。

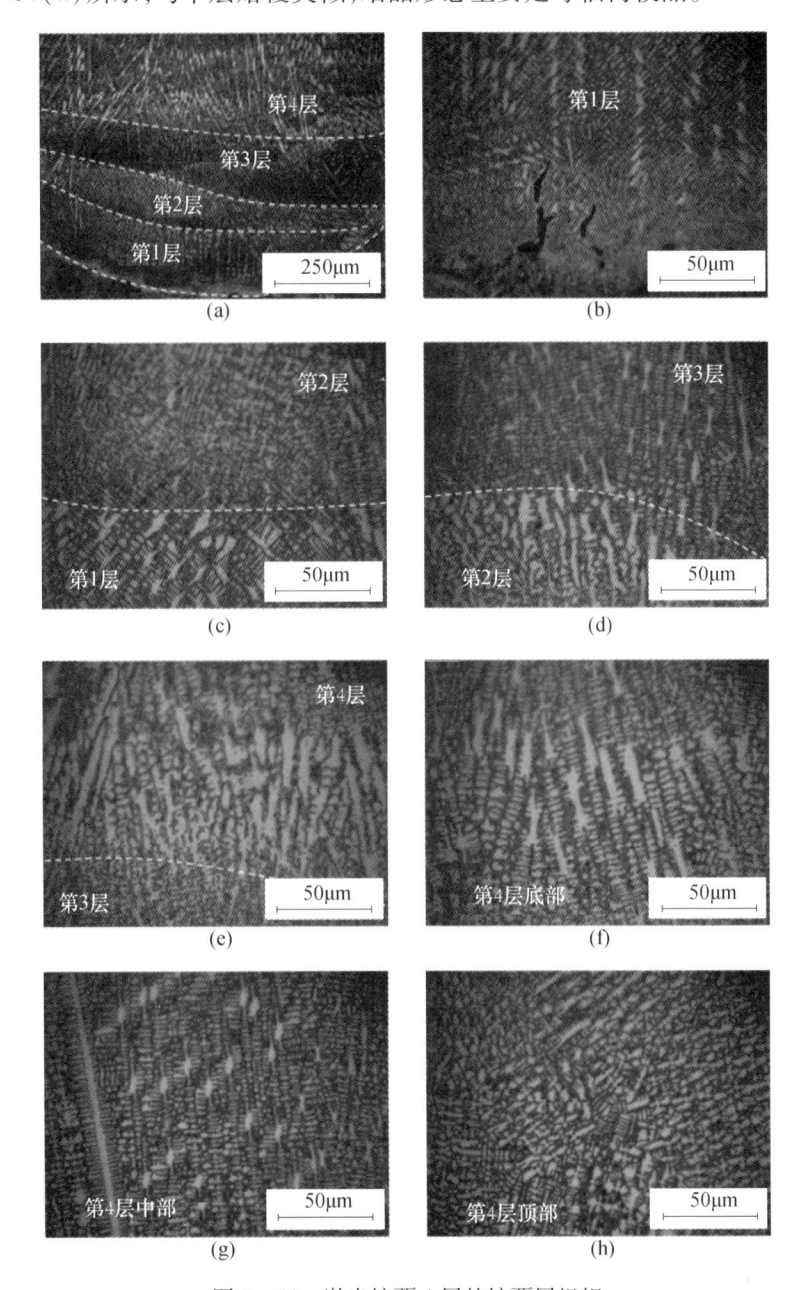

图 5 - 64 激光熔覆 4 层的熔覆层组织

(a)熔覆层显微组织;(b)第 1 层组织;(c)第 1 层与第 2 层组织;(d)第 2 层与第 3 层组织;
(e)第 3 层与第 4 层组织;(f)第 4 层底部组织;(g)第 4 层中部组织;(h)第 4 层顶部组织。

通过多层熔覆的方法,使层间柱状晶外延生长,能够在熔覆层中部获取方向垂直于基体的柱状晶组织。定义熔覆层中部柱状晶组织区域的深度与熔覆层厚度(熔覆层高度H_c与熔深H_m之和)之比为柱状晶区占比,则其随熔覆层数的变化如图5-65所示,随着层数的增加,柱状晶区占比从第1层的39.4%逐渐升高到第6层的63.9%。

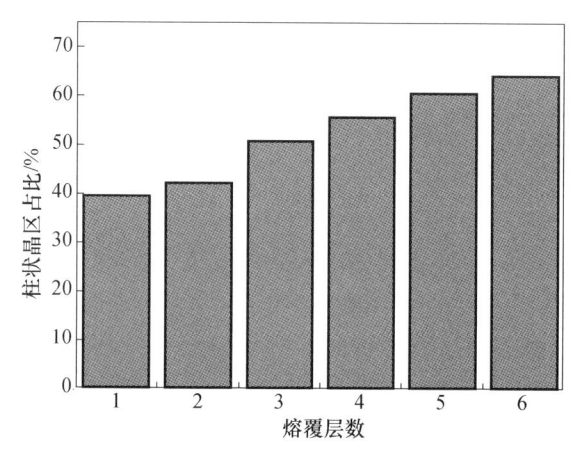

图5-65 柱状晶区占比随熔覆层数的变化

5.2.4 熔覆层性能

激光熔覆可以采用添加合金粉末的方式获得不同于基体材料的合金涂层,进而显著提高材料的表面性能,拓宽材料的应用范围。在实际工业应用中,可以根据表面性能的需要,在各种基体材料表面添加不同的合金粉末,制备相应的高性能涂层。本节主要对激光熔覆后,涂层的显微硬度、弯曲性能、耐磨性能、抗烧蚀性能以及抗热疲劳性能进行分析讨论。

1. 显微硬度

图5-66所示为铸铁表面激光熔覆1层Ni基合金涂层沿深度方向的显微硬度分布。熔覆层组织细化,其显微硬度分布也比较均匀,熔覆层内平均硬度为462HV$_{0.1}$。热影响区宽度约为0.4mm,由于具有高碳马氏体、贝氏体等淬硬组织,此区域的显微硬度高达917HV$_{0.1}$。RuT300基体的平均显微硬度为228HV$_{0.1}$。由于具有不同的相,显微硬度在热影响区与基体位置具有一定的波动。

图5-67所示为激光熔覆6层后沿深度方向的显微硬度分布曲线。与熔覆1层的显微硬度分布相比,熔覆层内的硬度分布由结合界面到熔覆层表面略有下降的趋势,平均硬度降低到441HV$_{0.1}$。这是因为多层熔覆稀释率降低,Cr$_7$C$_3$相含量减少。对于热影响区,在第1层激光熔覆时热影响区产生的马氏体,经历

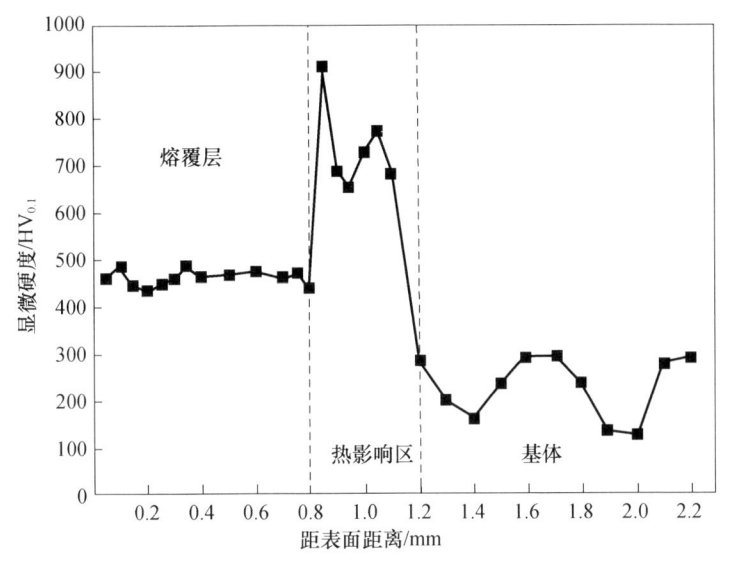

图 5-66 激光熔覆1层时沿深度方向的显微硬度分布

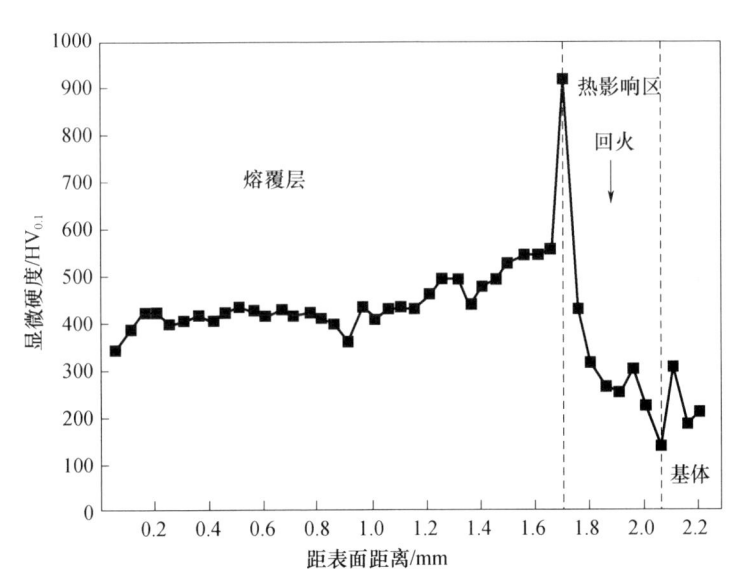

图 5-67 激光熔覆6层时沿深度方向的的显微硬度分布

后续层的回火后,热影响区中下部的显微硬度显著下降至 317~426HV$_{0.1}$ 之间,从而改善了熔覆层与基体的硬度匹配关系。

2. 弯曲性能

对于铸铁表面 Ni 基合金涂层,为考察涂层的结合特性与力学性能,对基体试样与激光熔覆后的试样进行三点弯曲试验。激光熔覆层由两种不同的方式制备:单层激光熔覆法和多层激光熔覆法。铸铁材料抗压性能优于抗拉性能,弯曲试验时将蠕墨铸铁基体置于上侧直接接触压头,使基体大部分承受压应力作用,如图 5-68 所示。

图 5-68 三点弯曲试验示意图

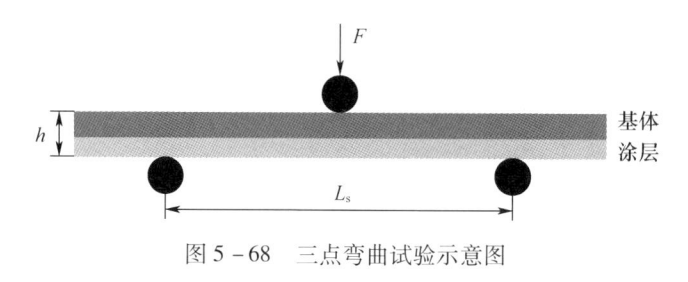

图 5-69 所示是基体试样与激光熔覆试样的弯曲试验的应力位移曲线。可以看出,铸铁基体在弯曲断裂前存在比较明显的弹性变形阶段、塑性变形阶段,显示出蠕墨铸铁具备一定的塑性变形能力,试样的抗弯强度为 694MPa。在铸铁表面激光熔覆 Ni 基合金涂层后,试样的抗弯强度为 914MPa,比基体试样提高了 1/3。激光熔覆试样的弯曲曲线同样具有弹性、塑性变形阶段,其弹性模量与基体试样相差不大,但弹性极限有明显提高,同时塑性变形阶段得到明显延长,说明激光熔覆提高了金属塑性变形的能力与抗弯强度。

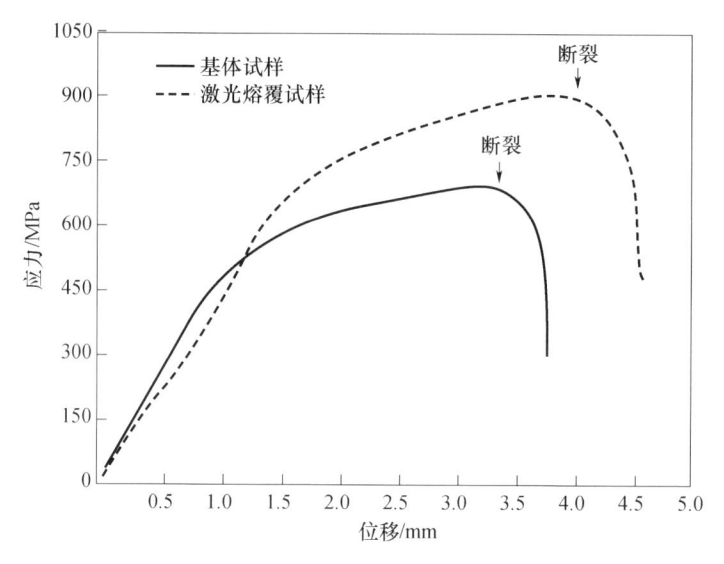

图 5-69 基体试样与激光熔覆试样的应力位移曲线

激光熔覆试样弯曲断口形貌如图 5-70 所示,点划线表示了熔覆层与基体的结合界面。在弯曲断口上,熔覆层与基体的结合界面在正应力与剪应力作用下没有剪断、撕裂,保持良好的冶金结合状态。与基体部分的断口相比,合金熔覆层断口较为平整,这与激光熔覆快速凝固形成的晶粒尺寸细小而致密有关。

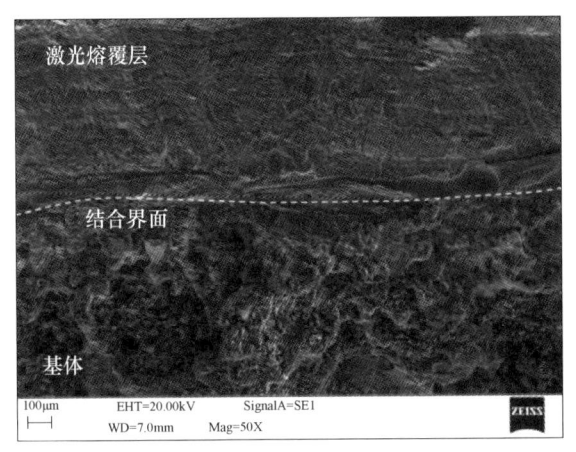

图 5-70　激光熔覆试样结合界面处弯曲断口形貌

弯曲断口在基体部分与熔覆层部分的高倍扫描电子显微镜结果如图 5-71 所示。断口的基体部分具有典型河流花样、撕裂岭的断口形态,属于解理断裂机制。解理是沿晶体内部某一结晶面发生的断裂,是金属材料脆性断裂特征。河流花样是不同的解理断裂平面相互连接形成的台阶。从图 5-71(a)中可看出,河流花样在裂纹扩展中会趋于合并,减缓裂纹前沿的扩展速度。伴随着断口上解理小裂纹的不断长大,最后以塑性方式撕裂断口残余连接的部分,形成撕裂岭,这是基体材料具有塑性变形的原因之一。

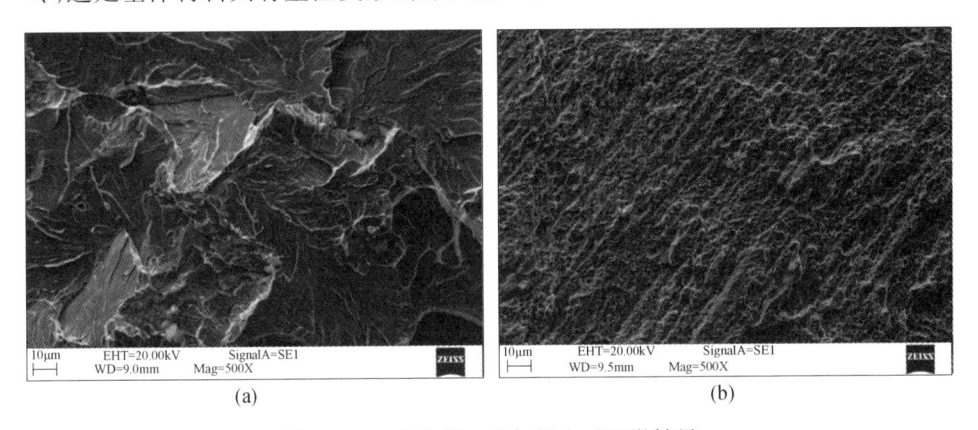

图 5-71　弯曲断口的扫描电子显微结果
(a)基体材料的断口断裂特征;(b)熔覆层的断口断裂特征。

断口的熔覆层部分为韧性断口的形貌特征。从图 5-71(b)中可以看出,大小不等的韧窝明显具有沿着柱状晶树枝晶生长方向分布的趋势,显示出沿晶断裂的特点。这是因为熔覆层组织凝固时,局部偏析与合金补缩不足,使晶间强度弱化,在熔覆层受拉应力时,晶间的韧窝成核密度大,韧窝沿晶界长大和聚集,最后形成沿晶断裂的形貌。稀释率小的熔覆层以细小致密、具有高度发达二次枝晶的柱状树枝晶的组织结构为主。相关研究指出,熔覆层柱状枝晶与二次枝晶的微观结构特点利于裂纹的闭合,起到延缓裂纹扩展的作用。同时,由于晶粒细小致密,大量的晶界阻碍了位错滑移现象,因此,激光熔覆提高了试样的抗弯强度。

总之,熔覆层在弯曲至断裂过程中始终与基体的界面结合良好。由于有蠕墨铸铁和涂层两部分材料存在,断裂机制是脆性解理断裂与韧窝断裂相结合的混合断裂机制。采用激光熔覆的涂层,熔覆层组织致密,改善了热影响区,提高了塑性和韧性[33]。

3. 耐磨性能

图 5-72 所示为 Q235 基体材料以及激光熔覆铁-钨(Fe-W)合金试样的磨损失重曲线。由于 Fe 和 W 形成的 Fe-W 合金中,W 对钢起到强化作用,可在不明显降低钢塑性的情况下提高钢的强度极限和屈服点,使其具有良好的硬度和耐磨性。结果表明,激光熔覆 Fe-W 合金的试样具有优良的耐磨性,与原始 Q235 钢相比,耐磨性提高约 4 倍。图 5-73 所示为基体和激光熔覆试样磨损后的表面形貌。可以看出,磨损后的基体表面出现了很多深的沟槽,并伴有大面积的脱落现象,说明基体材料在摩擦副作用下发生塑性变形而导致剥离,摩擦过程以粘着磨损为主。相比之下,熔覆层表面磨损后形貌较为平整,没有明显的沟壑,仅局部存在少量的凹坑,磨损过程表现为磨粒磨损形式,

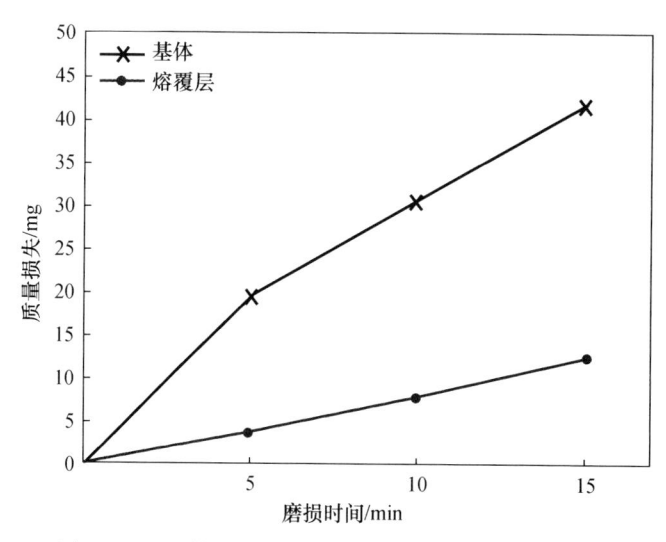

图 5-72 基体材料以及激光熔覆试样的磨损失重曲线

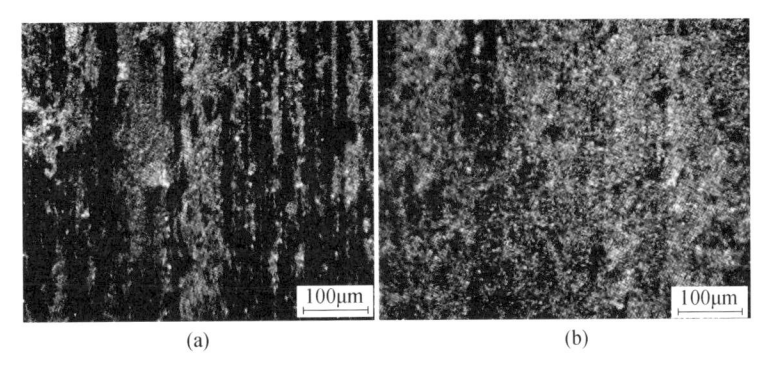

图 5-73 基体和激光熔覆试样磨损后的表面形貌
(a)基体试样;(b)激光熔覆试样。

表明 Fe_7W_6 化合物的形成不但能有效提高熔覆层的硬度,并且改变了材料的磨损形式。这一方面是由于熔覆层内部所形成的初生相 Fe_7W_6 具有较高的硬度,其作为增强相在磨损中形成硬质点,阻碍了磨损过程的进行,对基体起到了主要保护作用;另一方面 Fe_7W_6 相之间分布的 $\alpha-Fe/Fe_2W$ 组织具有较好的塑性和韧性,对 Fe_7W_6 增强相起到支撑和附着的作用,也有利于提高熔覆层的耐磨性能[34]。

4. 抗烧蚀性能

航天领域对零部件高温烧蚀环境下的性能提出了日益苛刻的要求,常规材料无法满足一些极端性能要求。难熔金属具有高熔点、高耐腐蚀性及优异的高温性能,但在传统方法下难于加工制造。激光熔覆技术特有的高柔性化为解决材料使用性能和加工性能之间的矛盾提供了一种有效途径。

Ta-W 合金是一种高密度、高熔点、耐腐蚀的难熔合金材料,具有突出的高温综合性能,在航天领域有很高的使用价值,采用激光熔覆方法获得的 Ta-W 合金与传统制造工艺相比具有更高的 W 元素含量及更为致密的枝晶固溶体组织。

采用直联式自由射流超燃风洞试验台,在相同烧蚀条件下,分别对纯 Ta 板和经激光熔覆 Ta-W 合金涂层的 Ta 板进行高温高速气流烧蚀测试,测试装置如图 5-74 所示。被测试样位于风洞出口位置,侧边与气流方向垂直,以达到最大的气流冲击力。高速气流由风洞入口进入风洞,在风洞中与煤油充分混合,混合油气在燃烧腔中被点燃,燃烧后的高温气流由风洞出口吹出,在出口处形成温度极高的高速气流对试样进行冲蚀。这种环境条件下,零件一方面承受着高速气流的严重烧蚀和冲刷,同时,急剧温升的工作条件会使材料受到极大的热震(热冲击)作用,开裂倾向也很严重。此外,材料还会因弯曲力、张力和压力的作用而变形。

风洞 ——

高超声速气流 ——→ 高温气体 ——→ 试样

Ta-W合金涂层

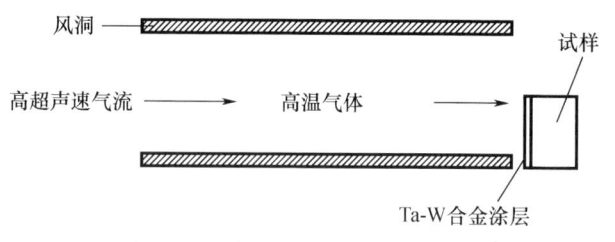

图 5-74　直联式超燃实验台示意图

图 5-75 为纯 Ta 试样和前端激光熔覆 Ta-W 合金涂层的试样烧蚀前后的对比。可以看出，纯 Ta 金属板在经过 4s 烧蚀后，前端明显损坏，靠近尖端的位置最为严重，体积流失量达到 0.0856mm³。这是由于高速气流在试样尖端会产生激波，加之温度极高，导致前缘驻点附近的热流密度极大，非常容易被烧蚀。相比之下，前端具有 Ta-W 合金涂层的试样在烧蚀相同时间后没有发生明显的变形和破坏，前端边缘仍维持原有形状，并在受热过程中尖端所在的三角区域颜色发生了改变。烧蚀后体积流失量为 0.0172mm³，仅为纯 Ta 支板损失量的 1/5，表明其抗烧蚀能力显著提高。这主要是由于在试样前端激光熔

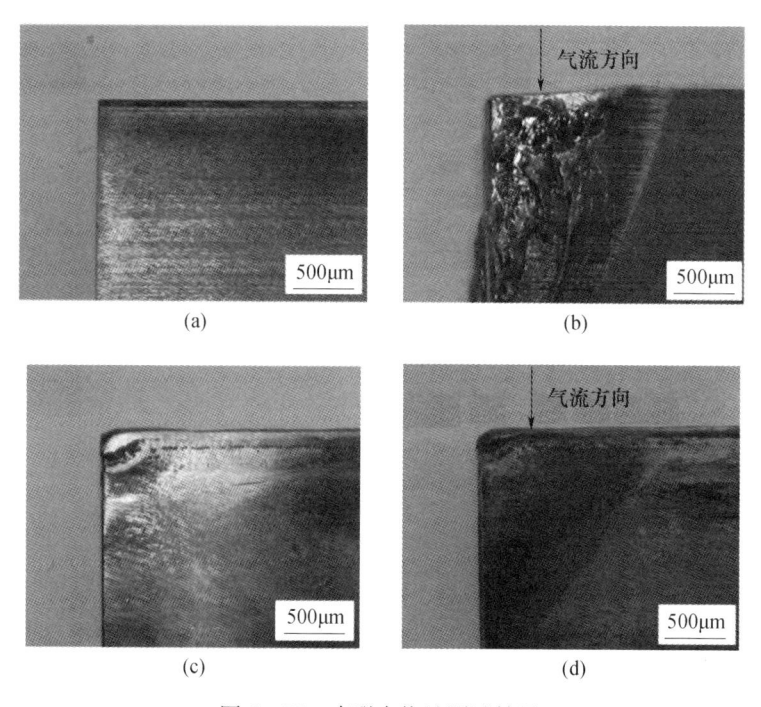

(a)　(b)

(c)　(d)

图 5-75　直联台烧蚀测试结果
(a)纯 Ta 试样烧蚀前；(b)纯 Ta 试样烧蚀后；
(c)Ta-W 涂层的试样烧蚀前；(d)Ta-W 涂层的试样烧蚀后。

覆的 Ta-W 合金涂层除具备很高熔点以外,还具有致密的内部组织和良好的高温性能,树枝状的 Ta-W 固溶体增强相可以在烧蚀过程中对材料起到很好的支撑和附着作用,阻碍了因高速气流冲击所导致的塑性变形。同时 Ta-W 合金的抗高温氧化性能优于纯 Ta,能够有效降低合金的氧化速率,提高氧化物稳定性,可以对纯 Ta 基体起到保护作用[35]。

5. 抗热疲劳性能

冶金工业中的热轧辊,机械制造中的热锻模、压铸模,以及热动力机械中的气缸盖、活塞等部件工作环境恶劣,承受较高的热负荷和机械负荷,在服役过程中易发生热疲劳失效[36,37]。采用激光熔覆工艺在活塞表面制备涂层可显著提高其抗热疲劳性能,这里活塞材料(基体)选用中碳钢 38MnVS6,涂层粉末为 Co-Cr-W 合金粉末。

参考 GB/T 15824—2008《热作模具钢热疲劳试验的方法》,采用激光热疲劳试验平台考察激光熔覆试样和基体材料的热疲劳性能,加热系统采用 Nd:YAG 连续激光器,冷却系统由空气压缩机、管道、电磁阀和喷嘴组成,冷却介质为空气,测温方式为非接触式红外测温。采用红外测温仪实时监测试样上表面温度,通过闭环控制的方式,使加热系统和冷却系统协同工作,实现对试样上限温度、下限温度、循环次数的控制,试验原理如图 5-76 所示。控制两对比试样表面粗糙度基本一致。试验时,激光正对试块受热面中心位置。试样尺寸为 10mm×20mm×10mm。试样上限温度 700℃,下限温度 350℃。实验试块分为基体材料上无涂层和有涂层试样,后者采用多层多道搭接制备厚度为 1.5mm 的熔覆层。

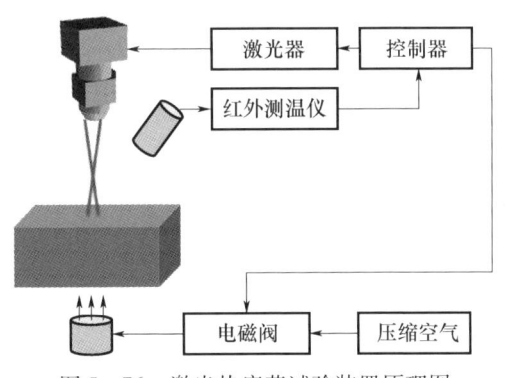

图 5-76 激光热疲劳试验装置原理图

激光热疲劳试验结果如图 5-77 所示。可以看出,基体材料试样经过 2000 次循环后,表面产生网状裂纹;相比之下,具有 1.5mm 厚熔覆层的试样表面 2000 次循环后未出现裂纹;3000 次循环后,开始出现微裂纹,表明激光熔覆试样抗热疲劳性能相较于基体材料试样得到了显著的提高。图 5-78 为 2000 次循

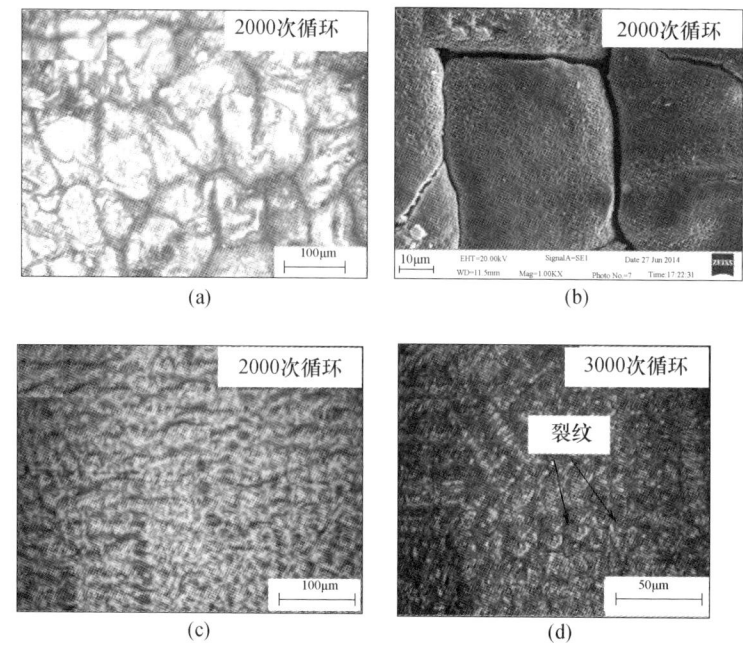

图 5-77 激光热疲劳试验后试样表面形貌

(a) 基体试样 2000 次循环后;(b) 基体试样 2000 次循环后局部放大;
(c) 熔覆层试样 2000 次循环后;(d) 熔覆层试样 3000 次循环后。

环后两试样表面激光辐照中心点 EDS 成分分析对比。由图可知,基体试样表面氧含量为激光熔覆试样 3 倍以上,基体材料氧化严重。

材料抗氧化能力越强,强度越高,其抗热疲劳性能越强[38]。在激光热疲劳试验过程中,基体表面由于发生了强烈的氧化反应,形成了点蚀坑等损伤(图 5-77(b)),在热应力的作用下反复塑性变形,形成微裂纹,并进一步扩展成网状裂纹。

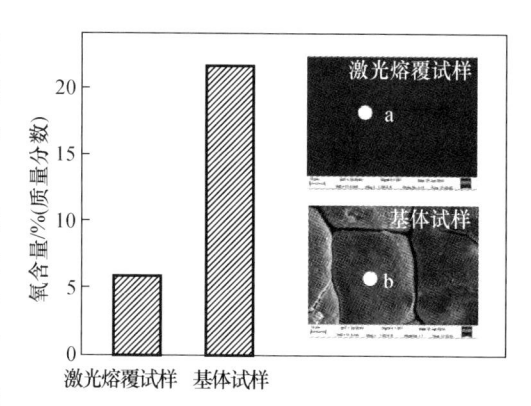

图 5-78 2000 次激光热疲劳试验后试样表面氧化情况对比

而激光熔覆试样中 Cr 元素能够形成致密的 Cr_2O_3 型氧化膜,提高熔覆层的抗氧化能力,抵抗裂纹的萌生和扩展;同时 Ni、Cr、W 等元素固溶于 γ - Co 中,引起晶格畸变,形成了固溶强化,Cr_7C_3、WC、Mn_2B 等高强度、高硬度碳化物、硼化物沉淀析出,起到了弥散强化的作用。因此激光熔覆 Co - Cr - W 涂层具有优异的抗热疲劳性能。

5.2.5 熔覆过程数值模拟

激光熔覆过程特点是热量集中性强,升温降温速度快。在这个过程中系统的温度、热边界条件以及系统的内能随时间变化明显。另一方面,这个过程中的材料热物性、边界条件随温度变化,并且伴随着热辐射的过程,所以激光熔覆过程属于非线性瞬态传热过程。为了简化计算,对激光熔覆过程采用以下基本假设。

(1) 激光束强度假设为高斯分布,表示为

$$I(r) = \frac{2P}{\pi \omega(z)^2} e^{\left(-\frac{2r^2}{\omega(z)^2}\right)} \qquad (5-8)$$

式中:P 为激光功率;$\omega(z)$ 为激光束半径;r 为距激光束中心的距离。激光束能量以表面热源的形式加载在材料表面[39]。考虑到粉末流对激光能量的衰减和基体材料对激光束的吸收,表面热源表示为

$$q(r) = \alpha(1-\beta)\frac{1}{\pi r_b^2}\int_0^{r_b} I(r) \cdot 2\pi r \cdot \mathrm{d}r \qquad (5-9)$$

式中:α 为基体材料对激光能量的吸收率;β 为粉末流对激光能量的衰减率。

(2) 输送至熔池自由表面范围内的粉末颗粒落入熔池后,立即熔化、沉积,不考虑熔池的流动及固态粉末颗粒进入熔池引起的两相对流换热。

(3) 基体与熔覆材料为各向同性材料,材料的热物性参数随温度变化。利用焓值法考虑材料的相变潜热[39],忽略材料的汽化作用。

(4) 由于金属表面通过对流和辐射方式与环境进行热交换,模型中通过一个综合表面散热系数 h_c 来考虑[40]:

$$h_c = 2.41 \times 10^{-3} \delta T^{1.61} \qquad (5-10)$$

式中:δ 为材料表面发射率。

激光熔覆过程的温度分布 $T(x,y,z,t)$ 可以通过数值求解热传导控制方程及一定的边界条件和初始条件得到。求解域内的热传导控制方程表示为

$$\frac{\partial}{\partial x}\left(k\frac{\partial T}{\partial x}\right) + \frac{\partial}{\partial y}\left(k\frac{\partial T}{\partial y}\right) + \frac{\partial}{\partial z}\left(k\frac{\partial T}{\partial z}\right) = \frac{\partial(\rho c_p T)}{\partial t} \qquad (5-11)$$

式中:k、ρ、c_p 分别为材料的热导率、密度和比热容;t 为时间。

对于基体材料,其初始条件下温度为环境温度 T_0,表示为

$$T(x,y,z,0) = T_0 \qquad (5-12)$$

对于熔覆材料,根据假设(2),设定初始条件表示为

$$T(x,y,z,t_a) = T_a \qquad (5-13)$$

式中:t_a 为熔覆材料沉积在基体上的时刻;T_a 为熔覆材料的初始温度,即粉末颗粒在送粉阶段的温升。

根据假设(1),移动的激光束通过表面热源边界条件加载,在激光辐射区域表面的边界条件为

$$k(\nabla T \cdot \boldsymbol{n}) = q(r), S \in \Omega \tag{5-14}$$

式中:$\boldsymbol{n}$ 为表面的法向量;S 为材料表面;Ω 为激光辐射区域。

根据假设(4),与环境空气接触的表面的边界条件为

$$k(\nabla T \cdot \boldsymbol{n}) = h_c(T - T_0), S \notin \Omega \tag{5-15}$$

在模拟计算中,激光能量衰减率 β 与进入熔池的熔覆材料初始温度 T_a 是反映激光熔覆送粉过程中粉末激光相互作用的模型输入参数,也是熔覆层与基体温度场计算的边界条件与初始条件参数。采用一种简化的理论模型来考虑送粉速率对激光功率衰减和粉末颗粒温度升高的影响[41]。激光能量衰减率表达式为

$$\beta = \frac{3 Q_m}{4\pi v_p r_{jet} r_p \rho_p \cos \theta_{jet}} \tag{5-16}$$

式中:Q_m 为送粉速率;v_p 为粉末颗粒平均速度;r_p 为熔覆粉末颗粒半径;ρ_p 为熔覆粉末密度;r_{jet} 为送粉头喷嘴半径;θ_{jet} 为送粉头喷嘴轴线与水平线夹角。可以看出,激光能量衰减率与送粉速率成正比关系。

在数值计算中,将激光熔覆时间离散为一系列较短的时间载荷步处理。在计算中,上一载荷步的温度场计算结果作为下一载荷步计算的初始条件。生死单元方法的基本思想是在初始状态下将熔覆单元的刚度矩阵及质量矩阵元素乘以一个小因子使其处于"未激活"("死")状态,相当于单元不参与数值模型的计算。当"死"单元被"激活"后,单元的刚度、质量、单元载荷等恢复其原始数值,参与到数值模型的计算之中。

数值计算模型所建立的有限元网格如图 5-79 所示。基体材料的单元处于"激活"状态,始终参与数值模型的计算过程。根据激光束扫描轨迹范围,在基体表面建立起一块足够大的熔覆层几何区域并划分单元,称之为熔覆区域单元。该区域内单元在计算前处于"未激活"状态,即表示激光熔覆开始前不存在熔覆层。在计算过程中,根据每个载荷步的温度场结果与熔覆材料的质量守恒,"激活"一部分熔覆区域单元,表示在此载荷步时间内沉积的熔覆材料。计算结束后,熔覆层几何形貌由在所有载荷步中累积"激活"的单元构成的几何体来表征,而非由预先划分的熔覆区域单元来表征。采用这种方法,计算结束后仍

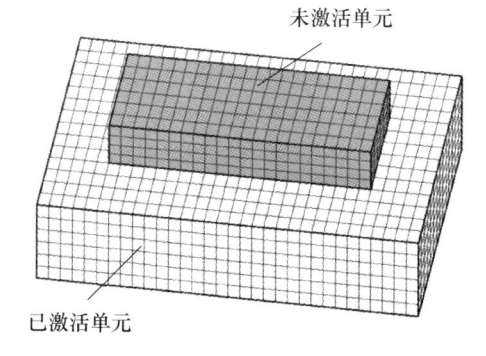

图 5-79 有限元网格划分及"生""死"单元示意图

会有一部分熔覆区域单元处于"未激活"状态。

熔覆层几何形貌的计算过程如图 5-80 所示,图中示意了数值计算中前两个载荷步的过程。在每个载荷步中包含两个主要的步骤,如在第 1 个载荷步中:①激光直接作用在基体表面,根据控制方程、边界条件和初始条件求解出温度场分布。在这一时刻,瞬态温度大于基体材料熔点的区域认为是熔池,捕捉熔池的气/液界面与固/液界面;②"激活"与熔池气液界面相邻的"未激活"状态的单元,模拟熔覆材料在基体上的沉积过程。经第 1 个载荷步的计算与处理后,已经"激活"一部分熔覆区域单元,将参与第 2 个载荷步的计算。图 5-80(c)(d)表示第 2 个载荷步中的主要步骤,激光束根据扫描速度与载荷步时间移动一定的距离,更新边界条件,以上一步的温度场计算结果作为初始条件,再次计算瞬态温度场分布,捕捉熔池界面,并在熔池气液界面沉积熔覆材料。以时间载荷步为单位持续进行上述循环,直至激光熔覆过程结束。

第1步:
计算温度场并捕捉熔池边界
(a)

第1步:
模拟熔覆材料在基体上的沉积过程
(b)

第2步:
计算温度场并捕捉熔池边界
(c)

第2步:
模拟熔覆材料在基体上的沉积过程
(d)

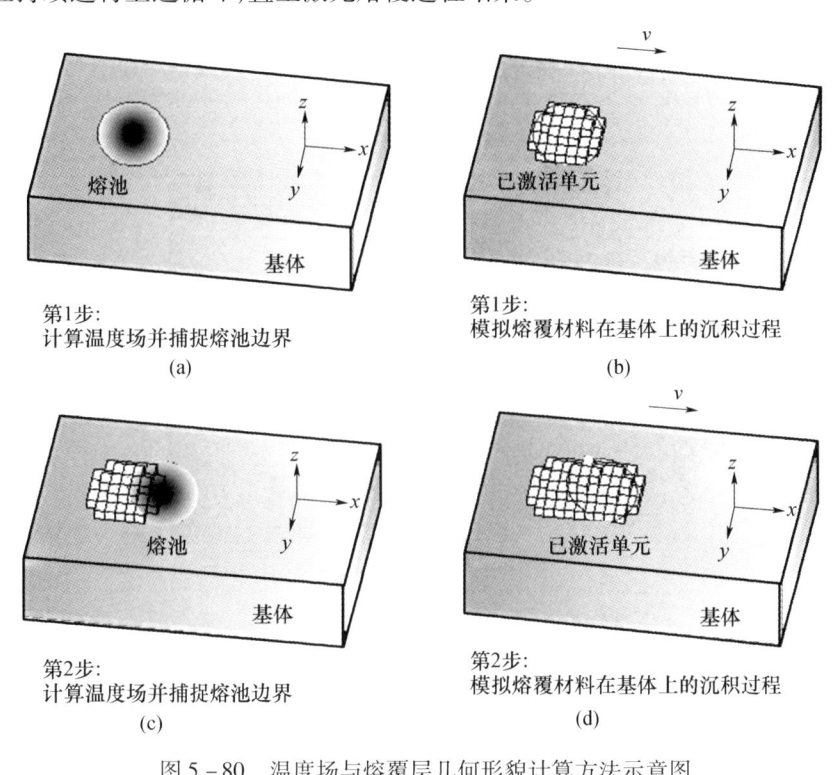

图 5-80 温度场与熔覆层几何形貌计算方法示意图

激光熔覆采用的基体材料是蠕墨铸铁(RuT300A),粉末材料为 NiCoCrAlY 合金,粉末粒径为 50~125μm。基体材料与粉末材料随温度变化的热物性参数见文献[43,44]。为保证计算过程中熔覆层的连续性,时间步长设置为 $\Delta t = r_b/v$,v 为激光束移动速度。

在送粉速率为 10.0g/min 的情况下,第 6 个载荷步($t=2s$)时温度场与熔覆层沉积的计算结果如图 5-81 所示。在激光扫描过的路径上,形成了一道熔覆层,这是由前 5 个载荷步按照质量平衡的原则累积"激活"的单元所构成的。根据瞬态温度场分布计算的熔覆层形貌如图 5-82 所示。

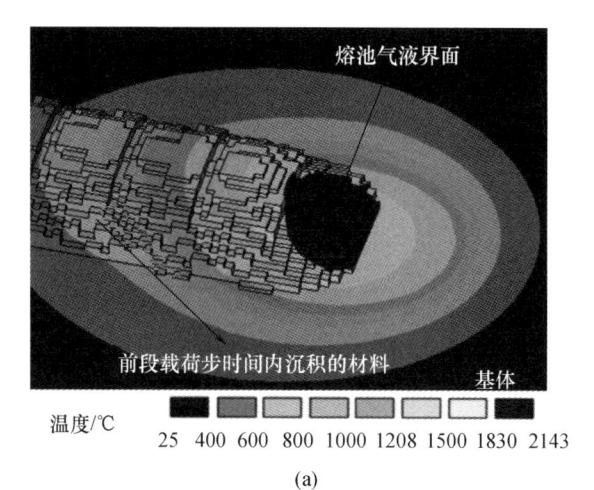

图 5-81 激光熔覆计算中瞬态温度场与熔覆层沉积
(a)气/液界面;(b)熔覆层沉积。

图 5-83 所示为激光熔覆过程中不同时刻下的温度分布与熔覆层几何特征。随着激光束的移动,基材中的温度分布以激光束为中心动态升高。激光束有效输入的能量一部分用于加热、熔化粉末材料,一部分用于加热基体。在激光束作用初期,基体温度较低,熔池内的最高温度较低,在激光移动方向上的熔池长度较小;随着激光能量的持续输入,基体温度升高,熔覆层与基体之间的热传导作用减弱,熔池最高温度升高,并且熔池的长度与宽度增大。当熔覆进行到一

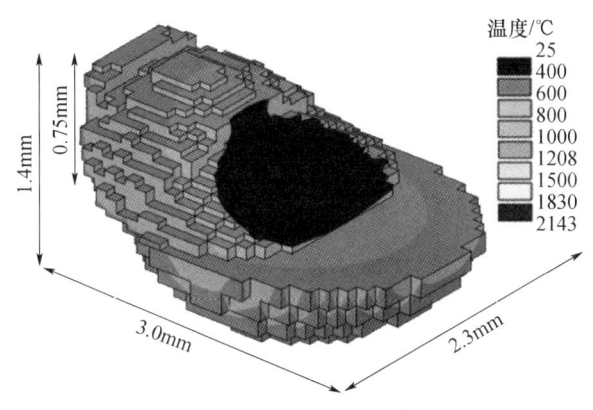

图 5-82 熔覆层形貌

定阶段时,基体和熔覆层通过表面辐射、对流等方式散失的热量与吸收激光束的热量基本保持平衡,则熔池进入准稳态过程,其最高温度与尺寸都趋于稳定。

熔覆层的几何形貌与熔池的动态过程紧密相关,由于熔池在较短的时间内就已进入稳定阶段,所以熔覆层在整个熔覆阶段也保持一定的稳定性。从图 5-83

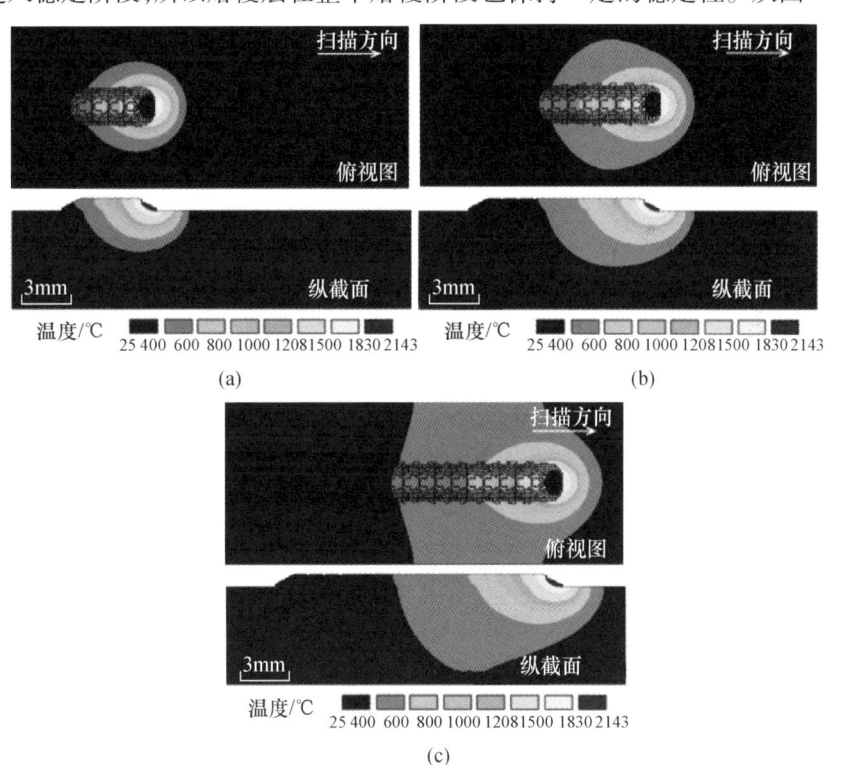

图 5-83 激光熔覆过程中不同时刻的温度分布与熔覆层形貌
(a)2s;(b) 4s;(c) 6s。

269

可以看出，熔覆层的长度随着激光的移动而增长，熔覆层总长度为17.6mm，约等于激光束扫描长度。熔覆层的宽度在起点附近为1.8mm，随着激光束的移动熔池宽度增大，熔覆层的宽度也随之增大，并逐渐稳定在2.3~2.4mm之间。从纵截面可以发现，熔覆层的起点和终点的轮廓线近似为弧线，从三维形貌上看应呈半球状，在中间阶段熔覆层的高度基本保持恒定。在熔覆层起点与终点，激光持续作用时间短，熔池吸收并熔化的粉末量少，造成熔覆层宽度与高度在起点终点处与在中间阶段明显不同。

在不同送粉速率下试验与计算所得到的熔覆层横截面几何形貌对比如图5-84所示。其中，右侧部分为试验结果，左侧部分为计算结果，其灰色区域表示熔覆层。熔覆层表面轮廓线呈现出不完全连续的锯齿状。锯齿是由熔覆层激活单元的边界构成的，因此单元尺寸越小，表面轮廓线越光滑。从图5-84中可以看出，在不同送粉速率下，计算出的表面轮廓线均呈圆弧状，且与试验结果基本一致[42]。

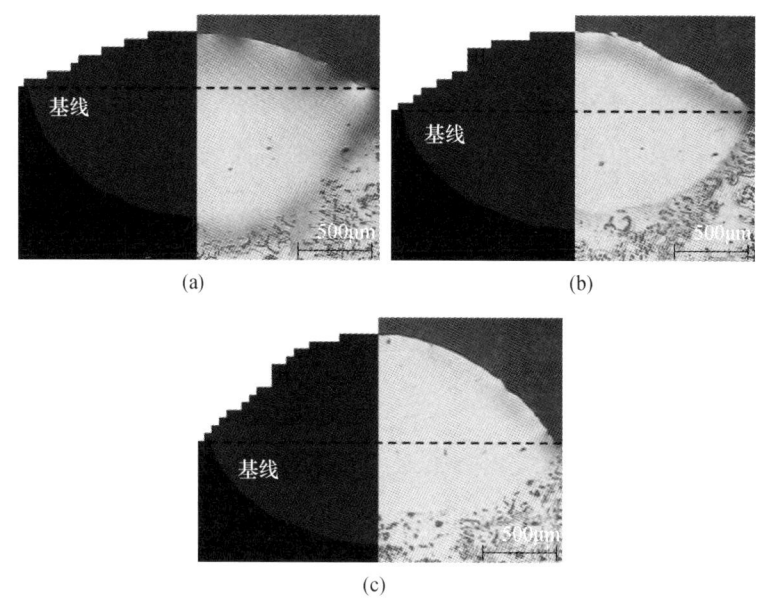

图5-84　不同送粉速率下熔覆层横截面几何形貌试验与计算结果对比
(a)4.1g/min；(b)6.1g/min；(c)8.1g/min。

5.3　其他激光表面改性技术

除了以上介绍的两种激光表面改性技术，激光合金化、激光非晶化以及激光冲击强化技术也都在工程中有比较广泛的应用，本节将对这三种激光表面改性技术分别进行简要的介绍。

5.3.1 激光合金化

与激光熔覆技术一样,激光合金化也是提高材料表面性能的重要技术手段。激光合金化是指高密度激光辐照基体材料表面的同时,通过预置粉末或者同步送粉的方法加入合金元素,在激光的作用下形成熔池,熔池中流体在表面张力的驱动下对流扩散充分混合,并随着激光的移开而冷却凝固,最终形成与基体材料冶金结合的具有高硬度及耐磨、耐腐蚀或者抗热疲劳性能的合金涂层。

典型的同轴送粉激光合金化过程如图 5-85 所示。在同轴送粉喷嘴中有三路气体,外环气体为保护气体,主要作用是在粉末流的外侧形成气体保护氛围,这对一些易氧化的金属粉末尤为重要;中环气体为载粉气体,主要起承载输运粉末颗粒的作用,与粉末颗粒形成气固两相流;中路激光腔内为内环保护气体,主要起抑制粉末反弹与保护镜片的作用。粉末随着激光的移动进入熔池之中,凝固后形成高性能合金涂层。进一步,可通过搭接及合理的轨迹规划实现复杂零件表面激光合金化涂层的制备。

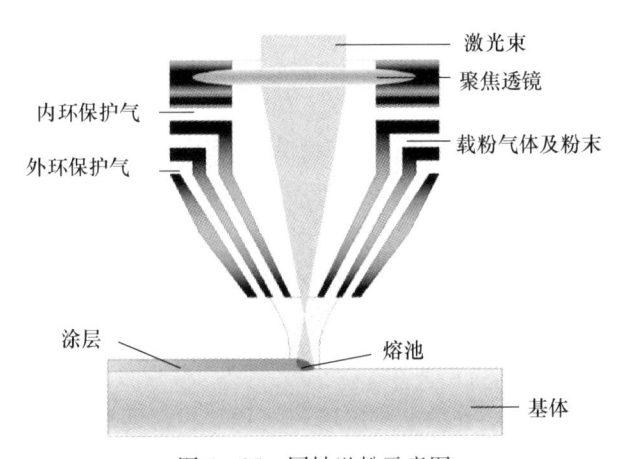

图 5-85 同轴送粉示意图

影响激光表面合金化的工艺参量较多。涉及能量输入的工艺参数包括激光功率、光斑直径、扫描速度以及激光波长、光束模式等,这些参数共同决定能量输入的方式和能量输入密度;涉及物质输入的参数包括送粉方式、粉末形状、粒径粉末等,这些参数共同影响粉末和激光的相互作用;涉及基体材料的参数主要包括基体形状、尺寸、表面状态、材料属性等,基体的尺寸和形状对合金化过程中温度场分布有着重要的影响。在激光合金化过程中,针对选定的基体材料和粉末体系,可以通过控制激光功率、光斑直径、扫描速度等能量输入参数和送粉量等粉末输送参数进行工艺探索。能量输入和物质输入影响激光合金化熔化凝固过程和温度场分布,从而影响熔覆层的组织和性能。

以能量输入参数为例,功率密度衡量单位面积上激光功率输出的大小。一般而言,随着功率密度的增加,合金化层熔深、熔宽以及合金稀释化程度均有增大的趋势,但功率密度过高可能导致合金材料烧损过多,而功率密度过低则会造成合金化层和基体熔合不良,涂层易脱落。通过调整激光功率,可以控制合金化层的熔深、熔宽以及稀释率,获得与基体材料冶金结合、性能优异的表面涂层。激光扫描速度是影响合金化过程的重要参数,影响着熔凝过程。随着扫描速度的增加,冷却速度增大,有助于促进晶粒细化;但另一方面,随着扫描速度的增加,合金化层裂纹性有增加的倾向。

从本质上讲,激光合金化和激光熔覆是相同类型的工艺,具有相同的冶金过程。激光合金化和激光熔覆过程中,熔池尺寸相对基体较小,随着激光的移开,高温熔池迅速冷却凝固,获得具有快速凝固组织特征(如枝晶及组织细化、元素高度过饱和固溶、低偏析或无偏析等)和特殊物理化学以及力学性能的涂层。此外,还可以根据需要,灵活改变粉末成分比例并在激光作用下输送到熔池中。事实上,基于快速熔凝冶金过程的激光合金化技术已成为一种将先进涂层新材料设计、新材料合成及零件优质涂层制备有机融为一体的现代表面工程技术[4]。

激光合金化与激光熔覆的区别在于:合金化所制备的涂层,其合金成分受到较大程度的稀释,涂层成分受基体金属成分影响较大;而熔覆涂层则保持原来的合金成分,受到基体金属稀释相对较小。一般可以通过改变添加的粉末成分、激光工艺参数等实现对合金化或熔覆的选择和控制。

激光表面合金化是激光表面改性技术的一个重要组成部分。利用激光表面合金化工艺可在一些表面性能差、价格便宜的基体金属表面制备耐磨、耐蚀、耐高温的合金涂层,用于取代昂贵的整体合金,节约具有战略意义的贵重金属材料,使廉价合金获得更广泛的应用,在提高材料使用性能的同时,大幅度降低成本。目前,激光合金化已经在轧辊、发动机缸套等方面实现了工业化应用。

5.3.2 激光非晶化

激光非晶化是利用高密度激光照射合金材料表面,使熔化层与基体保持极高的温度梯度,移开激光后得到极高的冷却速率使合金表面形成具有特殊性能的非晶态合金薄层。

非晶态合金也叫无定形或玻璃态材料,其组织特点是成分与电化学性能极为均匀,且不存在诸如位错、空穴和成分偏析等晶体缺陷。非晶态合金兼有一般金属与玻璃的特性,具有优异的力学、机械和化学性能:耐蚀性好,导磁率高,矫顽力低,强度高,硬度与韧性良好,抗疲劳性能优良等。因此材料非晶化是广受工业界关注的新技术。

形成非晶化必须满足的关键条件是熔融材料以大于某一临界冷却速度急冷至低于某一特征值温度,这样以抑制晶体的形核和生长。这就要求激光非晶化所采用的激光功率密度较高,一般在 $10^7 \sim 10^{10} \text{W/cm}^2$ 之间,使激光辐射区金属表面产生 $1 \sim 10 \mu \text{m}$ 厚度的熔化层,并与基体形成极高的温度梯度,在急冷阶段的冷却速度高达 10^6℃/s。与其他制造金属玻璃的方法相比,激光非晶化具有高效、易控和冷却速度范围宽等优点。

材料表面非晶层的形成取决于内外两方面的因素,材料本身非晶态形成能力是内因,可以通过添加适合的元素提高材料非晶态形成能力;外因是过冷熔体具有足够的冷却速度,使其没有足够的结晶时间。图 5-86 为时间-温度-结晶的 C 曲线,C 曲线突出的"鼻部"表示开始结晶的最短时间,在鼻部的上方,温度越高,过冷度越小,因此开始结晶所需的时间越长;在鼻部的下方,温度越低,开始结晶所需要的时间越长。为获得非晶体,冷却到 C 曲线以下所用的时间必须小于鼻部位置所确定的时间。

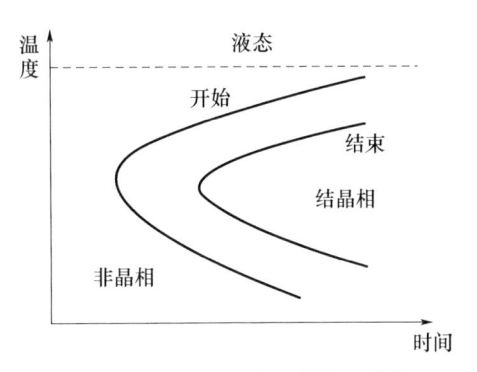

图 5-86 时间-温度-结晶 C 曲线

就工艺过程来说,激光非晶化与激光熔凝、激光合金化、激光熔覆类似,所显著不同的是激光非晶化的目的在于获取非晶合金或非晶层。因此,通过选择合适的工艺方法,设定合理的工艺参数、对工艺过程进行严格控制等手段,使材料表层满足形成非晶的急冷条件,抑制晶体的形核与长大是激光非晶化技术的关键。

已有研究[45]实现了 Fe-C-Si-B 合金的激光非晶化,并研究了激光非晶化的形成条件及主要影响因素。所采用的方式是通过添加 Si、B 和其他元素,在 Fe-C 合金表面用激光合金化获得 Fe-C-Si-B 四元共晶层,然后经高功率密度激光快速熔凝 Fe-C-Si-B 共晶合金表层,得到了宽 0.65mm、深 0.07mm 的非晶层,占整个熔池面积的 80% 以上。在快速加热冷却中,过冷熔体的凝固结果取决于多种晶相与亚稳相的竞争结果,当可能的结晶相与基体有相近的晶体结构和晶格常数时,容易促使熔池底部晶体不经成核而外延生长,即外延生长在激光快速凝固下占主导作用。所以,激光非晶化实质上是非晶相与外延生长结晶在热力学与动力学方面的综合竞争。由于外延生长要求固/液界面前沿的成分再分配与原子扩散重组,减弱晶体生长速度,在足够的冷却速度下,熔体温度迅速降低到原子扩散难以进行的程度,因而外延生长有可能突然中止,从而使凝固按非晶化形式进行。文献[46]中通过控制激光功率密度和激光扫描速度等工艺参数，实现了 $Fe_{40}-Ni_{36}-Si_8-B_{14}-V_2$ 合金表面非晶化。研究结果表明，激光功率密度和扫描速度是实现材料表面非晶化的重要条件。选择激光功率密度和扫描速度要综合考虑，既要保证熔池有足够大的冷却速度防止晶化，又要保证熔池内难熔质点和原始晶体完全熔化并使成分均匀，以防止非均质形核。

目前通过激光非晶化技术手段已经在一系列合金表面实现了非晶化薄层的制备，但在大面积激光非晶化等方面仍存在技术瓶颈，需要在实验和理论方面进行进一步的深入研究。

5.3.3 激光冲击强化

激光冲击强化是利用强激光束产生的等离子冲击波，提高金属材料的抗疲劳、耐磨损和抗腐蚀能力的一种高新技术。当短脉冲（几十纳秒内）的高峰值功率密度的激光辐射金属表面时，金属表面吸收层（涂覆层）吸收激光能量发生爆炸性气化蒸发，产生高压等离子体，该等离子体受到约束层的约束爆炸时产生高压冲击波，作用于金属表面并向内部传播。在材料表层形成密集、稳定的位错结构的同时，使材料表层产生应变硬化，残留高幅压应力，显著地提高材料的抗疲劳和抗应力腐蚀等性能。

激光冲击强化的示意图如图 5-87 所示，为了提高对激光能量的吸收和保护金属材料表面不受激光的热损伤，一般在工件表面冲击区域涂覆能量吸收涂层（如黑漆、金属箔等），然后覆盖透明约束层（如玻璃、水等）。当强激光束穿过约束层冲击金属靶材表面的能量吸收层时，能量吸收层充分吸收激光能量，在极短的时间内汽化电离形成高温、高压等离子体层，该等离子体层迅速向外喷射，由于约束层的存在，等离子体的膨胀受到约束限制，导致等离子体压力迅速升高，强加给工件靶面一个冲击加载，在极短时间内（约为 60~100ns）产生向金属内部传播的强冲击波。由于这种冲击波压力高达数吉帕（$1 \times 10^9 Pa$），远远大于材料的动态屈服强度，从而使材料产生屈服和塑性变形。在塑性变形区域产生残余压应力，改善了工件的疲劳、磨损、腐蚀等性能。在此过程中，能量吸收层主要用来吸收激光能量，防止工件表面被高能激光灼伤，工件表面仅仅受到等离子体爆炸产生的冲击力，因此激光冲击处理可以归为冷加工工艺。约束层则大大提高了激光冲击波的压力和作用时间，可以提高激光冲击强化效果，增加强化层的深度和提高残余压应力。

激光冲击强化技术和其他表面强化技术相比较，具有如下鲜明特点：

（1）高压。冲击波的压力达到数吉帕，乃至特帕（$10^{12} Pa$）量级，这是常规的机械加工难以达到的。例如，机械冲压的压力常在几十兆帕至几百兆帕之间。

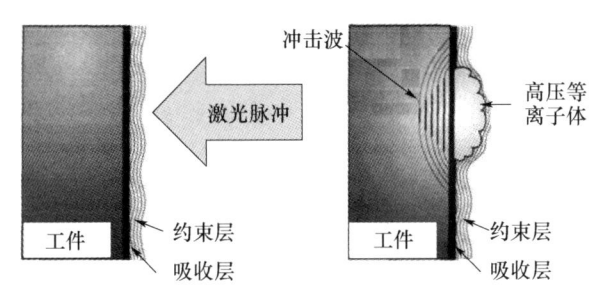

图 5-87 激光冲击强化原理图

在如此高压力作用下,金属表面形成高幅值残余压应力,残余压应力的层深为机械喷丸的几倍以上,能够极大改善抗疲劳性能。

(2) 高能。激光束单脉冲能量达到几十焦耳,峰值功率达到吉瓦量级,在 15~30ns 内将光能转变成冲击波机械能,实现了能量的高效利用。但是由于激光器的重复频率低,仅仅几赫兹,整个激光冲击系统的负荷仅仅 30kW 左右,是低能耗的加工方式。

(3) 均匀超快。冲击波作用时间仅仅几十纳秒,可控性强。

(4) 超高应变率。由于冲击波作用时间短,应变率达到 $10^7 s^{-1}$,比机械冲压高出 10000 倍,比爆炸成形高出 100 倍,这是极端条件下的极端制造方法之一。

激光冲击强化由于具备如上 4 个特点,与常规加工方法相比具有显著的技术优势。在发动机叶片、机翼蒙皮、汽轮机叶片等重要零部件强化制造方面发挥了重要的作用,展现出广阔的工业应用潜力。

5.4 激光表面改性应用

将激光表面改性技术直接应用于零部件的大批量生产过程,可以实现零件设计及制造中低等级材料与高性能表面的最佳组合,具有节能、节材、节约成本、提高零件使用寿命等诸多优势,可为制造业企业带来巨大的经济效益。本节将着重选取激光表面改性领域中几个典型的应用实例进行介绍。

5.4.1 冲压模具的激光相变强化

模具产业是国民经济的重要基础产业。汽车、轻工、电子、航空等行业中,许多产品的开发和生产都需依赖于模具生产。其中,冲压模具占 40%,冲压模具在服役过程中承受机械负荷,有的还要经受热负荷和环境介质的复合作用,可能发生过量的变形、断裂和表面损伤等失效现象,严重影响冲压模具的表面性能和使用寿命,带来经济损失,影响生产效率。为了适应工业生产的需要,模具表面的各种强化处理技术成为各国模具行业的发展重点。

由于激光熔凝硬化和冲击强化会降低构件的表面粗糙度,通常不能用于模具表面强化处理。而采用激光相变硬化处理模具,可通过组织演化在材料表层得到硬度高、耐磨性好的强化层。同时,材料的整体性能,如韧性和延展性几乎不受影响。

激光相变强化冲压模具的工艺流程如图 5-88 所示。首先对模具表面进行测量,根据测量的数据拟合模具加工曲面。若模具较为复杂,应采取分区测量、

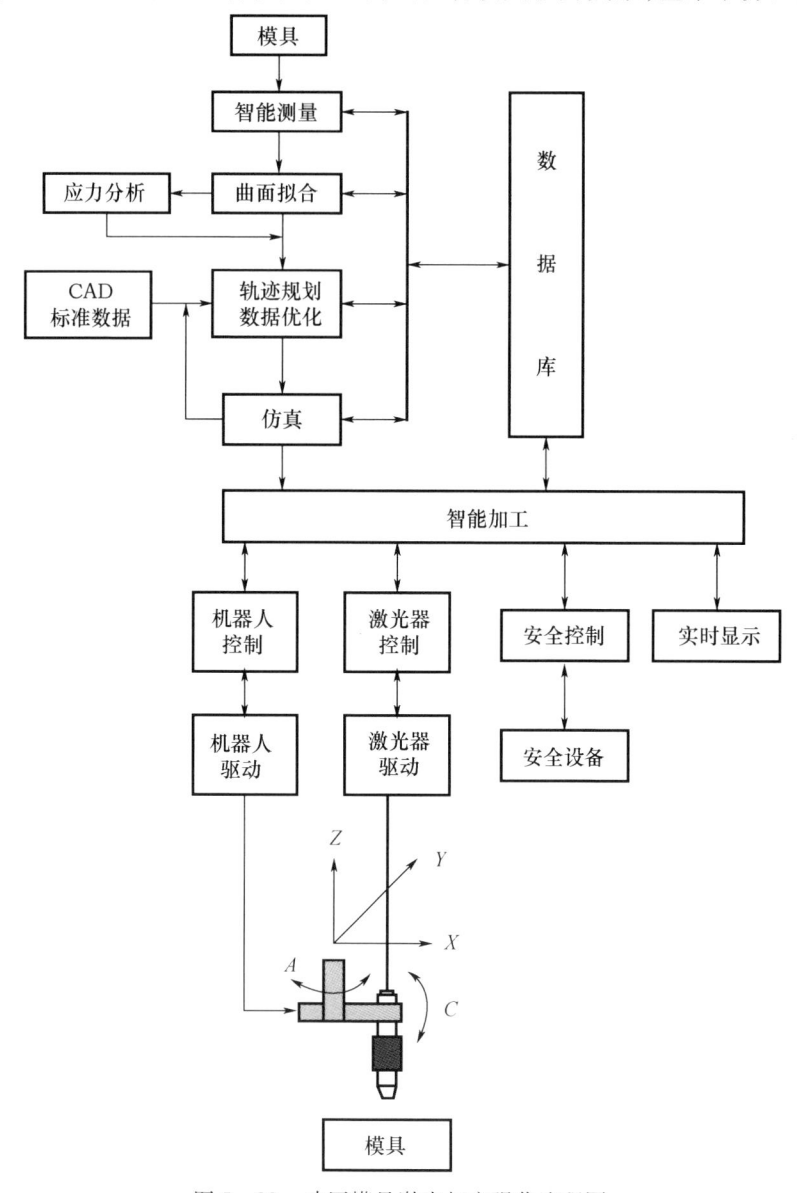

图 5-88 冲压模具激光相变强化流程图

拟合再拼接的方式,得到模具表面整体的拟合效果,如图 5-89 所示。拟合模型的效果接近模具实物,如图 5-90 所示。在此基础上进行加工轨迹规划,针对不同分区的特点采取了不同的轨迹规划方法。在进行加工之前,可对激光加工过程进行仿真,避免加工过程中出现碰撞点,减少试验周期和成本,优化加工参数,以更好地完成加工过程。最后,选择合适的工艺参数对模具进行加工,实现模具的激光相变强化。

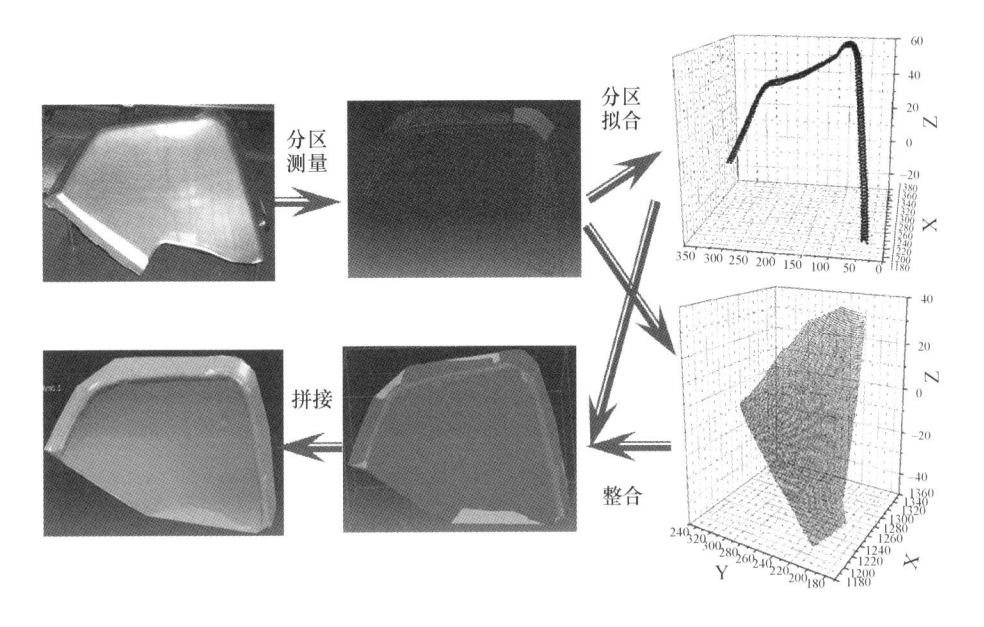

图 5-89 模具分区拟合示意图

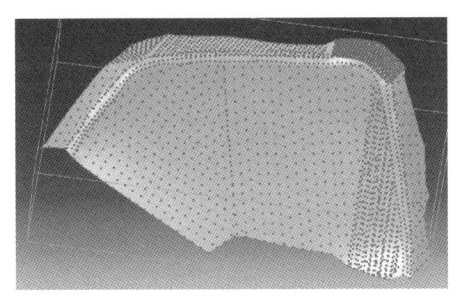

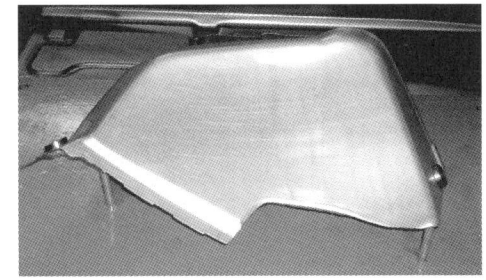

图 5-90 拟合模型与实物对比

激光相变强化技术已成功地应用于大型汽车冲压覆盖件模具的激光表面强化和修复,如图 5-91 所示[20,47]。图 5-92 为冲压模具激光强化处理现场图。

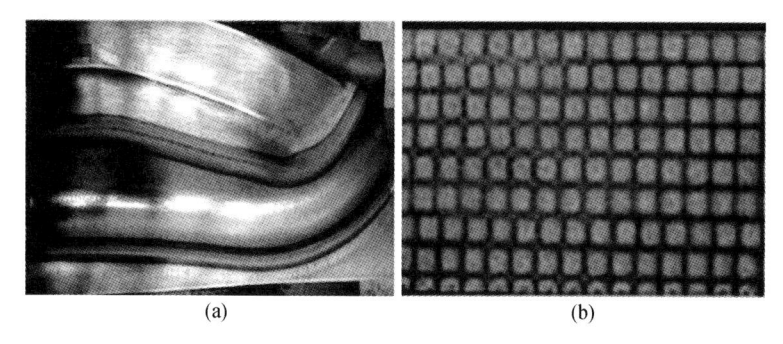

图 5-91 激光相变强化处理模具表面形貌及效果图
(a)效果图;(b)表面形貌。

图 5-92 冲压模具激光强化处理中

5.4.2 气门座的激光相变强化

柴油发动机气缸盖上的气门和气门座这对摩擦副,在运行过程中面临高温、高速、重载的恶劣环境,承受磨损和冲击双重载荷,特别是现代发动机向高功率密度、高紧凑的方向发展,升功率和转速的上升导致工作环境更加恶劣,加剧磨损和疲劳失效。在对其进行表面改性的过程中,需要考虑到摩擦副配对,因此硬度值需要控制在一定范围内,同时还需要满足改性层的纵向和周向均匀性。

通常改善强化层均匀性的方法为改变光斑形状,即使用能量分布均匀的矩形光斑或是边缘能量增强的马鞍形光斑,但使用这种方法会增加设备复杂性及成本。对于气门座这种有特定宽度且宽度又不大(排气门 2.8mm,进气门 1.4mm)的工件,可以通过增加光斑尺寸的方法来实现均匀性要求。对于强化层周向均匀性的问题,可采用变功率或者变扫描速度的方法来实现,即通过特定圆弧内激光工艺参数的改变来实现具有三维方向均匀性的温度场。

试验所用气缸盖的形状尺寸如图 5-93 所示,气缸盖材料为蠕墨铸铁。图 5-94 所示为气缸盖上的 4 个气门座,其中,1 和 2 为排气门座,3 和 4 为进气门座,以排气门座 2 和进气门座 3 为例。排气门座 2 从 $a-a$ 截面开始顺时针扫描,扫描速度为 2mm/s,扫描各区域采用的激光功率如表 5-1 所列。进气门座 3 从 $a-a$ 截面开始逆时针扫描,扫描速度为 2mm/s,扫描各区域采用的激光功率如表 5-2 所列。通过温度场数值模拟,在所示工艺参数下进、排气门座圆周 4 个方向的横截面最高温度相差很小,理论上可以得到均匀的强化层。图 5-95 和图 5-96 分别为排气门座和进气门座 4 个截面的强化层形貌。不论是排气门还是进气门,其有效强化层的均匀度都很高,能够满足使用要求。可见,对于气门座,使用增加光斑直径、配合功率微调的方法可以满足横截面强化层均匀性的要求[29]。

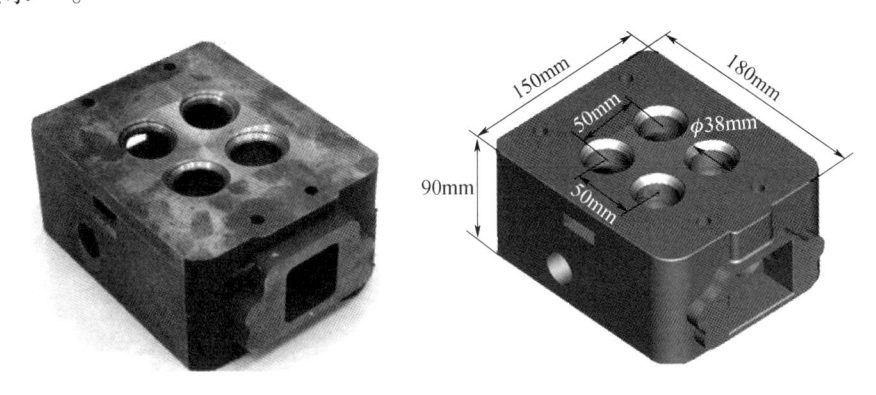

图 5-93 试验用气缸盖形状及尺寸

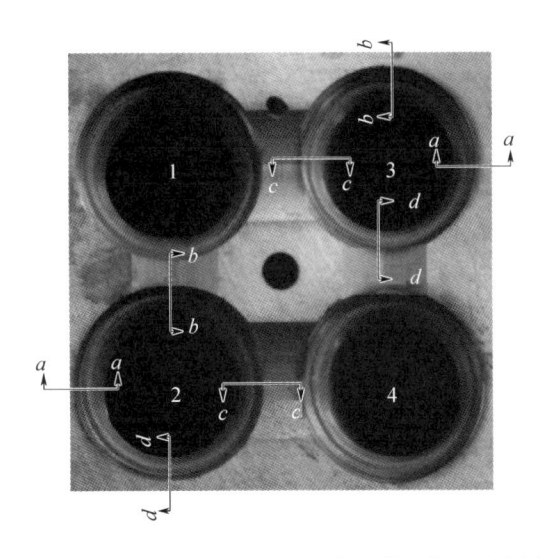

图 5-94 进气门和排气门座强化层截面位置示意图

表 5-1 排气门座工艺参数

区域	$a-b$	$b-c$	$c-d$	$d-a$
激光功率/W	860	860	860	860

表 5-2 进气门座工艺参数

区域	$a-b$	$b-c$	$c-d$	$d-a$
激光功率/W	960	950	950	960

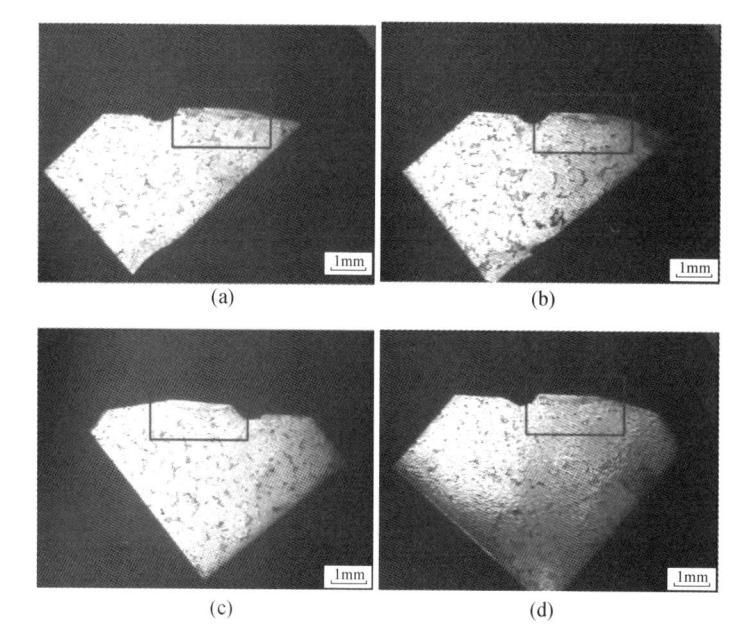

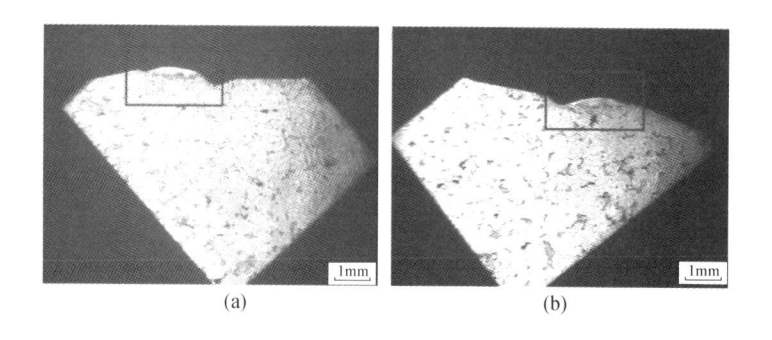

图 5-95 排气门座截面位置
(a)$a-a$;(b)$b-b$;(c)$c-c$;(d)$d-d$ 强化层形貌。

(c)　　　　　　　　　　　　(d)

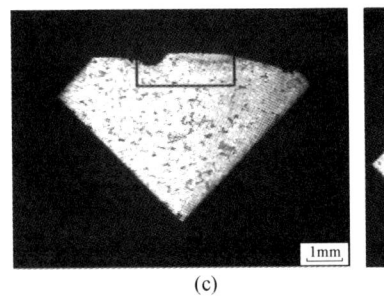

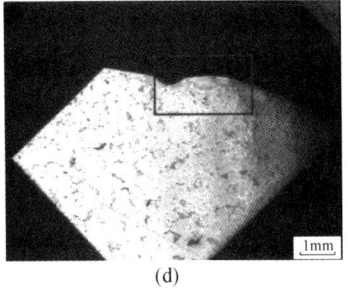

图 5-96　进气门座截面位置
(a) $a-a$; (b) $b-b$; (c) $c-c$; (d) $d-d$ 强化层形貌。

5.4.3　缸盖火力面的激光熔覆

作为车用发动机的重要部件,气缸盖在发动机工作过程中,承受着燃烧室高温循环热冲击的同时,还承受着高气压的循环冲击,工作条件恶劣。高功率密度、高紧凑性是柴油发动机的必然发展趋势,为了满足燃烧室零部件高热负荷、热冲击的使用要求,采用隔热涂层对受热零部件进行防护是一种有效的技术途径。传统的热喷涂方法形成的涂层存在易生成气孔、涂层与基体粘结不牢固等问题,不适用于冲击载荷较大的缸盖。与传统方法相比,激光熔覆技术具有熔覆层与基体冶金结合、结合强度高、涂层组织致密等优势。发动机气缸盖表面采用激光熔覆技术制备隔热涂层,有望为提升 HPD 发动机的动力性和可靠性奠定基础。

气缸盖鼻梁区一般有平面和弧面两种不同的结构,在高功率密度发动机上更多采用弧面结构,以降低热应力水平,如图 5-97 所示。为了将成熟的平面激光搭接熔覆工艺参数在弧面上进行移植,需根据弧度相应地将单道熔覆的直线轨迹改变成弧线轨迹,如图 5-98 所示。

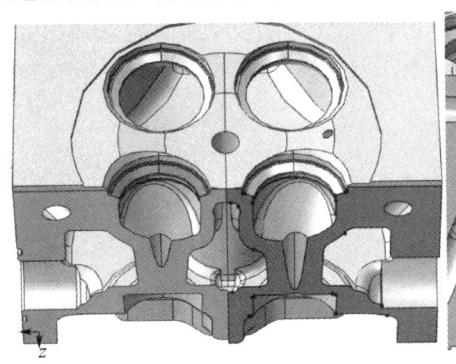

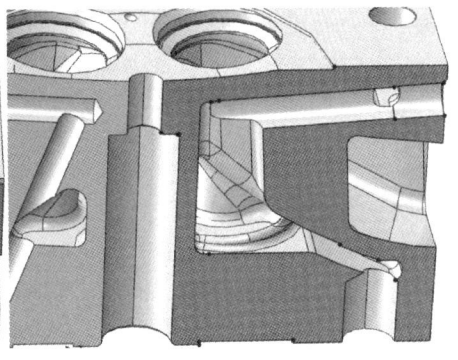

图 5-97　气缸盖鼻梁区结构示意图

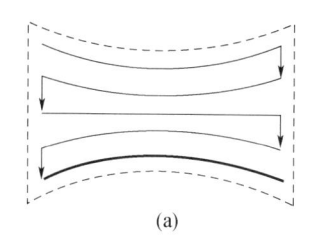

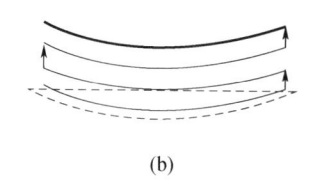

图 5-98　鼻梁区熔覆轨迹示意图
(a)$X-Y$ 平面映射；(b)$X-Z$ 平面映射。

根据发动机气缸盖火力面的结构特点，设计相应的辅助步骤、熔覆轨迹与方法，进行样件激光熔覆工艺。所得到的初样样件如图 5-99 所示，经后续机械加工后得到的正样样件如图 5-100 所示。

图 5-99　气缸盖火力面激光熔覆层

图 5-100　机械加工后的气缸盖火力面激光熔覆层

5.4.4　发动机叶片的激光冲击强化

航空发动机叶片在转子高速旋转带动及强气流的冲刷下，承受着振动、拉伸和弯曲等多种载荷，特别是位于进气端的压气机叶片或前风扇叶片，被随气流进来的异物撞击后，在叶片的前、后缘局部易形成形变、裂纹，甚至缺口，造成应力集中或直接成为破坏源，威胁叶片的安全使用寿命，使发动机失效以致酿成事故。针对航空发动机叶片易损伤失效的问题，采用强化处理后可以延迟裂纹的萌生和扩展[48]。

2002 年，MIC 公司采用激光冲击强化技术处理喷气发动机叶片，提高叶片强度，改善其疲劳寿命，每月可节约飞机保养费、零件更换费百万美元。随后激光冲击处理技术扩展应用于 F16 及 F22 战斗机。2003 年 LSP 公司委托 ManTech 公司成功开发了用于 F119 整体叶盘激光冲击处理的机器人技术激光处理单元，使得激光冲击处理效率提高 6~9 倍，运行成本降低了 50%~75%。据估计，仅用于战斗机叶片处理，就可节约成本逾 10 亿美元，图 5-101 即为激光冲击强化处理 F119 发动机叶片效果图。激光冲击强化技术不仅在航空发动机叶片上具有巨大的应用价值,其潜在应用还包括很多抗疲劳性能要求高的机身结构,特别是紧固结构、焊接结构等。

图 5-101 激光冲击处理 F119 叶片

参考文献

[1] 潘邻. 表面改性热处理技术与应用[M]. 北京:机械工业出版社,2005.
[2] Ion J C. Laser transformation hardening[J]. Surf. Eng. ,2002,18:14-31.
[3] 虞钢,虞和济. 集成化激光智能制造工程[M]. 北京:冶金工业出版社,2002.
[4] 马明星. 激光制备原位合成颗粒增强铁基复合涂层的研究[D]. 北京:清华大学,2006.
[5] 曲敬信,汪泓宏. 表面工程手册[M]. 北京:化学工业出版社,1998.
[6] Ion J C,Moisio J I,Paju M, et al. Laser transformation hardening of low alloy hypoeutctoid steel[J]. Mater. Sci. Technol. ,1992,8:799-803.
[7] Lopez V,Bello J M,Ruiz J,et al. Surface laser treatment of ductile irons[J]. J. Mater. Sci. ,1994,29:4216-4224.
[8] Benyounis K Y,Fakron O M A,et al. Surface melting of nodular cast iron by Nd-YAG laser and TIG[J]. Journal of Materials Processing Technology,2005,170:127-132.
[9] Pantelis D I,Bouyiouri E,Kouloumbi N,et al. Wear and corrosion resistance of laser surface hardened structural steel[J]. Surface and Coatings Technology,2002,298:125-134.
[10] Obergfell K,Schulze V,Vöhringer O. Classification of microstructural changes in laser hardened steel surfaces[J]. Materials Science and Engineering,2003(A355):348-356.
[11] Yao Chengwu,Xu Binshi,Huang Jian,et al. Study on the softening in overlapping zone by laser-overlapping scanning surface hardening for carbon and alloyed steel[J]. Optics and Lasers in Engineering,2010,48:20-26.
[12] 李俊昌. 激光热处理优化控制研究[M]. 北京:冶金工业出版社,1995.
[13] 崔春阳,虞钢,等. 球墨铸铁变换激光束淬火性能的研究[J]. 金属热处理,2006,31(10):31-33.
[14] 温宗胤,冯树强,等. 激光相变硬化在 CrMo 铸铁汽车磨具中的应用[J]. 金属热处理,2007,32(1):

40 – 42.

[15] 庄其仁,张文珍,吕凤萍. 模具表面的激光热处理研究[J]. 中国激光,2002,29(3):271 – 276.

[16] 温曾胤,冯树强,等. 大型汽车覆盖件拉伸模具的激光表面硬化处理[J]. 应用激光,2006,26(4): 230 – 232.

[17] Tani G,OraziL,FortunatoA. Prediction of hypo eutectoid steel softening due to tempering phenomena in laser surface hardening[J]. Cirp Annals – Manufacturing Technology,2008,57(1):209 – 212.

[18] Leung M K H,Man H C,Yu J K. Theoretical and experimental studies on laser transformation hardening of steel by customized beam[J]. Int. J. Heat. Mass. Tran. ,2007,50:4600 – 4606.

[19] Woodard P R,Dryden J. Thermal analysis of a laser pulse for discrete spot surface transformation hardening [J]. J. Appl. Phys. ,1999,85:2488 – 2496.

[20] 虞钢,王恒海,何秀丽. 具有特定光强分布的激光表面硬化技术[J]. 中国激光,2009,36(2): 480 – 486.

[21] Shercliff H R,Ashby M F. The prediction of case depth in laser transformation hardening[J]. Metall. Trans. A,1991,22A:2459 – 2466.

[22] Ido Gur,David Mendlovic. Diffraction limited domain flat-top generator[J]. Optics Communications,1998, 145:237 – 248.

[23] 吴钢,陈炳森. 激光扫描参数对相变硬化层均匀性的影响[J]. 材料热处理学报,2003,24(3):84 – 87.

[24] 何芳,吴钢,宋光明. 曲边矩形光斑激光淬火的理论研究[J]. 天津工业大学学报,2003,22 (5):17 – 20.

[25] Li Shaoxia,Yu Gang,et al,High-power laser beam shaping by inseparable two-dimensional binary-phase gratings for surface modification of stamping dies[J]. Optics and Lasers in Engineering,2008, 46:508 – 513.

[26] 高春林,虞钢. 具有特殊衍射强度分布的二元位相光栅设计[J]. 中国激光,2001,A28(4): 365 – 368.

[27] 吴炜,梁乃刚,甘翠华,等. 强度空间分布对脉冲激光表面强化的影响[J]. 金属热处理,2005,30 (10):30 – 35.

[28] Chen Y,Gan C H,Wang L X,et al. Laser surface modified ductile iron by pulsed Nd – YAG laser beam with two-dimensional array distribution[J]. Applied Suface Science,2005,245:316 – 321.

[29] 孙培培,虞钢,王恒海,等. 特定强度分布脉冲激光表面强化实验[J]. 材料热处理学报,2011,32 (2):106 – 111.

[30] Fokes J A. Developments in laser surface modification and coating[J]. Surface and CoatingsTechnology, 1994,63:65 – 71.

[31] Vilar R. Laser cladding [J]. Journal of Laser Applications,1999,11(2):64 – 79.

[32] Bekir Sami,Yilbas S Z S. Laser Surface Processing and Model Studies [M]. Berlin Springer – Verlag,2013: 143 – 144.

[33] 刘昊,虞钢,何秀丽,等. 蠕墨铸铁激光合金化熔覆的界面组织及性能[J]. 材料热处理学报,2015, 36(3):171 – 176.

[34] 武扬,虞钢,何秀丽,等. 激光熔覆 Fe – W 合金涂层的组织及性能 [J]. 焊接学报,2012,33(2): 37 – 40.

[35] 武扬,虞钢,何秀丽,等. 激光熔覆 Ta – W 合金组织及高温气动烧蚀性能[J]. 稀有金属材料与工程,2012,41 (7):1211 – 1215.

[36] 郑修麟,王泓,鄢君辉,等. 材料疲劳理论与工程应用[M]. 北京:冶金工业出版社,2013.

[37] 刘震涛,齐放,沈瑜铭,等. 基于嵌入式PC的活塞热冲击实验台架自动控制系统[J]. 内燃机工程, 2005,26(1):44-47.

[38] Meng C,Zhou H,Zhou Y,et al. Influence of different temperatures on the thermal fatigue behavior and thermal stability of hot-work tool steel processed by a biomimetic couple laser technique[J]. Optics & Laser Technology,2014,57:57-65.

[39] Zhang Yongjie,Yu Gang,He Xiuli,et al. Numerical study of thermal history in laser aided direct metal deposition process[J]. Science China Physics,Mechanics and Astronomy. 2012. 55(8):1431-1438.

[40] Alimardani Masoud,Toyserkani Ehsan,Huissoon Jan P. A 3D dynamic numerical approach for temperture and thermal stress distributions in multilayer laser solid freeform fabrication process[J]. Optics and Lasers in Engineering,2007,45(12):1115-1130.

[41] Huang Weidong,Lin Xin,Chen Jing,et al. Laser solid forming[M]. Xi'an:Northwestern Polytechnical University Press,2007.

[42] 刘昊,虞钢,何秀丽,等. 送粉式激光熔覆中瞬态温度场与几何形貌的三维数值模拟[J]. 中国激光,2013,40(12):84-91.

[43] Tan Zhen,Guo Wenguang. Thermophysical properties of engineering alloys[M]. Beijing:Metallurgical Industry Press,1994.

[44] 谭真,郭广文. 工程合金热物性[M]. 北京:冶金工业出版社,1994.

[45] 钟敏霖,刘文今,姚可夫,等. Fe-C-Si-B合金连续激光非净化及非晶形成条件的研究[J]. 金属学报,1997,33(4):413-419.

[46] 黄须强,吕朝阳. Fe-Ni-Si-B-V激光表面快速熔凝非晶化[J]. 焊接学报,2000,21(1):64-67.

[47] 王恒海,虞钢,党刚,等. 冲压模具激光表面强化的搭接工艺研究[J]. 材料热处理学报,2008,29(6):168-172.

[48] 邹世坤,巩水利,等. 发动机整体叶盘的激光冲击强化技术[J]. 中国激光,2011,38(6):76-82.

第6章 激光增材制造技术

激光增材制造技术(Laser Additive Manufacturing,LAM),又称激光快速成形技术或激光3D打印技术。金属零件的激光增材制造技术是一门融合了计算机、激光、材料、机械、控制、网络信息等多学科知识的系统性、综合性技术,彻底改变了传统金属零件,特别是高性能、难加工、构型复杂等金属零件的加工与制造模式,在航空航天、汽车、船舶、模具等领域及其装备预研与生产中具有广阔的应用前景,是先进制造领域的研究热点之一。

本章主要介绍金属零件激光增材制造技术的相关原理和方法、成形工艺和数值模拟,并就具体应用实例进行说明。

6.1 激光增材制造原理与方法

6.1.1 激光增材制造原理

激光增材制造技术是一种以激光为热源,通过材料堆积法制造实际零件的高新技术。可实现内部结构复杂的元件的3D打印。其基本原理如图6-1所示,激光增材制造主要通过计算机设计、分层切片、逐点扫描和逐层累加等几个步骤实现整个零件的制造[1]。其基本思想是离散/堆积:首先在计算机上绘出所需零件的三维模型,沿模型的高度方向提取一系列的横截面轮廓线,发出控制

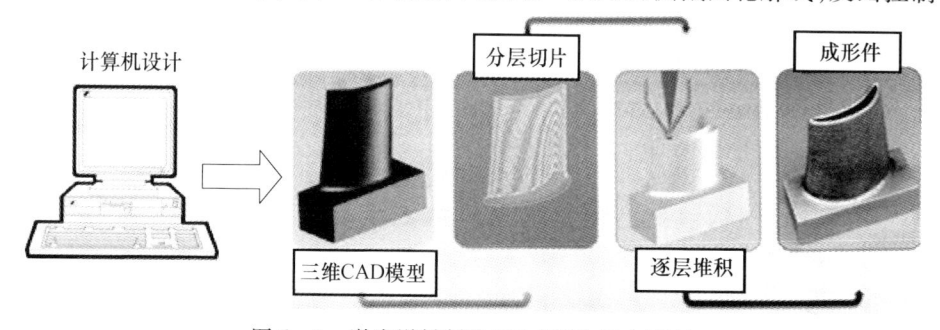

图6-1 激光增材制造(3D打印)基本原理

指令,对其进行分层切片,得到各层截面的二维轮廓;根据每层的轮廓信息,进行工艺轨迹规划,设定加工参数和加工轨迹,自动生成加工代码;然后控制激光束和材料添加,按照零件的各分层截面信息逐点进行扫描,通过材料的烧结或熔凝形成一个薄层,一层扫描完成之后,工作台下移或激光头上移一个层厚的距离,进行下一层的堆积,如此重复形成各个截面轮廓,并逐步顺序叠加成三维制件,得到最终的成形件,流程如图6-2所示。

金属零件的激光增材制造技术以高功率密度的激光为热源,逐层熔化金属粉末、颗粒或丝材,根据离散/堆积原理直接制造出三维零件[2],同传统的制造方法相比较,激光快速成形显示出诸多的优点:

(1) 适合成形复杂零件,对激光增材制造,零件形状无简单复杂之分,可成形传统方法制造困难或无法制造的零件。

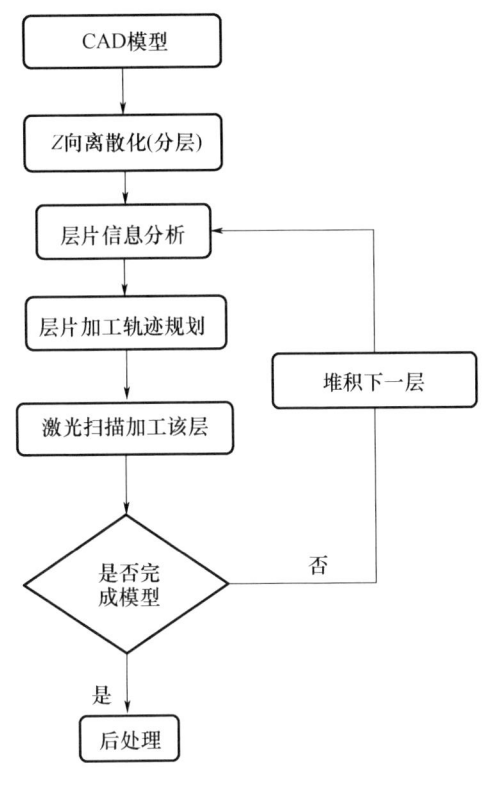

图6-2 离散/堆积的基本流程图

(2) 激光束能量密度高,可实现传统难加工材料如TC4、Inconel718等的成形。

(3) 设计即生产,可直接将三维虚拟模型准确转化为具有一定功能的实物模型,大大缩短新产品开发周期,节省开发费用,降低产品开发风险。

(4) 采用非接触加工的方式,无工具更换和磨损问题,制造过程中不产生废屑、噪声和振动等,有利于环保。

(5) 高度柔性,无需模具,只需修改CAD模型即可更改零件尺寸和形状,可实现自由制造。对于小批量零件和定制产品,低成本、高效率的优势明显。

(6) 可实现多种材料任意复合制造,在零件的不同部位形成不同成分和组织的梯度功能材料结构,而不需要反复成形和热处理。

鉴于以上优点,激光增材制造技术自产生起就得到了高度重视和快速发展,不仅可实现激光熔覆制备耐磨涂层和功能梯度材料,而且可修复高附加值的金属件和直接制造任意复杂结构的金属零部件,成为先进制造技术学科领域国际前沿研究和竞争热点之一。但其向工业化、产业化的发展也存在一些困难,如成形精度不足,成形设备昂贵,对于大批量生产成本偏高等。

激光增材制造的本质特征都是基于离散/堆积来制造产品的[3]。按照材料和能量到达沉积点的先后顺序不同,或者说根据粉末输送方式的不同,金属类粉末的激光增材制造技术可分为两大类:激光直接沉积成形和选区式激光成形,前者以激光近净成形制造(Laser Engineered Net Shaping,LENS)、金属直接沉积(Direct Metal Deposition,DMD)为代表,在沉积过程中金属材料被实时送入熔池;后者以选区激光烧结成形技术(Selective Laser Sintering,SLS)和选区激光熔化成形(Selective Laser Melting,SLM)技术为代表,在沉积前金属粉末预先铺展在沉积区域。

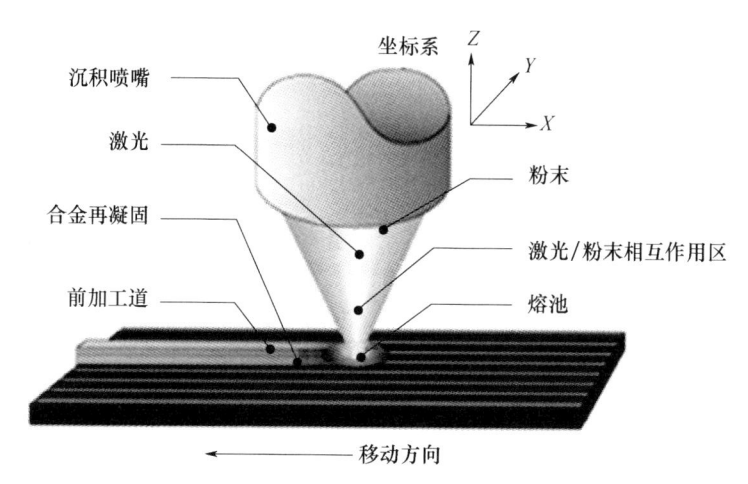

1. 激光直接沉积成形原理

激光直接沉积成形技术是定向凝固沉积式增材制造工艺的一种,是快速原型技术和激光熔覆技术的有机结合。激光直接沉积成形技术,将三维模型离散分层后,用激光熔覆的方式进行金属材料的堆积,如图 6-3 所示,该技术采用特制的送粉装置使金属粉末以一定的供粉速率送入激光聚焦区域内,粉末在到达沉积点之前,吸收部分激光能量,达到熔化或加热效果,与基体材料共同形成熔池并快速凝固,随着激光的扫描金属粉末逐层沉积,从而实现金属零件的直接制造与修复[4,5]。

图 6-3 激光直接沉积成形示意图

激光直接沉积成形技术能够实现材料、组织性能以及零件形状等方面的控制柔性,但同时也对成形过程以及成形零件的质量控制提出了很高的要求,其关键在于控制金属粉末的熔化过程以及之后的凝固过程,需要保证连续的固/液界面和一定的熔池形状,以实现一致连续的成形过程[6,7]。由于激光直接沉积成形过程复杂,工艺参数众多,在整个成形过程中由基板和金属粉末组成的系统中,质量和边界都是随时间变化的,整个时变系统的温度场演化比较复杂,使得最终力学性能和几何性能的控制比较困难,这就需要结合不同的应用方向,深刻认识并掌握激光直接沉积成形过程中的物理机理,并发展多种成形方法。此外,采用激光直接沉积成形技术生成的零件表面较为粗糙,一般不能直接使用,需要后加工来提高表面质量。

2. 选区式激光成形原理

选区式激光成形技术是一种基于粉末床铺粉增材方式的激光增材制造技术,通过把零件3D模型沿一定方向离散成一系列有序的微米量级薄层,以激光为热源,根据每层轮廓信息逐层熔化金属粉末,直接制造出任意复杂形状的净成形零件。选区式激光成形技术包括选区激光烧结(SLS)和选区激光熔化(SLM)两种技术。SLS成形原理是,采用低熔点金属或有机粘结材料包覆金属材料,在加工过程中,将粉末预热到稍低于其熔点,然后激光扫描零件各分层几何路径来加热粉末使其达到"烧结温度",低熔点材料熔化或部分熔化,但熔点较高的金属材料并不熔化,而是被熔化的低熔点材料包覆粘结在一起,从而实现金属成形,如图6-4所示。基于SLS技术从低熔点非金属粉末烧结、低熔点包覆高熔点粉末烧结到高熔点粉末直接熔化形成了SLM成形技术。SLM成形过程与SLS类似,不同的是在激光扫描过程中熔池内粉末完全熔化,如图6-5所示。也正因为粉末的完全熔化,使得SLM成形技术可形成连接强度高、结构复杂、表面粗糙度接近铸件的金属结构件。

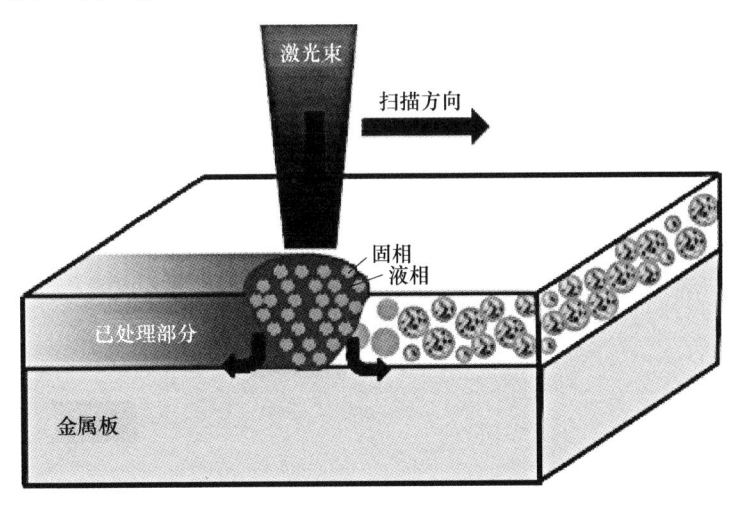

图6-4 选区激光烧结原理图

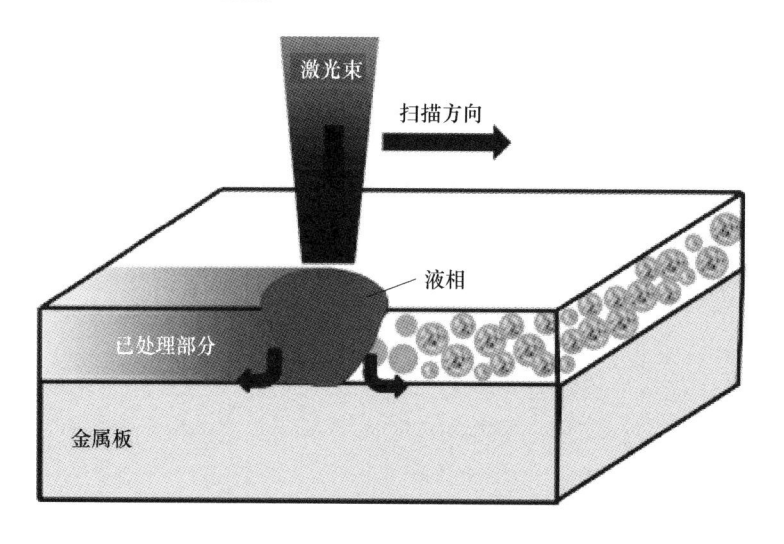

图 6-5　选区激光熔化原理图

6.1.2　激光增材制造方法

1. 激光直接沉积成形方法

一般来说,激光直接沉积式成形系统包括激光器、制冷机组、光路系统、加工机床、激光熔化沉积腔、送粉系统及工艺监控系统等。目前已发展 LENS、直接光学制造技术(Directed Light Fabrication,DLF)、DMD、LAM 等多种技术,它们虽然名称不同,但基本原理和工艺相差不大。下面简要介绍一下 LENS、DLF 和 DMD 的成形方法[8]。

1) LENS

LENS 是由美国 Sandia National Laboratory 和 Stanford University 联合开发,1999 年,LENS 获得了美国工业界"最富创造力的 25 项技术"之一的称号。

LENS 系统主要由 Nd:YAG 固体激光器、可调整气体成分的手套箱、多轴计算机控制定位系统和送粉系统四部分组成。其工作原理如图 6-6 所示,首先在计算机上生成零件的 CAD 三维模型,并离散成三角形面片,存储为 STL 文件,然后利用切片软件读取 STL 文件,将零件切成一系列薄层,生成扫描轨迹,然后通过激光束的扫描运动进行加工,激光束聚焦于由金属粉末与基体共同形成的熔池表面,而整个装置处于充满惰性气体的手套箱内,最终成形为复杂形状的零件或模具[9,10]。

该技术最初的主要缺点为激光功率较小,成形效率较低,过程中热应力较大,不易制造带悬臂等复杂零件。目前,LENS 技术逐渐商业化,LENS 系统的制造速率和灵活性不断提升。

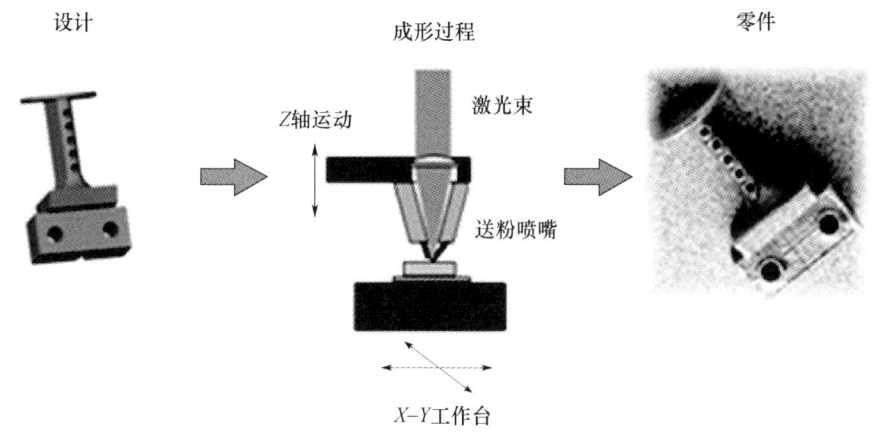

图 6-6 LENS 成形过程示意图

2) DLF

直接光制造技术（Directed Light Fabrication, DLF）是 1991 年由美国 Los Alamos 国家实验室开发，其原理与 LENS 基本相同，区别主要在于激光器功率、沉积速率、层面扫描路径的数据存储格式及数控机床的可动轴数不同[11-13]。DLF 可直接由 CAD 模型分层获得加工路径格式文件，避免 STL 文件格式的数据冗余和错误，提高了零件成形的速率和精度。DLF 的数控机床采用 5 轴运动，即工作台可沿 X、Y 方向水平运动，同时可以在 $X-Y$ 平面内围绕 Z 轴转动以及相对于 Z 轴进行倾斜，此外还配合有激光头在 Z 方向的垂直运动，使得 DLF 可以制造具有悬挂臂结构或复杂内部空腔结构的金属零件，如图 6-7 所示。送粉装置可输送四种不同成分的粉末，在异质材料成形上表现出显著的优势[14,15]。

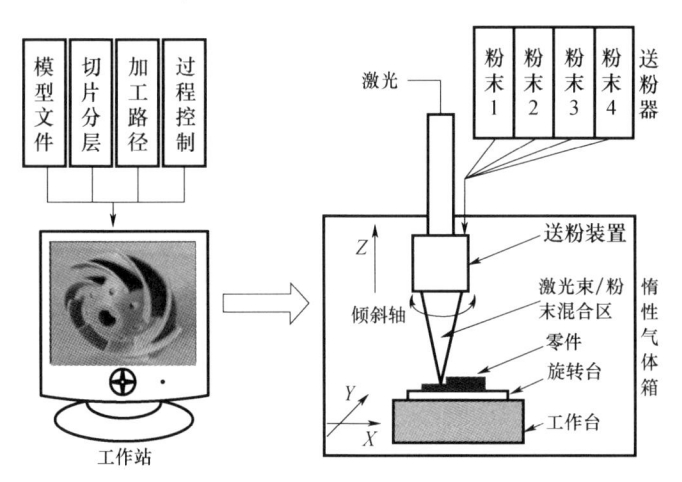

图 6-7 DLF 成形过程示意图

3) DMD

美国密歇根大学(University of Michigan)研究开发了直接金属沉积技术(Direct Metal Deposition,DMD),DMD 与 LENS、DLF 的主要区别在于 DMD 融合了激光、传感器、计算机数控平台、CAD/CAM 软件、熔覆冶金学等多种技术的闭环控制系统,高速传感器收集熔池信息并传入控制系统,由控制系统调整工艺参数以达到预设效果,可实现熔覆层高度、化学成分和显微组织的实时反馈和控制[16],其示意图如图 6-8 所示。DMD 制备的零件具有较高的制造精度和准确度,对零件修复也具有独特的优势。

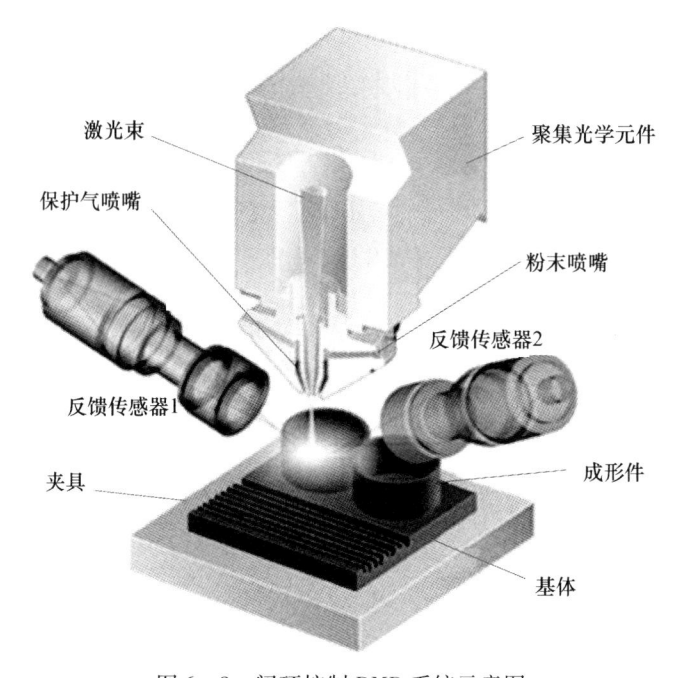

图 6-8 闭环控制 DMD 系统示意图

2. 选区式激光成形方法

与激光直接沉积成形不同,选区式激光成形采用粉末床进行逐层铺粉,再用激光逐层扫描[17]。如图 6-9 所示,激光束开始扫描前,铺粉装置先把金属粉末从粉末储存室平推到成形室工作台的基板上,其层厚一般为 20~100μm;然后激光束再按当前层的轮廓线数据进行扫描,激光束照射到金属粉末表面,粉末材料吸收激光能量,温度上升,通过烧结或熔凝机制,将选区内的粉末连接在一起,加工出当前层,而选区外未扫描的粉末仍旧是松散的;之后成形缸下降 1 个层厚的距离,粉料缸上升一定厚度的距离,铺粉装置在已加工好的当前层上铺好下一层的金属粉末,设备调入下一层轮廓的数据进行加工,如此层层加工,直到整个零件加工完毕;最后零件充分冷却后,工作台上升至初始位置取出零件即可。为

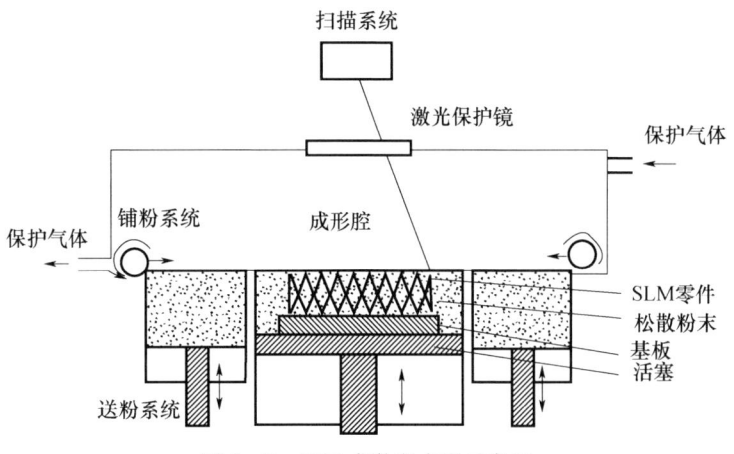

图 6-9 选区式激光成形示意图

避免金属在高温下与其他气体发生反应,整个加工过程在通有惰性气体保护的加工室中进行[18,19]。

成形过程中,未经烧结的粉末对模型的空腔和悬臂部分有支撑作用,不需另外的支撑工艺结构,就能制造出传统方法无法加工的任意形状的复杂结构,如轻质点阵夹芯结构、空间曲面多孔结构、复杂型腔流道结构等,但受粉末床大小限制,无法成形超大尺寸的零件。此外,选区式激光成形技术加工时精度控制好,但相应对粉末材料的要求也比较高[20]。

选区式激光成形是激光增材制造的重要部分,设备系统一般包括激光器、激光阵镜、粉末碾轮、粉末储存室、零件成形室等。根据金属粉末冶金机制的不同,又分为选区激光烧结(SLS)和选区激光熔化(SLM)。

1) SLS

SLS 是一种较成熟的快速原型制造技术,是利用激光烧结粉末材料来实现复杂形状零件的制造,其思想最初于 1989 年由得克萨斯大学提出,随后 DTM 公司于 1992 年开发了商业成形机。早期,SLS 最初所用成形材料一般为树脂、尼龙等低熔点材料[21],20 世纪 90 年代中期开始,SLS 技术用以成形金属及合金构件,所用的材料主要是高熔点金属粉末与低熔点金属粉末,或者金属粉末与有机粘合剂的混合粉末,在加工的过程中粉末被预热到稍低于该粉末烧结点的某一温度,然后激光扫描使粉末达到"烧结温度",即温度要高于粘结剂材料的熔点使其熔化,而低于金属结构材料的熔点,使混合粉末发生部分熔化,高熔点的金属颗粒保留其固相核心,并通过后续的固相颗粒重排、液相凝固粘接实现粉体致密化,形成类似于粉末冶金烧结坯件一样的原型。因成形件中含有未熔固相颗粒,直接导致孔隙率高、致密度低、表面粗糙度高、力学性能差,SLS 成形出的零件还要经过如脱脂、二次烧结、高温重熔或渗金属填补空隙等后处理工序才能使用。

目前,金属粉末的 SLS 主要有直接法和间接法两种方法。

直接法使用的粉末材料由高熔点金属粉末(用作结构材料)和低熔点金属粉末(用作粘结剂)混合而成。烧结时激光将粉末升温至两金属熔点之间的某一温度,使低熔点粘结金属粉末熔化,并在表面张力的作用下填充于未熔化的高熔点结构金属粉末颗粒间的孔隙中,从而将结构金属粉末粘结在一起。

为了更好地降低孔隙率,用作粘结剂的金属粉末颗粒需比用作结构材料的金属粉末颗粒尺寸小,以使小颗粒熔化后更好地润湿大颗粒,填充颗粒间的孔隙,提高烧结体的致密度。此外,激光功率对烧结质量也有较大影响。如果激光功率过小,会使粘结金属熔化不充分,导致烧结体的残余孔隙过多;反之,如果功率太高,则又会生成过多的金属液,使烧结体发生变形。因此对直接法而言,最佳的激光功率和颗粒粒径比是获得良好烧结结构的基本条件。直接 SLS 用的成形材料主要有 Ni-Sn、Fe-Sn、Cu-Sn、Fe-Cu、Ni-Cu 等。

间接法使用的金属粉末实际上是一种金属组元与有机粘结剂的混合物。由于有机材料的红外光吸收率高、熔点低,因而在激光烧结过程中,充当有机粘结剂,熔化后将金属颗粒粘结起来。间接法的优点是烧结速度快,但主要缺点是工艺周期长,在后处理过程中零件的尺寸和形状精度会降低。

由于直接 SLS 可以显著缩短工艺周期,因而近几年来,直接 SLS 在金属 SLS 中所占比重明显上升。

2) SLM

SLM 是在 SLS 基础上发展起来的,其成形方法与 SLS 类似,不同之处在于,加工过程中,SLM 使用大功率激光使铺层后的选区内金属粉体完全熔化,而不需要粘结剂,可得到冶金结合的金属实体,密度接近 100%,尺寸精度达 20~50μm,表面粗糙度达 20~30μm,成形的精度和力学性能都比 SLS 要好,也省去了选区激光烧结成形后还需要粉末冶金的后处理工序[22]。

为在激光扫描过程中完全熔化选区内的金属粉末,要求扫描所经过的金属粉末迅速升温并达到熔点以上的温度,可采取提高激光功率、降低扫描速度和减小激光聚焦光斑直径 3 种方法。提高激光功率虽然可以使粉末快速升温,但热影响区也会相应增大,使成形件的变形量增大,不利于提高成形精度,甚至可能使成形件发生断裂,导致成形失败;降低扫描速度也会导致热影响区增大,而且过低的扫描速度(如几十毫米每秒)会使成形效率大大降低;鉴于此,研究中采用减小激光聚焦光斑的方法来使粉末快速升温,激光聚焦光斑直径的大小主要取决于激光的光束质量,因此 SLM 要求选用具有良好光束质量的激光器。CO_2 激光器由于材料吸收问题一般很难满足要求,最初,选区激光熔化使用的是 YAG 激光,但 YAG 激光晶体容易损耗且稳定性较差,光纤激光器具有转换效率高、性能可靠、寿命长、光束模式接近基模等优点,因此近年来几乎所有的 SLM 设备都采用光纤激光器,可以达到 30~50μm 的聚集光斑,功率密度达到 $5 \times 10^6 \mathrm{W/cm^2}$ 以上。

6.2 激光直接沉积成形

激光直接沉积成形物理过程复杂,特别是对于特定复杂结构的激光直接沉积成形工艺,加热范围小,温度梯度大,致使结构会产生复杂的热应力和变形。熔池快速熔凝过程是一种涉及多场(激光场、粉末流场、熔池流场、温度场、应力应变场等)、多参数(激光功率、光强分布、扫描速度等)的物理过程,各种问题异常复杂和困难,需要在实践中摸索和实现工艺参数的选择、优化与控制。

6.2.1 工艺参数

激光直接沉积成形过程中到达工件表面的激光能量,一部分被熔池材料吸收,一部分被材料表面反射。吸收系数不仅与激光的波长、偏振以及材料的性能相关,还取决于工件的表面状态以及几何形状。由于热传导的作用,热量进入工件内部,工件内部的温度分布取决于吸收的激光能量 q、光束作用时间 t、工件表面的光束直径 $2r_b$、激光扫描速度 V 和材料的热物性参数(热导率 k,比热容 c,潜热 L 等)等。可以表示成下式:

$$T = T(q, t, V, r_b, k, L, c, \cdots) \quad (6-1)$$

虽然影响参数众多,如图 6-10 所示,但在激光直接沉积成形的工艺优化中,常用的优化控制参数通常有激光功率、扫描速度、离焦量、轨迹参数、预热方案等。

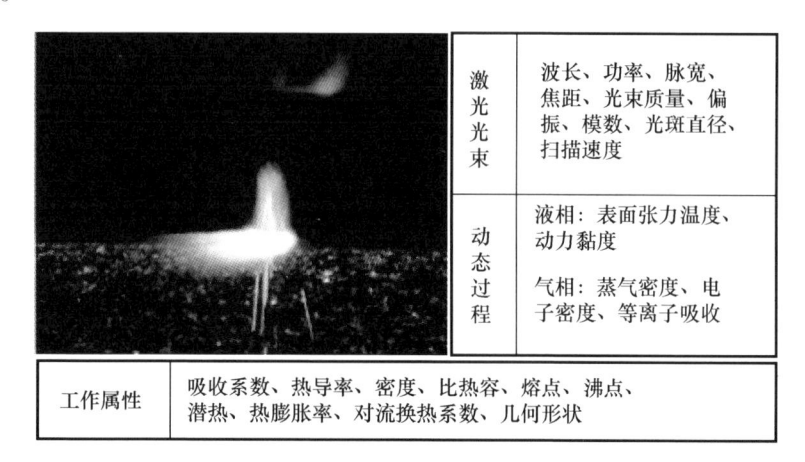

激光光束	波长、功率、脉宽、焦距、光束质量、偏振、模数、光斑直径、扫描速度
动态过程	液相:表面张力温度、动力黏度
	气相:蒸气密度、电子密度、等离子吸收
工作属性	吸收系数、热导率、密度、比热容、熔点、沸点、潜热、热膨胀率、对流换热系数、几何形状

图 6-10 激光与材料相互作用过程中的参数

当材料在激光的作用下达到熔化温度后,材料放出潜热,熔池内的液态金属受到表面张力梯度的驱使,发生对流。当激光照射结束后,材料发生凝固。在这个过程中,材料的微观组织和力学性能会发生很大的变化,而且由于在激光直接沉积成形过程中,材料往往需要发生多次熔化凝固过程,因此需要了解材料在热加工过程中的微观组织演化过程。

本节以本书作者的研究为例,针对1Cr13不锈钢的激光直接沉积成形薄壁件过程,通过实时测量成形过程中基板内两个特定位置的温度演化过程,分析了基板与已成形材料在整个成形过程中的热量变化过程。对薄壁件中沿高度方向上的典型微观组织结构和显微硬度进行了观察测试。并对微观组织与显微硬度的分布规律及其形成机理进行了阐述。

基板材料采用316不锈钢,几何尺寸为80 mm×40 mm×20 mm。试验中采用的金属粉末材料为水雾化1Cr13不锈钢粉末,粒度为30~90μm。在试验进行之前,需对粉末进行烘干处理,以去除粉末中所吸附的水分。

在316不锈钢基板上成形两个高度分别为20 mm和40 mm的1Cr13不锈钢薄壁件,两个薄壁件的长度和厚度保持一致,分别为60 mm和3 mm。试验所采用的主要工艺参数如表6-1所列。

表6-1 试验所采用的工艺参数

参数	值	参数	值
激光功率/W	500	送粉率/(g/min)	0.72
光束扫描速度/(mm/s)	2.5	层高/mm	0.1
离焦量/mm	9	保护气流量/(L/min)	10
光束半径/mm	1.5		

成形时,1Cr13粉末在载粉气体的输送下经同轴送粉头送到熔池中,载粉气体和保护气均采用氩气。每成形一层薄壁件的高度增加0.1mm,激光头整体抬高0.1mm。往复扫描,成形达到设计高度时,停止激光和送粉。薄壁件自然冷却到室温,经线切割、打磨、抛光、腐蚀(腐蚀液为4% HF + 4% HNO_3 +92% H_2O 溶液)[23]后制成金相试样(20 mm 与 40 mm 高的薄壁件分别对应试样1和试样2),并对这两个试样进行微观组织观察和显微硬度测试。

6.2.2 组织与性能

1. 成形过程中的基板热历程

为了测量基板内接近薄壁件位置的温度演化过程,采用接触式温度测量方式,在基板侧边位于成形轨迹的中点和端点打两个孔,如图6-11所示,分别将两个铠装热电偶插入孔内,对于往复扫描式加工轨迹,这两个位置的热历程具有典型性和代表性。图 6-12 所示为两个热电偶测得的温度随时间的变化(前 2000s)曲线。可以看出,热历程由一个接一个的热循环组成,由于测量位置的不同,热电偶 1 测得的热历程周期是热电偶 2 测得热历程周期的两倍。虽然它们在同一时间段内热循环的最高温度、最低温度和周期都不同,但是它们却有着相同的变化规律,即在开始阶段,基板和已成形材料吸收的热量大于损失的热量,整体温度随着激光作用是逐渐增加的,随着成形高度的增加,吸收热量和损失热量之差逐渐减小,整体温度上升趋势变缓,最终吸收热量和损失热量达到平衡状态,热电偶所处位置处的温度只在某一稳定温度范围内波动,并且最高温度和最低温度趋于平衡。

图 6-11 基板中测点的位置

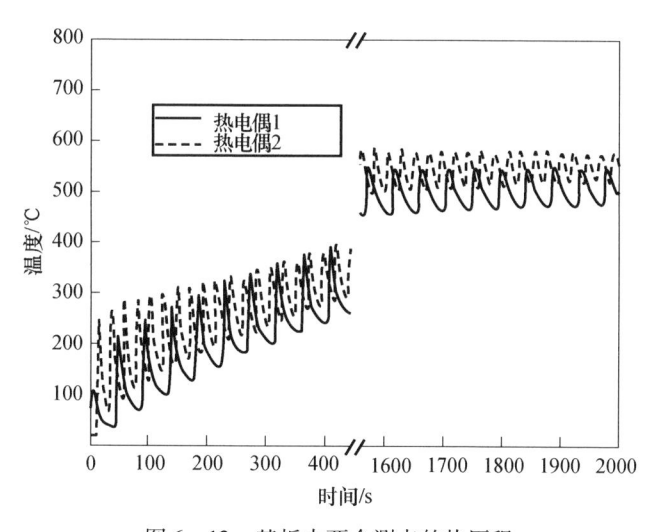

图 6-12 基板中两个测点的热历程

这个过程反映了激光直接沉积成形过程中基板与已成形材料的热量变化过程。激光直接沉积成形开始时,基板处于室温,激光照射基板表面产生熔池,粉末被送入熔池。基板和已成形材料吸收热量,整体温度逐渐增高。当成形薄壁件达到一定高度时,基板和已成形材料通过表面辐射、对流等方式损失的热量与其从激光中得到的热量接近平衡,反映在基板中两个特定点的热历程中就是最高温度和最低温度都趋于稳定。

2. 成形件显微硬度分布规律

为了观察薄壁件中不同层材料的微观组织及显微硬度,将成形高度为 20mm 的薄壁件(试样1)沿垂直方向如图6-13(a)所示切开,并对截面 A_1-A_1、截面 B_1-B_1 沿 z 轴高度方向上的显微硬度进行测量,结果如图6-13(b)所示,可以看出,薄壁件在同一高度上显微硬度变化不大,硬度的最大值出现在基板与薄壁件连接的区域,最高达到 350HV 以上。随后在薄壁中高度大于 2mm 的区域,显微硬度较低,并稳定在 200HV 左右。薄壁件中水平方向上剖面 C_1-C_1 的中心线上测量的显微硬度分布曲线如图6-13(c)所示。可以看出,在水平方向上材料的显微硬度分布相对均匀,没有剧烈的变化。这说明同一层材料的显微硬度应该接近,则需要重点研究分析的是薄壁件中显微硬度沿高度方向上的分布。

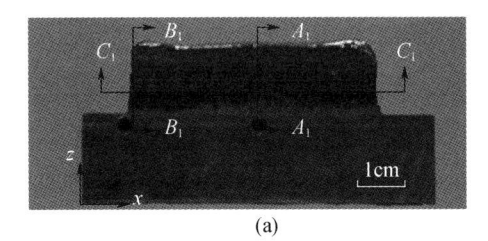

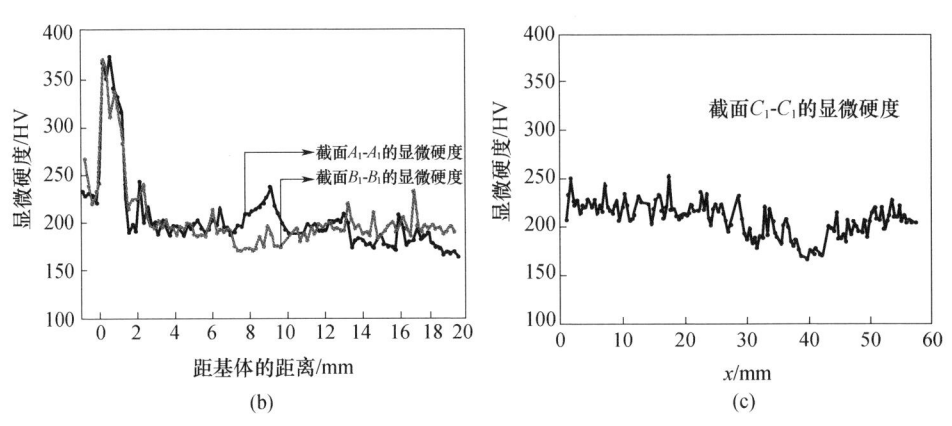

图 6-13 试样1的显微硬度分布曲线

(a)剖面位置示意图;(b)截面 A_1-A_1、B_1-B_1 的显微硬度分布曲线;
(c)截面 C_1-C_1 的显微硬度分布曲线。

为了进一步分析 40 mm 高薄壁件(试样2)沿高度方向上的显微硬度分布曲线,如图6-14可以看出,它具有与试样1相同的演化规律。在基板与薄壁件连接区域的显微硬度最高,达到350HV以上,随着高度增加,硬度逐渐降低,维持在200HV左右。可以得出结论,在激光直接沉积成形1Cr13不锈钢薄壁件过程中，基板附近材料的显微硬度最高，达到 350HV 以上，当成形件达到某一高度后，硬度减小并稳定在 200HV 左右。

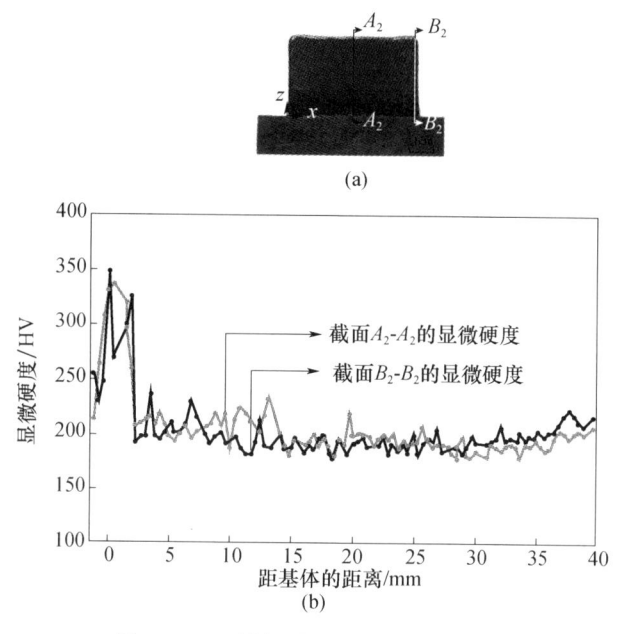

图 6-14 试样 2 的显微硬度分布曲线
(a) 剖面位置示意图；(b) 沿高度方向的显微硬度分布曲线。

两个薄壁件中，显微硬度随高度的变化对比如图 6-15 所示，结合前面的分析可以看出，在激光直接沉积成形 1Cr13 不锈钢过程中，当成形件达到某一高度后，后层材料的成形过程对前边材料的微观组织和显微硬度并无明显影响。

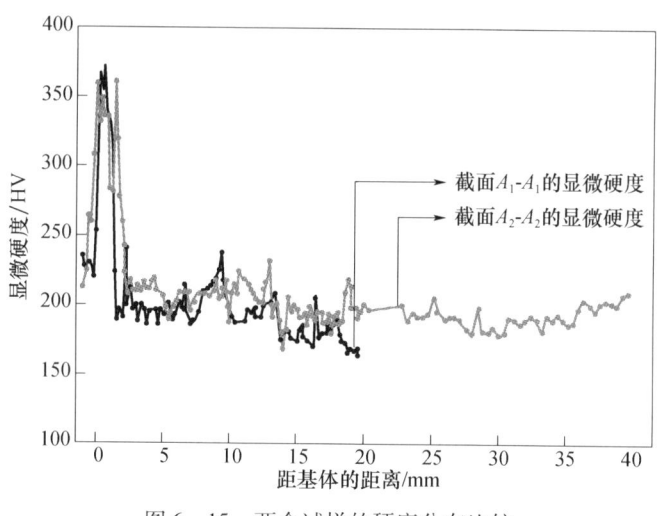

图 6-15 两个试样的硬度分布比较

3. 成形件的微观组织分析

在激光直接沉积成形 1Cr13 不锈钢薄壁件中,材料在同一层内的显微硬度相当,而在高度方向上的显微硬度会发生很大变化,在与基板连接区域,材料显微硬度达到 300～350HV,而在薄壁其他部位,硬度稳定在 200HV 左右。说明在成形薄壁件过程中材料的微观组织结构并不是均匀一致的。

对试样 1 沿高度方向上的剖面进行微观组织观察,剖面示意图如图 6-16(a) 所示,根据观察到的微观组织的不同,可以将剖面 A_1-A_1 分为四个区域,如图 6-16(b) 所示。

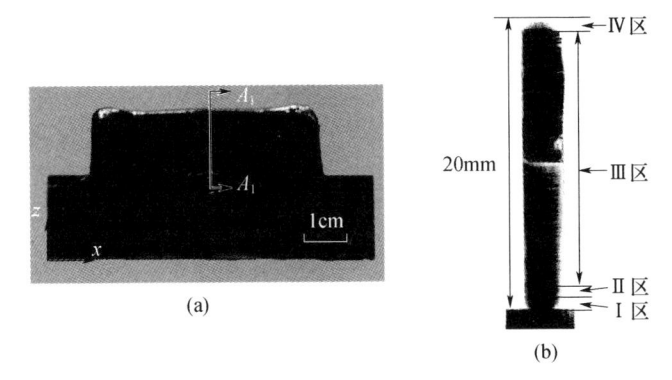

图 6-16 试样 1 沿高度方向的微观组织分区

(a)剖面位置示意图;(b) 剖面 A_1-A_1 沿高度方向的微观组织分区。

Ⅰ 区是基板与薄壁件连接区域,对应于图 6-13(b) 中显微硬度在 300～350HV 的部分。由于成形初期基板温度较低,薄壁件与基板连接区域温度梯度较大,因此其性能和组织往往比较复杂。成形薄壁件与基板连接部位的微观组织分布如图 6-17 所示,可以看出,随着高度增加,黑色条状组织逐渐增多。图 6-18 所示为 Ⅰ 区组织的扫描电镜图像,通过金相显微镜和扫描电镜对 Ⅰ 区微观组织的观察可以看出,该区的微观组织结构主要是由铁素体基体和镶嵌在其中的渗碳体组成的珠光体,随着高度增加,薄壁件中的渗碳体的含量也逐渐增加,并呈层片状分布在铁素体基体上,如图 6-18 所示。这主要是因为在初始阶段,基板温度处于室温,1Cr13 不锈钢粉末成形在基板表面时发生快速熔凝过程,经过随后多次热循环,在成形结束并开始自然冷却前的一段时间内温度一直处于 Ac_1 温度以下,最终自然冷却至室温。

Ⅱ 区的微观组织如图 6-19 所示,Ⅱ 区是在 $z > 1.5$mm(定义基板上表面 $z = 0$)的一个过渡区,这个过渡区高度分布范围大约为 0.5mm。此区域内的微观组织主要为马氏体组织。图 6-20 为基板与薄壁件连接区域的一个 XRD 分析结果,结合可以看出除了正常的 Fe-Cr 基体外,还包括马氏体、二氧化硅、渗碳体等相。

第6章 激光增材制造技术

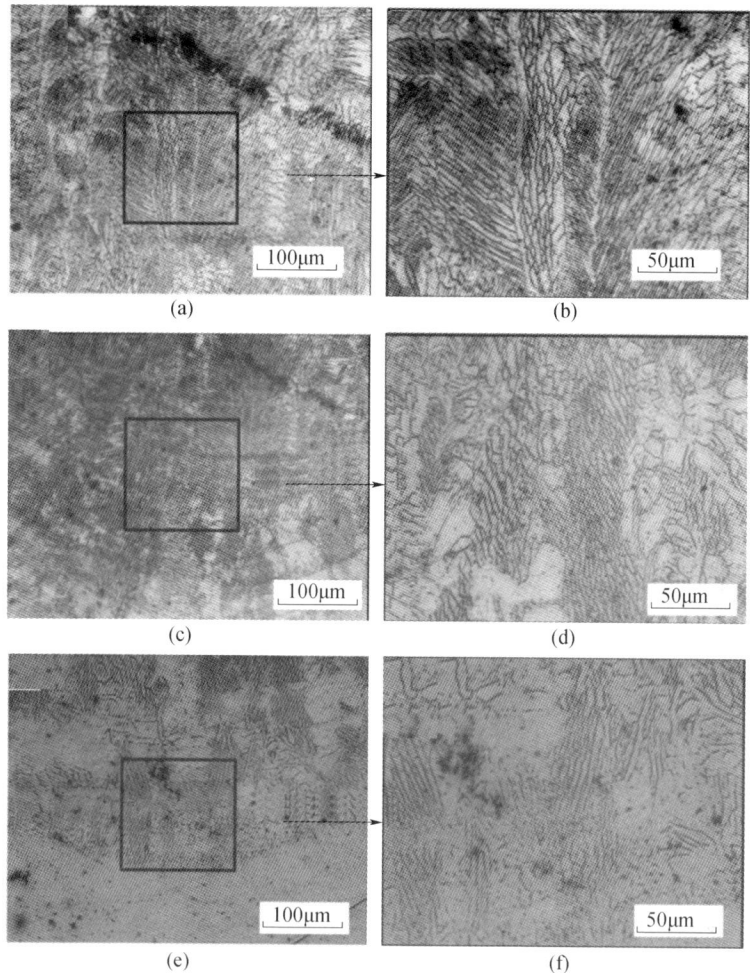

图6-17 试样1的I区微观组织
(a)(c)(e)I区中上、中、下三部分的金相显微组织照片；
(b)(d)(f)图(a)(c)(e)放大的金相图。

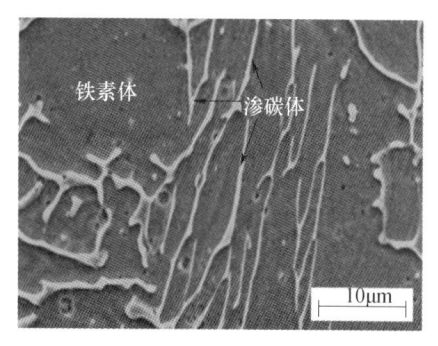

图6-18 I区扫描电镜图

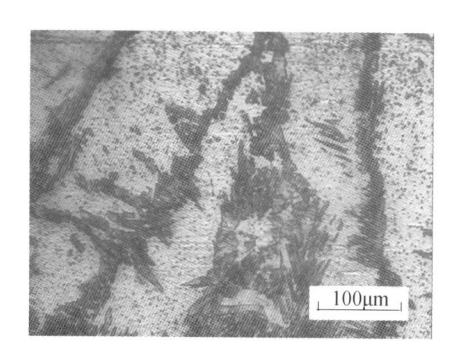

图6-19 II区微观组织

301

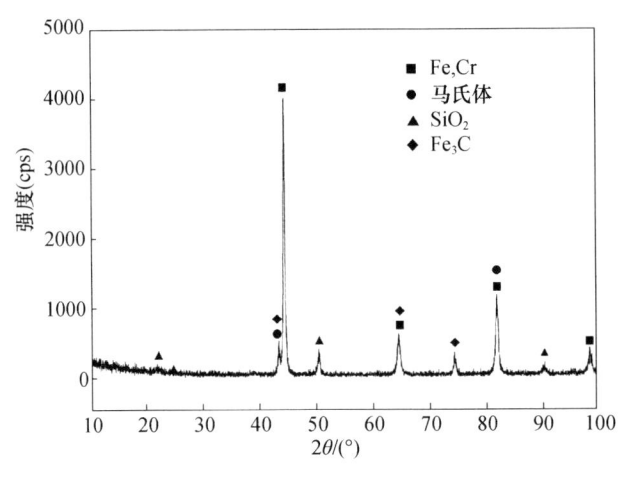

图 6-20　薄壁剖面Ⅱ区的 XRD 结果

薄壁件中 $z>2\text{mm}$ 以上的Ⅲ区，金相组织趋于均匀一致，均为铁素体，如图 6-21 所示，对其进行扫描电镜观察，结果如图 6-22 所示，可以看到均匀的基体材料上分布一些颗粒物。通过对基体和颗粒物的能谱(EDS)分析，基体的化学成分为：Fe—79.67，Cr—15.09，Si—1.39，O—3.29，Al—0.32，Mn—0.23（质量分数，%）。颗粒物化学成分为：Fe—43.97，Cr—11.18，Si—13.29，O—28.87，Al—1.47，Mn—1.22（质量分数，%），如图 6-23(a)、(b)所示。颗粒物中氧含量和硅含量比基板中明显高出很多，结合 XRD 结果（图 6-24）可以判定颗粒物为 SiO_2。这一均匀细化组织的形成是由于材料发生多次熔凝过程后温度一直处于 Ac_3 温度以上，当最终加工完成后自然冷却到室温，此完全退火过程使得材料通过完全重结晶，使组织细化、均匀化，最终产生均匀的铁素体组织。

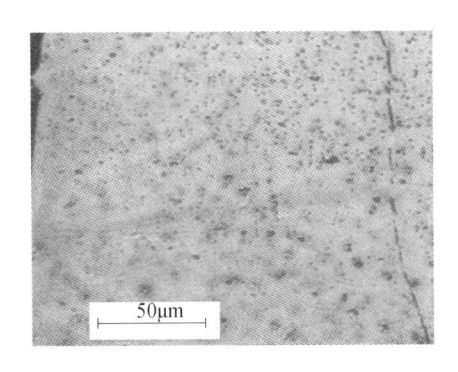

图 6-21　Ⅲ区微观组织图 　　　　图 6-22　Ⅲ区微观组织 SEM 图

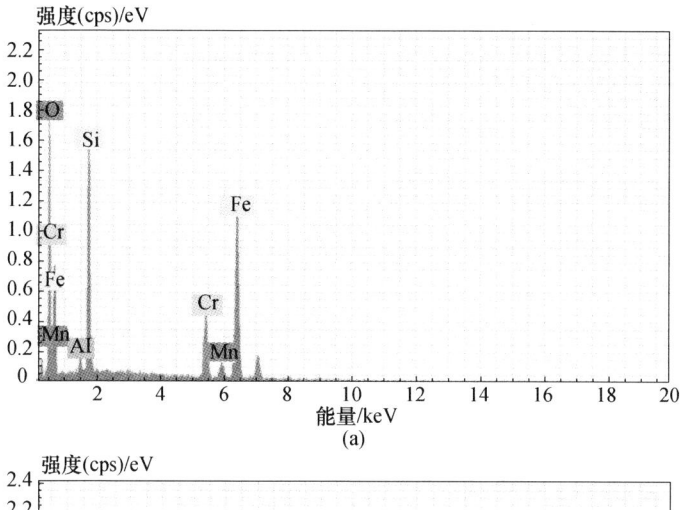

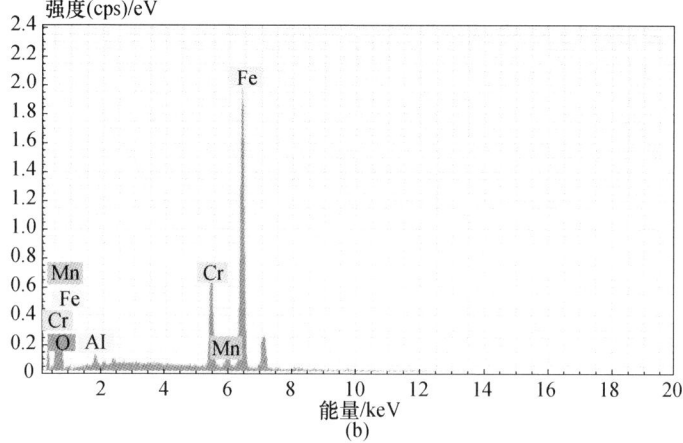

图 6-23 Ⅲ区的 EDS 分析

(a)颗粒物的能谱曲线;(b)基体的能谱曲线。

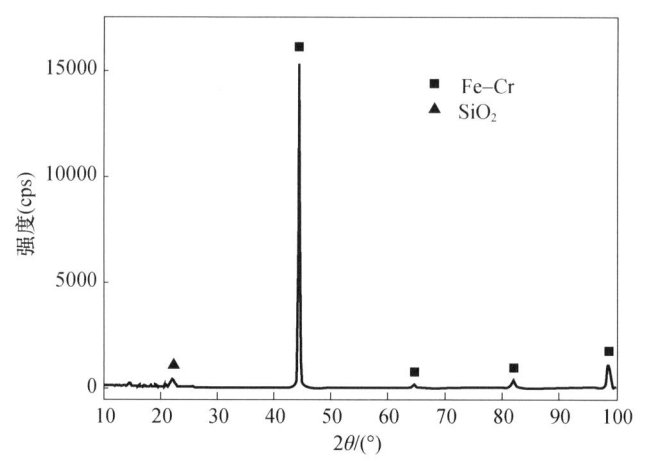

图 6-24 Ⅲ区材料的 XRD 结果

在薄壁件的顶部最后几层,材料的微观组织如图6-25所示,可以看出是由沿不同方向生长的柱状晶组织组成,晶粒大小在 $10\mu m$ 左右。这主要是因为在成形最后一层过程中,熔池中液体金属材料开始凝固时,枝晶沿着热流方向生长,在熔池中心位置形成沿激光扫描方向生长的柱状晶。

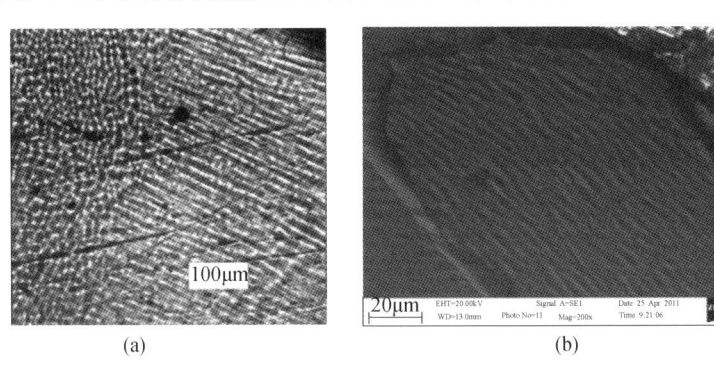

图6-25　薄壁件顶部材料的显微组织
(a)金相显微镜下的组织;(b)扫描电子显微镜下的组织。

图6-26所示为试样2中沿薄壁高度方向上的典型微观组织分布。可以看出试样2中的微观组织与试样1组织分布类似。在薄壁件与基板连接处的区域内,由于基板与已成形材料吸收热量,整体温度逐渐升高,所以这一区域材料的微观组织变化随层高变化比较明显。当热量接近平衡后,材料中的组织趋于稳定,材料的微观组织演化取决于它所经受的热历程。当基板与已成形材料的吸收损失热量趋于平衡后,材料经受的热循环温度也趋于稳定,从而导致最终微观组织趋于一致。

材料的热历程决定了材料的微观组织演化,而微观组织很大程度上影响着最终材料所表现出的力学性能。在激光直接沉积成形过程中,基板和已成形的材料经历一个吸收热量大于损失热量导致整体温度逐渐升高,并最终吸收热量和损失热量接近平衡的过程。因此,可以结合材料的相图分析,通过控制工艺参数或者环境温度来影响材料的热历

图6-26　试样2沿高度方向上的典型微观组织

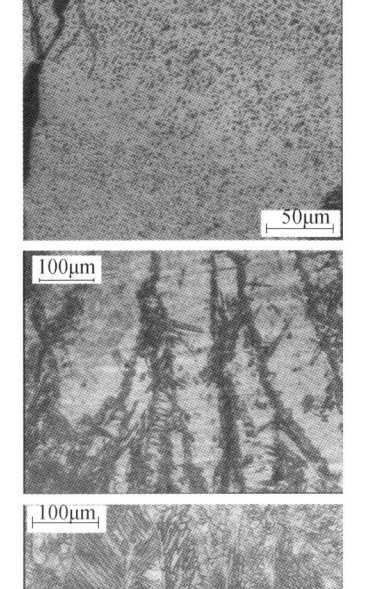

6.2.3 轨迹规划

1. 成形薄壁件的轨迹规划

激光直接沉积成形通常需要多道搭接、逐层堆积,成形薄壁件的扫描轨迹如图 6-27 所示。要获得表面形貌光洁、结合良好的成形层,需要对具体的轨迹设计进行优化。

激光直接沉积成形的多道搭接、逐层堆积过程中,之前的成形层表面将作为随后的基面或边界,其工艺条件可能会随时间不断变化。若加工轨迹规划合理,就能使整个过程工艺条件稳定一致,得到表面平整、质量均匀、性能优异的成形层;若轨迹规划不当,则在过程中工艺条件不断波动甚至恶化,就会导致成形层形貌缺陷和性能不足,甚至无法成形。

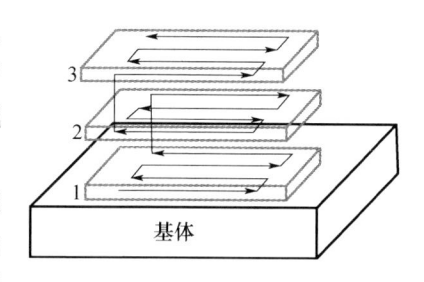

图 6-27 多道搭接、逐层堆积的扫描轨迹示意图

激光直接沉积成形的多道多层熔覆轨迹规划对于成形质量和效果至关重要。Δz 和搭接率是关键的几何参数,Δz 是指每熔覆一层后 z 轴的提升量;搭接率是指相邻两熔覆道重叠的距离与单道熔覆宽度的比值。合理的 Δz 保证多层熔覆时层与层之间良好的结合,合理的搭接率保证每一层内表面形貌平整,组织性能良好。

理想情况下,熔覆上表面应当是平整的平面,但在实际情况下,由于表面张力的作用,以及工艺参数的波动,搭接表面不可能完全平整,其截面是由多个凸弧相接形成,并在相邻熔覆道之间形成一定的凹陷。而在进行下一层的熔覆时,上一熔覆层会有一定的再熔化,如果成形过程中 Δz 选择合适,再熔化会消除上一层因搭接形成的凹陷,从而在层与层之间、道与道之间形成良好的结合。如果 Δz 和搭接率选择不当,就容易产生熔合不良缺陷。因此,Δz 和搭接率是影响多道多层熔覆层质量的重要因素。

对于 Δz,当 Δz 大于单层熔覆层的高度时,离焦量变大,光斑直径变大,熔覆道的宽度跟高度会发生变化,还会导致层与层之间容易出现孔洞、熔合不良等缺陷;当 Δz 小于单层熔覆层高度时,会导致熔覆层的再熔化深度较大,重熔层带较深会使整个修复层出现性能不均匀的现象,如图 6-28 所示。

理想情况下,Δz 应与单层熔覆层高度一致,才能保证每层的工艺条件完全一致,但是在实际熔覆的过程中,每层的熔覆层高会存在一定的偏差,随着层数增加,由于加工中各种随机因素的干扰,熔覆层高容易出现波动,加上尺寸积累的效应,导致熔覆过程不再按照预设方案进行。所以选择合理的 Δz 要根据单道

(a) (b) (c)

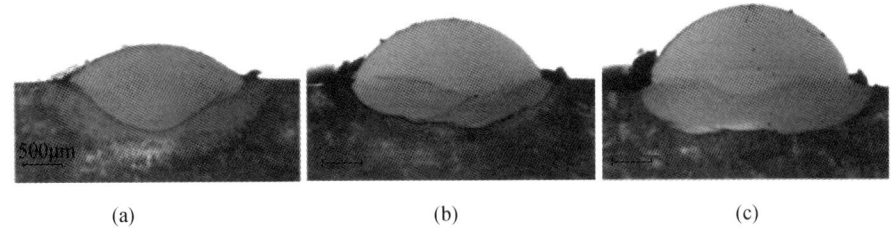

图 6-28 Δz 过小时激光成形层单道横截面形貌
(a)2 层；(b)4 层；(c)6 层。

熔覆高度与多层熔覆层高度来综合考虑，一般偏小为宜。

搭接率将直接影响熔覆层表面的平整程度。在多道搭接时，搭接率太小，会在两相邻熔覆道间残留一条明显的凹陷；搭接率太大，后一熔覆道会覆盖在前一熔覆道上，形成隆起的形状；搭接率合适，才能使两相邻熔覆道高度相同且搭接的表面平整，如图 6-29 所示。

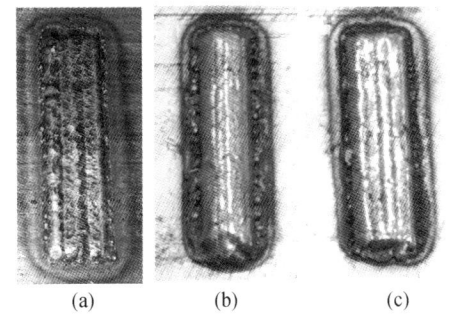

(a) (b) (c)

图 6-29 多道搭接熔覆层宏观形貌
(a)搭接率偏小；(b)搭接率偏大；
(c)搭接率适中。

2. 凹槽类修复的轨迹规划

在激光熔覆与激光直接沉积成形技术基础之上发展而来的激光修复技术，所用设备和工艺流程相似。多样的基面形式使得激光能量分布、粉末场、熔池形态等众多工艺条件也随之改变，这里以工艺适用性最广的梯形槽为例，分为浅槽和深槽，对其修复特点分别进行介绍。

1) 浅槽修复

对于表面裂纹、点蚀等表面失效形式的局部修复，其待修复基底往往为浅槽。由于高度上的变轨迹方案不适用于待修复浅槽，因此其侧壁与垂直方向需要有很小的角度，既不能对到达槽底的激光和粉末形成遮挡，又必须保证槽顶的侧壁在激光的辐照范围内。

图 6-30 为一浅槽的修复实例，可以看到修复成形表面规则平整，无宏观的裂纹。为留出机加工余量，修复成形体略高出浅槽顶部。

2) 深槽修复

在修复具有一定深度的凹槽过程中，随着熔覆层数增加，槽宽度也在增大，熔覆的搭接道数随之增加。由于搭接道数只能以 1 为最小单元跳跃式改变，因此制定图 6-31 所示的熔覆方案。

槽斜面倾角为 α，相邻搭接熔覆道的长度偏差为 Δx，假设底面宽度为 $n \cdot \Delta x$，

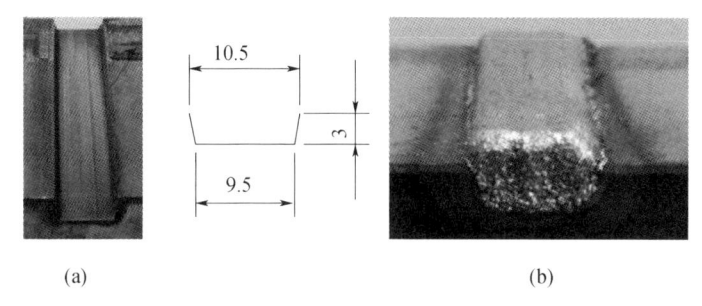

图 6-30 浅槽的修复

(a)待修复浅槽与截面尺寸图;(b)修复后的宏观形貌。

相当于熔覆 $n+1$ 道,堆积一定高度 h 后,宽度变为 $(n+1)\cdot\Delta x$,熔覆道数加 1。其中,$\tan\alpha = \dfrac{2h}{\Delta x}$,假设每层 z 轴提升高度为 Δz,堆积高度 h,熔覆了 m 层,则

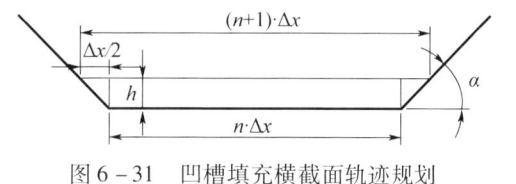

图 6-31 凹槽填充横截面轨迹规划

$$m = \frac{h}{\Delta z} = \frac{\tan\alpha \cdot \Delta x}{2\Delta z} \quad (6-2)$$

图 6-32 为梯形槽在多种槽基面形式上的熔覆层横截面形貌。可以观察到斜面上的熔覆层存在上下不均匀的现象,熔覆层集中在中上部,下部表现出明显的内陷,在倾角更大的 60°斜面上表现更明显。

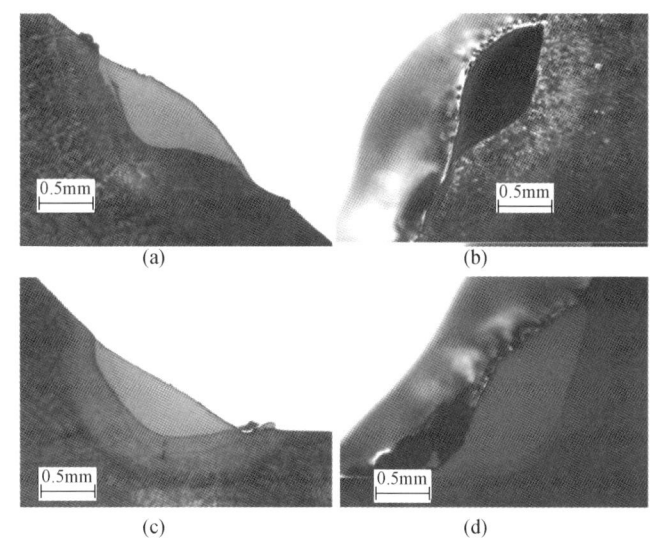

图 6-32 多种槽基面熔覆层的横截面形貌

(a)45°槽斜面;(b)60°槽斜面;(c)45°槽相邻面棱边;(d)60°槽相邻面棱边。

6.2.4 过程监测与闭环控制

激光直接沉积成形是个多参数过程,激光功率、扫描速度、送粉量、熔池温度都会对之产生影响,工艺参数设置不当也会产生各种不稳定现象,引起成形金属零件形状和精度劣化[24]。将现代检测和闭环控制技术引入激光直接沉积过程,能更全面更客观地实时检测成形的熔覆状态,并将加工区域的熔覆状态信息反馈到系统的控制端与参考输入进行比较,根据产生的偏差调整工艺参数,使加工区域状态稳定,从而保证成形质量以及成形过程的稳定[25]。

1. 粉末流的监测

为观察不同熔覆材料粉末经送粉系统输送后的实际流场情况,设计制作了粉末流场观测系统,如图6-33所示。系统主体由暗箱、光源、送粉喷嘴及拍照设备等组成,连接送粉器的同轴送粉喷嘴由上方伸入暗箱,在暗箱的一侧开一狭缝,以强光源从狭缝射入,照射到由喷嘴喷射出的粉末,在粉末表面发生反射,由拍摄设备从另一方向的拍摄孔进行拍摄。

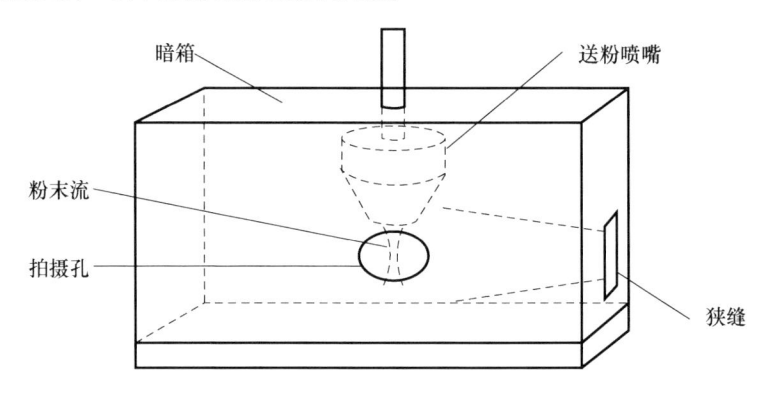

图6-33 同轴送粉粉末流场观测系统示意图

图6-34(a)为316L不锈钢粉末同轴送粉喷嘴出口流场,可以看出粉末在出口处沿送粉腔壁面方向运动,随后在喷嘴下方汇聚,汇聚后在气流、重力及惯性作用下继续向斜下方运动。图6-34(b)为W粉末的粉末流场,可以看出与316L不锈钢粉末的流场分布差异明显。粉末在出口后并未沿着送粉腔出口方向继续运动,而是在气流作用下发生明显的发散,一部分直接沿轴线方向向下运动,一部分向中心运动发生汇聚,粉末流整体聚焦作用与不锈钢粉末相比有明显弱化。这主要是由于W粉末颗粒尺度较小,形状不规则,与不锈钢粉相比受载气体带动作用更为明显,且自身惯性较小,出口后较难保持原有速度方向,会随气流方向的发散而发散。

粉末流场差异显然会对激光直接沉积成形中的熔覆结果造成影响,粉末流

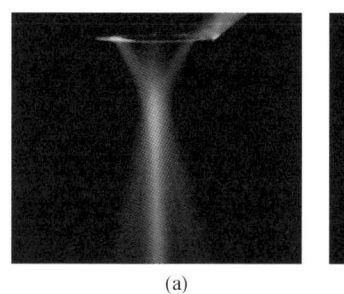

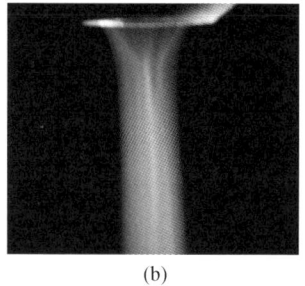

图 6 - 34　同轴送粉喷嘴粉末流场
(a)316L 粉末；(b)W 粉末。

场的发散一方面会降低熔覆材料的利用率，甚至会使基材吸收激光能量过高而出现过熔现象；另一方面激光束照射范围之外的粉末有一部分会粘结于熔覆层及基底表面，降低熔覆层表面质量。因而为获得高精度高质量的激光熔覆层，需对难熔金属粉末的送粉工艺进行分析和改进。

2. 成形的闭环控制

工业激光加工过程的闭环控制，是指机器人在数控系统的控制下实现机械执行系统的功能，完成激光加工过程中所需的激光光束与被加工工件之间的相对运动，人工智能识别技术和机器人数控技术的结合使激光加工智能化，智能机器人与激光数控的集成实现激光加工系统的智能控制[26]。实际上智能控制系统除了在线检测、诊断系统，还包括自动测量系统和控制系统的渗透及总体集成。

在激光直接沉积成形的闭环控制系统中最常用的控制策略如图 6 - 35 所示。这种调节器具有设计简单、调节方便、应用可靠等优点，具有比较理想的控制效果。

激光直接沉积成形质量受很多因素的影响，比如激光系统、数控系统和送粉系统等。要提高激光直接沉积成形的精度和质量，必须对这些系统的参数进行实时监测和控制[27]。监测控制系统主要由嵌入式视觉系统 CCD、温度传感器以及位移传感器等组成，一般采用侧向或同轴两种方式对整个成形过程进行监测[28]。图 6 - 36 所示为同轴安装红外热影像系统，可以看出同轴安装方式将热成像系统和激光光路系统结合在一起，不需要在透镜或者加工头上安装其他新的设备，可以方便地采用带有特定窄带滤波片的摄影机得到成形过程中熔池及其附近区域的热图像[29]。各种检测到的信号通过传感器反馈给控制计算机，闭环控制系统会根据反馈信号调整工艺参数对熔池形状、熔池高度以及温度场的分布进行控制，从而能够很好地提高表面精度，降低后处理成本，实现对性能的控制[30]。

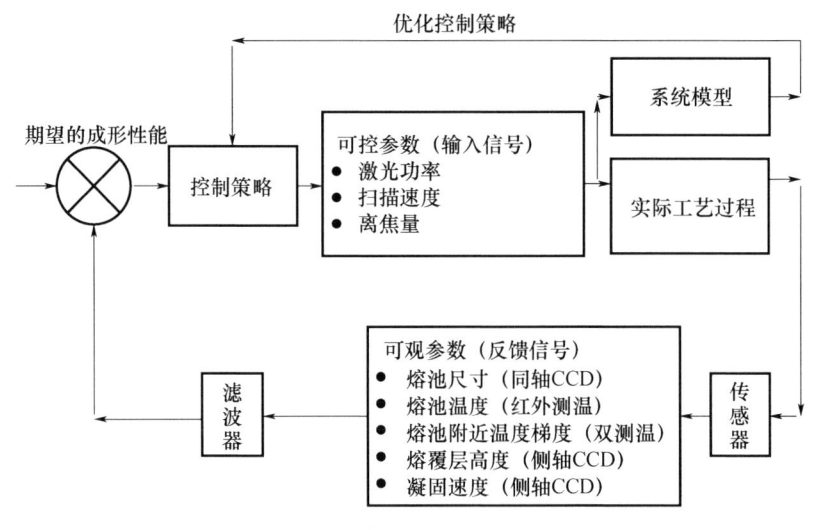

图 6-35　典型闭环控制原理图

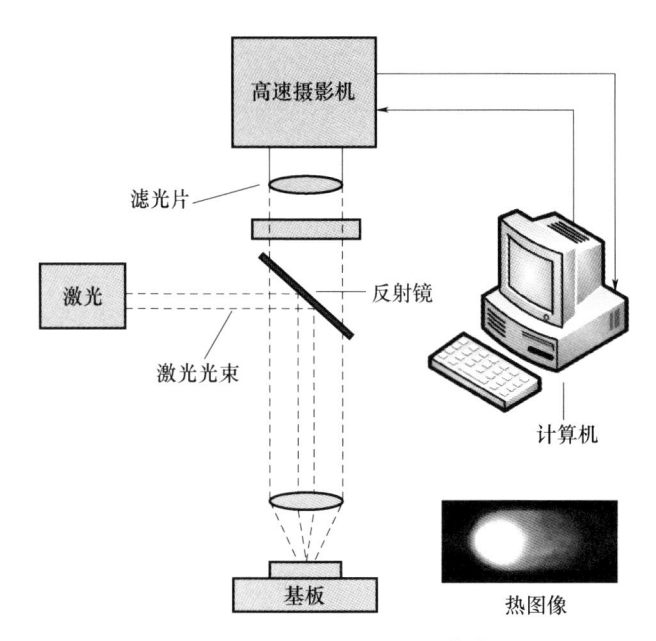

图 6-36　闭环控制系统热影像装置

DMD闭环反馈控制系统采用三个相互夹角为120°的传感器对激光直接成形过程中的高度进行控制,输出的信号在送至处理器之前会合成为一路输出信号,三个传感器的采用使得监测不受成形轨迹和方向的影响。在成形过程中,高度传感器实时监测每一层的厚度,通过控制使得每一处的厚度均匀一致,采用多个传感器对高度进行控制以后,零件表面粗糙度降低了14%~20%,制造周期也大大缩短,从而降低了精加工成本[31],如图6-37所示为在具有高度控制和没有高度控制情况下的成形件形貌的比较图。

具有高度控制　　　　　没有高度控制

图6-37　高度控制成形实例

3. 熔池演化规律

激光增材制造过程中,液态金属熔池本身就是一个自发光体,因此可以通过CCD记录熔池在整个过程中形态的演化发展过程。试验中,通过在激光头内加入滤光片,将激光直接成形1Cr13不锈钢粉末过程中熔池的俯视图形状演化过程记录下来。如图6-38所示为试验过程中用CCD记录的某一时刻的熔池形态。可以看出在水平面内,熔池的形状前沿为半圆形,而后沿凝固边沿并不均匀。熔池的宽度D_{mp}决定了成形的厚度以及最终的几何性能。因此,这里主要研究熔池宽度D_{mp}的演化规律。

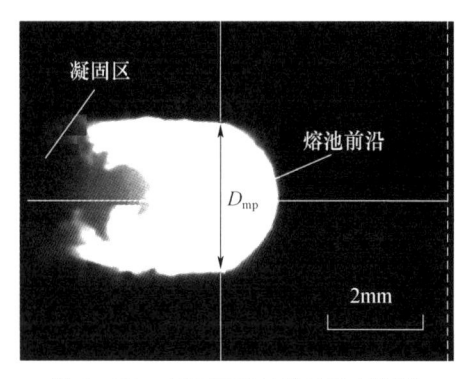

图6-38　CCD记录的熔池形态图像

图6-39所示为激光直接成形4cm高度薄壁件过程中在某些层中心位置处记录的熔池形状演化过程。可以看出,在第20~260层之间,每层中心位置的熔池形状是随着高度不断变化的。刚开始熔池宽度D_{mp}较小,随着成形薄壁件高度的增加,熔池宽度逐渐增大。当成形到260层以后,熔池的宽度开始稳定下来,一直到成形结束,熔池宽度没有发生明显变化。这个过程反映了成形过程中基板与成形材料组成的系统的能量变化,在激光直接成形开始阶段,系统吸收激光能量,随着能量的累积,熔池温度不断升高,熔池的宽度也会增加。当基板与成形材料组成的系统吸收的能量和通过表面散失的能量大体平衡时,熔池温度场也基本稳定,从而熔池形状也相对稳定。

311

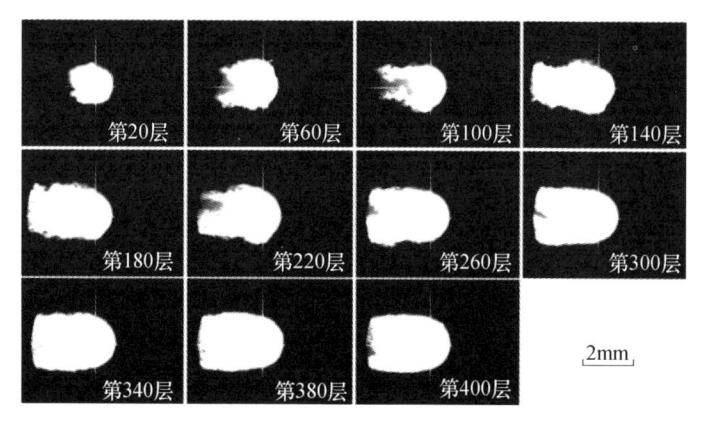

图 6-39　不同层材料中心位置熔池演化

图 6-40 所示为熔池宽度 D_{mp} 沿薄壁高度方向上的变化,可以看出,在 250 层以后熔池的宽度基本保持恒定,维持在 2.7mm 左右,而在此之前熔池的宽度并不大。需要注意的是,这里测量的只是熔池发光的光学图像,而真正的熔池形状是指温度处于液相线温度以上的液态金属体。尽管使用 CCD 测量的光学熔池形态并不能精确反映熔池大小,但是对于研究熔池形状的演化规律以及凝固过程还是具有一定指导意义的。

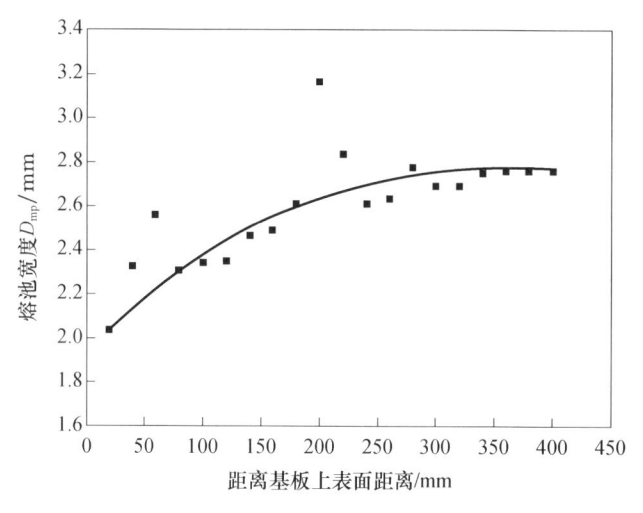

图 6-40　熔池宽度在薄壁高度方向上的变化

选择每一层中比较有代表性的五个位置,如图 6-41(a)所示,A、B 位置分别是激光移动轨迹的两个端点,C 为中心位置,位置 B、D 则分别位于 AC 与 CE 的中间位置。图 6-41(b)为 100 层、200 层、300 层、400 层中 A、B、C、D、E 五个位置的熔池形状图像,可以看出在两端 A、E 位置熔池宽度比 B、C、D 位置要大。

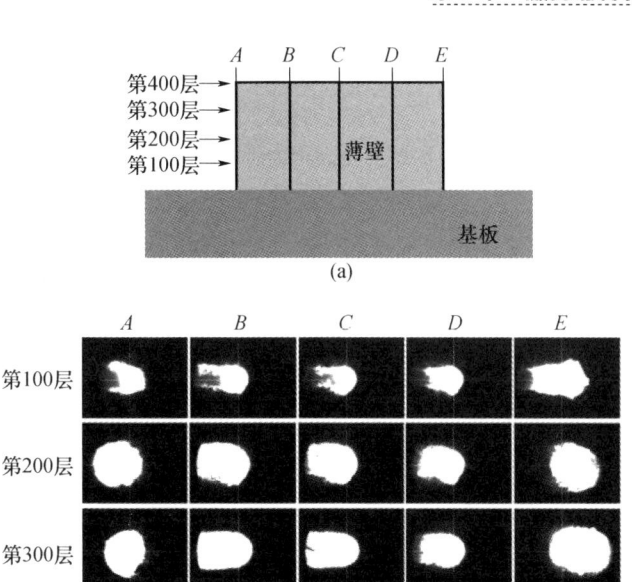

图 6-41 不同层不同位置的熔池形状变化

(a)熔池位置示意图;(b)不同层不同位置的熔池形状演化。

而位置 B、D 虽然对称,但是在偶数层,B 位置熔池宽度要比 D 位置熔池宽度大。

6.3 选区式激光成形

选区式激光成形技术一直以速度快、原型复杂、应用范围最广、运行成本低著称,在产品概念设计可视化、造型设计评估、装配检验、熔模铸造型芯、精密铸造、快速制模母模等方面得到了迅速应用。选区式激光成形技术在制造高性能复杂金属零部件领域具有巨大的优势。本节主要介绍选区激光烧结和选区激光熔化两种方式的成形工艺,探讨两种技术的成形机理、成形过程、工艺参数、成形特征、金相组织与力学性能以及它们之间的关系。

6.3.1 工艺参数

零件在成形过程中,由于各种材料因素、工艺因素等的影响,会使成形件产生各种冶金缺陷(如裂纹、变形、气孔、组织不均匀等)[32]。对金属构件选区激光成形(SLS、SLM)的研究表明,选区式激光成形的影响因素众多,激光的工艺参数、金属粉末颗粒的大小、材料热物性、粉末进入激光束中的方式、粉末的运动状态、分布特征、停留时间长短、对激光的吸收特性等因素对选区式激光成形金属零件的成形效率、成形件最终的几何形貌、微观组织结构以及力学性能都有影响[33,34]。

国内外研究表明,影响成形件品质的主要因素有以下几个,如图6-42所示。其中激光功率、激光束的扫描策略、扫描速度、扫描迹线间距、铺粉厚度和成形层高等参数对成形过程有重大影响[35]。

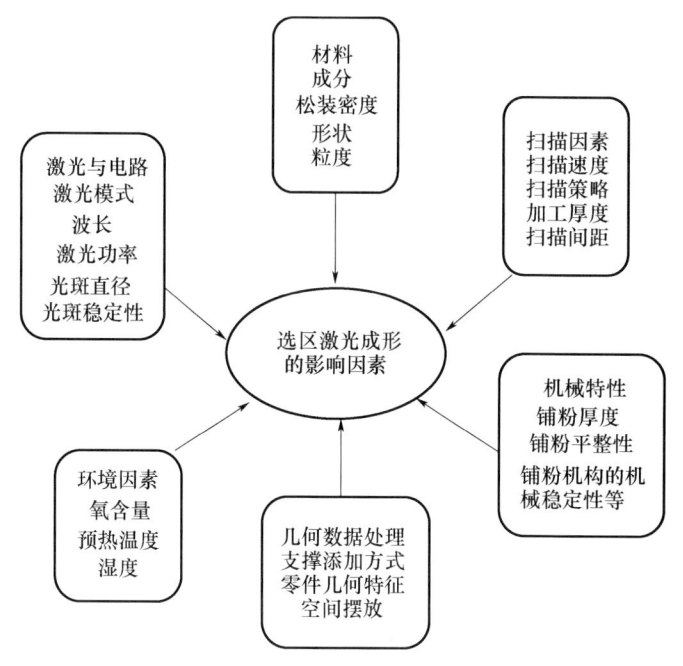

图6-42 选区式激光成形的影响因素

激光功率主要影响激光作用区内的能量密度[36]。能量密度的高低与成形件的性能有着直接关系。能量密度越高,就会产生越高的工作温度和足够的液相,降低粘度和表面张力,物质迁移较快,空隙率减少,因此可以获得高致密度的零件。但能量密度过高,产生过量的液相,给尺寸的控制带来较大的困难,牺牲了精度;并且产生较大的温度梯度和球化效应,容易导致成形件的翘曲变形、分层,甚至难以成形。能量密度过低,则液相量偏少,粘度太高,颗粒的重排速度过慢,成形件空隙率太高难以达到全致密,导致成形件力学性能太差。

提高扫描速度后,球化现象大大减轻,组织更为细密,当扫描速度大于一定值时,球化现象可以忽略不计。因此,应采用较高的扫描速度,以便消除球化现象,提高成形表面的致密度,降低表面粗糙度。

扫描间距是指相邻两条扫描线间的距离。它的大小直接影响到传输给粉末能量的分布、成形体的精度。成形件的表面形态主要受扫描间距的影响,而其他参数的影响相对较小,扫描间距减小,成形件的表面容易从波纹状转向光滑,致使成形件表面粗糙度降低。由于采用的激光束是近高斯光束,在光斑中心的激光功率密度最高、边缘处最低,为保证完全熔化选区内的金属粉末,选取的扫描间距通常比激光聚焦光斑直径较小,使两次扫描过程发生部分重熔。

6.3.2 组织与性能

选区式激光成形件的材料性能受粉末成分、工艺参数的影响。SLS 与 SLM 的工作原理、成形过程等都基本相同,但二者成形件的微观组织和性能却有较大的差别,本节分别介绍成形件的微观组织及性能。

1. 选区式激光烧结的组织与性能

选区式激光烧结成形件的组织和性能与工艺参数的选取有重要关系,为了获取具有良好力学性能的成形件,工艺参数的选取至关重要。在金属粉末 SLS 过程中,在 SLS 工艺参数中,激光功率同扫描速率对成形品质有显著影响[37]。

高激光能量密度不仅能提高单个脉冲的能量,而且能增加总的输入能量。单个脉冲能量的提高有利于液相的铺展和流动;总输入能量的增加有利于生成足够的液相,进而改善烧结线之间的粘结,降低表面粗糙度。需要指出的是,对于一定的粉层厚度,若激光功率偏小,则粉末烧结厚度降低,致使层间连接性变差,导致烧结体脱层;若激光功率偏大,则烧结温度过高,粉层收缩增大,影响烧结体精度,严重时还会出现翘曲变形和开裂。因此,对激光功率的合理选择和有效控制是 SLS 成功的基础。

以铜基粉末成形为例,其他工艺条件均一致,只考虑不同激光功率和扫描速度对 SLS 显微组织的影响[38-40]。图 6-43 所示为烧结试样的致密度随激光功

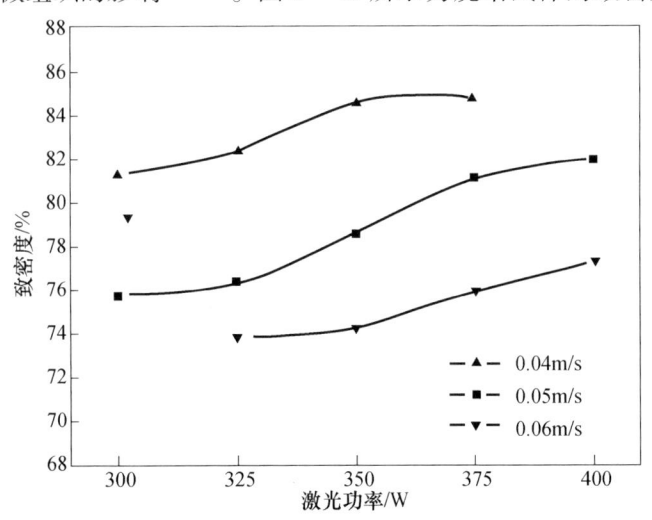

图 6-43 烧结致密度随激光功率及扫描速率的变化

率及扫描速率的变化关系[38]。可见,在一定的扫描速率下,烧结致密度随激光功率的增加而提高;而在较快的扫描速率下,增加激光功率对于改善烧结致密度则更为显著。而对于一定的激光功率,降低扫描速率则有利于提高烧结致密度。

随着激光功率和扫描速度的变化,激光烧结试样的显微组织有相应改变。研究表明[38],烧结试样均具有明显的网状枝晶组织。枝晶组织的连续性、均匀性及致密性会因工艺条件的不同而有所差异。图6-44表示烧结件试样在激光功率为350 W,扫描速率为40mm/s,其他烧结参数不变时的显微组织图,由图可看出烧结件形成了发达、均匀的枝晶组织,且枝晶生长连接成密、连续的网络。在相同激光功率下,当提高扫描速率时,实验可观测到形成的枝晶组织均匀性较差,且枝晶生长连续性降低,仅形成断续的枝晶网络。在保持扫描速率和其他工艺参数不变的情况下,提高激光功率,液相凝固则会形成较宽的带状枝晶组织,实验可观测到其连续性有所提高,形成相对致密的烧结表面,单条烧结线呈连续分布,且烧结线间的粘结性会有所改善。

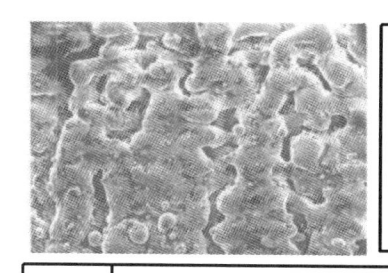

工艺条件	1. 其他因素不变,分析不同激光功率作用下烧结件试样的显微组织图; 2. 其他因素不变,分析不同扫描速度作用下烧结件式样的显微组织图。
评价标准	1.烧结件试样显微组织图的连续性、均匀性、致密度等因素随激光功率的变化情况; 2.烧结件试样显微组织图的连续性、均匀性、致密度等因素随扫描速度的变化情况。

图6-44　一定激光功率和扫描速度下烧结件试样的显微组织

扫描间距对SLS成形件也有显著影响。其他烧结参数固定,不同扫描间距条件下烧结试样横截面抛光后的显微组织如图6-45所示[39],图中箭头所示为激光束扫描方向。可见,试样显微组织特征(如相邻烧结线粘结性、孔隙形状及大小、孔隙率等)受扫描间距影响显著。当扫描间距为0.30mm(相邻扫描线之间未有交叠)时,形成平行于扫描方向的烧结线,单条烧结线中的凝固组织成断续的窄条状分布,而相邻烧结线之间几乎未有粘结,其间充满大量连续分布的孔隙。当扫描间距减至0.25mm(相邻扫描线的交叠率为8.3%)时,整个烧结组织仍成明显的条带状分布,但已不存在连续分布的横向孔隙;单条烧结线的组织连续性得以提高,而相邻烧结线间的粘结性亦有所提高,但其间仍分布有大量小尺寸孔隙。而当扫描间距降至0.15mm(相邻扫描线的交叠率为25%)时,烧结组织中不再出现单条线扫描轨迹,而是成光滑的平面状分布,组织均匀性显著提高;且其中仅分布有少量不规则孔隙,成形致密度较高。

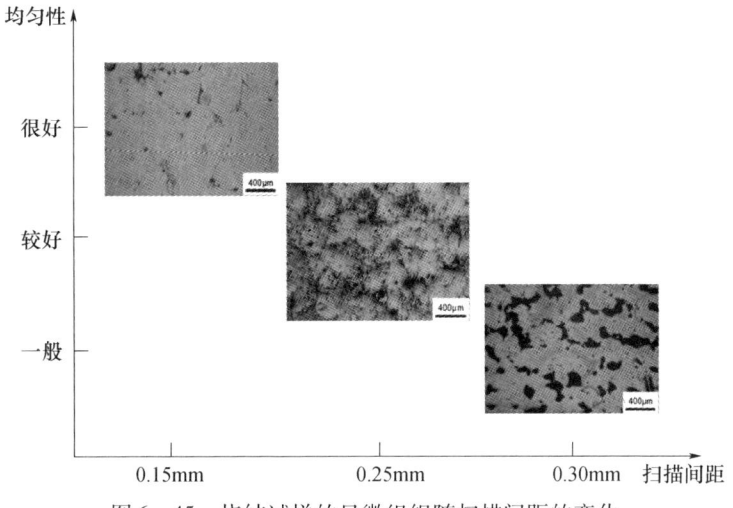

图6-45 烧结试样的显微组织随扫描间距的变化

图6-46所示为不同铺粉厚度条件下激光烧结试样断面抛光并腐蚀后的典型显微组织图[40]。图中烧结试样均具有较为明显的层状结构,而烧结组织中孔隙的形状、大小和分布方向,以及由此导致的层间结合性,随铺粉厚度的变化而有显著差异。在铺粉厚度为0.40mm条件下,烧结层之间隔有细长且连通的孔隙,表现出较差的层间结合性。当铺粉厚度降至0.30mm时,形成沿水平方向分布的致密烧结层,层间已无横向贯通的孔隙,而仅是非连续地分布有少量不规则形状的较大尺寸孔隙。在铺粉厚度为0.20mm条件下,烧结层之间已形成有效的粘结,其间无明显的孔隙分布,粉体激光烧结致密度及组织均匀性均得以显著提高。

研究表明,粉层厚度越薄,所获工件的致密度越高。大量试验结果表明,烧结试样的密度与粉层厚度成平方关系,基本趋势是随着粉层厚度的减小,致密度增加。但粉层厚度不能一味减小,当小于某个值时,铺粉滚筒装置往往会使已烧结层在其预先确定的位置上移动,进而影响烧结件的几何尺寸,这个问题在烧结起始阶段尤为严重。此外,由于松散状态下的金属粉末在激光烧结时会出现明显的收缩现象,故实际铺粉过程中应充分考虑粉末收缩效应对烧结件形状精确度的影响,逐层保留适当的尺寸收缩余量,有利于最终尺寸精度的提高。

另外,合理的粉床预热温度对于提高烧结致密度,降低残余热应力以及减少烧结件"翘曲"现象是有利的。值得注意的是,粉床预热温度需合理选择,不能太高,否则未被激光扫描到的粉末也会结块,不便于烧结件从其周围的粉末中取出。

	铺粉厚度0.40mm	铺粉厚度0.30mm	铺粉厚度0.20mm
连续性	较差	一般	较好
均匀性	一般	有所改善	较好
致密性	一般	水平方向较好	较好
孔隙	细长且连通的孔隙	少量大尺寸孔隙	无明显孔隙
显微组织	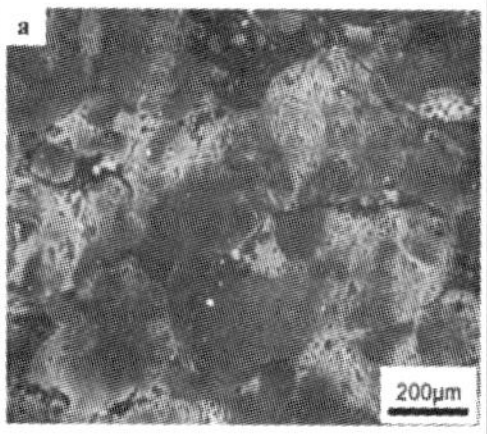 a	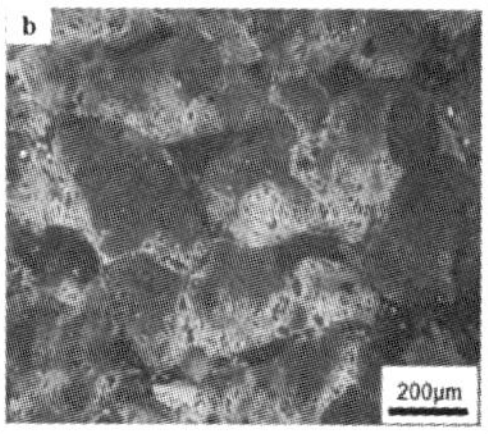 b	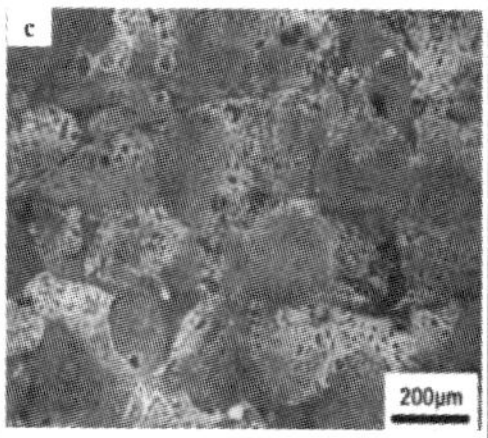 c

图 6-46　不同铺粉厚度下烧结件试样的显微组织变化

以 AISI316 不锈钢为例[42]，将 AISI316 不锈钢型坯在真空烧结炉中进行烧结，首先在 950℃ 的环境中进行了预烧结，型坯在 950℃ 前的升温速率设定为 10℃/min，而 950℃ 后的升温速率降至 5℃/min，直至最高温度达到 1300℃，然后保温适当时间，最后随炉冷却。对烧结后的 AISI316 不锈钢分别进行硬度测试和拉伸强度测试。硬度测试采用布氏硬度机，载荷为 3×10^4 kg，压头淬火钢球直径为 10mm，保压时间为 30s。拉伸测试采用程控万能力学试验机，加载速率为 3mm/min。测试前将烧结型坯制成哑铃状拉伸试样，有效标定尺寸为 50mm。采用扫描电镜观察型坯合金的显微组织，如图 6-47 所示[42]。

图 6-48 是 AISI 316 烧结坯的性能-烧结时间曲线图[42]。由图中可知，烧结坯的拉伸强度和显微硬度随烧结时间的延长而提高，结合型坯拉伸断口 SEM 形貌图（图 6-47）来看，烧结时间越长，颗粒的界面越少，烧结颈的数量也越多，且粗化程度越高，圆整程度也越高。因此，型坯的拉伸强度必将随着上述因素的改善而提高。烧结型坯属于孔隙材料，其受力的形变比较复杂，总体上讲，由于粉末颗粒的分布随机性，烧结颈的尺寸分布和颈轴方向分布也具有随机性，因而在拉伸力的作用下，烧结颈的轴向与力轴的方向存在夹角，甚至相互垂直，烧结颈就会因其轴向具有向外力轴方向趋近的特点而相互协调，但由于其尺寸的不均匀，变形程度有所不同，一般而言，小尺寸烧结颈会尽量迁就大尺寸的烧结颈，产生较大的变形量，从而易于断裂。

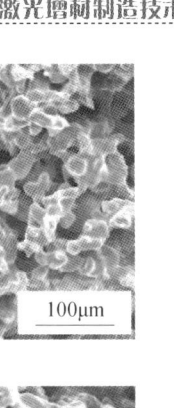

图 6-47　AISI316 不锈钢烧结试样的拉伸断口 SEM 形貌图片

(a)烧结 1h;(b)烧结 2h;(c)烧结 5h;(d)烧结 8h。

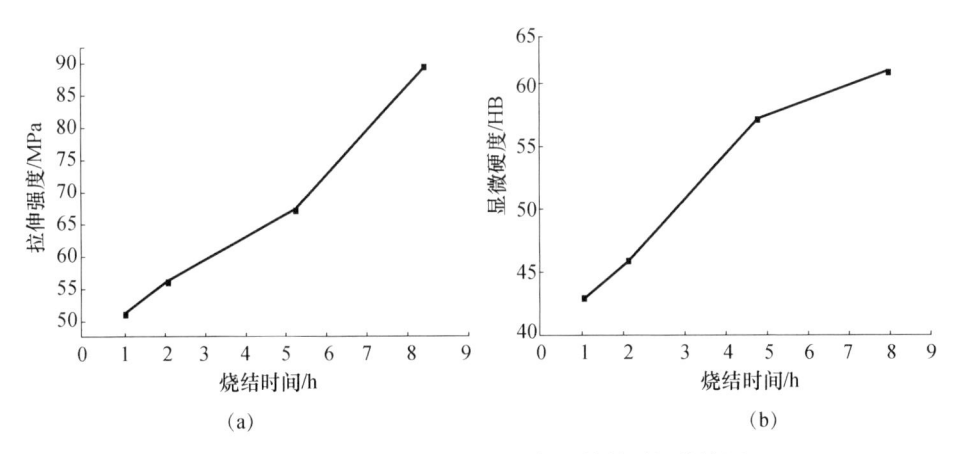

图 6-48　AISI 316 烧结坯的性能-烧结时间曲线图

(a)拉伸强度与时间的关系;(b)硬度与烧结时间的关系。

孔隙材料拉伸断裂一般都在烧结颈变形难于协调区域、烧结颈尺寸小和数量少的薄弱区域。图 6-49 为 AISI 316 型坯烧结密度与烧结时间的变化曲线,当烧结时间为 5h 时,烧结密度已达 6g/cm³ 以上,致密度为 77% 左右,此时许多孔隙已封闭,不利于后续的熔渗处理[42]。因此,如型坯需要熔渗(浸渍)处理,烧结时间为1h较合适,此时烧结颈已有所长大,且孔隙封闭现象较少。

2. 选区式激光熔化的组织和性能

SLM工艺通常采用普通单一成分的金属粉末,为了能用不含任何粘结剂的单一成分金属粉末来制造高密度的成形件,必须完全熔化粉粒[43]。如果这些粉粒仅部分熔化,高表面张力的作用会导致球化效应,出现空洞区,形成多孔结构,粉层不能充分致密化,成形件的密度无法高于粉层的密度,导致强度低和表面粗糙,如图6-50所示,无法满足用户的要求[44]。

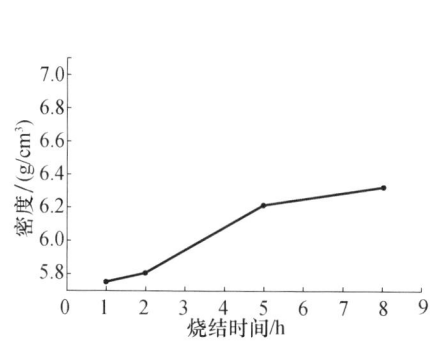

图6-49 AISI316不锈钢烧结件的密度与烧结时间的关系

图6-50 球化效应微观组织图

因此,SLM工艺过程中需激光器有足够的功率,以确保粉粒全部熔化。激光功率越高,激光作用范围内激光的能量密度越高,相同条件下,材料的熔融也就越充分,越不易出现粉末夹杂等不良现象,熔化区域的长度、宽度和深度也逐渐增加。扫描速度越高,金属粉末材料的熔化越不充分,熔化区域的尺寸越小。以选区熔化AlSi10Mg粉末为例,如图6-51为其他工艺参数不变、不同激光功率情况下,SLM工艺成形AlSi10Mg粉末试件的微观组织。不同激光功率和扫描速度下,SLM工艺熔化AlSi10Mg粉末的熔池尺寸的变化,如图6-52所示[45]。

SLM成形件的表面质量与扫描速度也有着密切的关系,高功率快速扫描时,表面粗糙,这是熔池中的对流造成的,而对流是熔池温度梯度所引起的表面张力梯度所致。低速扫描会增加熔池的驻留时间,减弱温度梯度、表面张力梯度及对流强度,粉末熔化充分,从而得到较好的表面粗糙度。但是速度降低的同时会增加,粉末吸收激光能量也增加,表面会产生明显的波纹状,影响表面的质量。激光功率一定($P=200W$)时,不同扫描速度下,SLM成形件表面质量的微观组织如图6-53所示[45]。

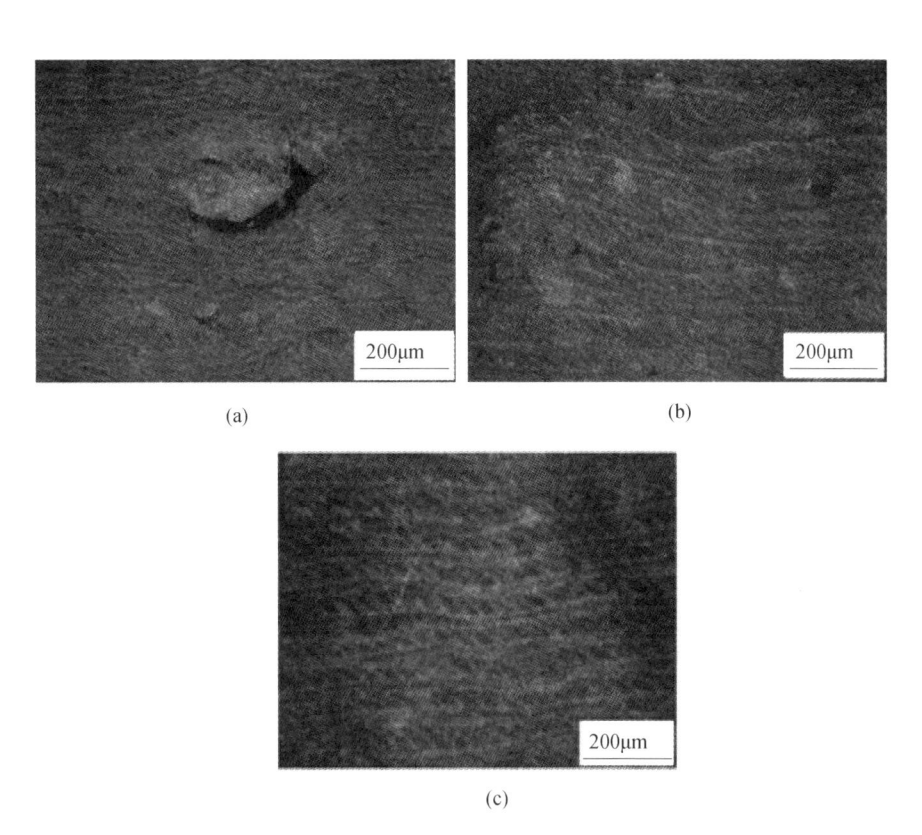

图 6-51 不同激光功率下 AlSi10Mg 成形的微观组织
(a) $P=150W$;(b) $P=200W$;(c) $P=250W$。

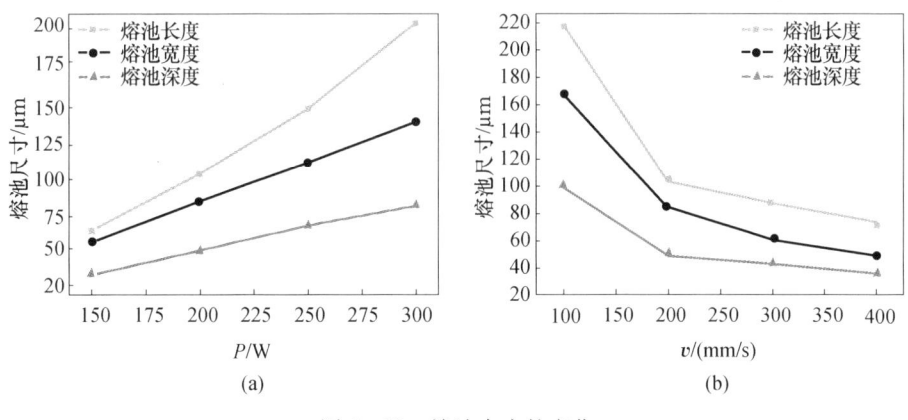

图 6-52 熔池大小的变化
(a) 不同激光功率;(b) 不同扫描速度。

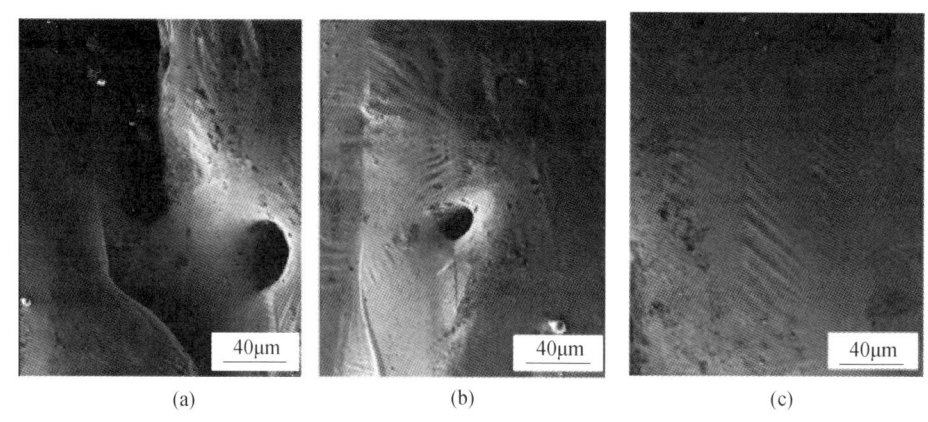

图 6 – 53　不同扫描速度下，SLM 成形件表面质量的微观组织
(a) $v=400\text{mm/s}$；(b) $v=300\text{mm/s}$；(c) $v=200\text{mm/s}$。

扫描间距也是激光直接成形工艺的一个重要参数，它对成形件的显微硬度有明显的影响，如图 6 – 54 所示[46]。当扫描间距逐渐增大时，成形件的显微硬度也呈递增趋势。然而，在到达最大值时有明显的回落。通过微观组织分析知，当扫描间距较小时，由于相邻烧结线的热影响，部分区域会产生回火或重熔，甚至会产生二次热作用。因此，微观组织结构较为致密，但是晶粒较大，导致微观硬度较低。当扫描间距逐渐增大时，晶粒生长时间相对较短，晶粒细小，在扫描间距接近最佳值时，使得成形件较为致密，最终实体微观硬度也逐渐提高，并且分布均匀。到扫描间距进一步增大，烧结线之间搭接过少，导致烧结实体的缺陷、空洞较多，微观硬度极为不均，整体硬度下降。

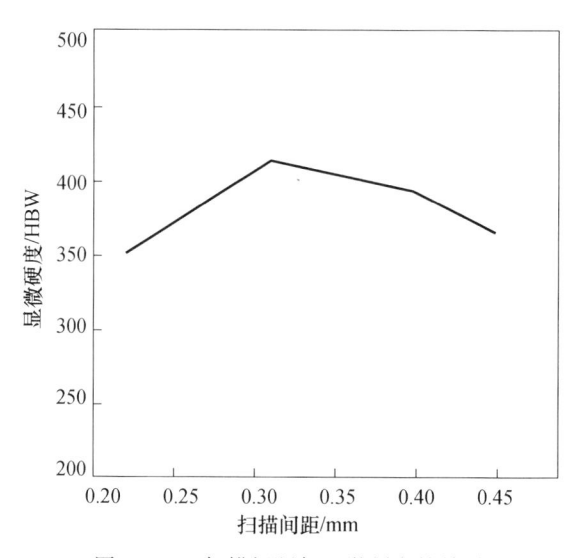

图 6 – 54　扫描间距与显微硬度的关系

铺粉厚度对选区激光熔化成形的影响也不可忽略。其他工艺参数固定不变,不同铺粉厚度对 SLM 成形微观组织的影响如图 6-55 所示[46]。铺粉厚度较薄时,扫描线表面的晶粒较为细小,而铺粉厚度较厚时,扫描线表面的晶粒变得粗大。这是由于,粉层较厚时,激光束的能量难以充分穿越粉层并与基板发生作用,这会造成热量累积于上层,而不能使粉末充分熔化,但热量又难以通过基板与周围粉末传导出去,造成了熔体过热,促进了晶粒的长大;而粉层较薄时,激光束的能量可轻易熔化粉末,并穿透粉层与基板发生作用,有效地增强了粉体与基材的熔合效果,此时,热量容易通过基板传递出去,有效地抑制了晶粒长大。

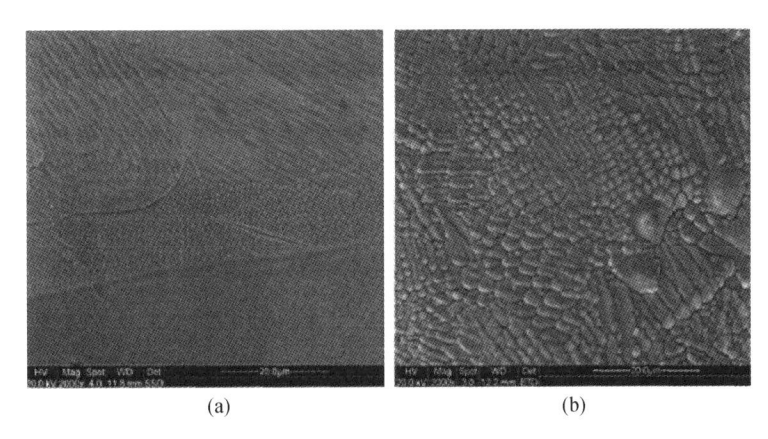

图 6-55 不同层厚下 SLM 成形微观组织
(a)铺粉厚度 0.05mm;(b)铺粉厚度 0.5mm。

预热是金属粉末选区激光熔化成形中一个重要环节,没有预热,或者预热温度不均匀,将会使成形时间增加,所成形零件的性能低和质量差,零件精度差,或使熔化过程完全不能进行。对金属粉末材料进行预热,可减小因熔化成形时在工件内部产生的热应力,防止其产生翘曲和变形,提高成形精度[47,48]。

由于金属粉末的熔化过程温度较高,为了防止金属粉末氧化,熔化时必须将金属粉末封闭在充有保护气体的容器中。保护气体有氮气、氩气及其混合气体。熔化的金属不同,要求的保护气体也不同。用保护性气体有效地屏蔽大气中氧气对熔化区的作用,以免熔化的润湿性因氧化皮层的形成而降低。

另外,在 SLM 工艺过程中,熔化金属粉末时,零件内部易产生较大的应力,复杂结构需要添加支撑以抑制变形的产生,并且零件性能的稳定性控制较为困难。在 SLM 零件直接成形过程中也要注意支撑的合理性、零件打印成形方向的合适性以及工艺参数的合理性。

经 SLM 净成形的构件,表面粗糙度值较低,可达 30~50μm,尺寸精度较高,可达 0.1mm,成形件的致密度接近 100%,SLM 制造出的工件具有较高的拉伸强度,较低的表面粗糙度值,较高的尺寸精度,综合力学性能优。对于钢材料的粉末选区激光成形,SLS 和 SLM 工艺的微观组织如图 6-56 所示[49,50]。

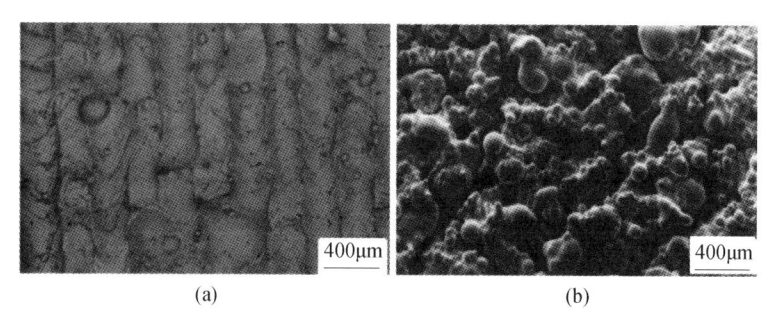

图 6-56 SLM 与 SLS 成形微观组织对比
(a)SLM;(b)SLS。

从图 6-56 中可以看出,SLM 工艺成形试样孔洞较少,组织较为致密。在最佳工艺条件下,SLM 工艺成形件的致密度、表面粗糙度、微观组织的均匀性等都要明显优于 SLS 工艺的成形件。高致密度的金属材料其力学性能往往优异于低致密材料,因此 SLM 工艺成形件的力学性能普遍较 SLS 成形件的力学性能要好,SLM 工艺是未来激光增材制造技术的主要发展趋势[51]。

晶粒的大小对金属的力学性能影响很大,一般是晶粒越细小,则强度和硬度越高,同时塑性和韧性也越好。以钛合金为例来阐述选区激光熔化成形试件的组织与力学性能[52-54]。图 6-57(a)为 Ti 6Al 4V 钛合金 SLM 制备态的立体显微组织,由于 SLM 成形是一个逐层生长的过程,SLM 制备态 Ti 6Al 4V 钛合金垂直于堆积方向($x-y$ 方向)截面与平行于堆积方向($x-z,y-z$ 方向)截面的显微组织明显不同。图 6-57(b)为垂直于堆积方向截面的显微组织,主要由针状马氏体 α′相以及 β 相组成。图 6-57(c)为平行于堆积方向截面的显微组织,主要由粗大的初生 β 柱状晶组织构成,柱状晶主轴基本沿材料堆积方向。晶内呈现典型的魏氏 α+β 板条组织[52]。

表 6-2 为不同加工状态下 Ti6Al4V 合金 SLM 成形件试样和锻造件试样的室温拉伸试验结果,可以看出 Ti6Al4V 合金 SLM 成形试样的强度高于同成分锻件,但塑性较差[53]。经退火处理后,材料塑性有所提高,强度略有降低,但综合性能优于常规锻件。这主要是由于退火后在一定程度上减轻了成形件内部的残余应力,同时 α 板条粗化,使得 Ti6Al4V 合金 SLM 成形试样的综合性能得到提高。

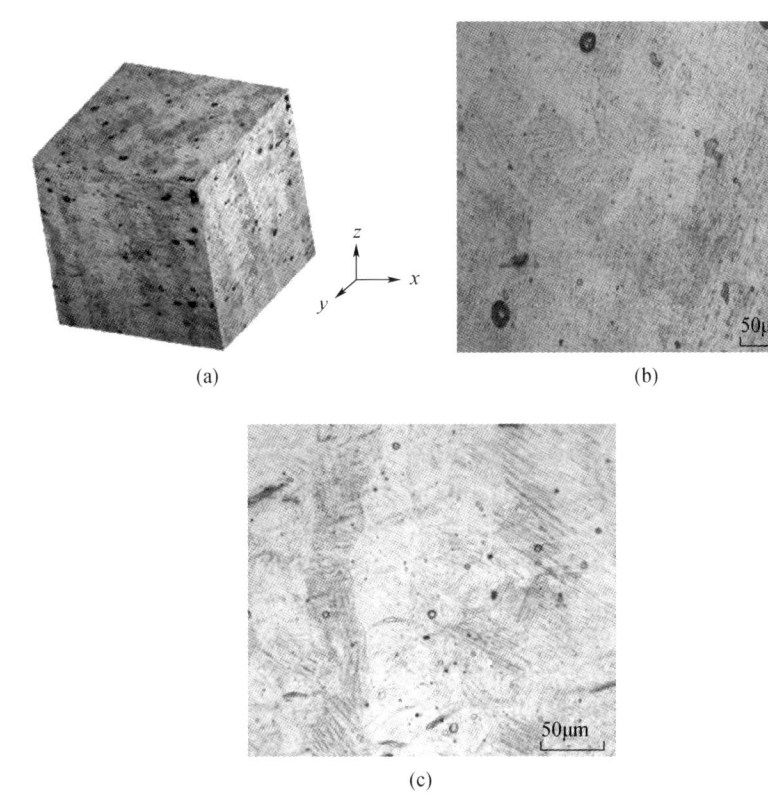

图 6-57 Ti6Al4V 合金 SLM 成形试样的显微组织

(a) 立体显微组织;(b) 垂直于堆积($x-y$)方向截面;

(c) 平行于堆积方向($x-z,y-z$)截面。

表 6-2　不同状态下 Ti6Al4V 合金的室温拉伸性能

状态/TC4	抗拉强度σ_b/MPa	屈服强度$\sigma_{0.2}$/MPa	延伸率/%
SLM 成形态	1390～1430	1250～1280	5.5～7.0
SLM 退火态	1110～1130	1080～1100	11.0～13.0
锻造	895	825	10.0

图 6-58 为 Ti6Al4V 合金 SLM 成形试样的拉伸断口 SEM 照片,断口形貌均呈现典型的韧窝特征,属于韧性断裂。图 6-58(a)为成形态断口,这部分断口由许多较平的小台阶面组成,在台阶面上和侧壁分布着浅而疏的韧窝。图 6-58(b)为退火态断口,可以看到韧窝深而密,材料的塑性得到改善,这与室温力学试验的结果相一致,拉伸强度达到了锻件标准[54]。

(a)　　　　　　　　　　　　　　(b)

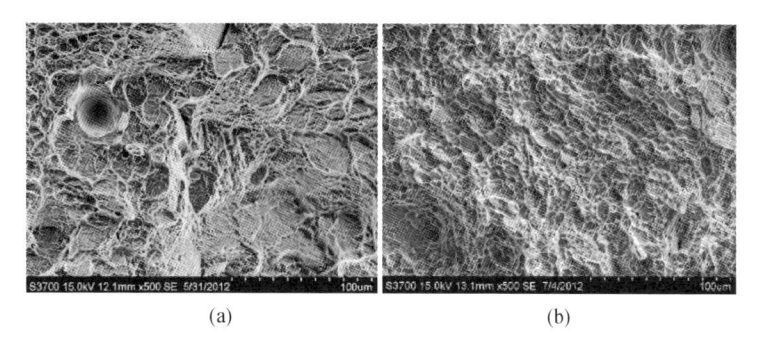

图6-58　Ti6Al4V 合金 SLM 成形试样的断口形貌
(a)成形态断口;(b)退火态断口。

6.3.3　缺陷分析及防止措施

1. 球化效应

由于球形具有最低的表面能,根据表面能最低原理,金属熔滴具有自发形成球形的趋势。所以在选区式激光熔化的过程中,沿着激光扫描方向金属熔滴会呈圆柱形,在特定的情况下,熔滴收缩为一排排的球形,该现象称为"球化效应",如图6-59所示。球化效应会导致熔化线间断,使得工件的内部孔隙增多,致密度减小,进而影响强度和尺寸精度。

图6-59为成形试样表面的微观形貌,可以反映出金属凝固时的球化特征。可以看出,成形表面不连续,被大尺寸金属球所分开。进一步对图6-59放大可以看到,大量细小的金属球表面较为平整,无大尺寸球化。然而,对微观区域进一步放大仍然可以发现大量具有不同的形状与尺寸的微细金属球体,从形状与尺寸上可以大致对球化分为椭球形和球形两类。椭球形具有非平整凝固结块特征,尺寸较大,500μm 左右;球形,具有较小的尺寸特征,10μm 左右。以上球化的分类以及从宏观与微观角度的分析,有助于进一步探讨其形成机理,进而提出合理工艺以减缓球化的形成[46]。

1) 形成机理

液相与固相接触时,根据润湿程度的不同,会形成不同的润湿角 θ。θ 越大,说明液相对固体表面的润湿性越差;θ 越小,说明液相对固体表面的润湿性越好。在选区式激光熔化的成形过程中,粉末熔化后的液态与固体基材之间的润湿性越好,成形制件的表面也就越平整;粉末熔化后的液态与固体基材之间的润湿性越差,成形制件的表面也就越凹凸不平。随着选区堆积的层数越高,表面不平整度越明显,导致致密度降低。$\theta > 90°$ 时,固液界面张力大于固/固和气/液之间的作用力,使得液态金属向球形收缩,容易产生球化效应。较大的激光功率,

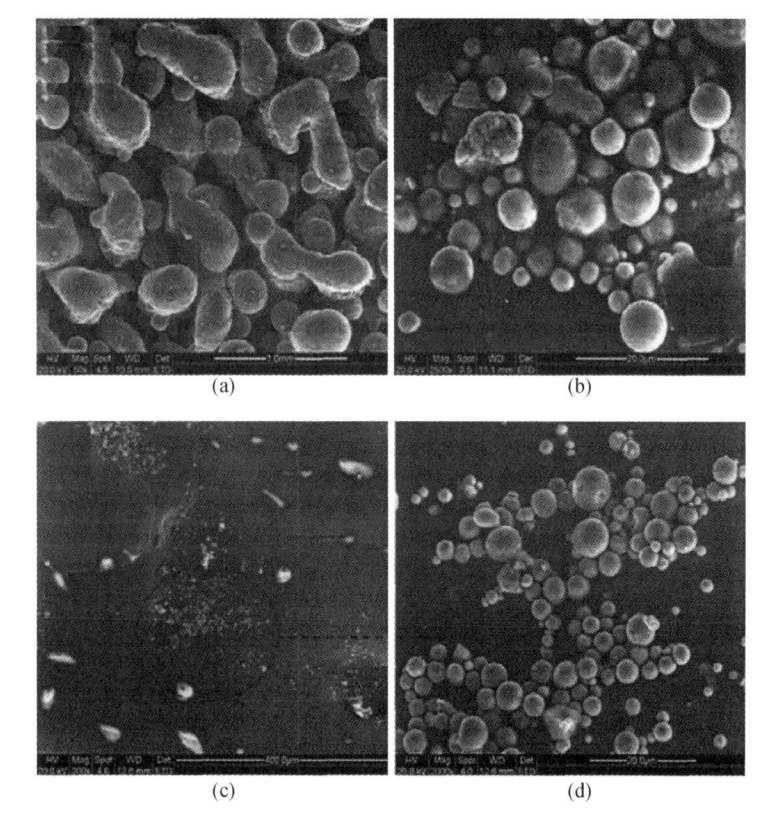

图 6-59 球化现象的微观扫描电镜照片
(a)大尺寸球化,500μm左右;(b)小尺寸球化,10μm左右;
(c)平整表面,无大尺寸球化;(d)小尺寸球化,10μm左右。

过低的扫描速度以及过大的粉层厚度,均能使得熔池内熔体形成球形的直径增大,导致球化效应。

2)防止措施

(1)选择合适的粉末与基板,保证二者具有良好的润湿性能。

(2)改善熔池保护效果。因为表面氧化后,会导致表面张力大大降低,液/固润浸的难度加大。

(3)选择合适的工艺参数。在特定范围内,使用较低的激光功率,适当增大扫描速度并适当减小铺粉厚度,以降低球化效应。

(4)优化扫描策略。避免单一方向的扫描方式[55]。

2. 孔隙

SLM 技术以制造近终端金属成品为目的。但是 SLM 技术的特点,使得成形过程中容易产生孔隙,如图 6-60 所示,从而降低金属件的力学性能,不利于成形制件的工程应用。因此,研究孔隙的形成机理以及孔隙率的影响因素对于提高成形件性能、提升 SLM 技术的实用性具有非常重要的作用[56]。

1)形成机理

选区式激光熔化过程实质是激光作用下合金粉末的快速熔凝。由于激光加工能量密度高、作用时间短的特点,使得粉末颗粒间空隙形成的气泡没有足够时间逸出,被凝固前端捕获之后,同时又有一部分粉末颗粒溶解于熔体中,并在熔池凝固时析出,形成孔隙。

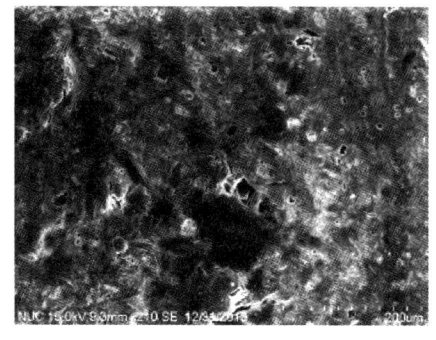

图 6-60 孔隙的显微组织图

2)防止措施

(1)减少气泡的产生。通过对粉末烘干、压制和加工过程中采用惰性气体保护熔池等措施,减小气泡来源。

(2)促进气泡的逸出。通过调整激光功率、扫描速度、扫描间距、铺粉厚度等工艺参数,为气泡的逸出提供足够的时间。

3. 裂纹

裂纹作为 SLS 的另一个重要缺陷,极大地影响了成形件的力学性能,甚至因为裂纹过多而使成形件报废,使得成本提高并严重地影响成品合格率。研究 SLS 技术裂纹的形成机理从而抑制和减少开裂问题,具有重要意义。

1)形成机理

在激光熔化过程中,随着光束的扫描,其作用区经历了固体粉末被加热至液态、液态熔池凝固成形及一系列热循环、冷却至室温的过程。在整个过程中,烧结层以及基材表面的过渡层中金属存在着体积收缩[57]。

当收缩产生的局部应力超过材料的强度极限时,就会产生裂纹。同时,在此过程中,若能量密度不足以熔化全部粉末,未熔化完全的粉末也会随着熔池的凝固而成为夹杂。使得该处的润湿性和结合强度降低,同时容易成为裂纹策源地,导致裂纹萌生并扩展,如图 6-61 所示[58-60]。

2)防止措施

(1)选择线膨胀系数差异小的粉末和基体。避免由于材料线膨胀系数的不同,引起较大残余应力,从而减小裂纹萌生倾向。

(2)加工前进行预热。通过对基体和粉末的预热,降低温度梯度,从而减小温度梯度导致的残余应力,改善开裂倾向。

(3)合理选择工艺参数。SLS 技术中对加热、凝固和冷却过程产生影响较大的参数有激光功率、扫描速度、铺粉厚度、扫描间距等。通过工艺优化,改善其对成形制件的开裂倾向,从而减轻裂纹。

(4) 改善合金成分。通过添加能增加其韧性相的某种或几种合金元素,提高其抗裂纹能力,抑制开裂的倾向。

4. 翘曲

翘曲是选区式激光熔化成形过程的另一个重要缺陷。翘曲变形会造成很大的尺寸、形位公差,对成形精度影响极大,有必要对翘曲的成形机理和防止措施进行研究。

1) 形成机理

激光与金属粉末相互作用,粉末吸收激光能量并熔化。熔体在熔池表面张力梯度效应下产生对流运动,通过热扩散及热对流,温度迅速降到室温。在这个过程中,由于金属粉末粒子多次转换过程和物质的流动,不可避免地会发生收缩。而收缩的先后次序和收缩量的不同,将会造成成形试样出现翘曲现象,如图6-62所示。收缩量越大,翘曲趋势就越大。其收缩量主要是由物相的变化、温度的变化和激光能量的变化引起的[61]。

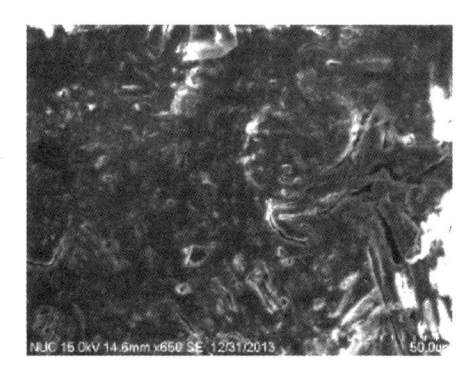

图6-61 SLS中的裂纹缺陷 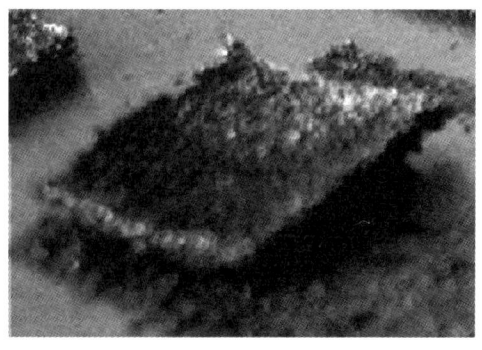　　图6-62 选区式激光成形中的翘曲现象

2) 防止措施

(1) 对合金粉末均匀化处理和铺粉压实处理。以此减小收缩率,进而减轻翘曲的出现。

(2) 加工前进行预热。对基体和粉末进行适当的预热,尽量减小因激光的能量分布造成的温度梯度。

(3) 选择合适的工艺参数。通过对激光功率、扫描速度、扫描间距及铺粉厚度等工艺参数的合理配置,以降低成形件的翘曲变形。

(4) 优化扫描策略。扫描方式将直接影响加工面上的温度场分布,会使得工件经历不同的热循环。有研究表明采用长边异向路径扫描时,能够降低甚至消除样件中残余应力的作用,大大减少样件的翘曲现象[62]。

5. 飞溅

选区式激光熔化成形过程中,随着金属粉末吸收能量的增加,其温度急剧上升,粉层内部受热膨胀,压力急速上升,产生一个强大的反冲力,这种反冲力导致部分粉末飞离出成形件,即所谓的"飞溅"。

1)形成机理

由于激光加工高能量密度的特点,容易使得激光作用范围内的粉末汽化,并且与周围的空气一起膨胀产生爆炸现象,导致飞溅。SLS 过程中,过高的激光功率和较小的光斑直径都会增大能量密度,导致飞溅[63,64]。此外,粉末特性也会影响飞溅现象的产生,金属粉末颗粒间的缝隙越大,汽化粉末和空气的接触概率就越大,所以大小不均匀的粉末也会导致飞溅现象[65],如图 6-63 所示。

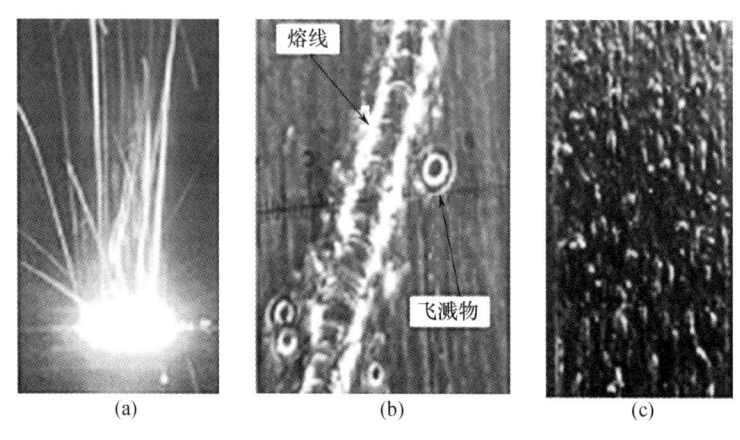

图 6-63 选区式激光成形中的飞溅现象

(a)成形过程中的飞溅;(b)对单道熔线形貌的影响;(c)对相互搭接熔线形貌的影响[65]。

2)防止措施

(1)对粉末进行均匀化和铺粉压实处理。以此减少粉末间隙中的气体,从而降低汽化粉末和空气的接触机会,以便减少飞溅现象。

(2)进行工艺优化。飞溅产生的根本原因是能量密度过高,所以可以通过降低激光功率、增大扫描速度和改变光斑直径等途径,降低能量密度,避免飞溅[66]。

6.3.4 热处理对成形件组织和性能的影响

由于选区激光成形技术涉及复杂的冶金过程,金属粉末在高速移动的激光束扫描下,瞬间熔化、凝固、冷却,成形件内部不可避免产生较大的残余应力,而且容易产生气孔和熔合不良等缺陷。图 6-64 为 316 不锈钢选区式激光熔化成形后沉积态的缺陷特征图。选区式激光熔化 316 不锈钢沉积层的典型缺陷分为熔合不良缺陷和气孔缺陷。熔合不良缺陷的形状为曲线长条状,长度约为 100~20μm,宽度约为 2~10μm,如图 6-64(a)所示,产生这类缺陷主要是由于成形过程中能量输入不足或者搭接率、重熔率不足,从而使相邻两沉积层或沉积道未完全熔合在一起。气孔缺陷的形状多为球形,典型尺寸为 10~60μm,如图 6-64(b)所示,产生这类缺陷的主要原因是在成形过程中熔池中的气体在快速凝固的短时间内来不及逸出,或是激光能量过大产生金属蒸气而产生气孔。

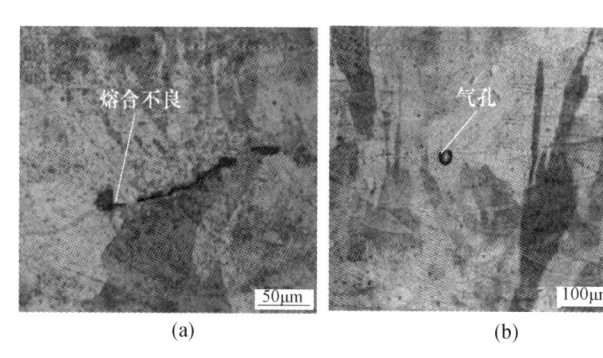

图 6-64 选区式激光熔化 316 不锈钢沉积态缺陷
(a)熔合不良;(b)气孔。

熔合不良和气孔等缺陷会影响样件的组织形貌和力学性能,而热处理是调控选区式激光成形件的组织形貌和力学性能的重要手段[67,68],以选区式激光熔化 316 不锈钢沉积态、400℃/3h 退火态、900℃/3h 退火态以及热等静压态(HIP)为例,阐述不同热处理机制对组织和室温拉伸性能的影响规律。

1. 热处理对 316 不锈钢组织的影响

图 6-65 为选区式激光熔化成形 316 不锈钢沉积态在经 400℃/3h 退火后的低倍显微组织形貌图。退火状态的显微组织均为沿沉积方向生长的柱状晶,由粗大柱状晶和小晶粒组成,小晶粒有向柱状晶发展的趋势,熔池叠加特征非常明显;沉积态经 400℃/3h 退火后,粗大柱状晶比较完整,熔池叠加特征比较明显,整体上来看没有明显的变化;沉积态经 900℃/3h 退火后,部分粗大柱状晶演变为较为细长的柱状晶,黑白柱状晶呈较为均匀的间隔分布,且难以观察到明显的熔池叠加特征。两种退火态相比较,900℃/3h 退火态的柱状晶更为细长,长宽比最大[69]。

图 6-65 激光选区熔化 316 不锈钢在 400℃/3h 退火状态下的组织形貌

图 6-66 所示为同一尺度下激光选区熔化沉积 316 不锈钢沉积态和热等静

压后的气孔分布图[69]。从实验观测到,热等静压态的组织由细长柱状晶和小晶粒组成。与沉积态比较,热等静压态组织由粗大柱状晶演变为细小柱状晶,长宽尺寸均有减小,并有等轴化的趋势,熔池叠加特征已不明显;与退火态相比,柱状晶更为细小。在缺陷方面,热等静压态熔合不良缺陷没有明显的变化,而气孔有一定的减少,图6-66中气孔率由沉积态的1.1%降到0.8%。这这是由于热等静压本身是一个致密化和均匀化的高温高压过程,从而使材料更为致密。

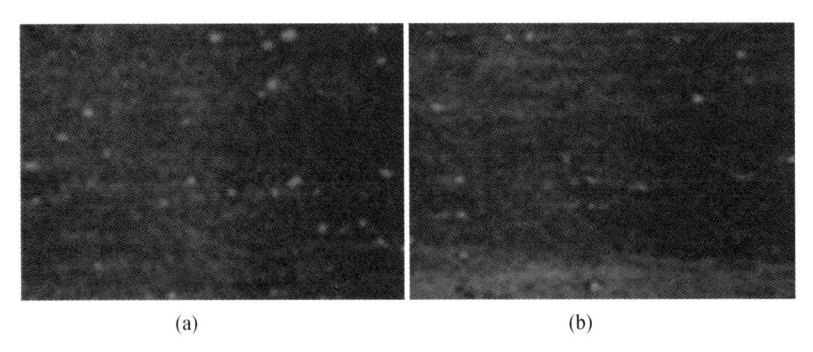

图6-66 激光选区熔化316不锈钢热的气孔分布图
(a)沉积态;(b)热等静压。

2. 热处理对选区式激光熔化成形316不锈钢拉伸性能的影响

分别制备出选区式激光熔化成形316不锈钢沉积态,及其经400℃/3h退火态、900℃/3h退火态和热等静压态处理的4种状态的板状拉伸试样,并进行拉伸强度试验,试验结果如图6-67所示。可以看出,4种状态拉伸强度均超过锻件标准,相对应的延伸率均接近或超过锻件标准。相对于沉积态,400℃/3h退火态的强度略有提高,纵向延伸率提高了30%,横向延伸率有所降低;900℃/3h退火态的强度有一定的降低,特别是屈服强度降低了100MPa左右,而纵向和横

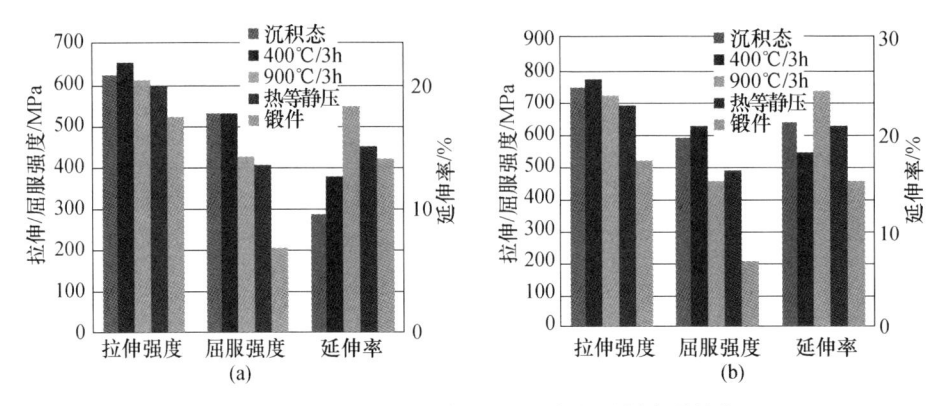

图6-67 选区式激光熔化316不锈钢试样力学性能
(a)纵向;(b)横向。

向延伸率均有明显的提高;热等静压态的强度也有大幅度的降低,纵向延伸率提高了约57%,而横向延伸率略有提高。通过4种状态的力学性能比较可知,900℃/3h 退火态的强度与延伸率匹配更佳。

从图6-67中还可以看出,所有状态的纵向强度和延伸率都低于横向,说明选区式激光熔化316不锈钢沉积态存在各向异性,且通过三种热处理后各向异性仍然存在,这与柱状晶生长方向有关。4种状态相比较,热等静压态的各向异性差异最小,其横纵向拉伸强度差值和塑性差值小于其他三种状态,这可能与部分柱状晶等轴化趋势有关。图6-68为选区式激光熔化成形316不锈钢不同状态下的纵向室温拉伸断口形貌,可以看出,4种状态试样的拉伸断口均存在韧窝,表明试样在断裂前发生了一定的延伸形变。

如图6-68(b)(c)所示,沉积态和400℃/3h 退火态宏观拉伸断口的变形不明显,微观断口是由平滑断裂小平面和少量韧窝组成,属于准解理断裂;而如图6-68(d)(e)所示,900℃/3h 退火态和热等静压态的宏观断口有明显的延伸率变形,微观断口上韧窝较多,尤其是900℃/3h 退火态最多,表面起伏最大,其韧窝比其他三种状态的韧窝更深更大,且大韧窝中还有很多小韧窝,这就反映了900℃/3h 退火态拉伸强度降低但延伸率升高的特点[69,70]。

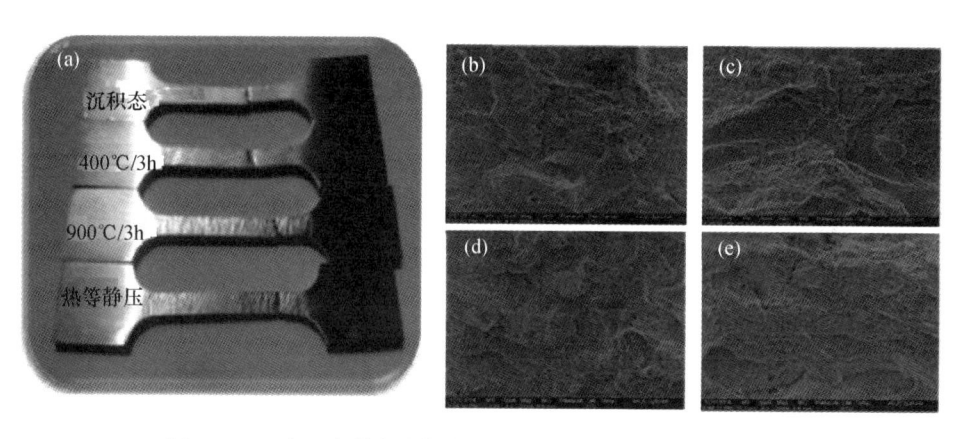

图6-68 选区式激光熔化成形316不锈钢不同状态断口形貌
(a)拉伸试验;(b)沉积态;(c)400℃/3h 退火态;
(d)900℃/3h 退火态;(e)热等静压态。

6.4 激光增材制造温度场数值模拟

激光增材制造过程中,熔池及其周围材料的温度梯度和冷却速率对分析理解材料凝固后的微观组织和性能非常重要。成形过程中的稳定性在很大程度上也取决于熔池尺寸的控制精度。另一方面,激光直接沉积成形过程中的变量参数众多,例如激光功率、光斑直径、激光扫描速度、送粉率、材料热物性参数(吸收率、热导率、比热、潜热等)、基板尺寸、初始基板温度等。采用系统的实验研究耗时耗力,而数值建模求解是一个非常有效的办法。激光直接沉积成形过程中温度场演化过程决定了材料的微观组织演化,而微观组织很大程度上决定了最终材料表现出的力学性能。因此可以通过改变材料的热历程来优化改进最终成形零件中的微观组织结构和力学性能。

以1Cr13不锈钢的激光直接沉积成形为例,对激光增材制造过程进行温度场的仿真模拟。基板材料采用316不锈钢,主要的相为奥氏体,主要热物性参数如表6-3所列[70,71]。金属粉末材料为水雾化1Cr13不锈钢粉末,粒度为30~90μm。主要热物性参数如表6-4所列,可以看出它与基板材料316不锈钢的热物性参数相差不大。首先通过有限元方法建立基于ANSYS的激光直接沉积成形过程的数值模型,模型中考虑了热物性参数随温度的变化以及材料熔凝过程中的潜热。然后使用此模型求解了激光直接沉积成形薄壁件过程中的温度演化过程,从而分析热历程自身的演化规律以及工艺参数对热历程的影响规律。

表6-3 316不锈钢主要热物性参数

参数	数值	参数	数值
密度/(kg/m^3)	8×10^3	固相温度/K	1643
比热容/(J/(kg·K))	500	液相温度/K	1673
热导率/(W/(m·K))	21.5	潜热/(J/kg)	3×10^5

表6-4 1Cr13不锈钢主要热物性参数

参数	数值	参数	数值
密度/(kg/m^3)	7800	固相温度/K	1750
比热容/(J/(kg·K))	460	液相温度/K	1800
热导率/(W/(m·K))	24.9	潜热/(J/kg)	3×10^5

6.4.1 温度场有限元计算模型

1. 基本假设

在建立激光直接沉积成形薄壁件有限元模型的过程中,做了如下主要假设。

(1) 激光束能量分布假设为高斯分布[72]:

$$q(r) = \frac{2Q}{\pi \cdot r_b^2} e^{-\frac{2r^2}{r_b^2}} \quad (6-3)$$

式中:Q 为激光功率;r_b 为光束半径。

由于金属粉末颗粒在运动到熔池过程中会吸收一部分激光能量,剩余能量中还有一部分被熔池表面吸收。模拟中为了简化,激光能量的输入以平均热流密度的形式加载在材料表面:

$$\alpha q_m = \frac{\alpha}{\pi \cdot r_b^2} \int_0^{r_b} q(r) \cdot 2\pi r \cdot dr \quad (6-4)$$

式中:α 为吸收系数;αq_m 为加载的平均热流密度。将式(6-3)代入式(6-4)计算化简即可得到平均热流密度。

(2) 由于金属表面通过对流和辐射方式与环境进行热交换,使得问题成为高度非线性问题,为了综合考虑边界辐射和对流,此模型中通过一个综合表面散热系数 h_c[73] 来考虑:

$$h_c = 2.41 \times 10^{-3} \varepsilon T^{1.61} \quad (6-5)$$

(3) 实验过程中,基板一般放在绝热材料上,因此在数值模拟过程中,基板的下表面采用绝热边界条件。

(4) 不考虑熔池内液态金属的流动。

2. 数学模型

激光直接沉积成形过程中,工件的温度场分布 $T(x,y,z,t)$ 可以通过数值求解热传导控制方程和相应的边界及初始条件得到。在求解激光直接沉积成形过程中的温度场时,根据假设(1),激光能量以面热源的形式加载在材料表面,并且根据假设(4),不考虑材料内物质对流,此时控制方程为[74]

$$\frac{\partial(\rho c T)}{\partial t} = \frac{\partial}{\partial x}\left(\kappa \frac{\partial T}{\partial x}\right) + \frac{\partial}{\partial y}\left(\kappa \frac{\partial T}{\partial y}\right) + \frac{\partial}{\partial z}\left(\kappa \frac{\partial T}{\partial z}\right) \quad (6-6)$$

式中:ρ、c、t 和 κ 分别为材料的密度、比热容、时间和热传导率。

初始条件下基板的温度为环境温度,所以基板的初始条件为[75]

$$T(x,y,z)\big|_{t=0} = T_a \quad (6-7)$$

式中:T_a 为环境温度。

根据假设(2),边界上的对流和热辐射用通过一个换热系数 h_c 综合考虑,因此在与空气接触的边界上,边界条件为

$$k(\nabla T \cdot \boldsymbol{n})\big|_S = h_c(T - T_a)\big|_S, S \notin \Omega \quad (6-8)$$

式中:$\boldsymbol{n}$ 为表面上的法向量;S 为工件表面;Ω 为激光束照射的表面区域。在激光照射区,移动的激光束可以通过表面热源边界条件进行加载:

$$k(\nabla T \cdot \boldsymbol{n})\big|_S = \alpha q_m, S \in \Omega \quad (6-9)$$

3. 几何模型与网格划分

成形薄壁件具有几何和载荷的对称性,因此可以建立半几何模型,在对称面上加载绝热边界条件,建立如图 6-69 所示的有限元模型。成形 50 层材料,每一层长度 51mm,层高为 0.5mm,薄壁的设计宽度为 3mm。基板的尺寸为 80mm × 40mm × 20mm。模型中单元使用 SOLID70 八节点单元。通过 ANSYS 参数化设计语言 APDL 编程,控制热流边界随着时间和加载位置的变化来实现激光束的移动[76]。

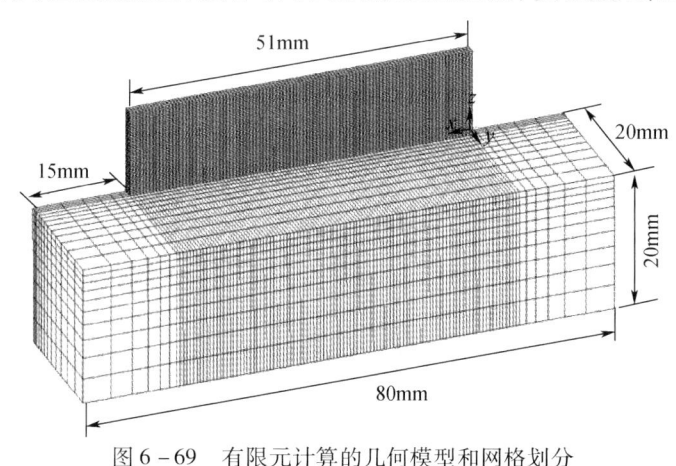

图 6-69 有限元计算的几何模型和网格划分

4. 求解设置

初始求解时,将所有单元节点的初始温度都设为环境温度 T_a,薄壁单元全部"杀死",处于未激活状态,计算过程中未激活的单元的刚度矩阵为 **0**,因此相当于对计算结果不产生影响。如果有预热过程,则激光沿运动轨迹来回扫描预热。当成形过程开始时,金属粉末被连续送入由激光照射基板产生的熔池中,此时在计算每一个时间步前,程序更新激光加载边界条件并激活相应的单元,从而模拟成形过程中材料的增加,如图 6-70 所示。当完成该成形过程后,不再加载表面热流,自然冷却至环境温度。计算流程图如图 6-71 所示[77]。

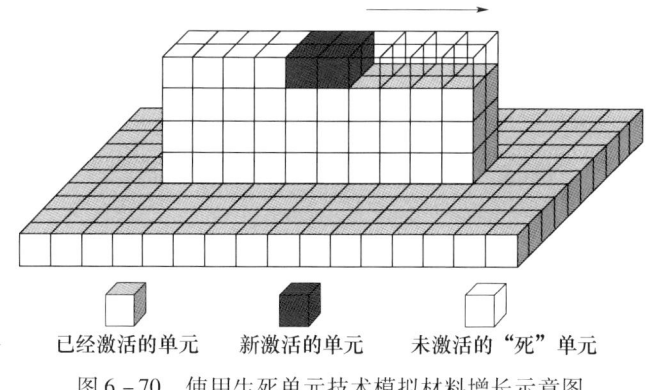

图 6-70 使用生死单元技术模拟材料增长示意图

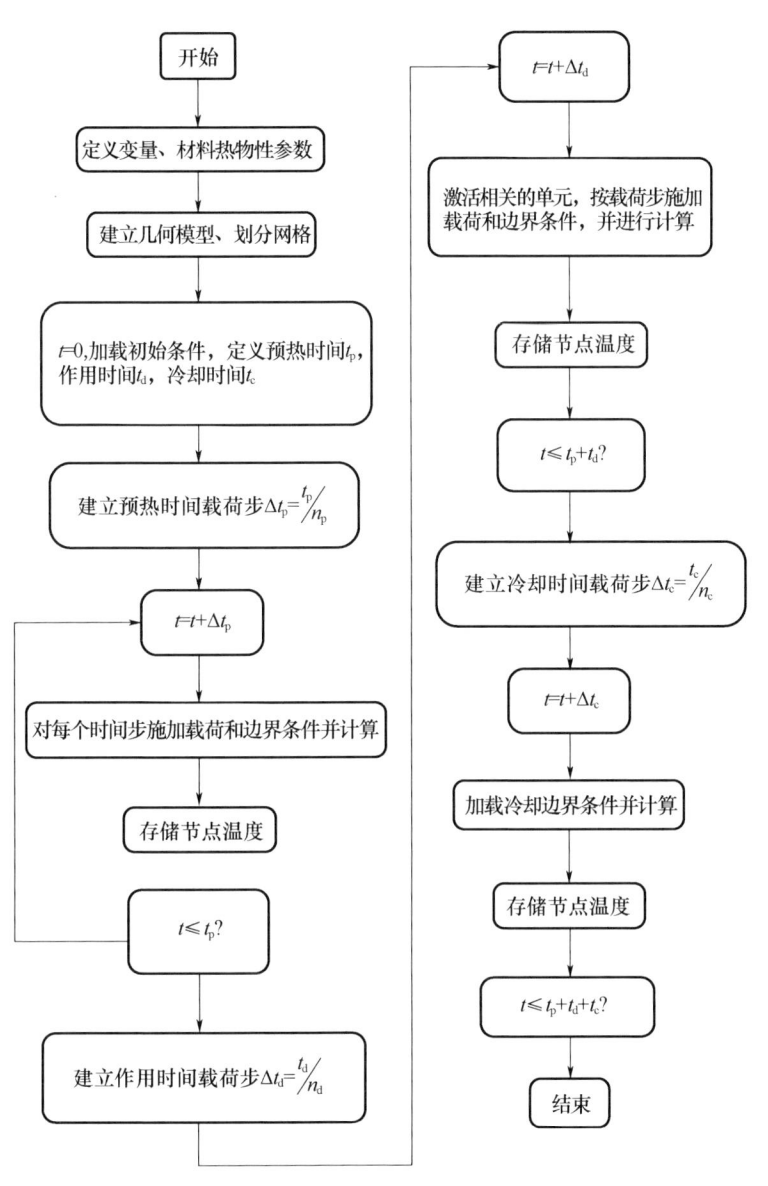

图 6-71 主要计算步骤流程图

5. 计算结果与实验对比

计算中采用与实验相同的几何参数和工艺参数,图 6-72 所示为模型计算与实验结果图 6-12 对比,可以看出每个热循环的温度上升过程的实验测量结果和数值计算结果非常吻合,而每个热循环下降过程中,计算结果比实验测量结果下降时间略早,这可能是由于在计算过程中将能量分布以平均热流密度的方式进行加载造成的。实验结果与模型的计算结果总体吻合较好,说明此有限元模型可以用来计算研究激光直接沉积成形过程中的热历程。

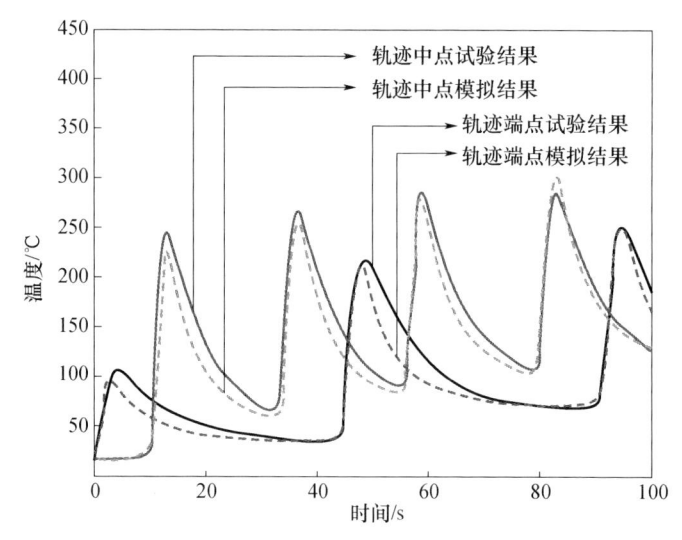

图 6-72 基板中特定位置温度历程的数值计算与试验测量结果对比

6.4.2 热历程演化规律

1. 工件中不同位置的热历程演化规律

为了分析工件中不同位置的热历程特点,成形薄壁件中的关键特征点选择如图 6-73 所示,A 和 E 位置是光束中心沿 x 方向移动轨迹的两个端点。B、C、D 位置平均分布在 A 和 E 位置中间,A、B、C、D、E 的 x 轴坐标值分别为 1.5mm、13.5mm、25.5mm、37.5mm 和 49.5mm。不同位置的点用"符号 + 数字"的方式进行表示,符号即 A、B、C、D、E 表示在 x 方向上的位置,数字表示位置所处的层数(y 坐标均为 0)。例如,C2 表示第 2 层的中心位置,这样,可以通过对这些代表性位置的材料的热历程进行研究,从而得到整个成形过程中材料的温度演化过程[77]。

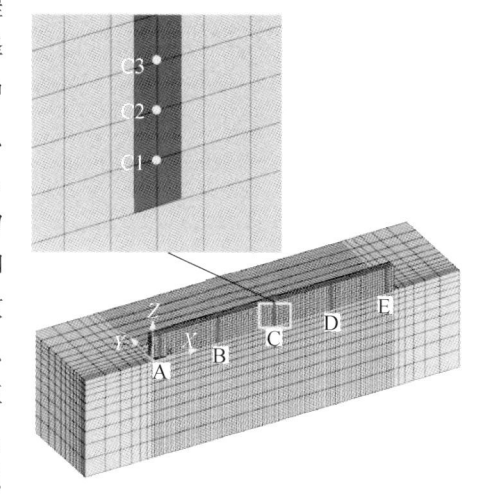

图 6-73 关键特征点位置示意图

在分析不同位置热历程时,计算参数为:扫描速度 3 mm/s,激光功率密度 27.55 W/mm²。第 5 层五个代表点位置材料的热历程如图 6-74 所示,可以看出,热历程是由一个一个的热循环组成,B5 和 D5 点材料的热历程在初始阶段包含双峰热循环,随着层数的增高、薄壁件的增高、双峰效应越来越不明显,直至最终消失。当第 5 层以上成形的材料达到某一厚度时,双峰热循环变为单峰热循环。在第 5 层的五个关键位置中,除了 C5 位置以外的所有点材料的热循环的周期是 C5 的二倍。这是由于特殊的加工轨迹造成的,同时可以看出,尽管不同位置的热循环特征不同,但是在分析过程中,都可以当成是一个一个的热循环从而逐个进行分析处理。

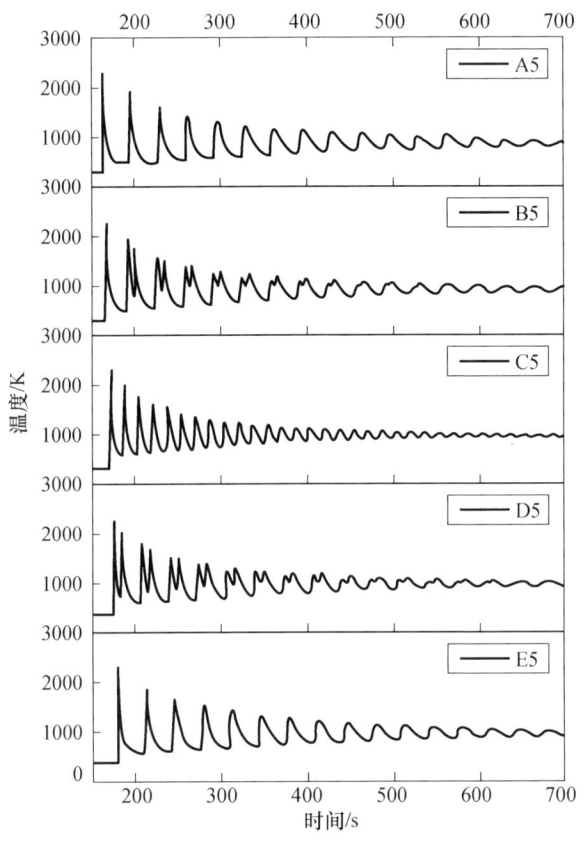

图 6-74 第 5 层不同位置材料热历程

图 6-75(a)(b)(c)所示分别是计算的第 1 层、第 5 层、第 10 层的 A、B、C 位置的热历程。可以看出,不同层相同位置的热历程是类似的,它们都是由一个一个的热循环组成并且具有相同的演化规律。在每一个热循环中,当激光束移动到相应位置的上方时,热循环中的温度值达到峰值,当光束移开后,温度减小,直到一个波谷值。随着更多层的不断成形,温度的波动会越来越小。峰值温度也随着成形高度的增加及激光光束的上移逐渐减小。而每一个热循环中的最小值是逐渐增加的,当成形结束后,工件自然冷却到室温。

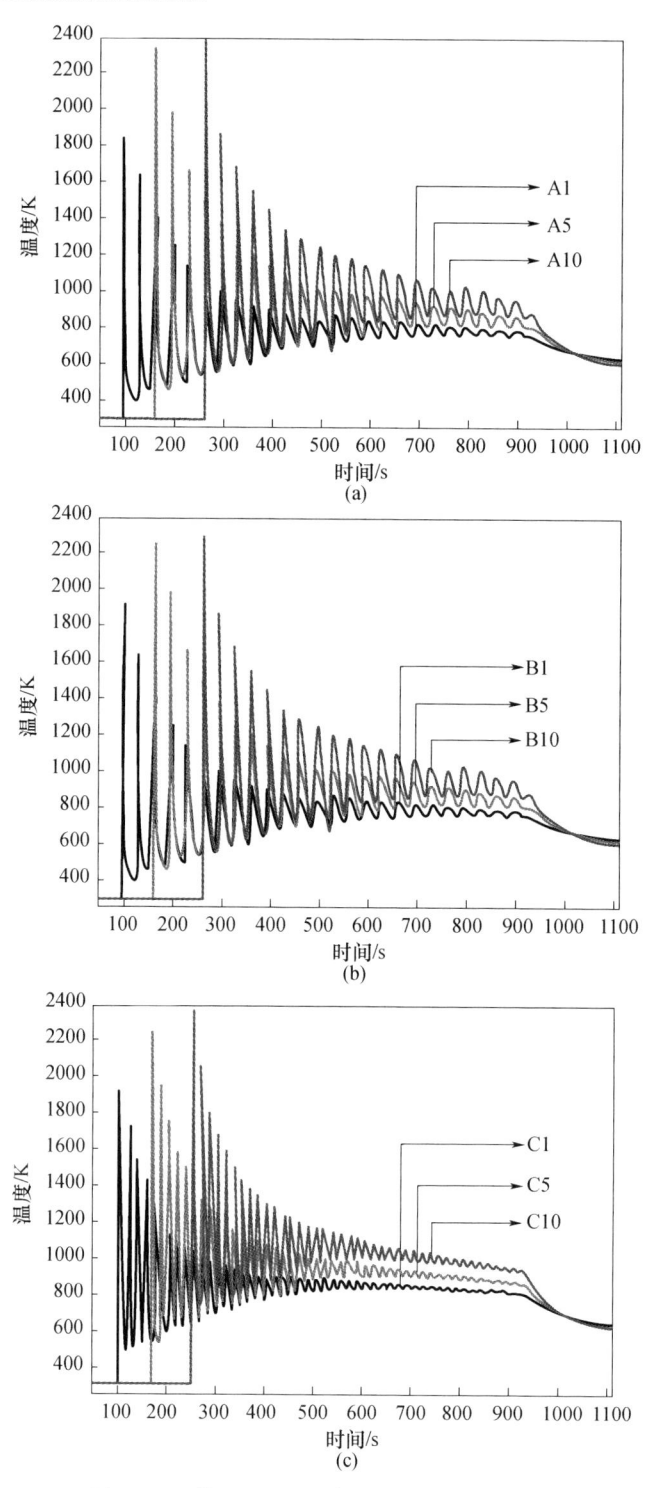

图 6-75 第 1、5、10 层代表位置材料的热历程

图 6-76 所示为第 1 层中心点位置材料的热历程,此点材料经受过 50 个热循环后自然冷却到室温,可以看出,初始两个热循环的最高峰值温度已经超过液相线温度。这说明,在下一层材料的成形过程中,此层材料发生了重熔。由前可知层高是 0.5mm,因此可以推断出此处熔池的深度大约是在 1~1.5mm,在初始阶段,材料热历程会有一个快速冷却过程,发生淬火。最大冷却速率达到 10^3 K/s。随着更多层的成形,每个热循环的最大冷却速率逐渐下降。这主要是由于随着不断成形,热量在基板和已成形材料所组成的系统中的不断积累导致的。当成形高度达到一定值时,快速淬火效应减小直到消失。

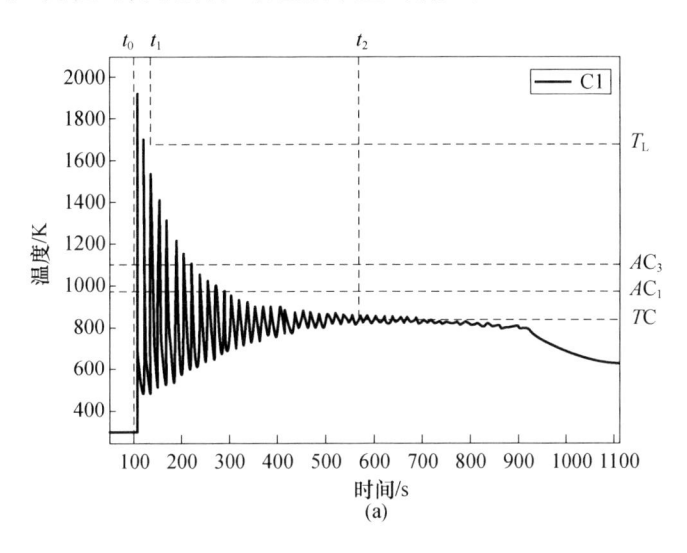

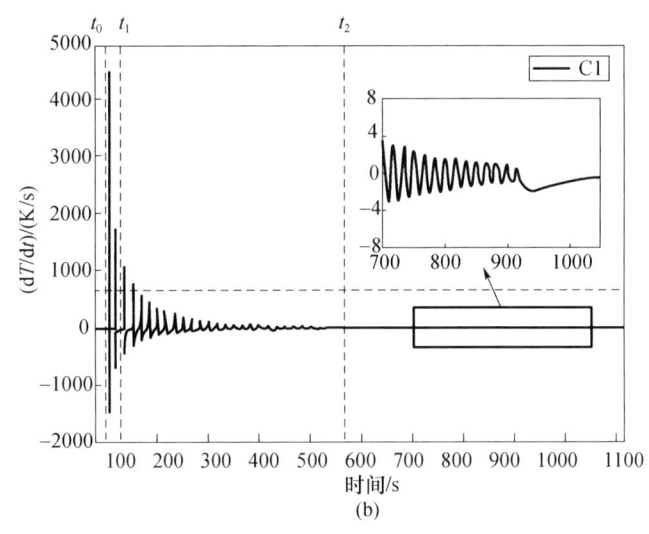

图 6-76 第 1 层中心位置的热历程
(a)温度曲线;(b)温度梯度曲线。

从图6-76(b)中可以看出当材料自然冷却到室温的过程中,最大冷却速率大约为2K/s。这里选择冷却速率10K/s为特征冷却速率,它具有和自然冷却过程中相同的数量级。当某一个热循环 a 的最大冷却速率大于或等于10K/s,而接下来的热循环 b 的最大冷却速率小于10K/s时,定义热循环 b 的最大温度为参数 T_C,这个热循环的起始时间为 t_2,如图6-77所示。

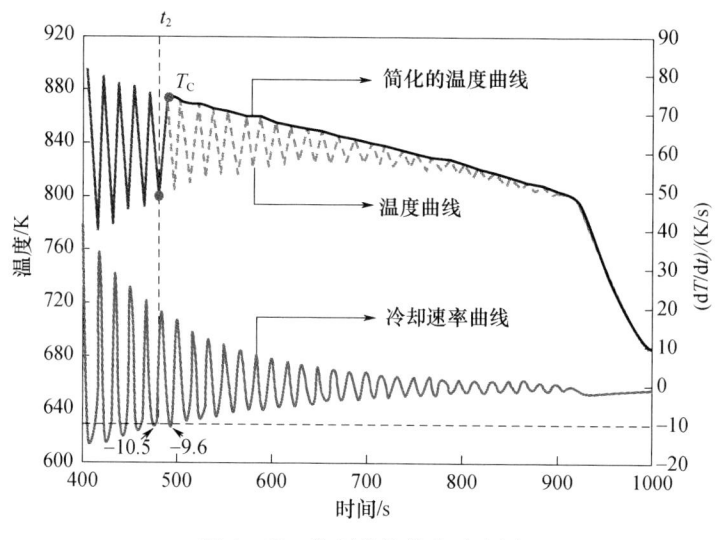

图6-77 热历程的简化示意图

图6-76中,t_0 是第一个热历程中的热循环的开始时间,t_1 是最高温度在液相线以上的热循环的结束时间,这样热历程就根据热循环的最高温度和冷却速率被分成三个不同阶段。第一个阶段($t_0 - t_1$)由若干热循环组成,这些热循环的最高温度都高于液相线温度 T_L,在这一阶段中,材料经受熔化凝固、重熔重凝等过程,从这一阶段的热历程中可以推断出熔池的近似深度。第二阶段($t_1 - t_2$)由许多最高冷却速率大于10K/s的热循环组成。第三个阶段从 t_2 到成形过程完成冷却到室温为止。由于这一阶段的最大冷却速率都小于10K/s,则热循环的温度波动可以忽略。可以认为温度从热循环的最高温度逐渐线性冷却,这样,这个阶段就可以当成一个热循环来处理。这个热循环的最高温度是 T_C,然后自然冷却到室温。这样的简化可以使从热历程求解分析材料性能更加方便。无论多少层的成形过程,即使热历程中包含大量热循环,只需要分析($t_0 - t_2$)的每个热循环和最终简化了的峰值温度为 T_C 的一个热循环。

可以看出 T_C 对材料在成形过程中的微观组织演化及最终的力学性能都有重要影响。图6-78为第1、3、5层沿激光光束移动方向上的 T_C 值分布曲线。可以看出在薄壁两端 T_C 较低,而在 B、D 位置 T_C 较高。这说明在同一层微观组织也有可能不同,A、E 位置距离表面较近,有更多的热量通过对流和辐射散失,

从而 T_C 较低,在每层中心点位置 T_C 有一个局部最小值,这是由于激光光束辐射时间间隔较短时,能量散失较小。还可以看出,T_C 随着成形层的增加而逐渐增加,这说明高层的材料往往从更高的温度自然冷却到室温。这是由于这些材料吸收热量大于损失热量造成,随着成形过程的进行,能量累积,温度增高。T_C 的分布也说明了最终材料的性能不均匀的原因。为了优化成形件的性能,可以在激光直接沉积成形过程中通过实时温度反馈而实时调整工艺参数,使得熔池温度处于预定范围内,这样就可以实现控制性能的目的。

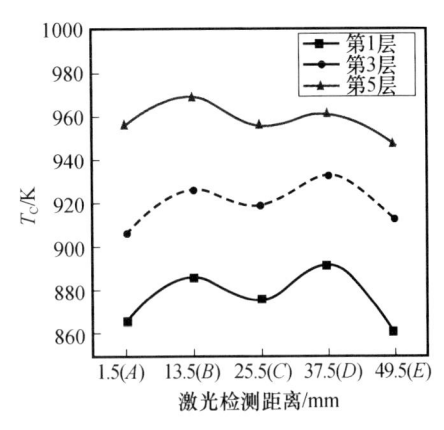

图 6-78 不同层 T_C 沿成形轨迹方向的分布

2. 不同工艺参数对热历程的影响规律

由前面的研究可以看出,不同层的相同位置(相同 x 坐标)上的热历程具有相似性,本节研究不同工艺参数对 C1 位置上的热历程的影响规律。

选用本节前面所介绍的模型,在 80mm×40mm×20mm 的基板上成形长度为 6cm 的 20 层薄壁件。光斑半径为 1.5mm。分别研究激光功率(αP)、激光扫描速度(V)、成形层厚(h_{layer})、基板初始温度($T_{substrate}$)以及基板大小($h_{substrate}$)对第 1 层材料中心位置 C 上的热历程的影响规律。

图 6-79 为不同功率下 C1 位置材料的热历程,可以看出增加功率,热循环的最高温度和最低温度会整体升高,而且升高的幅度基本相同。图 6-80 为激

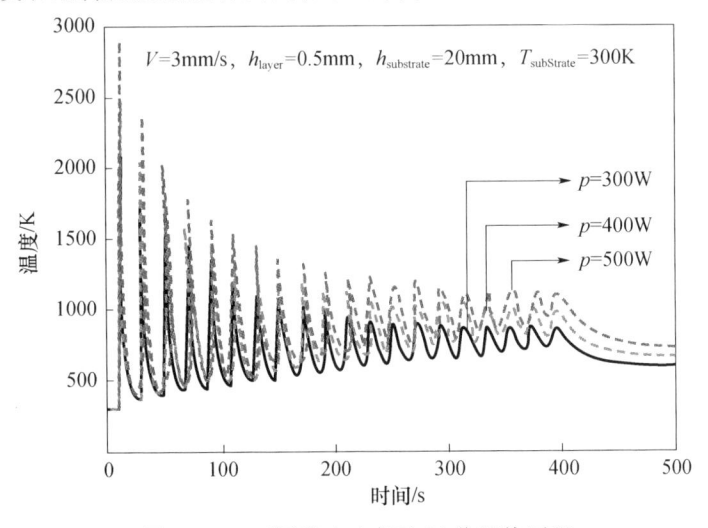

图 6-79 不同激光功率下 C1 位置热历程

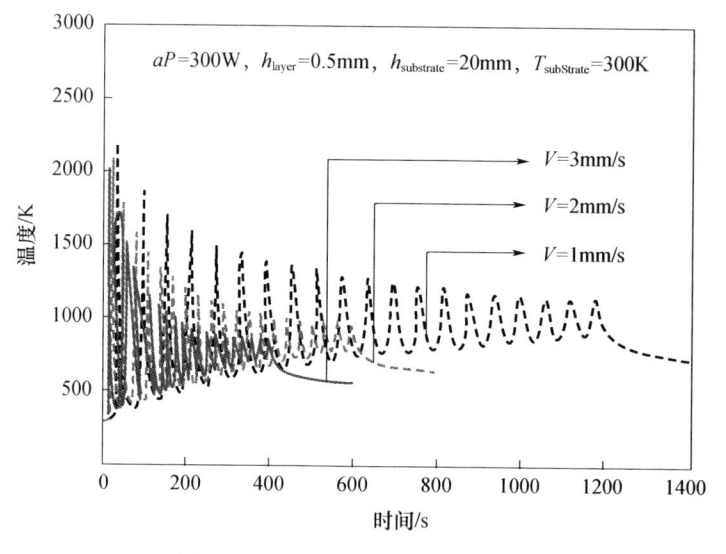

图 6-80　不同 V 下 C1 位置热历程

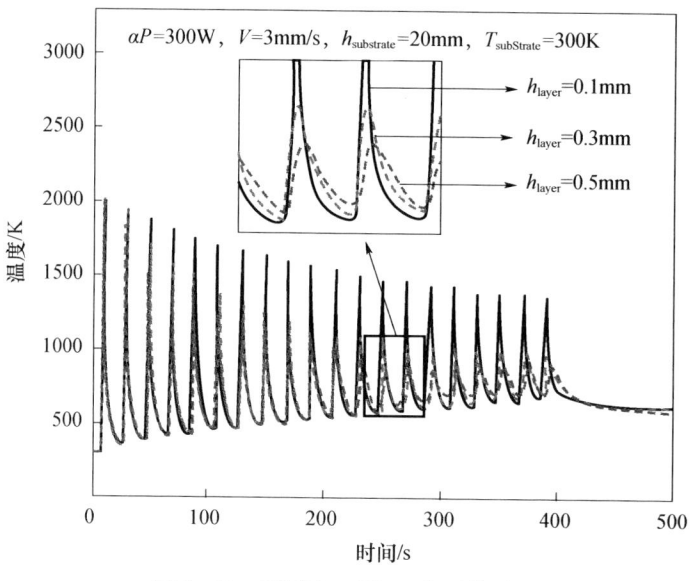

图 6-81　不同 h_{layer} 下 C1 位置热历程

光扫描速度 V 分别为 1mm/s、2mm/s、3mm/s 时 C1 位置材料的热历程,可以看出增加激光扫描速度,热循环的最高温度会明显降低,而最低温度变化很小,因此,激光扫描速度对热循环的最高温度影响比最低温度的影响明显。图 6-81 为成形层高 h_{layer} 为 0.1mm、0.3mm、0.5mm 时 C1 位置材料的热历程,可以看出随着层厚的增加,热循环的最高温度降低很大,而热循环的最低温度变化不大。图 6-82 为基板初始温度 $T_{substrate}$ 分别为 300K、500K、700K 时 C1 位置材料的热历程，可以看出热循环的最高温度和最低温度随着基板初始温度的增高而增加。图 6-83 为基板高度 $h_{substrate}$ 分别为 20mm、40mm、80mm 时 C1 位置材料的热历程，可以看出随着基板高度的增大，热历程的温度会轻微减小，但是当基板增大到某一厚度时，基板尺寸对热历程的温度影响非常小，可以忽略不计。

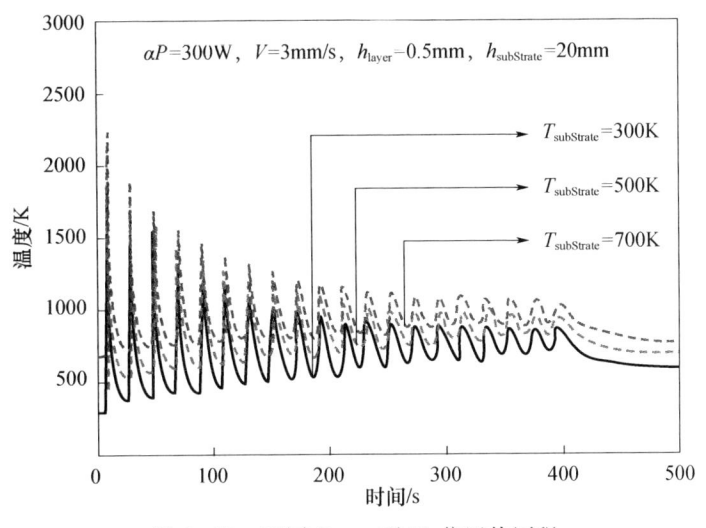

图 6-82　不同 $T_{substrate}$ 下 C1 位置热历程

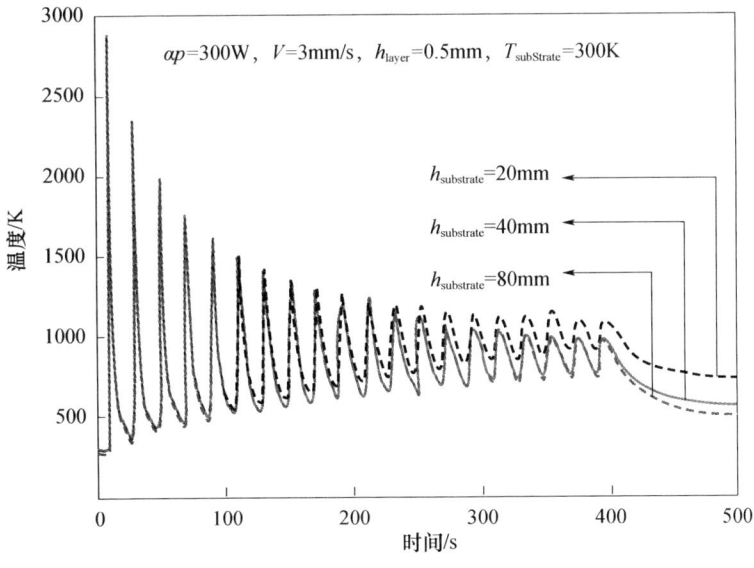

图 6-83　不同 $h_{substrate}$ 下 C1 位置热历程

6.5 激光增材制造应用

激光增材制造技术初期主要应用于航空航天技术领域,以满足装备极端轻质化和可靠性的需求。这种需求使得单个结构件的尺寸和复杂性都在不断地增加,同时钛合金、高温合金和超高强度钢等高强度合金的用量大增,导致传统热加工和机械加工进行轻质化高性能复杂构件的整体化制造变得异常困难,而激光增材制造技术具有自由实体成形高性能增材制造的特征,成为解决这种材料成形技术困难的重要途径。随着这项技术研究的深入和工程化研发的开展,激光增材制造技术已可以实现小到几毫米、大到几米的高性能零件的快速制造。该技术在航空航天、汽车、能源、动力、医疗等领域得到广泛应用。本节从零件的直接成形和激光的直接修复两方面阐述其应用。

6.5.1 零件的直接成形

激光金属零件的直接成形技术融合了快速成形技术和激光直接沉积式技术。零件的直接成形技术在新型汽车制造、航空、新型武器装备中的高性能特种零件和民用工业中的高精尖零件的制造领域具有极好的应用前景,尤其是常规方法很难加工的梯度功能材料、超硬材料和金属间化合物材料的零件快速制造以及大型模具的快速直接制造上。该技术的应用范围主要包括:特种材料复杂形状金属零件直接制造;模具内含热流管路和高热导率部位制造;模具快速制造、修复与翻新;表面强化与高性能涂层;敏捷金属零件和梯度功能金属零件制造;航空航天重要零件的局部制造与修复;特种复杂金属零件制造;医疗器械等。

我国从 2000 年开始,一直对高性能金属零件的激光直接成形技术研究进行重点支持。一大批研究单位,在钛合金、镍基高温合金、不锈钢、超高强度钢、难熔合金、耐热钢、高温结构金属间化合物合金、钛基复合材料、结构梯度材料等高性能金属材料激光增材制造工艺、装备、组织及性能研究等方面取得了重要研究成果。图 6 - 84 为闭环控制下的激光直接沉积式成形工艺制造的带共形冷却通道的注射成形用模,该模具的基体材料为 H13 钢,为了提高冷却效率,冷却通道的槽壁选用紫铜制造。理论计算表明,该设计可以使模具的工作循环周期缩短 40%。

2007 年,我国突破了飞机钛合金大型主承力构件的激光增材制造工艺,掌握了构件内部质量及力学性能控制关键技术,并初步建立了整套技术标准体系,研制出了具有系列核心技术、构件制造能力达 4000 mm × 3000 mm × 2000 mm 的飞机钛合金构件激光增材制造成套装备系统,制造出了 TA15、TC18、

TC4、TC21、TC11等钛合金的大型、整体、复杂、主承力飞机加强框等关键构件。如图6-85所示为3D激光打印技术制造的钛合金飞机大型主承力构件。这一技术已成功地应用在多种型号飞机的研制和生产中,也使我国成为目前世界上唯一突破飞机钛合金大型整体主承力构件激光增材制造技术并装机工程应用的国家[78]。

(a)　　　　　　　　　　(b)

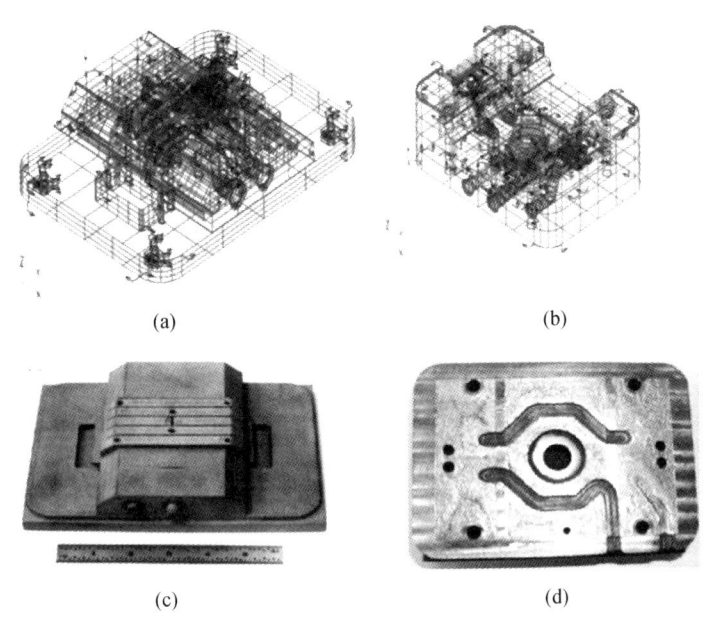

(c)　　　　　　　　　　(d)

图6-84　激光直接沉积式成形技术制造的金属模具

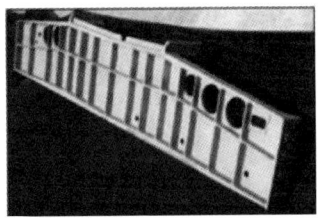

图6-85　钛合金飞机大型关键主承力构件

此外,选区激光熔化技术(SLM)可直接制成终端金属产品,省掉中间过渡环节;零件具有很高的尺寸精度以及好的表面粗糙度;适合各种复杂形状的工件,尤其适合内部有复杂异型结构、用传统方法无法制造的复杂工件;适合单件和小批量复杂结构件的精密制造。可以成形致密度近乎100%的金属零件,尺寸精度在20~100μm,表面粗糙度Ra在10~15μm,可成形的最小壁厚在0.3~0.4mm,而且该设备可成形的范围较大,达到300mm×300mm×350mm。图6-86是采用SLM设备制造的精密金属零件[78]。

激光先进制造技术及其应用

图 6-86　SLM 工艺成形金属件

图 6-87 显示了采用激光增材制造技术制造的航空航天零件。如图 6-87 (a) 所示是采用激光直接沉积式成形技术制造的 C919 飞机 Ti6Al4V 合金翼肋缘条,长约 3100mm,其探伤和力学性能测试结果皆符合设计要求。在制造前的力学性能考核中,Ti6Al4V 合金试样的高周疲劳性能优于实测锻件,抗拉和屈服强度的批次稳定性优于3%。

(a)　(b)

图 6-87　激光增材制造的航空航天钛合金和铝合金构件[53]
(a) 激光直接沉积成形合金翼肋缘条;
(b) SLM 制造的 Ti6Al4V、AlSi10M 合金结构件。

6.5.2 激光的直接修复

激光修复技术在激光熔覆技术基础之上发展而来,自 20 世纪 70 年代以来已经经过数十年的研究和发展。其工作原理是在基底表面上添加粉末材料,通过高能激光束辐照,使之与基底表面同时熔化并快速凝固,形成与基体呈冶金结合的结构,并根据需求多次重复这一过程进而实现修复成形[79]。

激光修复技术通常是以丧失使用价值的损伤、废旧零部件作为毛坯,利用送粉式激光加工技术对其进行修复成形,从而恢复零部件的形状尺寸和使用性能。激光修复技术特别适用于对贵重零部件的快速修复,不仅可以恢复零部件的原有性能,修复成形部分还可以根据需要实现抗磨损、抗冲击、抗剥蚀、抗氧化腐蚀或其他特殊性能,满足服役要求。与传统修复方式相比,激光修复技术具有热影响区小、变形小、可实现选择性精确加工和成形材料品种多等独特优势。激光修复技术不仅具有广阔的市场需求,而且具有重大的经济效益和社会效益。

零件的激光修复是一个复杂的工艺过程,需要一系列的工艺措施来保证其结构尺寸和使用性能的恢复。通常,对失效零件进行激光修复的步骤分为以下四个:①修复前处理,包括缺陷的检测、机械加工处理等;②修复方案的制定与轨迹规划;③对待成形修复结构的激光修复成形;④修复成形毛坯的后加工处理。例如,修复基体为 Ti6Al4V 钛合金锻件,采用线切割加工成 80mm×40mm×4mm 的板材。为保持修复表面清洁,试验前用砂纸对修复基材进行打磨,并使用丙酮清洗。对修复基体表面进行激光熔覆沉积,修复面的尺寸为 60mm×30mm,修复厚度 1mm。激光成形修复的工艺参数为:激光功率 1.5~2.1kW,光束扫描速度 6~10mm/s,光斑直径 3mm,送粉率 2~4g/min,搭接率 25%~40%。其修复前后的对比如图 6-88 所示[80]。

修复前　　　修复后　　　加工后

图 6-88　激光修复前后的对比图

对于凹槽类激光修复,一般的修复工艺流程如图 6-89 所示。

在送粉式激光加工中,激光束方向通常是竖直向下,与水平放置的基底表面保持垂直,也便于配合载粉气流与重力共同输送粉末流。由于凹槽类激光修复同时存在多个待修复基面,因此加工过程中保持激光束与基面的垂直有难度。

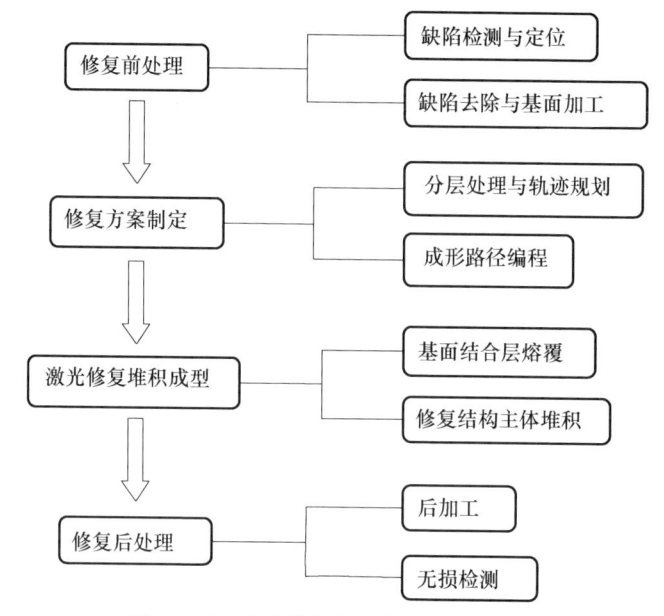

图 6-89 凹槽类激光修复一般工艺流程

以凸轮轴凸轮磨损的激光修复为例,如图 6-90、图 6-91 所示,其修复过程按以下步骤进行:预处理 - 尺寸测量 - 建立凸轮模型 - 选定工艺参数 - 路径规划 - 路径编程 - 激光表面熔覆 - 缺陷检测 - 成形后尺寸测量 - 后加工 - 加工精度测量[80]。

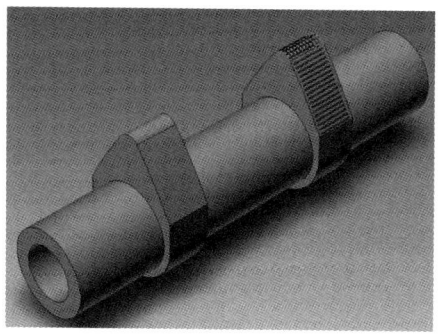

图 6-90 凸轮三维模型及表面修复轨迹

此外,激光修复技术在航空航天领域也有着广泛的应用,图 6-92 为采用激光修复的单晶涡轮叶片和钛合金叶片,该图显示了对钛合金叶片的叶身的缺损和磨损进行的激光成形修复,在保证激光修复区与基体形成致密冶金结合的基础上,对叶片进行了良好的恢复[80]。通过对零件在修复中的局部应力及变形控制,实现了对零件几何性能和力学性能的良好修复。激光修复的不同缺陷形式的航空发动机叶片如图 6-93 所示[80]。

图 6-91 凸轮激光修复

(a)激光修复后形貌;(b)表面处理后形貌。

图 6-92 国外采用激光修复的单晶涡轮叶片和钛合金叶片

图 6-93 激光修复的不同缺陷形式的航空发动机叶片

结合激光增材制造所具有的逐点逐线逐层控制思路,以损伤零件为基体,采用激光直接沉积成形技术,在待修复区域逐层堆积粉末或丝材,还可以在不破坏零件本体性能的前提下,恢复零件的几何性能(几何形状、尺寸精度)和力学性能(强度、塑性等),使损伤零件再次达到使用要求。图 6-94 显示了修复的航空发动机零部件,这使得复杂构件的高性能修复成为了激光增材制造的另一个重要的应用领域。

综上所述,激光增材制造技术已在多个领域获得了初步的成功应用,但是相比传统的制造加工技术,目前激光增材制造的技术成熟度仍亟待提高,激光增材

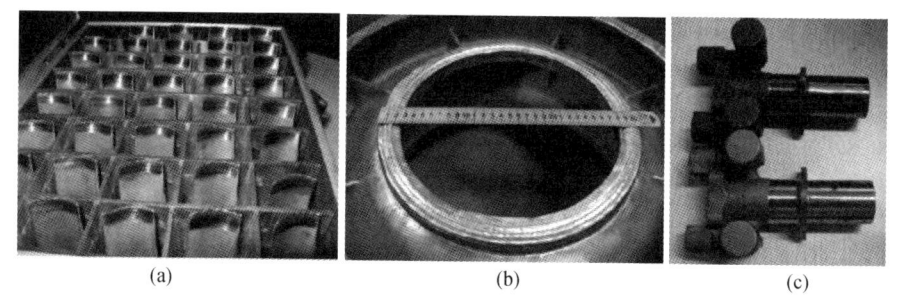

图 6-94 激光直接沉积成形技术修复的损伤零件[53]
(a)高温合金涡轮叶片;(b)钛合金机匣;(c)高温合金油管。

制造技术的潜力还有待进一步挖掘,还有许多关键科学问题和技术难题有待进一步解决,尤其是在激光增材制造对合金材料的使用性、制造过程的准确控制以及制件的力学性能等方面,仍存在很多难题有待深入研究。但是,从现有激光增材制造技术的研究和应用成果,可以预见,激光增材制造技术必将在工业、医疗和信息化领域产生深远的影响。

参考文献

[1] 王运赣,王宣. 3D 打印技术(修订版)[M]. 武汉:华中科技大学出版社,2014.

[2] 吴怀宇. 3D 打印 三维智能数字化创造[M]. 2 版. 北京:电子工业出版社,2015.

[3] 利普森,库曼. 3D 打印:从想象到现实[M]. 北京:中信出版社,2013.

[4] Arcella F G, Froes F H. Producing Titanium Aerospace Components Using Laser Forming[J]. Journal of Metals,2000,52(5):28-30.

[5] Abbott, David. Laser deposition – from CAD art to aircraft part[J]. Materials World,1999,7(6):328-330.

[6] Abbott D H, Arcella F G. AeroMet implementing novel Ti process[J]. Metal Powder Report,1998,53(2):24-26.

[7] Arcella F G, Froes F H. Producing titanium aerospace components from powder using laser forming[J]. JOM,2000,52(5):28-30.

[8] Kelly S M, Kampe S L, Crowe C R. Microstructural study of laser formed Ti6Al4V[J]. Materials Research Society Symposium – Proceedings,2000,625:3-8.

[9] Banerjee 1 R, et al. Direct laser deposition of in situ Ti6Al4V TiB composites[J]. Materials Science and Engineering A,2003. 358(1-2):343-349.

[10] Unocic R R DuPont J N. Process Efficiency Measurements in the Laser Engineered Net Shaping Process [J]. Metallurgical and Materials Transactions B: Process Metallurgy and Materials Processing Science,2004,35(1):143-152.

[11] Milewski J O, Thoma D J, Fonseca J C. Development of a near net shape processing method for rhenium using Directed Light Fabrication[J]. Materials and Manufacturing Processes,1998,13(5):719-730.

[12] Mah R. Directed light fabrication[J]. Advanced Materials & Processes,1997,151(3):31-33.

[13] Milewski J O,et al. Directed light fabrication of a solid metal hemisphere using 5-axis powder deposition [J]. Journal of Materials Processing Technology,1998,75(1-3):165-172.

[14] Thoma D J,et al. Directed light fabrication of iron-based materials[J]. Materials Research Society Symposium - Proceedings Advanced Laser Processing of Materials - Fundamentals and Applications, 1996.397:341-346.

[15] Lewis G K,et al. Directed Light Fabrication of refractory metals[J]. Advances in Powder Metallurgy and Particulate Materials,1997,3:21-43-21-49.

[16] Dutta B,Palaniswamy S,Choi J,et al. Additive manufacturing by direct metal metal deposition[J]. Advanced Materials & Processes,2011,169(5):33-36.

[17] Das S W,Martin Beaman,Joseph J,et al. Producing metal parts with selectivelaser sintering/hot isostatic pressing. JOM,1998,50(12):17-20.

[18] Lonardo P M,Bruzzone A A,Measurement and topography characterization of surfaces produced by Selective Laser Sintering[J]. CIRP Annals-Manufacturing Technology,2000,49(1):427-430.

[19] Zhang J F. Melting-solidifying characteristic of Ni-based alloy powders by selective laser sintering[J]. Zhongguo Jiguang/Chinese Journal of Lasers,2003,30(8):763-768.

[20] Das S. Direct Selective Laser Sintering Of High Performance Metals For Containerless HIP[J]. Advances in Powder Metallurgy and Particulate Materials,1997,3:21-67.

[21] Kumar S. Selective laser sintering:A qualitative and objective approach[J]. Jom-Journal of the Minerals Metals & Materials Society,2003(10):43-47.

[22] Rangaswamy P,Griffith M L,Prime M B,et al. Residual stresses in LENS(R) components using neutron diffraction and contour method[J]. Materials Science and Engineering a-Structural Materials Properties Microstructure and Processing,2005,(1-2):72-83.

[23] 董加坤. 一种显示马氏体不锈钢组织的金相侵蚀剂[J]. 理化检验(物理分册),2006,(01):48-49.

[24] 孙承峰. 基于CCD激光熔覆成形过程在线监测与控制[D]. 苏州:苏州大学,2010.

[25] 伍耀庭. 激光熔覆控制系统及其检测软件研究[D]. 长沙:湖南大学,2009.

[26] 谭华,陈静,杨海欧,等. 激光快速成形过程的实时监测与闭环控制[J]. 应用激光,2005,02:73-76,96.

[27] 杨柳杉,刘金水,刘继常,等. 基于CCD的激光熔覆熔池宽度的在线检测研究[J]. 激光技术,2011,3:315-318.

[28] 孙承峰,石世宏,傅戈雁,等. 基于CCD激光熔覆成形过程在线监测与控制[J]. 应用激光,2013,1:68-71.

[29] 胡晓冬,于成松,姚建华. 激光熔覆熔池温度监测与控制系统的研究现状[J]. 激光与光电子学进展,2013,12:31-37.

[30] Hofmeister W,Griffith M,Ensz M,et al. Solidification in direct metal deposition by LENS processing[J]. Jom-Journal of the Minerals Metals & Materials Society,2001(9):30-34.

[31] 周广才,孙康锴,邓琦林. 激光熔覆中的控制问题[J]. 电加工与模具,2004,02:39-42,68.

[32] 王广春. 增材制造技术及应用实例[M]. 北京:机械工业出版社,2014.

[33] 李广慧. 选择性激光烧结快速成形件精度的研究[D]. 哈尔滨:哈尔滨理工大学,2003.

[34] 尹华,白培康,刘斌,等. 金属粉末选区激光熔化技术的研究现状及其发展趋势[J]. 热加工工艺,2010,1:140-144.

[35] 王迪. 选区激光熔化成形不锈钢零件特性与工艺研究[D]. 广州:华南理工大学,2011.
[36] 周建忠,刘会霞. 激光快速制造技术及应用[M]. 北京:化学工业出版社,2009.
[37] 史玉升,等. 粉末材料选择性激光快速成形技术及应用[M]. 北京:科学出版社,2012.
[38] 顾冬冬,沈以赴. 铜基金属粉末直接激光烧结工艺及成形件显微组织研究[J]. 中国机械工程,2006,20:2171-2175.
[39] 顾冬冬,沈以赴,吴鹏,等. 铜基金属粉末选区激光烧结的工艺研究[J]. 中国激光,2005,11:1561-1566.
[40] 沈以赴,顾冬冬,赵剑峰,等. 多组分铜基合金粉末选区激光烧结的组织形成机制[J]. 机械工程学报,2006(07).
[41] 顾冬冬,沈以赴,潘琰峰,等. 金属粉末选择性激光烧结成形机制的研究[J]. 材料导报,2004,06:11-14.
[42] 刘锦辉. 选择性激光烧结间接制造金属零件研究[D]. 武汉:华中科技大学,2006.
[43] 王小军. Al-Si合金的选择性激光熔化工艺参数与性能研究[D]. 北京:中国地质大学,2014.
[44] 顾冬冬,沈以赴. 基于选区激光熔化的金属零件快速成形现状与技术展望[J]. 航空制造技术,2012,08:32-37.
[45] Li Yali, Gu Dongdong. Parametric analysis of thermal behavior during selective laser melting additive manufacturing of aluminum alloy powder[J]. Materials and Design,2014,63 856-867.
[46] 李瑞迪,史玉升,刘锦辉,等. 304L不锈钢粉末选择性激光熔化成形的致密化与组织[J]. 应用激光,2009,05:369-373.
[47] 王海东,尚华,黄葵,等. 金属零件激光直接快速成形制造技术研究[J]. 中国制造业信息化,2010,15:42-44,47.
[48] 孙大庆. 金属粉末选区激光熔化实验研究[D]. 北京:北京工业大学,2007.
[49] Simchi A. Direct laser sintering of metal powders:Mechanism, kinetics and microstructural features[J]. Materials Science & Engineering A,2006,428(1-2):148-158.
[50] Niu H J, Chang I T H. Selective laser sintering of gas atomized M2 high speed powder[J]. Journal of Materials Science,2000,35(1):31-38.
[51] Gu D D, Meiners W, Wissenbach K, et al. Laser additive manufacturing of metallic components: materials, processes and mechanisms[J]. International Materials Reviews,2012,57:133-164.
[52] 梁晓康,董鹏,陈济轮,等. 选区激光熔化成形Ti6Al4V钛合金的显微组织及性能[J]. 应用激光,2014,02:101-104.
[53] 林鑫,黄卫东. 高性能金属构件的激光增材制造[J]. 中国科学:信息科学,2015,09:1111-1126.
[54] 李怀学,巩水利,孙帆,等. 金属零件激光增材制造技术的发展及应用[J]. 航空制造技术,2012,20:26-31.
[55] Zhu H H, Lu L. Development and characterization of direct laser sintering Cu based metal powder[J]. Journal of Materials Processing Technology,2003,140(3):314-317.
[56] 李瑞迪,魏青松,刘锦辉. 选择性激光熔化成形关键基础问题的研究进展[J]. 航空制造技,2012,(5):26-31.
[57] 熊征. 激光熔覆强化和修复薄壁型零部件关键基础研究[D]. 武汉:华中科技大学,2009.
[58] 张光均. 激光热处理的现状及发展[J]. 金属热处理. 2000,(1):6-11.
[59] 朱晓东,莫之民,韩睿师,等. 激光表面涂覆进展[J]. 金属热处理,1994(6):6-8.
[60] 钟敏霖,刘文今. 45kW高功率CO_2激光熔覆过程中裂纹行为的实验研究[J]. 应用激光,1999

(10):193-200.

[61] 蔡军. 基于FGH95镍基高温合金粉末的激光修复基础工艺研究[D]. 南京:南京航空航天大学,2010.

[62] Karunakaran K, Shangmuganathan P V, Jadhav S J, et al. Rapid prototyping of metallicparts and moulds[J]. Journal of Materials Processing Technology,2000,10(5):371-381.

[63] Abe F,Osakada K,Shiomi M,et al. The manufacturing of hard tools from metallic powders by selective laser melting[J]. J Mater Process Tech,2001,111(1-3):210-213.

[64] Kruth J P,Froyen L,Van V J,et al. Selective laser melting of iron based powder[J]. J Mater Process Tech,2004,149(1-3):616-622.

[65] 杜胶义,廖海洪,刘斌,等. 选区激光熔化工艺参数对GH4169粉末成型性的影响[J]. 热加工工艺,2014,06:19-22.

[66] 牛爱军,党新安,杨立军,等. 316L不锈钢多孔结构的选区激光烧结成型工艺研究[J]. 机械设计与制造,2009,12:131-133.

[67] 胡全栋,孙帆,李怀学,等. 扫描方式对激光选区熔化成形316不锈钢性能的影响[J]. 航空制造技术,2016(21).

[68] Yadroitsev I,Gusarov A,Yadroitsava I. Singletrack formation in selective laser melting of metalpowders[J]. J Mater Process Tech,2010,210(12):1624-1631.

[69] 丁利,李怀学,王玉岱,等. 热处理对选区激光熔化成形316不锈钢组织与拉伸性能的影响[J]. 中国激光,2015,04:187-193.

[70] Wang L,Felicelli S. Analysis of thermal phenomena in LENS deposition[J]. Materials Science and Engineering a-Structural Materials Properties Microstructure and Processing. 2006:625-631.

[71] Neela V,De V. Three-dimensional heat transfer analysis of LENS process using finite element method[J]. International Journal of Advanced Manufacturing Technology,2009,(9-10):935-943.

[72] Goldak J,Bibby M,Moore J,et al. Computer modeling of heat flow in welds[J]. Metallurgicaland Materials Transactions B. 1986(3):587-600.

[73] Alimardani M,Toyserkani E,Huissoon J P. A 3D dynamic numerical approach for temperature and thermal stress distributions in multilayer laser solid freeform fabrication process[J]. Optics and Lasers in Engineering,2007(12):1115-1130.

[74] Yang L,Peng X,Wang B. Numerical modeling and experimental investigation on the characteristics of molten pool during laser processing[J]. International Journal of Heat and Mass Transfer,2001(23):4465-4473.

[75] Vasinonta A,Beuth J L,Griffith M. Process maps for predicting residual stress and melt pool size in the laser-based fabrication of thin-walled structures[J]. Journal of Manufacturing Science and Engineering-Transactions of the Asme,2007(1):101-109.

[76] Zhang Y J,Yu G,He X L. Numerical study of thermal history in laser aided direct metal deposition process[J]. Science China-Physics Mechanics & Astronomyh,2012,55(8):1431-1438.

[77] Zhang Yongjie, Yu Gang, He Xiuli. Numerical and Experimental Investigation of Multilayer SS410 Thin Wall Built by Laser Direct Metal Deposition[J]. Journal of Materials Processing Technology,2012,212(1):106-112.

[78] 王华明. 高性能大型金属构件激光增材制造:若干材料基础问题[J]. 航空学报,2014,10:2690-2698.

[79] BI G,GASSER A. Restoration of Nickel – Base Turbine Blade Knife – Edges with Controlled Laser Aided Additive Manufacturing[M]//SCHMIDT M,ZAEH M,GRAF T,et al. Lasers in Manufacturing 2011:Proceedings of the Sixth International Wlt Conference on Lasers in Manufacturing,Vol 12,Pt A. 2011:402 – 9.

[80] 王志坚,董世运,徐滨士,等. 激光熔覆工艺参数对金属成形效率和形状的影响[J]. 红外与激光工程,2010,02:315 – 319.

第7章 其他激光制造技术

前面几章简要介绍了激光制造技术及其装备系统,着重介绍了激光焊接、激光打孔、激光表面处理以及激光增材制造技术。本章主要介绍除上述技术外的其他激光制造技术,主要包括激光微细加工、激光弯曲成形以及激光材料制备三种技术。

7.1 激光微细加工技术

随着激光技术的发展,激光加工的尺度已经从宏观扩展到微观。通常来讲,激光加工的加工线宽在毫米量级或者毫米量级以上的可以将之视为宏观加工,加工线宽在毫米量级以下的可以将之视为微细加工。激光微细加工除了满足加工线宽的要求之外,还需满足一定的加工精度,一般要求其精度达到微米量级。若加工精度和表面的微观平面度在 $0.1\sim0.01\mu m$,其切除量及其精度达到 $0.001\mu m$,则可以称其达到了超精细加工水平。

加工线宽和加工精度可以认为是激光加工的特征尺度。特征尺度的大小是评定微细加工技术先进性的主要标志之一,目前激光微细加工的加工线宽主要是微米量级的,并不断朝着亚微米、纳米量级以下发展。与普通微细加工方法相比,激光微细加工在保障精度的同时,使得加工线宽更窄,体现了激光微细加工的先进性。

激光微细加工技术不仅可以方便地加工各类金属、硅、金刚石、玻璃等材料,也可以对容易产生塑性流动的低硬度聚合物材料进行精确的加工[1]。在保障加工精度的同时,同样也适用于形状复杂的零件以及传统方法难以实现的孔或空腔的加工。

7.1.1 激光微细加工概况

按照激光与材料之间的相互作用机理,可将激光加工大致分为激光热加工和光化学反应加工(或冷加工)两类。激光热加工是指利用激光束投射到材料表面产生的热效应来完成的加工过程,本书前面几章所述内容主要为激光热加工过程;光化学加工是指激光束照射到物体,借助高能密度光子引发或控制光化学反应的加工过程,也称为冷加工。热加工和冷加工均可对金属材料和非金属材料进行切割、打孔、刻槽等[2]。

热加工技术对金属材料进行焊接、表面强化和切割等极为有利。其机理是利用高密度的激光束使工件表面局部升温、熔化、汽化,进而移除材料或堆积材料。由加工机理可知,热加工不可避免地会对加工表面以及加工边缘产生烧灼,具有光洁度差、加工精度低等缺点。虽然可以通过合理控制激光束聚焦尺寸以及工艺方法,达到微细加工的级别,但基于热效应的激光加工横向尺寸受限,难以向更小的特征尺度发展。

冷加工技术借助高能密度光子引发或控制光化学反应,可以避免因为材料熔化带来的加工尺度和精度受限的问题。由此可知,冷加工技术所采用的激光应具备波长短、脉冲周期短等特点。短波长的激光主要是紫外波段的激光,典型的紫外激光器为准分子激光器和倍频激光器。脉冲周期短的激光主要是脉冲周期在飞秒($1fs = 10^{-15}s$)量级的激光。不同激光器产生飞秒激光的原理不同,本章对其不作详细区分和介绍,在这里统称为飞秒激光器。

准分子激光波长短,光学分辨率高,可以进行高精度微细加工。采用准分子激光加工聚合物材料和陶瓷材料时,光子能量引起聚合物分子的光化学反应,打断聚合物分子的长链结构,生成气化产物。这一过程并不发生热熔现象,可以形成光滑平整的加工表面和边缘,称为"激光剥蚀"(Laser Ablation)。

飞秒激光是指其脉冲周期控制在飞秒量级,而一般激光的脉冲宽度在纳秒量级,由于飞秒激光的脉冲持续时间短,当其辐射材料表面时,激光的能量不是以转化为热量的方式向周围传导扩散,而是将材料直接由固态转变为等离子态,并爆发式逸出材料表面。这一过程同样不经历热熔过程,所以飞秒激光加工也是冷加工,可以获得平整干净的表面和边缘。

概括起来,应用于微细加工领域的激光器,其波长范围已从红外扩展到紫外,脉冲周期从毫秒延伸到飞秒。紫外激光、飞秒激光在波长和脉冲周期上与长脉冲激光(Nd:YAG激光、CO_2激光)具有跨尺度的差别,其与材料之间的相互作用机制和加工机理也存在显著的不同,应用准分子激光器与飞秒激光器可以实现高精度、高分辨率的冷加工技术,极大地突破了激光热加工中所存在的局限,显示出在激光微细加工中的重要性和先进性。

7.1.2 准分子激光微细加工

1970年,Basov等人在气相Xe中获得了Xe_2^*受激辐射,由此世界上第一台准分子激光器产生。美国海军实验室在1975年实现了$XeBr^*$激光振荡,随后其他各类稀有气体卤化物准分子激光器先后研制成功[3]。因为能够发射各种不同的紫外波段激光,具有最佳的转换效率和较高的单脉冲能量,使准分子激光得到飞速发展,并在微细加工领域表现出巨大的应用潜力。

准分子激光是指受到电子束激发的卤素气体和惰性气体的混合气体形成的分子向基态跃迁时发射所产生的激光。该激光主要具有两个特性:短波长(波长范围157~351nm,紫外波段)以及脉宽窄(脉宽一般为数十纳秒)。

准分子激光加工主要具有两大特点:加工分辨率高;加工效率高。首先,激光波长越短,聚焦光斑越小,加工分辨率越高,其刻蚀表面越光洁,刻蚀边缘越锐利;另一方面,许多材料如金属、高分子材料等对紫外光的吸收率远高于其他光,因此准分子激光加工的能量利用率高,即加工效率高。

此外,准分子激光还具有无接触加工、加工速度快、无噪声、热影响区小、可聚焦到激光波长级的极小光斑等优越的加工性能,使其适合于微细加工领域,如激光微打孔、准分子激光切割、表面处理、激光清洗以及沉积薄膜等。

1. 准分子激光微细加工原理

短波长的准分子紫外激光及材料相互作用机制与 Nd:YAG 激光和 CO_2 激光显著不同。Nd:YAG 激光和 CO_2 激光加工时,激光能量被照射区域内的材料表面吸收,从而产生热激发过程使材料表面温度升高,产生熔融、烧蚀、蒸发等现象。而准分子激光的光子能量很高,在激光照射区域内,材料所吸收的光子流量超过阈值后会发生光解,进而打断材料的化学键。随着断键数量的不断增加,材料碎片浓度升高到一定值时,被激光照射的材料表层温度和压力急剧升高并发生微爆炸,使得碎片离开工件,导致材料的烧蚀去除。可见,准分子紫外加工同时存在着光化学与光热作用的物理现象。

在激光吸收和激光烧蚀的理论基础上,从光化学作用的角度考虑激光脉冲对材料的作用,假定该作用效果与激光照射材料时间无关,则可建立光化学模型。该模型将烧蚀过程分解为光吸收和材料烧蚀两个步骤,通过 Beer 定律得到激光刻蚀深度与激光能量密度之间的关系[4]:

$$l = \alpha^{-1}\ln(\Phi_{inc}/\Phi_{th}) \qquad (7-1)$$

式中:l 为激光刻蚀深度;α 为材料吸收系数;Φ_{inc} 为入射激光能量密度;Φ_{th} 为发生激光烧蚀时的激光能量密度阈值。

若考虑烧蚀过程与吸收光子流量阈值和脉冲宽度等因素的关系,将基体材料划分为 $10^3 \sim 10^4$ 个连续的吸收层,以 20ps 为单位将脉冲激光分解,然后计算出每段时间 t 内传递到基体中的脉冲能量,利用 Beer 定律计算 l 处每层吸收的光子能量,计算公式如下[5]:

$$\Pi(t,l) = I(t,l)\left(\frac{\alpha\lambda}{hc}\right) \qquad (7-2)$$

式中：Π 为单位时间单位体积所吸收的光子数，即流量；t 为时间；I 为激光功率密度；λ 为激光波长；h 为普朗克常数；c 为光速。

对于一个典型的准分子激光脉冲，给定深度 l，流量 Π 与和时间有关的激光功率密度成正比。在波长为 λ 的激光照射下，从低密度吸收光谱测量固体聚合物的吸收系数 α。所吸收的光子流量高于阈值流量 Π_{th} 时，发生光解，打断材料的分子（或原子）的化学键，进而使材料产生碎片。

材料所吸收光子的有效浓度为 $\rho(t,l)$，给定深度 l 以后，该有效浓度是时间的函数，根据下述公式判断吸收的能量是否达到阈值以上：

$$\rho(t,l) = \int_0^t \theta[\Pi(t',l) - \Pi_{th}] \mathrm{d}t' \tag{7-3}$$

定义函数：

$$\theta(z) = \begin{cases} 0, z < 0 \\ z, z > 0 \end{cases} \tag{7-4}$$

为了使材料自然脱落，样品吸收光子得到的有效浓度必须达到打破化学键的临界浓度，也就是阈值水平 ρ_{th}。一旦满足烧蚀条件，由于体积变化而产生的内部压力，就足以使碎片离开工件，也就是材料的烧蚀去除。

基体整体吸收的有效光子浓度为

$$\rho(t_k,l_j) = \sum_{i=1}^k \theta[\Pi(t_i,l_j) - \Pi_{th}] \Delta t_i \tag{7-5}$$

对于给定材料，光子阈值流量 Π_{th} 与光子阈值浓度 ρ_{th} 为常数。当光子流量超过光子阈值流量 Π_{th} 时，发生聚合物的有效分解。当吸收的有效光子浓度超过光子阈值浓度 ρ_{th} 时，材料可以发生烧蚀。这个模型与激光辐射聚合物实验结果基本一致，但与高能量烧蚀的烧蚀速率有误差。

材料中的自由电子吸收光子，其能量增加，然后通过电子碰撞传递给材料内部的晶格，导致温度急剧升高，材料产生蒸发微爆炸，并伴随着材料汽化产生等离子体，使材料产生烧蚀去除。

以光热效应角度考虑，准分子激光作用材料表面的热烧蚀速率可以表示为[6]：

$$d = A \mathrm{e}^{-\frac{E}{RT}} \tag{7-6}$$

式中：d 为热烧蚀速率；A 为 Arrhenius 指数因子；E 为激活能；R 为气体常数；T 为温度。

这个模型在入射能量密度（$0 \sim 11 \mathrm{J/cm^2}$）较高时与混合聚合物的准分子激光作用试验结果吻合良好。

综合考虑光热和光化学作用的准分子激光加工过程所建立的烧蚀模型，可以认为入射激光能量密度刚超过烧蚀阈值能量密度时，光化学过程起主导作用;随着激光能量密度的增加,光热作用开始增强。在两种机制的共同作用下,随着入射激光能量密度持续提高,光化学过程重新占据主导作用[7]。

2. 准分子激光微细加工工艺

准分子激光加工的表面质量与激光能量密度有关。激光能量密度与放大器电压、激光脉冲频率成正比关系,即随二者的增大而增大;激光能量密度与激光扫描速度成反比关系,即随其增大而减小。由此可知,准分子激光器可调的加工参数有:放大器电压、激光脉冲频率以及激光束的扫描速度。

以准分子激光器对 Al_2O_3 陶瓷材料试件表面进行修饰为例[8],实验期间保持振荡器电压不变。研究激光加工工艺参数对加工表面形貌参数(包括表面粗糙度参数和分形参数)的影响规律。实验中可以调整的准分子激光加工工艺参数以及调整范围如表 7-1 所列。

表 7-1 准分子激光加工工艺参数

工 艺 参 数	取 值 范 围
振荡器电压/kV	26
放大器电压/kV	18、20、22、24、26
脉冲频率/Hz	10、20、30、40、50
激光扫描速度/(μm/s)	100、200、300、400、500

1) 放大器电压

依据表 7-1 所列数据,取最高激光脉冲频率 50Hz,最低激光扫描速度 100μm/s,从低到高依次选取放大器电压,Al_2O_3 陶瓷材料加工表面的形貌参数与放大器电压的关系如图 7-1 所示[8]。可以看出,放大器电压变化对加工表面的粗糙度有一定的影响,但二者之间的相关性不确定。由图 7-1(e)可以看出,在轮廓的中段 4~6μm 之间,承载量系数随着放大器电压的增大而减小。此外,轮廓高度峰值随着放大器电压的增大有减小的趋势。

2) 激光脉冲频率

依据表 7-1 所列数据,取最高放大器电压 26kV,最低激光扫描速度 100μm/s,从低到高依次选取激光脉冲频率,Al_2O_3 陶瓷材料加工表面的形貌参数与脉冲频率的关系如图 7-2 所示[8]。可以看出,一定范围内轮廓高度算数平均值 Ra 和均方根值 Rq 和脉冲频率之间成正比关系,表明加工深度与激光脉冲频率也存在正比关系;坡度均方根值 Z_q 几乎不随激光脉冲频率变化,表明脉冲频率几乎不影响加工表面形貌的坡度特征;随着激光脉冲频率的增高,分形维数 W 基本上呈现增大的趋势;承载量系数 t_p 随着激光脉冲频率的变化规律不明显。

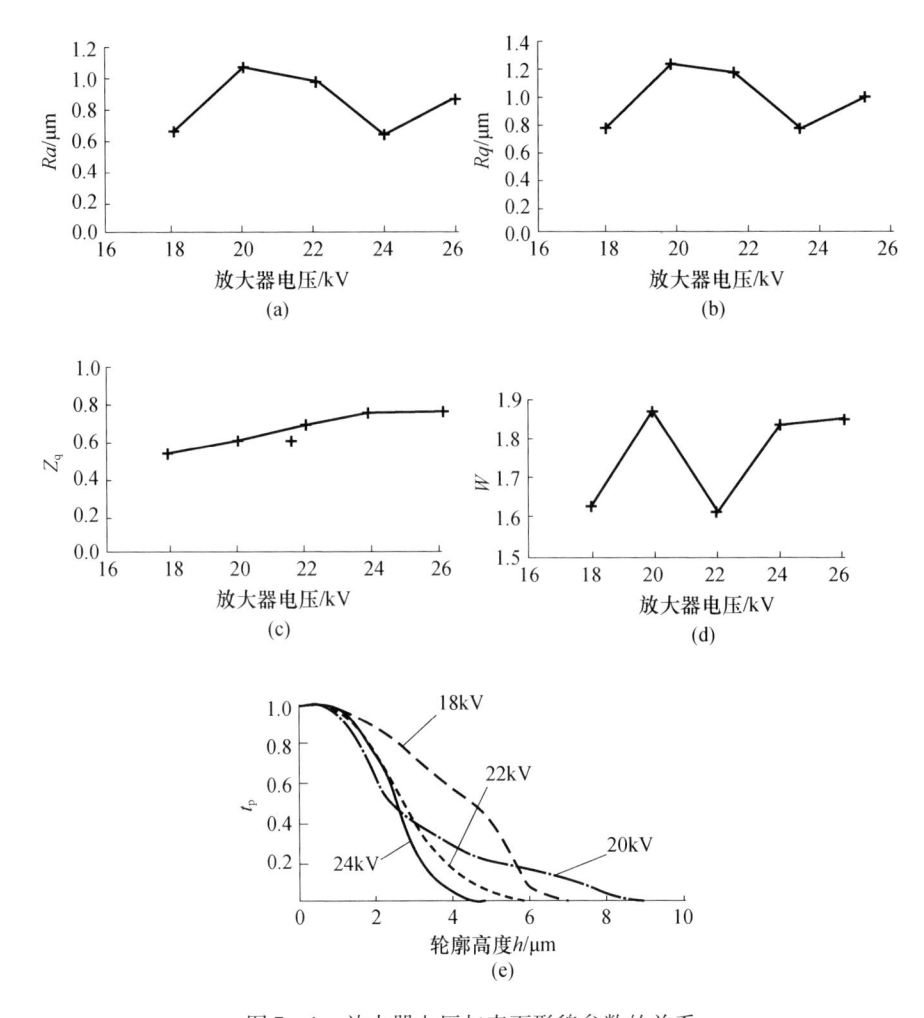

图 7-1 放大器电压与表面形貌参数的关系

(a) 与轮廓高度算数平均值 Ra 的关系;(b) 与轮廓高度均方根值 Rq 的关系;
(c) 与坡度均方根值 Z_q 的关系;(d) 与分形维数 W 的关系;(e) 与承载量系数 t_p 的关系。

3) 激光扫描速度

依据表 7-1 所列数据,取最高放大器电压 26kV,最高激光脉冲频率 50Hz,从低到高依次选取激光扫描速度,Al_2O_3 陶瓷材料加工表面的形貌参数与扫描速度的关系如图 7-3 所示[8]。可以看出,一定范围内激光扫描速度与轮廓高度算术平均值 Ra 和均方根值 Rq 成反比;此外,虽与坡度均方根值 Z_q 成反比,但变化幅度不大;分形维数 W 值也呈下降趋势。从图 7-3(e) 可以看出,一定范围内,随扫描速度增大,承载量系数增大,而轮廓高度峰值减小,这表明激光扫描速度的增高使表面形貌更加陡峭,从而使同一高度截面上的承载面积变小。

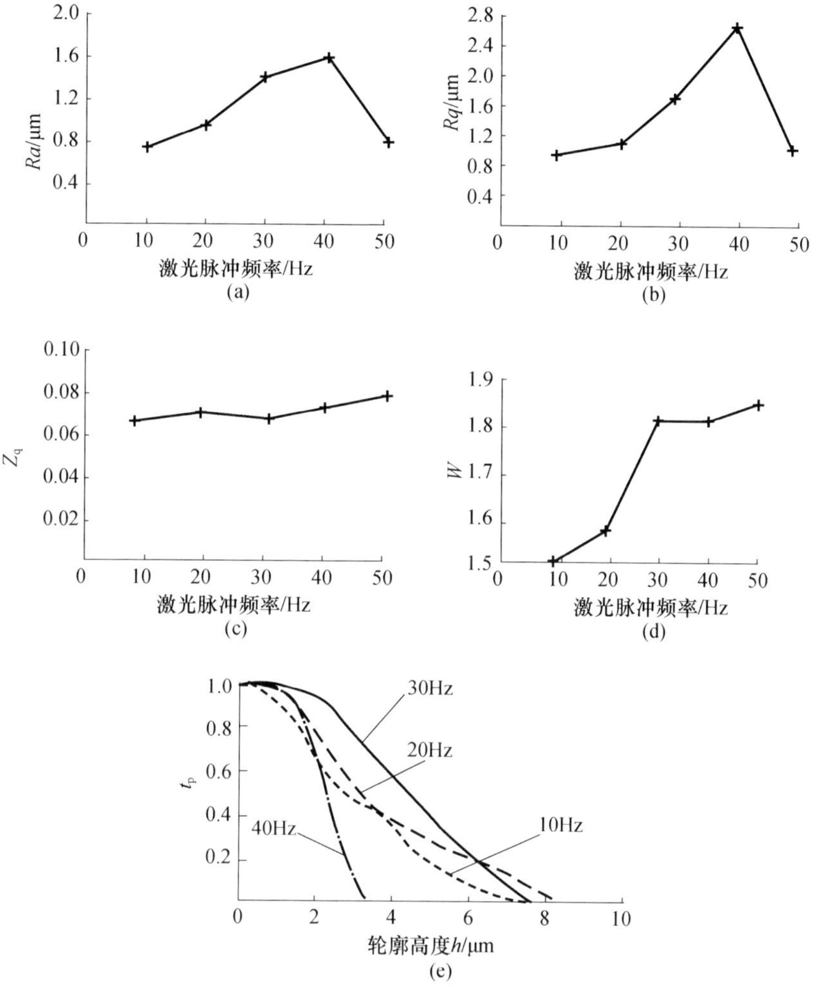

图 7-2 激光脉冲频率与表面形貌参数的关系
(a) 与轮廓高度算数平均值 Ra 的关系;(b) 与轮廓高度均方根值 Rq 的关系;
(c) 与坡度均方根值 Z_q 的关系;(d) 与分形维数 W 的关系;(e) 与承载量系数 t_p 的关系。

通过以上三组实验可以得出以下结论:轮廓高度算术平均值与均方根值、坡度均方根值和分形维数与激光能量密度成正比,承载量系数与激光能量密度成反比;随着激光能量密度提高,表面形貌的起伏程度和致密程度增大,陡峭程度有细微的变化,承载面积比减小。

7.1.3 飞秒激光微细加工

激光器按照泵浦方式的不同,可分为连续激光器和脉冲激光器两类。连续激光器适合于激光通信、激光手术等场合,一般输出功率比较低;脉冲激光器则

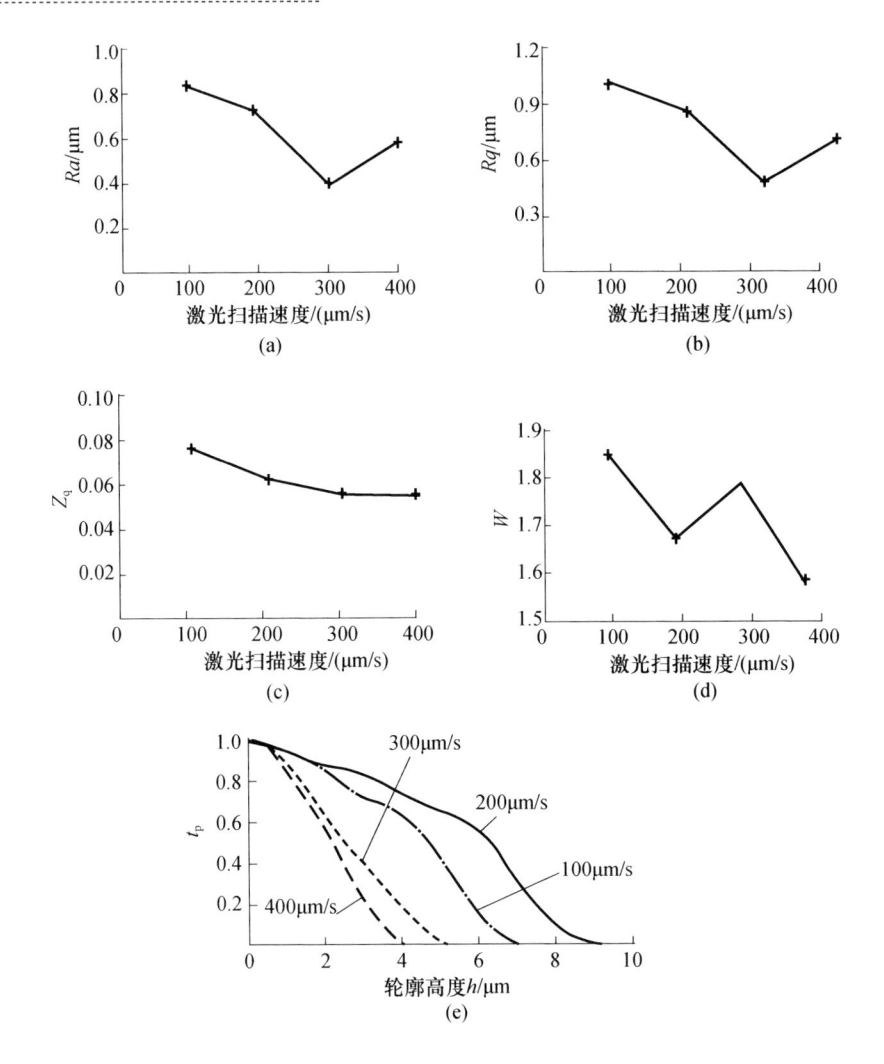

图 7-3 激光扫描速度与表面形貌参数的关系

(a) 与轮廓高度算数平均值 Ra 的关系；(b) 与轮廓高度均方根值 Rq 的关系；
(c) 与坡度均方根值 Z_q 的关系；(d) 与分形维数 W 的关系；(e) 与承载量系数 t_p 的关系。

适合于切割和测距等，一般输出功率比较高。激光的脉冲越短，精度越高，释放的能量越大。因此，为了能以较低的脉冲能量获得极高的峰值光强，具备独特的超短脉冲、超强特性的飞秒激光应运而生。

飞秒激光应满足以下两个条件：①具有极短的激光脉冲。脉冲持续时间只有几皮秒或飞秒；②具有极高的峰值功率。其电场远远强于原子内库仑场，具有极高的电场强度，足以使任何材料发生电离。

飞秒激光加工有两大特点：一是"冷加工"；二是"超精细"。脉冲持续时间大于 10ps 的传统激光，与材料作用时，热过程起到主要作用。脉冲持续时间小于 10ps 的超快激光,由于脉冲持续时间只有皮秒、飞秒量级,远小于材料中受激电子通过转移转化等形式的能量释放时间,能量来不及释放该脉冲已经结束,避免了能量的转移、转化以及热量的存在和热扩散,实现了真正意义上的激光"冷"加工。飞秒激光能够聚焦到超细微空间区域,同时具有极高的峰值功率和极短的激光脉冲,加工时切面整齐,无热扩散,无微裂纹及冶金缺陷,加工过程中不会对所涉及的空间范围的周围材料造成影响,从而做到了加工的超精细。

此外,飞秒激光加工是一个非线性、非平衡过程。和传统激光相比,用飞秒激光加工材料时存在降低材料的烧蚀阈值、无等离子体屏蔽效应、无熔融区域、无微裂纹、无重铸层、无飞溅物、无毛刺等优势。

1. 飞秒激光微细加工原理

材料吸收激光能量的过程可以分为线性吸收和非线性吸收。对于透明电介质,飞秒激光作用的过程属于非线性吸收,非线性吸收分为两类:光电离和雪崩电离。

光电离是指激光作用下对电子进行直接电离。光电离又分为两种:多光子电离与隧道电离。隧道电离发生在激光频率低时,电场弯曲束缚价带的电子库仑势阱,使价带与导带间的势垒变薄,电子从价带隧穿至导带中。多光子电离是在激光频率较高时,通过同时吸收多个光子来实现电子跃迁的。透明电介质的带隙决定了同时吸收的光子数目,同时吸收的光子能量大于其带隙能量。可以用 Keldysh 参数 γ 区分隧道电离和多光子电离[9], γ 定义为

$$\gamma = \frac{\omega}{e}\left(\frac{mcn\varepsilon_0 E_g}{I}\right)^{1/2} \qquad (7-7)$$

式中: ω 为激光频率; m、e 分别为电子的质量和电荷; n 为介质的折射率; E_g 为介质的带隙; ε_0 为真空介电常数。

当 $\gamma>1.5$ 时,多光子电离占主导作用;当 $\gamma<1.5$ 时,隧道电离占主导作用。

雪崩电离是指激光作用下电子发生多次碰撞电离的过程。当飞秒激光作用于透明介质时,由于多光子电离与隧道电离而产生了自由电子,自由电子通过逆韧致辐射,连续吸收多个光子后跃迁至导带中的高能态,这样的高能电子通过碰撞使另一个价带电子进入导带内,即发生了碰撞电离。碰撞后两个电子处于导带底部,再次吸收激光能量后继续发生碰撞电离,如此往复,导带内的电子数目密度 ρ_N 不断增长,这就是雪崩电离过程,可以表示为

$$\frac{d\rho_N}{dt} = \eta \rho_N \qquad (7-8)$$

式中: η 为雪崩电离速度。

当材料中的自由电子浓度达到某一临界值时,透明材料即发生破坏。

对于金属材料的飞秒激光加工,由于金属中存在大量自由电子,所以在加工时,金属中自由电子通过逆韧致辐射吸收激光光子,进而产生碰撞电离、雪崩电

离,形成高密度的等离子体状态,发生电子-电子、电子-声子散射以及晶格热传导。当晶格温度达到阈值时,发生材料烧蚀。

对于半导体材料的飞秒激光加工,其机制取决于半导体的带隙能量与单个激光光子能量之间的关系。若单个激光光子的能量大于半导体带隙能量,飞秒激光与半导体材料的作用过程和金属类似。若单个激光光子的能量小于半导体带隙能量,半导体对飞秒激光的吸收以多光子电离的过程进行,这和透明电介质的作用相类似。

激光加工时,保持其他参数不变,只改变激光的能量密度,发生不可逆的烧蚀需要的最低激光能量密度为该条件下的烧蚀阈值。与长脉冲激光加工相比,皮秒激光的烧蚀阈值具有确定性。多光子吸收过程在极短时间内产生数量确定的大量自由电子,降低了小空间范围内的自由电子分布的随机性,从而保证激光损伤的确定性,提高了飞秒激光加工的精度。

飞秒激光加工的物理过程复杂,参数众多且相互耦合。考虑到透明介质、半导体、金属等不同介质,当透明介质发生雪崩电离后形成等离子体,其后的飞秒激光作用过程与金属作用相似。目前,描述超短脉冲激光在金属介质的作用机理的物理模型中,计算过程简洁而结果较为准确的为双温模型[10]。

双温模型中考虑了电子吸收激光能量后的电子热传导和电子晶格间的热交换,忽略了晶格的热传导,一维模型表示为

$$\begin{cases} C_e(T_e)\dfrac{\partial}{\partial t}T_e = \dfrac{\partial}{\partial x}\kappa_e(T_e)\dfrac{\partial}{\partial x}T_e - g(T_e - T_1) + S(x,t) \\ C_1\dfrac{\partial}{\partial t}T_1 = g(T_e - T_1) \end{cases} \quad (7-9)$$

式中:T_e、T_1 分别为电子、晶格的温度;C_e、C_1 分别为电子、晶格的体积比热容;κ_e 为电子热导率;g 为电子晶格热交换耦合系数;x 为激光传播方向,$S(x,t)$ 表示吸收的激光热源。

将一维双温模型扩展到三维情况,忽略激光在传播方向上的光斑尺寸变化,在无穷大半面上采用三维柱坐标来描述:

$$\begin{cases} C_e\dfrac{\partial T_e}{\partial t} = k_e\left(\dfrac{\partial^2}{\partial r^2} + \dfrac{1}{r}\dfrac{\partial}{\partial r} + \dfrac{\partial^2}{\partial z^2}\right)T_e - g(T_e - T_1) + S \\ C_1\dfrac{\partial T_1}{\partial t} = g(T_e - T_1) \end{cases} \quad (7-10)$$

式中:z 为激光传播的纵向坐标;r 为激光传播的轴向坐标。

激光热源 S 表示为

$$S = I_0\alpha(1-\delta)\mathrm{e}^{-2\frac{(t-t_q)^2}{t_q^2}}\mathrm{e}^{-2(\frac{r}{r_0})^2}\mathrm{e}^{-\alpha z} \quad (7-11)$$

式中:$t_q = \dfrac{t_F}{\sqrt{2\ln 2}}$,$t_F$ 为激光脉冲时域半极大全宽度;r_0 为激光聚焦光斑半径;δ 为

反射率;I_0为聚焦光斑的峰值光强。

根据三维双温模型,计算分析飞秒激光辐射铜膜时的受热状态,模型中考虑了随温度变化的电子比热和热导率:

$$C_e = C'_e T_e \qquad (7-12)$$

$$\kappa_e = k_e^0 T_e / T_1 \qquad (7-13)$$

铜膜厚度取650nm,轴向半径10μm,轴向边界、铜膜上下表面为绝热面,铜膜底部为初始温度。模拟时采用有限差分法进行数值计算,将双温模型的表达式采用显示差分。采用的飞秒激光为单个脉冲激光,脉宽100fs,聚焦半径6μm,能量密度为0.88J/cm²。铜膜表面中心点附近的电子晶格温度变化情况如图7-4和图7-5所示。

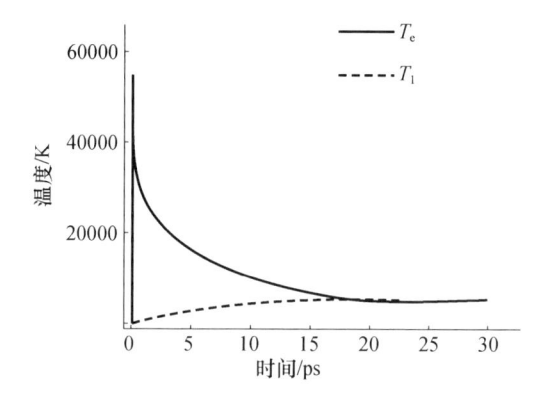

图7-4 表面中心点电子温度和晶格温度变化

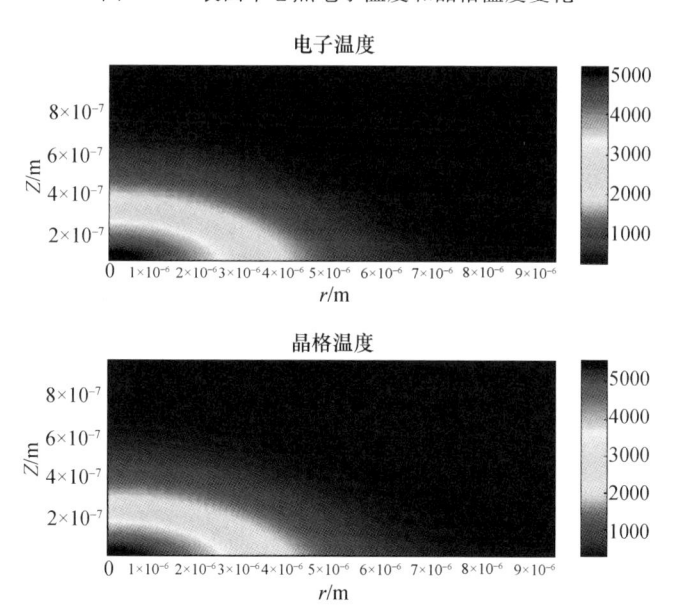

图7-5 30ps电子温度和晶格温度分布

从图 7-5 可以看出,在飞秒激光作用 136fs 后,电子温度迅速升高到 54915K,而晶格温度则较低,随着电子的热扩散及与晶格发生的热交换,电子温度迅速降低,而晶格温度逐渐升高,在 22ps 左右,两者温度趋于平衡,不再发生明显变化。若此时晶格的平衡温度大于 $0.9T_C$(T_C 为金属的相变温度),则会发生相变爆炸,实现对金属表面的烧蚀。达到此条件的最小激光能量密度称为该条件下的烧蚀阈值。

当激光能量密度较高时,双温模型就不再精确,需对其进行改进[11,12],应量化双温方程中的电子热容、扩散时间、电导率、吸收率等光学和热学参数特征,并引入新的参数计算电子温度与晶格温度,通过改进后的模型即可准确地预测以金属为靶材的烧蚀阈值和加工深度。

2. 飞秒激光微细加工工艺

在飞秒激光的脉宽、波长确定的情况下,影响飞秒激光加工的参数主要有激光脉冲能量、重复频率和扫描速度。

飞秒激光的加工效果在很大程度上取决于能量密度,其计算公式如下:

$$\Phi = \frac{4E_p}{\pi D^2} \quad (7-14)$$

式中:Φ 为单脉冲激光能量密度;E_p 为单脉冲激光能量(μJ);D 为光斑直径。

设扫描方向上两光斑之间的中心距为 l,则 l 与扫描速度 v 之间的关系为

$$l = \frac{v}{f} \quad (7-15)$$

式中:v 为扫描速度(mm/s);f 为重复频率(Hz)。

设光斑扫描方向上重叠部分长为 Δl,如图 7-6 所示,可以知道光斑重叠率 ε 的计算公式为

$$\varepsilon = \frac{\Delta l}{D} = \frac{D-1}{D} = 1 - \frac{vf}{D} \quad (7-16)$$

由此可知,当光斑直径和重复频率确定后,即光斑重叠率 ε 确定,激光的能量密度是由脉冲能量和扫描速度共同决定的。

因此,可以得到这样的结论:飞秒激光的加工效果在光斑直径和重复频率确定后,只取决于激光脉冲能量与激光扫描速度。所以,飞秒加工的工艺过程只需调整激光脉冲能量与

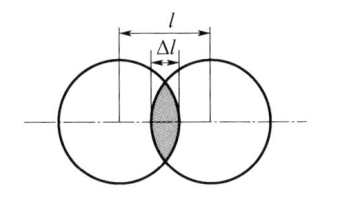

图 7-6 激光光斑重叠示意图

激光扫描速度即可。以飞秒激光微加工系统分析上述参数对 SiC 材料去除的影响为例[13],可以调整的飞秒激光加工工艺参数以及调整范围如表 7-2 所列。

表 7-2　飞秒激光加工工艺参数

参数	数值
扫描速度/(mm/s)	2、1、0.5、0.1、0.05、0.01
脉冲能量/μJ	120、40、15、8

1）激光能量

保持光斑重叠率固定不变，扫描速度为 $v=2\text{mm/s}$，按照表 7-2 依次选取脉冲能量，在透镜聚焦方式下观察线结构的形貌，如图 7-7 所示[13]。可以发现，光斑重叠率和扫描速度确定的情况下，能量密度随脉冲能量的增加而增加。

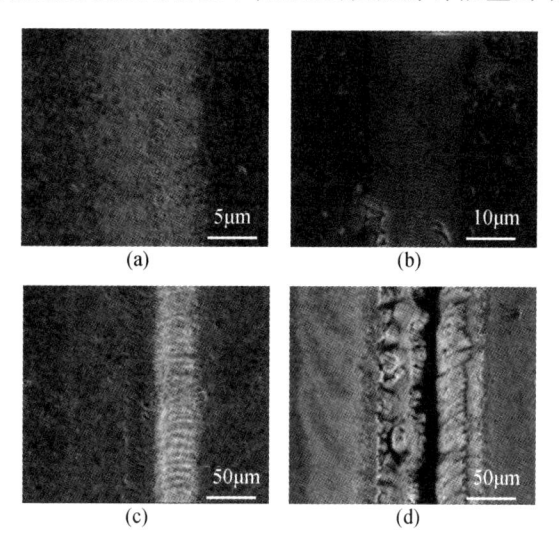

图 7-7　$v=2\text{mm/s}$ 时不同激光能量加工的线结构
(a) $P=8\mu\text{J}$；(b) $P=15\mu\text{J}$；(c) $P=40\mu\text{J}$；(d) $P=120\mu\text{J}$。

当激光的脉冲能量很低时（8μJ），在激光作用区域上只能留下激光照射的痕迹，并不能够将材料去除。因为飞秒激光去除材料时存在一个阈值效应，即如果激光的能量密度不高于烧蚀阈值，则无法将材料去除。当激光的脉冲能量比较低时（15μJ），激光照射的材料呈现出有规则周期性的波纹结构。这是因为材料缺陷使激光在材料表面发生散射，散射后的激光与照射的激光产生干涉效应，照射激光被调制，照射在材料表面形成干涉图案，即有规则周期性的波纹结构。这种结构在能量密度处于烧蚀阈值附近时出现，也就是 $v=2\text{mm/s}$、$P=15\mu\text{J}$ 时，其能量密度与材料的烧蚀阈值接近。当激光的脉冲能量稍高时（40μJ），激光照射的材料表面呈现出良好的形貌结构，该结构表面平整光滑，边缘线整齐，证明在该能量密度下，材料去除以弱烧蚀为主。当激光的脉冲能量很高时（120μJ），激光照射的材料表面平面度很差，表面粗糙度很高，烧蚀破坏严重，材料被大量去除,烧蚀痕迹很深,证明在该能量密度下,材料去除以强烧蚀为主。

由上述分析可知,利用飞秒激光进行加工时激光的能量密度应稍高于烧蚀阈值,从而获得良好的烧蚀形貌。

图7-8展示了加工形貌良好时,结构表面的微观形貌。可以看出,表面出现不规则的纳米条纹。

激光的脉冲能量变化,除了对烧蚀形貌产生影响外,对去除量也产生影响。不同脉冲能量下加工结构线宽的变化趋势如图7-9所示[13]。可以看出,结构线宽随着激光脉冲能量的增加而增加,在 $P \leqslant 40\mu J$ 时,线宽随脉冲能量的变化比较显著;当 $P \geqslant 40\mu J$ 时,线宽随脉冲能量的变化比较缓慢,出现这种变化趋势的原因是光斑在空间上呈高斯分布。

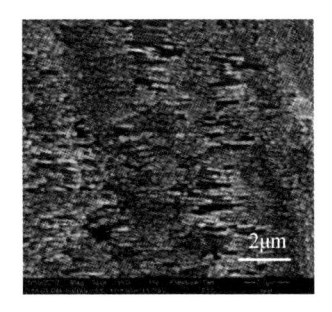

图7-8 $P=40\mu J$、$v=2mm/s$ 放大10000倍的SEM图像

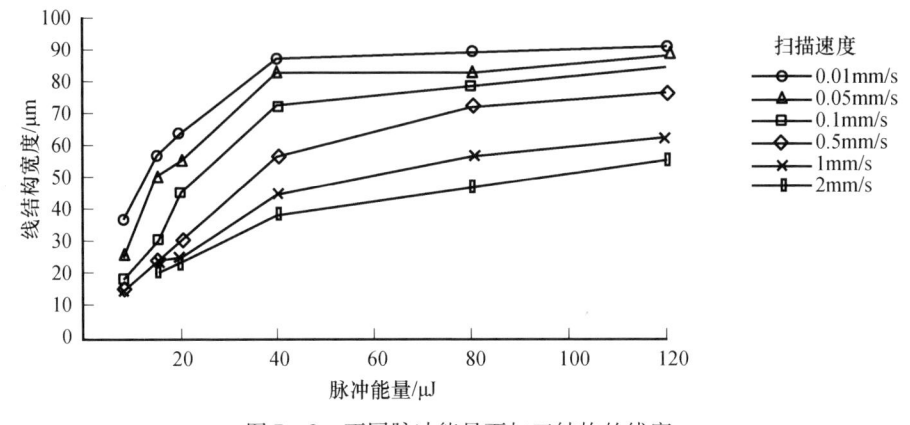

图7-9 不同脉冲能量下加工结构的线宽

当激光的脉冲能量很低时,光斑中心的区域能量密度高于材料的烧蚀阈值,而光斑的边缘部分能量密度较低,因此只有光斑的中心位置附近的材料产生了去除,加工线宽最小;随着脉冲能量的增加,在光斑中心附近,能量密度高于烧蚀阈值的区域直径也随之增加,导致加工结构的线宽不断增加,因此变化趋势较明显;当脉冲能量升高到一定值时,整个光斑区域的能量密度几乎全部高于烧蚀阈值,而加工过程中光斑直径是固定不变的,因此虽然脉冲能量持续增加,但能量密度高于烧蚀阈值的区域几乎不再变化,约等于光斑直径,此时加工线宽趋于稳定。此时增加的脉冲能量主要产生深度方向的材料去除,即强烈烧蚀材料表面,对材料产生破坏。从加工精度的角度看,激光单次扫描的去除量越少,加工精度越高,因此速度一定时,在产生烧蚀的前提下,加工能量越低,其精度越高,也就是说,加工能量应稍高于烧蚀阈值。

从以上研究可以发现,无论从加工形貌还是加工精度的角度来看,能量密度稍高于烧蚀阈值时,加工质量最好。

2)激光扫描速度

保持激光的脉冲能量 $P=40\mu J$ 不变,按照表7-2依次选取扫描速度,在透镜聚焦方式下观察线结构的形貌如图7-10所示[13]。由式(7-16)可知,速度降低,则光斑重叠率增加,导致激光能量密度增加,材料的去除方式由弱烧蚀($v=2\sim0.5mm/s$)转化为强烧蚀($v=0.1\sim0.01mm/s$),加工结构的表面形貌特征由光滑平整逐渐变得粗糙、型面精度差。速度很慢时($v=0.01mm/s$、$0.05mm/s$),产生的过强烧蚀使得线结构两侧有气泡结构产生,这是由于高能量作用产生的汽化材料或等离子体,存在一部分不能及时脱离母材而冷凝,从而形成了气泡。

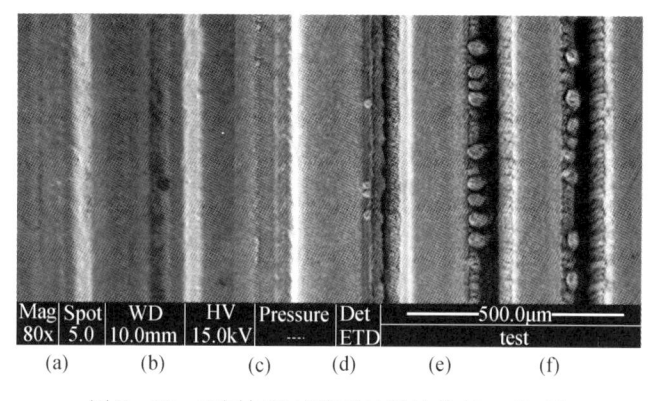

图7-10 不同扫描速度下的线结构($P=40\mu J$)
(a)$v=2mm/s$;(b)$v=1mm/s$;(c)$v=0.5mm/s$;(d)$v=0.1mm/s$;(e)$v=0.05mm/s$;(f)$v=0.01mm/s$。

在 $P=8\mu J$、$v=1mm/s$ 下加工的线结构如图7-11(a)所示,其表面呈现出有规则周期性的波纹结构,证明该参数下的激光能量密度接近于材料的烧蚀阈值。在 $P=8\mu J$、$v=0.5mm/s$ 时加工的线结构如图7-11(b)所示,可以发现,速度降低,其波纹状结构依然存在,然而周期性没有 $v=1mm/s$ 时规则和明显。上

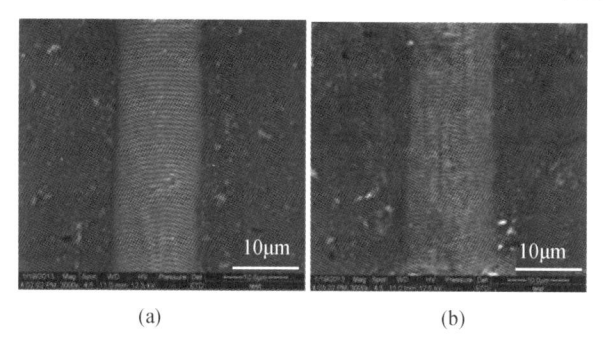

图7-11 不同激光能量、扫描速度下加工的线结构
(a)$P=8\mu J$、$v=1mm/s$;(b)$P=8\mu J$、$v=0.5mm/s$。

述现象可以证明,随着速度的减小,能量密度增大,波纹状结构会逐渐消失。当扫描速度 $v=0.5\text{mm/s}$ 时,波纹结构的周期为 $v=1\text{mm/s}$ 时的 1/2,这是因为速度减半时,散射光与入射光的干涉周期也减为原来的 1/2,所形成的干涉图案即波纹状结构的周期也就随之减了 1/2。

结合图 7-7 可以发现,当 $P=15\mu\text{J}$、$v=2\text{mm/s}$ 时或 $P=8\mu\text{J}$、$v=1\text{mm/s}$ 时均有波纹状结构出现。而当前者脉冲能量继续增加或后者扫描速度继续减小时,实验中所得到的线结构表面均无波纹状结构出现,可以推断出,飞秒激光的加工效果由脉冲能量和扫描速度共同决定。因此,获得良好的表面形貌需要将脉冲能量与扫描速度合理组合。

不同扫描速度对加工结构线宽的影响规律如图 7-12 所示[13]。可以看出,结构线宽随扫描速度增加而减小,而且变化趋势先明显后缓慢。这是因为在加工过程中,扫描速度越高,重叠率越小,光斑重叠导致的能量累积越少,对应的烧蚀区域直径越小,因此结构线宽随着扫描速度的增加而减小。然而激光能量在空间上呈高斯分布,因此脉冲重叠所带来的能量积累效应随重叠量减小而减小的变化趋势变缓,此外重叠率高到一定程度时,会使多个脉冲能量重叠。因此,当速度缓慢时变化趋势较明显,而速度增加时变化趋势较缓慢。

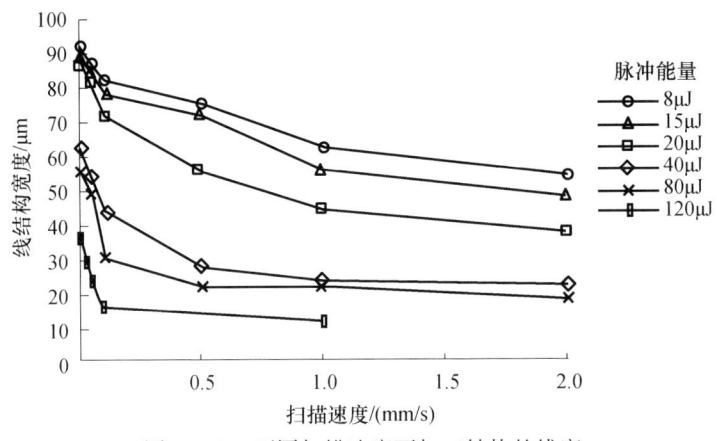

图 7-12 不同扫描速度下加工结构的线宽

7.1.4 激光微细加工应用

激光微加工的应用范围十分广泛,尤其在光学元件(如光栅)、医疗器械(如微针阵列、医用支架)以及微机电系统零件等领域的应用推动了信息产业革命。利用激光微细加工技术可以高效率高质量地完成打孔、切割、焊接以及标记等加工工艺。目前的研究进展已经显示,激光微细加工技术是具有发展潜力的三维微制造技术,有望成为 21 世纪高新技术发展的主要标志和现代信息社会光电子技术的支柱之一。

1. 光栅的激光微细加工

2002年,有研究者通过模拟双缝干涉实验,将激光通过分束器分束后分别聚焦,使两束飞秒激光相互干涉形成干涉条纹,进而在半导体、金属和玻璃等各种材料的上下表面上进行微细加工[14]。通过该方法可以加工出全息光栅和多维空间周期性结构,图7-13为飞秒激光在硅玻璃表面上加工光栅的照片。在此基础上,将飞秒激光分束为6×6的光束,然后在硅玻璃表面加工出6×6的达曼光栅[15,16],如图7-14所示。

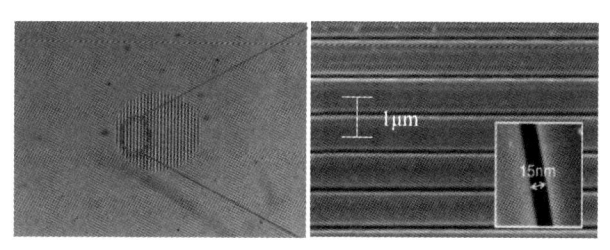

图7-13 飞秒激光加工全息光栅

2. 微针阵列的激光微细加工

在生物医学、光学等领域,经常会用到微针阵列结构,单个微针的尺寸通常小于$20\mu m$。通常这种结构以半导体光刻工艺制造,其过程既有化学刻蚀、物理刻蚀,又有化学沉积、物理沉积,所以耗时长,生产率低,并且造价昂贵。采用LIGA工艺制作微针阵列结构可以解决以上困难,LIGA工艺是一种MEMS加工技术,主要包括同步辐射光刻(Lithographie)、电铸制模(Galvanoformung)和注模复制(Abformung)三个工艺步骤。其加工过程如图7-15所示,在激光烧蚀微孔阵列模具结构时采用了单个圆开孔掩膜,提高了制作效率。

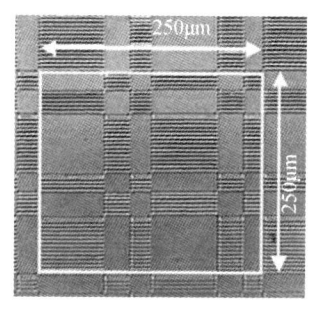

图7-14 飞秒激光加工达曼光栅

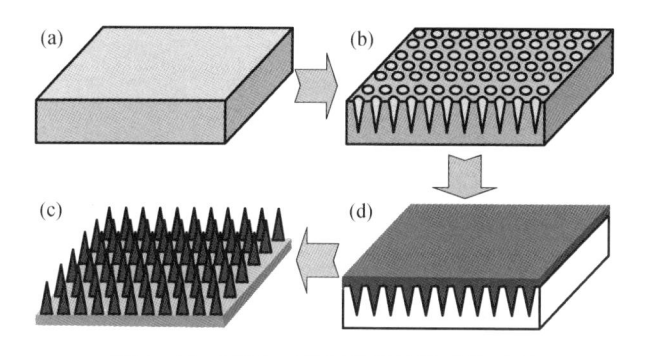

图7-15 LIGA工艺制作微针阵列的过程

(a)准备微模具基材;(b)激光烧蚀微孔阵列;(c)电镀或者沉积;(d)去除微模具。

通过图 7-15 的工艺步骤,制作的微针阵列结构如图 7-16 所示。在所使用的圆开孔掩膜上,单个圆孔的直径为 100μm,如图 7-17 所示,对应的辐射到基材表面上的激光光斑直径缩小至 1/10,为 10μm。通过这种方式,在 1mm² 的面积上,制作了 50×50 的微针阵列结构。

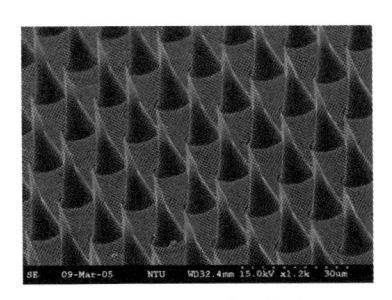

图 7-16 微针阵列结构图

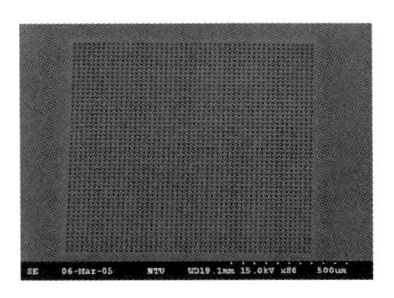

图 7-17 激光烧蚀微模具所使用的掩膜

3. 医用支架的激光微细加工

金属裸支架一般由不锈钢、镍钛合金或钴铬合金等材料制成。这种支架为直径 2~3mm、长度 8~32mm 的圆柱体。筋厚、筋尺寸以及网状图案的整体设计随着应用和制造商的不同而差异很大。

传统上加工这些非常精巧的零件(筋宽通常为 80μm)是使用纳秒级脉冲激光。这种激光在制造过程中通常带来严重的热量问题,从而导致毛边、熔渣和重铸现象。因此,整个行业都不得不在后处理步骤上花费大量精力、财力和人力,比如为了清除缺陷而进行化学蚀刻。而且,纳秒技术产生的零件热影响区域危害了零件的完整性,进而显著降低加工产量。

如图 7-18 所示为在低倍和高倍扫描式电子显微镜下,经飞秒激光加工的镍钛合金支架的图像,筋宽为 92μm。可以看出图中没有任何热影响区域。飞秒激光加工的真正无热性质让极精密加工省去了后处理的成本和麻烦。

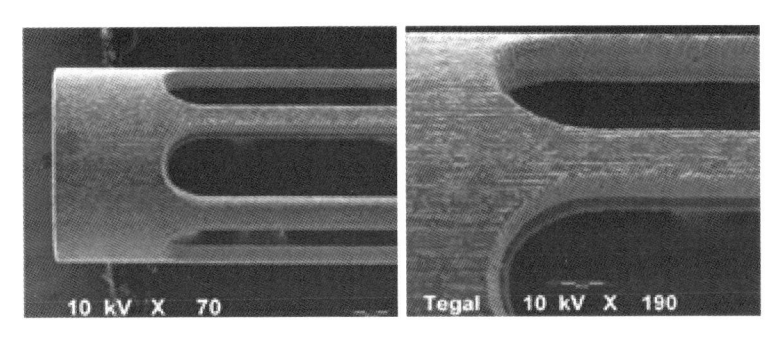

图 7-18 飞秒激光加工的镍钛合金支架

除此之外,激光飞秒加工的冷加工特性还可使其用来加工代表支架市场未来的生物可吸收支架。这种支架通常使用了低熔点聚合物,如聚丙醇酸熔化温度为 173~178℃,聚乙醇酸熔化温度为 225~230℃,这些聚合物对于余热影响的容忍度比镍钛合金和不锈钢还低。如果使用传统纳秒和皮秒级激光来加工该产品,由于存在热传递现象,会给加工带来许多问题,降低加工精确度。图 7-19 所示为激光飞秒加工的生物可吸收支架。样品支架的筋宽为 80μm,没有任何熔化或其他热损伤的痕迹。

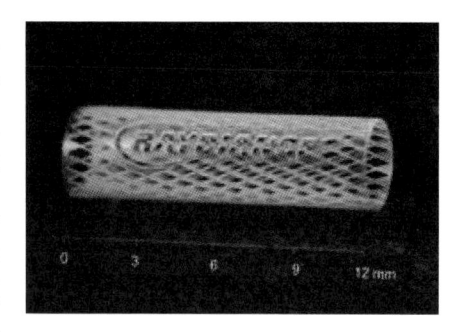

图 7-19 筋宽约为 80μm、筋厚约 150μm 的生物可吸收支架原型

这两个医疗设备领域的例子代表了微加工未来更为宽广的趋势。无论是微创医疗设备还是消费电子,当越来越细微零件的需求与日俱增,飞秒激光的冷烧蚀能力在制造中将扮演愈发重要的角色。例如,飞秒激光在微流体、片上实验室技术、太阳能电池隔离、电子显示器钢化玻璃加工以及晶圆切片领域,有潜在无限的应用等。

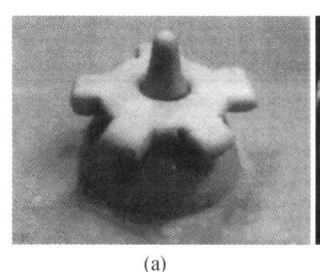

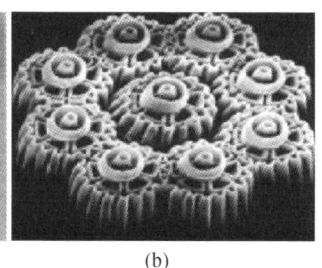

4. 微机电系统零件的激光微细加工

随着飞秒激光加工技术的不断发展,飞秒激光在微细加工领域取得了诸多研究成果。使用飞秒激光可制备直径为 15μm 的微型齿轮,如图 7-20(a)所示;采用飞秒激光制作的可以相互啮合的齿轮传动副如图 7-20(b)所示[17],其主动齿轮可以某一速度转动,并带动从动齿轮旋转;采用飞秒激光制作的亚微米级的弹簧振子如图 7-20(c)所示[17];采用飞秒激光在 SiC 表面加工的电动机转子和谐振腔如图 7-20(d)(e)所示[13]。这些研究成果表明了采用飞秒激光微细加工方法已经可以制造亚微米级的功能器件,该技术广泛应用于微机电系统(MEMS)的加工领域中,显现出许多前所未有的新特性。这种技术将来还可用于极为微小的医疗器件、微型传感器、新型计算机存储器等微型元器件的加工制造中。

(a)　　　　　　　　　　(b)

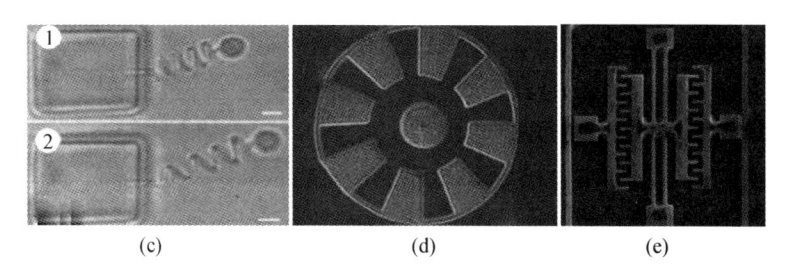

图 7 - 20　飞秒激光制备的微机电系统零件

(a)微型齿轮;(b)传动齿轮组;(c)微型弹簧振子;(d)电动机转子;(e)谐振腔.

7.2　激光弯曲成形技术

激光弯曲成形技术与造船行业的水火弯板工艺类似。水火弯板工艺使用氧乙炔火焰加热船板,同时加水冷却,使板料产生变形。由于具有加工较快、操作灵活、不需要其他设备及适于复杂形状的成形等优点,水火弯板得到广泛的应用,成为双曲率曲板成形的主要加工方式。但是,水火弯板工艺工作环境恶劣,依靠手工工艺操作,因而成形质量波动大。由于激光具有能量大、可控性好、洁净等优势,由激光束取代水火弯板工艺中的氧乙炔火焰作为热源,即为激光弯曲成形技术。与传统的成形工艺相比,激光弯曲成形技术具有以下特点和优点[18]:

(1) 激光弯曲成形属于无模、非接触成形,因而生产周期短、柔性大,特别适合于小批量、多品种工件的生产。

(2) 激光弯曲成形在成形过程中无外力作用,因而没有工件回弹现象,成形精度高。

(3) 激光弯曲成形是热态累积成形,因而能够弯曲常温下难变形的材料,如钛合金和陶瓷等。

(4) 通过直线与曲线的组合扫描方式,可以进行复合弯曲成形,以制作各类异形工件。

(5) 借助红外测温仪及形状测量仪,可在数控激光加工机上实现全过程闭环控制,从而保证工件质量,提高成形精度。

(6) 激光束良好的方向性和相干性使得激光弯曲成形技术能够应用于受结构限制、传统工具无法接触或靠近的工件加工。

7.2.1　激光弯曲成形原理

激光弯曲成形是利用激光的瞬间加热,从工件表面引入热应力(热应变)而导致的热力耦合行为,该行为涉及温度、组织转变、变形三者的相互作用,是一个十分复杂的瞬态热弹塑性变形过程。

在弯曲成形过程中,由于材料形状不同、热物理性能的差异以及所用工艺参数的不同,弯曲成形的机制也有所不同,有时多种机制同时发生作用。对于不同的弯曲机理,其加工对象以及弯曲效果是不一样的。工业上常采用的工艺是利用温度梯度机理以及屈曲机理来实现对板材的弯曲成形,如图7-21所示。

大量相关弯曲研究结果表明主要有三种变形机理,即除温度梯度机理、屈曲机理外,还存在增厚机理[19]。

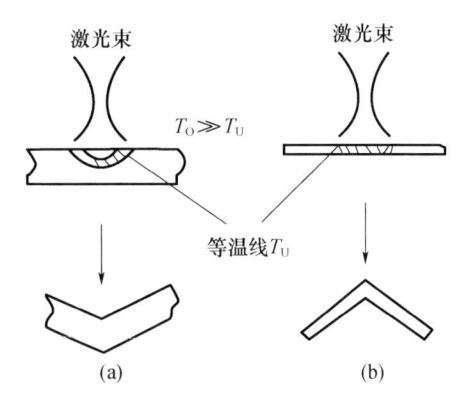

图 7-21 不同激光弯曲成形机理示意图
(a)温度梯度机理;(b)屈曲机理。

1. 温度梯度机理

如图 7-21(a)所示,当激光束光斑直径小于板厚或相当于板厚时,板材的弯曲变形机理为温度梯度机理。在这种情况下,扫描速度要足够高,保证板材内的温度梯度较大,当材料的热传导率较高时,扫描速度还要提高。典型的光束扫描路径是横穿整板的直线,此直线就是弯曲边[20]。

温度梯度机理下的弯曲成形步骤如下:

(1)金属板材表面被激光加热时,瞬间达到高温状态,此时板材在厚度方向上产生了较高的温度梯度。由于工件表面的加热区域产生了热膨胀,因此板材形成了远离激光束的弯曲变形,即反方向弯曲。此时只发生了弹性热变形,还没有发生塑性变形。

(2)激光继续照射,加热区域温度持续升高,形成由热膨胀向塑性压缩的转变。但是,未加热的区域有较大的断面模数,抑制了反向弯曲的继续进行,因此使得加热区域受到压迫,在上表面方向产生了一定的材料堆积。虽然反向弯曲受到抑制,但是这种塑性压缩不断积累,直到加热停止,激光关闭,冷却过程开始。

(3)在冷却过程中,热能的主要部分流向加热区周围的金属,只有少量热能向周围环境辐射和传导,因而板厚方向的温度梯度逐渐降低。在冷却过程中,激光加热区域收缩变硬,因此板材发生了靠近激光束的正向弯曲。正向弯曲与反向弯曲的角度差即为激光束扫描一次所形成的弯曲角度。一般板材的反向弯曲角度非常小,可以忽略不计。温度梯度机理下的板料变形示意图如图7-22所示[19]。

2. 屈曲机理

如图7-21(b)所示,当激光束光斑直径大于板厚时,板材的弯曲变形机理

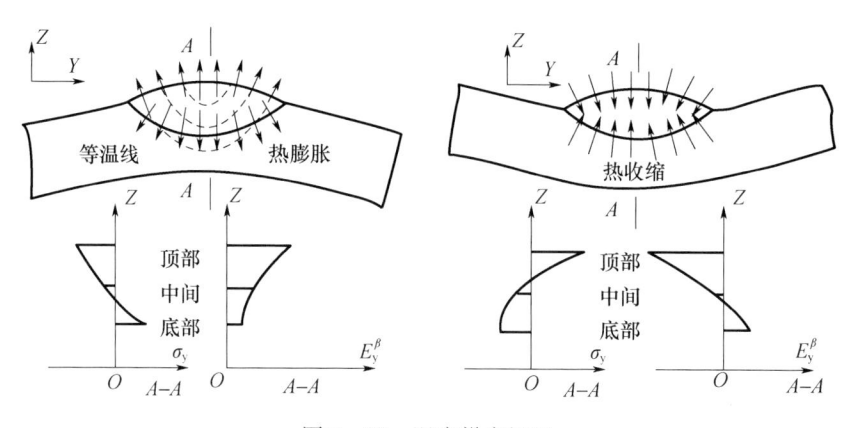

图 7-22 温度梯度机理

为屈曲机理。在这种情况下,扫描速度较低,在板厚方向形成的温度梯度较小。此时,整个加热区由于受周围材料的约束而产生压应力。当激光持续加热,加热区温度升高,材料屈服强度因此而降低。当所产生的压应力超过加热区材料的屈服应力时,加热区将产生塑性变形的屈曲,从而导致板料的弯曲。这种变形机理常常用于板料的反向弯曲。屈曲机理条件下弯曲成形过程的各个阶段如图 7-23 所示[20]。

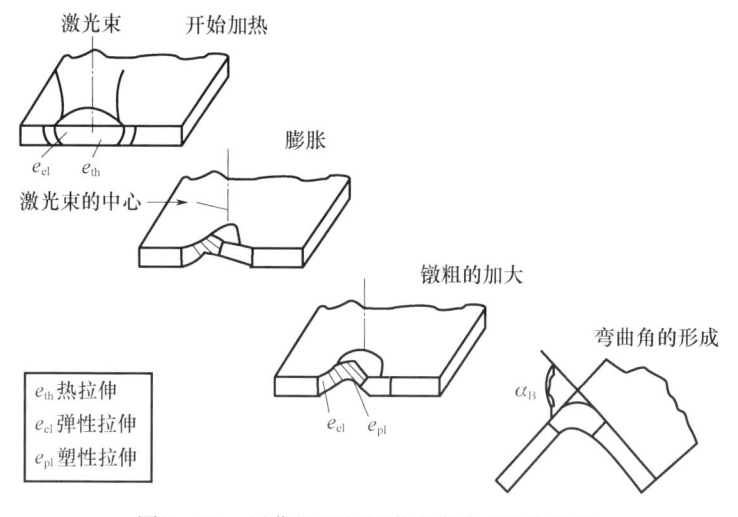

图 7-23 屈曲机理下的激光弯曲成形各阶段

3. 增厚机理

如图 7-24 所示,当激光束光斑直径很小,激光扫描速度很低时,板材的弯曲变形机理为增厚机理[21]。在这种情况下,板材在加热区的厚度方向上几乎均匀热透,温度梯度低,不会像温度梯度机理一样产生反向弯曲。由于加热区的宽度很小,易于压缩,因此,当加热区材料热膨胀时,加热区材料受到周围冷态材料的阻碍,形成高的内部压应力,同时加热区宽度小,易于压缩,使得加热区材料在厚度方向上有镦粗效应。这种镦粗效应使加热区板材缩短,厚度增加,表面产生一定程度的弯曲。通过控制激光束的扫描路线,就可以在工件表面得到预期的曲面形状。

图 7-24 增厚机理示意图

7.2.2 激光弯曲成形工艺

激光能量因素、板材的几何参数以及材料性能是影响激光弯曲成形质量的三个主要方面。激光能量因素包括激光功率、扫描速度、光斑直径、扫描次数、扫描线距自由端距等参数;板材的几何参数包括板材宽度、厚度、长度等;材料性能参数包括材料的热物理性能及力学性能等。

以铝锂合金薄板半导体激光弯曲成形试验研究为例,来说明上述参数对激光弯曲结果的影响[22]。因为板材长度对弯曲成形的影响很小,且材料的性能对具体的板材而言是确定的,因此,本节只简单介绍除板材长度及材料性能参数以外其他参数的影响规律。

1. 激光功率

保持光斑直径、扫描速度、扫描次数、扫描线距自由端距离不变,改变激光功率的大小,则该参数对弯曲角度的影响规律如图 7-25 所示[22]。可以看出,激光功率增大,弯曲角度有增大的趋势,当激光功率达到 45W 时,产生的弯曲角度急剧增大。这是因为该试验是温度梯度机理下的弯曲工艺,随着激光功率的增大,板材厚度方向的温度梯度增高,弯曲角度也随之增大,而弯曲角度急剧增加,

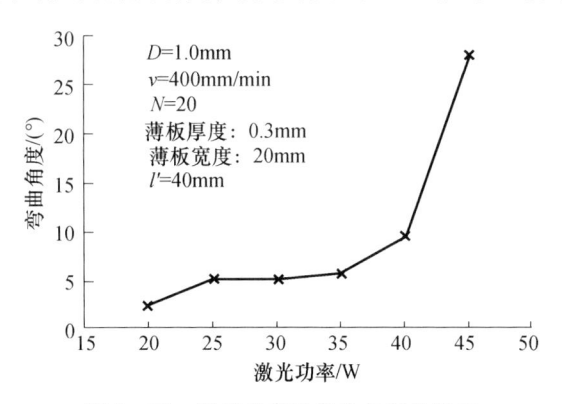

图 7-25 激光功率对弯曲角度的影响

应该是板材表面出现烧蚀现象所致。激光功率分别为40W、45W时激光弯曲成形后的板材上下表面情况如图7-26所示。

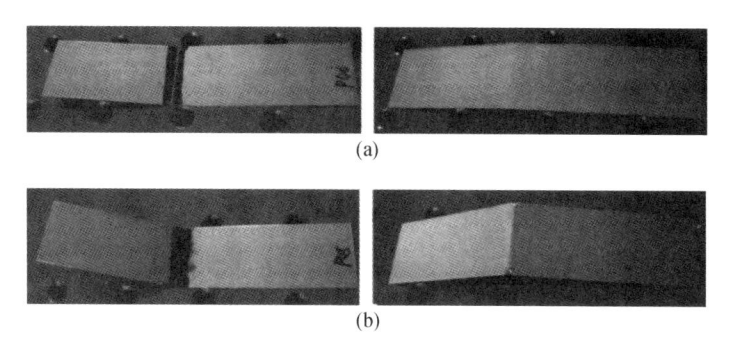

图7-26 激光弯曲成形后板材的上下表面
(a) $P=40W$;(b) $P=45W$。

2. 扫描速度

保持光斑直径、激光功率、扫描次数、扫描线距自由端距离不变,改变扫描速度的大小,则该参数对弯曲角度的影响规律如图7-27所示[22]。可以看出,当v≤600mm/min时,板材的弯曲角度随扫描速度的增加而增加;当v≥600mm/min时,板材的弯曲角度随扫描速度的增加而减小。这是因为在其他工艺参数一定的情况下,扫描速度较低时,板材表面受激光辐射的时间较长,而铝锂合金的热传导率大,所以板材上下表面间的温度均比较高,温度梯度较低;而当扫描速度较高时,板材表面受激光辐射的时间较短,从而吸收的激光能量较少,所以板材上下表面间的温度均比较低,温度梯度较小。由温度梯度机理可以知道,温度梯度较低,产生的热应力较小,因此所形成的弯曲角度也很小。由图7-27可以看出,对于给定板材的激光弯曲成形,存在一个最佳扫描速度,可以在板材厚度方向形成较高的温度梯度,使板材产生的弯曲变形最大。

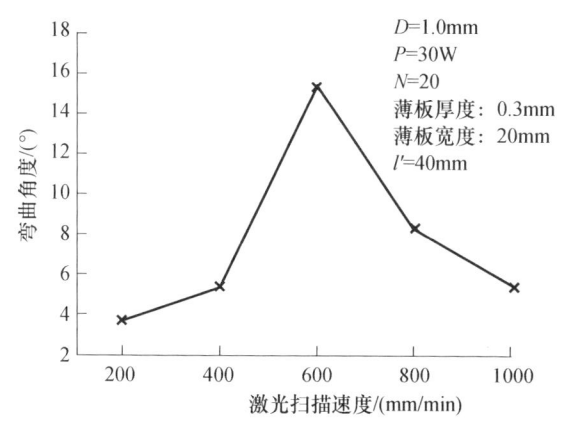

图7-27 扫描速度对弯曲角度的影响

3. 光斑直径

保持扫描速度、激光功率、扫描次数、扫描线距自由端距离不变，改变光斑直径的大小，则该参数对弯曲角度的影响规律如图 7-28 所示[22]。光斑直径的改变引起两方面变化：一方面改变激光辐射区内的能量密度；另一方面则改变激光辐射区的大小。当 $D \leqslant 1.0$mm 或 $D \geqslant 1.5$mm 时，板材的弯曲角度随光斑直径的增大而减小，此时能量密度的变化起主要作用；当 $1.0\text{ mm} \leqslant D \leqslant 1.5$mm 时，板材的弯曲角度随着光斑直径的增大而增大，激光辐射区大小的变化起主要作用。由图 7-28 可以看出，当光斑直径改变时，在能量密度起主要作用与激光辐射区大小起主要作用相互转化时，存在一个光斑直径值，通过该值可以得到弯曲角度的极大值和极小值。

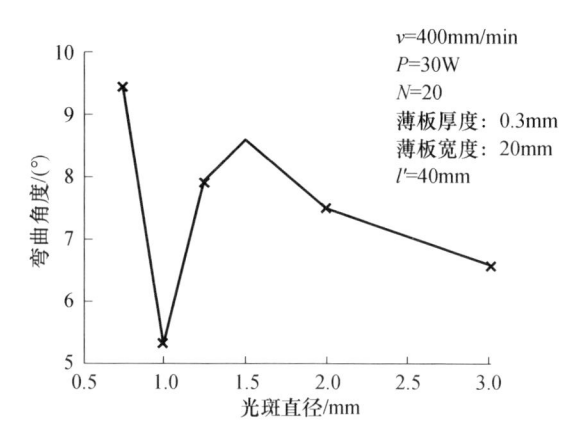

图 7-28 光斑直径对弯曲角度的影响

4. 扫描次数

保持扫描速度、激光功率、光斑直径、扫描线距自由端距离不变，改变扫描次数，则该参数对弯曲角度的影响规律如图 7-29 所示[22]。可以看出，弯曲角度

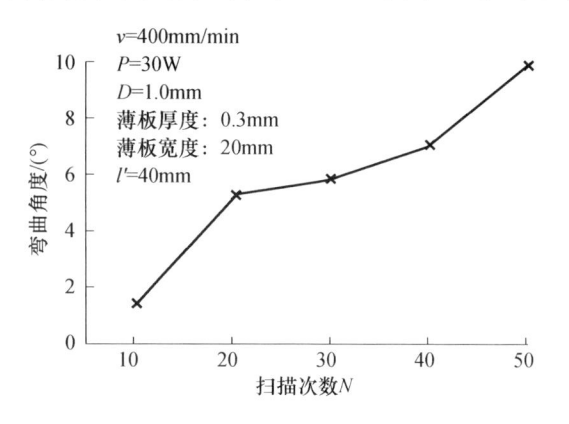

图 7-29 扫描次数对弯曲角度的影响

随着扫描次数的增大而增大。这是因为激光弯曲是热态累积成形,所以才会出现这种变化趋势。当 $N \geqslant 20$ 时,弯曲角度变化较缓慢,这应该是随着扫描次数的增多,板材表面产生的炭黑涂层被破坏,从而影响了板材对激光的吸收所致。

5. 扫描线距自由端距

保持扫描速度、激光功率、光斑直径、扫描次数不变,改变扫描线距自由端距离 l',则该参数对弯曲角度的影响规律如图 7-30 所示[22]。加热区与自由端之间的板材对加热区的材料存在两种不同的作用:一种是吸热作用;另一种是刚性约束作用。当 $l' \leqslant 30$ mm 时,板材的弯曲角度随着 l' 的增大而减小,此时加热区与自由端之间的板材主要表现为对加热区的吸热作用,即该部分材料吸收了激光在加热区所产生的部分热量,使得加热区板材的热量损失,减小了板材厚度方向的温度梯度,继而产生的热应力减小,因此弯曲角度有所减小;当 $l' \geqslant 30$ mm 时,板材的弯曲角度随着 l' 的增大而增大,此时该部分板材主要表现为对加热区材料热膨胀的刚性约束作用,即该部分材料约束了加热区材料的热膨胀,这种约束作用越大,则加热区的塑性变形量越大,板材的弯曲角度也就越大。但当 l' 继续增大时,这种约束的作用效果便趋于平缓,所以当 $l' \geqslant 40$ mm 时,弯曲角度的增加趋于平缓。

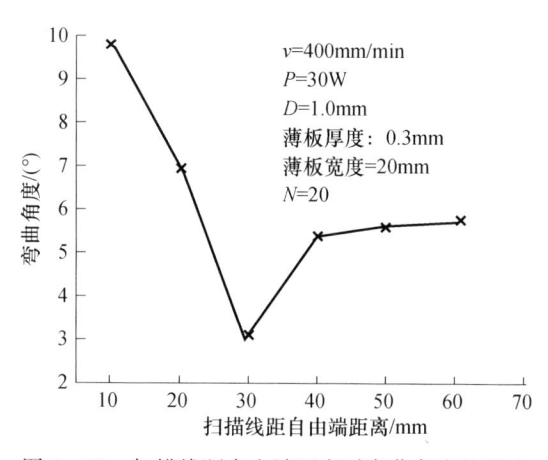

图 7-30 扫描线距自由端距离对弯曲角度的影响

6. 板材宽度

保持扫描速度、激光功率、光斑直径、扫描次数、扫描线距自由端距离不变,则板材宽度 W 对弯曲角度的影响规律如图 7-31 所示[22]。可以看出,弯曲角度随着板材宽度的增大而增大。并且在 $W \leqslant 20$ mm 时,弯曲角度的增量大;当 $W \geqslant 20$ mm 时,弯曲角度的增量小,并趋于平缓。这是因为未被加热的板材对加热区域板材起着刚性约束作用,这种约束作用越大,加热区材料的热膨胀受到的约束作用越大,则加热区的塑性变形量越大,从而板材的弯曲角度越大。因此,板材宽度增大,未被加热的板材对加热区域板材的约束作用越大,弯曲角度也就随之增大。但板材宽度增大到一定程度时,这种约束作用便不再继续增加,因此弯曲角度增量较小。

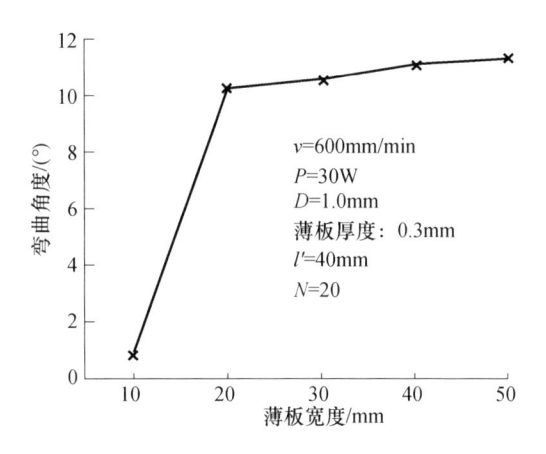

图 7-31　板材宽度对弯曲角度的影响

7. 板材厚度

保持扫描速度、激光功率、光斑直径、扫描次数、扫描线距自由端距离不变,则板材厚度对弯曲角度的影响规律如图 7-32 所示[22]。可以看出,弯曲角度随着板材厚度的增大而减小。这是因为板材厚度越大,弯曲时所需的弯曲力矩越大,从而要求内部热应力越高,因此板材的弯曲角度就越小。由此可知,其他工艺参数一定时,存在一个板材厚度的最大值,当板材厚度超过该值时,将无法实现对板材的激光弯曲成形。

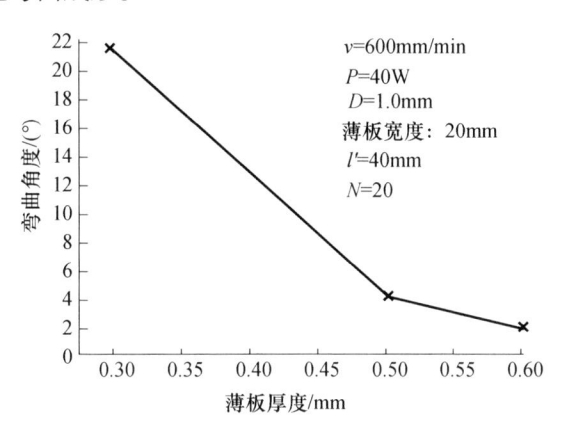

图 7-32　板材厚度对弯曲角度的影响

7.2.3　激光弯曲成形应用

激光弯曲成形技术除了可以完成平板的弯曲工艺,还可进行曲板的反弯曲、校平或卷板的开卷,以及方管或圆管的弯曲、缩口、胀形等。前述的平板弯曲属于 V 形弯曲件,激光束的扫描轨迹为直线。当扫描轨迹为非直线或者不重复时,还可以得到弯曲的异形件。

由此可见,激光弯曲成形技术可以实现多种弯曲工艺。因此,尽管该技术的研究尚处于探索阶段,也仅仅初步解释了其变形机理,对于其成形过程中的各种影响因素还缺少理论分析和定量描述,但板材激光弯曲成形的独特优点已使人们感受到潜在的巨大效益,其工业应用可以遍及航空、航天、船舶制造和微电子等多个领域。

1. 大型造船板材的激光弯曲成形

造船行业中经常遇到大型板材的弯曲成形,大部分采取滚压或冲压成形,造船厂的单曲率板材弯曲加工如图 7-33 所示[23]。激光二维成形或者激光三维成形可以替代原机械成形方法。激光二维成形可以实现板材圆柱面的成形,而激光三维成形可以实现板材马鞍形等双曲率曲面的成形。

图 7-33　造船厂板材单曲率曲面成形

目前造船厂采用的水火弯板工艺成形双曲率曲面工作现场如图 7-34(a)所示。图 7-34(b)为目前造船厂遇到的成形难度最大的船体"Bulbous Bow"曲面,这种曲面就可以利用激光三维成形工艺实现。除了直接对板材成形外,激光三维成形技术同样可以用来对焊接变形进行矫正。

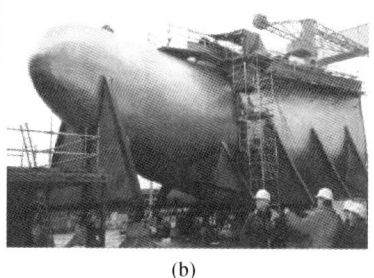

(a)　　　　　　　　　　(b)

图 7-34　船体曲面成形

2. 异形件的激光弯曲成形

对于一些复杂形状的异形件,在激光弯曲成形时必须采取一定的组合扫描路径才能实现。最简单的 V 形件可以通过激光束与板材的相对直线运动达到一定的弯曲角。对于柱状的激光弯曲成形,可以采用一系列相互平行的直线扫描轨迹,将数次简单的 V 形弯曲复合。对于球面圆顶件的成形,可以采用同心圆扫描轨迹,也可以采用径向放射线扫描轨迹。对于更复杂的异形件,需要根据实际情况规划和设计合理的扫描轨迹,通过实验或模拟的方式验证成形效果,并优化扫描轨迹。图 7-35 是异形件的激光弯曲成形[24]。

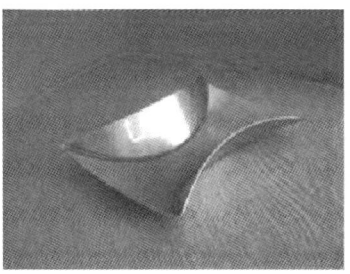

图 7-35　异形件的激光弯曲成形

3. 微型元器件的激光弯曲成形

激光弯曲成形另一个重要的应用场合是在电子器件、微力学器件、光学器件的生产和精密装配之中。这些器件的生产和装配中经常需要对一些微小结构或部分进行调校或成形,要求必须以极高的效率完成微米级的弯曲成形加工,并要保持较长时间的稳定性。激光束可以精确聚焦在极小的尺度范围内,产生能量密度极高的光斑,突破了传统机械加工工具尺度的限制,同时激光加工具有易于实现自动化等特点,因此,激光弯曲成形极其适用于微细精密加工。图 7-36 所示是采用激光弯曲成形的硅片横梁结构,硅片横梁厚度为 $50\mu m$,宽度为 $960\mu m$,激光弯曲成形采用了聚焦 2mm 光斑的连续 Nd:YAG 激光,成形过程不再需要将整个结构置于 700℃以上的加热炉中,也不需要其他的特殊成形工具[25]。

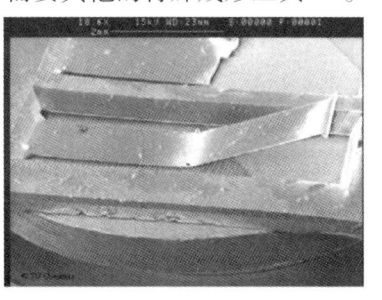

图 7-36　激光弯曲成形 $50\mu m$ 厚硅片横梁结构

应用激光弯曲成形技术对电子器件和光学器件的高精度处理、对继电器弹簧的弹性力调整等,调整精度已经达到亚微米级别。采用准分子激光可以在超薄的金属薄片厚度方向上产生足够的温度梯度,以对超薄金属片进行精准弯曲加工[26]。化学、生物探测器中微型硅悬臂梁,其尺寸仅为长110μm、宽13μm、厚0.6μm,采用激光弯曲成形最小调整角度可达到3.5μrad,如图7-37所示[27]。

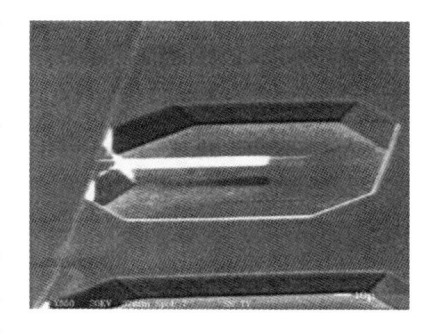

图7-37 微型硅悬臂梁的SEM图片

从材料类型上看,目前激光弯曲成形已经应用于不锈钢、碳钢、钛合金、铝基复合材料、铝以及铝合金等常见工程材料。硼硅酸盐玻璃等特殊性能材料也开始逐步应用于激光弯曲成形。从尺度上看,激光弯曲成形的研究也向两个方向发展:一是从普通厚度板材向中厚度板材(6mm以上)的弯曲成形发展;二是向微电子微机械应用领域的微细弯曲成形方向发展。作为一种较为新型的成形工艺,可以预见激光弯曲成形工艺将在汽车、造船、航空航天、MEMS等领域占有重要的一席之地。

7.3 激光材料制备技术

激光材料制备技术可以加工和制备各种形状复杂以及熔点较高的材料,具有效率高、操作相对简单的优点。本章简单介绍激光先进材料制备技术中的选区式激光烧结陶瓷、激光加热基座生长晶体、脉冲激光溅射沉积薄膜以及激光制备纳米材料等四种技术。

7.3.1 选区式激光烧结陶瓷

陶瓷具有高硬度、高强度、耐高温、耐腐蚀等优异的特性,是一种重要的结构材料,不仅在传统工业领域占有重要的一席之地,而且在新兴的高技术领域中也有广泛的应用。然而由于陶瓷材料的特性,对其加工、成形具有较大的困难。复杂形状的陶瓷件通常需要复杂的模具来实现成形加工。而选区式激光烧结技术(Selective Laser Sintering,SLS)的诞生为陶瓷材料的成形提供了一种快速、精确的方法。这种方法无需模具,节省了产品的制作成本,缩短了产品的制作周期,更能适应市场竞争激烈、产品更新速度快的现代工业发展要求。

1. 选区式激光烧结陶瓷原理及方法

烧结是一种粉末冶金方法,其过程是在一定的压力和温度下,将粉末态的材料连接成固态,以达到制备零件的需求。选区式激光烧结是利用激光分层烧结固体粉末,使其黏结并逐层连接成形。

从激光烧结技术的发展来看,石蜡粉末、塑料粉末的激光烧结技术已比较成熟,金属粉末的激光烧结也开展了全面的研究,而陶瓷粉末的激光烧结技术的开发和研究相对滞后,陶瓷材料的选区式激光烧结工艺尚不成熟,尚未实现商品化。其主要原因是陶瓷粉末的成形性较差。

如图 7-38 所示为激光烧结陶瓷装置的示意图[28]。该系统主要由计算机、激光器和铺粉装置三部分构成。选区式激光烧结系统集成了 CAD/CAM、数控技术、激光加工技术等先进技术和装备。陶瓷粉末的激光烧结过程是:①将陶瓷粉末和黏结剂按一定的比例混合均匀;②用激光束对混合粉末进行扫描辐射,使混合粉末中的黏结剂熔化,从而将陶瓷粉末黏结在一起,形成陶瓷零件的坯体;③将陶瓷零件坯体进行适当的后处理,如二次烧结来进一步提高陶瓷零件的力学性能。

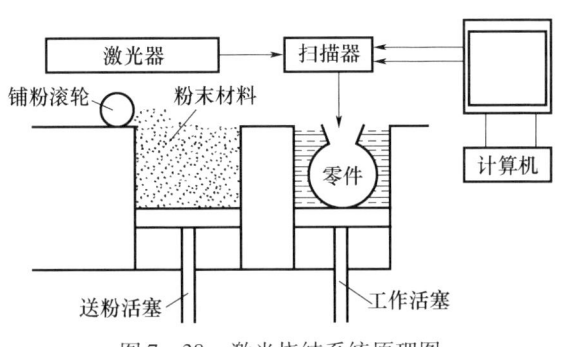

图 7-38 激光烧结系统原理图

以激光烧结 Al_2O_3 为例,黏结剂选为 $NH_4H_2PO_4$(磷酸二氢胺),两者按照 4:1 的比例(质量百分比)混合。Al_2O_3 熔点约为 2050℃。$NH_4H_2PO_4$ 的熔点为 190℃,远低于 Al_2O_3 的熔点。因此,当激光束扫描辐射,混合粉末温度超过 190℃时,黏结剂 $NH_4H_2PO_4$ 熔化,熔化的 $NH_4H_2PO_4$ 将 Al_2O_3 粉末黏结在一起形成陶瓷零件坯体。

$$2NH_4H_2PO_4 \xrightarrow{>190℃} P_2O_5 + 3H_2O + 2NH_3 \qquad (7-17)$$

$$Al_2O_3 + 3P_2O_5 + 6H_2O \longrightarrow 2Al(H_2PO_4)_3 \qquad (7-18)$$

$$Al(H_2PO_4)_3 \xrightarrow{180℃} Al(PO_3)_3 + 3H_2O \qquad (7-19)$$

$$Al(PO_3)_3 \xrightarrow{820℃} Al_2(P_4O_13) + P_2O_5 \qquad (7-20)$$

这样分层烧结完毕后,所成形的陶瓷坯体零件仅仅是靠黏结剂的熔化将陶瓷粉末黏结在一起,其机械强度较低,尚不足以满足实际应用的要求。所以一般要对坯体进行后处理以提高其性能。后处理的方法一般有二次烧结和浸渍。

二次烧结是将陶瓷坯体置于温控炉中,在较高的温度(一般高于880℃)下进行较长时间的烧结,二次烧结所采用的温度曲线如图7-39所示。在二次烧结发生如下的化学反应。激光烧结时尚未分解的黏结剂 $NH_4H_2PO_4$ 与 Al_2O_3 反应生成 $AlPO_4$,同时放出 NH_3 与 H_2O 气体。其中 $AlPO_4$ 是一种无机黏结剂,可耐1500℃的高温。由于生成 $AlPO_4$,使陶瓷零件的强度得到提高。

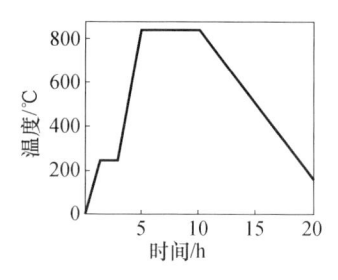

图7-39 二次烧结温控曲线

$$Al_2O_3 + 2NH_4H_2 \longrightarrow 2AlPO_4 + 2NH_3(g) + 3H_2O(g) \qquad (7-21)$$

浸渍是将零件浸没在一种非金属液体中,在不改变零件尺寸精度的情况下,提高零件的密度和强度。浸渍液体可以选用陶瓷胶。零件浸渍后要进行烘干和焙烧,使浸渍的材料和零件牢固结合,从而提高零件的密度和强度。零件的浸渍可多次反复进行,使零件的密度和强度逐步提高。

通过后处理的陶瓷零件具备一定的尺寸精度、表面质量和机械强度,其密度比一般陶瓷零件略低,吸水性、透气性良好,适用于制造精密铸造用的陶瓷模壳和型芯。

这种采用黏结剂、需要后处理的两步法是较早出现、发展相对成熟的激光烧结陶瓷技术。但这种技术工艺过程稍显复杂,后处理耗时长,因而不采用黏结剂的激光直接烧结陶瓷方法也得到了相当的关注[29,30]。由于陶瓷材料熔点高,不导电,对激光吸收率小,所以激光直接烧结陶瓷材料要比金属等材料的难度大。在烧结纳米颗粒材料时,由于衍射极限的问题,一般不适宜采用 CO_2 激光,而 IR 与 VIS 激光对于大多数绝缘体材料来说,其吸收率太低。调 Q 脉冲激光更适宜加工绝缘体材料,因为其高的功率密度可以提高多电子激发的概率,从而大幅提高材料的吸收率[31]。采用连续激光和调 Q 脉冲激光进行烧结微颗粒陶瓷的效果对比如图7-40所示[32]。

(a)

(b)

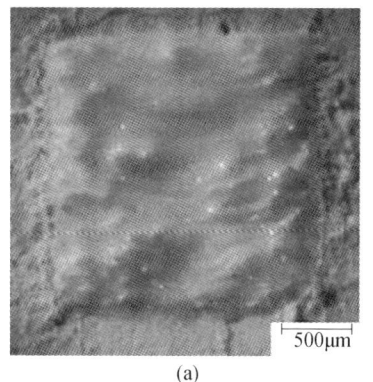

图7-40 陶瓷粉末激光烧结表面对比

(a)连续激光;(b)调 Q 脉冲激光。

2. 选区式激光烧结陶瓷影响因素分析

影响激光烧结陶瓷的工艺参数很多,如激光功率、激光光斑、光强分布、扫描速度、扫描间隔、扫描方向、铺粉厚度、铺粉密度、粉末配比、粉层位移、粉末预热等。这里简要介绍几个主要工艺参数和影响因素。

(1) 铺粉工艺。铺粉是一个影响陶瓷成形精度和成形件力学性能的重要过程,其中衡量铺粉过程的两个主要参数是铺粉厚度和铺粉密度。铺粉厚度的选择要适中,粉料铺得太薄,则烧结效率降低;粉料铺得太厚,则会导致烧结层上下面的温度梯度增大,导致烧结层上下面的收缩率差异变大,增大烧结层翘曲变形。常用的铺粉厚度一般在 $50 \sim 250\mu m$ 范围内。提高铺粉密度,能使粉末颗粒间的接触紧密,从而减小收缩率,提高坯体黏结强度。

(2) 预热温度。对铺粉后的粉体预热有两方面的主要作用:其一,预热有利于降低烧结层间的温度梯度,缓和层间应力,从而降低或避免翘曲变形;其二,预热有利于节省激光能量,在预热后可以选择较高的扫描速度,从而提高了生产效率。一般情况下,预热温度控制在粉体熔点以下 $10 \sim 50℃$ 范围。

(3) 扫描方式。激光束的扫描方式毫无疑问对烧结件内部应力分布产生重要影响。平行线式扫描是最常见的扫描方式,但有研究显示该扫描方式下烧结件内部残余应力大。螺旋线式扫描分为向心扫描和离心扫描两种方式,螺旋线扫描有利于降低残余应力,提高平整度。值得一提的是,扫描方式与成形件形状相关,应根据成形构件合理设计扫描方式。

(4) 激光功率密度和扫描速度。激光功率和扫描速度是最主要的选区式激光烧结陶瓷工艺参数。在其他条件确定的情况下,随着激光功率的增大,烧结宽度和深度增大;随着扫描速度的增大,烧结宽度和深度减小。烧结过程中激光参数的选择应保证烧结深度大于铺粉厚度,尽量采取较高的激光功率和扫描速度,提高效率。

通过工艺及控制参数的优化后,激光直接烧结陶瓷零件的紧实率可达 80%。图 7-41 所示为高度 7mm 的棱柱状零件[32]。

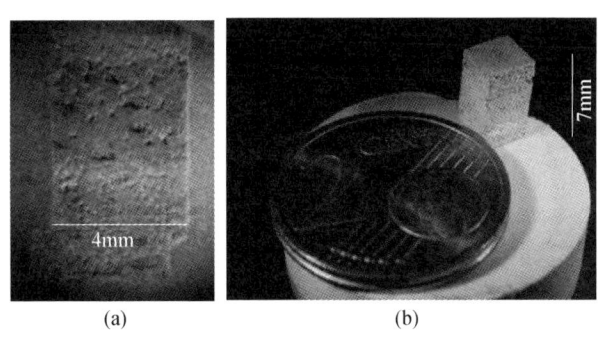

图 7-41 激光直接烧结陶瓷制作的柱状工件
(a) 截面;(b) 与硬币的对比。

3. 选区式激光烧结陶瓷的应用

选区式激光烧结具有无需模具、产品开发速度快、可制备复杂形状产品等优点,具有广泛的应用领域。关于激光烧结陶瓷的研究还处于较为初步的阶段,而用于烧结的陶瓷粉末材料是制约该项技术发展的瓶颈,目前还存在黏结剂含量高、烧结件强度低和成形精度较低的问题。零件的近净成形实际上对陶瓷烧结成形的精度提出了极高的要求,但可以预见选区激光烧结将可以应用在以下几个领域内。

(1) 产品原型开发。图 7-42[32]显示了高紧实度的微区激光烧结氧化物陶瓷锥形倒三角的实物与截面,烧结粉末采用氧化铝和二氧化硅的混合粉末。选区式激光烧结技术应用于产品原型的开发,由于省略了模具制作等中间环节,可以在几个小时或几天内将设计图纸转变为实体模型,作为产品原型。这样就可以根据产品原型所反映出来的信息,迅速对产品做出再次评价和修改,促进产品定型,从而大大加快产品的开发速度,提高企业和产品的市场竞争力。

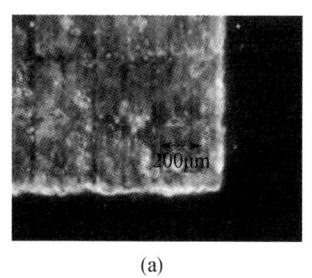

图 7-42 激光微区烧结氧化物陶瓷
(a) 横截面;(b) 横截面;(c) 锥形倒三角。

(2) 模具制造。如图 7-43 所示,将选区式激光烧结技术应用于传统的模具制造领域,与模具设计和制造技术相结合,从而快速、经济地制造模具,目前也是选区式激光烧结努力发展的方向[33]。

(3) 医学领域。生物陶瓷的成形可以采用选区激光烧结陶瓷技术,从而快速地制造人造牙齿、骨骼等,在矫形外科和修复外科上有极为乐观的应用前景[34]。

(4) 功能梯度材料。选区式激光烧结陶瓷是分层成形技术,因此也适用于功能梯度材料元件的制作。

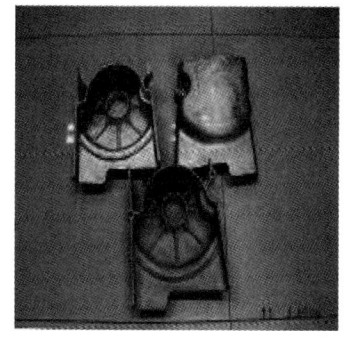

图 7-43 利用激光烧结陶瓷模具制备的铝合金铸件

7.3.2 激光加热基座生长晶体

激光加热基座晶体生长(Laser – Heated Pedestal Growth,LHPG)在提拉法基础上发展而来,是以激光作为热源的无坩埚单晶纤维生长工艺,由于其局部熔化特性,也称为浮区熔化晶体生长。

1. 激光加热基座生长晶体原理及方法

生长单晶或定向凝固结晶需要很高的温度梯度,所必须满足的条件可以表示为

$$G/v_f \geqslant \Delta T/B \tag{7-22}$$

式中:G 为固/液界面温度梯度;v_f 为晶体生长速度;ΔT 为熔化温度范围;B 为液态扩散系数。

对于多组元材料,熔化温度范围宽,在工艺实施时需要尽可能地增大固/液界面温度梯度,使晶体生长在满足上述条件下具有一定的生长速度。提拉法生长晶体时采用特定的加热方式使坩埚内的材料熔化,熔池底部通水冷却以获得所需的温度梯度。这种方法能以较快速率生长较高质量的晶体,是熔体生长较为常用的方法。但是提拉法也有其缺点:坩埚容易对熔体造成污染,并且反应性较强或者熔点极高的材料难以找到适用的坩埚。

激光加热基座晶体生长的方法弥补了提拉法的缺陷,其显著特点就是比较容易获得较高的温度梯度和不需要坩埚。激光加热基座晶体生长过程如图 7 – 44 所示,采用两束激光作为加热热源辐射到母材棒料的顶端。这两束激光可以由相互独立的激光器产生,也可以由一束激光经分光后变换产生。母材棒料顶端在激光辐射下形成熔滴,将籽晶插入熔滴,缓慢上拉,母材棒料此时以对应的速度送进,调整激光功率、送进速度和提拉速度,可得到不同直径的单晶或定向结晶纤维。

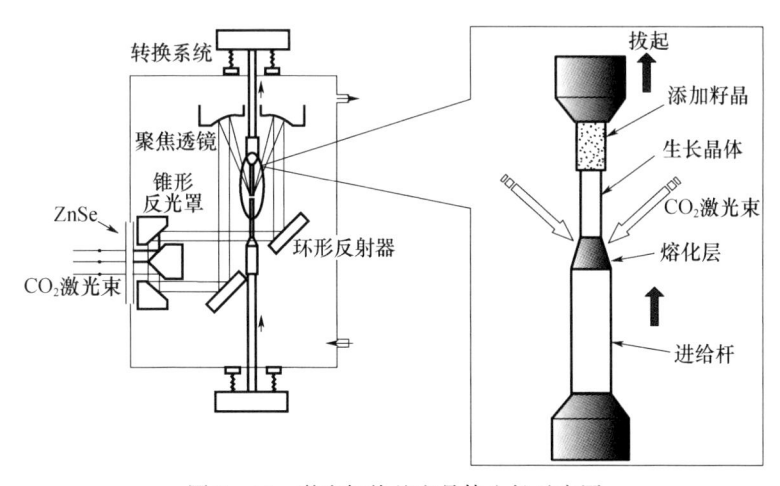

图 7 – 44 激光加热基座晶体生长示意图

激光加热基座晶体生长法不需要坩埚,熔区仅由母材棒料和籽晶间的表面张力保持,生长温度也不受坩埚熔点的限制,激光热源又是非常洁净的能源,大大减少了晶体生长时的污染。另外,激光加热的范围小,高能量密度的激光聚焦在很小的焦点上,熔滴与生长界面可以产生很高的温度梯度。正是由于这些工艺特点,使该技术成为拉制晶体纤维和试制新型晶体的重要手段。

2. 激光加热基座生长晶体影响因素分析

在 LHPG 工艺中,装置的稳定性、热稳定性与对称性是控制一定直径单晶定向结晶的关键。送进母材棒一般设置为一定速度自转,以利于获得良好的热对称性和对流效果。为防止过高的温度梯度使晶体产生开裂裂纹,气氛炉内可适当加温。

单晶或定向结晶纤维的直径控制是 LHPG 的关键点。由于激光聚焦位置恒定,所以需要母材棒料的送进速度与提拉速度相互之间稳定配合,才能拉制出直径稳定的晶体。当熔区稳定时,由质量守恒可以导出:

$$D_f = \sqrt{v_s / v_p} \cdot D_s \qquad (7-23)$$

式中:D_f 为籽晶直径;v_s 为母材棒速度;v_p 为提拉速度;D_s 为母材棒直径。

从式(7-23)中可以看出,对于直径确定的母材棒,控制不同母材棒与提拉速度之比,就可以获得直径不同的单晶或定向结晶纤维。在提拉速度确定条件下,由固/液界面的能量守恒有

$$v_p = [4(Q_s - Q_j)/(\rho_f \pi L)] \cdot D_f^{-2} = C \cdot D_f^{-2} \qquad (7-24)$$

式中:ρ_f 为晶体密度;Q_s 为热损耗;Q_j 为激光功率;L 为单位质量晶体的结晶潜热。

在晶体生长过程中,激光功率 Q_j 与热损耗 Q_s 保持恒定,可以看出 C 是一个与晶体性质相关的常系数。当热损耗 Q_s 恒定时,激光功率 Q_j 及生长速率 v_p 的增大都使晶体的直径减小。通过上面的分析可以看出,在控制激光功率恒定的条件下,改变提拉速度和母材棒的提升速度,可以控制单晶或定向结晶纤维的直径。生长速度越大,单晶纤维直径越小[35]。

3. 激光加热基座生长晶体的应用

激光加热基座生长晶体方法具有无坩埚、无污染、温度梯度高、生长速度快、适合生长高熔点高质量晶体等优势。因此,该方法被广泛应用在单晶光纤以及超导单晶的制备上。

1)单晶光纤

相对于多晶体,单晶体或定向结晶体具有特殊的性质。自动化、微电子的敏感元件,电信网络中的光纤器件都需要纤维状材料,单晶体在这些元器件中所表现出的光电效应等更强,特别适用于非线性光学效应元件,能大幅度提高非线性转换效率。而单晶光纤的制备是 LHPG 的重要应用方向。

单晶光纤是一种由单晶材料制成的光学纤维,如图7-45所示,其不仅具有单晶材料的化学和物理特性,而且具有抗电磁干扰、传光性好、体积小、重量轻等光纤的优点,因而广泛应用于晶纤激光器、晶纤倍频器、全息数据存储、高温探测、红外激光传导等领域。随着LHPG这一方法研究的不断发展,相继用该方法生长出 $Nd:Y_2O_3$、$Cr:Al_2O_3$ 和 $Nd:YAG$ 单晶光纤[36];红宝石单晶光纤、KBS-5光纤、AgBr红外光导晶体纤维[37,38]以及 $\beta-BaB_2O_4$(BBO)单晶纤维[39]等。

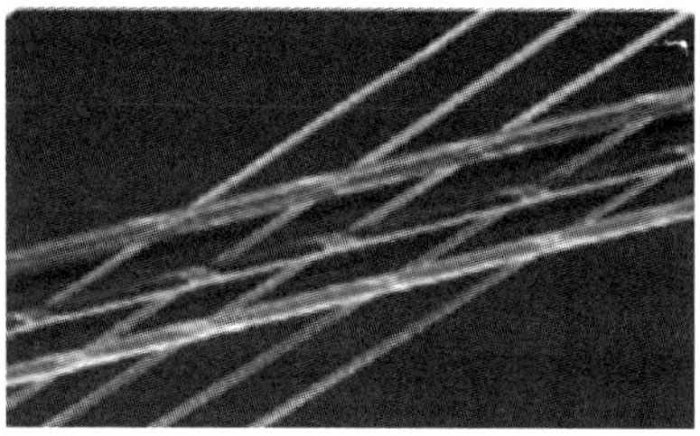

图7-45 单晶光纤照片

在LHPG法的基础上,设计了环形聚焦激光加热系统,制备了氧化锆光纤。该系统通过光学系统在聚焦点形成高质量的环形热源,提高了受热均匀性、熔区稳定性和热能利用率,简化了单晶光纤的拉制系统,使拉制系统只有进给和拉伸运动,省略了旋转运动,从而更容易控制[35]。总体来说,LHPG法较早就已应用于各种材料不同直径的单晶光纤的制备,目前也研制了自动化程度较高的专用系统设备,并已经产业化、商品化。

2)超导单晶

自1986年在铜氧化物系列中发现了高温超导特性后,在世界范围内掀起了高温超导材料的研究热潮,并在此领域取得了巨大进展。在探索和发展新材料的同时,制备优质的超导单晶以研究材料的超导特性,是其应用于微电子器件的关键。而激光加热基座晶体生长法以其独特的优点,迅速成为制备超导单晶中最受青睐的方法。

以YBCO超导单晶的制备说明LHPG法在制备超导材料的适应性和优越性。YBCO超导材料由 Y_2O_3、$BaCO_3$、CuO 三种氧化物合成($YBa_2Cu_3O_7-\delta$),其熔化温度范围很宽,在熔化时发生非同成分熔化:

$$YBa_2Cu_3O_{7-\delta} \longrightarrow YBa_2Cu_3O_5 + L_{液态}$$
(123)相　　　　　(211相)　　　　　　　(7-25)

凝固过程为相反的过程,首先从熔融液体中析出(211)相,而后必须在极高的温度梯度和缓慢的生长速度的平面凝固条件下从熔体中生成择优取向的(123)相。更重要的是,氧化物在熔融态的活性非常大,几乎可以溶解或还原所有的坩埚材料。但有一点,氧化物对激光,尤其是 $10.6\mu m$ 的 CO_2 激光具有很高的吸收率。这与YBCO超导材料的特点综合起来,可以看出LHPG法正适用于超导单晶的制备。

在LHPG法成功生长稀土金属氧化物(Y-Ba-Cu-O氧化物系)高温超导晶体后,LHPG法广泛应用于制备新型超导晶体。由于LHPG法的平面凝固结晶过程,净化了晶界,减少了晶界杂质和非超导第二相的偏聚,改善了晶界结构,避免晶界成分和结构偏离,减少晶界的体积比,组织致密,从宏观上消除了晶界的弱连接,因此能够大幅度提高超导材料电流密度,改善力学性能。贝尔实验室利用激光晶体生长法制备的钇钡铜氧超导体,提高了临界电流密度。美国斯坦福大学用这种技术生长出了 $Bi_2Sr_2CaCu_2O_8-\delta$ 晶体纤维,直径在 $0.1\sim1.0mm$ 范围,生长速率为 $1.5\sim4.8mm/h$,零电阻转变温度是85K。采用同样方法制备的3.6mm直径的 $Bi_2CaSr_2Cu_2O_x$ 晶体,最高零电阻转变温度为87K。

7.3.3 脉冲激光溅射沉积薄膜

脉冲激光溅射沉积薄膜是采用在激光辐射真空室中的靶材表面形成高温高密度等离子体,等离子体向真空迅速膨胀,然后在靶材附近的基片(衬底)上沉积薄膜的工艺方法。这种方法产生的等离子体输送机理决定了制取的薄膜和靶材具有相近的化学成分,简化了控制薄膜组分的工作,特别适用于具有复杂成分和高熔点的薄膜。

1. 脉冲激光溅射沉积原理及方法

脉冲激光溅射工艺可以分为三个过程,每一个工艺过程都涉及不同的原理与方法[40]。

(1) 靶材熔融及等离子体形成。高强度脉冲激光照射靶材时,靶材吸收激光束能量,激光辐射中心的靶材温度迅速升高至蒸发温度以上,使靶材汽化蒸发。瞬时蒸发汽化的物质与光波继续作用,绝大部分电离并形成区域化的高浓度等离子体。等离子体又以新的机制吸收光能,迅速被加热到 10^4℃ 以上,表现为一个闪亮的等离子体火焰。

(2) 等离子体定向局域等温绝热膨胀发射。等离子体在激光束作用下进一步电离,其温度和压力迅速增高,沿靶材表面法向温度梯度和压力梯度极大。这样,在激光脉冲作用时,等离子体沿法向方向等温膨胀发射;在激光脉冲作用间隔中,等离子体沿法向方向绝热膨胀发射。同时,非均匀分布的电荷云产生高强度的加速电场。在这些条件下,高速膨胀的特征时间为纳秒级,具有微爆炸特性以及沿法向方向的轴向约束性,故而形成一个沿靶面法向的细长等离子体区,这就是所谓的等离子体羽辉。等离子体羽辉的空间形状可以用高次余弦规律 $\cos^a\theta$ 表示,其中,θ 为与靶面法向的夹角,a 为与靶材相关的参数,一般在 $5\sim10$ 范围内。

(3) 溅射沉积薄膜。发射的等离子体一旦遇到衬底后迅速冷却而沉积成膜。形核的过程决定于基体、凝聚态材料和气态材料之间的界面能关系。临界形核尺寸取决于其驱动力。较大的晶核具有一定的过饱和度,在薄膜表面形成独立的颗粒。这些颗粒逐渐长大最后结合在一起。临界晶核尺寸随着过饱和度的增加而减小,当减小至原子半径尺度时,薄膜的形状为二维层状。

脉冲激光溅射沉积系统[41]如图7-46所示,系统采用了波长248nm的KrF准分子激光器,频率为5Hz的脉冲激光通过会聚透镜聚焦后,通过真空系统的入射窗,以45°入射到靶材表面。多靶材以公转方式切换,可以实现交替溅射沉积,同时每个靶材自转避免局部溅射不均匀。

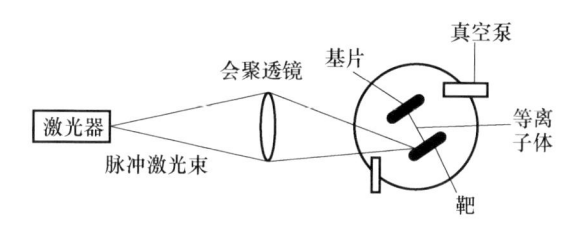

图7-46 脉冲激光溅射沉积系统示意图

激光入射至靶材产生的等离子体羽辉包括原子、分子、电子、离子、分子团簇、微小固体颗粒等。等离子体羽辉的性状,如羽辉产生速率、能量、碰撞速度、尺寸、化学配比和微结构等,是影响薄膜质量的关键因素。其性状主要由靶材和沉积条件决定。由脉冲激光作用时间 τ 作为特征时间区分等离子体羽辉,在空间膨胀过程中分为等温膨胀和绝热膨胀两个阶段。在 $t \leqslant \tau$ 的等温膨胀阶段,等离子体边缘膨胀尺寸随时间的变化关系为[42]

$$x(t)\left[\frac{1}{\tau}\frac{\mathrm{d}x}{\mathrm{d}t} + \frac{\mathrm{d}^2 x(t)}{\mathrm{d}t^2}\right] = y(t)\left[\frac{1}{\tau}\frac{\mathrm{d}y}{\mathrm{d}t} + \frac{\mathrm{d}^2 y(t)}{\mathrm{d}t^2}\right] = z(t)\left[\frac{1}{\tau}\frac{\mathrm{d}z}{\mathrm{d}t} + \frac{\mathrm{d}^2 z(t)}{\mathrm{d}t^2}\right] = K T_0 m$$

(7-26)

式中:T_0 为等离子体温度;m 为原子的质量;K 为玻耳兹曼常数,$K = 1.38 \times 10^{-23}$ J/K。

笛卡儿坐标系原点在靶面激光束中心,x 方向沿垂直靶面方向,y、z 方向沿平行靶表面的方向。

在绝热膨胀阶段,等离子体的空间尺寸表示为

$$x(t)\left[\frac{\mathrm{d}^2 x}{\mathrm{d}t^2}\right] = y(t)\left[\frac{\mathrm{d}^2 y}{\mathrm{d}t^2}\right] = z(t)\left[\frac{\mathrm{d}^2 z}{\mathrm{d}t^2}\right] = \frac{K T_0}{m}\left[\frac{x_0 y_0 z_0}{x(t)y(t)z(t)}\right]^{\gamma-1}$$

(7-27)

式中:x_0、y_0、z_0 分别为激光脉冲结束($t=\tau$)时的等离子体膨胀尺寸。从式(7-26)和式(7-27)中可以看出,激光脉冲能量(决定 T_0)是影响等离子体尺寸和密度的关键因素。羽辉性状随着激光脉冲能量的增加而增大,羽辉中心比外围粒子尺寸大而粒子数密度降低。另一方面,激光重复频率变大,羽辉尺寸也变大。基片和靶材的距离也是影响等离子体的重要因素。随着靶距的增大,小尺寸粒子减少,薄膜表面粗糙度升高[43]。

与其他制膜技术相比较,脉冲激光溅射沉积薄膜技术主要有以下优点:

(1) 可以用于多组元化学物的薄膜制备。

(2) 可以蒸发金属、半导体、陶瓷等无机材料,能够沉积难熔材料的薄膜。

(3) 由于沉积过程离子动能高,起到了增强二维生长、抑制三维生长的作用,促进薄膜的二维展开,所以能够沉积高质量纳米薄膜。

(4) 可以在室温下原位外延生长织构膜和单晶膜。

(5) 便于实现多层膜及超晶格的生长。

2. 脉冲激光溅射沉积的应用

脉冲激光溅射沉积被公认为是制备薄膜最好的方法之一,目前已经成功制备光波导薄膜、碳氮薄膜、氧化物薄膜、铁电存储器薄膜、超导薄膜等各种不同特殊性质薄膜,为微电子、光电子等领域的发展提供了极大的推动力。下面介绍几种在薄膜制备上脉冲激光溅射沉积的典型应用[40]。

1) 半导体薄膜

制造蓝色和绿色可见光激光二极管和光发射二极管的宽禁带Ⅱ~Ⅳ族半导体薄膜,如 ZnSe 薄膜,可以采用脉冲激光沉积的方法制备。通过在 GaAs(100) 衬底上脉冲激光沉积的 ZnSe 薄膜的质谱分析表明溅射团束主要由 Zn、Se、ZnSe 组成。以 AlN 为代表的宽能隙结构半导体材料,具有高效率的可见性和紫外光发射特性,在全光器件、短波光发射器件、光探测器件等方面具有良好的应用前景。传统方法制备的 AlN 存在薄膜结晶度差的问题,而用脉冲激光溅射沉积的方法则可解决这一问题,获得高质量 AlN 薄膜。

2) 高温超导薄膜

由于氧化物高温超导材料的陶瓷性质,使其难以加工成柔韧性良好的带材,所以在很多方面的应用受到极大的限制。采用脉冲激光沉积技术将高温超导薄膜直接沉积到金属基片上的方式,解决了这一难题。在这种方式的具体实施中,以 Y 系薄膜材料为例,为提高临界电流密度到可供实用化的要求,首先要保证 YBCO 材料织构高度取向一致,以克服金属基片与 YBCO 材料之间相互扩散的问题。具体的做法是预先在金属基片上沉积一层或多层化学性质稳定且高度织构化的缓冲层,之后在缓冲层之上以外延方式生长 YBCO 薄膜。薄膜的结构对 YBCO 类高温超导薄膜的超导电性具有决定性的影响,只有 C 轴取向的超导薄膜才具备优良的超导电性。实验表面,在立方织构镍基表面脉冲激光溅射沉积掺 Ag 的 YBCO 高温超导薄膜的临界电流密度可达到 $1.15\ MA/cm^2$。

3) 类金刚石薄膜

类金刚石具有和结晶金刚石相似的优良力学性能,其结构为以四重配应为主的非晶碳,故而也称为"四重配应非晶碳"。类金刚石薄膜具有较高的硬度、较好的电绝缘特性、较高的热导性能、较为稳定的化学性能、较强的光学透明性，还具有半导体材料的特性，因而可以用来作为加工工具、电子装置、光学窗口等的材料，具有广泛的应用价值。化学气相沉积、高温高压法、离子注入法等方法均可以用来制备类金刚石薄膜，而脉冲激光溅射沉积法制备类金刚石薄膜的主要优势体现在可以控制材料成分和成膜速度快。红外光谱实验结果表明，脉冲激光溅射沉积在 Si(100) 面上的类金刚石薄膜，含有 C-H 键、SP^3 键的类金刚石成分和 SP^2 键的类碳成分。聚碳酸酯透光性良好，在其表面沉积类金刚石薄膜提高表面硬度后，可用来制作光学器件。

4) 铁电薄膜

铁电薄膜具有良好的介电、光电、声光、非线性光学和压电性能，广泛应用于随机存储器、电容器、红外探测器等器件中。铁电薄膜的特点是成分复杂，而脉冲激光溅射沉积法可以方便地控制薄膜的成分，是制备铁电薄膜的首选方法。脉冲激光溅射沉积的厚 40nm 的 $(Ba_{0.5}Sr_{0.5})TiO_3$ 薄膜，介电常数为 150，在 2V 时泄漏电流密度为 $2 \times 10^{-9} A/cm^2$，完全达到了高密度动态随机存储器的技术要求。脉冲激光溅射沉积 $Bi_4Ti_3O_{12}$(BiT) 和 $SrBi_4Ti_4O_{15}$(SBTi) 混合物得到的厚 18nm 薄膜，经测试其剩余极化为 $9.3\mu C/cm^2$，介电常数高达 250，优于单个的 BiT 薄膜和 SBTi 薄膜。

5) 生物陶瓷涂层

羟基磷灰石(HA)是一类化学成分和晶体结构与骨骼、牙齿的矿物成分接近的磷酸盐无机非金属材料，在种植牙、各种不同部位的人工骨等医学领域有着广泛的应用。与传统的等离子喷涂、物理气相沉积、烧结等方法相比，脉冲激光溅射沉积技术制备羟基磷灰石解决了结晶度低、结合强度低等问题，可以获得高质量的羟基磷灰石薄膜。工艺实验研究发现，脉冲激光溅射沉积技术中基体的温度对薄膜质量有重要影响。在基体温度为 480℃ 时，薄膜的结晶度最佳，随着基体温度升高，薄膜 Ca/P 的比例升高。激光类型也影响着沉积薄膜的形态和力学性能，准分子激光溅射沉积的薄膜呈柱状形态，而 Nd:YAG 激光沉积的薄膜呈颗粒状，力学性能也更好。随着沉积过程的进行，不同厚度的薄膜也具有不同的性能，实验中发现，薄膜最初由非晶态的磷酸钙组成，而沉积至 350nm 时薄膜出现羟基磷灰石；随着厚度的增加，在薄膜中又出现磷酸三钙成分。

7.3.4 激光制备纳米材料

纳米材料指特征尺寸在纳米尺度范围内的一类固体材料，包括晶态、非晶态和准晶态的金属、陶瓷和复合材料等。纳米材料具有表面与界面效应、小尺度效应、量子尺寸效应等现象，使其在磁性、非线性光学、导热性、化学活性、力学等方面表现出独特的性能。

纳米科技的发展有望推动众多领域的技术创新,催生 21 世纪的一次新的技术革命。纳米科技可以认为由四大领域构成:纳米材料学、纳米电子学、纳米生物学和纳米制造技术。其中,纳米制造技术是纳米科技的中心,是保障和支撑纳米科学各个领域扩展和走向应用的基础。纳米制造对象的特征尺寸至少有一个维度在 1~100nm 之间,包括纳米颗粒、纳米线、纳米管、纳米薄膜等纳米材料的制备,也包括三维纳米结构和器件的制造[44]。

应用激光制备纳米材料的方法很多,最主要的有激光诱导化学气相沉积法、激光消融法、激光分子束外延法、飞秒激光法、激光脉冲沉淀法、激光聚集原子沉积法、激光蒸镀法等,本节主要介绍前三种。

1. 激光诱导化学气相沉积法

激光诱导化学气相沉积(Laser - Induced Chemical Vapor Deposition, LICVD),也称作激光化学气相沉积(Laser Chemical Vapor Deposition, LCVD)或激光辅助化学气相沉积(Laser Assisted Chemical Vapour Deposition, LACVD)。LICVD 是利用反应气体分子对特定波长激光束的吸收,引起反应分子激光光解、激光热解、激光光敏化和激光诱导化学合成反应,在一定工艺条件下获得纳米粒子的空间成核和生长,或者通过使液体雾化用激光对雾化体或液体与气体的混合物进行诱导反应,来获得纳米材料。

LICVD 法主要能够制备几纳米至几十纳米的晶态或非晶态纳米粒子,

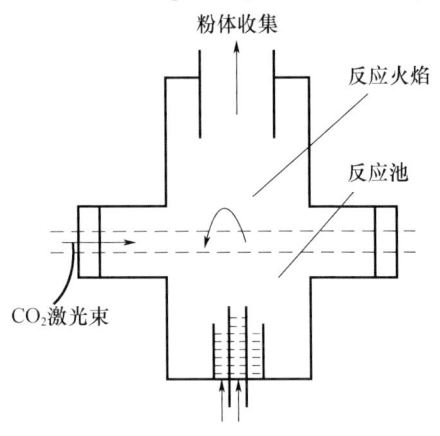

图 7 - 47 LICVD 法制备纳米粉体装置示意图

适用于非金属与金属间化合物以及非金属与非金属化合物的纳米材料,采用 LICVD 法制造纳米粉体的装置如图 7 - 47 所示。LICVD 法制备超细微粒已进入规模生产阶段,美国麻省理工学院在 1986 年就已建成年产几十吨的装置。

激光诱导化学气相沉积法制造粉体的主要优点有:产物组分可通过选用先驱气体的不同配比精确控制;产物颗粒形貌可通过调节激光功率密度、反应气体流速等参数控制;制备的纳米粒子无团聚,表面活性好,粒度分布均匀。但该方法也具有原材料消耗大、激光利用率低、产率低、装置复杂等缺点。

目前已经应用 LICVD 制备 Si、Si_3N_4、SiC、SiO_2、Si/C/N 等纳米颗粒材料。用这种方法成功制备的部分纳米材料如表 7 - 3 所列[45]。

表 7-3　LICVD 制备的部分纳米材料

原材料	产物	激光类型
CH_3SiHNH	Si-C-N 粒子	连续 CO_2
$Fe(CO)_5$,SiH_4,C_2H_4	Fe/C/Si 粒子	连续 CO_2
三甲基氯硅烷	SiC 粒子	连续或脉冲 CO_2
$Fe(CO)_5$,O_2	Fe_2O_3 粒子	连续 CO_2
HMDS,烃氧化铝(钇)	非晶纳米 Si/C/N(铝/钇)粒子	连续 CO_2
CrO_2Cl_2,$VOCl_3$,H_2,O_2	$(Cr_xV_{1-x})O_2$,($x=0.15,0.5,0.7$)粒子	脉冲 CO_2
SiH_2Cl_2,C_2H_4	SiC 粒子	脉冲 CO_2
$(C_2H_5O)_2Si(CH_3)_2$	SiC 粒子	连续 CO_2

2. 激光消融法

激光消融法是利用激光照射在靶体上产生的等离子效应,直接对等离子气体进行真空冷却或通入反应气体合成纳米材料的方法。虽然都具有激光诱导等离子体产生的过程,但激光消融法与激光气相沉积法的区别是,激光消融法对等离子体"直接"作用来制备纳米材料,不具备 LICVD 法的"沉积"过程。激光消融法是一类原理相似方法的统称,根据加工对象、辅助措施、工艺路线和装置的不同,也分为激光高温烧蚀法、激光诱导液-固界面法等不同方法。激光消融是一个非常复杂的过程,在样品的固体表面上光波的电磁能转换成电子能、热能、化学能和机械能,并伴随着可能包括中性原子、分子、正负离子原子团、电子、光子以及样品微小颗粒溅射出来。激光消融法可制备包含纳米颗粒、纳米管、纳米棒、纳米阵列等多种类型的纳米材料。

1) 纳米颗粒

激光消融法制备纳米颗粒可以分为液相激光消融法和气相激光消融法。液相激光消融法也可以称为激光液-固界面法,是利用激光束照射置于液体中的靶材,从而产生等离子体,在液体中获得成核生长或与液体进行反应,从而获得纳米粒子。液相激光消融法如图 7-48 所示。这种方法的主要优点是设备简单,无需真空或者外加偏压,制备环境要求低。从制备纳米金刚石的实验研究发现,等离子体在液体中快速经历了动态平衡过程,在激光功率高于一定阈值后才可获得纳米金刚石。有研究者采用连续 CO_2 激光通

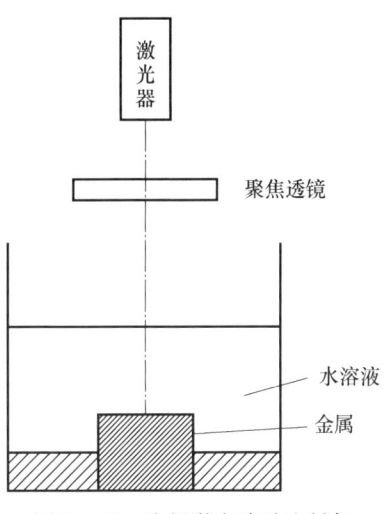

图 7-48　液相激光消融法制备纳米颗粒示意图

过 AgNO₃ 溶液辐射旋转不锈钢表面制备出了含有氧的纳米银颗粒,其粒度范围 10～1000nm。纳米粒子呈规则球状,粒度分布均匀[45]。

气相激光消融法实施过程是将金属或金属粉末放置在充满惰性气体或真空的消融室内作为靶面,并让靶面旋转,通过激光直接辐射后可在靶面附近的基片上收集纳米颗粒。气相激光消融法的装置如图 7-49 所示。通过控制气压和激光强度可以制备不同粒度的纳米颗粒。该方法可以制备金属、半导体和有机物的纳米颗粒。有研究者利用该方法得到了平均颗粒尺寸分别为 80～116nm、10～145nm、60～90nm 的金、银和铁镍合金纳米颗粒,并发现颗粒平均尺寸随着激光强度的增大而增大,平均颗粒尺寸的最小值出现在激光强度略高于消融阈值的附近[46]。另外,分别在氩气和氮气的环境中利用该方法制备了 Si 和 ZnTe 的纳米颗粒[47,48]。

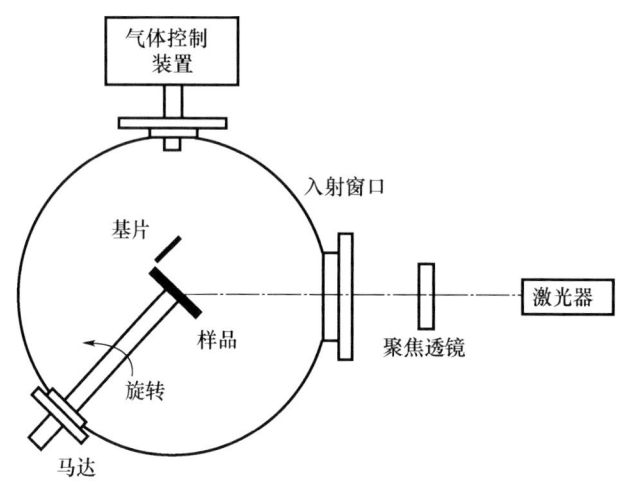

图 7-49 气相激光消融法制备纳米颗粒示意图

2)纳米纤维及纳米管

激光消融法制备纳米纤维示意图如图 7-50 所示。制备纳米纤维材料时,先将靶材粉末压制成块,其中混有一定比例催化剂,随后将块状靶材置于高温石英管真空炉中烘烤去气。预处理后将靶材加热到1200℃左右,采用激光束烧蚀靶材,同时吹入流量 50～300 mL/min 的惰性保护气,保持 5.332×10^4～9.331×10^4 Pa 的气压,在出气口附近由水冷收集器收集所制得的纳米材料[49]。

消融法制备纳米纤维所用的激光器主要有 Nd:YAG 激光倍频后得到的 532nm 波长的激光和准分子激光。经常采用的参数范围为:激光单脉冲能量约为 200～500mJ,脉宽约在 2～20ns 之间,脉冲频率约 5～10Hz。制备纳米纤维需要在 1200℃以上的高温下来进行,由蒸汽凝聚的驱动力要比激光消融法制备纳米粉的驱动力小得多,其驱动力仅由水冷收集器来提供。

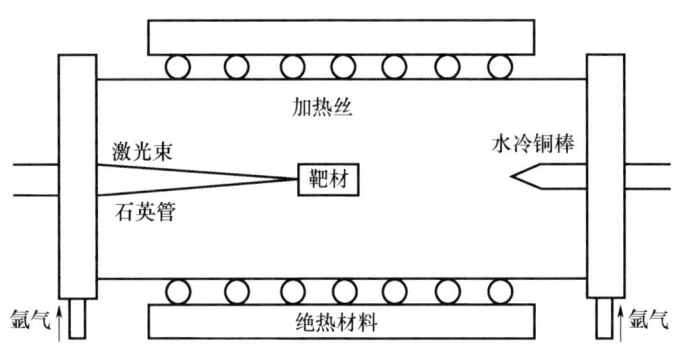

图 7-50 激光消融法制备纳米纤维示意图

3. 激光分子束外延法

激光分子束外延法(Laser Molecular Beam Epitaxy, L-MBE)结合了脉冲激光沉积的特点与传统分子束外延的超高真空精确控制原子尺度外延生长的原位实时监控系统,是正在迅速发展和完善的一种高精密纳米材料制备技术。利用该技术,不仅可以制备出纳米半导体材料,还可以制备出多元素、高熔点的氧化物纳米半导体材料以及有机高分子纳米半导体材料。

激光分子束外延生长薄膜或超晶格的基本过程是:将一束强脉冲紫外激光束聚焦,通过石英窗口进入生长室入射到靶上,使靶材局部瞬间加热蒸发,随之产生含有靶材成分的等离子体羽辉,羽辉中的物质到达与靶相对的衬底表面而淀积成膜,并以单原子层或原胞层的精度实时控制膜层外延生长。交替改换靶材,重复上述过程,则可在同一衬底上周期性地淀积多层膜或超晶格。通过适当选择和控制激光波长、脉冲重复频率、能量密度、反应气体气压、基片衬底的温度以及基片衬底与靶之间的距离等工艺参数,获得合适的淀积速率和最佳成膜条件,则可制备出高质量的纳米薄膜或超晶格。

激光束外延设备的总体结构示意图如图 7-51 所示[51]。为实现超高真空运转和原子尺度外延生长的实施监控,满足进行激光与材料相互作用和沉积膜过程物理、化学基础研究的要求,设备由进样和外延生长两个真空室组成。在外延室内装备了原位实时监测系统。

激光分子束外延集合了脉冲激光沉积和传统的分子束外延法的优点,是一种有效的高精度沉积薄膜手段。传统的分子束外延技术(MBE)的外延成膜过程是在超高真空(10^{-8}Pa)环境中以慢沉积速率(0.1~1nm/s)蒸发镀膜,并配备高能电子束而实现材料的单原子层外延生长,尤其适用于半导体超晶格纳米材料。但由于传统分子束外延法采用加热束源炉得到分子束,所以其缺点是难以获得高熔点材料的分子束,并且不能在较高的气体分压下运转。故而,传统分子束外延法不适合制备高熔点或含有氧化物的超导体、金属氧化物、铁电体、铁磁

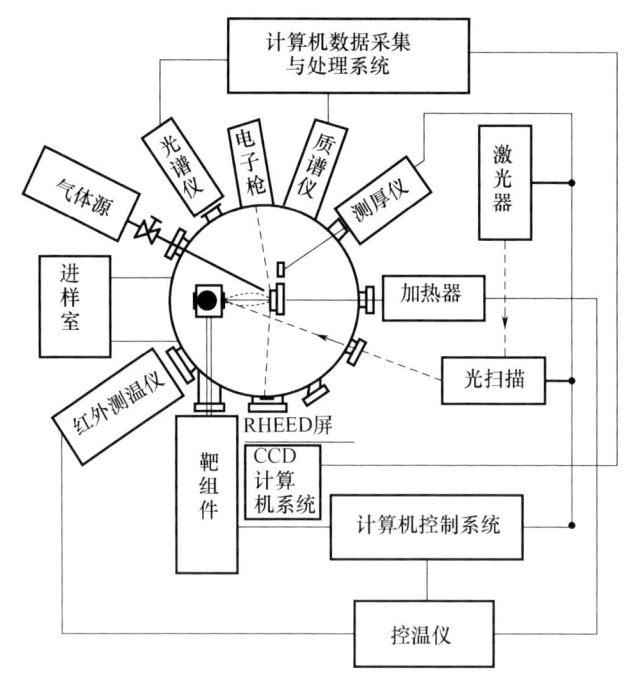

图 7-51 激光分子束外延设备总体结构示意图

体、光学晶体以及有机高分子材料薄膜。另一方面,脉冲激光溅射沉积不能对薄膜生长进行精确监控和控制,不能制备原子层尺度的超薄型薄膜或超晶格材料。将传统分子束外延法和脉冲激光溅射沉积法有机结合的激光分子束外延法克服了它们各自的不足之处,与其他方法比较具有巨大的优势,其主要特点和优势概括总结如下:

(1) 可以人工设计和剪裁不同结构具有特殊功能性的纳米超晶格或多层膜(如 $YBa_2Cu_3O_7/BaTiO_3/YBa_2Cu_3O_7$),并用反射式高能电子衍射仪(RHEED)和薄膜测厚仪可以原位实时精确监控薄膜生长过程,实现原子和分子水平的外延,从而有利于发展新型薄膜材料。

(2) 可以原位生长与靶材成分相同化学计量比的薄膜。即使靶材成分很复杂,包含多种元素,只要能形成致密的靶材,就能制成高质量的薄膜。比如可以用单个多元化合物靶,以原胞层尺度淀积与靶材成分相同化学计量比的薄膜;也可以用几种纯元素靶,顺序以单原子层外延生长多元化合物薄膜。

(3) 应用范围广。激光羽辉的方向性很强,羽辉中物质对系统的污染很少,便于清洁处理,所以可以在同一台设备上制备多种材料的薄膜,如各种超导膜、光学膜、铁电膜、铁磁膜、金属膜、半导体膜、压电膜、绝缘体膜甚至有机高分子膜等。又因为其能在较高的反应性气体分压条件下运转,所以特别有利于制备含有复杂氧化物结构的薄膜。

(4)便于深入研究激光与物质靶的相互作用动力学过程以及不同工艺条件下的成膜机理等基本物理问题,从而可以选择最佳成膜条件,指导制备高质量的薄膜和开发新型薄膜材料。例如,用四极质谱仪和光谱仪,可以分析研究激光加热靶后的产物成分、等离子体羽辉中原子和分子的能量状态以及速率分布;用RHEED、薄膜测厚仪和XPS可以原位观测薄膜淀积速率、表面光滑性、晶体结构以及晶格再构动力学过程等。

(5)由于能以原子层尺度控制薄膜生长,使人们可以从微观上研究薄膜及相关材料的基本物理性能。

激光分子束外延法能实现原子尺度控制的外延生长,并生长出原子尺度的光滑表面的氧化薄膜和超晶格材料,目前已应用在在纳米材料制备上:①高温超导纳米层状结构。对 La – Ba – Cu – O、Y – Ba – Cu – O、Bi – Sr – Ca – Cu – O 以及 $Ca_{1-x}Sr_xCuO_2$ 无限层结构等高温超导材料的实验研究表明,这些高温超导铜氧化物的共同特征使在其原子排列中存在原子尺度的层状结构,且层与层之间具有耦合。结构的准二维性造就了这种新类型氧化物的高温超导电性和很强的各向异性。制备这种高温超导铜氧化物的高质量外延膜对多层层膜结构的超导器件发展极为重要。而激光分子束外延法由于具有精确控制、原子尺度外延生长的特性,是制备此类结构薄膜的最有力方法。②人工设计新型薄膜和超晶格。激光分子束外延技术既可以制备多种材料的纳米薄膜,也为开发新的膜系结构和人工剪裁超导晶格提供了先进的方法。用激光分子束外延已生长出了人工超导晶格,如:$Bi_2Sr_2Ca_{n-1}Cu_nO_{2n+4}$($n=1\sim8$)薄膜、Ba – Ca – Cu – O 薄膜;若干氧化物纳米薄膜,如 $SrTiO_3$、$SrVO_3$、CeO_2;多层膜如 $PrBa_2Cu_3O_7/YBa_2Cu_3O_7/PrBa_2Cu_3O_7$;以及超晶格如[$SrVO_3/SrTiO_3$]、[$SrCuO_2/BaCuO_2$]、[PBCO/YBCO]等。

激光分子束外延实质上是在分子束外延条件下的激光溅射沉积。由于配备有高能电子衍射仪、四极质谱仪、光谱仪等原位实时监控仪器而实现了原子层或原胞层尺度的高质量外延生长控制。利用激光分子束外延方法发展探索新膜系、新结构,特别是人工合成超晶格,必将在声学、光学、电磁学等方面产生许多物理内涵丰富的新现象、新效应,从而开拓新的重要前沿领域。激光分子束外延方法本身具有和脉冲激光淀积薄膜方法(PLD)同样的普适性,几乎适合于各类材料包括有机高分子薄膜的外延生长,因而是一种极富有发展潜力的方法。

制备纳米材料的激光方法还有很多,其原理多与上述几种方法类似,在装置和实施方式上略有区别。目前也发展出了由激光和其他方法相结合来制备纳米材料的新技术和新方法:由激光法和电弧放电法相结合的 Laser – arc 法,制备了DLC 膜与金属纳米多层膜,具有硬度高、无氢、沉积速率高等优点;由激光法和磁控溅射法相结合的 MSPLD 法,制备了在非晶基体中嵌入纳米晶成分的复合材料,材料具有超硬、不易碎的优异性能。可以预见,随着研究的深入和技术的完善,激光技术定将在纳米材料的制备上获得更广泛的应用,从而极大地推动纳米科技的发展。

参考文献

[1] 孙大涌. 先进制造技术[M]. 北京:机械工业出版社,1999.

[2] 虞钢,虞和济. 集成化激光智能制造工程[M]. 北京:冶金工业出版社,2002.

[3] 唐晋发,顾培夫,刘旭,等. 现代光学薄膜技术[M]. 杭州:浙江大学出版社,2006.

[4] Brannon J H,Lankard J R,Baise A I, et al. Excimer laser etching of polymide[J]. Appl. Phys. ,1985,58(5):2036 – 2043.

[5] Sutcliffe E,Srinivasan R. Dynamics of UV laser ablation of organic polymer surfaces[J]. Appl. Phys. ,1986,60(9):3315 – 3322.

[6] Kuper S,Brannon J,Brannon K. Threshold Behavior in polymide photo ablation:single – shot rate measurements and surface – temperature modeling[J]. Appl. Phys. 1993,A56,43 – 50.

[7] Bahu S V,D' Couto G C. Excimer laser induced ablation of polytheretherketone, polyimide, polytetrafluoroethylene[J]. Appl. Phys. ,1992,72(2)692 – 698.

[8] 李小兵,刘莹. 准分子激光加工工艺参数与修饰表面形貌参数的关系[J]. 润滑与密封 2006,5(5):47 – 49.

[9] Schaffer C B,Brodeur A,Mazur E. Laser – induced breakdown and damage in bulk transparent materials induced by tightly focused femtosecond laser pulses[J]. Meas. Sci. Technol. ,2001,12:1784 – 1794.

[10] Anisimov S I,Kapeliovich B L,Perelman T L. Electron – emission from surface of metals induced by ultrashort laser pulses [J]. Sov. Phys. JETP,1974,39(2):375 – 377.

[11] Jiang L,Tsai H L. Energy transport and material removal in wideband gap materials by a femotosecond laser pulse[J]. Heat and Mass Transfer,2005,48(3 – 4):487 – 499.

[12] Jiang L,Tsai H L. Plasma modeling for ultrashort pulse laser ablation of dielectrics [J]. J. Appl. Phys. ,2006,100(2):023116 – 023117.

[13] 盖晓晨. 飞秒激光微加工的系统建立及工艺研究[D]. 哈尔滨:哈尔滨工业大学,2013.

[14] Masafiro Hirano,Ken – ichi Kawamura,Hideo Hosono. Encoding of Holographic Grating and Periodic Nano – structure by Femtosecond Laser Pulse[J]. Applied Surface Science,2002,197 – 198:688 – 698.

[15] Nakaya Takayuki,Qiu Jianrong, et al. Fabrication of Dammann Gratings Inside Glasses by a Femtosecond Laser[J]. Chin. Phys. Lett. ,2004,21:1061 – 1063.

[16] 刘宏斌. 轴对称微结构表面的飞秒激光加工工艺研究[D]. 哈尔滨:哈尔滨工业大学,2014.

[17] 杨海峰. 飞秒激光微纳加工技术与应用研究[D]. 镇江:江苏大学,2007.

[18] 王少刚. 工程材料与成形技术基础[M]. 北京:国防工业出版社,2008.

[19] 曹倩倩. 激光弯曲成形边界效应的影响规律与实验研究[D]. 上海:上海交通大学,2011.

[20] 虞钢,虞和济. 激光制造工艺力学[M]. 北京:国防工业出版社,2012.

[21] 郭为席. 金属板材激光弯曲成形及其机理研究[D]. 武汉:华中科技大学,2006.

[22] 丁磊. 铝 – 锂合金薄板半导体激光弯曲成形试验研究[J]. 中国激光,2010(8),37(8):2143 – 2148.

[23] Vollertsen F. Forming,sintering and rapid prototyping,Hand book of the Eurolaser Academy[M]. Chapman

[24] Stuart Paul Edwardson. A study into the 2D and 3D laser forming of metallic components[D]. Liverpool: The University of Liverpool,2004.

[25] Dearden G,Edwardson S P. Some recent developments in two – and three – dimensional laser forming for 'macro' and 'micro' applications[J]. Journal of Optics A:Pure and applied optics,2003,5(4):8 – 15.

[26] Geiger M,Huber A. Characterization of the framework actuator for laser adjusting[J]. The International Journal for Manufacturing Scinece & Production,1999,2(3):159 – 170.

[27] Richard X Zhang,Xu Xianfan. Laser bending for high – precision curvature adjustment of microcantilevers [J]. Applied Physics Letters,2005,86(2):86 – 88.

[28] 唐亚新,邓琦林,张宏,等. 激光烧结陶瓷成形技术的研究[J]. 电加工,1997(1):27 – 29.

[29] Görke R,Krause T,Günster J,et al. Laser assisted sintering of porcelain[J]. Innovative Processing and Synthesis of Ceramics,Glasses and Composites Ⅲ,Ceramic Transactions,2000,108:91 – 96.

[30] Li X,Wang J,Augustine A,et al. Microstructure evaluation for laser densification of dental porcelains,The Proceedings of the 15th Annual SFE Symposium:2000:195 – 202.

[31] Regenfuss P,Streek A,Hartwig L,et al. Principle of laser micro sintering[J]. Rapid Prototyping Journal, 2007,13(4):204 – 212.

[32] Exner H,Hartwig L,Streek A,et al. Laser micro sintering of ceramic materials[J]. Ceramics Forum International,2006,83(13),45 – 52.

[33] Francis E H Tay,Haider E A. Laser sintered rapid tools with improved surface finish and strength using plating technology[J]. Journal of Material Processing Technology,2002,121:318 – 322.

[34] Vail N K,Swain L D,Fox W C,et al. Materials for biomedical applications[J]. Materials & Design,1999, 20(2 – 3):123 – 132.

[35] 王楠楠,王高,李仰军,等. 新型激光加热基座生长法生长氧化锆单晶光纤[J]. 激光技术,2012,36 (1):19 – 21.

[36] Burrus C A,Stone J. Singe crystal fiber optical devices:a Nd:YAG fiber laser[J]. Applied Physics Letters, 1975,26(6):318 – 320.

[37] Burrus C A,Coldren L A. Growth of single – crystal sapphire – clad ruby fibers[J]. Applied Physics Letters,1977,31(6):383 – 384.

[38] Mimura T,Hiyamizu S,Nanbu K. A new field – effect transistor with selectively doped GaAs/n – Al$_x$Ga$_{1-x}$ as heterojunctions[J]. Japanese journal of Applied Physics,1980,19(5):225 – 227.

[39] 唐鼎元. 激光加热基座法生长 β – BaB$_2$O$_4$ 单晶纤维[J]. 人工晶体学报,1989,18(3):188 – 194.

[40] 陈传忠,包全合,姚书山,等. 脉冲激光沉积技术及其应用[J]. 激光技术,2003,27(5):443 – 446.

[41] 刘中凡,郝雪,周松强,等. 脉冲激光溅射沉积光学增益薄膜试验研究[J]. 应用激光,2008,28(2): 120 – 123.

[42] 李智华,等. KTN 薄膜脉冲激光沉积过程的机理研究[J]. 物理学报,2001,50(10):1950.

[43] 梁素平,蒋毅坚. 脉冲激光溅射沉积 YBCO 超导薄膜[J]. 应用激光,2002,22(2):236 – 240.

[44] 钟敏霖,范培迅. 激光纳米制造技术的应用[J]. 中国激光,2011,38(6):0601001/1 – 0601001/10.

[45] 戴峰泽,蔡兰. 激光法制备纳米材料进展[J]. 电加工与模具,2001,3:10 – 13.

[46] Becker M F,Brock J R,et al. Metal nanoparticles generated by laser ablation [J]. Nano struct Mater,1998, 10:853 – 863.

[47] Lowndcs D H,Rouleau C M,Thundat T G,et al. Silicon and Zinc telluride nanoparticles synthesized by pulsed

laser ablation:size dis-tributions and nano scale structure[J]. Appl Surf Sci,1998,127-129:355-361.
[48] Lowndes D H,Rouleau C M,Thundat T G,et al. Silicon and zinc telluride nanoparticles synthesized by low energy density pulsed laser ablation into ambient gases[J]. J Mater Res,1999,14:359-370.
[49] 王赛玉,黄楚云,熊惟皓. 纳米材料的激光制备技术[J]. 金属功能材料,2005(8),12(4):31-34.
[50] 倪永红,葛学武,徐相凌,等. 纳米材料制备研究的若干进展[J]. 无机材料学报,2000,15:9-15.
[51] 杨国桢,吕惠宾,陈正豪,等. 激光分子束外延和关键技术研究[J]. 中国科学(A辑),1998,28(3):260-265.

图 1-8　激光束二元光学空间变换示意图

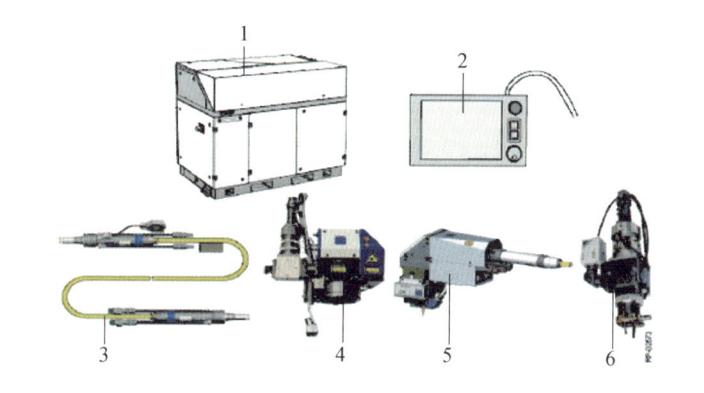

图 2-3　Nd:YAG 激光器

1—激光器;2—操作面板(选配);3—光缆;
4—可编程聚集镜;5—可控聚焦镜头;6—加工聚焦镜头。

半导体激光器模块　　　　多模光纤半导体激光管

激光电源附件

图 2-4　半导体激光器系统

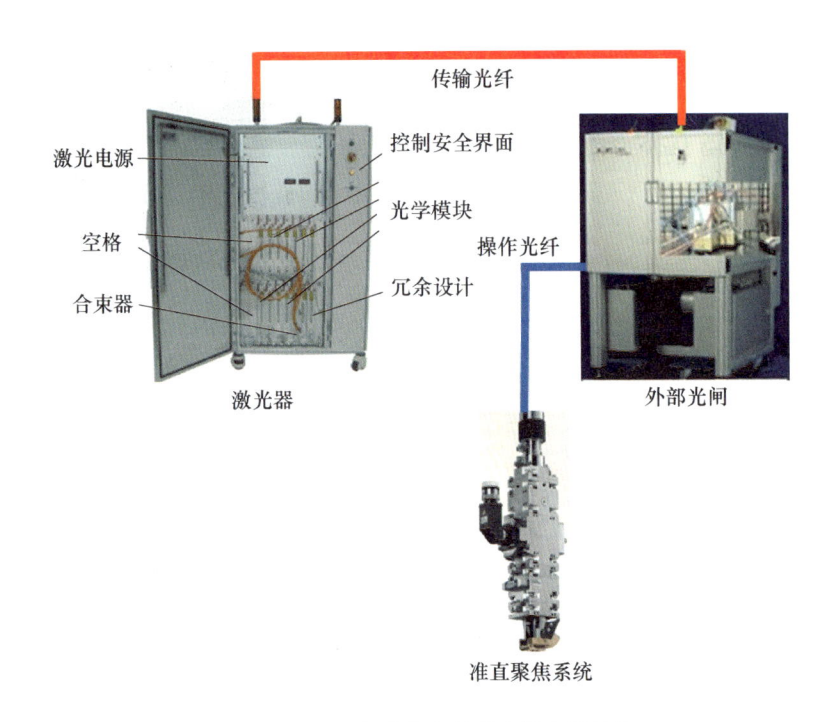

图 2-5　IPG 大功率光纤激光器内部结构

图 2-6　准分子激光微加工系统

图 2-20　激光扫描传感器示意图

图 2-23　XM-80SK 双筒刮板型送粉器

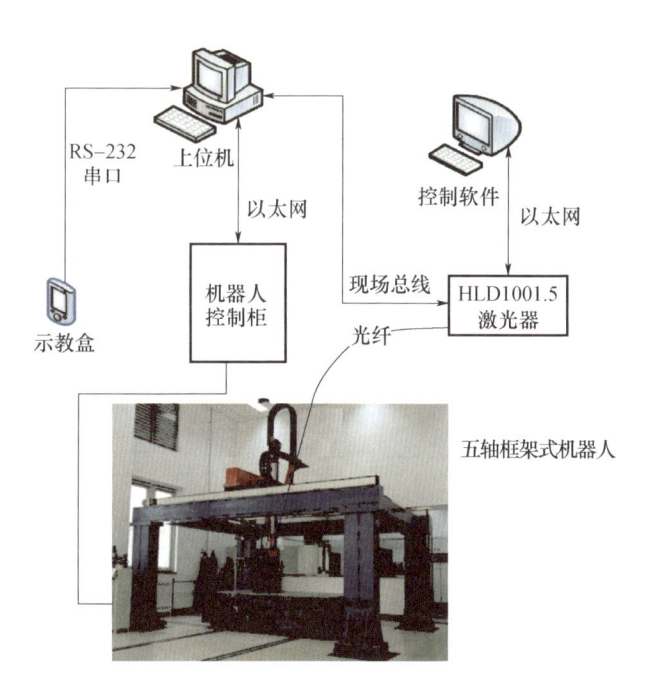

图 2-38　系统连接示意图

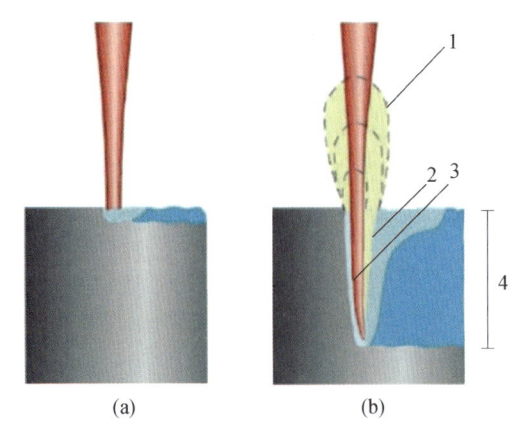

图 3-1 激光焊接模式

(a) 传导焊；(b) 深熔焊。
1—等离子体云；2—熔化材料；3—匙孔；4—熔深。

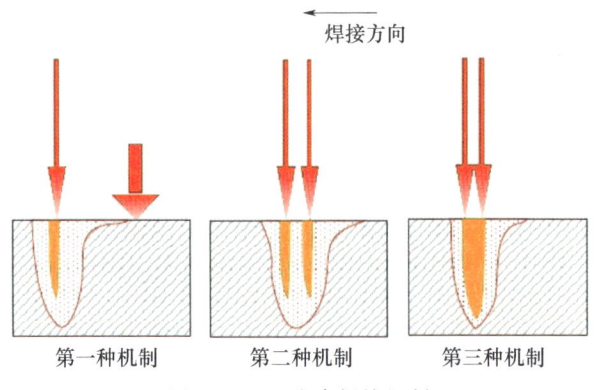

图 3-3 双光束焊接机制

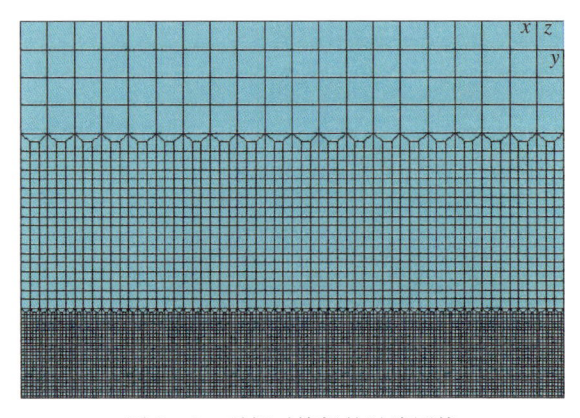

图 3-8 平板对接焊的过渡网格

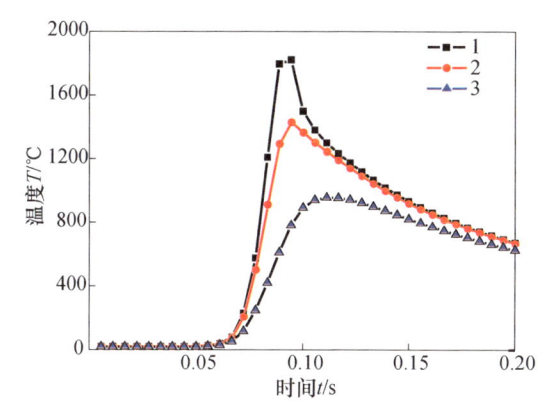

图 3-14 焊缝横向上不同位置热循环

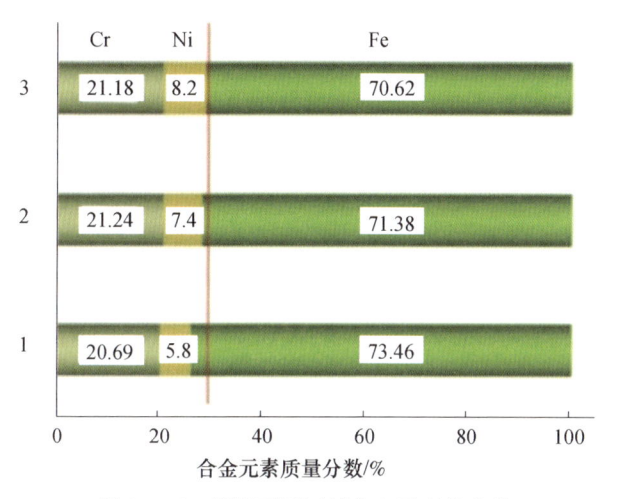

图 3-15 焊缝不同区域合金元素的变化

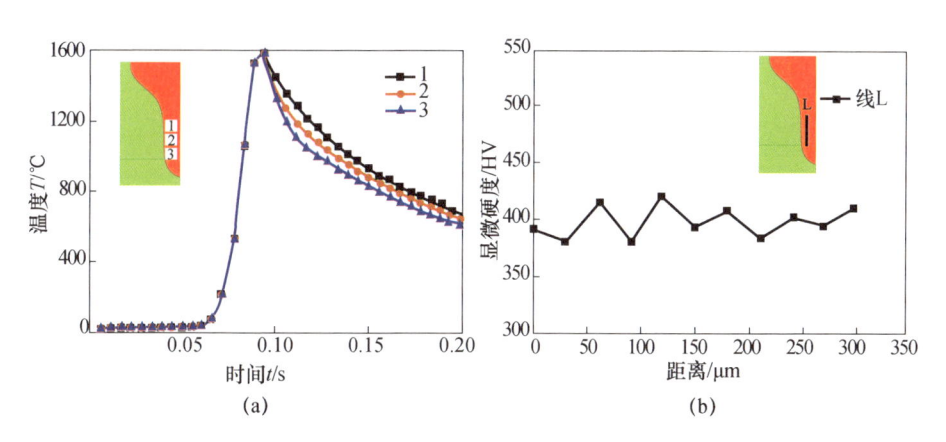

图 3-17 焊缝纵向上热循环及显微硬度变化
（a）焊缝纵向上热循环变化；（b）显微硬度变化。

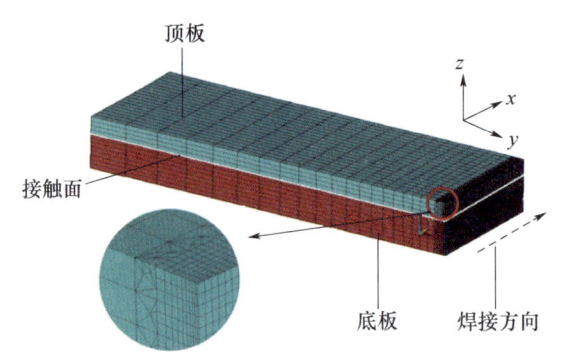

图3-18　有限元网格

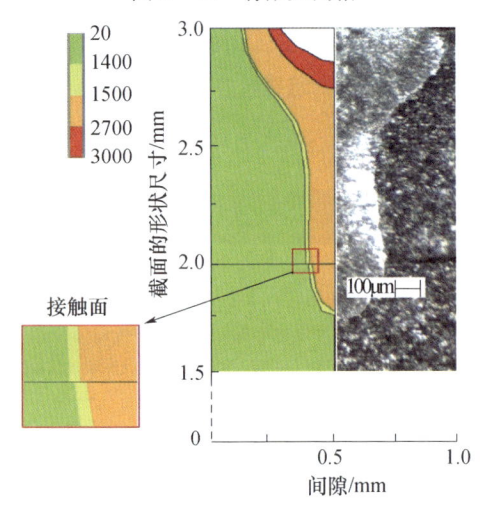

图3-19　焊缝横截面形状计算结果和试验结果对比

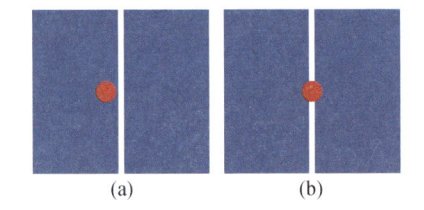

图3-26　红外测点示意图

(a)热影响区测点；(b)熔池温度测点。

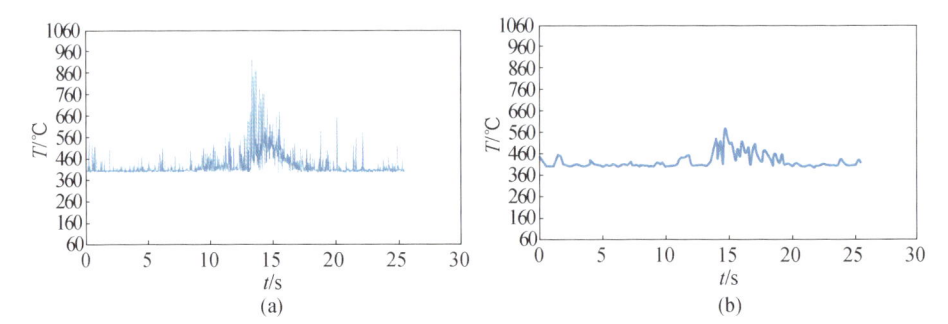

图3-27　热影响区一点(图3-26(a))的温度历程

(a)滤波前；(b)滤波后。

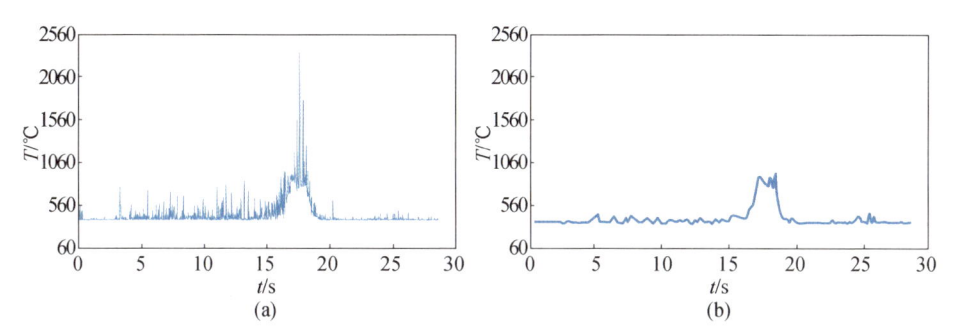

图 3 – 28　焊缝内一点(图 3 – 26(b))的温度历程

(a)滤波前；(b)滤波后。

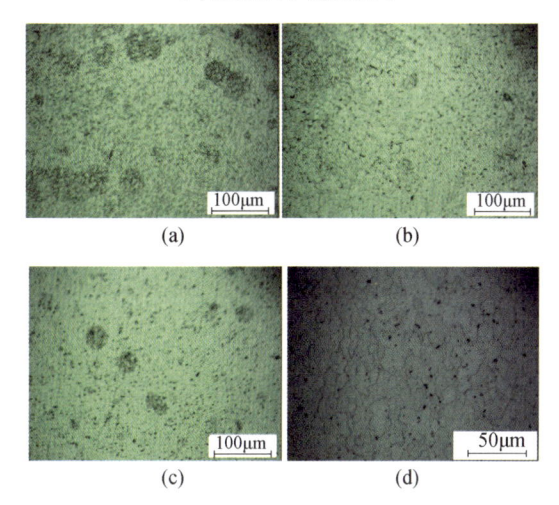

图 3 – 30　铝合金激光 – MIG 复合焊接的焊缝组织

(a)焊缝区；(b)熔合区；(c)热影响区；(d)母材。

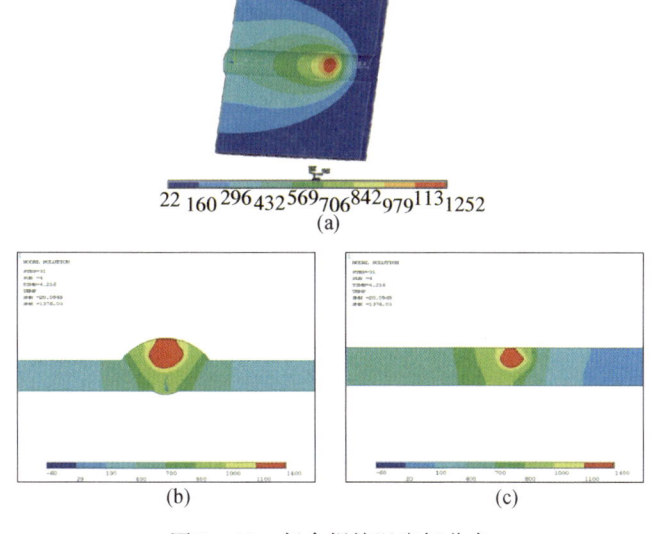

图 3 – 42　复合焊接温度场分布

(a)表面温度场分布；(b)横截面温度分布；(c)纵截面温度分布。

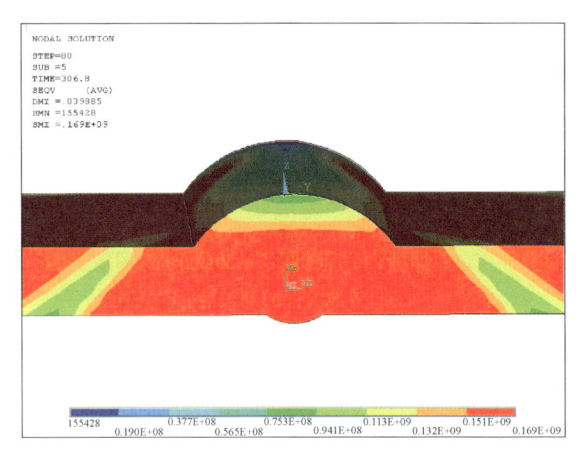

图 3-43　复合焊接残余应力分布

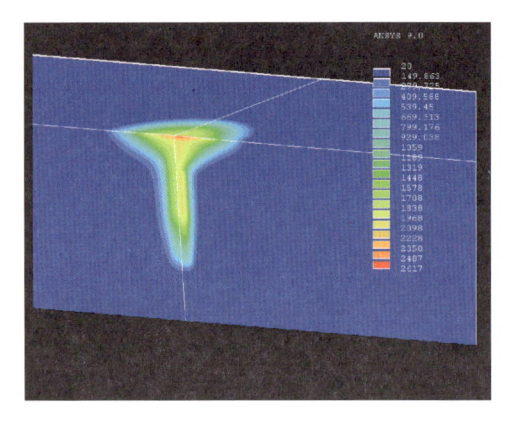

图 3-57　7mm 厚的 K418 与 42CrMo 异种金属激光点焊温度场

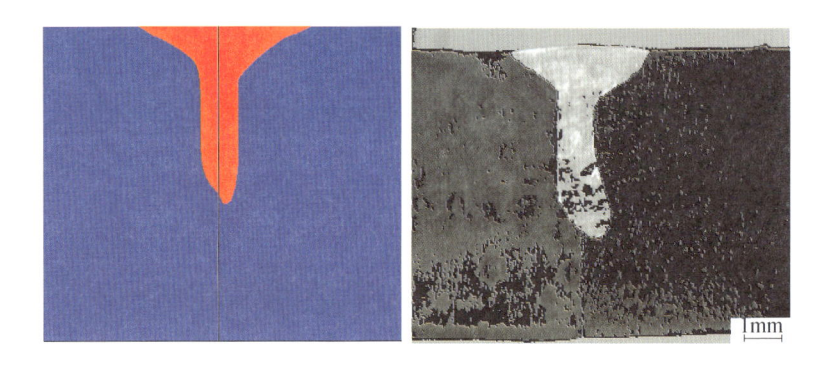

图 3-58　K418 与 42CrMo 异种金属激光点焊焊缝横截面试验
与数值模拟对比（厚度 7mm）

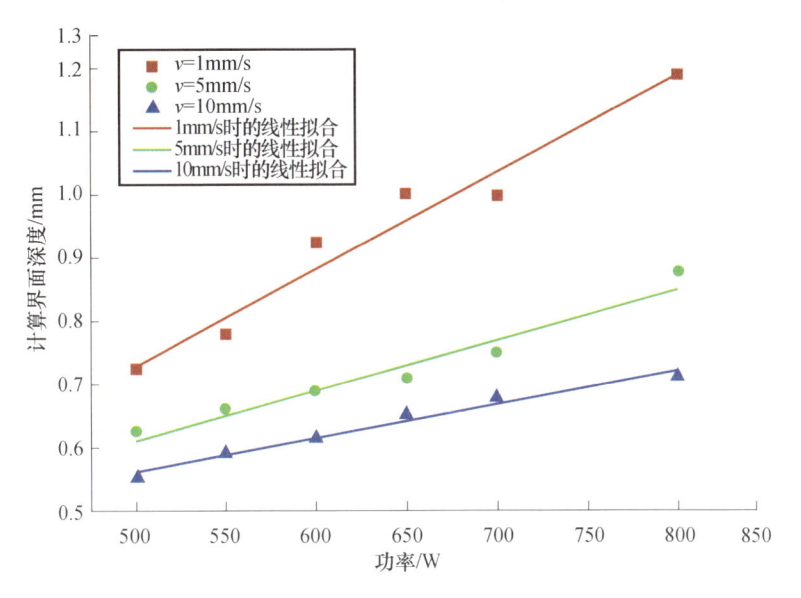

图 3-62　计算界面深度随功率与扫描速度变化规律

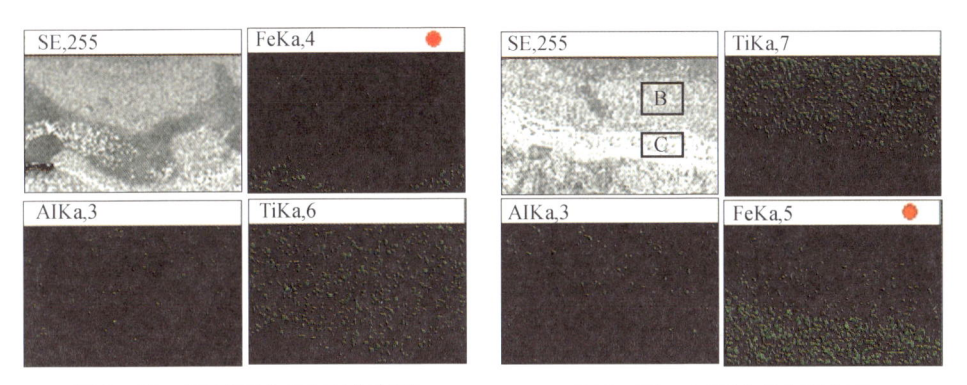

图 3-69　界面区域成分面分布图

图 3-70　A 区域成分面分布

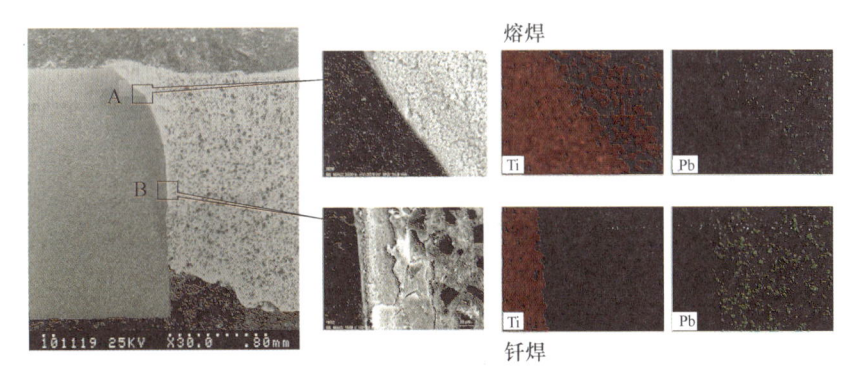

图 3-72　同一焊缝不同区域的焊接机制

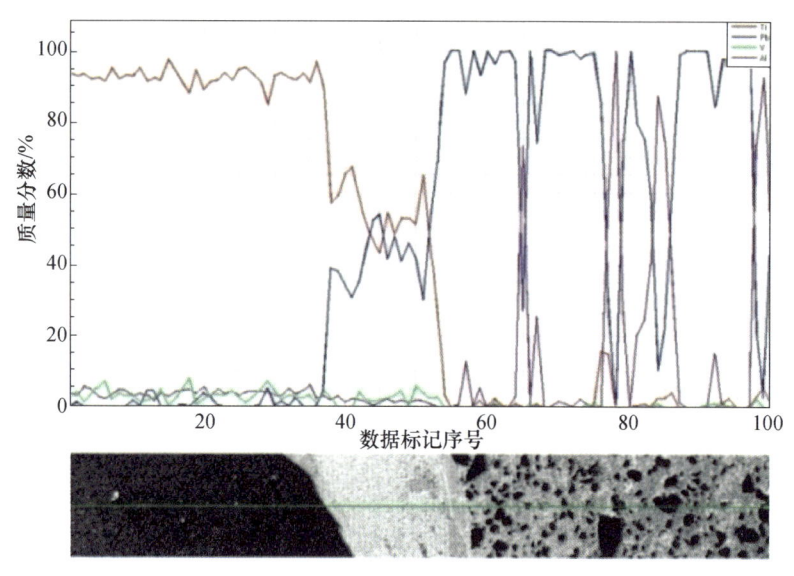

图 3-73 A 区域元素分布线扫描结果

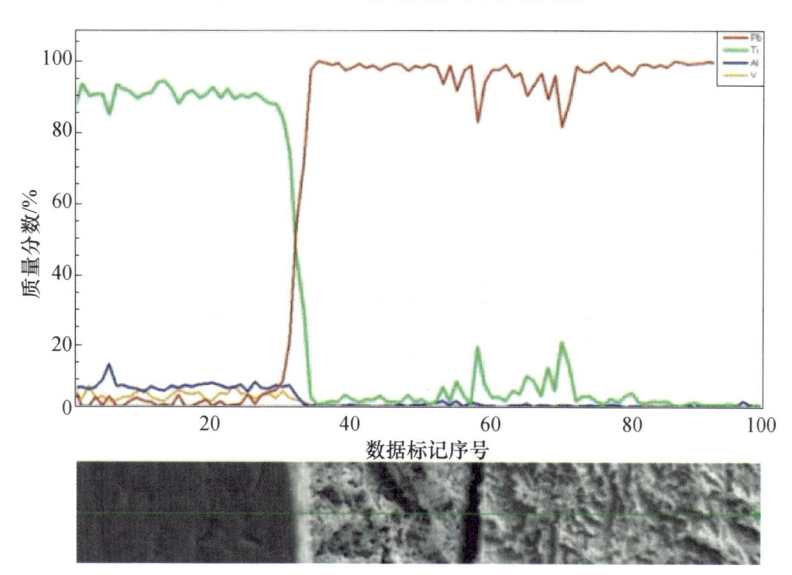

图 3-74 B 区域元素分布线扫描结果

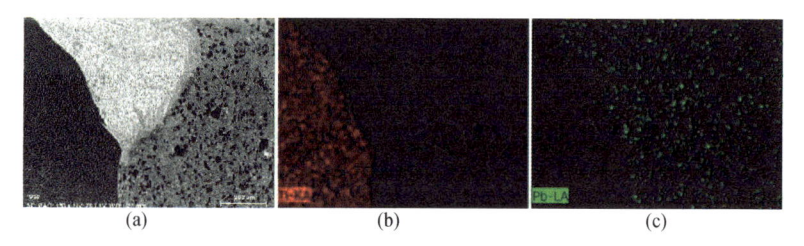

(a)　　　　　(b)　　　　　(c)

图 3-81 焊缝区域成分面分布

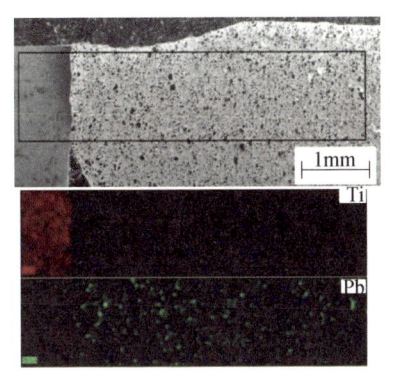

图 3-84　焊缝面成分分布

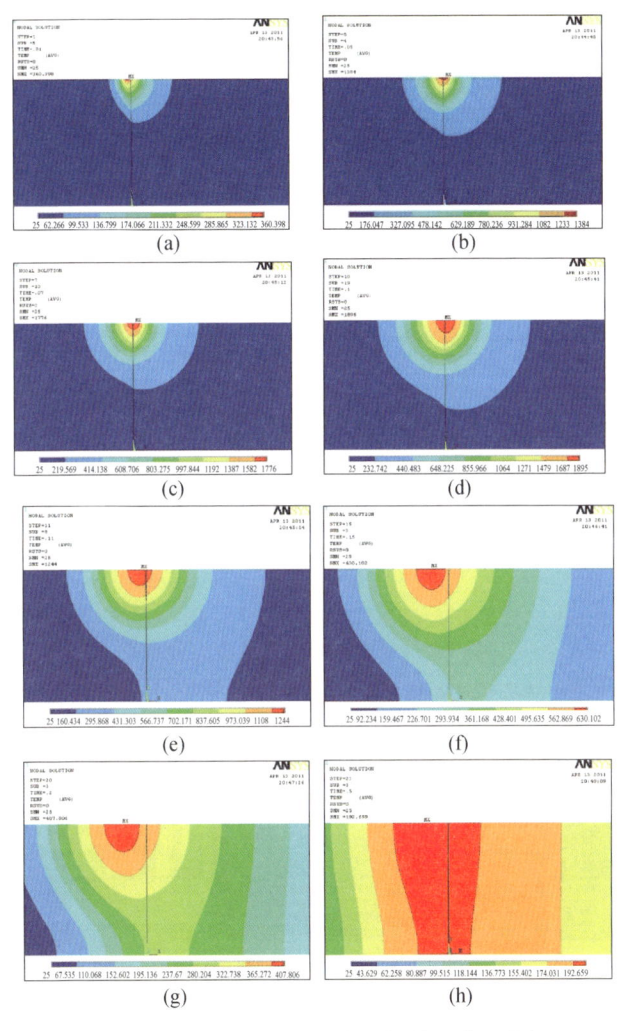

图 3-93　Ti6Al4V 与 Pb 激光焊接二维温度场

(a) $t=0.01\mathrm{s}$；(b) $t=0.05\mathrm{s}$；(c) $t=0.07\mathrm{s}$；(d) $t=0.1\mathrm{s}$；
(e) $t=0.11\mathrm{s}$；(f) $t=0.15\mathrm{s}$；(g) $t=0.2\mathrm{s}$；(h) $t=0.5\mathrm{s}$。

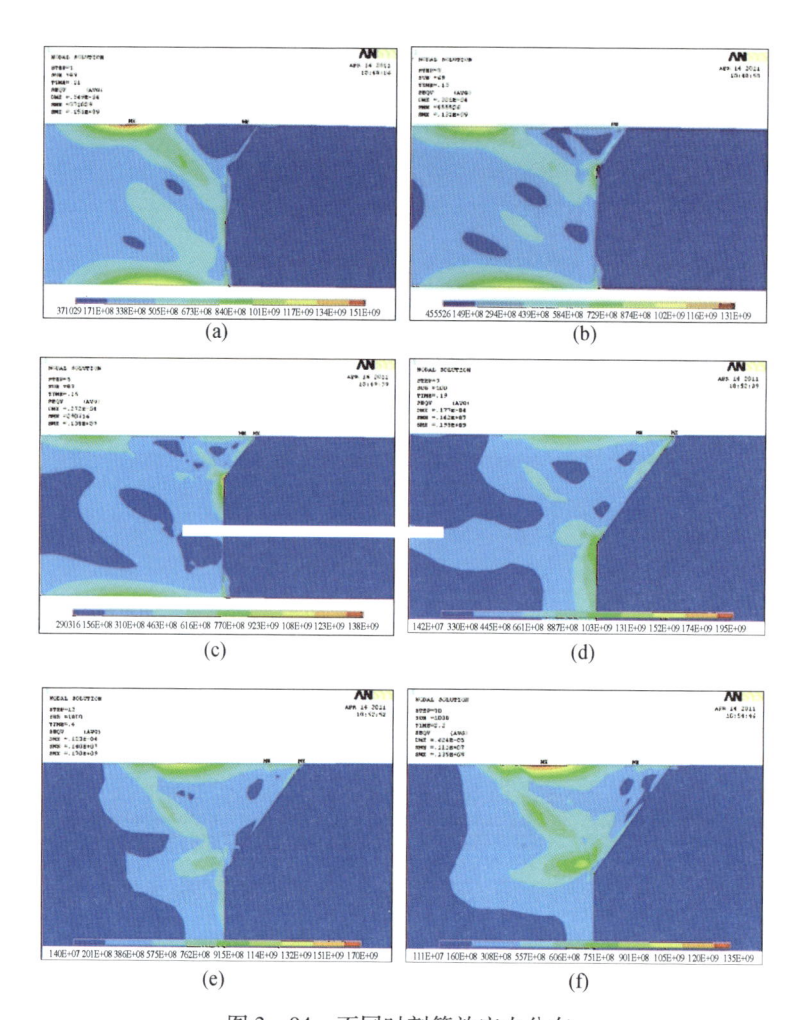

图3-94 不同时刻等效应力分布

(a)$t=0.11\text{s}$；(b)$t=0.13\text{s}$；(c)$t=0.15\text{s}$；(d)$t=0.19\text{s}$；(e)$t=0.4\text{s}$；(f)$t=2.2\text{s}$。

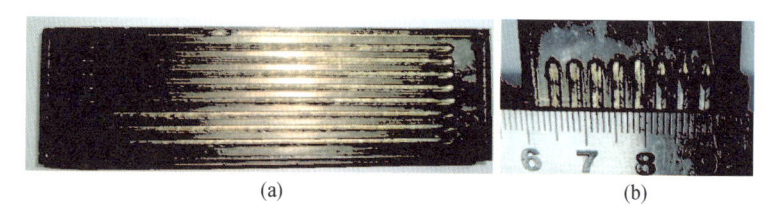

图3-98 冷却板件激光焊接

(a)焊件；(b)起弧收弧端。

图 3-99 受压膨胀后的冷却板件

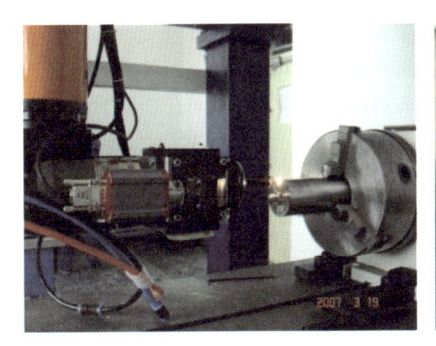

图 3-104 火工产品焊接装备与零件

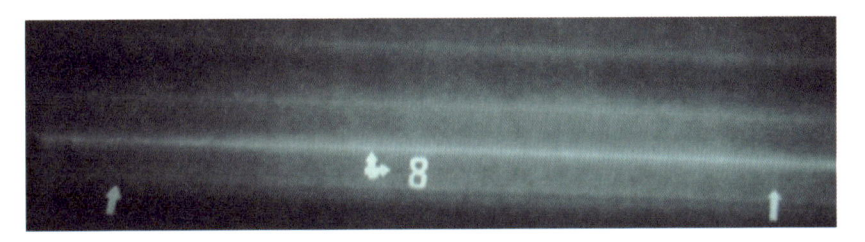

图 3-107 X 射线探伤结果

图 3-108 焊接工艺装备

图 3-109　结构件焊缝

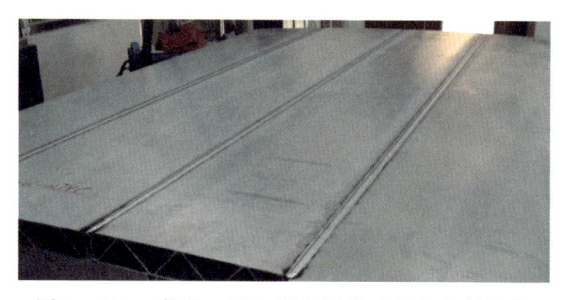

图 3-110　激光-MIG 复合焊接后的车身结构件

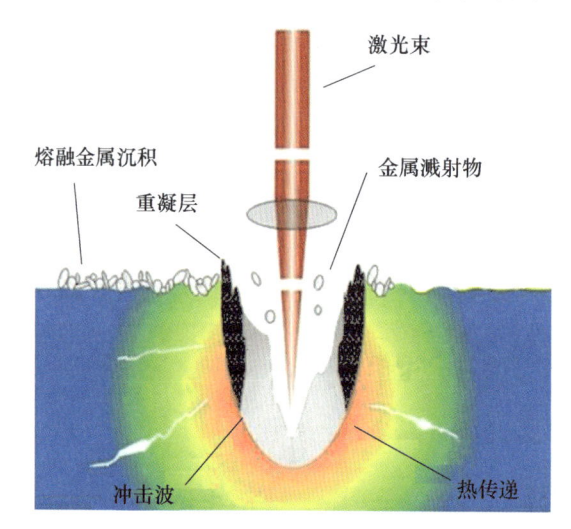

图 4-1　激光打孔原理图

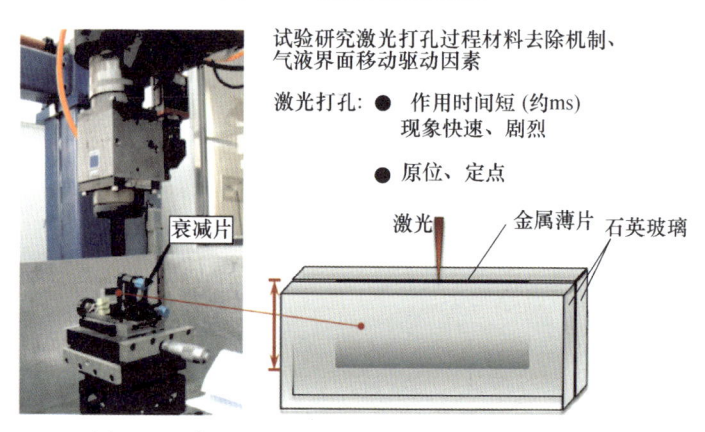

试验研究激光打孔过程材料去除机制、气液界面移动驱动因素

激光打孔：
- 作用时间短（约 ms）现象快速、剧烈
- 原位、定点

图 4-3　高速摄影原位观测激光打孔过程试验装置

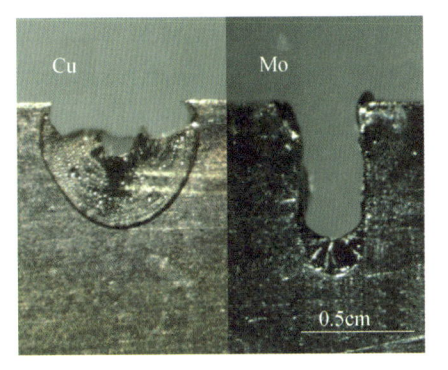

图 4-8 熔池凝固形态对比

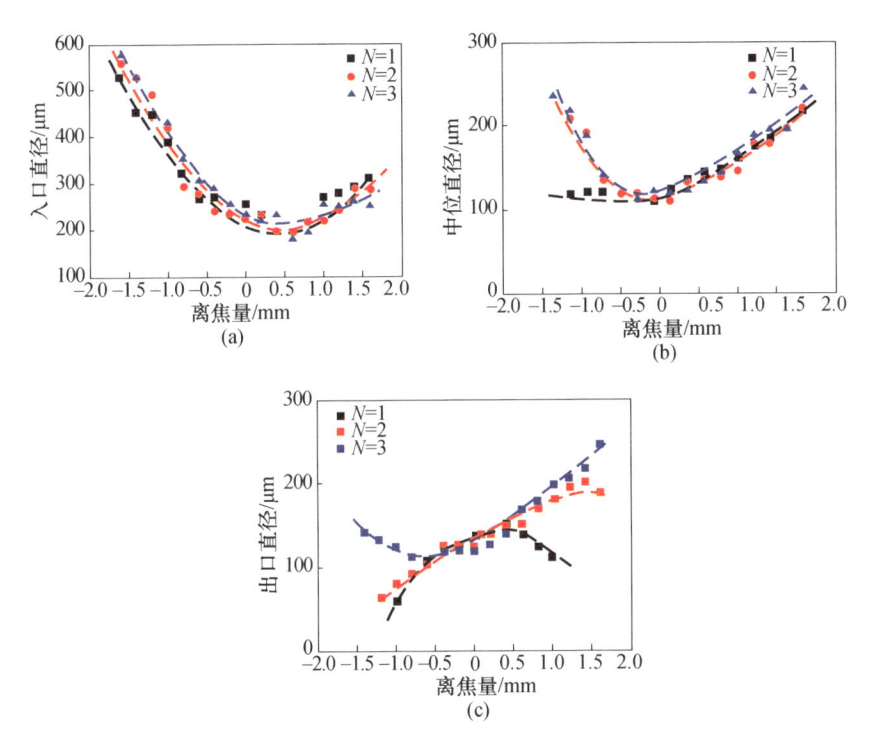

图 4-33 孔直径随离焦量与脉冲个数的变化
(a) 入口直径;(b) 中位直径;(c) 出口直径。

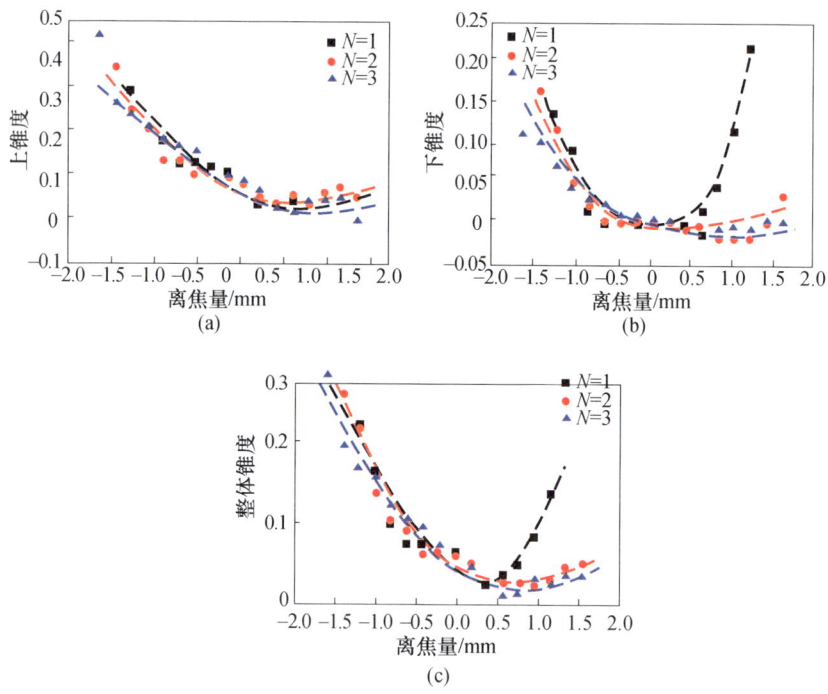

图 4-35　孔锥度随离焦量与脉冲个数的变化

(a) 上锥度；(b) 下锥度；(c) 整体锥度。

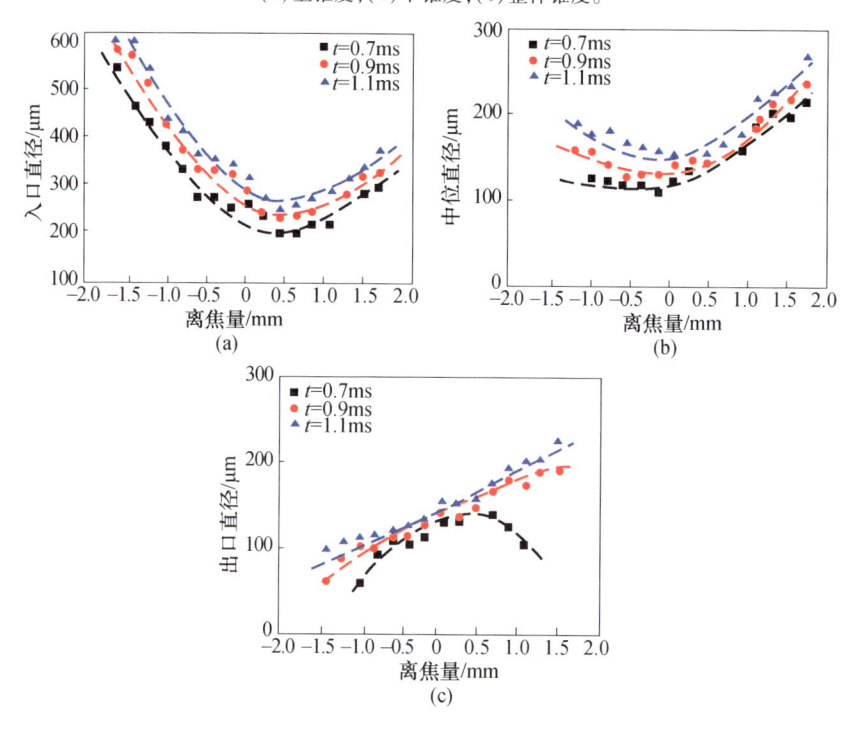

图 4-39　孔直径随离焦量与脉宽的变化

(a) 入口直径；(b) 中位直径；(c) 出口直径。

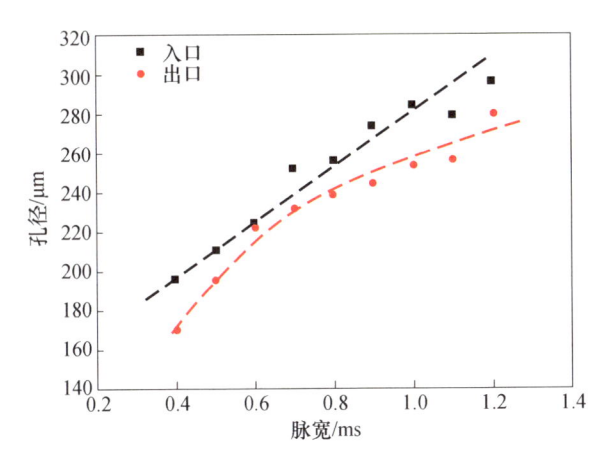

图 4-40 出、入口孔径随脉宽的变化

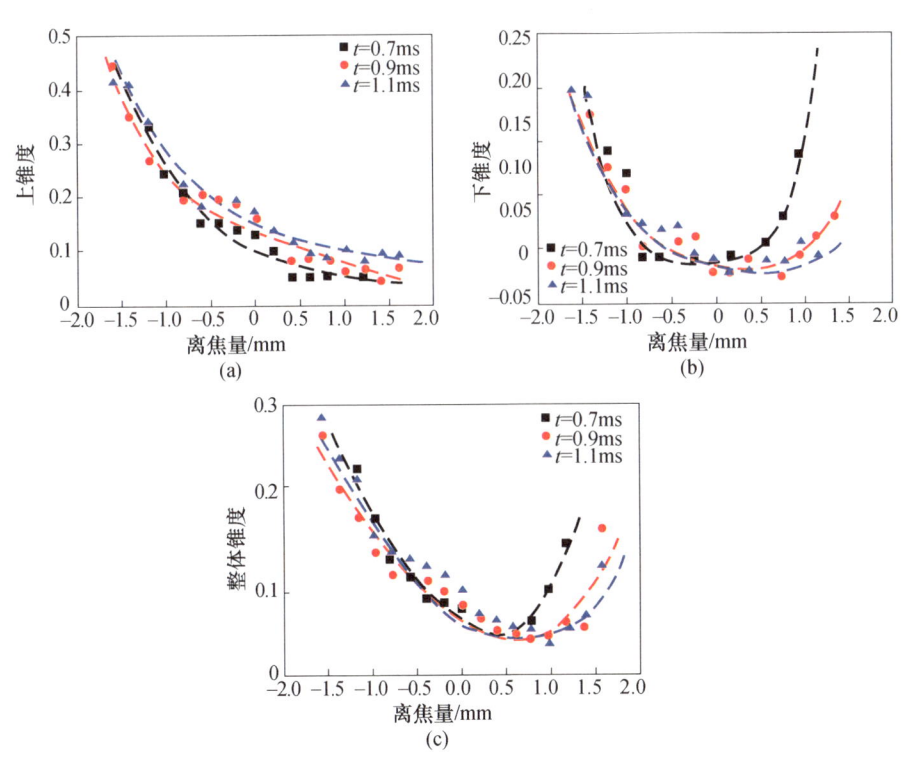

图 4-41 孔锥度随离焦量与脉宽的变化
(a)上锥度;(b)下锥度;(c)整体锥度。

彩十七

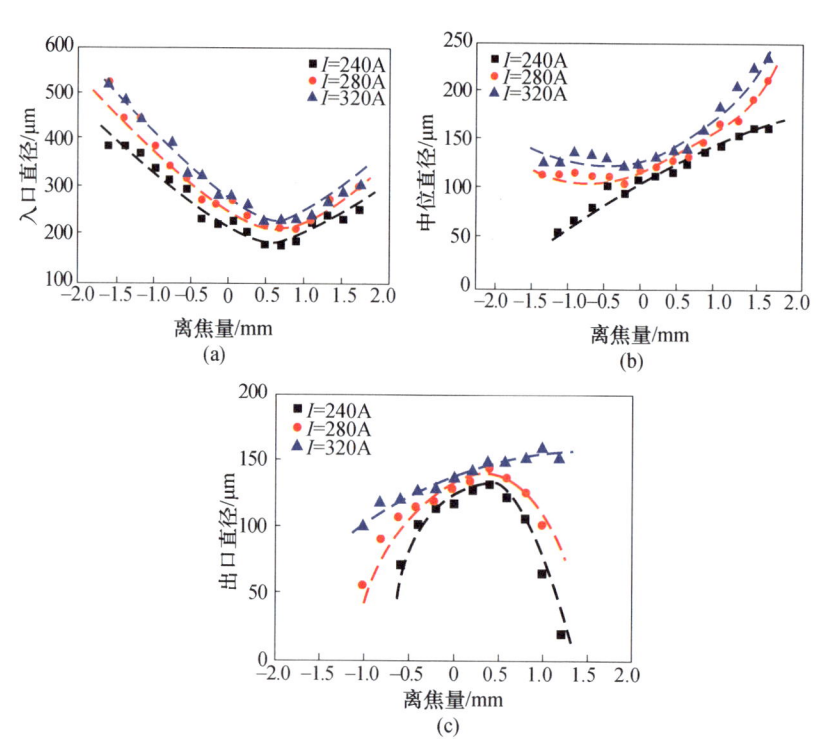

图 4-45 孔径随离焦量与电流的变化

（a）入口直径；（b）中位直径；（c）出口直径。

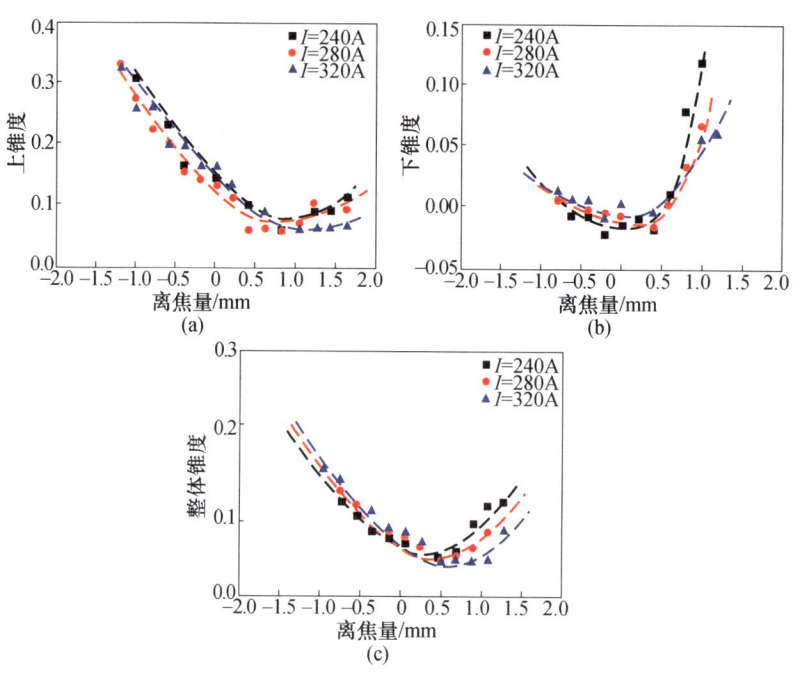

图 4-46 孔锥度随离焦量与电流的变化

（a）上锥度；（b）下锥度；（c）整体锥度。

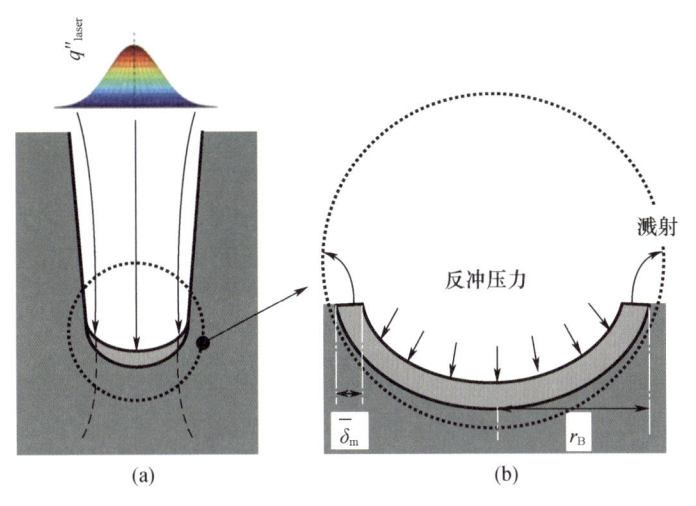

图4-53 激光打孔过程中熔融液体溅射

(a)激光打孔示意;(b)孔底部结构简化。

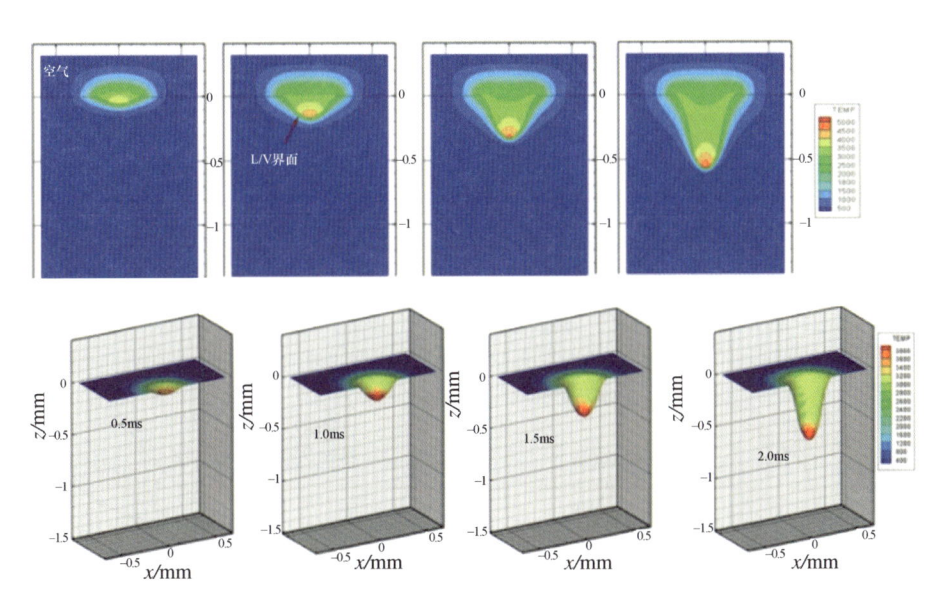

图4-54 激光峰值功率600W、离焦量-0.8mm时温度场及孔形演化

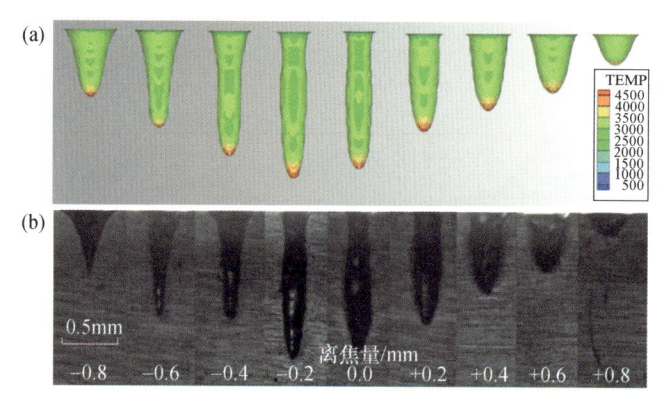

图4-56 孔深随离焦量的变化（激光峰值功率600W，脉宽2ms）
(a)计算结果；(b)试验照片。

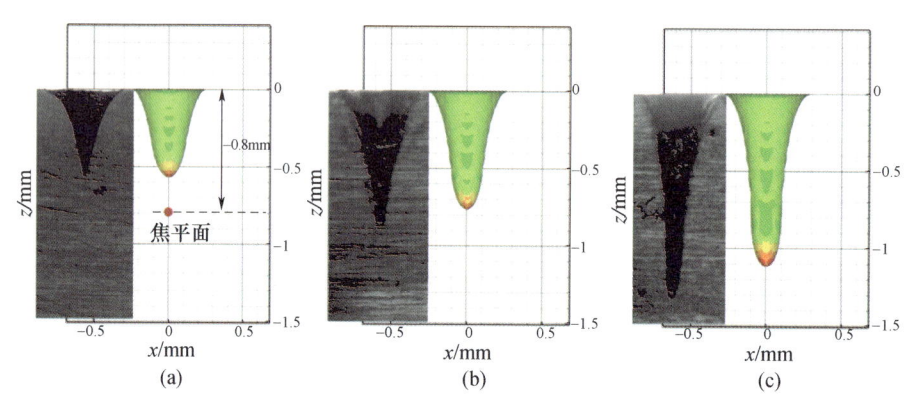

图4-58 不同峰值功率所对应的孔形（离焦量-0.8mm，脉宽2ms）
(a)600W；(b)700W；(c)900W。

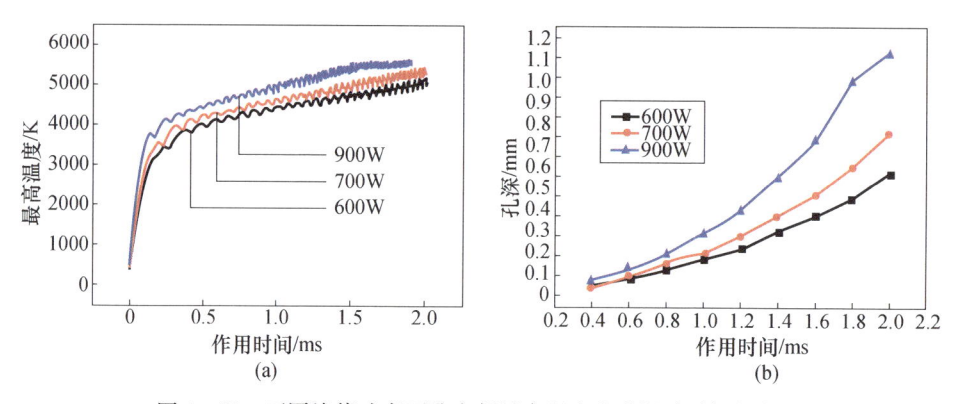

图4-59 不同峰值功率下孔底部最高温度和孔深随时间的变化

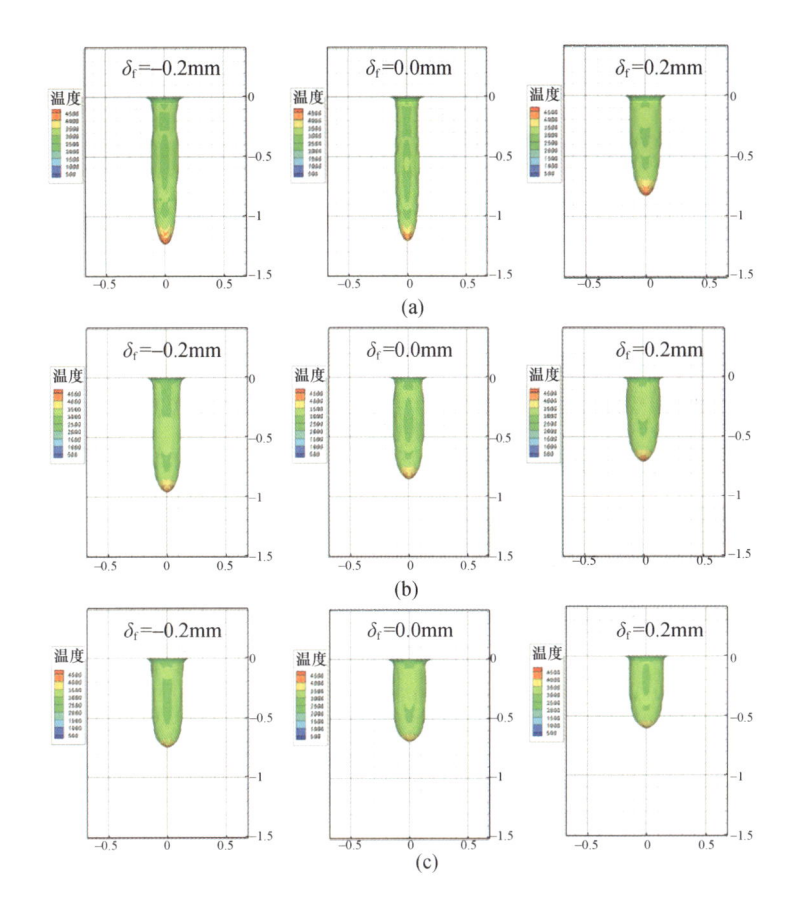

图4-60 不同离焦量时,透镜焦距对孔形的影响(横坐标 x/mm,纵坐标 z/mm)
(a)f=100mm;(b)f=120mm;(c)f=150mm。

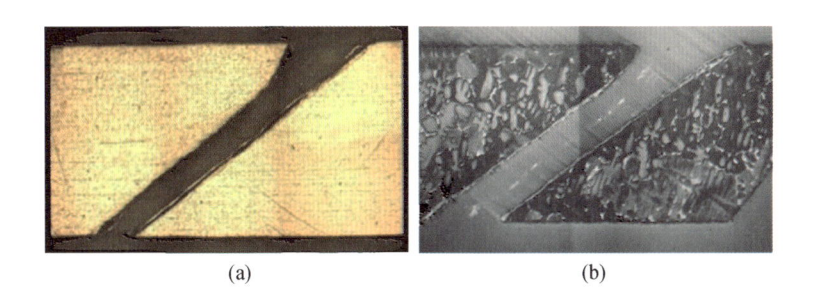

图4-68 叶片激光打孔实例
(a)倾角30°,孔径0.32mm;(b)倾角20°,孔径0.33mm。

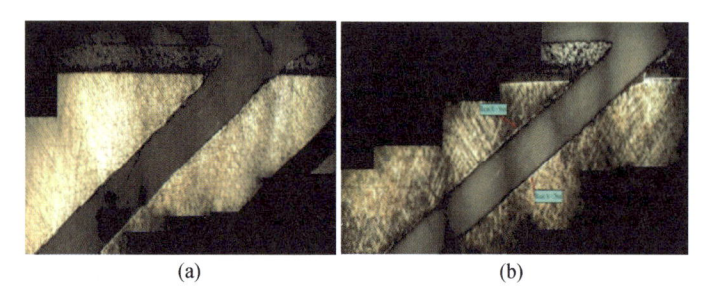

图4-69 TBC涂层激光打孔

（a）基体厚度2mm，涂层厚度0.35mm，倾角20°，孔径0.52mm；
（b）基体厚度3mm，涂层厚度0.65mm，倾角20°，孔径0.7mm。

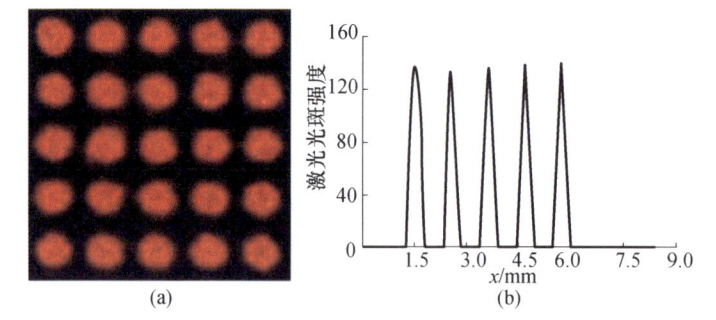

图5-4 5×5均匀点阵光斑强度二维分布图及强度大小示意图
（a）二维分布；（b）强度大小。

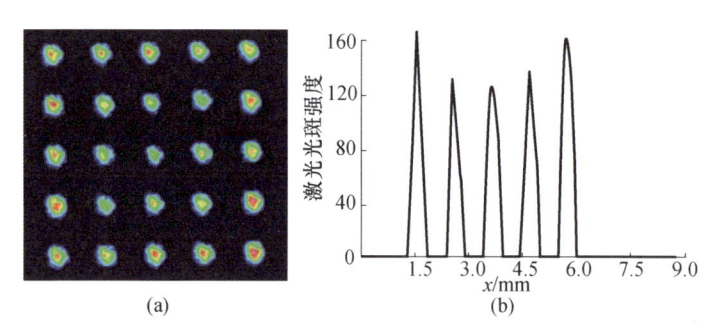

图5-5 1∶2∶3点阵光斑强度二维分布图及强度大小示意图
（a）二维分布；（b）强度大小。

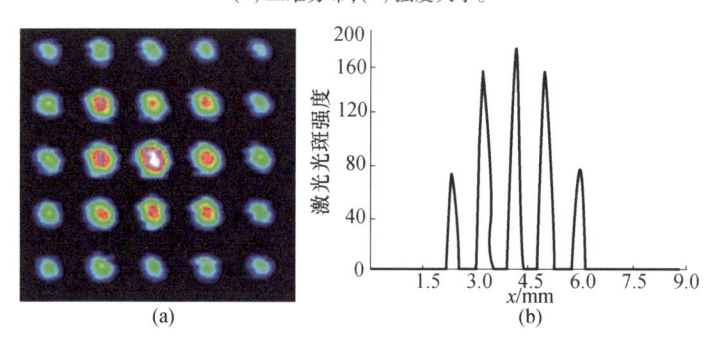

图5-6 3∶2∶1点阵光斑强度二维分布图及强度大小示意图
（a）二维分布；（b）强度大小。

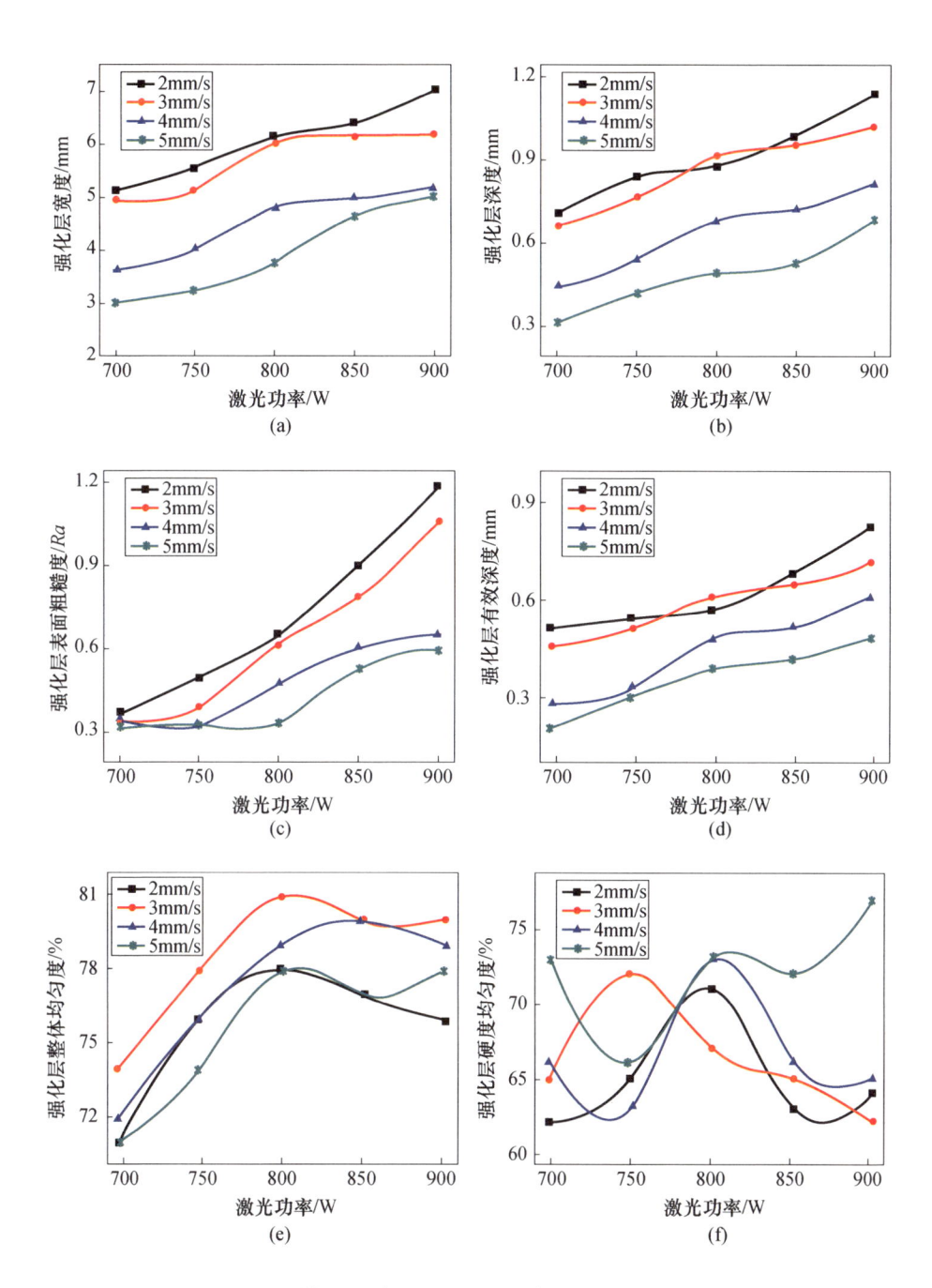

图 5-14　不同扫描速度下硬化层特征参量随激光功率变化曲线

(a)硬化层宽度；(b)硬化层深度；(c)硬化层表面粗糙度；
(d)硬化层有效深度；(e)硬化层整体均匀度；(f)硬化层硬度均匀度。

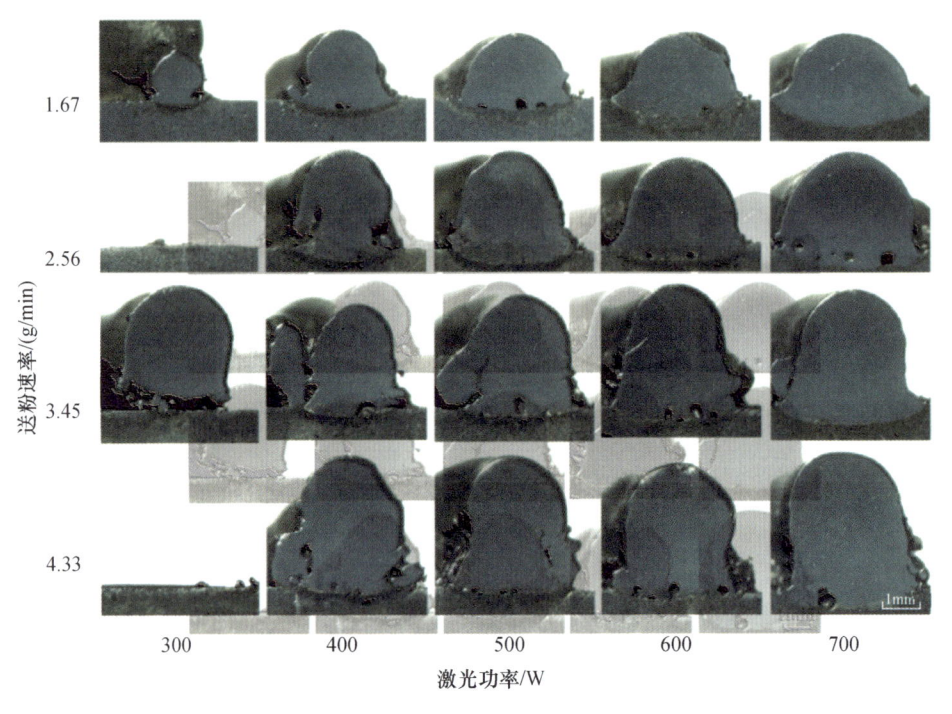

图 5-53 速度 3mm/s 的熔覆层截面形状

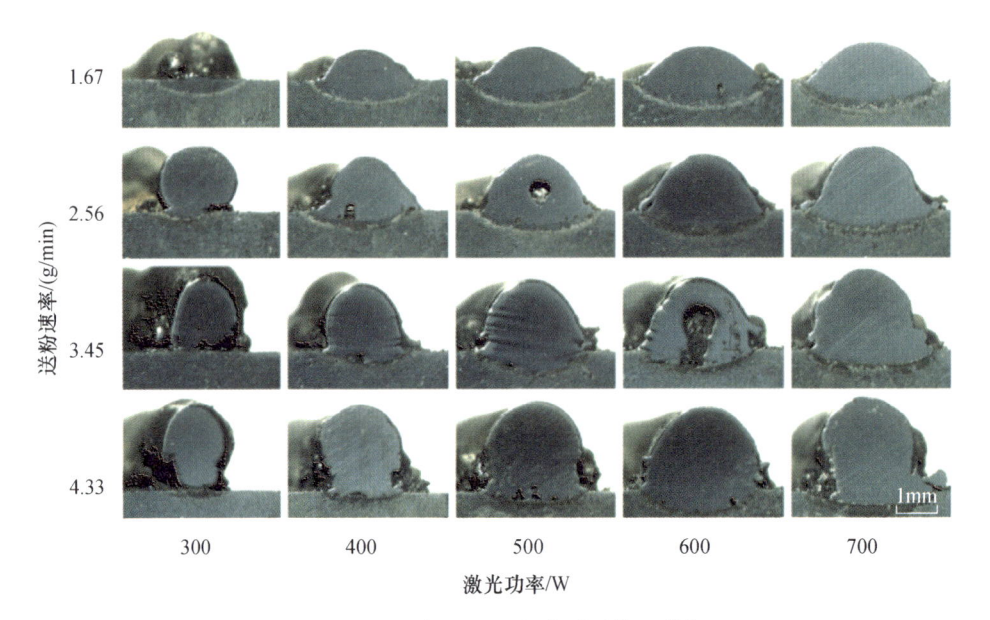

图 5-54 速度 5mm/s 的熔覆层截面形状

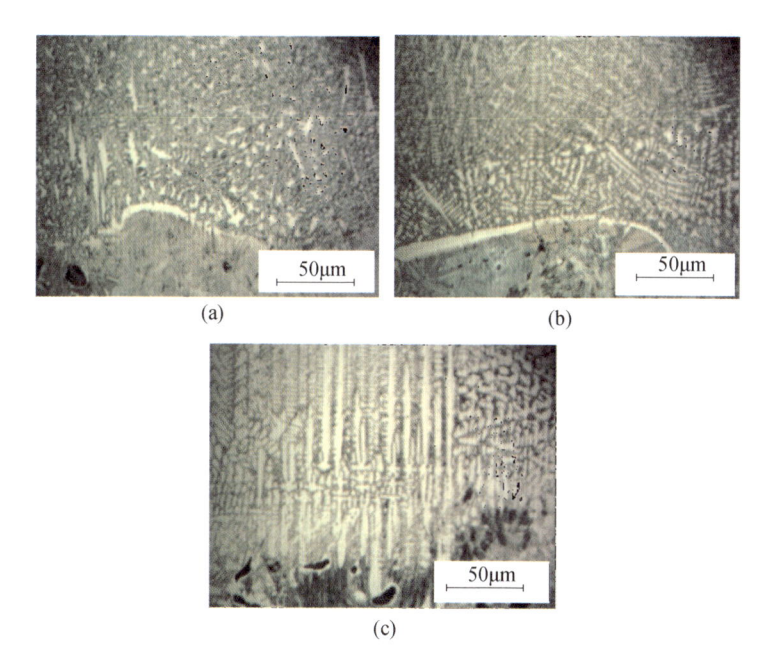

图5-61 不同送粉速率下熔覆层底部组织

(a)2.19g/min;(b)6.11g/min;(c)10.02g/min。

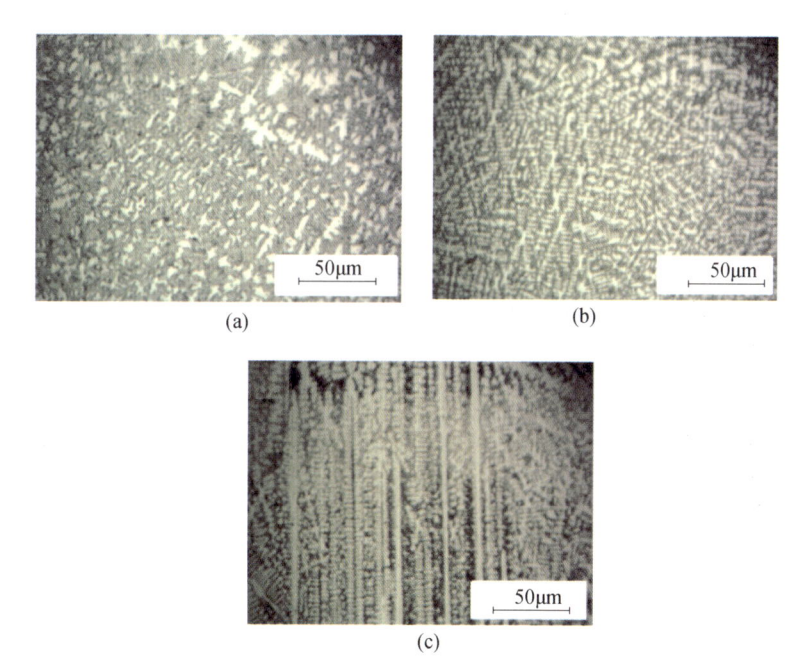

图5-62 不同送粉速率下熔覆层中部凝固组织形态

(a)2.19g/min;(b)6.11g/min;(c)10.02g/min。

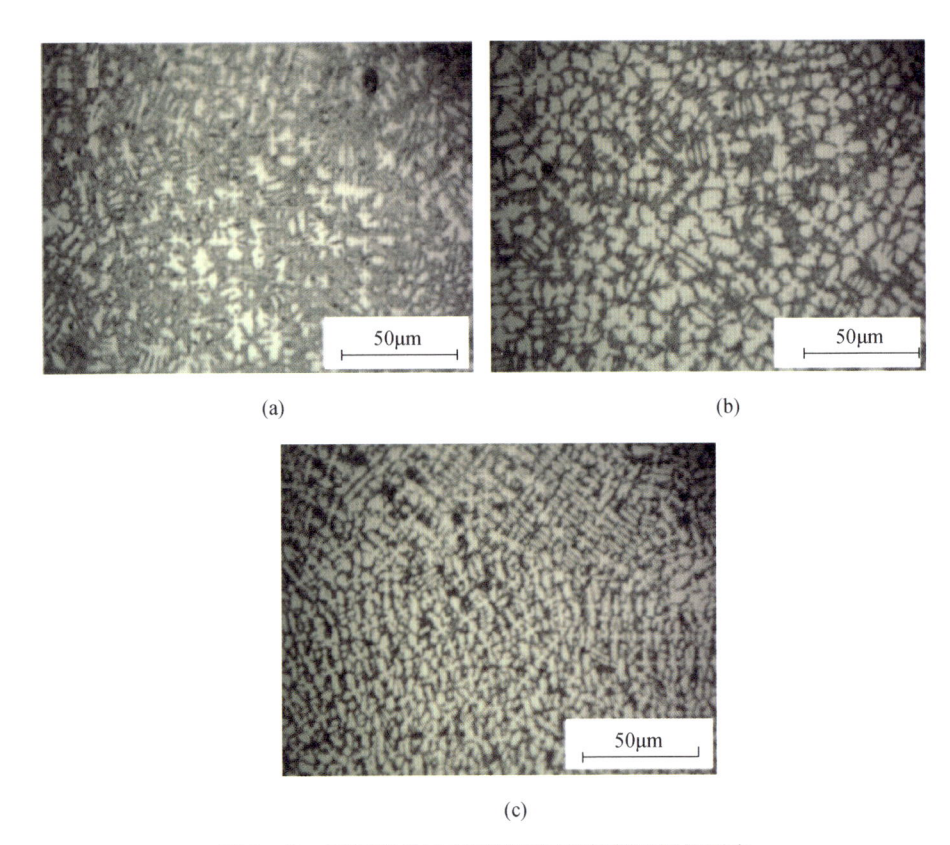

图 5-63 不同送粉速率下熔覆层顶部凝固组织形态
(a)2.19g/min;(b)6.11g/min;(c)10.02g/min。

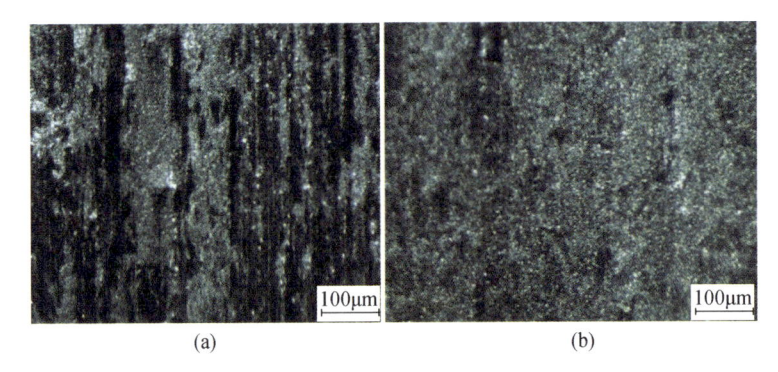

图 5-73 基体和激光熔覆试样磨损后的表面形貌
(a)基体试样;(b)激光熔覆试样。

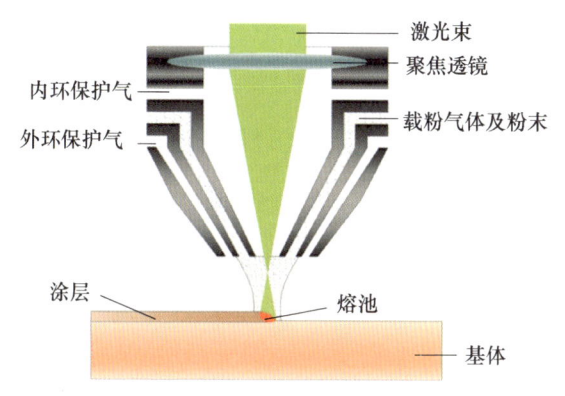

图 5-85 同轴送粉示意图

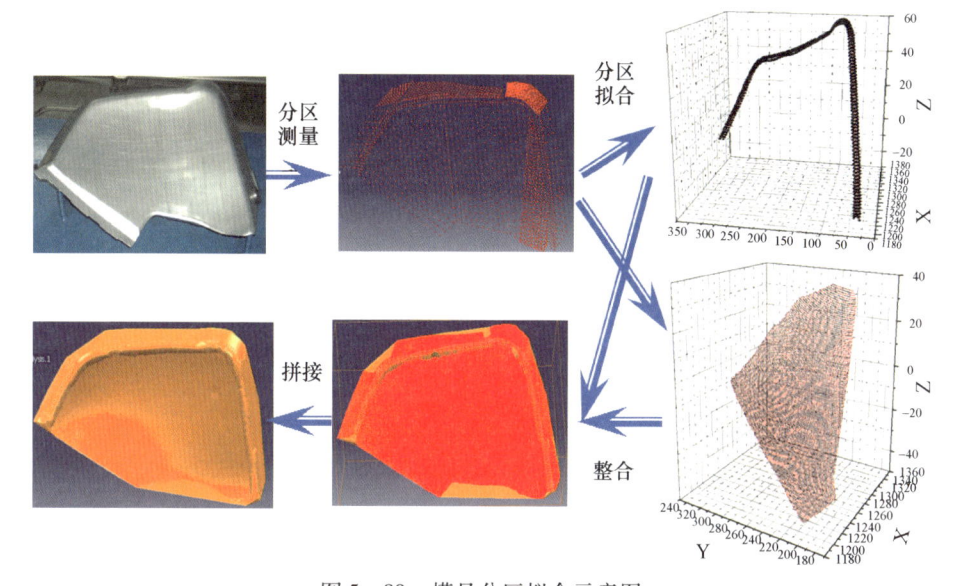

图 5-89 模具分区拟合示意图

图 5-90 拟合模型与实物对比

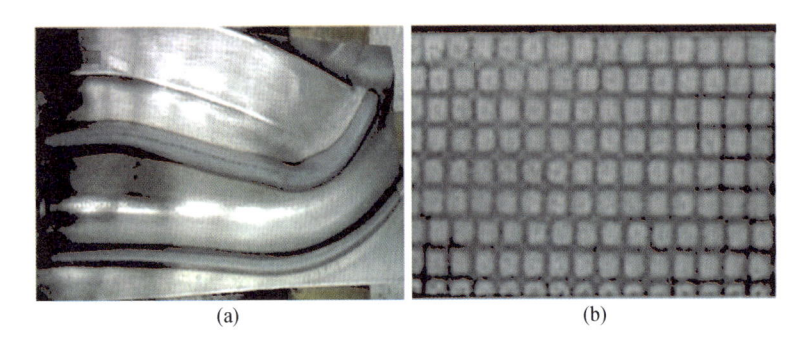

图 5-91 激光相变强化处理模具表面形貌及效果图

(a)效果图;(b)表面形貌。

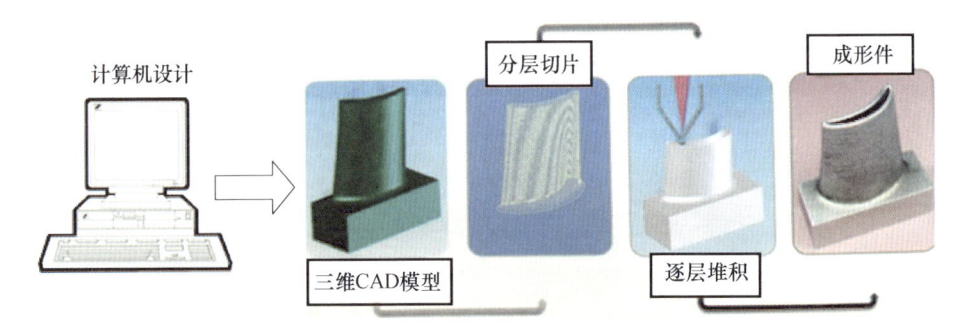

图 6-1 激光增材制造(3D打印)基本原理

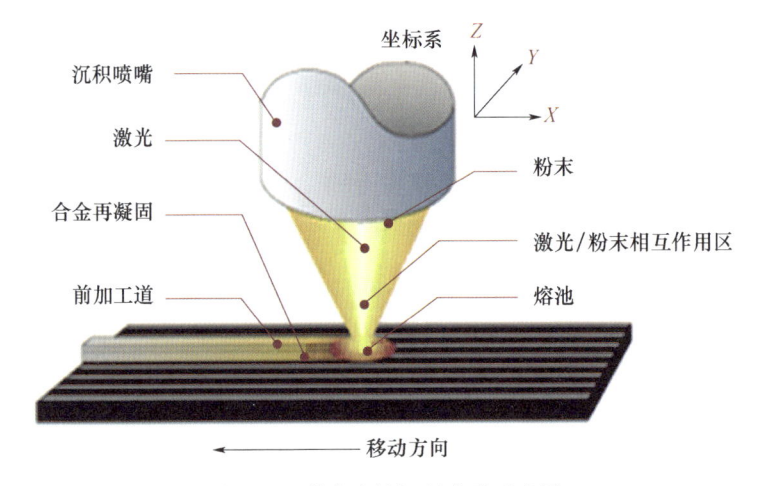

图 6-3 激光直接沉积成形示意图

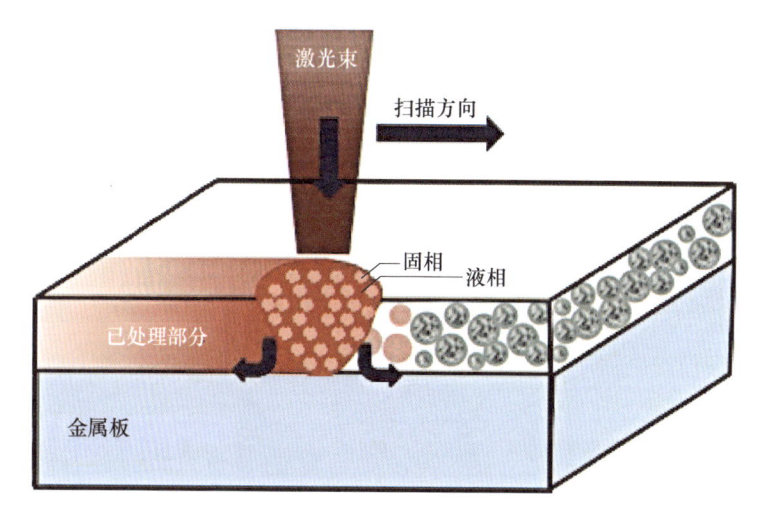

图6-4 选区激光烧结原理图

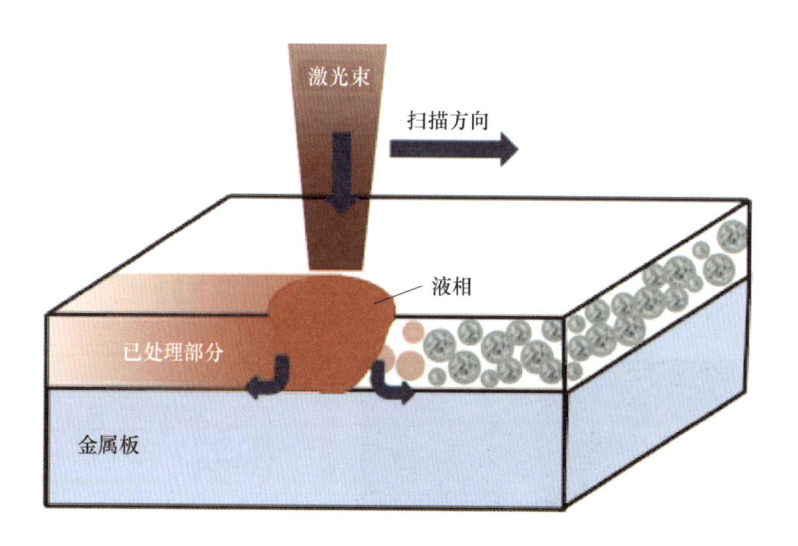

图6-5 选区激光熔化原理图

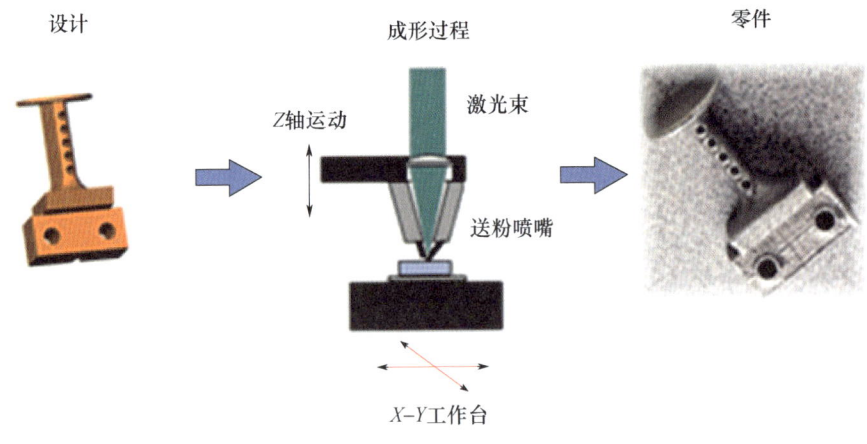

图 6-6　LENS 成形过程示意图

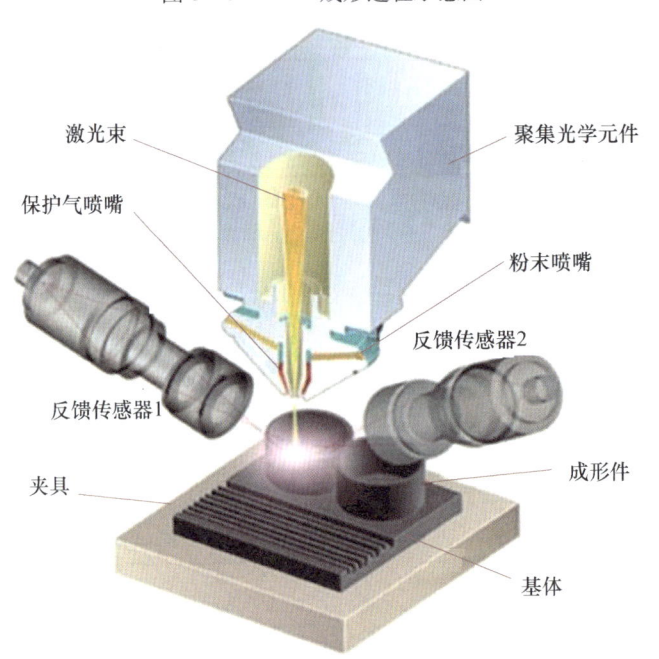

图 6-8　闭环控制 DMD 系统示意图

图 6-10　激光与材料相互作用过程中的参数

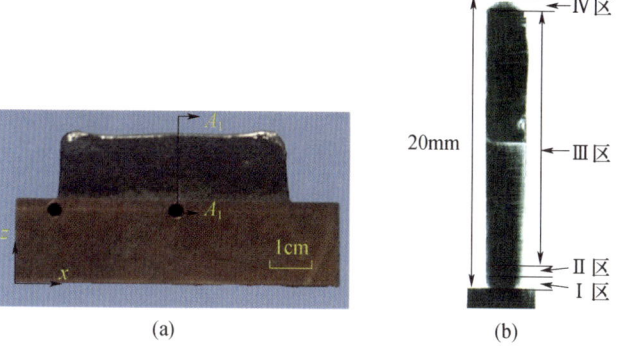

图 6-16 试样 1 沿高度方向的微观组织分区

(a) 剖面位置示意图；(b) 剖面 A_1-A_1 沿高度方向的微观组织分区。

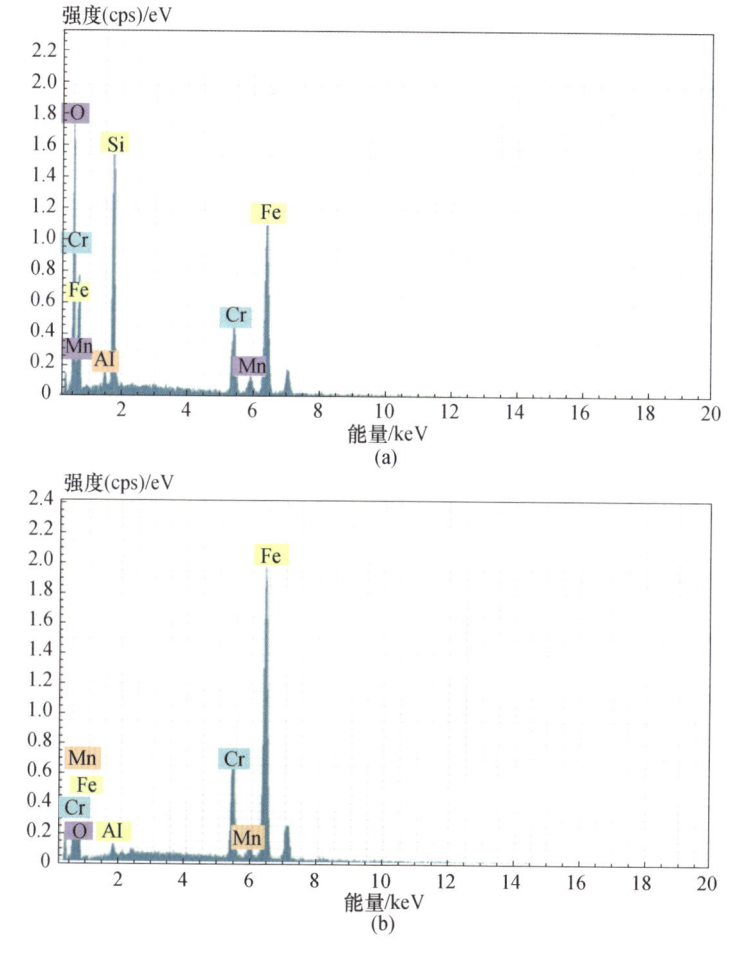

图 6-23 Ⅲ区的 EDS 分析

(a) 颗粒物的能谱曲线；(b) 基体的能谱曲线。

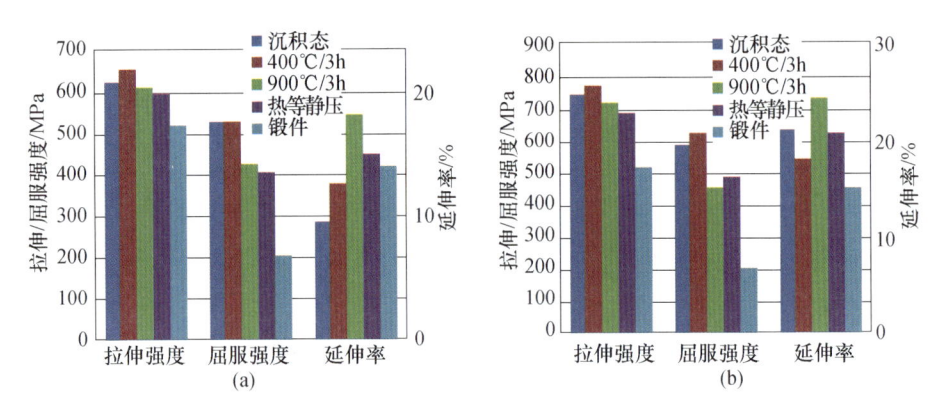

图 6-67　选区式激光熔化 316 不锈钢试样力学性能
(a) 纵向；(b) 横向。

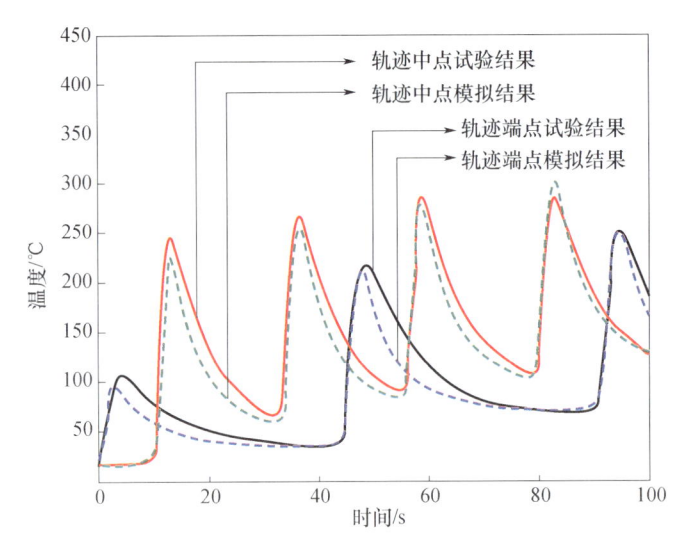

图 6-72　基板中特定位置温度历程的数值计算与试验测量结果对比

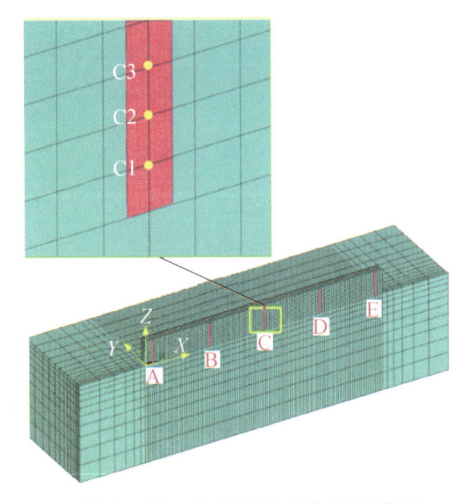

图 6-73　关键特征点位置示意图

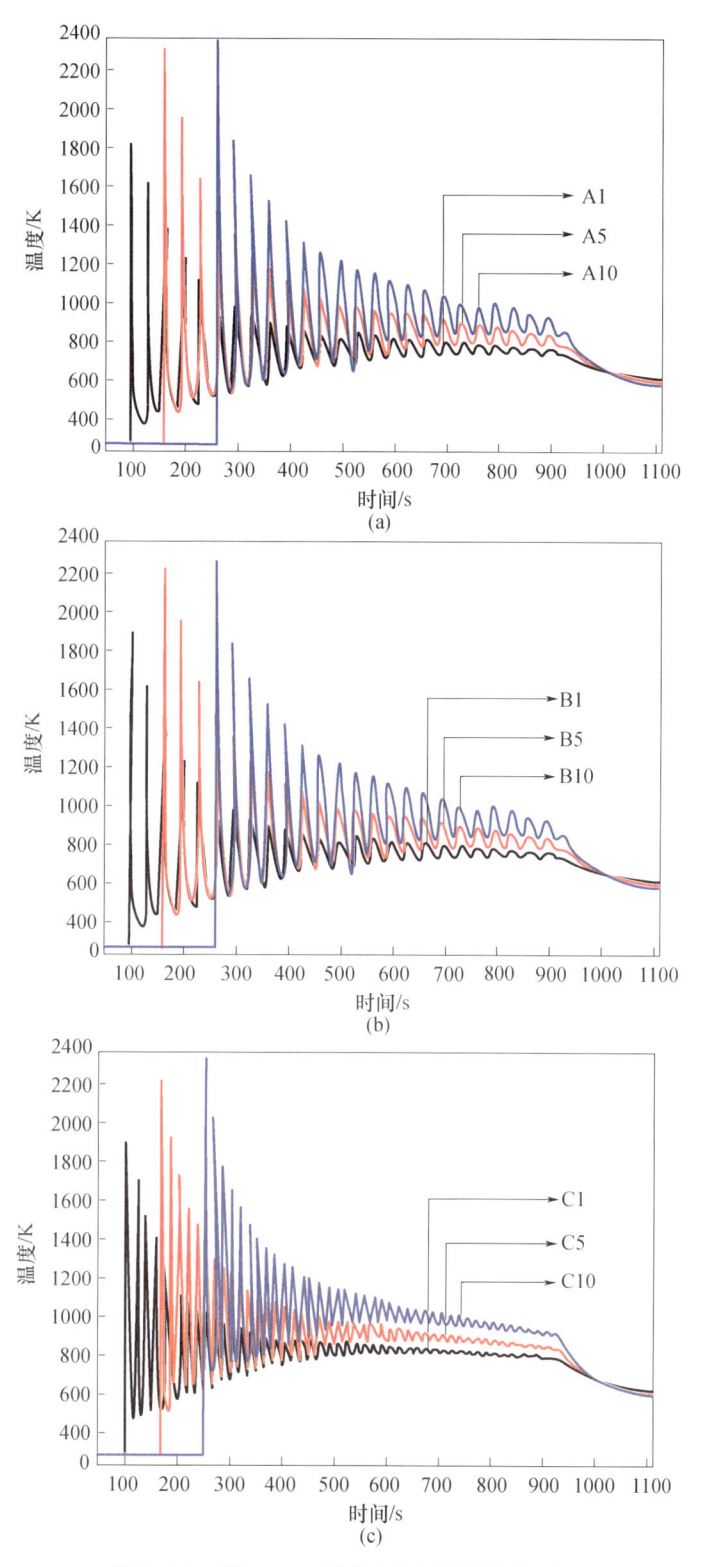

图 6-75　第 1、5、10 层代表位置材料的热历程

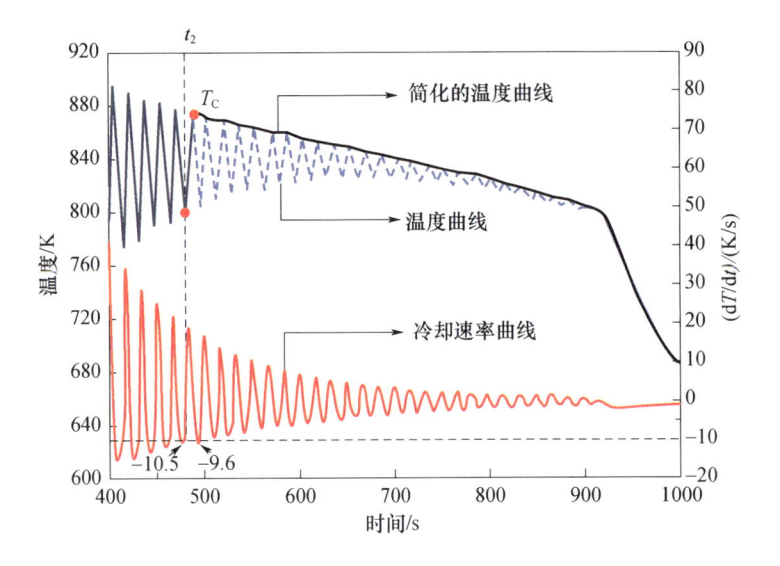

图 6-77　热历程的简化示意图

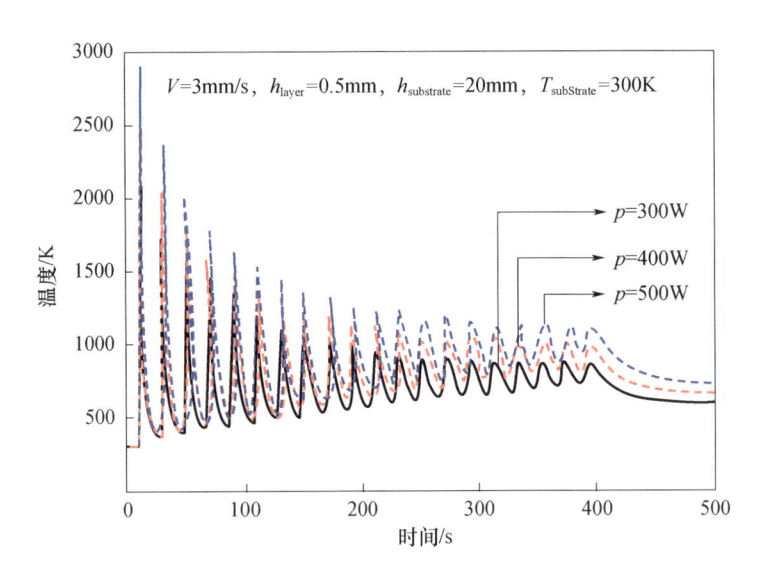

图 6-79　不同激光功率下 C1 位置热历程

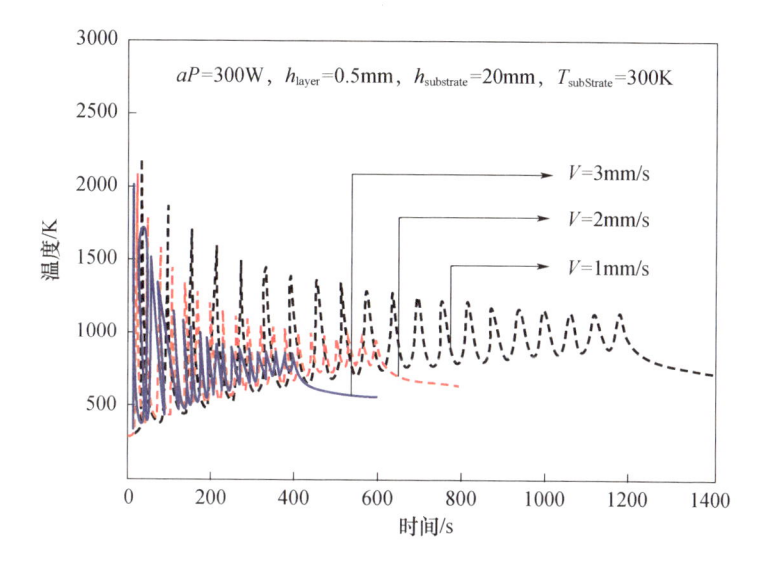

图 6-80　不同 V 下 C1 位置热历程

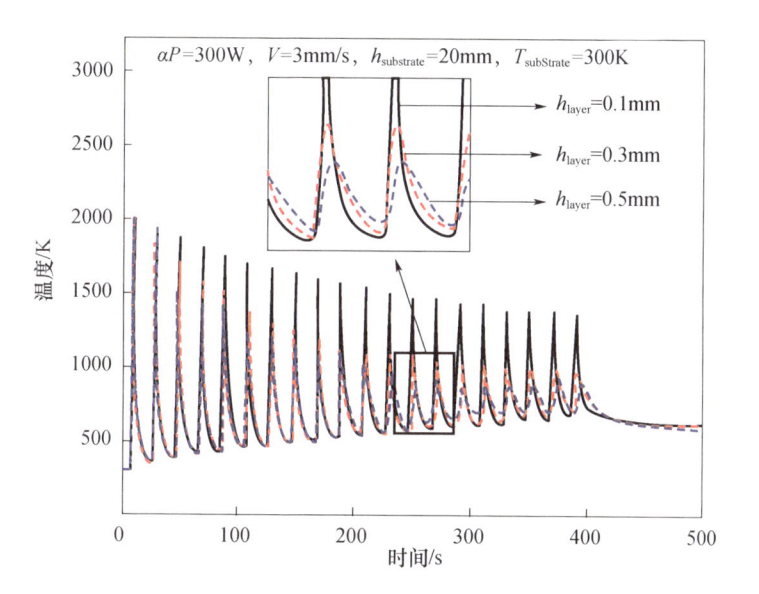

图 6-81　不同 h_{layer} 下 C1 位置热历程

图 6-82　不同 $T_{\text{substrate}}$ 下 C1 位置热历程

图 6-83　不同 $h_{\text{substrate}}$ 下 C1 位置热历程

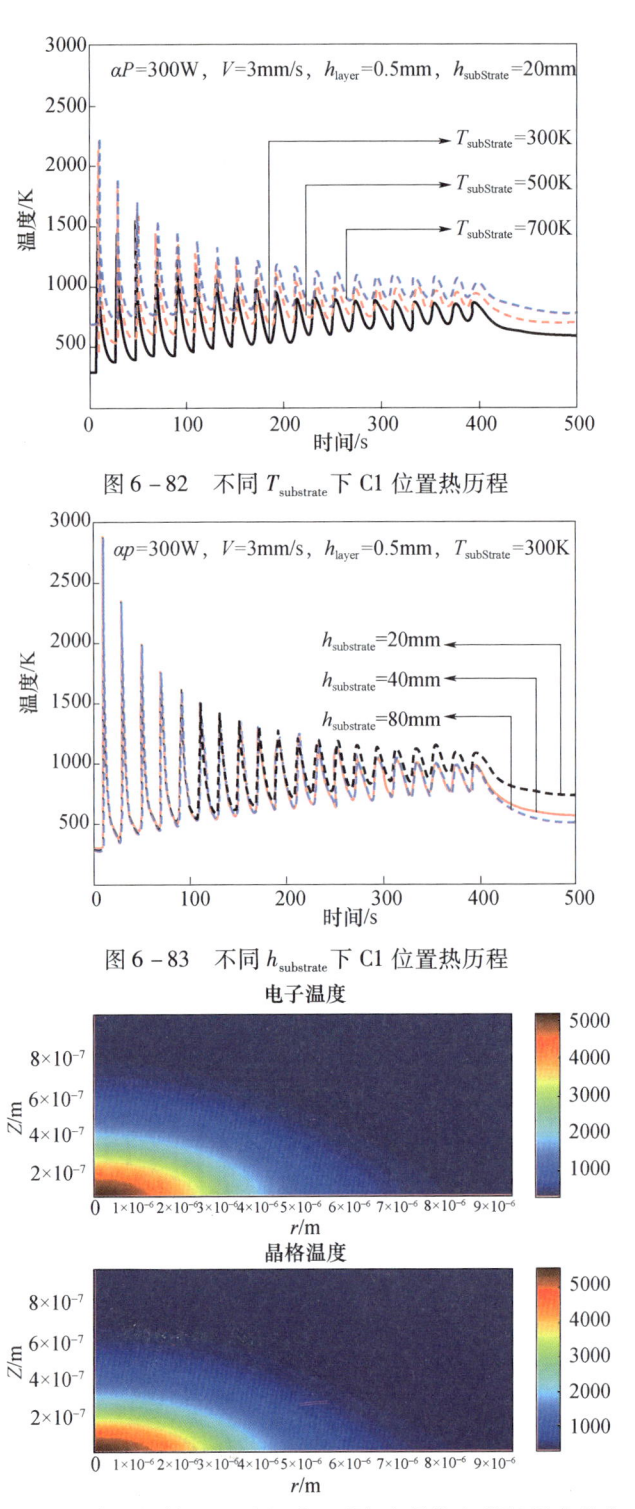

图 7-5　激光辐射 30ps 后电子（上图）和晶格（下图）温度分布